高等数学学习指南

主 编 从福仲 李雪飞

副主编 孙佳慧 张 宇 马明娟 冯 雪

秦丹丹 毛惠玉 曲婧佳

科学出版社

北 京

内 容 简 介

本书作为高等数学课程的伴学用书，系统地提供学习方法指引，优化学习"航线"，从学习者的视角，采用探究式方法，突破高等数学的重难点问题，深挖主要公式、定理之间的内在联系和基本原理，图文并茂地通俗化诠释知识的内涵本质，精选典型习题进行针对性训练，提升读者对课程内容的学习效果和理解深度. 为了便于读者理解记忆相关知识，还在各章节重难点位置配备思维导图，辅助读者对知识点之间关系的掌握，读者也可以扫描相应位置的二维码随时查看高清电子版思维导图.

本书帮助读者明确学习目标、优化学习策略、搭建知识体系、提高解题能力，从机械记忆公式中脱离出来，并逐步领会微积分思想中蕴含的数学之美，为读者学好高等数学提供伴随式指导.

本书可作为高等院校理工类非数学专业高等数学课程的辅导用书和硕士研究生入学考试的基础复习用书，还可作为高等数学教师的教学参考书.

图书在版编目(CIP)数据

高等数学学习指南/从福仲,李雪飞主编.—北京：科学出版社，2023.1
ISBN 978-7-03-072771-8

Ⅰ.①高⋯　Ⅱ.①从⋯ ②李⋯　Ⅲ.①高等数学–高等学校–教学参考资料
Ⅳ.①O13

中国版本图书馆 CIP 数据核字(2022)第 130660 号

责任编辑：张中兴　梁　清　孙翠勤／责任校对：杨聪敏
责任印制：赵　博／封面设计：蓝正设计

科 学 出 版 社 出版
北京东黄城根北街 16 号
邮政编码：100717
http://www.sciencep.com
保定市中画美凯印刷有限公司印刷
科学出版社发行　各地新华书店经销
*
2023 年 1 月第 一 版　开本：720 × 1000　1/16
2024 年 7 月第三次印刷　印张：33 3/4
字数：680 000
定价：98.00 元
(如有印装质量问题，我社负责调换)

世界的和谐体现在形式和数量上，自然哲学的心和灵魂以及一切诗歌都体现在数学美的概念上.

——达西·汤普森

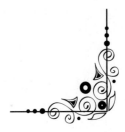

未来战场态势复杂多变, 空间感知能力、逻辑推理能力、逆向思维与发散思维、信息决策能力等是飞行员、指挥员不可或缺的能力素养! 而在数学学习中, 体会数学问题的复杂性、确定性与不确定性、模糊性, 思考数学知识脉络上的逻辑性、继承性、相似性, 感悟数学概念、原理的本质内涵、哲学属性以及美学价值, 逐步培养数理思维与结构化思维, 是有效进行认知迁移, 应对未来战场复杂性、随机性、灰色等诸多态势, 树立作战精算深算意识和战场大局观, 形成战争思维的重要途径.

——编者

前　言

　　本书不同于一般的高等数学辅导书和习题集, 不是对知识点的简单总结罗列, 不是通过例题或习题讲解各种解题技巧, 而是一本融入了先进教育理念的学习方法指南. 具体而言, 本书具有以下特点:

　　(1) 重塑课程内容组织架构, 基于布鲁姆 (Bloom) 教育目标分类学理论设计每节的内容. 目标是驱动力, 无论是学习过程, 还是学习效果检测, 都应紧紧围绕学习目标展开. 本书从学生的角度对学习目标进行细化, 使之描述更加清晰和可测, 设计或选取试题进行针对性训练, 从而用来检测本节学习目标是否达成.

　　(2) 与教师授课进度有机融合, 全周期、跟踪式地指导学生学习. 本书不仅为教师实现高效课堂教学提供过程性学习效果检测途径, 更是贯彻 "以学生为中心" 的理念, 从学生自身角度出发遍历整个学习过程, 不断优化学习策略, 逐渐形成良好的学习习惯.

　　(3) 注重对元认知知识的注入. 学习一门课程, 许多学生无法有效地建立完善的知识体系, 没有深刻地领会课程知识的内涵, 是教学中常遇到的问题. 一个重要原因就是学生未掌握正确的学习方法, 而教师在教学中又没能对某一部分内容给出针对性、系统性的学习策略. 因此, 本书针对每一节内容的特点详细给出了相应的学习建议, 使读者对自己的学习路径更为清晰, 并且这种学习体验将持续发力, 在学习方法层面为后续理工科课程的学习提供帮助.

　　(4) 瞄准重难点问题, 助力探究式学习. 从核心素养层面看, 以高等数学这门课程作为载体, 通过学习应当提升的是学生的深度思考的能力、整体认知的能力. 当今社会, 知识碎片过载, 快餐式阅读、浅阅读充斥我们的生活, 大学期间需要借助高等数学这样的课程来加强学生分析研究问题的深度和广度. 因此, 本书以每节内容中的重难点问题为示例, 尽量采用通俗的语言及直观图像, 不断引导读者分析和挖掘数学公式、定理背后的原理与内涵, 逐步体会到微积分的美学价值和哲学价值.

　　(5) 温故而知新, 全流程地设计学习材料. 本书针对学习目标的达成与检测, 每节选取典型习题, 一个章节学完之后, 首先对本章知识点进行归纳与总结, 然后提供若干套综合性测试题, 其中包括部分重复试题, 通过不断强化训练, 甚至是重复性训练, 实现知识学习的稳扎稳打.

全书紧扣教材, 兼顾知识的相对独立性和完整性, 划分为 6 个章节, 每章、节包括下列模块.

(1) **学习目标导航**. 从学生学习的角度明确本节课应当达成的学习目标. 从知识目标、认知目标和情感目标三个维度对每节的学习目标进行描述. 其中, 知识目标列出了本节课学习的知识点; 认知目标是从认知维度明确知识目标应当达到的认知层次; 情感目标通过本节课内容的学习明确应当关注的精神层面, 通过知识学习和习题训练使自己的内在情感世界产生潜移默化的影响. 每节习题主要针对认知目标进行布局, 由易到难地达成认知目标的层次要求.

(2) **学习指导**. 该模块重点描述学习本节内容的元认知知识, 强调对学习方法、学习路径、学习策略的指导, 针对每节课内容形成基本的、指向性强的学习建议和重点关注事项, 提升学习的主动性和策略意识.

(3) **重难点突破**. 该模块强调从学生的角度探究本节内容中的重难点知识内涵, 用发现的视角研究易错或难于理解的部分. 其中重难点多是择取教材中讲解不细致的部分, 而非一节中所有重点、难点知识的简单罗列.

(4) **学习效果检测**. 按照学习目标中认知目标的描述顺序对练习题进行布局, 由基础到综合拓展, 由简单到困难. 读者可清晰地知道通过哪些训练 (会做哪种类型的题目), 就能够达成相应的学习目标对知识掌握程度、认知能力水平的要求. 课堂教学中, 或自主学习后, 立刻练习后面的检测题目, 用来检测是否达成了本节课的学习目标, 能快速地检测学习效果, 查找不足.

(5) **知识点归纳与总结 (或复习纲要)**. 从基本知识和基本方法层面对每章内容进行归纳总结, 读者可根据自己的情况进行完善, 方便课程学习与复习.

(6) **综合演练**. 每章给出了若干套完整的测试题, 采取百分制记分, 题目的逻辑性和综合性较强, 具有一定的挑战度, 可用来检测整章知识的学习效果.

(7) **习题解答**. 将每章习题答案置于本章内容的后面, 方便读者查看.

本书由从福仲、李雪飞担任主编. 从福仲负责全书的内容规划与总体把控; 李雪飞负责全书的框架设计和统稿, 是每章节学习目标导航、学习指导、重难点突破、知识归纳与总结的主要撰写人; 各章参加撰写的有: 第 1、2 章为冯雪, 第 3 章为曲婧佳、毛惠玉, 第 4 章为张宇、孙佳慧、秦丹丹, 第 5、6 章为马明娟. 此外, 张永坡、庞世春、李秋月、王靖华、岳双等对本书进行了审阅, 提供了大量典型习题, 并对初稿提出了宝贵意见. 感谢空军航空大学航空基础学院基础部数学教研室广大教员对于本书的辛勤付出.

由于作者水平所限, 且编写时间较为仓促, 书中难免有疏漏之处, 敬请专家、同行和读者批评指正.

编 者

2021 年 4 月

目　　录

第 **0** 章
绪　　论

➡ 学习目标导航

❑ **知识目标**

➤ 高等数学课程内容的整体结构;
➤ 高等数学课程的考核方式.

❑ **认知目标**

A. 初步制定高等数学课程的学习策略;
B. 了解高等数学的知识的整体结构、数学文化、数学方法.

❑ **情感目标**

➤ 认同高等数学学习的重要性, 坚定学好高等数学的信心.

☞ 学习指导

　　数学是科学大门的钥匙, 忽视数学必将伤害所有的知识, 因为忽视数学的人是无法了解任何其他科学乃至世界上任何其他事物的. 更为严重的是, 忽视数学的人不能理解他自己这一疏忽, 最终将导致无法寻求任何补救的措施.

——罗杰·培根

　　在一切理论成就中, 未必再有什么像 17 世纪下半叶微积分的发明那样被看作人类精神的最高胜利了. 如果在某个地方我们看到人类精神的纯粹的和唯一的功绩, 那正是在这里.

——恩格斯

　　高等数学是基于微积分学这一经典数学理论发展而来的大学基础课程, 具有高度的理论性、抽象性、系统性和应用的广泛性, 各章节内容之间具有明显的连贯性和系统性, 在学习时仔细体会这种脉络关系, 能够加深对课程内容的理解和记忆.

1. 从构建自我知识体系的角度来讨论学习

事物是普遍联系的, 同样知识之间更是存在联系. 人类的记忆规律表明, 凌乱的孤立的知识点通常记忆不深刻、不长久, 而经过自我加工 (包括归纳、推理、联系等) 后的知识点则记忆牢固. 梳理过的知识点通过相互之间的联系形成网络, 运用知识时是系统的、发散的, 往往对于解决一些疑难问题更见成效.

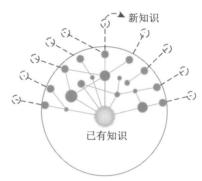

图 1.0.1   自我知识体系的构建过程

将新知识与已有知识建立联系这个过程并不容易, 联系的紧密性随着理解的深刻程度而加强. 而理解新知识是学习新知识的最基本要求. 高等数学课程中, 加深对知识理解的途径通常有: ①结合例题思考概念、定理或算法等程序性知识; ②同学之间研讨交流或向教师请教; ③阅读发现史, 例如阅读微积分理论产生和拓展的历史过程, 跟随数学家一起发现知识; ④对与之相关的实际问题的探究, 运用所学知识解决实际问题等.

通过多种途径理解新知识后, 随着时间的流逝和搁置的状态, 将面临 "遗忘" 的挑战. 与遗忘作斗争的方式有两种: 一种是不断地去运用学到、理解的新知识去解决问题; 一种就是通过总结归纳梳理新知识, 与脑海中已有知识相对比, 建立联系, 使之融入自己的知识网络. 学习高等数学, 通常需要两种方式综合运用, 既要加深对知识的记忆, 又要增强知识应用的灵活性. 整个过程体现到学习者身上, 就是学习者的学习力和记忆力. 学习力、记忆力是学习者的基本能力, 对能够取得好的学习效果至关重要.

上述学习方法对于学习者今后学习大多数课程而言, 是通用的.

图 1.0.2 描述了高等数学课程内容中的 6 个模块, 分别对应着教材的不同章节, 读者在看书学习的时候要结合着整个模块从宏观上把握知识点的联系和脉络.

2. 高等数学课程的学习建议

人类的学习具有明显的个体差异性, 但是同样也存在突出的规律性. 关于高等数学的学习建议总结为一个方法论、两个基本要素和若干实施策略. 三者的重要程度依次下降, 其中方法论、基本要素决定了学习者学习高数达到的境界, 起到方向指引作用, 若干具体的实施策略可以根据自己的实际情况选择性调整.

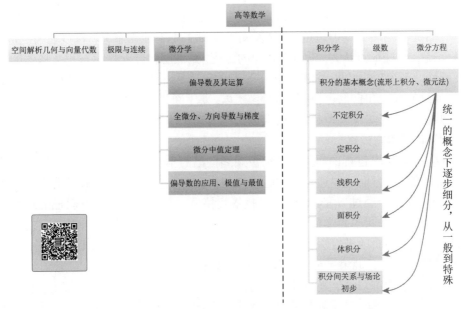

图 1.0.2　高等数学课程的主要内容

1) 方法论: 内外兼修、阴阳相辅

高等数学课程的学习亦符合中国传统哲学的观点, 好比修炼绝世武功, 内功、外功修炼缺一不可. 学习高等数学, 也要修炼好 "内外""外功". 那么, 什么是高等数学课程修炼中的 "内功" 与 "外功" 呢?

所谓 "内", 可视为 "阴", 是指不能忽视在课程学习过程中对数理思维、数学的文化价值、美学价值与哲学价值的感悟和培养, 通过修炼深刻把握和理解数学概念的本质内涵, 养成用数、量的视角观察、研究和改造客观世界的认知习惯, 这就是 "真气" 运转的规律. 以未来战争中的指战员为例, 通过高等数学等课程修炼的深厚 "内功", 使其在作战中思路更为清晰, 对敏感信息的把控、深算精算、精准指挥的火候更足.

所谓 "外", 可视为 "阳", 是要主动和善于训练自己的运算能力、逻辑推导能力和技巧, 熟记基本知识和基本算法. 例如需要熟练掌握三种基本运算技能, 分别是极限运算、求导运算和积分运算, 这些运算可以视为在逻辑规则约束下, 对数字的转换、推导与变向的一种 "数字游戏". "外功" 的修炼需要在理解运算法则的基础上进行刻意练习, 不断打磨并积累经验, 做到熟能生巧.

高等数学学习的 "内功""外功" 修炼, 相辅相成, 缺一不可, "内功" 弱则灵感不足, "外功" 弱则眼高手低.

2) 两个基本要素: 态度和独立思考

每个人在面对新问题、新知识时, 都有一个**自我系统**在发挥重要作用. 自我系统决定的是学习动机问题, 用来决定是否解决新问题、学习新知识. 若要真正学好知识, 首先应当端正学习态度, 并在勤奋的基础上不断独立思考、深度思考, 坚定学好信念. 一些观点认为, 学习新知识的过程, 是大脑神经元产生与相互搭建的过程, 是个 "辛苦" 的过程, 只有付出了辛勤的努力和汗水, 收获的果实才更为甘甜, 更为高阶的兴趣和自信也会随之酝酿, 所以, 要不断挑战自我, 打破学习的舒适区, 使新知识与原有知识联系起来, 构筑起自己的知识体系.

3) 若干实施策略

(1) 提升学习过程的质量. 要积极规划自己的学习过程, 循序渐进. 仅仅上课听懂还不够, 一方面还要通过作业题来检测自己, 通过作业题来深化、夯实学习效果, 遇到不会的, 通过研究、讨论或寻找答案搞懂; 另一方面, 要结合自己的理解去进一步深挖这堂课中数学概念、定理的内涵, 想一想实际生活中有哪些事物、道理跟其相似, 不断地进行深度思考. 随着所学内容增多, 稳扎稳打, 稳步推进, 才不会导致知识遗忘、混淆甚至是混乱的状况出现.

(2) 关于做练习. 学好高等数学这门课程, 做一定量的习题是必要的, 但是我们做题要讲究策略. 要重视教师给你提供的习题. 当做完题目之后, 可以适当抽出时间来思考一下题目的特点, 主要考查哪方面的概念与知识, 采用了什么样的思路和方法, 这种解题思路和方法是怎样想到的, 是否具有普遍性, 能否抽象、固化成一种 "套路". 另外一些基础性的公式、定理 (求导公式、积分公式、中值定理、常见的函数展开式等) 在掌握推导方法的基础上, 需要牢牢记住.

(3) 关于读书. "书山有路勤为径, 学海无涯苦作舟" 鼓励我们不怕吃苦地多读书, 但是学习者基础课程学习期间, 课程满, 时间紧, 所以即便学习者想发扬钉子精神, 投入更多的时间和精力放到高等数学学习上, 借阅大量高等数学辅导书去看, 也会影响到其他各方面的任务要求. 更科学的方式是努力去提高学习效率, 对于课外辅导书而言, 是 "多则惑, 少则得", 选定一本将其读 "薄", 完成之后再把自己学习过程中的体会、感悟、归纳出来的方法思路添加进去, 尝试读 "厚", 使之丰富起来.

(4) 树立终身学习的意识. 无论是学习数学也好, 还是其他知识, 只要想进步, 想收获更好的人生, 就得不断学习! 不能仅仅将眼光局限在自己的身边、自己周围的小环境, 要努力提升看待问题的格局, 将视野置于更为宽广的前提下权衡自己当前的状态和行为效益.

在高等数学课程的学习中, 希望学习者不要在学习过程中产生各种畏难情绪, 遇到学习问题迎难而上, 磨炼意志, 按照更加科学的方法开展学习活动, 努力找到学习兴趣, 充分感受数学之美, 体会数学学习路程上的美好风光, 培育和增强自己的数学素养.

✍ 课后思考

1. 绘制高等数学课程的知识体系框架图.

2. 写出本门课程的考核方式.

3. 梳理中学阶段学习数学的方法, 规划高等数学课程的学习计划, 与教师、同学讨论课程的学习策略.

4. 网络检索: 什么是数学建模？了解全国大学生数学建模竞赛, 体会利用数学解决现实问题的方法、步骤和优势.

5. 简要阐述:

(1) 对自己的学习期望;

(2) 对教师如何开展教学的期望.

第 1 章

空间解析几何与向量代数

千里之行, 始于足下. ——老子

1.1 空间直角坐标系 向量代数

➡ 学习目标导航

❏ 知识目标

- ✦ 空间直角坐标系;
- ✦ 向量 (vector) 的概念及其表示、向量的坐标表示、单位向量、方向角与方向余弦 (direction cosine)、向量的模 (norm; module)、向量的代数运算;
- ✦ 数量积 (dot product; scalar product, 又称点积、内积、标量积)、向量积 (cross product, 又称叉积、矢积、外积).

❏ 认知目标

- A. 能说出向量的概念以及向量的线性运算, 利用坐标作向量的代数运算、求向量的模、方向角、方向余弦;
- B. 能够计算向量的数量积和向量积, 会用坐标表示进行向量运算, 能够说出两个向量垂直、平行的条件.

❏ 情感目标

- ✦ 认同高等数学学习的重要性, 坚定学好高等数学的信心, 培养几何直观能力, 提升问题转化能力, 体会事物之间的联系和转化的关系. 培养几何直观能力, 观察问题、分析问题的能力和计算能力.

☞ 学习指导

　　1637 年, 法国数学家笛卡儿 (R. Descartes) 创立了空间解析几何学, 他把过去对立的两个研究对象 ("数" 和 "形") 统一了起来, 将代数形式与几何形体结合

起来 (例如, 将空间中点、线、面等基本的几何对象与代数中的数组、方程联系起来, 建立了一一对应关系), 开创了用代数方法研究几何问题的先河. 高等数学中的许多概念和原理都有直观的几何描述. 在理解抽象的数学概念、原理时, 采用数形结合的方法对抽象的数学描述进行研究探索, 可以加深对问题的理解, 能够提升想象能力和创造能力.

　　本章引进向量的概念, 建立空间直角坐标系, 然后利用坐标讨论向量的运算, 并介绍空间解析几何的有关内容. 学好空间解析几何知识可为更好地学习和理解多元函数微积分和线性代数等知识奠定基础. 通过本章的学习, 应注重培养自己的空间想象能力, 利用向量这一工具理解空间平面、直线、曲面、曲线的位置关系, 建立方程与图形之间的联系, 掌握常见的空间图形 (平面、直线、曲面、曲线) 的方程标准形式 (采用数形结合的方式去记忆). 本章会用到四种研究空间点、线、面的形态及其位置关系的方法: 向量法、截痕法、伸缩法、投影法. 深刻理解这四种方法, 对建立代数方程与几何图形的对应关系十分重要.

　　本次课的知识点相对较多, 且与初等数学有所衔接, 因此建议, 通读课本后, 围绕 "向量" 这一概念, 对相对分散的知识点进行梳理总结, 并从中摘出个人理解上的难点加以标注和记忆.

⮕ 重难点突破

　　如图 1.1.1 所示, 设任意向量

$$\boldsymbol{r} = \overrightarrow{OP} = (x_0, y_0, z_0) = x_0\boldsymbol{i} + y_0\boldsymbol{j} + z_0\boldsymbol{k},$$

α, β, γ 分别是向量 $\boldsymbol{r}$ 与 x 轴、y 轴、z 轴之间的夹角, 即向量 $\boldsymbol{r}$ 的方向角. 则 x_0, y_0, z_0 分别是向量 $\boldsymbol{r}$ 在三个坐标轴的分量. 由几何关系,

$$x_0 = |\boldsymbol{r}|\cos\alpha, \quad y_0 = |\boldsymbol{r}|\cos\beta, \quad z_0 = |\boldsymbol{r}|\cos\gamma,$$

因此得出方向余弦为

$$\cos\alpha = \frac{x_0}{|\boldsymbol{r}|}, \quad \cos\beta = \frac{y_0}{|\boldsymbol{r}|}, \quad \cos\gamma = \frac{z_0}{|\boldsymbol{r}|}.$$

由此可知, 由 $\boldsymbol{r}$ 的方向余弦组成的向量

$$(\cos\alpha, \cos\beta, \cos\gamma) = \left(\frac{x_0}{|\boldsymbol{r}|}, \frac{y_0}{|\boldsymbol{r}|}, \frac{z_0}{|\boldsymbol{r}|}\right) = \frac{(x_0, y_0, z_0)}{|\boldsymbol{r}|} = \frac{\boldsymbol{r}}{|\boldsymbol{r}|}$$

就是向量 $\boldsymbol{r}$ 的单位向量 $\boldsymbol{r}^0$ (或记为 $\boldsymbol{e}_r$), 且 $|\boldsymbol{r}^0| = 1$. 于是,

$$\cos^2\alpha + \cos^2\beta + \cos^2\gamma = |\boldsymbol{r}^0|^2 = 1.$$

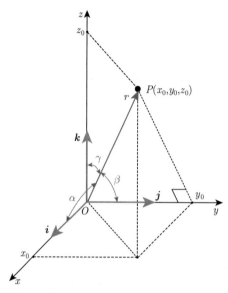

图 1.1.1　一个向量的方向余弦分别是这向量与三个坐标轴之间的夹角 (方向角, 即此图中的 α, β, γ) 的余弦 (即 $\cos\alpha, \cos\beta, \cos\gamma$). 对于任意非零向量 $\boldsymbol{r}$ 而言, 将其单位化后, 三个坐标分量值就是三个方向角对应的方向余弦

若向量 $\boldsymbol{r}$ 与 xOy, yOz, zOx 三个坐标面之间的夹角分别记为 ξ, ζ, η, 根据图 1.1.2 所示的几何关系得到

$$\cos\xi = \frac{\sqrt{x_0^2 + y_0^2}}{|\boldsymbol{r}|}, \quad \cos\zeta = \frac{\sqrt{y_0^2 + z_0^2}}{|\boldsymbol{r}|}, \quad \cos\eta = \frac{\sqrt{z_0^2 + x_0^2}}{|\boldsymbol{r}|}.$$

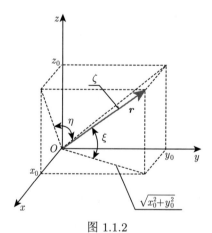

图 1.1.2

因此,

$$\cos^2 \xi + \cos^2 \zeta + \cos^2 \eta = \frac{2\left(x_0^2 + y_0^2 + z_0^2\right)}{\left(\sqrt{x_0^2 + y_0^2 + z_0^2}\right)^2} = 2.$$

✔ 学习效果检测

A. 能说出向量的概念以及向量的线性运算, 利用坐标作向量的代数运算、求向量的模、方向角、方向余弦

1. 已知 a, b, c, 设 $u = a - b + 2c, v = -a + 3b - c$, 则 $2u - 3v =$ _____.

2. 已知两点 $M_1(0, 1, 2)$ 和 $M_2(1, -1, 0)$, 则利用坐标表示 $\overrightarrow{M_1 M_2} =$ _____, $-2\overrightarrow{M_1 M_2} =$ _____.

3. 向量 $a = (7, -2, 5)$ 在向量 $b = (2, 2, 1)$ 上的投影等于_____.

4. z 轴上与点 $A(1, 7, -3)$ 和点 $B(5, -5, 7)$ 等距离的点是_____.

5. 一向量的终点在点 $B(2, -1, 7)$, 它在 x 轴、y 轴和 z 轴上的投影依次为 4, $-4, 7$. 这向量的起点 A 的坐标是_____.

6. 设向量 n 与三个坐标轴的夹角分别为 α, β, γ, 则 $\cos^2 \alpha + \cos^2 \beta + \cos^2 \gamma =$ _____.

7. 设向量 n 与三个坐标面的夹角分别为 ξ, η, ζ, 则 $\cos^2 \xi + \cos^2 \eta + \cos^2 \zeta =$ _____.

8. 已知三点 $A(-2, 1, -1), B(1, -3, 4), C(-3, -1, 1)$, 则

(1) 向量 $\overrightarrow{AB}$ 的方向余弦为_____, 单位向量为_____;

(2) 向量 $\overrightarrow{AB}$ 在 $\overrightarrow{AC}$ 上的投影为_____, $\overrightarrow{AB}$ 与 $\overrightarrow{AC}$ 的夹角为_____.

B. 能够计算向量的数量积和向量积, 会用坐标表达式进行向量运算, 能够说出两个向量垂直、平行的条件

9. 设向量 a, b 满足 $|a - b| = |a - b|$, 则必有 (　　).

(A)$a - b = 0$;　　(B)$a + b = 0$;　　(C)$a \cdot b = 0$;　　(D)$a \times b = 0$.

10. 设向量 a, b, c 两两垂直, 且 $|a| = 1, |b| = \sqrt{2}, |c| = 1$, 则 $|a + b - c| =$ _____.

11. 若 $|a| = 4, |b| = 2, a \cdot b = 4\sqrt{2}$, 则 $|a \times b| =$ _____.

12. 设 $a = (2, 1, 2), b = (4, -1, 10), c = b - \lambda a$, 且 $a \perp c$, 则 $\lambda =$ _____.

13. 一质点在力 $F = 3i + 4j + 5k$ 的作用下, 从点 $A(1, 2, 0)$ 移动到点 $B(3, 2, -1)$, 力 F 所做的功是 (　　).

(A)5 焦耳;　　(B)1 焦耳;　　(C)3 焦耳;　　(D)9 焦耳.

14. 一质点在力 $F = 4i + 2j + 2k$ 的作用下, 从点 $A(2, 1, 0)$ 移动到点 $B(5, -2, 6)$, 求 F 所做的功及 F 与 $\overrightarrow{AB}$ 之间的夹角.

15. 已知两点 $M_1\left(4,\sqrt{2},1\right)$ 和 $M_2(3,0,2)$. 计算向量 $\overrightarrow{M_1M_2}$ 的模、方向余弦和方向角.

16. 设向量 $a=2i-3j+k, b=i-j+3k$ 和 $c=i-2j$, 计算

(1) $(a\cdot b)c-(a\cdot c)b$;   (2)$(a+b)\times(b+c)$;   (3)$(a\times b)\cdot c$.

17. 求向量 $a=(5,-2,5)$ 在 $b=(2,1,2)$ 上的投影.

18. 设 $a=(1,2,-2), b=(-2,1,0)$, 求 $a\times b$ 及与 a,b 都垂直的单位向量.

1.2 平面及其方程

➡ 学习目标导航

❏ 知识目标

↬ 平面方程、两平面的夹角、点到平面的距离.

❏ 认知目标

A. 能够运用已知条件求解平面方程, 熟练运用点法式方程、截距式方程、一般式方程表示平面;

B. 会计算两平面的夹角、点到平面的距离.

❏ 情感目标

↬ 培养空间想象能力、问题转化能力和问题求解能力, 激发创造性.

☞ 学习指导

在学习空间平面、空间直线、空间曲面、空间曲线及其方程时, 要注意突破初等数学的思维定式, 多从向量的角度考虑空间形体及关系, 熟练运用向量代数求解问题. 进而达到培养 "形" 和 "数" 之间熟练转化的目的.

⟱ 重难点突破

如何确定一个平面? 根据中学知识, 确定平面主要有下面几种情况:

(1) 不共线三点可以唯一确定一个平面;

(2) 两条相交直线可以唯一确定一个平面;

(3) 两条平行直线可以唯一确定一个平面.

此外, 在垂直于已知直线的无穷多个平面中, 过给定点的平面只有一个, 如图 1.2.1 所示. 与已知平面垂直的直线, 垂直于平面内的任意直线. 若向量 $n=\{A,B,C\}$ 是平面的法向量, 则 n 垂直于平面中的任意向量.

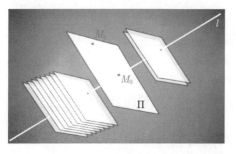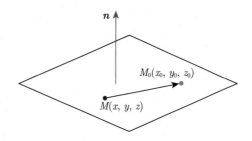

图 1.2.1 平面的点法式方程的构造原理: 本质上是两向量 ($\boldsymbol{n}$ 与 $\overrightarrow{MM_0}$) 垂直

将平面视为满足特定条件的动点 $M(x,y,z)$ 的轨迹, $M(x,y,z)$ 与已知点 M_0 (x_0,y_0,z_0) 同为平面上的点, 则向量 $\overrightarrow{MM_0}$ 为平面上的向量, 因此,

$$\boldsymbol{n}\perp\overrightarrow{MM_0} \Leftrightarrow \boldsymbol{n}\cdot\overrightarrow{MM_0}=0$$

$$\Leftrightarrow \{A,B,C\}\cdot\{x-x_0,y-y_0,z-z_0\}=0$$

$$\Leftrightarrow A\left(x-x_0\right)+B\left(y-y_0\right)+C\left(z-z_0\right)=0.$$

✔ 学习效果检测

A. 能够运用已知条件求解平面方程, 熟练运用点法式方程、截距式方程、一般式方程表示平面

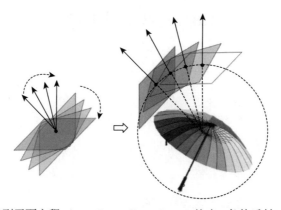

图 1.2.2 见到平面方程 $Ax+By+Cz+D=0$ 就应 "条件反射" 似的想到它的法向量 $\boldsymbol{n}=\{A,B,C\}$, 就好像看到一把伞的伞柄. 平面 (伞) 转动一下, 其法向量 (伞柄) 也对应地转动一下, 两者转动的角度相等. 或者说, 知道平面上的一点处的法向量, 该点处的法向量也就成了平面的 "标识". 在解题过程中, 见到平面的方程, 立即写出平面的法向量, 这种思维模式有利于帮助你在解题时理清空间形体之间的位置关系

1. 已知过点 (x_0, y_0, z_0) 且法向量为 $\boldsymbol{n} = \{A, B, C\}$ 的平面方程为__________.

2. 平面 $2x - 3y - z + 12 = 0$ 的法向量为 __________.

3. 不经过原点且在 x, y, z 轴的截距分别为 a, b, c 的平面方程为 __________, 该平面与三个坐标面所围的四面体的体积 $V =$ __________.

4. 平面 $2x-3y-z+12=0$ 在 x 轴, y 轴, z 轴上的截距分别为__________, __________, __________.

5. 过原点且与 $2x - 3y - z + 12 = 0$ 平行的平面方程为__________.

6. 平面 $y + z = 1$(　　).

(A) 平行于 yOz 平面;　　(B) 平行于 x 轴;

(C) 平行于 zOx 面;　　(D) 平行于 xOy 平面.

7. 求过 (1, 1, −1), (−2, −2, 2), (1, −1, 2) 三点的平面方程.

B. 会计算两平面的夹角、点到平面的距离

8. 平面 $2x-y+z=6$ 与平面 $x+y+2z-3=0$ 之间的夹角为__________.

9. 点 $M(1,2,1)$ 到平面 $x + 2y + 2z - 10 = 0$ 的距离为__________.

10. 两平行平面 $Ax + By + Cz + D_1 = 0$ 与 $Ax + By + Cz + D_2 = 0$ 之间的距离为__________.

11. 与 $Ax + By + Cz + D_1 = 0$ 和 $Ax + By + Cz + D_2 = 0\,(D_1 \neq D_2)$ 两平面等距离的平面方程为__________.

12. 设原点到平面 $\dfrac{x}{a} + \dfrac{y}{b} + \dfrac{z}{c} = 1$ 的距离为 p, 证明 $\dfrac{1}{a^2} + \dfrac{1}{b^2} + \dfrac{1}{c^2} = \dfrac{1}{p^2}$.

1.3 直线及其方程

学习目标导航

知识目标

- 直线的点向式方程、参数式方程、一般式方程;
- 两直线的夹角、直线与平面的夹角、点到直线的距离.

认知目标

A. 熟记直线方程的三种形式及其求法;

B. 会求直线与直线、直线与平面的夹角;

C. 会求点到直线的距离;

D. 会利用平面、直线的相互关系解决简单问题.

❑ **情感目标**

↬ 提升问题转化能力, 体会事物之间的联系和相互转化, 开拓思维, 培养举一反三的能力.

☞ **学习指导**

与 1.2 节平面方程的学习策略一样, 要习惯以向量为工具研究空间直线, 建议:
(1) 用自己的语言叙述直线的点向式方程的推导逻辑;
(2) 总结直线的三种形式方程之间的转化关系;
(3) 结合教材例题研究直线与平面的空间位置的各种可能.

➠ **重难点突破**

直线的点向式方程, 本质上是基于两向量 (方向向量 s 与直线上两点形成的向量 $\overrightarrow{PP_0}$) 平行原理. 如图 1.3.1 所示. 因此, 若已知方向向量 $s = \{m, n, p\}$, 点 $P_0(x_0, y_0, z_0)$ 是直线上一点, 将直线视为满足两线平行这一条件的动点 $P(x, y, z)$ 的轨迹, 则

$$s // \overrightarrow{PP_0} \Leftrightarrow \{m, n, p\} // \{x - x_0, y - y_0, z - z_0\}$$

$$\Leftrightarrow \frac{x - x_0}{m} = \frac{y - y_0}{n} = \frac{z - z_0}{p} \quad (\text{对应坐标成比例}).$$

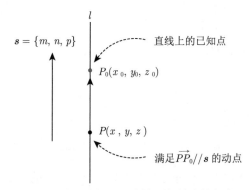

图 1.3.1　过给定点与已知直线平行的直线仅有一条

对比可以看出, 平面的点法式方程利用的是两向量的垂直关系, 直线的点向式方程利用的是两向量的平行关系. 在解题时, 应习惯通过直线的点向式方程写出它的方向向量. 结合前面的学习, 达到从向量的角度分析点、线、面间关系的目的.

✔ 学习效果检测

A. 熟记直线方程的三种形式及其求法

1. 方向向量为 $\boldsymbol{n} = \{m, n, p\}$ 且过点 $P_0(x_0, y_0, z_0)$ 的直线的点向式方程为_____; 它的参数式方程为_____.

2. 与直线 $\dfrac{x}{1} = \dfrac{y+2}{3} = \dfrac{z+7}{5}$ 平行, 且过原点的直线方程为_____.

3. 直线 $\begin{cases} x = 3z - 5, \\ y = 2z - 8 \end{cases}$ 的对称式方程为_____.

B. 会求直线与直线、直线与平面的夹角

4. 直线 $\dfrac{x-x_1}{m_1} = \dfrac{y-y_1}{n_1} = \dfrac{z-z_1}{p_1}$ 与 $\dfrac{x-x_2}{m_2} = \dfrac{y-y_2}{n_2} = \dfrac{z-z_2}{p_2}$ 的方向向量分别是_____ 和_____, 两直线的夹角 $\theta =$_____.

5. 直线 $\dfrac{x-x_1}{m_1} = \dfrac{y-y_1}{n_1} = \dfrac{z-z_1}{p_1}$ 与平面 $Ax + By + Cz + D = 0$ 的夹角为_____.

6. 直线 $l_1 : x - 1 = y = -(z+1), l_2 : x = -(y-1) = \dfrac{z+1}{0}$ 相对关系是 (   ).

(A) 平行;   (B) 重合;   (C) 垂直;   (D) 异面.

7. 设空间直线的方程是 $\dfrac{x}{0} = \dfrac{y}{1} = \dfrac{z}{2}$, 则该直线过原点, 且 (   ).

(A) 垂直于 x 轴;   (B) 垂直于 y 轴, 但不平行 x 轴;

(C) 垂直于 z 轴, 但不平行 x 轴;   (D) 平行于 x 轴.

C. 会求点到直线的距离

8. 证明直线 l 外一点 M_0 到该直线的距离为 $d = \dfrac{\left| \overrightarrow{M_0M} \times \boldsymbol{s} \right|}{|\boldsymbol{s}|}$, 其中 M 是直线 l 上任意一点, $\boldsymbol{s}$ 是直线的方向向量.

9. 点 $(-1, -3, 5)$ 到直线 $\dfrac{x-1}{2} = \dfrac{y-1}{3} = \dfrac{z+1}{-3}$ 的距离为_____.

10. 动点 P 到 $M_0(0, 0, 5)$ 的距离等于 P 到 x 轴的距离, 求动点 P 的轨迹方程.

D. 会利用平面、直线的相互关系解决简单问题

11. 直线 $\dfrac{x}{1} = \dfrac{y+2}{3} = \dfrac{z+7}{5}$ 与平面 $3x + y - 9z + 17 = 0$ 的交点为_____.

12. 求点 $(-1, 2, 0)$ 在平面 $x + 2y - z + 1 = 0$ 上的投影.

13. 试求两相交直线 $l_1 : \dfrac{x-4}{-2} = \dfrac{y+3}{2} = \dfrac{z-5}{-3}$ 和 $l_2 : \dfrac{x}{1} = \dfrac{y-1}{-4} = \dfrac{z+1}{3}$ 的交点.

14. 求过点 $(3,1,-2)$ 且通过直线 $\begin{cases} 2x - 5y - 17 = 0, \\ y - 2z + 3 = 0 \end{cases}$ 的平面方程.

15. 已知直线 $L_1 : \begin{cases} 2x + y - 1 = 0, \\ 3x + z - 2 = 0 \end{cases}$ 和 $L_2 : \dfrac{1-x}{1} = \dfrac{y+1}{2} = \dfrac{z-2}{3}$, 证明 $L_1 // L_2$, 并求 L_1, L_2 确定的平面方程.

16. 求过直线 $\dfrac{x}{2} = y + 2 = \dfrac{z+1}{3}$ 与平面 $x + y + z + 15 = 0$ 的交点, 且与平面 $2x - 3y + 4z + 5 = 0$ 垂直的直线方程.

17. 求过点 $M(3,1,-2)$ 且通过 $\dfrac{x-4}{5} = \dfrac{y+3}{2} = \dfrac{z}{1}$ 的平面方程.

18. 如何求直线 $\begin{cases} A_1 x + B_1 y + C_1 z + D_1 = 0, \\ A_2 x + B_2 y + C_2 z + D_2 = 0 \end{cases}$ 在平面 $A_3 x + B_3 y + C_3 z + D_3 = 0$ 上的投影? 简要叙述求解程序.

1.4　二 次 曲 面

➡ 学习目标导航

❑ **知识目标**

- ✦ 曲面 (surface) 及其方程的概念;
- ✦ 旋转曲面 (rotating surface);
- ✦ 柱面 (cylinder)、空间曲线方程、曲线的投影柱面 (projecting cylinder);
- ✦ 球面 (sphere)、椭球面 (ellipsoid)、抛物面 (paraboloid)、双曲面 (hyperboloid);
- ✦ 截痕法、伸缩法.

❑ **认知目标**

- A. 能够复述曲面及其方程的概念;
- B. 会求坐标轴为旋转轴的旋转曲面的方程;
- C. 会求母线平行于坐标轴的柱面的方程、会求空间曲线投影;
- D. 运用截痕法、伸缩法推断二次方程表示的二次曲面, 能够说出常用二次曲面的标准方程及其图形.

❑ **情感目标**

➤ 培养空间想象能力, 提升问题转化能力;

➤ 体会几何与代数之间的联系和转化的关系.

☞ **学习指导**

关于曲面, 一方面学会利用曲面的几何特性建立它的方程; 另一方面是学会利用方程研究曲面的几何特性. 这两方面的学习是相辅相成的.

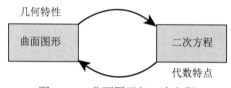

图 1.4.1　曲面图形与二次方程

对于前者, 研究曲面图形的几何特性, 研究和总结这些几何特性呈现在方程表现形式上会有哪些特征, 例如某圆柱面的方程为 $x^2 + y^2 = a^2$, 对于任意 $z = c$, 都有 $x^2 + y^2 = a^2$, 也就是说令平面 $z = c$ 去截该圆柱面, 得到的交线是 $\begin{cases} x^2 + y^2 = a^2, \\ z = c, \end{cases}$ 这与该圆柱面的母线平行于 z 轴是相一致的. 探究这种曲面图形与其方程的 "对应规律", 分析其方程某种特性的 "形成机制", 能够不断提升空间想象能力和对代数表达式中各个量之间关系的感知能力. 对于后者, 给你一个二次方程, 要求能够说出它是什么图形, 通常是学习的难点, 但通过前面的练习, 能够降低学习的难度. 此外, "截痕法" 与 "伸缩法" 是通过对二次方程的表达式进行 "处理" 来分析其图形的好方法, 它们好似曲面图形的 "探测器", 需要灵活熟练地掌握.

二次曲面部分重点学习球面、旋转曲面、柱面 (投影曲线、投影柱面)、椭球面、抛物面、双曲面等常见的曲面, 其中学习难点包括: 旋转曲面的学习需要注意理解其方程的形成原理; 柱面的学习需要总结其方程的共同特性; 抛物面和双曲面的学习需要灵活理解和运用截痕法、伸缩法.

⇛ **重难点突破**

1. 旋转曲面方程的构造原理

问题　如图 1.4.2 所示, 设 yOz 坐标面上的一条已知曲线方程为 $f(y, z) = 0$, 求曲线 C 绕坐标轴 z 轴旋转而形成的旋转曲面的方程.

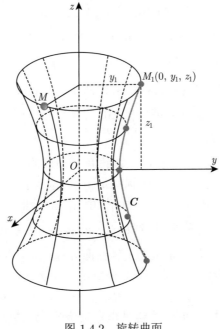

图 1.4.2　旋转曲面

　　思路　把旋转曲面看作是符合特定条件的动点的轨迹, 只需按照这个特定的条件建立代数表达式即可 (或者说, 利用数学式子将 "特定条件" 表示出来). 所以, 解决问题的关键就是通过分析旋转曲面的形成过程, 将 "特定条件" 找出来! 可以采取如下步骤:

　　(1) 设点 $M_1\left(0, y_1, z_1\right)$ 是曲线 C 上的任意一点, 则 M_1 的坐标满足曲线 C 的方程, 所以 $f(y_1, z_1) = 0$.

　　(2) M_1 绕 z 轴旋转, 当其旋转到某一位置 M 时 (M 即形成旋转曲面的 "动点", 设 M 的坐标为 (x, y, z)), 易知 $z = z_1$, 保持不变 (直观上看, M_1 绕 z 轴旋转过程中, "水平高度" 不发生改变), M 到 z 轴的距离 $d = \sqrt{x^2 + y^2}$, 等于轨迹圆的半径, 而轨迹圆的半径大小等于 $|y_1|$ (直观上看, M_1 绕 z 轴旋转过程中, 与 z 轴之间的距离保持不变).

　　(3) 这样就建立了动点 M 与 M_1 坐标之间的联系, 即

$$\begin{cases} z = z_1, & \text{"水平高度" 不变,} \\ d = \sqrt{x^2 + y^2} = |y_1|, & \text{与转轴的距离不变,} \end{cases}$$

这就是动点 $M(x, y, z)$ 所满足的 "特定条件". 由于已知量 y_1, z_1 满足方程 $f(y_1, z_1) = 0$, 将上述表达式代入方程 $f(y_1, z_1) = 0$ 中, 进而得出 x, y, z 所满足的关系式,

该关系式即 M 点的轨迹方程 $f\left(\pm\sqrt{x^2+y^2},z\right)=0$.

(4) 由于点 M 和 M_1 的任意性, 这个方程能够描述动点 M 的运动轨迹 (坐标 x,y,z 应满足的代数关系), 所以, $f\left(\pm\sqrt{x^2+y^2},z\right)=0$ 就是所求旋转曲面的方程.

观察并总结旋转曲面方程的特点. 对比曲线 $C:f(y,z)=0$ 与其绕 z 轴旋转形成的曲面的方程 $f\left(\pm\sqrt{x^2+y^2},z\right)=0$, 容易得出结论: z **分量保持不变, 而** y **分量变成了** $\pm\sqrt{x^2+y^2}$.

如果曲线 $C:f(y,z)=0$ 绕 y 轴旋转, 旋转曲面的方程什么样呢?

方法与前面类似, 动点 M 的坐标满足 $y=y_1$ 保持不变, M 到 y 轴的距离 (即 $d=\sqrt{x^2+z^2}$) 等于轨迹圆的半径 $|z_1|$, 由 y_1,z_1 满足的方程 $f(y_1,z_1)=0$, 将 y_1,z_1 的表达式代入到该方程中, 得到 x,y,z 所满足的关系式 $f\left(y,\pm\sqrt{x^2+z^2}\right)=0$, 即得出曲线 C 绕 y 轴旋转形成的旋转曲面方程. 这个方程与曲线 C 的方程相比较, 可以发现: y **分量保持不变, 而** z **分量变为** $\pm\sqrt{x^2+z^2}$.

规律总结   坐标面内的一条曲线, 绕其平面内的一个坐标轴旋转一周形成旋转曲面. 求旋转曲面时, 平面曲线绕某坐标轴旋转, 则该坐标轴对应的变量不变 ("**绕谁谁不变**"), 而曲线方程中另一变量换成该变量与第三个变量平方和的正负平方根. 例如,

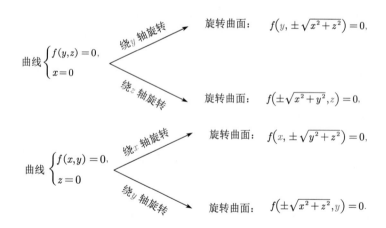

反过来, 对三元二次完全方程, 如果有平方项系数相同的变量, 则该方程表示的曲面为旋转曲面! 如 $\dfrac{x^2}{4}+\dfrac{y^2}{9}+\dfrac{z^2}{9}=1$ 中 y^2 和 z^2 的系数相同, 所以是旋转曲面的方程, 可以看作 xOy 面上的曲线 $\begin{cases}\dfrac{x^2}{4}+\dfrac{y^2}{9}=1,\\ z=0\end{cases}$ 绕 x 轴旋转而成, 亦可视

为 zOx 面上的曲线 $\begin{cases} \dfrac{x^2}{4} + \dfrac{z^2}{9} = 1, \\ y = 0 \end{cases}$ 绕 x 轴旋转而成.

2. 利用"截痕法"和"伸缩法"研究二次曲面

问题　给出三元二次方程 $F(x, y, z) = 0$, 如何判定该方程表示的空间曲面类型?

思路　(1) 牢记常见曲面的方程标准形式, 例如 $(x - x_0)^2 + (y - y_0)^2 + (z - z_0)^2 = R^2$ (球面), $z^2 = a^2(x^2 + y^2)$(圆锥面), $z = \sqrt{x^2 + y^2}$(上半圆锥面), $z = x^2 + y^2$(旋转抛物面) 等, 遇到给出的三元二次方程, 将之与常见曲面的方程进行比对, 进而确定所表示曲面的类型. (2) 利用"截痕法"和"伸缩法".

【例 1】分析方程 $\dfrac{x^2}{4} + \dfrac{y^2}{9} + \dfrac{z^2}{16} = 1$ 所表示的曲面.

将球面 $x^2 + y^2 + z^2 = 1$ 在三个坐标轴 x, y, z 方向进行"伸缩"或"挤压", 所以 $\dfrac{x^2}{4} + \dfrac{y^2}{9} + \dfrac{z^2}{16} = 1$ 表示椭球面. 再从截痕的角度, 用平面 $x = 0$ 截 $\dfrac{x^2}{4} + \dfrac{y^2}{9} + \dfrac{z^2}{16} = 1$, 即将 $x = 0$ 代入方程 $\dfrac{x^2}{4} + \dfrac{y^2}{9} + \dfrac{z^2}{16} = 1$ 中, 得到 $\dfrac{y^2}{9} + \dfrac{z^2}{16} = 1$ (椭圆), 说明该曲面在 yOz 坐标面上的截痕是椭圆. 若 C 表示常数, 改变 C 的取值, 发现当 $-2 < C < 2$ 时, 平面 $x = C$ 截得 $\dfrac{x^2}{4} + \dfrac{y^2}{9} + \dfrac{z^2}{16} = 1$ 的截痕均为椭圆, 当 $x = \pm 2$ 时, 截痕为点 $(\pm 2, 0, 0)$. 同理, 用平面 $y = C$ 或 $z = C$ 来截该曲面, 可以发现与上述相似的规律. 综合 x, y, z 三个方向上的截痕, 可以推测, $\dfrac{x^2}{4} + \dfrac{y^2}{9} + \dfrac{z^2}{16} = 1$ 表示椭球面.

【例 2】从旋转曲面的角度分析 $\dfrac{x^2}{a^2} + \dfrac{y^2}{b^2} - \dfrac{z^2}{c^2} = 1$.

对于方程 $\dfrac{x^2}{a^2} + \dfrac{y^2}{b^2} - \dfrac{z^2}{c^2} = 1$, 若 $a = b$, 即 $\dfrac{x^2}{a^2} + \dfrac{y^2}{a^2} - \dfrac{z^2}{c^2} = 1$, 由 x^2 和 y^2 的系数相同, 并根据旋转曲面方程的特点易知, 该曲面由 zOx 面上的曲线 $\begin{cases} \dfrac{x^2}{a^2} - \dfrac{z^2}{c^2} = 1, \\ y = 0 \end{cases}$ 绕 z 轴旋转而成 (或由 yOz 面上的曲线 $\begin{cases} \dfrac{y^2}{a^2} - \dfrac{z^2}{c^2} = 1, \\ x = 0 \end{cases}$ 绕 z 旋转而成).

如图 1.4.3 所示, 易知 $\begin{cases} \dfrac{x^2}{a^2} - \dfrac{z^2}{c^2} = 1, \\ y = 0 \end{cases}$ 表示 zOx 上的双曲线, 可以绘制出该双曲线, 然后观察其绕 z 轴旋转一周而成的曲面, 从而判断 $\dfrac{x^2}{a^2} + \dfrac{y^2}{a^2} - \dfrac{z^2}{c^2} = 1$ 为旋

转单叶双曲面. 当 $a \neq b$ 时, 即改变 x^2 和 y^2 的系数, 实际上是对旋转单叶双曲面 $\dfrac{x^2}{a^2} + \dfrac{y^2}{a^2} - \dfrac{z^2}{c^2} = 1$ 在 x 和 y 方向 (可以通俗地理解为 "水平方向") 上进行 "拉伸" 操作, 由于旋转而带有的 "圆" 的 "旋转属性" 消失 (水平方向上 "圆" 变成 "椭圆", 曲面命名中应去掉 "旋转" 一词), 所以 $\dfrac{x^2}{a^2} + \dfrac{y^2}{b^2} - \dfrac{z^2}{c^2} = 1$ 表示单叶双曲面.

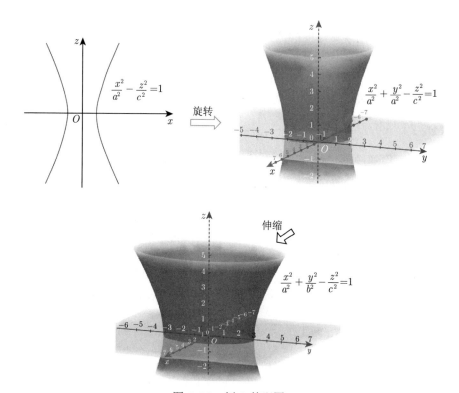

图 1.4.3   例 2 的配图

再从截痕的角度加以验证. 用平面簇 $x = C,\ C \in (-a, a)$ 截 $\dfrac{x^2}{a^2} + \dfrac{y^2}{b^2} - \dfrac{z^2}{c^2} = 1$, 得到的截痕为双曲线 $\begin{cases} \dfrac{y^2}{b^2\left(1 - \dfrac{C^2}{a^2}\right)} - \dfrac{z^2}{c^2\left(1 - \dfrac{C^2}{a^2}\right)} = 1, \\ x = C, \end{cases}$ 用平面簇 $z = C, C \in (-c, c)$ 来截 $\dfrac{x^2}{a^2} + \dfrac{y^2}{b^2} - \dfrac{z^2}{c^2} = 1$, 得到截痕为椭圆

$$\begin{cases} \dfrac{x^2}{a^2\left(1+\dfrac{C^2}{c^2}\right)} + \dfrac{y^2}{b^2\left(1+\dfrac{C^2}{c^2}\right)} = 1, \\ z = C, \end{cases}$$

可以验证 $\dfrac{x^2}{a^2} + \dfrac{y^2}{b^2} - \dfrac{z^2}{c^2} = 1$ 为单叶双曲面的结论正确.

✔ 学习效果检测

A. 能够复述曲面及其方程的概念

1. 将平面视为曲面的特例, 曲面的一般式方程为_____, 平面的一般式方程为_____, 易见, 平面方程是_____ 次方程, 二次曲面的方程是_____ 次方程.

2. 若一个三元方程 $G(x,y,z) = 0$ 和空间某曲面 S 建立对应关系如下,_____、_____, 则称方程 $G(x,y,z) = 0$ 为曲面 S 的方程, 曲面 S 称为方程 $G(x,y,z) = 0$ 的图形.

B. 会求坐标轴为旋转轴的旋转曲面的方程

3. 旋转曲面 $x^2 - y^2 - z^2 = 1$ 是 (　　).

(A) xOy 平面上的双曲线绕 x 轴旋转所得;

(B) xOz 平面上的双曲线绕 z 轴旋转所得;

(C) xOy 平面上的椭圆绕 x 轴旋转所得;

(D) xOz 平面上的椭圆绕 x 轴旋转所得.

4. 曲面 $z = \sqrt{x^2 + y^2}$ 是 (　　).

(A) zOx 平面上曲线 $z = x$ 绕 z 轴旋转而成的旋转曲面;

(B) zOy 平面上曲线 $z = |y|$ 绕 z 轴旋转而成的旋转曲面;

(C) zOx 平面上曲线 $z = x$ 绕 x 轴旋转而成的旋转曲面;

(D) zOy 平面上曲线 $z = |y|$ 绕 y 轴旋转而成的旋转曲面.

5. xOz 平面上曲线 $x^2 + z^2 = 1$ 绕 z 轴旋转而成的旋转曲面的方程为_____.

6. 平面曲线 $y = kx, k \neq 0$ 绕 y 轴旋转而成的旋转曲面的方程为_____.

7. 按照示例将表 1.4.1 补充完整, 然后注意寻找旋转曲面图形开口方向 (单、双叶) 与方程之间的联系.

表 1.4.1

坐标面双曲线方程	双曲线图像	旋转曲面方程
$\dfrac{x^2}{a^2} - \dfrac{y^2}{b^2} = 1$		绕 x 轴旋转 $\dfrac{x^2}{a^2} - \dfrac{y^2+z^2}{b^2} = 1$ 绕 y 轴旋转 $\dfrac{x^2+z^2}{a^2} - \dfrac{y^2}{b^2} = 1$
$-\dfrac{x^2}{a^2} + \dfrac{y^2}{b^2} = 1$		绕 x 轴旋转 绕 y 轴旋转
$\dfrac{x^2}{a^2} - \dfrac{z^2}{c^2} = 1$		绕 x 轴旋转 绕 z 轴旋转
$-\dfrac{x^2}{a^2} + \dfrac{z^2}{c^2} = 1$		绕 x 轴旋转 绕 z 轴旋转

C. 会求母线平行于坐标轴的柱面的方程

8. 举例叙述母线平行于坐标轴的柱面方程的特点:

_____

_____

9. (1) 绘制柱面 $x^2 + y^2 = R^2$ 和柱面 $x^2 + z^2 = R^2$ 的图形;

(2) 绘制两柱面 $x^2 + y^2 = R^2$,$x^2 + z^2 = R^2$ 所围部分的图形.

D. 运用截痕法、伸缩法推断二次方程表示的二次曲面,能够说出常用二次曲面的标准方程及其图形

10. 下列方程表示的曲面名称是

(1) $2x^2 + 2y^2 = 1 + 3z^2$ 表示_____;

(2) $\dfrac{x^2}{3} + \dfrac{y^2}{2} - 8z = 0$ 表示_____;

(3) $x^2 - y^2 = 2x$ 表示_____;

(4) $z = 1 - \sqrt{x^2 + y^2}$ 表示_____.

11. 方程 $z^2 - x^2 - y^2 = 0$ 在空间表示 (　　).

(A) 柱面;　　　　(B) 圆锥面;　　　　(C) 旋转双曲面;　　(D) 平面.

12. 方程 $x^2 + 2y^2 = 3z$ 所表示的曲面 (　　).

(A) 单叶双曲面;　(B) 椭圆抛物面;　(C) 双叶双曲面;　(D) 椭球面.

13. 曲面 $x^2 - y^2 = z$ 在 xOz 平面上的截线方程是 (　　).

(A) $x^2 = z$;

(B) $\begin{cases} y^2 = -z, \\ x = 0; \end{cases}$

(C) $\begin{cases} x^2 - y^2 = 0, \\ z = 0; \end{cases}$

(D) $\begin{cases} x^2 = z, \\ y = 0. \end{cases}$

14. 曲面 $x^2 + y^2 + z^2 = a^2$ 与 $x^2 + y^2 = 2az(a > 0)$ 的交线是 (　　).

(A) 抛物线;　　(B) 双曲线;　　(C) 圆周;　　　(D) 椭圆.

15. 球面 $x^2 + y^2 + z^2 = R^2$ 与 $x + z = a, 0 < a < R$, 交线在 xOy 平面上投影曲线的方程是_____.

知识点归纳与总结

1. 空间直角坐标系

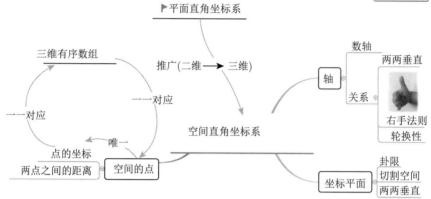

2. 向量的概念

关于向量的基本概念总结如表 1.1.

表 1.1[1]　向量的相关概念

	内容	备注
概念	既有大小, 又有方向的量	例: 力、位移、速度、加速度
符号表示	一个有方向的线段 (几何)	$\overrightarrow{AB}, \overrightarrow{M_0M}, \vec{a}, \boldsymbol{a}$
模 (范数)	向量的大小 (长度)	$\|\overrightarrow{AB}\|, \|\overrightarrow{M_0M}\|, \|\vec{a}\|, \|\boldsymbol{a}\|$
零向量	模为 0 的向量, 记为 $\boldsymbol{0}$	零向量的起点与终点重合, 方向任意
单位向量	模长为 1 的向量	$\boldsymbol{e}_{\boldsymbol{a}}$(表示与非零向量 $\boldsymbol{a}$ 同方向的单位向量)
自由向量	只考虑大小和方向, 不考虑起点位置	可由一个位置平移到另一位置, 且属性不变
相等	两个向量的模相等, 方向相同	经过平移后可完全重合
向量的夹角	两个向量经平移使起点重合后, 两射线的夹角 (取不超过 π 的)	记 $\widehat{(\boldsymbol{a}, \boldsymbol{b})}$, 显然 $\widehat{(\boldsymbol{a}, \boldsymbol{b})} = \widehat{(\boldsymbol{b}, \boldsymbol{a})}$
	平行: 两个非零向量方向相同或相反	$\boldsymbol{a} / / \boldsymbol{b} \Leftrightarrow \widehat{(\boldsymbol{a}, \boldsymbol{b})} = 0$ 或 $\widehat{(\boldsymbol{a}, \boldsymbol{b})} = \pi$
	垂直: 两个非零向量夹角为 $\pi/2$	零向量与任意向量既平行又垂直
负向量	与 $\boldsymbol{a}$ 的模相同, 方向相反的向量	记为 $-\boldsymbol{a}$

当两个平行向量的起点放在同一点时, 它们的终点和公共的起点在一条直线上. 因此, 两向量平行又称两向量共线. 类似还有共面的概念. 设有 $k(k \geqslant 3)$ 个向量, 当把它们的起点放在同一点时, 如果 k 个向量的终点和公共起点在一个平面上, 就称这 k 个向量共面.

---

1 备注: "知识点归纳与总结"模块为概括全章, 图序、表序特别排序, 不与节中图序、表序使用同一规则, 特此说明.

3. 向量的运算

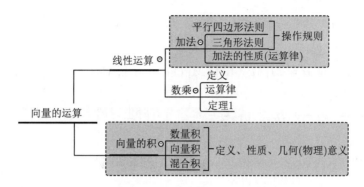

1) 线性运算

加法 (位移的) 三角形法则或 (力合成的) 平行四边形法则. 如定义 $a + b = c$, 让 a 的终点与 b 的始点通过平移重合, 再从 a 的始点向 b 的终点引一向量便是 c. 如图 1.1.

减法 加法的逆运算. 甲向量减去乙向量等于甲向量加上乙向量的负向量. 如 $a - b = a + (-b)$, 即让 a 的始点与 b 的始点通过平移重合, 再从 b 的终点向 a 的终点引一向量便是 $a - b$. 具体作法为: 作 $\overrightarrow{OA} = a, \overrightarrow{OB} = b$, 则 $a - b = a + (-b) = \overrightarrow{OA} + \overrightarrow{BO} = \overrightarrow{OA} - \overrightarrow{OB} = \overrightarrow{BA}$. 如图 1.2.

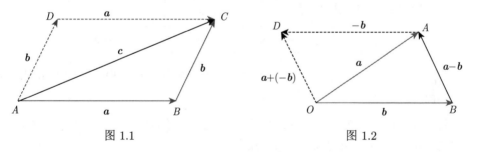

图 1.1 图 1.2

三角不等式 $|a + b| \leqslant |a| + |b|, |a - b| \leqslant |a| + |b|$(三角形两边之和大于第三边); $|a| - |b| \leqslant |a \pm b|$ (三角形两边之差小于第三边).

数乘向量 λa $\begin{cases} 模 & |\lambda||a|, \\ 方向 & \begin{cases} \lambda > 0 & \lambda a \text{ 与 } a \text{ 方向一致}, \\ \lambda < 0 & \lambda a \text{ 与 } a \text{ 方向相反}, \\ \lambda = 0 & \lambda a = \mathbf{0}. \end{cases} \end{cases}$

向量平行的判定 $a \neq \mathbf{0}, b // a \Leftrightarrow$ 存在唯一实数 λ, 使 $b = \lambda a$.

求与非零向量同方向的单位向量, $a \neq \mathbf{0}, a^0 = \dfrac{a}{|a|}$ 是与 a 同方向的单位向量.

求与非零向量平行的单位向量, $\boldsymbol{a} \neq \boldsymbol{0}, \boldsymbol{a}^0 = \pm \dfrac{\boldsymbol{a}}{|\boldsymbol{a}|}$ 是与 $\boldsymbol{a}$ 平行的单位向量.

向量的坐标及线性运算的坐标表示 与 x 轴、y 轴、z 轴正向一致的单位向量 $\boldsymbol{i}, \boldsymbol{j}, \boldsymbol{k}$, 即 $\boldsymbol{i} = (1, 0, 0), \boldsymbol{j} = (0, 1, 0), \boldsymbol{k} = (0, 0, 1)$.

对于给定向量 $\boldsymbol{a} = \overrightarrow{M_1 M_2}$, 其中 $M_1(x_1, y_1, z_1), M_2(x_2, y_2, z_2)$. 则

$$\boldsymbol{a} = \overrightarrow{M_1 M_2} = \{x_2 - x_1, y_2 - y_1, z_2 - z_1\} \quad \text{(有时也习惯上将大括号写作小括号)}.$$

若 $\boldsymbol{a} = \{a_x, a_y, a_z\}, \boldsymbol{b} = \{b_x, b_y, b_z\}, \lambda, \mu$ 为实数, 则

$$\boldsymbol{a} \pm \boldsymbol{b} = \{a_x \pm b_x, a_y \pm b_y, a_z \pm b_z\},$$

$$\lambda \boldsymbol{a} = \{\lambda a_x, \lambda a_y, \lambda a_z\},$$

$$\lambda \boldsymbol{a} \pm \mu \boldsymbol{b} = \{\lambda a_x \pm \mu b_x, \lambda a_y \pm \mu b_y, \lambda a_z \pm \mu b_z\}.$$

非零向量平行的判定 $\quad \boldsymbol{a} // \boldsymbol{b} \Leftrightarrow \dfrac{a_x}{b_x} = \dfrac{a_y}{b_y} = \dfrac{a_z}{b_z}$.

2) 数量积

数量积 (点积、内积) 定义

$$\boxed{\text{向量 } \boldsymbol{a}, \boldsymbol{b} \text{ 的数量积记为 } \boldsymbol{a} \cdot \boldsymbol{b} = |\boldsymbol{a}||\boldsymbol{b}| \cos \theta, \theta = (\widehat{\boldsymbol{a}, \boldsymbol{b}})}$$

两个向量的数量积是一个数量, 这个数值为它们模的积再乘以它们夹角的余弦.

物理背景 常力沿直线位移做功.

两个非零向量的夹角 将两个向量平移至公共始点, 在它们所决定的平面内形成的不超过 π 的夹角记为 $\theta = (\widehat{\boldsymbol{a}, \boldsymbol{b}})$.

常用结论

▶ 向量与自身的数量积等于它模的平方: $\boldsymbol{a} \cdot \boldsymbol{a} = |\boldsymbol{a}|^2$;

▶ 非零向量相互垂直当且仅当它们的数量积为 $0: \boldsymbol{a} \perp \boldsymbol{b} \Leftrightarrow \boldsymbol{a} \cdot \boldsymbol{b} = 0$.

数量积的坐标表示 $\quad \boldsymbol{a} = \{a_x, a_y, a_z\}, \boldsymbol{b} = \{b_x, b_y, b_z\} \Rightarrow \boldsymbol{a} \cdot \boldsymbol{b} = a_x b_x + a_y b_y + a_z b_z$.

向量的方向角 向量与三个坐标轴正向所成的角. 如图 1.3, α, β, γ 为 $\boldsymbol{a} = \overrightarrow{OH}$ 的方向角, $\alpha = (\widehat{\boldsymbol{a}, \boldsymbol{i}}), \beta = (\widehat{\boldsymbol{a}, \boldsymbol{j}}), \gamma = (\widehat{\boldsymbol{a}, \boldsymbol{k}})$, 向量坐标是向量在坐标轴上的投影.

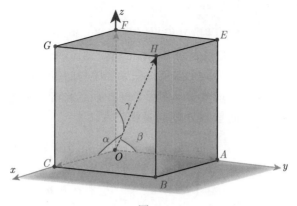

图 1.3

向量的模 $\boldsymbol{a} = \{a_x, a_y, a_z\} \Rightarrow |\boldsymbol{a}| = \sqrt{\boldsymbol{a} \cdot \boldsymbol{a}} = \sqrt{a_x^2 + a_y^2 + a_z^2}$.

方向余弦 $\boldsymbol{a} \neq \boldsymbol{0} \Rightarrow \boldsymbol{a}^0 = \dfrac{\boldsymbol{a}}{|\boldsymbol{a}|} = \left\{ \dfrac{a_x}{|\boldsymbol{a}|}, \dfrac{a_y}{|\boldsymbol{a}|}, \dfrac{a_z}{|\boldsymbol{a}|} \right\} = \{\cos\alpha, \cos\beta, \cos\gamma\}$,

$$\cos^2\alpha + \cos^2\beta + \cos^2\gamma = \left|\boldsymbol{a}^0\right|^2 = 1.$$

两点间距离 $M_1(x_1, y_1, z_1)$, $M_2(x_2, y_2, z_2)$ 两点间的距离为

$$d = \left|\overrightarrow{M_1M_2}\right| = \sqrt{(x_2 - x_1)^2 + (y_2 - y_1)^2 + (z_2 - z_1)^2}.$$

两个非零向量夹角的计算 $\cos(\widehat{\boldsymbol{a}, \boldsymbol{b}}) = \dfrac{\boldsymbol{a} \cdot \boldsymbol{b}}{|\boldsymbol{a}||\boldsymbol{b}|} = \dfrac{a_x b_x + a_y b_y + a_z b_z}{\sqrt{a_x^2 + a_y^2 + a_z^2} \sqrt{b_x^2 + b_y^2 + b_z^2}}$.

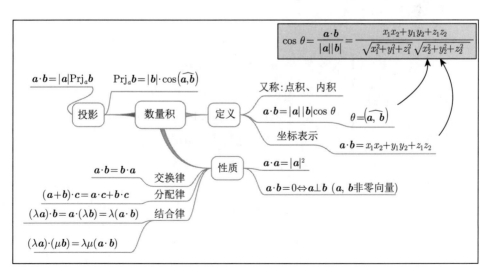

3) 向量积

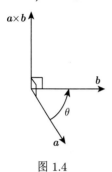

图 1.4

向量积 (叉积, 外积) 定义　两个向量的向量积是一个向量, 它的模为两个向量的模之积再乘以它们夹角的正弦, 方向规定为两个向量按先后顺序与向量积满足右手系 (图 1.4).

物理背景　作用于杠杆某点的常力对支点产生的力矩.

向量 $\boldsymbol{a}, \boldsymbol{b}$ 的向量积记为

$$\boldsymbol{a} \times \boldsymbol{b} \begin{cases} |\boldsymbol{a} \times \boldsymbol{b}| = |\boldsymbol{a}||\boldsymbol{b}| \sin \theta, \theta = (\widehat{\boldsymbol{a}, \boldsymbol{b}}), \\ \boldsymbol{a} \times \boldsymbol{b} \text{ 的方向: } \boldsymbol{a} \times \boldsymbol{b} \perp \boldsymbol{a}; \boldsymbol{a} \times \boldsymbol{b} \perp \boldsymbol{b}, \\ \qquad\qquad \text{且} \boldsymbol{a}, \boldsymbol{b}, \boldsymbol{a} \times \boldsymbol{b} \text{ 成右手系}. \end{cases}$$

向量积结论

▶ 向量与自身的向量积为零向量: $\boldsymbol{a} \times \boldsymbol{a} = \boldsymbol{0}$;

▶ 非零向量平行当且仅当它们的向量积为零向量: 非零向量 $\boldsymbol{a}, \boldsymbol{b}, \boldsymbol{a}//\boldsymbol{b} \Leftrightarrow \boldsymbol{a} \times \boldsymbol{b} = \boldsymbol{0}$;

▶ 平行四边形的面积等于它一组邻边向量向量积的模; 三角形的面积等于它一组邻边向量向量积的模的一半. 如图 1.5 所示.

$$S_{\square ABCD} = |\overrightarrow{AB}||\overrightarrow{AD}| \sin \theta = |\overrightarrow{AB} \times \overrightarrow{AD}| = 2S_{\triangle ABD}.$$

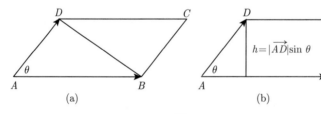

图 1.5

$$\text{向量积满足算律} \begin{cases} \text{反交换律: } \boldsymbol{a} \times \boldsymbol{b} = -\boldsymbol{b} \times \boldsymbol{a}; \\ \text{分配律: } (\boldsymbol{a} + \boldsymbol{b}) \times \boldsymbol{c} = \boldsymbol{a} \times \boldsymbol{c} + \boldsymbol{b} \times \boldsymbol{c}; \\ \text{结合律: } (\lambda\boldsymbol{a}) \times \boldsymbol{b} = \boldsymbol{a} \times (\lambda\boldsymbol{b}) = \lambda(\boldsymbol{a} \times \boldsymbol{b}); \\ \qquad (\lambda\boldsymbol{a}) \times (\mu\boldsymbol{b}) = \lambda\mu(\boldsymbol{a} \times \boldsymbol{b}). \end{cases}$$

向量积的坐标表示 $\boldsymbol{a} \times \boldsymbol{b} = \begin{vmatrix} \boldsymbol{i} & \boldsymbol{j} & \boldsymbol{k} \\ a_x & a_y & a_z \\ b_x & b_y & b_z \end{vmatrix}$

$$= \begin{vmatrix} a_y & a_z \\ b_y & b_z \end{vmatrix} \boldsymbol{i} - \begin{vmatrix} a_x & a_z \\ b_x & b_z \end{vmatrix} \boldsymbol{j} + \begin{vmatrix} a_x & a_y \\ b_x & b_y \end{vmatrix} \boldsymbol{k}.$$

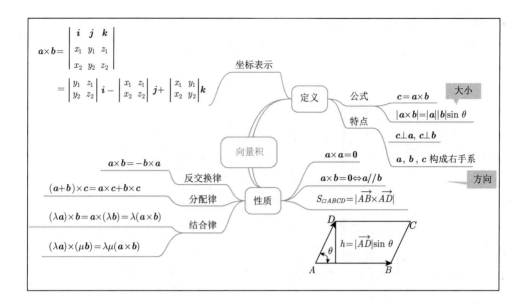

4. 平面的方程

点法式方程　已知平面 Π 上一点 $M_0(x_0, y_0, z_0)$, 法线向量 $\boldsymbol{n} = \{A, B, C\}$, 则平面 Π 的方程为

$$\{A, B, C\} \cdot \{x - x_0, y - y_0, z - z_0\} = 0$$

$$\boxed{即 A(x - x_0) + B(y - y_0) + C(z - z_0) = 0.}$$

一般式方程　$Ax + By + Cz + D = 0$ (以 $\boldsymbol{n} = \{A, B, C\}$ 为法向量的平面).

特殊位置的平面

▶ 过原点的平面——$Ax + By + Cz = 0(D = 0)$;

▶ 平行于 x 轴的平面——$By + Cz + D = 0$;

▶ 平行于 x, y 轴的平面——$Cz + D = 0$.

截距式方程　$\dfrac{x}{a} + \dfrac{y}{b} + \dfrac{z}{c} = 1, a, b, c$ 分别为平面在 x, y, z 轴上的截距.

两个平面的夹角　$\Pi_1 : A_1 x + B_1 y + C_1 z + D_1 = 0, \Pi_2 : A_2 x + B_2 y + C_2 z + D_2 = 0$, 平面 Π_1 与 Π_2 的夹角 $\theta(0 \leqslant \theta \leqslant \pi/2) : \cos\theta = |\cos(\widehat{\boldsymbol{n}_1, \boldsymbol{n}_2})|$, 其中 $\boldsymbol{n}_1 = \{A_1, B_1, C_1\}, \boldsymbol{n}_2 = \{A_2, B_2, C_2\}, \theta$ 是 $\left(\widehat{\boldsymbol{n}_1, \boldsymbol{n}_2}\right)$ 与 $\left(\widehat{-\boldsymbol{n}_1, \boldsymbol{n}_2}\right)$ 中的锐角. 结论: $\Pi_1 \perp \Pi_2 \Leftrightarrow \boldsymbol{n}_1 \perp \boldsymbol{n}_2; \Pi_1 // \Pi_2 \Leftrightarrow \boldsymbol{n}_1 // \boldsymbol{n}_2$.

点到平面的距离　点 $M_0(x_0, y_0, z_0)$ 到平面 $\Pi : Ax + By + Cz + D = 0$ 的距离为

$$d = \frac{|Ax_0 + By_0 + Cz_0 + D|}{\sqrt{A^2 + B^2 + C^2}}.$$

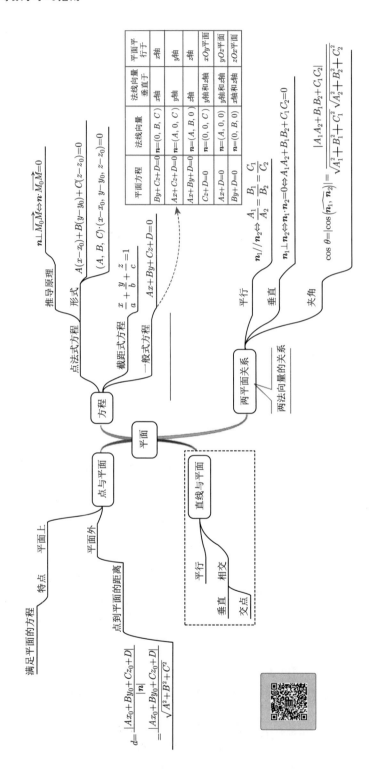

平面

方程

- 点法式方程
  - 推导原理：$n\perp \overrightarrow{M_0M}\Leftrightarrow n\cdot \overrightarrow{M_0M}=0$
  - 形式：$A(x-x_0)+B(y-y_0)+C(z-z_0)=0$
    $(A,B,C)\cdot(x-x_0,y-y_0,z-z_0)=0$
- 截距式方程：$\dfrac{x}{a}+\dfrac{y}{b}+\dfrac{z}{c}=1$
- 一般式方程：$Ax+By+Cz+D=0$

平面方程	法线向量	法线向量垂直于	平面平行于
$By+Cz+D=0$	$n=(0,B,C)$	x轴	x轴
$Ax+Cz+D=0$	$n=(A,0,C)$	y轴	y轴
$Ax+By+D=0$	$n=(A,B,0)$	z轴	z轴
$Cz+D=0$	$n=(0,0,C)$	x轴和y轴	xOy平面
$Ax+D=0$	$n=(A,0,0)$	y轴和z轴	yOz平面
$By+D=0$	$n=(0,B,0)$	z轴和x轴	zOx平面

两平面关系（两法向量的关系）

- 平行：$n_1//n_2\Leftrightarrow \dfrac{A_1}{A_2}=\dfrac{B_1}{B_2}=\dfrac{C_1}{C_2}$
- 垂直：$n_1\perp n_2\Leftrightarrow n_1\cdot n_2=0\Leftrightarrow A_1A_2+B_1B_2+C_1C_2=0$
- 夹角：$\cos\theta=|\cos(\widehat{n_1,n_2})|=\dfrac{|A_1A_2+B_1B_2+C_1C_2|}{\sqrt{A_1^2+B_1^2+C_1^2}\,\sqrt{A_2^2+B_2^2+C_2^2}}$

点与平面

- 特点
  - 平面上
  - 平面外
- 点到平面的距离（满足平面的方程）
  $$d=\dfrac{|Ax_0+By_0+Cz_0+D|}{|n|}=\dfrac{|Ax_0+By_0+Cz_0+D|}{\sqrt{A^2+B^2+C^2}}$$

直线与平面

- 平行
- 相交
  - 垂直
  - 交点

5. 直线的方程

一般式方程　两个平面的交线 $\begin{cases} A_1x + B_1y + C_1z + D_1 = 0, \\ A_2x + B_2y + C_2z + D_2 = 0. \end{cases}$

点向式方程 $\dfrac{x - x_0}{m} = \dfrac{y - y_0}{n} = \dfrac{z - z_0}{p}$，其中 $M_0\,(x_0, y_0, z_0)$ 为直线上一点，$\boldsymbol{s} = \{m, n, p\}$ 为方向向量.

参数方程 $\begin{cases} x = x_0 + mt, \\ y = y_0 + nt, \\ z = z_0 + pt, \end{cases}$ 其中 $M_0\,(x_0, y_0, z_0)$ 为直线上一点，$\boldsymbol{s} = \{m, n, p\}$ 为方向向量.

两直线的夹角 (锐角)　直线 L_1 与 L_2 的方向向量为 $\boldsymbol{s_1}, \boldsymbol{s_2}$，$L_1$ 与 L_2 的夹角为 $\phi : \cos\phi = \left| \cos(\widehat{\boldsymbol{s_1}, \boldsymbol{s_2}}) \right|$. 结论: $L_1 \perp L_2 \Leftrightarrow \boldsymbol{s_1} \perp \boldsymbol{s_2}; L_1 // L_2 \Leftrightarrow \boldsymbol{s_1} // \boldsymbol{s_2}$.

直线与平面的夹角　直线 L 的方向向量为 $\boldsymbol{s} = \{m, n, p\}$，平面 Π 的法向量 $\boldsymbol{n} = \{A, B, C\}$，则直线与平面的夹角 $\phi = \left| \dfrac{\pi}{2} - (\widehat{\boldsymbol{s}, \boldsymbol{n}}) \right|, \sin\phi = \left| \cos(\widehat{\boldsymbol{s}, \boldsymbol{n}}) \right|$.

平面束方程　两平面方程 $\Pi_1 : A_1x + B_1y + C_1z + D_1 = 0, \Pi_2 : A_2x + B_2y + C_2z + D_2 = 0$, 若平面 Π_1 与 Π_2 不平行, 则过交线为 l 的所有平面方程可表示为平面束方程 (不含 Π_2):

$$A_1x + B_1y + C_1z + D_1 + \lambda\,(A_2x + B_2y + C_2z + D_2) = 0 \quad (\lambda \in \mathbb{R}).$$

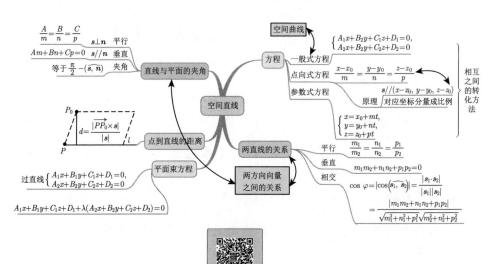

6. 二次曲面

1) 球面

$M_0\left(x_0, y_0, z_0\right)$ 为球心、R 为半径的球面方程为 $(x - x_0)^2 + (y - y_0)^2 + (z - z_0)^2 = R^2$.

2) 旋转曲面

坐标平面上的平面曲线绕坐标轴旋转, 将平面曲线方程改造可得旋转曲面方程, 通俗理解为: 绕谁 (坐标轴) 谁 (曲线方程中对应旋转轴的坐标变量) 不动, 曲线方程中另一个坐标变量换成其他两个坐标变量的平方和再开方带正负号 $(\pm\sqrt{(\ )^2 + (\ )^2})$. 具体而言, 求旋转曲面时, 平面曲线绕某坐标轴旋转, 则该坐标轴对应的变量不变, 而曲线方程中另一变量换成该变量与第三个变量平方和的正负平方根. 如 $\begin{cases} f(y, z) = 0, \\ x = 0, \end{cases}$ 绕 z 轴, 平面曲线方程中 z 变量不动, 另一变量 y 换成 $\pm\sqrt{x^2 + y^2}$, 得到曲面方程为 $f\left(\pm\sqrt{x^2 + y^2}, z\right) = 0$. 反过来, 由方程 $f\left(x, \pm\sqrt{y^2 + z^2}\right) = 0$ 可以看出, x 轴为旋转轴; $g\left(y, \pm\sqrt{x^2 + z^2}\right) = 0, y$ 轴为旋转轴; $h\left(z, \pm\sqrt{x^2 + y^2}\right) = 0, z$ 轴为旋转轴.

对三元二次完全方程, 如果有平方项的系数相同的变量, 则该方程表示的曲面为旋转曲面, 去掉相同的平方项的平面曲线绕不同变量为轴旋转. 如 $\dfrac{x^2}{4} + \dfrac{y^2}{9} + \dfrac{z^2}{9} = 1$, 有 y^2 和 z^2 系数相同, 去掉某一个, 得平面曲线 $\begin{cases} \dfrac{x^2}{4} + \dfrac{z^2}{9} = 1, \\ y = 0, \end{cases}$ 绕 x 轴绕旋一周而成. 举例如下:

▶ 圆锥面 $z^2 = a^2\left(x^2 + y^2\right)$ (yOz 面上直线 $z = ay$ 绕 z 轴旋转一周而成), $x^2 = a^2\left(y^2 + z^2\right), y^2 = a^2\left(x^2 + z^2\right)$;

▶ 旋转椭球面 $\dfrac{x^2}{a^2} + \dfrac{y^2}{b^2} + \dfrac{z^2}{b^2} = 1, \dfrac{x^2}{a^2} + \dfrac{y^2}{a^2} + \dfrac{z^2}{c^2} = 1, \dfrac{x^2}{a^2} + \dfrac{y^2}{b^2} + \dfrac{z^2}{a^2} = 1$;

▶ 旋转双曲面 $\dfrac{x^2}{a^2} + \dfrac{y^2}{a^2} - \dfrac{z^2}{c^2} = 1$ (单叶); $-\dfrac{x^2}{c^2} + \dfrac{y^2}{b^2} - \dfrac{z^2}{c^2} = 1$ (双叶);

▶ 旋转抛物面 $x^2 + y^2 = 2pz$ ($y^2 = 2pz$ 绕 z 轴旋转一周而成).

3) 柱面

平行于定直线并沿定曲线 C(准线) 移动的动直线 L (母线) 形成的曲面.

母线平行于坐标轴的柱面: $F(x, y) = 0$ (母线平行于 z 轴的柱面); $G(y, z) = 0$(母线平行于 x 轴的柱面); $H(z, x) = 0$(母线平行于 y 轴的柱面).

特点: 缺谁 (坐标变量) 母线就平行于谁 (坐标变量对应的坐标轴). 举例如下:

▶ 圆柱面　$x^2 + y^2 = R^2$(母线平行于 z 轴);

▶ 椭圆柱面　$\dfrac{x^2}{a^2} + \dfrac{y^2}{b^2} = 1$(母线平行于 z 轴);

▶ 双曲柱面　$\dfrac{x^2}{a^2} - \dfrac{z^2}{c^2} = 1$(母线平行于 y 轴);

▶ 抛物柱面　$y^2 = 2pz$(母线平行于 x 轴).

4) 常见的二次曲面

▶ 椭圆锥面　$z^2 = \dfrac{x^2}{a^2} + \dfrac{y^2}{b^2}$;

▶ 椭球面　$\dfrac{x^2}{a^2} + \dfrac{y^2}{b^2} + \dfrac{z^2}{c^2} = 1$;

▶ 单叶双曲面　$\dfrac{x^2}{a^2} + \dfrac{y^2}{b^2} - \dfrac{z^2}{c^2} = 1, \dfrac{x^2}{a^2} - \dfrac{y^2}{b^2} + \dfrac{z^2}{c^2} = 1, -\dfrac{x^2}{a^2} + \dfrac{y^2}{b^2} + \dfrac{z^2}{c^2} = 1$;

▶ 双叶双曲面　$\dfrac{x^2}{a^2} - \dfrac{y^2}{b^2} - \dfrac{z^2}{c^2} = 1, -\dfrac{x^2}{a^2} + \dfrac{y^2}{b^2} - \dfrac{z^2}{c^2} = 1, -\dfrac{x^2}{a^2} - \dfrac{y^2}{b^2} + \dfrac{z^2}{c^2} = 1$;

▶ 椭圆抛物面　$z = \dfrac{x^2}{a^2} + \dfrac{y^2}{b^2}, -z = \dfrac{x^2}{a^2} + \dfrac{y^2}{b^2}$;

▶ 双曲抛物面 (马鞍面)　$\dfrac{x^2}{a^2} - \dfrac{y^2}{b^2} = z$.

7. 曲线方程

一般方程　$C : \begin{cases} F(x,y,z) = 0, \\ G(x,y,z) = 0 \end{cases}$ 视为曲面 $F(x,y,z) = 0$ 与曲面 $G(x,y,z) = 0$ 的交线.

参数方程　曲线上点的坐标可以表示为某个参数的函数. 如 $C : \begin{cases} x = x(t), \\ y = y(t), \\ z = z(t). \end{cases}$

曲线在坐标面上的投影　以曲线为准线作母线垂直于坐标面的柱面 (投影柱面), 投影柱面与坐标面的交线即是曲线在该坐标面上的投影. 如求曲线 $C : \begin{cases} F(x,y,z) = 0, \\ G(x,y,z) = 0 \end{cases}$ 在 xOy 面上的投影, 消去变量 z 后的曲线 C 关于 xOy 面的投影柱面: $H(x,y) = 0$. 曲线 C 在 xOy 面上的投影曲线 C' 的方程为 $\begin{cases} H(x,y) = 0, \\ z = 0. \end{cases}$

8. 直线与平面相交, 点到直线的距离, 两异面直线的距离

(1) l 与 Π 相交 $\Leftrightarrow \boldsymbol{n} \cdot \boldsymbol{s} \neq 0$, 将直线方程化为参数形式, 代入平面方程中, 求出参数 t 值, 再代入参数方程中, 求出交点坐标.

(2) 设给定点 $P_0\left(x_0, y_0, z_0\right)$, 及直线 $l: \dfrac{x-x_1}{m} = \dfrac{y-y_1}{n} = \dfrac{z-z_1}{p}$, 点 P_0 到直线 l 的距离为 $d = \dfrac{\left|\overrightarrow{P_0 P_1} \times \boldsymbol{s}\right|}{|\boldsymbol{s}|}$, 其中 $P_1\left(x_1, y_1, z_1\right), \boldsymbol{s}=(m, n, p)$. 由向量积的几何意义可得此结论.

(3) 异面直线 l_1 与 l_2 的距离 $d = \dfrac{\left|\overrightarrow{P_1 P_2} \cdot \left(\boldsymbol{s}_1 \times \boldsymbol{s}_2\right)\right|}{\left|\boldsymbol{s}_1 \times \boldsymbol{s}_2\right|}$, 其中 P_1, P_2 分别为直线 l_1, l_2 上的点, $\boldsymbol{s}=\boldsymbol{s}_1 \times \boldsymbol{s}_2$ 为异面直线的公垂线的方向向量, 距离 d 为 $\overrightarrow{P_1 P_2}$ 在 $\boldsymbol{s}_1 \times \boldsymbol{s}_2$ 上的投影大小, 即 $\left|\operatorname{Prj}_{\boldsymbol{s}} \overrightarrow{P_1 P_2}\right|$.

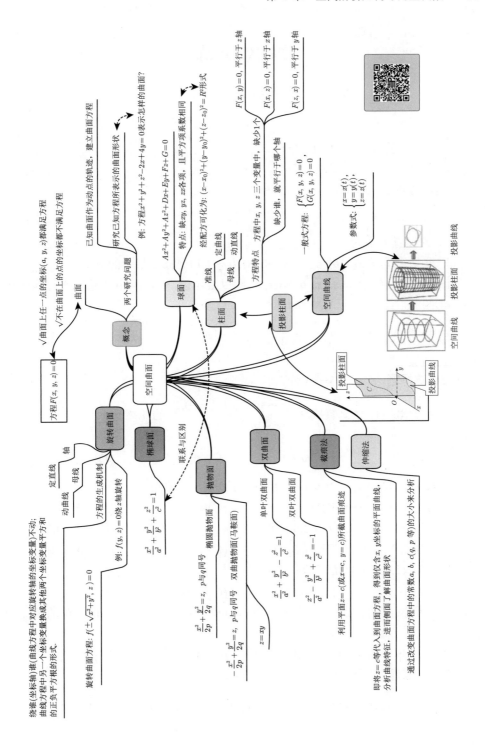

综 合 演 练

空间解析几何与向量代数 | 章测试 1

分数: _____

一、填空题 (3 分 ×5=15 分)

1. 设 $|a| = 2, |b| = 5, \widehat{(a,b)} = 2\pi/3$, 则 $\lambda =$ _____ 时, 向量 $m = \lambda a + 17b$ 与向量 $n = 3a - b$ 互相垂直.

2. 直线 $L : \dfrac{x-2}{1} = \dfrac{y-1}{1} = \dfrac{z-3}{1}$ 及平面 $\varPi : 4x - 2y + z - 2 = 0$, 则 L 与平面 $\varPi$ 的位置关系为_____.

3. 设 $|a+b| = |a-b|, a = (3, -5, 8), b = (-1, 1, z)$, 则 z 的值是_____.

4. 设 $|a| = 4, |b| = 3, \widehat{(a,b)} = \pi/6$, 则以 $a+2b$ 和 $a-3b$ 为边的平行四边形的面积是_____.

5. 两条直线 $l_1 : \dfrac{x-1}{0} = \dfrac{y}{1} = \dfrac{z}{1}$ 和 $l_2 : \dfrac{x}{2} = \dfrac{y}{-1} = \dfrac{z+2}{0}$ 的最短距离为_____.

二、选择题 (3 分 ×5=15 分)

6. 点 $P(3, -1, 2)$ 到直线 $\begin{cases} x + y - z + 1 = 0, \\ 2x - y + z - 4 = 0 \end{cases}$ 的距离是 (   ).

(A) $\dfrac{3\sqrt{2}}{2}$;　　　(B) $3\sqrt{2}$;　　　(C) $8\sqrt{2}$;　　　(D) $5\sqrt{2}$.

7. 设 $a = (3, -5, 8), b = (-1, 1, 1)$, 则 $\mathrm{Prj}_a b$ 的值是 (   ).

(A)4;　　　(B)5;　　　(C)0;　　　(D)8.

8. 在 y 轴上与点 $A(1, -3, 7)$ 和点 $B(5, 7, -5)$ 等距离的点是 (   ).

(A) $(0, 2, 0)$;　　　(B) $(0, 3, 0)$;　　　(C) $(0, 1, 0)$;　　　(D) $(0, 8, 0)$.

9. 已知 $\overrightarrow{OA} = i + 3k, \overrightarrow{OB} = j + 3k$, 则 $\triangle OAB$ 的面积为 (   ).

(A) $\sqrt{19}/2$;　　　(B) $2\sqrt{19}$;　　　(C) $\sqrt{19}$;　　　(D) $8\sqrt{19}$.

10. 两平行平面 $2x - 3y + 4z + 9 = 0$ 与 $2x - 3y + 4z - 15 = 0$ 的距离为 (   ).

(A) $9/26$;　　　(B) $4/29$;　　　(C) $24/\sqrt{29}$;　　　(D) $6/\sqrt{29}$.

三、计算题 (7 分 ×10=70 分)

11. 设一平面垂直于平面 $z = 0$, 并通过从点 $(1, -1, 1)$ 到直线 $\begin{cases} y - z + 1 = 0, \\ x = 0 \end{cases}$ 的垂线, 求此平面的方程.

12. 求直线 $\begin{cases} -2x - 4y + z = 0, \\ 3x - y - 2z - 9 = 0 \end{cases}$ 在平面 $4x - y + z = 1$ 上的投影直线的方程.

13. 求过点 $(-1, 0, 4)$, 且平行于平面 $3x - 4y + z - 10 = 0$, 又与直线 $\dfrac{x+1}{1} = \dfrac{y-3}{1} = \dfrac{z}{2}$ 相交的直线的方程.

14. 设有直线 $L : \begin{cases} x + 2y + z - 1 = 0, \\ x - 2y + z + 1 = 0, \end{cases}$ 平面 $\pi : x + y = 0$, 求直线 L 与平面 π 的夹角; 如果 L 与 π 相交, 求交点.

15. 求通过直线 $l : \begin{cases} x + 5y + z = 0, \\ x - z + 4 = 0 \end{cases}$ 且与平面 $\pi : x - 4y - 8z + 12 = 0$ 成 $45°$ 角的平面方程.

16. 求直线 $L : \dfrac{x-1}{1} = \dfrac{y}{1} = \dfrac{z-1}{1}$ 在平面 $\pi : x - y + 2z - 1 = 0$ 上的投影直线 L_0 的方程, 并求 L_0 绕 y 轴旋转一周所成曲面的方程.

17. 求平面 $x - 2y + 2z + 21 = 0$ 与平面 $7x + 24z - 5 = 0$ 的角平分平面方程.

18. 求过点 $(0,1,2)$ 且与直线 $\dfrac{x-1}{1} = \dfrac{y-1}{-1} = \dfrac{z}{2}$ 垂直相交的直线方程.

19. 求点 $(-1, 2, 0)$ 在平面 $x + 2y - z + 1 = 0$ 上的投影点.

20. 求点 $(2, 3, 1)$ 在直线 $\dfrac{x+7}{1} = \dfrac{y+2}{2} = \dfrac{z+2}{3}$ 上的投影点.

空间解析几何与向量代数 | 章测试 2

分数: _____

一、填空题 (3 分 × 5 = 15 分)

1. 已知向量 a, b, c 两两相互垂直, 且 $|a| = 1, |b| = \sqrt{2}, |c| = 1$, 则有 $|a + b + c| = $ _____.

2. 与直线 $\begin{cases} x + 2y + 3z = 1, \\ x - y + z = 0 \end{cases}$ 平行的单位向量为_____.

3. 点 $M_0(1, 2, 1)$ 到平面 $\pi : x + 2y + 2z = 10$ 的距离为_____.

4. 曲线 $\begin{cases} z = 6 - x^2 - y^2, \\ 2y + z - 3 = 0 \end{cases}$ 在 xOy 面上的投影曲线方程为_____.

5. xOz 平面上的曲线 $x = 1$ 绕 z 轴旋转一周所形成的旋转曲面方程为_____.

二、选择题 (3 分 × 5 = 15 分)

6. 已知向量 a, b 的模分别为 $|a| = 2, |b| = \sqrt{2}$ 且 $a \cdot b = 2$, 则 $|a \times b| = $ (   ).

(A) 2;   (B) $2\sqrt{2}$;

(C) $\sqrt{2}/2$;   (D) 1.

7. 平面 $z = 1$ 与曲面 $4x^2 + y^2 + z^2 = 1$(   ).

(A) 不相交;   (B) 交于一点;

(C) 交线为一个椭圆;   (D) 交线为一个圆.

8. 方程 $\dfrac{x^2}{2} - \dfrac{y^2}{4} = z$ 所表示的曲面为 (   ).

(A) 椭球面;   (B) 柱面;

(C) 双曲抛物面;   (D) 旋转抛物面.

9. 过点 $(1, -2, 4)$ 且与平面 $2x - 3y + z = 4$ 垂直的直线方程是 (   ).

(A) $\dfrac{x-1}{-2} = \dfrac{y+2}{3} = \dfrac{z-4}{1}$;   (B) $2x - 3y + z = 8$;

(C) $\dfrac{x-1}{1} = \dfrac{y+2}{-2} = \dfrac{z-4}{4}$;   (D) $\dfrac{x-1}{2} = \dfrac{y+2}{-3} = \dfrac{z-4}{1}$.

10. 设有直线 $L_1 : \dfrac{x-1}{1} = \dfrac{y-5}{-2} = \dfrac{z+8}{1}$ 与 $L_2 : \begin{cases} x - y = 6, \\ 2y + z = 3, \end{cases}$ 则 L_1 与 L_2 的夹角为 (   ).

(A) $\pi/6$;   (B) $\pi/4$;

(C) $\pi/3$;   (D) $\pi/2$.

三、计算题 (7 分 × 10=70 分)

11. 设 $|\boldsymbol{a}| = \sqrt{3}, |\boldsymbol{b}| = 1, (\widehat{\boldsymbol{a}, \boldsymbol{b}}) = \dfrac{\pi}{6}$, 求向量 $\boldsymbol{a} + \boldsymbol{b}$ 与 $\boldsymbol{a} - \boldsymbol{b}$ 的夹角.

12. 设空间三点 $A(1, -1, 2), B(4, 5, 4), C(2, 2, 2)$, 求三角形 ABC 的面积.

13. 求过 $M_1(1, 1, -1), M_2(-2, -2, 2)$ 和 $M_3(1, -1, 2)$ 三点的平面方程.

14. 求过平面 $2x + y = 0$ 和平面 $4x + 2y + 3z = 6$ 的交线, 并切于球面 $x^2 + y^2 + z^2 = 4$ 的平面方程.

15. 已知动点 $M(x, y, z)$ 到 xOy 平面的距离与点 M 到点 $(1, -1, 2)$ 的距离相等, 求点 M 的轨迹方程.

16. 求过点 $(-1, 0, 4)$, 且平行于平面 $3x - 4y + z - 10 = 0$, 又与直线 $\dfrac{x+1}{1} = \dfrac{y-3}{1} = \dfrac{z}{2}$ 相交的直线的方程.

17. 求通过点 $A(3, 0, 0)$ 和 $B(0, 0, 1)$ 且与 xOy 面成 $\pi/3$ 角的平面的方程.

18. 求过点 $(2, 1, 3)$ 且与直线 $\dfrac{x+1}{3} = \dfrac{y-1}{2} = \dfrac{z}{-1}$ 垂直相交的直线方程.

19. 求直线 $\begin{cases} x + y - z - 1 = 0, \\ x - y + z + 1 = 0 \end{cases}$ 在平面 $x + y + z = 0$ 上的投影直线方程.

20. 求曲线 $\begin{cases} z = 2 - x^2 - y^2, \\ z = (x-1)^2 + (y-1)^2 \end{cases}$ 在三个坐标面上的投影曲线的方程.

习 题 解 答

1.1   空间直角坐标系   向量代数

1. $5\boldsymbol{a} - 11\boldsymbol{b} - 7\boldsymbol{c}$.

2. $(1, -2, -2), (-2, 4, 4)$.

3. 5.

4. $(0, 0, 2)$.

5. $(-2, 3, 0)$.

6. 1.

7. 2.

8. (1) $\left(\dfrac{3}{5\sqrt{2}}, \dfrac{-4}{5\sqrt{2}}, \dfrac{1}{\sqrt{2}}\right), \left(\dfrac{3}{5\sqrt{2}}, \dfrac{-4}{5\sqrt{2}}, \dfrac{1}{\sqrt{2}}\right)$; (2) $5, \dfrac{\pi}{4}$.

9. C.

10. 2.

11. $4\sqrt{2}$.

12. 3.

13. B.

14. **解**   由数量积的定义知, $\boldsymbol{F}$ 所做的功是

$$W = \boldsymbol{F} \cdot \overrightarrow{AB} = (4, 2, 2) \cdot (3, -3, 6) = 18.$$

若力的单位是牛顿 (N), 位移的单位是米 (m), 则力 $\boldsymbol{F}$ 所做的功是 18 焦耳 (J). 由数量积的定义式, 有

$$\cos\theta = \frac{\boldsymbol{F} \cdot \overrightarrow{AB}}{|\boldsymbol{F}||\overrightarrow{AB}|} = \frac{18}{\sqrt{4^2 + 2^2 + 2^2}\sqrt{3^2 + (-3)^2 + 6^2}} = \frac{1}{2},$$

因此, $\boldsymbol{F}$ 与 $\overrightarrow{AB}$ 之间的夹角为 $\theta = \pi/3$.

15. **解** $\overrightarrow{M_1M_2} = (3 - 4, 0 - \sqrt{2}, 2 - 1) = (-1, -\sqrt{2}, 1)$;

$$\left|\overrightarrow{M_1M_2}\right| = \sqrt{(-1)^2 + (-\sqrt{2})^2 + 1^2} = 2;$$

$$\cos\alpha = -\frac{1}{2}, \quad \cos\beta = -\frac{\sqrt{2}}{2}, \quad \cos\gamma = \frac{1}{2};$$

$$\alpha = \frac{2\pi}{3}, \quad \beta = \frac{3\pi}{4}, \quad \gamma = \frac{\pi}{3}.$$

16. **解**   (1) $\boldsymbol{a} \cdot \boldsymbol{b} = 8, \boldsymbol{a} \cdot \boldsymbol{c} = 8$, 故 $(\boldsymbol{a} \cdot \boldsymbol{b})\boldsymbol{c} - (\boldsymbol{a} \cdot \boldsymbol{c})\boldsymbol{b} = 8(\boldsymbol{c} - \boldsymbol{b}) = 8(0, -1, -3) = -8\boldsymbol{j} - 24\boldsymbol{k}$.

(2) $a + b = (3, -4, 4)$, $b + c = (2, -3, 3)$, 则

$$(a + b) \times (b + c) = \begin{vmatrix} i & j & k \\ 3 & -4 & 4 \\ 2 & -3 & 3 \end{vmatrix}$$

$$= \begin{vmatrix} -4 & 4 \\ -3 & 3 \end{vmatrix} i - \begin{vmatrix} 3 & 4 \\ 2 & 3 \end{vmatrix} j + \begin{vmatrix} 3 & -4 \\ 2 & -3 \end{vmatrix} k$$

$$= -j - k.$$

(3) $(a \times b) \cdot c = \begin{vmatrix} 2 & -3 & 1 \\ 1 & -1 & 3 \\ 1 & -2 & 0 \end{vmatrix} = 2.$

17. 解　$\cos(\widehat{a, b}) = \dfrac{a \cdot b}{|b|} = \dfrac{10 - 2 + 10}{\sqrt{4 + 1 + 4}} = 6.$

18. 解　$a \times b = \begin{vmatrix} i & j & k \\ 1 & 2 & -2 \\ -2 & 1 & 0 \end{vmatrix} = \begin{vmatrix} 2 & -2 \\ 1 & 0 \end{vmatrix} i - \begin{vmatrix} 1 & -2 \\ -2 & 0 \end{vmatrix} j + \begin{vmatrix} 1 & 2 \\ -2 & 1 \end{vmatrix} k =$

$2i + 4j + 5k$. 所求的单位向量为

$$\pm \frac{1}{\sqrt{2^2 + 4^2 + 5^2}} (2i + 4j + 5k) = \pm \frac{\sqrt{5}}{15} (2, 4, 5).$$

1.2　平面及其方程

1. $A(x - x_0) + B(y - y_0) + C(z - z_0) = 0.$

2. $(2, -3, -1).$

3. $\dfrac{x}{a} + \dfrac{y}{b} + \dfrac{z}{c} = 1, \dfrac{1}{6}abc.$

4. $-6, 4, 12.$

5. $2x - 3y - z = 0.$

6. B.

7. 解　$n_1 = (1, -1, 2) - (1, 1, -1) = (0, -2, 3)$, $n_2 = (1, -1, 2) - (-2, -2, 2) = (3, 1, 0)$, 所求平面的法线向量为

$$n = n_1 \times n_2 = \begin{vmatrix} i & j & k \\ 0 & -2 & 3 \\ 3 & 1 & 0 \end{vmatrix} = -3i + 9j + 6k,$$

所求平面的方程为 $-3(x-1)+9(y-1)+6(z+1)=0$, 即 $x-3y-2z=0$.

8. $\pi/3$.

9. 1.

10. $d = \dfrac{|D_1 - D_2|}{\sqrt{A^2 + B^2 + C^2}}$.

11. $Ax + By + Cz + \dfrac{D_1 + D_2}{2} = 0$.

12. **解**　由 $\dfrac{x}{a} + \dfrac{y}{b} + \dfrac{z}{c} = 1$ 知 $p = \dfrac{\left| \dfrac{0}{a} + \dfrac{0}{b} + \dfrac{0}{c} - 1 \right|}{\sqrt{\dfrac{1}{a^2} + \dfrac{1}{b^2} + \dfrac{1}{c^2}}} = \dfrac{1}{\sqrt{\dfrac{1}{a^2} + \dfrac{1}{b^2} + \dfrac{1}{c^2}}}$, 故

$$p^2 = \dfrac{1}{\dfrac{1}{a^2} + \dfrac{1}{b^2} + \dfrac{1}{c^2}} \Rightarrow \dfrac{1}{p^2} = \dfrac{1}{a^2} + \dfrac{1}{b^2} + \dfrac{1}{c^2}.$$

1.3　直线及其方程

1. $\dfrac{x - x_0}{m} = \dfrac{y - y_0}{n} = \dfrac{z - z_0}{p}$, $\begin{cases} x = x_0 + mt, \\ y = y_0 + nt, \\ z = z_0 + pt. \end{cases}$

2. $\dfrac{x}{1} = \dfrac{y}{3} = \dfrac{z}{5}$.

3. $\dfrac{x + 5}{3} = \dfrac{y + 8}{2} = \dfrac{z}{1}$.

4. $(m, n, p), \theta = \arccos \dfrac{|m_1 m_2 + n_1 n_2 + p_1 p_2|}{\sqrt{m_1^2 + n_1^2 + p_1^2}\sqrt{m_2^2 + n_2^2 + p_2^2}}$.

5. $\theta = \arcsin \dfrac{|m_1 A + n_1 B + p_1 C|}{\sqrt{m_1^2 + n_1^2 + p_1^2}\sqrt{A^2 + B^2 + C^2}}$.

6. C.

7. A.

8. **证**　利用向量积的几何意义.

如图, 平行四边形的面积 $= \left| \overrightarrow{M_0 M} \times \boldsymbol{s} \right| = \underbrace{|\boldsymbol{s}|}_{\text{底}} \overset{\text{高}}{\hat{d}}$.

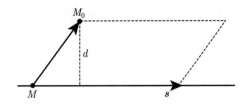

9. $\dfrac{\sqrt{418}}{11}$.

10. **解**　设 $P(x, y, z)$, P 到 x 轴距离为 $\sqrt{y^2 + z^2}$, $|PM_0| = \sqrt{x^2 + y^2 + (z - 5)^2}$, 则

$$x^2 + y^2 + (z - 5)^2 = y^2 + z^2,$$

即 $x^2 - 10z + 25 = 0$.

11. $(2, 4, 3)$.

12. **解**　过点 $(-1, 2, 0)$ 且与平面 $x + 2y - z + 1 = 0$ 垂直的直线方程为

$$\frac{x + 1}{1} = \frac{y - 2}{2} = \frac{z}{-1},$$

其参数方程为 $\begin{cases} x = -1 + t, \\ y = 2 + 2t, \\ z = -t, \end{cases}$ 代入平面方程 $x + 2y - z + 1 = 0$ 得 $t = -\dfrac{2}{3}$. 故

投影为 $\left(-\dfrac{5}{3}, \dfrac{2}{3}, \dfrac{2}{3}\right)$.

13. **解**　l_2 参数方程为 $\begin{cases} x = t, \\ y = 1 - 4t, \\ z = -1 + 3t, \end{cases}$ 代入 l_1 得 $\dfrac{t - 4}{-2} = \dfrac{4 - 4t}{2} = \dfrac{3t - 6}{-3}$.

解得 $t = 0$ 故交点为 $(0, 1, -1)$.

14. **解**　做平面束方程 $2x - 5y - 17 + \lambda(y - 2z + 3) = 0$, 将点 $(3, 1, -2)$ 代入到平面束方程中即得 $\lambda = 2$, 因此所求平面方程为

$$2x - 3y - 4z - 11 = 0.$$

15. **解**　L_1 的方向向量为 $\begin{vmatrix} \boldsymbol{i} & \boldsymbol{j} & \boldsymbol{k} \\ 2 & 1 & 0 \\ 3 & 0 & 1 \end{vmatrix} = \{1, -2, -3\}$, L_2 的方向向量为 $\{-1, 2, 3\}$, 且点 $M_2(1, -1, 2)$ 在 L_2 上但不在 L_1 上. 所以 $L_1 // L_2$. 再在 L_1 上取点

$M_1(0,1,2)$, 则向量 $\overrightarrow{M_1M_2} = (1,-2,0)$. 所求平面法向量为

$$\begin{vmatrix} \boldsymbol{i} & \boldsymbol{j} & \boldsymbol{k} \\ 1 & -2 & 0 \\ -1 & 2 & 3 \end{vmatrix} = \{-6,-3,-0\},$$

所求平面方程为 $2x + y - 1 = 0$.

16. **解** 设 $\dfrac{x}{2} = y + 2 = \dfrac{z+1}{3} = t$, 则其参数方程为 $\begin{cases} x = 2t, \\ y = t - 2, \\ z = 3t - 1, \end{cases}$ 代入平

面 $x + y + z + 15 = 0$ 得 $t = -2$, 故交点为 $(-4,-4,-7)$, 由已经条件所求直线与平面 $2x - 3y + 4z + 5 = 0$ 垂直, 则所求直线方程为

$$\frac{x+4}{2} = \frac{y+4}{-3} = \frac{z+7}{4}.$$

17. **解** 在直线 $\dfrac{x-4}{5} = \dfrac{y+3}{2} = \dfrac{z}{1}$ 上取一点 $P(4,-3,0)$, $\overrightarrow{MP} = (1,-4,2)$,

$$\boldsymbol{n} = (1,-4,2) \times (5,2,1) = \begin{vmatrix} \boldsymbol{i} & \boldsymbol{j} & \boldsymbol{k} \\ 1 & -4 & 2 \\ 5 & 2 & 1 \end{vmatrix} = (-8,9,22),$$

所求平面方程为

$$-8(x-3) + 9(y-1) + 22(z+2) = 0.$$

即 $8x - 9y - 22z - 59 = 0$.

18. **解** 过直线做平面束方程, 整理化简找到平面束方程的法向量, 平面束中一定能够找到一个与已知平面垂直的平面, 两平面方程法向量垂直故点乘为零得到一个等式一个未知数, 解出 λ 带入到平面束方程中, 得一平面, 与已知平面联立即得投影直线方程.

1.4 二次曲面

1. $F(x,y,z) = 0, Ax + By + Cz + D = 0$, 一, 二.

2. (1) 曲面 S 上任一点的坐标都满足方程 $F(x,\ y,\ z) = 0$;

(2) 不在曲面 S 上的点的坐标都不满足方程 $F(x,y,z) = 0$.

3. A.

4. B.

5. $x^2 + y^2 + z^2 = 1$.

6. $y = k\sqrt{x^2 + z^2}$.

7. 略.

8. (1) 不含 z 的方程 $x^2 + y^2 = R^2$ 在空间直角坐标系中表示圆柱面, 它的母线平行于 z 轴, 它的准线是 xOy 面上的圆 $x^2 + y^2 = R^2$. (2) 方程 $x - z = 0$ 表示母线平行于 y 轴的柱面, 其准线是 zOx 面上的直线 $x - z = 0$.

9. 略.

10. (1) 单叶双曲面; (2) 抛物面; (3) 双曲柱面; (4) 锥面.

11. B.

12. B.

13. D.

14. C.

15. $\begin{cases} x^2 + y^2 + (a - x)^2 = R^2, \\ z = 0. \end{cases}$

空间解析几何与向量代数 | 章测试 1

一、填空题

1. 40.

2. L 与 π 斜交.

3. 1.

4. 30.

5. 1.

二、选择题

6. A.

7. C.

8. A.

9. A.

10. C.

三、计算题

11. **解**　直线 $\begin{cases} y - z + 1 = 0, \\ x = 0 \end{cases}$ 的方向向量 $\boldsymbol{s} = \begin{vmatrix} \boldsymbol{i} & \boldsymbol{j} & \boldsymbol{k} \\ 0 & 1 & -1 \\ 1 & 0 & 0 \end{vmatrix} = (0, -1, -1)$.

作过点 $(1, -1, 1)$ 且以 $\boldsymbol{s} = (0, -1, -1)$ 为法向量的平面:

$$-1(y + 1) - (z - 1) = 0, \ 即 y + z = 0.$$

联立 $\begin{cases} y - z + 1 = 0, \\ x = 0, \\ y + z = 0, \end{cases}$ 得垂足 $\left(0, -\dfrac{1}{2}, \dfrac{1}{2}\right)$. 因所求平面垂直于平面 $z = 0$, 则可

设平面方程

$$Ax + By + D = 0.$$

又平面过点 $(1, -1, 1)$ 及垂足 $\left(0, -\dfrac{1}{2}, \dfrac{1}{2}\right)$, 故有

$$\begin{cases} A - B + D = 0, \\ -\dfrac{1}{2}B + D = 0, \end{cases}$$

由此解得 $B = 2D, A = D$, 因此所求平面方程为 $x + 2y + 1 = 0$.

12. **解** 设过直线 $\begin{cases} 2x - 4y + z = 0, \\ 3x - y - 2z - 9 = 0 \end{cases}$ 的平面束方程为

$$2x - 4y + z + \lambda(3x - y - 2z - 9) = 0,$$

经整理得

$$(2 + 3\lambda)x + (-4 - \lambda)y + (1 - 2\lambda)z - 9\lambda = 0,$$

由 $(2 + 3\lambda) \cdot 4 + (-4 - \lambda)(-1) + (1 - 2\lambda) \cdot 1 = 0$ 得 $\lambda = -\dfrac{13}{11}$, 代入平面束方程得

$$17x + 31y - 37z - 117 = 0.$$

因此所求投影直线的方程为 $\begin{cases} 17x + 31y - 37z - 117 = 0, \\ 4x - y + z = 1. \end{cases}$

13. **解** 过点 $(-1, 0, 4)$, 且平行于平面 $3x - 4y + z - 10 = 0$ 的平面的方程为

$$3(x + 1) - 4(y - 0) + (z - 4) = 0, 即 3x - 4y + z - 1 = 0.$$

将直线 $\dfrac{x + 1}{1} = \dfrac{y - 3}{1} = \dfrac{z}{2}$ 化为参数方程 $x = -1 + t, y = 3 + t, z = 2t$, 代入平面方程 $3x - 4y + z - 1 = 0$, 得

$$3(-1 + t) - 4(3 + t) + 2t - 1 = 0.$$

解得 $t = 16$. 于是平面 $3x - 4y + z - 1 = 0$ 与直线 $\dfrac{x + 1}{1} = \dfrac{y - 3}{1} = \dfrac{z}{2}$ 的交点的坐标为 $(15, 19, 32)$, 这也是所求直线与已知直线的交点的坐标. 所求直线的方向

向量为
$$\boldsymbol{s} = (15, 19, 32) - (-1, 0, 4) = (16, 19, 28).$$

所求直线的方程为
$$\frac{x+1}{16} = \frac{y}{19} = \frac{z-4}{28}.$$

14. **解** L 的方向向量 $\boldsymbol{S} = (1,\ 2,\ 1) \times (1,\ -2,\ 1) = (4,\ 0,\ -4)$, 而 $\boldsymbol{n} = (1,\ 1,\ 0)$, 则
$$\sin\theta = \frac{|\boldsymbol{S} \cdot \boldsymbol{n}|}{|\boldsymbol{S}|\,|\boldsymbol{n}|} = \frac{4}{4\sqrt{2} \cdot \sqrt{2}} = \frac{1}{2},$$

所以 $\theta = \dfrac{\pi}{6}$. 将 $y = -x$ 代入 L 方程, 解得 $x = -\dfrac{1}{2}$, $y = \dfrac{1}{2}$, $z = \dfrac{1}{2}$. 故交点为 $\left(-\dfrac{1}{2}, \dfrac{1}{2}, \dfrac{1}{2}\right)$.

15. **解** 设过直线 l 的平面束方程为 $x + 5y + z + \lambda(x - z + 4) = 0$, 整理得
$$(1+\lambda)x + 5y + (1-\lambda)z + 4\lambda = 0,$$

又所求平面与已知平面 π 成 $45°$ 角, 故
$$\cos\frac{\pi}{4} = \frac{|1 \cdot (1+\lambda) - 4 \cdot 5 - 8 \cdot (1-\lambda)|}{\sqrt{1^2 + (-4)^2 + (-8)^2} \cdot \sqrt{(1+\lambda)^2 + 5^2 + (1-\lambda)^2}}$$
$$= \frac{|\lambda - 3|}{\sqrt{2\lambda^2 + 27}} = \frac{\sqrt{2}}{2},$$

则 $\lambda = -\dfrac{3}{4}$, 故所求平面为 $x + 20y + 7z - 12 = 0$. 注意到平面束中未包含 $x - z + 4 = 0$, 此平面与已知平面 π 的夹角也为 $45°$ 角. 因此所求平面为 $x + 20y + 7z - 12 = 0$ 或 $x - z + 4 = 0$.

16. **解** 设经过 L 且垂直于平面 π 的平面方程为 $\pi_1 : A(x-1) + By + C(z-1) = 0$, 则由条件可知
$$A - B + 2C = 0, \quad A + B - C = 0.$$

由此解得 $A : B : C = -1 : 3 : 2$, 于是 π_1 的方程为 $x - 3y - 2z + 1 = 0$. L_0 的方程为
$$\begin{cases} x - y + 2z - 1 = 0, \\ x - 3y - 2z + 1 = 0, \end{cases} \quad \text{即} \quad \begin{cases} x = 2y, \\ z = -\dfrac{1}{2}(y-1). \end{cases}$$

于是 L_0 绕 y 轴旋转一周所成曲面的方程为 $x^2 + z^2 = 4y^2 + \dfrac{1}{4}(y-1)^2$.

17. **解**　若 (x, y, z) 是角平分平面上的点, 那么它到两平面的距离相等, 即

$$\frac{|x - 2y + 2z + 21|}{\sqrt{1^2 + (-2)^2 + 2^2}} = \frac{|7x + 24z - 5|}{\sqrt{7^2 + 0 + 24^2}}.$$

由 $\dfrac{x - 2y + 2z + 21}{3} = \pm \dfrac{7x + 24z - 5}{25}$ 得到两个角平分平面方程:

$$2x - 25y - 11z + 270 = 0 \ \text{与} \ 46x - 50y + 122z + 510 = 0.$$

18. **解**　过 $P(0, 1, 2)$ 作垂直于直线的平面

$$\varPi : x - (y - 1) + 2(z - 2) = 0,$$

求出 $\varPi$ 与直线的交点 Q, 过 P, Q 的直线 $\dfrac{x}{-3} = \dfrac{y-1}{1} = \dfrac{z-2}{2}$ 即为所求.

19. **解**　平面的法线向量为 $\boldsymbol{n} = (1, 2, -1)$, 过点 $(-1, 2, 0)$ 并且垂直于已知平面的直线方程为

$$\frac{x+1}{1} = \frac{y-2}{2} = \frac{z}{-1},$$

化为参数方程 $\begin{cases} x = -1 + t, \\ y = 2 + 2t, \\ z = -t, \end{cases}$ 代入平面方程 $x + 2y - z + 1 = 0$ 中, 解得 $t = -\dfrac{2}{3}$.

再将 $t = -\dfrac{2}{3}$ 代入直线的参数方程, 得 $x = -\dfrac{5}{3}, y = \dfrac{2}{3}, z = \dfrac{2}{3}$. 于是点 $(-1, 2, 0)$ 在平面 $x + 2y - z + 1 = 0$ 上的投影为点 $\left(-\dfrac{5}{3}, \dfrac{2}{3}, \dfrac{2}{3} \right)$.

20. **解**　直线的参数方程为 $\begin{cases} x = -7 + t, \\ y = -2 + 2t, \\ z = -2 + 3t, \end{cases}$ 记 $Q(-7 + t, -2 + 2t, -2 + 3t), P(2, 3, 1)$, 则

$$\overrightarrow{PQ} = (-9 + t, 2t - 5, 3t - 3),$$

若 Q 是 P 在直线上的投影点, 则有 $\overrightarrow{PQ}$ 与已知直线垂直, 即 $\overrightarrow{PQ} \cdot (1, 2, 3) = 0$, 解得 $t = 2$, 由此投影点为 $(-5, 2, 4)$.

空间解析几何与向量代数 | 章测试 2

一、填空题

1. $-3/2$.

2. $\pm\dfrac{(5, 2, -3)}{\sqrt{38}}$.

3. 1.

4. $\begin{cases} x^2 + (y-1)^2 = 4, \\ z = 0. \end{cases}$

5. $x^2 + y^2 = 1$.

二、选择题

6. A.

7. B.

8. C.

9. A.

10. C.

三、计算题

11. **解**

$$|a+b|^2 = (a+b) \cdot (a+b) = |a|^2 + |b|^2 + 2a \cdot b$$
$$= |a|^2 + |b|^2 + 2|a||b|\cos(\widehat{a, b}) = 3 + 1 + 2\sqrt{3}\cos\frac{\pi}{6} = 7.$$
$$|a-b|^2 = (a-b) \cdot (a-b) = |a|^2 + |b|^2 - 2a \cdot b$$
$$= |a|^2 + |b|^2 - 2|a||b|\cos(\widehat{a, b}) = 3 + 1 - 2\sqrt{3}\cos\frac{\pi}{6} = 1.$$

设向量 $a + b$ 与 $a - b$ 的夹角为 θ, 则

$$\cos\theta = \frac{(a+b) \cdot (a-b)}{|a+b||a-b|} = \frac{|a|^2 - |b|^2}{|a+b||a-b|} = \frac{3-1}{\sqrt{7}} = \frac{2}{\sqrt{7}}, \quad \theta = \arccos\frac{2}{\sqrt{7}}.$$

12. **解** $\overrightarrow{AB} = (3, 6, 2), \overrightarrow{AC} = (1, 3, 0)$, 由向量积的几何意义可知,

$$S_{\triangle ABC} = \frac{1}{2}|\overrightarrow{AB} \times \overrightarrow{AC}|,$$

其中,

$$\overrightarrow{AB} \times \overrightarrow{AC} = \begin{vmatrix} i & j & k \\ 3 & 6 & 2 \\ 1 & 3 & 0 \end{vmatrix} = (-6, 2, 3),$$

所以 $S_{\triangle ABC} = \dfrac{1}{2}\sqrt{36+4+9} = \dfrac{7}{2}$.

13. **解**　设所求平面方程为 $Ax + By + Cz + D = 0$, 代入已知三点坐标, 则有

$$
\begin{cases}
A + B - C + D = 0, \\
-2A - 2B + 2C + D = 0, \\
A - B + 2C + D = 0,
\end{cases}
$$

解之得 $D = 0, B = -3A, C = -2A$, 代入方程约去 A 后得平面方程为 $x - 3y - 2z = 0$.

14. **解**　设过两平面交线的平面方程为 $2x + y + \lambda(4x + 2y + 3z - 6) = 0$, 由题意可知, 点 $(0,0,0)$ 到所求平面的距离为 2, 即有

$$
2 = \frac{|6\lambda|}{\sqrt{(2+4\lambda)^2 + (1+2\lambda)^2 + 9\lambda^2}}, \quad 解之有 \lambda = -\frac{1}{2}.
$$

所以所求平面方程为 $z = 2$.

15. **解**　根据题意, 有

$$|z| = \sqrt{(x-1)^2 + (y+1)^2 + (z-2)^2},\ 或 z^2 = (x-1)^2 + (y+1)^2 + (z-2)^2,$$

化简得

$$(x-1)^2 + (y+1)^2 = 4(z-1),$$

这就是点 M 的轨迹方程.

16. **解**　过点 $(-1, 0, 4)$, 且平行于平面 $3x - 4y + z - 10 = 0$ 的平面的方程为

$$3(x+1) - 4(y-0) + (z-4) = 0,\ 即 3x - 4y + z - 1 = 0.$$

将直线 $\dfrac{x+1}{1} = \dfrac{y-3}{1} = \dfrac{z}{2}$ 化为参数方程 $x = -1 + t, y = 3 + t, z = 2t$,

代入平面方程 $3x - 4y + z - 1 = 0$, 得

$$3(-1+t) - 4(3+t) + 2t - 1 = 0,\ 解得 \quad t = 16.$$

于是平面 $3x - 4y + z - 1 = 0$ 与直线 $\dfrac{x+1}{1} = \dfrac{y-3}{1} = \dfrac{z}{2}$ 的交点的坐标为 $(15, 19, 32)$, 这也是所求直线与已知直线的交点的坐标. 所求直线的方向向量为

$$\boldsymbol{s} = (15, 19, 32) - (-1, 0, 4) = (16, 19, 28),$$

所求直线的方程 $\dfrac{x+1}{16} = \dfrac{y}{19} = \dfrac{z-4}{28}$.

17. **解**　设所求平面的法线向量为 $\boldsymbol{n} = (a, b, c) \cdot \overrightarrow{BA} = (3, 0, -1)$, xOy 面的法

线向量为 $\boldsymbol{k} = (0, 0, 1)$. 按要求有 $\boldsymbol{n} \cdot \overrightarrow{BA} = 0$, $\dfrac{\boldsymbol{n} \cdot \boldsymbol{k}}{|\boldsymbol{n}||\boldsymbol{k}|} = \cos \dfrac{\pi}{3}$, 即 $\begin{cases} 3a - c = 0, \\ \dfrac{c}{\sqrt{a^2 + b^2 + c^2}} = \dfrac{1}{2}, \end{cases}$

解之得 $c = 3a, b = \pm\sqrt{26}a$. 于是所求的平面的方程为

$$(x - 3) \pm \sqrt{26}y + 3z = 0,$$

即 $(x - 3) + \sqrt{26}y + 3z = 0$, 或 $(x - 3) - \sqrt{26}y + 3z = 0$.

18. **解**　设所求直线与已知直线的交点为 (x_0, y_0, z_0), 则有

$$x_0 = 3t - 1, \quad y_0 = 2t + 1, \quad z_0 = -t,$$

此时所求直线的方向向量可取为

$$(x_0 - 2, y_0 - 1, z_0 - 3) = (3t - 3, 2t, -t - 3)$$

又因为两条直线垂直, 所以有 $(3t - 3, 2t, -t - 3) \cdot (3, 2, 1) = 0$, 即 $t = 3/7$.

利用点向式得所求直线方程为 $\dfrac{x - 2}{2} = \dfrac{y - 1}{-1} = \dfrac{z - 3}{4}$.

19. **解**　设过已知直线的平面束方程为

$$x + y - z - 1 + \lambda(x - y + z + 1) = 0,$$

即有 $(1 + \lambda)x + (1 - \lambda)y + (\lambda - 1)z + \lambda - 1 = 0$.

由投影直线的定义, 令 $(1 + \lambda, 1 - \lambda, \lambda - 1) \cdot (1, 1, 1) = 0$, 得 $\lambda = -1$, 故所求

投影直线可表示为 $\begin{cases} y - z - 1 = 0, \\ x + y + z = 0. \end{cases}$

20. **解**　在 xOy 面上的投影曲线方程为

$$\begin{cases} (x - 1)^2 + (y - 1)^2 = 2 - x^2 - y^2, \\ z = 0, \end{cases} \text{即} \begin{cases} x^2 + y^2 = x + y, \\ z = 0. \end{cases}$$

在 zOx 面上的投影曲线方程为

$$\begin{cases} z = (x - 1)^2 + (\pm\sqrt{2 - x^2 - z} - 1)^2, \\ y = 0, \end{cases} \text{即} \begin{cases} 2x^2 + 2xz + z^2 - 4x - 3z + 2 = 0, \\ y = 0. \end{cases}$$

在 yOz 面上的投影曲线方程为

$$\begin{cases} z = (\pm\sqrt{2 - y^2 - z} - 1)^2 + (y - 1)^2, \\ x = 0, \end{cases} \text{即} \begin{cases} 2y^2 + 2yz + z^2 - 4y - 3z + 2 = 0, \\ x = 0. \end{cases}$$

第 2 章
极限与连续

业精于勤, 荒于嬉; 行成于思, 毁于随. ——韩愈

2.1 映射与函数　初等函数

➥ **学习目标导航**

❑ **知识目标**

➤ 集合 (aggregate); 映射 (mapping)、函数 (定义域、值域、对应法则);

➤ 函数的性质: 奇偶性 (奇函数 odd function, 偶函数 even function)、单调性 (monotonicity)、周期性 (periodicity, cyclicity)、有界性 (boundedness); 复合函数 (composite function)、反函数 (inverse function)、隐函数 (implicit function);

➤ 基本初等函数 (反三角函数、对数函数、幂函数、三角函数、指数函数).

❑ **认知目标**

A. 总结归纳函数常见的表示方法, 灵活运用函数表示方法建立简单实际问题中的函数关系式;

B. 利用函数的性质、函数的复合及函数的四则运算研究简单函数的特性.

❑ **情感目标**

➤ 通过自学磨练遇到问题迎难而上的意志, 调整学习策略逐步形成合适的方法观;

➤ 研讨交流形成团队协作的意识;

➤ 观察函数图像, 感受数学之美.

☞ 学习指导

函数是微积分的研究对象. 中学阶段, 我们利用定义域、值域、单调性、周期性等函数性质研究函数; 到了大学阶段, 我们即将学习微积分的知识, 要学会利用极限、连续、导数、函数展开、积分等知识和工具进一步研究函数. 本节内容包括很多看似散乱的概念 (平面点集、区域等), 个别数学概念比较抽象 (如邻域、映射等), 这些概念多为研究函数的过程中进行交流的通用术语和基础, 在学习时, 建议结合图形示例帮助理解, 注意不同概念之间的区别与联系, 建议采用绘制思维导图的方式对知识点进行归纳, 深入思考基本概念的内涵和描述细节, 学习利用数学语言描述问题的方式, 进而达到学习目标.

⮞ 重难点突破

本节的重难点问题是函数定义、分段函数、复合函数与反函数, 需要深刻理解其形成机理. 这里对教材内容进一步注解.

1. 函数定义

我们在理解函数定义的时候, 可以简略地这样去想: 无论是一元函数还是多元函数, 其本质都是建立在映射基础上描述变量与变量之间的对应关系 (图 2.1.1～图 2.1.3), 例如

$$y = f(x);$$
$$z = f(x, y);$$
$$\cdots\cdots$$
$$u = f(x_1, x_2, \cdots, x_n).$$

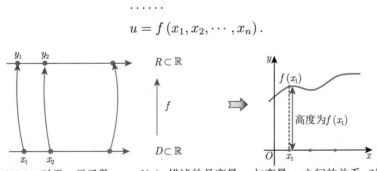

图 2.1.1　对于一元函数 $y = f(x)$, 描述的是变量 y 与变量 x 之间的关系, 对应法则记为 f. 从映射的角度看, 定义域 D 中任意一个 x, 通过对应法则 f 都能够在值域 R 中找到唯一确定的 y 与之相对应 [1], 即变量 y 与变量 x 之间满足函数关系 $y = f(x)$. 从图形上看, x 轴上 (或定义域 D) 的任意一个 x, 通过函数关系 $f(x)$ 都能得到唯一一个 y 值, (x, y) 这对有序数组描述的点在二维坐标系中标记出来就是一条曲线

---

1 这句话的意思是, 不能找到多个 y 值与其对应, 通过函数关系 $f(x)$ 代入一个 x 值, 只能求得一个 y 值.

如果定义域 D 在某处断开了, 也就是变量 x 不能取到某数值, 断开处自然无法通过对应关系得到 y 值, 从图像上直观地看就是"**曲线断开了**", 这些问题会在"函数的连续性" 相关章节研究学习.

类似地, 对于二元函数 $z = f(x, y)$, 定义域 D 是二维平面上的点集, 即 $D \subset \mathbb{R}^2$, 任意 $(x, y) \in D$, 通过函数关系 f 都能从值域 R 中找到唯一确定的 z 值与之相对应. 易知, 一元函数 $y = f(x)$ 中的自变量 x 是在 $\mathbb{R}$(几何上看就是一维数轴) 上取值, 二元函数 $z = f(x, y)$ 中的自变量 x, y 所构成的数组 (x, y) 是在 $\mathbb{R}^2$(几何上看就是二维平面) 上取值, 两者都是通过特定的对应关系与因变量相对应.

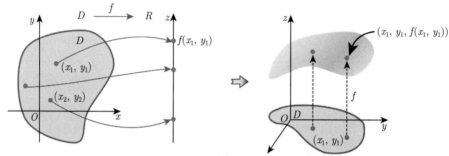

图 2.1.2 二元函数 $z = f(x, y)$ 的图像通常是一张曲面. 以定义域中的点 (x_1, y_1) 对应的函数值 $f(x_1, y_1)$ 为高度得到空间中的唯一点 $(x_1, y_1, f(x_1, y_1))$. 任意 $(x, y) \in D$ 对应的 $(x, y, f(x, y))$ 的轨迹是三维空间中的曲面

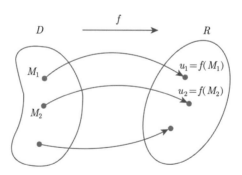

图 2.1.3 将上述一元函数、二元函数的概念加以抽象, 可得出 n 元函数 $(n = 1, 2, \cdots)$ 的概念. 对于 n 元函数 $u = f(x_1, x_2, \cdots, x_n)$, 描述的是定义域 $D(D \subset \mathbb{R}^n)$ 中的点 $M(x_1, x_2, \cdots, x_n)$ 通过法则 f 与值域 $R(R \subset \mathbb{R})$ 中的唯一确定的 u 值相对应

注意, 无论一元函数还是多元函数, 本质上都是一类映射, 只是自变量的个数不同, 应将注意力集中在研究函数的微分、积分、极限等特征的探索上, 一元函数可作为多元函数的特例.

2. 分段函数

分段函数是一种特殊形式的函数. 一般地, 它用几个不同解析式 "分段" 表示. 解析式对应的定义域的并集是该函数的定义域.

分段函数及其图像　图像分段 (块) 的函数不一定是分段函数, 分段函数的图像可以是一条连续不断开的曲线 (或曲面).

【例 1】 狄利克雷函数 $D(x) = \begin{cases} 1, & x \text{ 是有理数}, \\ 0, & x \text{ 是无理数}. \end{cases}$

这一函数是分段函数, 也是周期函数. 由于狄利克雷函数是一个定义在实数范围上、值域不连续的函数. 狄利克雷函数的图像以 y 轴为对称轴, 是一个偶函数, 它处处不连续, 处处极限不存在. 它的图像客观存在, 但是并不能画出它的图像.

需要指出的是, 同一函数可以有多种表达式. 例如: $y = \begin{cases} x, & x \geqslant 0, \\ -x, & x < 0. \end{cases}$ 可

以看出 $y = \sqrt{x^2}$ 与 $y = \begin{cases} x, & x \geqslant 0, \\ -x, & x < 0 \end{cases}$ 表示的实际上是同一个函数, 前者形式

上为初等函数, 后者为分段函数.

在计算分段函数的函数值时, 应该按照对应于定义域的表达式计算.

3. 复合函数

关于复合函数的理解, 可以结合图 2.1.4, 变量 x 与变量 u 通过 $u = g(x)$ 建立了一种对应关系, 而变量 u 又通过 $y = f(u)$ 与变量 y 建立了一种对应关系. 因此, 只要定义域满足包含关系, 将中间过程 "隐藏" 起来, 就形成了一种新的对应关系: $y = f(g(x))$, 这就是函数复合的基本过程.

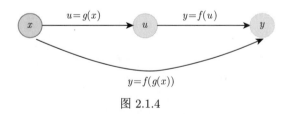

图 2.1.4

定义域应该满足什么样的包含关系呢? 复合函数 $y = f(g(x))$ 的定义域是由 $u = g(x)$ 的定义域 D 中那些使得 $g(x)$ 属于 $y = f(u)$ 的定义域 G 的点 x 所组成的集合, 即数集 $E = \{x \mid x \in D,$ 且 $g(x) \in G\}$ 是复合函数 $y = f(g(x))$ 的定义域. 因为只有这样, 复合过程才能实现.

表达式复杂些的函数, 可以看作简单的初等函数复合及进行四则运算得到. 所以, 要学会将复杂函数进行分解. 例如, $y = \cos^3 \lg(1 + \sqrt{x})$ 可以看成下列函

数的复合 (图 2.1.5):

$$y = u^3, \quad u = \cos V, \quad V = \lg W, \quad W = 1 + \sqrt{x}.$$

4. 反函数

对于反函数的理解, 仍然可以采用数形结合的方式.

反函数是将自变量与因变量互换而得到的函数, 其对应关系与直接函数正好相反, 如图 2.1.6. 回顾函数的定义, 其要求函数 $y = f(x)$ 取值的唯一性. 因此, 函数若存在反函数 $x = f^{-1}(y)$, 则 x 的取值也必定要求是唯一的. 由此得出, 函数只有满足一一对应条件才能有反函数. 实际应用中, 通常对于非一一对应的函数可采用限制定义域的办法得到 "多个" 反函数, 这可以通过下面的例子来理解:

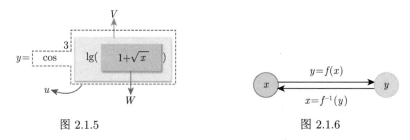

图 2.1.5   图 2.1.6

对函数 $y = f(x) = x^2$ 进行恒等变换, 将变量 x "显化", 即用含 y 的表达式来表示 x, 得到 $x = f^{-1}(y) = \pm\sqrt{y}$, 这两个表达式绘制在同一坐标系下, 是同一条曲线. 习惯上用 x 表示自变量, 用 y 表示因变量, 写成 $y = \pm\sqrt{x}$, 因此, 当 $x \geqslant 0$ 时, $y = \sqrt{x}$ 与 $y = x^2(x \geqslant 0$ 部分$)$ 互为反函数; 当 $x \leqslant 0$ 时, $y = -\sqrt{x}$ 与 $y = x^2(x \leqslant 0$ 部分$)$ 互为反函数, 它们的图像关于 $y = x$ 对称 (图 2.1.7).

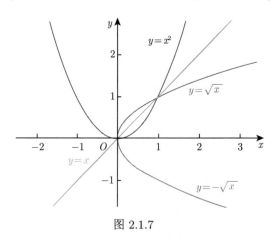

图 2.1.7

再如, 当 $-\dfrac{\pi}{2} \leqslant x \leqslant \dfrac{\pi}{2}$ 时, $y = f(x) = \sin x$ 与 $y = \arcsin x$ 互为反函数

(图 2.1.8). 严格单调的函数必有反函数, 且严格递增 (减) 函数的反函数也必严格递增 (减).

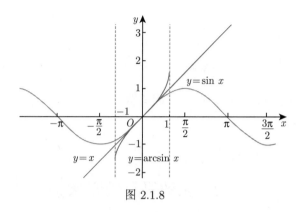

图 2.1.8

✔ 学习效果检测

A. 总结归纳函数常见的表示方法, 灵活运用函数表示方法建立简单实际问题中的函数关系式

1. 指出下面两个函数 $f(x) = x + 1$, $g(x) = \sqrt{(x+1)^2}$ 是否相同, 并说明理由.

2. 设 $f(x)$ 的定义域是 $(0, 1)$, 则 $f(\lg x)$ 的定义域为_____.

B. 利用函数的性质 (奇偶性、单调性、周期性、有界性)、函数的复合及函数的四则运算研究简单函数的特性

3. 判断对错: 任意两个函数都能复合成一个复合函数 (　　).

4. 将复合函数 $y = a^{\sin \sqrt{x^2+1}}$ 分解成简单函数为_____.

5. 设 $y = \dfrac{\mathrm{e}^x}{1 + \mathrm{e}^x}$, 则 y 的反函数为_____.

6. 下列函数中为非奇函数的是 (　　).

(A)$f(x) = \dfrac{2^x - 1}{2^x + 1}$;   (B)$f(x) = \lg\left(x + \sqrt{1 + x^2}\right)$;

(C)$f(x) = x \arccos \dfrac{x}{1 + x^2}$;   (D)$f(x) = \sqrt{x^2 + 3x + 7} - \sqrt{x^2 - 3x + 7}$.

7. 设 $f(x - 2) = x^2 - 2x + 3$, 则 $f(x + h) = ($ 　　$)$.

(A)$(x + h)^2 - 2(x + h) + 3$;   (B)$(x + h)^2 + 2(x + h) + 3$;

(C)$(x + h)^2 - 2(x + h) - 3$;   (D)$(x + h)^2 + 2(x + h) - 3$.

8. 设 $f(x) = \begin{cases} x, & x \geqslant 0, \\ x^2, & x < 0, \end{cases}$ $g(x) = 5x - 4$, 则 $f[g(0)] = ($ $)$.

(A)0;   (B)-4;   (C)16;   (D)-16.

9. 设 $f(x) = \begin{cases} 1 + x^2, & -\infty < x < 0, \\ 2^x, & 0 \leqslant x < +\infty, \end{cases}$ 求 $f(x-1)$.

10. 讨论函数 $f(x) = |x|\dfrac{e^x - e^{-x}}{e^x + e^{-x}}$ 的奇偶性.

C. 综合训练

11. 设 $f(x) = e^{x^2}$, $f([\varphi(x)]) = 1 - x$, 且 $\varphi(x) \geqslant 0$, 求 $\varphi(x)$ 及其定义域.

2.2 函数极限的概念

➡ **学习目标导航**

❑ **知识目标**

✛ 函数极限 (limit) 的定义、函数极限的性质.

❑ **认知目标**

A. 能够描述函数极限的通俗定义及精确定义;
B. 能够判断一些函数极限的存在性, 并且能够求解简单函数的极限;
C. 能够运用 $\varepsilon\text{-}\delta$ 语言证明简单函数的极限.

❑ **情感目标**

✛ 通过对极限概念的学习, 培养抽象思维, 提升逻辑思考力;
✛ 通过极限性质和几何意义的学习培养空间想象能力和数形结合研究问题的能力.

☞ **学习指导**

预习题单   举例说明自变量趋于有限值和自变量趋于无穷大时函数的极限; 举例说明单侧极限定义.

预习策略   以上问题可以通过精读教材、检索中国大学 MOOC 和网络微课视频等相关资料完成.

　　数列的极限是学习高等数学遇到的第一个难点, 在大学之前接触的数学可以统称为初等数学. 初等数学更多的是在 "有限" 的领域里讨论, 而高等数学更多的是在 "无限" 的领域里讨论.

　　对于函数极限概念的理解, 有的学生学完整门课程后仍然似懂非懂. 如果你下了很大功夫仍然无法掌握, 请不要因此而自卑产生过重的思想压力, 甚至怀疑自己、妄自菲薄. 要保持积极乐观的心态, 多围绕难点内容讨论、交流, 在课程中寻找自己能够懂的、感兴趣的、基础的内容, 不断培养学习这件事情的乐趣. 此外, 在数学的学习中遇到困难挫折是必然事件, 遇到不懂的地方, 反复思量也不得其解就标注一下之后先放过去, 继续探索其他的内容, 很多时候随着学习掌握的内容越来越多、受到的训练越来越多, 回过头来看, 前面不懂的内容就随之迎刃而解了.

⫸ 重难点突破

　　在精读教材的基础上, 我们进一步探究函数极限概念的深刻内涵.

　　学习极限时一定要深刻思考其运动的本质, 从动态变化过程的角度入手看待极限. 下面对极限定义进一步注解:

　　【定义 1】设函数 f 在 M_0 点附近有定义[①]. 若当 M 趋近于 M_0 时[②], $f(M)$ 趋近于定数[③]A, 则称函数 $f(M)$ 当 M 趋近于 M_0 时以 A 为极限[④], 记为 $\lim\limits_{M \to M_0} f(M) = A$ 或 $f(M) \to A$, 当 $M \to M_0$.

　　注 ①　在 M_0 点可以没有定义. 因为极限 $\lim\limits_{M \to M_0} f(M)$ 描述的是 M 向 M_0 无限趋近时, 函数 f 是否无限趋近固定数值的运动过程, 与 M_0 点的函数值 $f(M_0)$ 是否存在无关;

　　注 ②　M 趋近于但始终不等于 M_0, $\lim\limits_{M \to M_0} f(M)$ 考察的是函数 f 在 M_0 附近的变化趋势, 与 M_0 处无关, 即 M 与 M_0 可以无限接近, $|MM_0|$ 无限地小, 但 $|MM_0| \neq 0$.

　　注 ③　定数 A, 是指固定的、唯一的常数 A.

　　注 ④　下面对上述定义进一步重述, 逐步过渡到用 $\varepsilon\text{-}\delta$ 数学语言描述.

　　极限 $\lim\limits_{M \to M_0} f(M) = A$ 描述的是

　　当 M 与 M_0 充分接近 (但不相等) 时, $f(M)$ 与 A 也充分接近, 要多接近就有多接近

　　$\Rightarrow$ 当 $|MM_0|$ 无限地变小 (但 $|MM_0| > 0$), $|f(M) - A|$ 也无限变小, 要多小, 就有多小

　　$\Rightarrow$ 引入给定的任意小的正数 ε, 只要使 $|MM_0|$ 小到一定程度, $|f(M) - A|$ 就能小到比 ε 更小

⇒ 任意给定 $\varepsilon > 0$, 只要存在 δ, 当 $0 < |MM_0| < \delta$ 时 (小到一定程度, 即只要找出一个 M_0 的 δ 邻域 $N^0(M_0, \delta)$), 使得 $|f(M) - A| < \varepsilon$ 总成立

⇒ $\forall \varepsilon > 0, \exists \delta > 0$, 当 $0 < |MM_0| < \delta$ 时, $|f(M) - A| < \varepsilon$ 总成立.

【定义 2】 设函数 f 在 M_0 点附近 (M_0 可除外) 有定义, 如果存在常数 A, 使得对任意 $\varepsilon > 0$, 存在 [1] $\delta = \delta(\varepsilon) > 0$, 使得 [2] $f(N^0(M_0, \delta)) \subseteq (-\varepsilon + A, \varepsilon + A)$, 则称 f 当 $M \to M_0$ 时, 以 A 为极限, 记为 $\lim\limits_{M \to M_0} f(M) = A$.

注 ①　可以看出 $\delta = \delta(\varepsilon)$, 说明 δ 是关于 ε 的函数. 为什么这样? 这是因为 ε 是任意给出的, 给出一个 ε 值, 随之找出一个 M_0 的 δ 邻域, 这个邻域范围内任一点 M 对应的函数值满足 $|f(M) - A|$ 比 ε 小. 这就说明, 如果当 $M \to M_0$ 时, $f(M)$ 的极限是 A, 那么就等价于总能找到 M_0 的 δ 邻域, 使得该邻域内的点对应的函数值 $f(M)$ 与 A 之间的距离小于给定的任意小的正数 ε.

注 ②　$f(N^0(M_0, \delta)) \subseteq (-\varepsilon + A, \varepsilon + A)$ 表示邻域 $N^0(M_0, \delta)$ 内的任意点所对应的函数值 $f(N^0(M_0, \delta))$ 满足

$$-\varepsilon + A < f(N^0(M_0, \delta)) < \varepsilon + A, \text{即} |f(N^0(M_0, \delta)) - A| < \varepsilon.$$

如图 2.2.1.

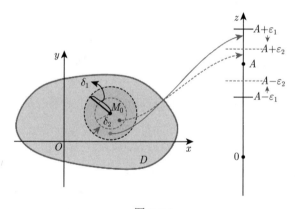

图 2.2.1

关于 $M \to M_0$ 的趋近方式:

对于一元函数 $y = f(x)$ 的极限, 有如下几种情况:

(1) $x \to x_0$ 包含两种情形: $x \to x_0^-$ 和 $x \to x_0^+$, 如图 2.2.2. 为了区分不同情况, 引入单侧极限的概念, $\lim\limits_{x \to x_0^-} f(x)$ 表示当 x 自 x_0 左侧邻域左趋近于 x_0 时 $f(x)$ 的极限; $\lim\limits_{x \to x_0^+} f(x)$ 表示当 x 自 x_0 右侧邻域右趋近于 x_0 时 $f(x)$ 的极限. 只有当

$$\lim_{x \to x_0^-} f(x) = \lim_{x \to x_0^+} f(x) = A \text{ 时, 才有 } \lim_{x \to x_0} f(x) = A. \text{ 例如: } \lim_{x \to 0^-} \arctan \frac{1}{x} = -\frac{\pi}{2},$$

$$\lim_{x \to 0^+} \arctan \frac{1}{x} = \frac{\pi}{2}, \text{ 但是 } \lim_{x \to 0} \arctan \frac{1}{x} \text{ 不存在.}$$

$x \to x_0$ 显然是在一维数轴上的 "操作", 仅包含了 $x \to x_0^-$ 和 $x \to x_0^+$ 两种趋近方式, 即: 动点 x 沿着一维数轴从定点 x_0 左侧邻域 $(x \in (x_0 - \delta, x_0), x < x_0)$ 趋近和从定点 x_0 右侧邻域 $(x \in (x_0, x_0 + \delta), x > x_0)$ 趋近.

(2) $x \to \infty$ 包含两种情形: $x \to +\infty$ 和 $x \to -\infty$. 同样地,

$$\lim_{x \to \infty} f(x) = A \Leftrightarrow \lim_{x \to +\infty} f(x) = \lim_{x \to -\infty} f(x) = A.$$

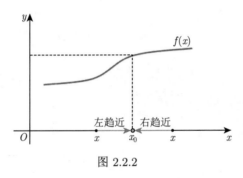

图 2.2.2

对于多元函数而言, 以 $z = f(x, y)$ 为例, M_0 邻域 $N(M_0, \delta)$ 内的动点 M 可以按任意方式趋近于 (靠近)M_0, 如图 2.2.3 所示.

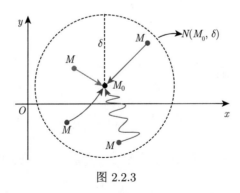

图 2.2.3

从定义上看

【定义 3】设函数 $f(x, y)$ 在点 $P_0(x_0, y_0)$ 的某去心邻域 $\overset{\circ}{U}(P_0)$ 内有定义, A 为常数, 如果当 $P(x, y)$ 无限趋于 $P_0(x_0, y_0)$ 时, $f(x, y)$ 无限趋于数 A, 则称 A

是 $f(x,y)$ 当 $P(x,y) \to P_0(x_0, y_0)$ 时的极限, 记为

$$\lim_{P \to P_0} f(P) = A \quad \text{或} \quad \lim_{(x,y) \to (x_0, y_0)} f(x, y) = A \quad \text{或} \quad \lim_{\substack{x \to x_0 \\ y \to y_0}} f(x, y) = A.$$

与一元函数不同, 不再像 $x \to x_0$ 时仅有左趋近和右趋近两种方式, 动点 P 趋近于定点 P_0 是在二维平面上执行的 "操作", 其逼近运动的路径可以是任意的, 如图 2.2.4 所示. 从定义来看, $f(x, y)$ 在 P_0 处若极限存在, 即 P_0 点的某去心邻域 $\overset{\circ}{U}(P_0)$ 内, 动点 P 无论沿着任何路径无限趋近于定点 P_0, $f(x, y)$ 均应无限趋近于数 A. 换个角度看, 只要 $P \to P_0$ 的任意两个趋近路径上 $f(x, y)$ 趋近于不同的数值 (或任意一条趋近路径上极限不存在), 则根据定义知道 $f(x, y)$ 在 P_0 处极限不存在. 这可以作为判定某一极限不存在的方法.

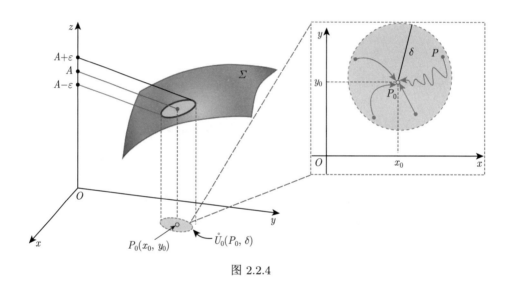

图 2.2.4

例如, 证明下面极限不存在:

$$\lim_{(x,y) \to (0,0)} \frac{x^4 y^4}{\left(x^2 + y^4\right)^3}.$$

第一步, 首先尝试直线路径的极限情形, 设 $y = kx$, 则极限

$$\lim_{(x,y) \to (0,0)} \frac{x^4 y^4}{\left(x^2 + y^4\right)^3} = \lim_{x \to 0} \frac{k^4 x^8}{\left(x^2 + k^4 x^4\right)^3} = \lim_{x \to 0} \frac{k^4 x^2}{\left(1 + k^4 x^2\right)^3} = 0.$$

说明动点 (x, y) 沿着任意直线方向 $y = kx$ 趋近 $(0,0)$ 时极限存在且为零. 但这并不能说明原来极限一定存在.

第二步, 尝试考察沿曲线路径的极限情形, 观察分式 $\dfrac{x^4 y^4}{(x^2 + y^4)^3}$ 上下的幂次, 尝试沿着 $y = \sqrt{x}$ 趋近, 则极限

$$\lim_{\substack{x \to 0 \\ y = \sqrt{x}}} \frac{x^4 y^4}{(x^2 + y^4)^3} = \lim_{x \to 0} \frac{x^6}{(2x^2)^3} = \frac{1}{8}.$$

这说明动点 (x, y) 沿 $y = \sqrt{x}$ 趋近 $(0,0)$ 时极限与沿直线路径趋近的极限不同, 所以极限不存在.

本例思路总结如下：

$$\text{若} \lim_{M \xrightarrow{\text{沿路径 } l \text{ 趋近}} M_0} f(M) = A, \quad \lim_{M \xrightarrow{\text{沿路径 } L \text{ 趋近}} M_0} f(M) = B,$$

$$A \neq B, \text{则} \lim_{M \to M_0} f(M) \text{不存在}.$$

后面将看到, 无论一元函数还是多元函数, 若在某一点 M_0 处极限不存在, 自然在该点处不连续, 因此通过判定极限存在性也是判定函数在该点不连续的方法.

$$\lim_{M \to M_0} f(M) = A \Leftrightarrow M \text{ 沿任意路径趋近于 } M_0, f(M) \text{ 的极限均为 } A.$$

✔ **学习效果检测**

A. 能够判断函数是否收敛, 会根据函数本身的变形计算简单函数的极限

1. 下列极限错误的是 (　　).

(A) $\lim\limits_{x \to 0} \mathrm{e}^{\frac{1}{x}} = \infty$; 　　　　　　　　(B) $\lim\limits_{x \to 0^-} \mathrm{e}^{\frac{1}{x}} = 0$;

(C) $\lim\limits_{x \to 0^+} \mathrm{e}^{\frac{1}{x}} = +\infty$; 　　　　　　(D) $\lim\limits_{x \to \infty} \mathrm{e}^{\frac{1}{x}} = 1$.

2. $\lim\limits_{\substack{x \to 0 \\ y \to 0}} \dfrac{3xy}{x^2 + y^2} = ($　　$)$.

(A) $\dfrac{3}{2}$; 　　　　(B) 0; 　　　　(C) $\dfrac{6}{5}$; 　　　　(D) 不存在.

3. 计算下列函数的极限.

(1) $\lim\limits_{x \to \infty} \sin \dfrac{1}{x}$; 　　　　　　　(2) $\lim\limits_{x \to 0} \dfrac{x^2}{x}$;

(3) $\lim\limits_{(x,y) \to (0,1)} \dfrac{x - xy + 3}{x^2 y + 5xy - y^3}$; 　　(4) $\lim\limits_{(x,y) \to (1,2)} \dfrac{x + y}{xy}$.

4. 讨论下列极限是否存在.

(1) $\lim\limits_{x\to 0}\dfrac{|x|}{x}$;

(2) $f(x)=\begin{cases}0, & x\geqslant 0,\\ 1, & x<0;\end{cases}$

(3) $\lim\limits_{x\to\infty}\mathrm{e}^x$;

(4) $\lim\limits_{x\to\infty}\arctan x$;

(5) $\lim\limits_{\substack{x\to 0\\ y\to 0}}\dfrac{x^2y}{x^4+y^2}$;

(6) $\lim\limits_{\substack{x\to 0\\ y\to 0}}\dfrac{xy}{x^2+y^2}$.

B. 能够应用函数极限的性质解决一些问题

5. "$f(x_0-0)$ 与 $f(x_0+0)$ 存在且相等" 是 "$\lim\limits_{x\to x_0} f(x)$ 存在" 的 (   ) 条件.

(A) 充分;

(B) 必要;

(C) 充分且必要;

(D) 非充分且非必要.

6. $f(x)$ 在 $x=x_0$ 处有定义是 $\lim\limits_{x\to x_0} f(x)$ 存在的 (   ) 条件.

(A) 充分条件;

(B) 必要条件;

(C) 充要条件;

(D) 非充分且非必要.

7. 设 $f(x)=\begin{cases}\mathrm{e}^{2x}, & x\geqslant 0,\\ x^2+a, & x<0,\end{cases}$ 试确定常数 a 使得 $\lim\limits_{x\to 0} f(x)$ 存在.

2.3　极限的性质和运算法则

➡ **学习目标导航**

❏ **知识目标**

✈ 极限的四则运算法则;

✈ 夹挤准则 (两边夹准则/夹逼定理);

✈ $\lim\limits_{x\to 0}\dfrac{\sin x}{x}=1$.

❏ **认知目标**

A. 熟练运用极限四则运算法则求函数的极限;

B. 灵活运用变量代换求某些简单的复合函数的极限;

C. 体会极限存在准则所蕴含的思想, 能够复述极限存在准则, 利用极限存在准则证明极限存在 (或求解极限);

D. 识别出两个重要极限及其变化形式, 灵活运用重要极限的结果求极限.

❑ **情感目标**

➜ 通过极限运算法则的建立与探究, 体会数学学科中基于运算规则的逻辑运算魅力;

➜ 深刻领悟数学 "形式化" 的本质特征, 培养从特殊到一般的认知能力, 培养细心观察、善于总结的良好思维品质.

☞ 学习指导

通过学习重要极限 $\lim\limits_{x\to 0}\dfrac{\sin x}{x}=1$ 的推导过程, 体会判定极限存在准则的基本思想, 围绕 "利用极限存在准则证明极限" 和 "对极限表达式进行形式变换, 使之与重要极限相匹配, 从而实现利用重要极限" 两方面训练.

学习极限运算法则和无穷小的性质等内容, 要注意, 四则运算法则只适用于**有限个**函数的运算, 商的运算法则要求分母函数的极限值不能为 0. 对于分子、分母函数的极限同时趋于 0 的情况, 现阶段主要采用消 "零因子" 的办法. 当然, 后面会学到洛必达法则, 它也可以处理此种情况.

⇒ 重难点突破

重要极限 $\lim\limits_{x\to 0}\dfrac{\sin x}{x}=1$ 的说明:

(1) 当 $x\to 0$ 时, 由于 $\sin x$ 和 x 均是无穷小量, 极限 $\lim\limits_{x\to 0}\dfrac{\sin x}{x}$ 的值为 1, 说明当 $x\to 0$ 时, $\sin x$ 与 x 趋近于零的速度是一样的. 利用变量替换的方法, 若在某一极限过程中, 表达式 "□" 趋于 0, 则

$$\lim_{\square\to 0}\frac{\sin\square}{\square}=1.$$

这里待求极限的式子中, 两个 "□" 必须一致. 借此, 可以很快地算出 $\lim\limits_{x\to 0}\dfrac{\sin(\sin x)}{\sin x}$ $=1$, 因为当 $x\to 0$ 时, $\sin x\to 0$, 即 $\lim\limits_{x\to 0}\dfrac{\sin(\sin x)}{\sin x}=\lim\limits_{\sin x\to 0}\dfrac{\sin(\sin x)}{\sin x}=1.$

若计算 $\lim\limits_{x\to 0}\dfrac{\sin(\sin x)}{x}$, 可以通过恒等变换转化为熟悉的重要极限形式:

$$\lim_{x\to 0}\frac{\sin(\sin x)}{x}=\lim_{x\to 0}\frac{\sin(\sin x)}{\sin x}\cdot\frac{\sin x}{x}=\lim_{x\to 0}\frac{\sin(\sin x)}{\sin x}\cdot\lim_{x\to 0}\frac{\sin x}{x}=1.$$

(2) 极限 $\lim\limits_{x\to 0}\dfrac{\sin x}{x}=1$ 与 $\lim\limits_{x\to\infty}\dfrac{\sin x}{x}=0.$

两者的区别在于自变量的变化过程不同. $\lim\limits_{x\to 0}\dfrac{\sin x}{x}=1$ 是按照夹挤准则证明的重要极限, $\lim\limits_{x\to\infty}\dfrac{\sin x}{x}=0$ 则是按照有界函数与无穷小的乘积仍为无穷小得到的. 类似于后者的极限还有 $\lim\limits_{x\to\infty}\dfrac{\cos x}{x}=0$, $\lim\limits_{x\to\infty}\dfrac{\arctan x}{x}=0,\ \lim\limits_{x\to 0}x^2\sin\dfrac{1}{x}=0$ 等.

✔ 学习效果检测

A. 熟练运用极限四则运算法则求函数的极限；灵活运用变量代换求某些简单的复合函数的极限

1. 极限 $\lim\limits_{x\to 1}\dfrac{\sqrt{3-x}-\sqrt{1+x}}{x^2+x-2}=$ _____.

2. $\lim\limits_{\substack{x\to 0\\ y\to 0}}\dfrac{xy}{2-\sqrt{xy+4}}=$ _____.

3. 极限 $\lim\limits_{x\to\infty}\dfrac{(1+2x)^{10}(1+3x)^{20}}{(1+6x^2)^{15}}=$ _____.

4. 极限 $\lim\limits_{x\to\infty}\left(\dfrac{x^3}{2x^2-1}-\dfrac{x^2}{2x+1}\right)=$ _____.

5. 若 $\lim\limits_{x\to -1}\dfrac{x^2+ax+4}{x+1}=3$, 则 $a=$ _____.

6. 极限 $\lim\limits_{x\to\infty}\left(\dfrac{x^2+1}{x+1}-ax-b\right)=0$, 则常数 a,b 的值所组成的数组 (a,b) 为（   ）.

(A)$(1,0)$;　　　(B)$(0,1)$;　　　(C)$(1,1)$;　　　(D)$(1,-1)$.

7. 若极限 $\lim\limits_{x\to 1}\dfrac{x^3-ax^2-x+4}{x-1}=A$, 则必有（   ）.

(A)$a=2,A=5$;　　　　　　　(B)$a=4,A=-10$;

(C)$a=4,A=-6$;　　　　　　　(D)$a=-4,A=10$.

8. 已知 $\lim\limits_{x\to x_0}[f(x)+g(x)]$ 存在, 则 $\lim\limits_{x\to x_0}f(x)$ 与 $\lim\limits_{x\to x_0}g(x)$（   ）.

(A) 均存在;　　　　　　　(B) 均不存在;

(C) 至少有一个存在;　　　　(D) 都存在或都不存在.

B. 利用重要极限 $\lim\limits_{x\to 0}\dfrac{\sin x}{x}=1$ 求极限

9. 判断对错.

(1) $\lim\limits_{x\to 1}\dfrac{\sin x}{x}=1$　　　　　　　　　　　　　　　　　（   ）;

(2) $\lim\limits_{x \to 1} \dfrac{\sin(x-1)}{x-1} = 1$ 　　　　　　　　( );

(3) $\lim\limits_{x \to \infty} \dfrac{\sin x}{x} = 1$ 　　　　　　　　( );

(4) $\lim\limits_{x \to \infty} x \sin \dfrac{1}{x} = 1$ 　　　　　　　( );

(5) $\lim\limits_{x \to 0} x \sin \dfrac{1}{x} = 1$ 　　　　　　　( );

(6) $\lim\limits_{x \to 0} \dfrac{\sin 2x}{x} = 1$ 　　　　　　　　( ).

10. $\lim\limits_{x \to 0} \dfrac{x - \sin 2x}{x + \sin 2x}$.

11. $\lim\limits_{x \to 0} \dfrac{\arctan x}{x}$.

12. $\lim\limits_{x \to \infty} \dfrac{x^2}{x+1} \sin \dfrac{x+1}{x^2}$.

13. $\lim\limits_{(x,y) \to (1,0)} \dfrac{\sin(xy)}{x}$.

14. $\lim\limits_{x \to 0} \dfrac{\sin 4x}{\sqrt{x+1} - 1}$.

15. $\lim\limits_{(x,y) \to (1,1)} \dfrac{\sin(x^2 - y^2)}{x - y}$.

C. 利用夹逼定理求极限

16. $\lim\limits_{x \to -\infty} \dfrac{x - \cos x}{x}$.

17. $\lim\limits_{n \to \infty} n \left(\dfrac{1}{n^2 + \pi} + \dfrac{1}{n^2 + 2\pi} + \cdots + \dfrac{1}{n^2 + n\pi} \right)$.

18. $\lim\limits_{x \to 0} \sqrt[n]{1 + x}$.

19. $\lim\limits_{n \to \infty} \left(\dfrac{1}{\sqrt{n^2 + 1}} + \dfrac{1}{\sqrt{n^2 + 2}} + \cdots + \dfrac{1}{\sqrt{n^2 + n}} \right)$.

2.4　数列的极限

➡ 学习目标导航

❏ 知识目标

✦ 数列 (sequence of number) 极限的定义、收敛 (convergence) 数列的性质;

✦ 单调有界准则; $\lim\limits_{x \to \infty} \left(1 + \dfrac{1}{x} \right)^x = \mathrm{e}$.

❏ 认知目标

A. 能够判断数列是否收敛, 会计算数列的极限;

B. 能够应用收敛数列性质解决一些问题;

   C. 体会极限存在准则所蕴含的思想, 能够复述极限存在准则, 利用极限存在
     准则证明极限存在 (或求解极限);

   D. 识别出两个重要极限及其变化形式, 灵活运用重要极限的结果求极限.

❏ **情感目标**

  ↬ 观察常见数列, 分析其变化趋势, 培养对数列发展趋势的直觉感;

  ↬ 通过了解我国古代思想家庄周和数学家刘徽的生平和主要成果, 增进民
     族自豪感和爱国主义思想情感;

  ↬ 结合生活体会极限含义, 激发学习积极性, 优化思维品质;

  ↬ 深刻领悟数学 "形式化" 的重要性, 培养从特殊到一般的认知能力, 培养
     细心观察、善于总结的良好思维品质.

☞ 学习指导

    预习数列极限的定义和数列极限的性质, 利用网络查询相关资料、在线学习
以下网络课程, 加深对上述概念性质的理解:

- 芝诺悖论;
- 《庄子·天下篇》: "一尺之棰, 日取其半, 万世不竭" 中的无穷蕴意.

    由于数列是定义在自然数集上的函数, 因此, 可对照函数的极限 ($x \to +\infty$ 情
形) 来学习数列的极限.

    数列的极限主要研究在数列的项数 n 趋于无穷大时 (也就是项数无限增多
时), 数列通项 (也就是数列的一般项) 的变化情况. 在学习的时候可以通过观察几
个数列通项的变化趋势体会在探索问题中由静态到动态、由有限到无限的辩证观
点, 感受 "从具体到抽象, 从特殊到一般再到特殊" 的认识过程. 对于数列 $\{x_n\}$,
如果当 n 无限增大时, 数列的一般项 x_n 无限地接近于某一确定的数值 a, 则称常
数 a 是数列 $\{x_n\}$ 的极限, 或称数列 $\{x_n\}$ 收敛 a. 记为

$$\lim_{n \to \infty} x_n = a.$$

如果数列极限不存在, 则数列是发散的. 数列极限的分析定义 (ε-N 定义) 是本节
的难点, 要从 ε 的任意性和相对固定性, 以及 N 对 ε 的依赖性等方面来加以理解.

⇒ 重难点突破

   1. 数列极限的定义及性质

    在学习概念和性质的时候要多结合图形 (如图 2.4.1) 和简单的例子进行剖析
理解.

【**定义**】考虑数列 $\{x_n\}$. 如果存在常数 A, 使得对任意 $\varepsilon > 0$, 存在 $N > 0$, 使得当 $n > N$ 时[1], $x_n \in (-\varepsilon + A, \varepsilon + A)$[2], 则称 x_n 当 $n \to \infty$ 时, 以 A 为极限, 记为 $\lim\limits_{n \to \infty} x_n = A$.

注①　表示数列 $x_1, x_2, x_3, \cdots, x_N, x_{N+1}, \cdots, x_n$ 中, 从第 $N+1$ 项开始, $x_{N+1}, x_{N+2}, \cdots$;

注②　$A - \varepsilon < x_n < A + \varepsilon \Leftrightarrow |x_n - A| < \varepsilon$.

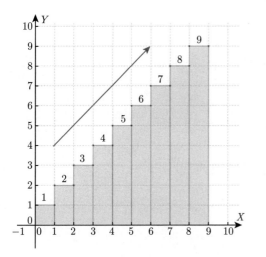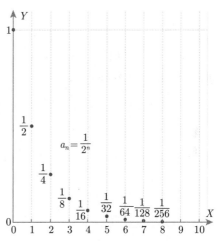

图 2.4.1　将数列的极限视为函数 $x_n = f(n), n = 1, 2, \cdots$ 当 $n \to +\infty$ 的极限, 给出函数在坐标系中的图像, 通过观察点的 "走势", 可以直观理解数列的变化趋势, 进而理解当 $n \to \infty (n \in \mathbb{N})$ 时数列 $\{x_n\}$ 的变化过程

【**拓展**】从哲学角度看极限.

极限 $\lim\limits_{n \to \infty} x_n$ 表示数列 $\{x_n\}$ 在无限变化过程中的终极结果, 体现了丰富的哲学内涵. 由有限数组成的个数无限的数列, 经历了无限渐变过程之后, 又得到了一个有限的数, 很好地诠释了从有限到无限, 在从无限到有限的辩证关系. 有限是具体的, 无限是抽象的, 具体与抽象的连接, 需要经过过程的历练, 在过程中升华.

极限表达式 $\lim\limits_{n \to \infty} x_n = A$ 是一个非常优美的设计, 是将有限与无限的结合 ($\lim\limits_{n \to \infty} x_n$ 体现了无限运动的过程, A 是有限的静止的状态, 等号 "=" 完美地将有限与无限两个世界连接起来), 是量变与质变的抽象化演绎, 更是过程与结果 (奋斗历程与实现目标)、运动与静止、抽象与具象的数学体现.

2. 第二个重要极限

$$\lim_{x\to\infty}\left(1+\frac{1}{x}\right)^x=\mathrm{e},$$

由于当 $x\to\infty$ 时, $1+\frac{1}{x}\to1$, 指数部分 $x\to\infty$, 这种形式通常记为 1^∞ 型. 在计算过程中, 为了方便使用, 同前面一样, 下面的公式很重要:

$$\lim_{\frac{1}{\Box}\to\infty}(1+\Box)^{\frac{1}{\Box}}=\mathrm{e}, \text{或者} \lim_{\Box\to0}(1+\Box)^{\frac{1}{\Box}}=\mathrm{e}.$$

由此, 可以很快地算出: $\lim\limits_{x\to0}(1+\sin(\sin x))^{\frac{1}{\sin(\sin x)}}=\mathrm{e}$.

为了计算 $\lim\limits_{x\to0}[1+\ln(1+x)]^{\frac{2}{x}}$, 可以通过恒等变换转化为重要极限形式 (当然, 要用到后面的连续性):

$$\lim_{x\to0}[1+\ln(1+x)]^{\frac{2}{x}}=\lim_{x\to0}[1+\ln(1+x)]^{\frac{1}{\ln(1+x)}\cdot\frac{\ln(1+x)}{1}\cdot\frac{2}{x}}$$

$$=\left(\lim_{x\to0}[1+\ln(1+x)]^{\frac{1}{\ln(1+x)}}\right)^{\lim\limits_{x\to0}\frac{2\ln(1+x)}{x}}$$

$$=\mathrm{e}^2.$$

其中 $\lim\limits_{x\to0}\dfrac{\ln(1+x)}{x}=1$.

✔ 学习效果检测

A. 能够判断数列是否收敛, 会计算数列的极限

1. 判断以下数列敛散性, 对收敛数列通过观察 $\{x_n\}$ 的变化趋势, 写出它们的极限.

(1) $\left\{\dfrac{\cos n}{n}\right\}$; (2) $\left\{\dfrac{3^n-2^n+5}{3^{n+1}+2^{n+1}+7}\right\}$;

(3) $\left\{\dfrac{\ln n}{n}\right\}$; (4) $\{n(-1)^n\}$.

2. $\lim\limits_{n\to\infty}\left(1-\dfrac{1}{2^2}\right)\left(1-\dfrac{1}{3^2}\right)\cdots\left(1-\dfrac{1}{n^2}\right)=$ _____.

3. $\lim\limits_{n\to\infty}\left(\dfrac{1}{1+2}+\dfrac{1}{1+2+3}+\cdots+\dfrac{1}{1+2+\cdots+n}\right)=$ _____.

4. 设 $|q|<1$, 证明 $\lim\limits_{n\to\infty}q^n=0$.

B. 能够深刻理解收敛数列性质

5. 下列结论中, 正确的是 (   ).

(A) 有界数列必然收敛;

(B) 发散数列必然无界;

(C) 若 $\lim\limits_{n\to\infty} x_{2n}=a$, $\lim\limits_{n\to\infty} x_{2n+1}=a$, 则 $\lim\limits_{n\to\infty} x_n=a$;

(D) 若 $\lim\limits_{n\to\infty} x_{3n-1}=a$, $\lim\limits_{n\to\infty} x_{3n+1}=a$, 则 $\lim\limits_{n\to\infty} x_n=a$.

6. 下列叙述正确的是 (　　).

(A) 无穷大量必为无界数列;　　　　(B) 单调数列必收敛;

(C) 有界数列必收敛;　　　　　　　(D) 无界数列未必发散.

C. 利用重要极限 $\lim\limits_{x\to\infty}\left(1+\dfrac{1}{x}\right)^x=\mathrm{e}$ **求极限**

7. 下列极限中正确的是 (　　).

(A) $\lim\limits_{x\to\infty}(1+x)^{\frac{1}{x}}=\mathrm{e}$;　　　　(B) $\lim\limits_{x\to\infty}\left(1-\dfrac{1}{x}\right)^x=\mathrm{e}$;

(C) $\lim\limits_{x\to0}(1-x)^{\frac{1}{x}}=\mathrm{e}$;　　　　(D) $\lim\limits_{x\to0}(1+x)^{\frac{1}{x}}=\mathrm{e}$.

8. 设 $\lim\limits_{x\to0}(1-kx)^{\frac{1}{x}}=\mathrm{e}^2$, 则 $k=$ _____.

9. 设 $\lim\limits_{x\to\infty}\left(\dfrac{x+2a}{x-a}\right)^x=8$, 则 a 为_____.

10. $\lim\limits_{x\to\infty}\left(\dfrac{x-2}{x+2}\right)^x$.　　　　11. $\lim\limits_{x\to\infty}\left(\dfrac{2x+3}{2x+1}\right)^{x+1}$.

12. $\lim\limits_{x\to0}(1+x)^{\frac{2}{\sin x}}$.　　　　13. $\lim\limits_{x\to0}\left(\dfrac{1-x}{1+x}\right)^{\frac{1}{x}}$.

14. $\lim\limits_{x\to\infty}\left(\dfrac{x-1}{x+1}\right)^x$.　　　　15. $\lim\limits_{x\to\infty}\left(1-\dfrac{2}{x}\right)^{x+10}$.

16. $\lim\limits_{x\to0}(1+3\tan^2 x)^{\cot^2 x}$.　　　　17. $\lim\limits_{x\to1}x^{\frac{4}{x-1}}$.

18. $\lim\limits_{x\to\infty}\left(\dfrac{3+x}{6+x}\right)^{\frac{x-1}{2}}$.　　　　19. $\lim\limits_{x\to0}(\cos x+\sin x)^{-\frac{1}{x}}$.

D. 利用单调有界准则证明极限存在, 并求极限

20. 设 $x_0>0, x_{n+1}=\dfrac{1}{2}\left(x_n+\dfrac{a}{x_n}\right)$, 其中 $a>0, n=0,1,2,\cdots$. 试证 $\lim\limits_{n\to\infty} x_n$ 存在, 并求之.

21. 设 $x_1=10, x_{n+1}=\sqrt{6+x_n}, n=1,2,\cdots$, 证明数列 $\{x_n\}$ 存在极限, 并求 $\lim\limits_{n\to\infty} x_n$.

2.5　无穷小与无穷大

➡ **学习目标导航**

❑ **知识目标**

➢ 无穷小量 (infinitesimals) 和无穷大量 (infinite) 的概念;

➢ 高阶无穷小 (infinitesimal of higher order)、等价无穷小 (equivalent infinitesimal) 的概念.

❑ **认知目标**

A. 在理解无穷小量和无穷大量概念基础上, 深刻理解无穷小与无穷大的关系;

B. 会运用定义进行无穷小的比较, 总结归纳多种形式的等价无穷小;

C. 会使用无穷小性质以及无穷小等价代换求函数的极限.

❑ **情感目标**

➢ 通过研究无穷小、无穷大的极限问题, 体会对动态变化事物的直观感受;

➢ 通过对无穷大概念的思考, 领悟人们对于时间空间认识上的哲学思辨;

➢ 通过多种形式无穷小的比较, 领悟变换的重要性, 培养细心、耐心, 体会从不同角度观察世界的魅力.

☞ **学习指导**

　　　　没有任何问题可以像无穷那样深深地触动人的情感, 很少有别的观念能像无穷那样激励理智产生富有成果的思想, 然而也没有任何其他的概念能像无穷那样需要加以阐明.

——希尔伯特

　　建议本部分内容采取如下学习策略:

　　研究利用等价无穷小求极限的基本原理和思想, 熟记常用的等价无穷小量.

　　后续学习内容中会经常、反复用到无穷大和无穷小的相关概念, 建议及时总结, 绘制思维导图, 再次遇到时方便查看、巩固记忆、课前自主预习知识, 对于无穷小、无穷大, 关键在于概念的辨析. 自主学习过程中要主动提出问题并寻求问题答案. 例如, 无穷小、无穷大是数值吗? 无穷小、无穷大在什么条件下可以互相转化? 极限的运算法则有没有什么局限性?

⊪➡ **重难点突破**

1. 关于概念

无穷小指的是一个函数, 这个函数在自变量的某个变化过程中以 0 为极限值. 因此当我们说函数 $f(x) = x - 1$ 是无穷小时, 一定是在 $x \to 1$ 的条件下才正确的. 同样我们说 $f(x) = 1/x$ 是当 $x \to 0$ 时的无穷大. 显然, 非 0 无穷小与无穷大有着 "互为倒数" 的关系, 无穷大取倒数之后就成为无穷小 (在自变量的同一个变化过程下). 因此, 弄清楚无穷小性质后无穷大自然就可以转化处理了. 一个很小很小的确定的数, 不管它有多小, 比如 0.00000001, 这个数也不能称之为无穷小, 因为它和 0 之间有一个确定性的距离. 同样对于一个很大很大的确定的数, 也不能称它为无穷大. 另外还要思考无界函数与无穷大的关系.

分母极限为零或不存在时的有理分式极限求法:

- 利用无穷小和无穷大的关系, 例如 $\lim\limits_{x \to 1} \dfrac{2x - 3}{x^2 - 5x + 4}$, 由于其倒数为无穷小, 故可记此式为 ∞.

- 通过消去零因子求解, 例如 $\lim\limits_{x \to 1} \dfrac{x - 1}{x^2 - 1}$.

- 通过无穷大阶的比较求解, 例如 $\lim\limits_{x \to \infty} \dfrac{2x - 1}{x^2 + 2x + 4}$.

2. 利用等价无穷小替换求极限

采用等价无穷小替换求极限, 利用的是如下规则: 设 $\alpha \sim \tilde{\alpha}, \beta \sim \tilde{\beta}$, 且 $\lim \dfrac{\tilde{\beta}}{\tilde{\alpha}}$ 存在, 则

$$\lim \frac{\beta}{\alpha} = \lim \left(\frac{\beta}{\tilde{\beta}} \cdot \frac{\tilde{\beta}}{\tilde{\alpha}} \cdot \frac{\tilde{\alpha}}{\alpha} \right) = \lim \frac{\beta}{\tilde{\beta}} \cdot \lim \frac{\tilde{\beta}}{\tilde{\alpha}} \cdot \lim \frac{\tilde{\alpha}}{\alpha} = \lim \frac{\tilde{\beta}}{\tilde{\alpha}}.$$

可见, 在表达式中, 当无穷小量为乘 (除) 因子时, 可以利用等价无穷小替换, 例如

$$\lim_{x \to 0} \frac{\sin x \cdot \ln(1 + x) \cdot (e^x - 1)}{x \cdot (1 - \cos x)} = \lim_{x \to 0} \frac{x \cdot x \cdot x}{x \cdot \frac{1}{2} x^2} = 2.$$

但是, 在表达式中, 当无穷小量为加 (减) 项时, 不能随意用等价无穷小替换, 例如下式是**错误**的:

$$\boxed{\lim_{x \to 0} \frac{1 - \cos x - x^2}{x^2} = \lim_{x \to 0} \frac{\frac{1}{2} x^2 - x^2}{x^2} = -\frac{1}{2}.}$$ ✘

$$\boxed{\lim_{x\to 0}\frac{\tan x-\sin x}{x^3}\xlongequal{x\to 0,\tan x\sim\sin x\sim x}\lim_{x\to 0}\frac{x-x}{x^3}=0.}\quad \times$$

正确的解法是

$$\lim_{x\to 0}\frac{1-\cos x-x^2}{x^2}=\lim_{x\to 0}\frac{1-\cos x}{x^2}-1=\lim_{x\to 0}\frac{2\sin^2\frac{x}{2}}{x^2}-1=\lim_{x\to 0}\frac{\frac12 x^2}{x^2}-1=-\frac12;$$

$$\lim_{x\to 0}\frac{\tan x-\sin x}{x^3}=\lim_{x\to 0}\frac{\sin x\left(\frac{1}{\cos x}-1\right)}{x^3}=\lim_{x\to 0}\frac{1-\cos x}{x^2\cos x}=\lim_{x\to 0}\frac{1-\cos x}{x^2}=\frac12.$$

✔ 学习效果检测

A. 在理解无穷小量和无穷大量概念基础上, 深刻理解无穷小与无穷大的关系

1. 下列函数中, 当 $x\to 0^+$ 时为无穷小量的是 (　　).

(A) $x\sin\frac1x$;　　(B) $e^{\frac1x}$;　　(C) $\ln x$;　　(D) $\frac1x\sin x$.

2. 当 $x\to+\infty$, 函数 $f(x)=e^x\sin x$ 是 (　　).

(A) 无穷小;　　　　　　　(B) 无穷大;

(C) 有界量, 但不是无穷小;　(D) 无界的, 但不是无穷大.

3. 设函数 $f(x)=x\cos\frac1x$, 则当 $x\to\infty$ 时, $f(x)$ 是 (　　).

(A) 有界变量;　　　　　　(B) 无界, 但非无穷大量;

(C) 无穷小量;　　　　　　(D) 无穷大量.

4. $\lim_{x\to\infty}\frac{e^x-e^{-x}}{e^x+e^{-x}}$ 的极限 (　　).

(A) 等于 1;　(B) 不存在;　(C) 等于 0;　(D) 等于 -1.

5. $\lim_{x\to\infty}\frac{e^x+4e^{-x}}{3e^x+2e^{-x}}=$(　　).

(A)1/3;　　(B)2;　　(C)1;　　(D) 不存在.

B. 会运用定义进行无穷小的比较, 总结归纳多种形式的等价无穷小

6. 填空 (识记并填写常用的等价无穷小, 有的证明需要利用函数的连续性, 建议自学), 当 $x\to 0$ 时: $\sin x\sim$＿＿＿, $\tan x\sim$＿＿＿, $\arcsin x\sim$＿＿＿, $\arctan x\sim$＿＿＿, $e^x-1\sim$＿＿＿, $\ln(1+x)$＿＿＿, $1-\cos x\sim$＿＿＿, $(1+x)^\alpha-1\sim$＿＿＿.

7. 填空 (根据常见的等价无穷小量, 进一步写出以下各量与幂函数的等价无穷小), 当 $x\to 0$ 时: $e^{x\cos^2 x}-1\sim$＿＿＿, $e^{x\cos x^2-x}-1\sim$＿＿＿, $\sqrt[3]{1+2x}-1$＿＿＿, $x-\sin x\sim$＿＿＿, $\tan x-\sin x\sim$＿＿＿,

8. 当 $x \to 0$ 时, 无穷小量 $2\sin x - \sin 2x$ 与 mx^n 等价, 其中 m, n 为常数, 则 m, n 的值为_____.

9. 已知当 $x \to 0$ 时, 无穷小量 $(1 + ax^2)^{\frac{1}{3}} - 1$ 与 $\cos x - 1$ 是等价无穷小, 则常数 a_____.

10. 当 $x \to 0^+$ 时, 下列无穷小量与 $\sqrt{x}$ 是等价无穷小的是 (　　).

(A)$1 - \mathrm{e}^{\sqrt{x}}$;　　　　　　　　　　(B)$\ln(1 + \sqrt{x})$;

(C)$\sqrt{1 + \sqrt{x}} - 1$;　　　　　　　　　(D)$1 - \cos\sqrt{x}$.

11. 设 $\alpha_1 = x(\cos\sqrt{x} - 1)$, $\alpha_2 = \sqrt{x}\ln(1 + \sqrt[3]{x})$, $\alpha_3 = \sqrt[3]{x+1} - 1$, 当 $x \to 0^+$ 时, 以上三个无穷小量按照从低阶到高阶的排序是 (　　).

(A)$\alpha_1, \alpha_2, \alpha_3$;　　　(B)$\alpha_2, \alpha_3, \alpha_1$;　　　(C)$\alpha_2, \alpha_1, \alpha_3$;　　　(D)$\alpha_3, \alpha_2, \alpha_1$.

C. 会使用无穷小性质以及无穷小等价代换求函数的极限

12. 求下列极限:

(1) $\displaystyle\lim_{x \to \infty} \frac{2x}{\sqrt{1 + x^2}} \arctan\frac{1}{x}$;

(2) $\displaystyle\lim_{x \to 0} x\sqrt{1 + \sin\frac{1}{x}}$;

(3) $\displaystyle\lim_{x \to \infty} \frac{1}{x\left(1 + \mathrm{e}^x\right)}$;

(4) $\displaystyle\lim_{x \to \infty} \arctan x \cdot \arcsin\frac{1}{x}$;

(5) $\displaystyle\lim_{x \to 0} \frac{\tan 3x}{\ln(1 + 2x)} \cdot 2^x$;

(6) $\displaystyle\lim_{x \to 0} \frac{\sin\left(x^n\right)}{(\sin x)^m}$ $(m, n \in \mathbb{Z}^+)$;

(7) $\displaystyle\lim_{x \to 0} \frac{\tan x - \sin x}{\sin^3 x}$;

(8) $\displaystyle\lim_{x \to 0} \frac{\sin x - \tan x}{\left(\sqrt[3]{1 + x^2} - 1\right)\left(\sqrt{1 + \sin x} - 1\right)}$;

(9) $\displaystyle\lim_{x \to 0} \frac{\mathrm{e}^x - \mathrm{e}^{\tan x}}{x - \tan x}$;

(10) $\displaystyle\lim_{\substack{x \to 0 \\ y \to 0}} \frac{1 - \cos\left(x^2 + y^2\right)}{x^2 + y^2}$.

2.6　函数的连续性

➤ 学习目标导航

❑ **知识目标**

✦ 连续的概念、函数的间断点的概念;

✦ 初等函数的连续性; 反函数、复合函数的连续性;

✦ 闭区间上连续函数的性质: 有界性、最大值最小值定理、零点定理、介值定理.

❑ **认知目标**

A. 熟练复述函数在一点连续和在一个区间连续的概念、函数的间断点的概念;

B. 会利用定义判断函数的连续性, 说出函数间断点的各种类型, 会利用定义判断函数间断点及其类型;

C. 能够描述初等函数的连续性、闭区间上连续函数的性质;

D. 会利用函数连续性求极限;

E. 会利用闭区间上连续函数的性质解决问题.

❏ **情感目标**

→ 培养几何直观能力, 提升问题转化能力, 体会事物之间的联系和转化的关系, 逐步提升通过数学语言描述来加深对事物本质特征理解, 进而强化逻辑推理能力和抽象思维能力.

☞ 学习指导

在科学研究中, 通常借助抽象的、形式化的数学语言准确描述事物现象背后的数学本质, 读懂、理解并运用这些数学语言进行解题和交流, 是学习数学必须应当锻炼和培养的一种能力. 本部分内容将学习的定理和推论都是通过抽象的数学语言描述的, 因此建议:

(1) 预习时, 精读定理和推论, 理解其描述的数学问题的内在含义, 遇到不懂的地方做好标注, 寻找机会向同学和教师请教与讨论, 讨论时, 阐述清楚自己对问题的理解和疑惑.

(2) 一般地, 数学定理、推论都有其适用的条件, 学习时应当关注这些定理 (推论) 的应用条件、受限条件下的反例等.

(3) 记忆结论性的知识, 例如, 基本初等函数 (反、对、幂、三、指) 在它们的定义域内都是连续的.

本部分内容中有很多零碎的知识点穿插在教材文字中, 教师在上课时可能只讲重难点, 而未提到这些小的、碎片化的知识点, 但是它们又往往影响到学习者对内容的理解, 因此, 务必要利用预习时间和课后练习时间阅读教材, 逐字逐句, 哪里有疑问, 哪里越要想得明明白白. 另外, 一些定理的证明通常需要用到更为复杂的数学分析理论来证明, 例如零点定理、最大值最小值定理等, 可以直观地利用数形结合的形式来帮助理解.

⇛ 重难点突破

1. 连续

连续是极限概念的继续, 也是高等数学中最重要的基本概念之一. 这一概念的形成来自人们对社会实践中遇到客观现象 (具象世界) 的不断认知和提炼. 诸如在如下诗词中存在关于 "连续""间断" 现象的描写:

• 抽刀断水水更流, 举杯消愁愁更愁 (李白)——连续;

- 飞流直下三千尺, 疑是银河落九天 (李白)——连续;
- 天门中断楚江开, 碧水东流至此回 (李白)——间断;
- 欲穷千里目, 更上一层楼 (王之涣)——间断.

时光的流逝、物体的运动、植物的生长、身高的增长、温度的变化都是连续的. 正是由于连续性的存在, 预测 (推测) 才变得有意义.

从几何上形象地看一元连续函数, 就是一条连绵不断的曲线, 就是当自变量做微小变动的时候, 函数值也做微小的变化; 或者说, 函数在任何时候都不会产生 "突变" 或 "跃迁".

下面进一步阐述函数连续性的定义及其等价定义. 借助日常对连续性的实际感受, 将形象思维与抽象的数理思维相结合, 提升思考深度, 这有助于我们感知数学的美学价值, 提升观察能力、记忆能力、抽象概括能力、推理论证能力等数学能力.

【定义】

$$\text{函数 } y = f(M) \text{ 在 } M_0 \text{ 点连续} \Leftrightarrow \lim_{M \to M_0} f(M) = f(M_0).$$

等价定义 (一元函数而言):

$$\text{函数 } y = f(x) \text{ 在 } x_0 \text{ 点连续}$$

$$\Leftrightarrow \lim_{\Delta x \to 0} \Delta y = 0$$

$$\Leftrightarrow \lim_{\Delta x \to 0} [f(x + \Delta x) - f(x)] = 0$$

$$\Leftrightarrow \forall \varepsilon > 0, \exists \delta > 0, \text{当} |x - x_0| < \delta \text{时}, |f(x) - f(x_0)| < \varepsilon.$$

注 所谓 f 在 x_0 处连续, 就是对于任何事先给定的误差范围 $\varepsilon > 0$, 只要 x 与 x_0 充分靠近, 则 $f(x)$ 与 $f(x_0)$ 的距离小于 ε.

↬ 粗略地说, 即 f 把 x_0 某个附近的点都映射到 $f(x_0)$ 附近了;

↬ 更粗略地说, 即 f 在 x_0 处 "没有撕裂";

↬ 从几何图像上看, 即 f 的图像在 $(x_0, f(x_0))$ 处 "没有断开".

2. 关于介值定理

设函数 $f(x)$ 在闭区间 $[a, b]$ 上连续, 且 $f(a) = A, f(b) = B$, 则对于 $\forall C \in [A, B], \exists \xi \in [a, b]$, 使得 $f(\xi) = C$.

这说明, 连续函数 $f(x)$ 的值域 $f([a, b])$ 是一个没有 "缝隙" 的连续区间, 是一个没有 "断开" 的区间 (图 2.6.1).

连续函数在闭区间上一定存在最大值和最小值 (分别记为 M, m), 结合上述介值定理可知, $f(x)$ 能够取得介于 m 与 M 之间的一切值, 因为没有 "缝隙", 没有 "断开", 如图 2.6.2 所示.

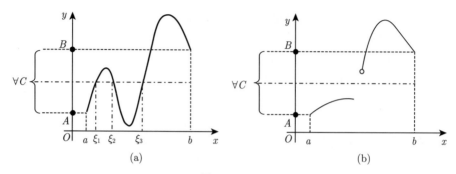

图 2.6.1

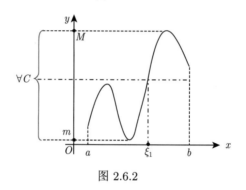

图 2.6.2

可以利用介值定理证明连续函数在闭区间中符合一定条件的点的**存在性**.

【**例**】设 $f(x)$ 在闭区间 $[a,b]$ 上连续, 且 $a < c < d < b$. 证明: 存在 $\xi \in [c,d]$ 使得

$$pf(c) + qf(d) = (p+q)f(\xi)$$

成立, 其中 $p > 0, q > 0$.

证 若 $f(c) = f(d)$, 取 $\xi = c$ 或 $\xi = d$ 即可;

若 $f(c) \neq f(d)$, 不妨令 $f(c) < f(d)$, 则

$$pf(c) + qf(c) < pf(c) + qf(d) < pf(d) + qf(d),$$

即

$$\underset{\displaystyle \underset{A}{\downarrow}}{f(c)} < \underset{\displaystyle \underset{C}{\downarrow}}{\frac{pf(c) + qf(d)}{p+q}} < \underset{\displaystyle \underset{B}{\downarrow}}{f(d)}.$$

因为 $f(x)$ 在 $[c,d]$ 上亦连续, 根据介值定理, 定存在 $\xi \in [c,d]$ 使得

$$f(\xi) = C = \frac{pf(c) + qf(d)}{p+q},$$

即原命题得证.

✔ 学习效果检测

A. 熟练复述函数在一点连续和在一个区间连续的概念、函数的间断点的概念

1. 请阐述函数 $y = f(x)$ 在 $x = x_0$ 处连续的定义.

2. 举例说明函数 $f(x)$ 在 x_0 处无穷间断、振荡间断.

3. 下图对间断点的分类进行了总结, 请按数字顺序将分类依据填写完整.

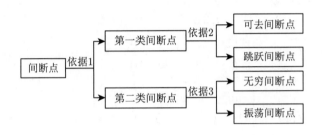

依据 1:

_____

依据 2:

_____

依据 3:

_____

B. 会利用定义判断函数的连续性, 说出函数间断点的各种类型, 会利用定义判断函数间断点及其类型

4. 下列命题正确的是 (   ).

(A) 若 $\lim\limits_{x \to x_0} f(x)$ 存在, 则 $f(x)$ 在 x_0 点连续;

(B) 若 $f(x)$ 在 x_0 点连续, 则 $\lim\limits_{x \to x_0} f(x) = A$, 且 $A \neq f(x_0)$;

(C) 若 $f(x)$ 在 x_0 点连续, 则 $\lim\limits_{x \to x_0} f(x) = f(x_0)$;

(D) 若 $f(x)$ 在 x_0 点不连续, 则 $\lim\limits_{x \to x_0} f(x)$ 一定不存在.

5. $x = 0$ 是 $y = \arctan \dfrac{1}{x}$ 的 (   ) 间断点.

(A) 可去;   (B) 跳跃;   (C) 无穷;   (D) 振荡.

6. $x = 0$ 是函数 $f(x) = \dfrac{\ln(1+x)}{x}$ 的 (   ).

(A) 连续点;   (B) 跳跃间断点;   (C) 无穷间断点;   (D) 可去间断点.

7. 设函数 $f(x) = \dfrac{e^{\frac{1}{x}} - 1}{e^{\frac{1}{x}} + 1}$, 则 $x = 0$ 是 $f(x)$ 的 (   ).

(A) 可去间断点;   (B) 跳跃间断点;

(C) 第二类间断点;   (D) 连续点.

8. 设函数 $f(x) = \begin{cases} \dfrac{ax + b}{\sqrt{3x + 1} - \sqrt{x + 3}}, & x \neq 1, \\ 4, & x = 1 \end{cases}$ 在 $x = 1$ 处连续, 则常数

a, b 用数组 (a, b) 表示为 (   ).

(A)$(2, -2)$;   (B)$(-2, 2)$;   (C)$(-2, -2)$;   (D)$(2, 2)$.

9. 设函数 $f(x) = \begin{cases} (1 + x)^{-\frac{2}{x}}, & x \neq 0, \\ k, & x = 0 \end{cases}$ 在 $x = 0$ 连续, 则常数 k 的值

_____.

10. 设函数 $f(x) = \begin{cases} ae^x, & x < 0, \\ b - 1, & x = 0, \\ bx + 1, & x > 0 \end{cases}$ 在 $x = 0$ 处连续, 求常数 a, b 的值.

11. 设 $f(x) = \begin{cases} e^{\frac{1}{x-1}}, & x > 0, \\ \ln(1 + x), & -1 < x \leqslant 0, \end{cases}$ 求 $f(x)$ 的间断点, 并说明间断点

所属类型.

12. 讨论函数 $f(x) = \lim\limits_{n \to \infty} \dfrac{1 - x^{2n}}{1 + x^{2n}} x$ 的连续性, 若有间断点, 则判别其类型.

C. 能够描述初等函数的连续性、闭区间上连续函数的性质

13. 判断对错

(1) 初等函数在定义域上连续.   (   );

(2) 函数 $f(x)$ 在 x_0 处间断, 则 $f(x)$ 在 x_0 处无定义.   (   );

(3) 在 $[a, b]$ 上连续的函数, 只存在一个最大值或最小值.   (   );

(4) 在 (a, b) 内连续的函数, 一定有界.   (   );

(5) 若 $\lim\limits_{x \to x_0} f(x)$ 存在, 则 $f(x)$ 在 x_0 必连续.   (   );

(6) 若函数 $f(x)$ 在 x_0 处连续, 则 $f(x)$ 在点 x_0 处极限存在.   (   ).

14. 填空: 如果函数 $f(x)$ 在 (a, b) 内连续, 且在点 a 处_____, 在点 b 处_____, 则称 $f(x)$ 在 $[a, b]$ 上连续.

D. 会利用函数连续性求极限 (综合多种方法求极限)

15. $\lim\limits_{x \to 0} \dfrac{\log_a (x + 1)}{x}$.   16. $\lim\limits_{x \to 0} \dfrac{a^x - 1}{x}$.

17. $\lim\limits_{x \to +\infty} [\ln(1 + e^x) - x]$.   18. $\lim\limits_{x \to e} \dfrac{\ln x - 1}{x - e}$.

19. $\lim\limits_{x \to 0} \dfrac{\sqrt{1+\sin x}-\sqrt{1-\sin x}}{\ln(1-3x)}$.　　　　20. $\lim\limits_{x \to +\infty} (\sqrt{x+\sqrt{x}}-\sqrt{x-\sqrt{x}})$.

21. $\lim\limits_{x \to 0} \dfrac{\sqrt{2+\tan x}-\sqrt{2+\sin x}}{x^2 \sin x}$.

22. $\lim\limits_{n \to \infty} \cos\dfrac{x}{2} \cos\dfrac{x}{4} \cdots \cos\dfrac{x}{2^n}$ $(x \neq 0)$.

E. 会利用闭区间上连续函数的性质解决问题

23. 设函数 $f(x)$ 在 $[0,1]$ 上连续且 $f(0)=0, f(1)=1$, 试证存在一点 $\xi \in (0,1)$ 使得 $f(\xi)=1-\xi$.

24. 设函数 $f(x)$ 在 $[a,b]$ 上连续, 且 $f(a)=f(b)$, 证明存在一点 $\xi \in (a,b)$ 使得 $f(\xi)=f\left(\xi+\dfrac{b-a}{2}\right)$.

F. 自主学习能力训练

25. 总结归纳学到的"求极限"的方法, 最好举出你曾做错过的实例.

知识点归纳与总结

1. 极限的四则运算法则

若 $\lim f(M) = A, \lim g(M) = B$, 则

$\lim[f(M) \pm g(M)] = \lim f(M) \pm \lim g(M) = A \pm B$;

$\lim[f(M) \cdot g(M)] = \lim f(M) \cdot \lim g(M) = A \cdot B$;

若 $B \neq 0$, 则 $\lim \dfrac{f(M)}{g(M)} = \dfrac{\lim f(M)}{\lim g(M)} = \dfrac{A}{B}$.

2. 复合函数的极限运算法则

设 $y = f[g(M)]$ 由函数 $y = f(u)$ 与函数 $u = g(M)$ 复合而成, $f[g(M)]$ 在点 M 的某去心邻域内有定义. 若 $g(M) \to u_0$（当 $M \to M_0$）, $f(u) \to A$（当 $u \to u_0$）, 则 $\lim\limits_{M \to M_0} f[g(M)] = \lim\limits_{u \to u_0} f(u) = A$.

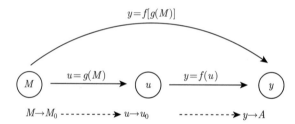

3. 夹挤准则

(1) 若数列 $\{x_n\}, \{y_n\}$ 及 $\{z_n\}$ 满足下列条件:

- $y_n \leqslant x_n \leqslant z_n (n = 1, 2, 3, \cdots)$;

- $\lim\limits_{n \to \infty} y_n = a, \lim\limits_{n \to \infty} z_n = a$;

则数列 $\{x_n\}$ 的极限存在, 且 $\lim\limits_{n \to \infty} x_n = a$.

(2) 若函数 $f(M), g(M)$ 及 $h(M)$ 满足下列条件:

- $g(M) \leqslant f(M) \leqslant h(M)$;

- $\lim g(M) = A, \quad \lim h(M) = A$;

则 $\lim f(M)$ 存在, 且 $\lim f(M) = A$.

4. 单调有界收敛准则

若递增数列 $\{x_n\}$ 有上界, 即存在数 M, 使得 $x_n \leqslant M, n = 1, 2, \cdots$, 则 $\lim\limits_{n \to \infty} x_n$ 存在且不大于 M;

若递减数列 $\{x_n\}$ 有下界, 即存在数 L, 使得 $x_n \geqslant L, n = 1, 2, \cdots$, 则 $\lim\limits_{n \to \infty} x_n$ 存在且不小于 L.

5. 无穷小的性质

- 有限个无穷小的和是无穷小.
- 有限个无穷小的乘积是无穷小.
- 有界函数与无穷小的乘积是无穷小.

6. 两个重要极限

$$\lim_{x \to 0} \frac{\sin x}{x} = 1$$

在极限 $\lim \dfrac{\sin \alpha(x)}{\alpha(x)}$ 中, 只要 $\alpha(x)$ 是无穷小, 就有 $\lim \dfrac{\sin \alpha(x)}{\alpha(x)} = 1$.

$$\lim_{x \to \infty} \left(1 + \frac{1}{x}\right)^x = \mathrm{e}, \text{ 或 } \lim_{x \to 0}(1 + x)^{\frac{1}{x}} = \mathrm{e}$$

在极限 $\lim[1 + \alpha(x)]^{\frac{1}{\alpha(x)}}$ 中, 只要 $\alpha(x)$ 是无穷小, 就有 $\lim[1 + \alpha(x)]^{\frac{1}{\alpha(x)}} = \mathrm{e}$.

由这两个极限, 利用极限的变量代换法则, 可以得到它们的各种变形. 由这两个以及它们的各种变形, 可以推出后继内容中一系列的极限和导数公式, 其中求三角函数 $y = \sin x$ 的导数公式, 需利用极限 $\lim\limits_{x \to 0} \dfrac{\sin x}{x} = 1$; 求对数函数 $y = \ln x$ 的导数公式, 需利用极限 $\lim\limits_{x \to \infty} \left(1 + \dfrac{1}{x}\right)^x = \mathrm{e}$. 这些基本初等函数的导数公式是导数运算的基础, 而导数运算是微积分中最基本的运算, 所以通常称这两个极限为重要极限.

7. 连续函数的性质

(1) **有界定理**　$f(x)$ 在 $[a, b]$ 上连续 $\Rightarrow f(x)$ 在 $[a, b]$ 上有界.

(2) **最大值与最小值定理**　闭区间上的连续函数一定能取到它的最值. 即 $f(x)$ 在 $[a, b]$ 上连续 $\Rightarrow f(x)$ 在 $[a, b]$ 上取得最大值和最小值.

(3) **介值定理**　设函数 $f(x)$ 在闭区间 $[a, b]$ 上连续, 则对于 $f(a), f(b)$ 之间的任何数 C, 至少存在一点 $\xi \in (a, b)$, 使 $f(\xi) = C$.

(4) **根的存在定理 (零点定理)**　区间端点函数值异号的闭区间上连续函数至少有一个零点, 即若函数 $f(x)$ 在 $[a, b]$ 上连续, 且 $f(a) \cdot f(b) < 0 \Rightarrow \exists \xi \in (a, b)$, 使得 $f(\xi) = 0$.

(5) 一元初等函数在其定义区间 (注意: 不是其定义域) 内都是连续的, 多元初等函数在其定义区域内都是连续的. 例, 函数 $y = \sqrt{\cos x - 1}$, 定义域为 $D = \{x \mid x = 2k\pi, k = 0, \pm 1, \pm 2, \cdots\}$, 函数在定义域每一点都不连续, 其定义域是一系列离散的点, 构不成区间; 再如: 函数 $y = \sqrt{\sin x} + \sqrt{16 - x^2} + \sqrt{-x}$, 定义域为 $[-4, -\pi] \cup \{0\}$, 函数在 $x = 0$ 处不连续, 在定义区间 $[-4, -\pi]$ 上连续.

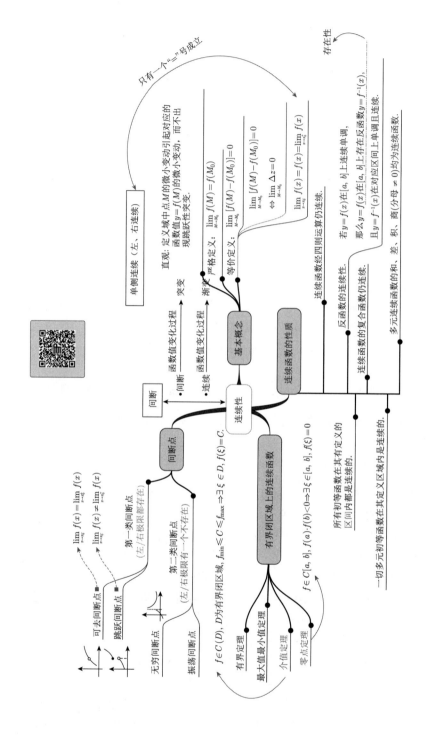

连续性

间断 ⟷

基本概念

连续函数的性质

间断点

有界闭区域上的连续函数

基本概念

函数值变化过程 ──同断→ 函数值变化过程 ──连续→

直观:定义域中点 M 的微小变动引起对应的函数值 $y=f(M)$ 的微小变动,而不出现跳跃性突变.

渐变 突变 单侧连续(左、右连续)

只有一个"="号成立

存在性

严格定义: $\lim\limits_{M\to M_0} f(M)=f(M_0)$

等价定义: $\lim\limits_{M\to M_0}[f(M)-f(M_0)]=0$

$\Leftrightarrow \lim\limits_{M\to M_0}[f(M)-f(M_0)]=0$

$\Leftrightarrow \lim\limits_{\Delta x\to 0}\Delta z=0$

$\lim\limits_{x\to x_0} f(x)=\lim\limits_{x\to x_0} f(x)$

连续函数的性质

连续函数经四则运算仍连续.

反函数的连续性. 若 $y=f(x)$ 在 $[a,b]$ 上连续单调,那么 $y=f^{-1}(x)$ 在 $[a,b]$ 上存在反函数 $y=f^{-1}(x)$, 且上存在反函数 $y=f^{-1}(x)$ 在对应区间上单调且为连续函数.

连续函数的复合函数仍连续.

多元连续函数的和、差、积、商(分母 $\neq 0$)均为连续函数.

间断点

$\lim\limits_{x\to x_0} f(x)=\lim\limits_{x\to x_0} f(x)$

$\lim\limits_{x\to x_0} f(x)\neq\lim\limits_{x\to x_0} f(x)$

第一类间断点 (左/右极限都存在)

第二类间断点 (左/右极限有一个不存在)

可去间断点

跳跃间断点

无穷间断点

振荡间断点

有界闭区域上的连续函数

$f\in C(D)$, D 为有界闭区域, $f_{min}\leq C\leq f_{max}\Rightarrow\exists\,\xi\in D$, $f(\xi)=C$.

$f\in C[a,b]$, $f(a)\cdot f(b)<0\Rightarrow\exists\,\xi\in[a,b]$, $f(\xi)=0$

所有初等函数在其有定义的区间内都是连续的.

一切多元初等函数在其定义域区域内是连续的.

有界定理

最大值最小值定理

介值定理

零点定理

(6)

$$\left\{\begin{array}{l}\text{连续函数的运算}\left\{\begin{array}{l}\text{有限个连续函数的和、差、积仍是连续函数}\\\text{两个连续函数的商(分母}\neq 0)\text{仍是连续函数}\\\text{复合函数的连续性：}\\\boxed{\begin{array}{l}u=\varphi(x)\text{在}x_0\text{连续，且}\varphi(x_0)=u_0, y=f(u)\text{在}u_0\text{连续}\\\Rightarrow y=f[\varphi(x)]\text{在点}x_0\text{也连续.}\end{array}}\\\text{反函数的连续性：}\\\boxed{\begin{array}{l}y=f(x)\text{在区间}I_x\text{上单调增加(或减少)且连续}\\\Rightarrow \text{反函数}x=\varphi(y)\text{也在对应区间}\\I_y=\{y|y=f(x), x\in I_x\}\text{单调增加(或减少)且连续.}\end{array}}\end{array}\right.\\\text{初等函数连续性}\left\{\begin{array}{l}\text{基本初等函数在定义域内连续}\\\text{初等函数在定义区间内连续}\end{array}\right.\end{array}\right.$$

8. 计算极限的方法

(1) 若连续, 则函数值为极限值;

(2) 若是未定式, 则用因式分解、同乘共轭因式、同除以最高次幂、等价代换、重要极限等方法将极限转化为定式情况;

(3) 用极限的四则运算法则、复合函数的极限法则、有界量与无穷小量的乘积仍是无穷小结论、无穷小与无穷大的倒数关系等方法求极限;

(4) 利用极限存在的两个准则求极限.

9. 无界函数与无穷大

考察函数 $y = x\cos x$, 取 $x = 2k\pi, k \in \mathbb{Z}$ 时, 从而有 $y = 2k\pi$, 所以函数 $y = x\cos x$ 在 $(-\infty, +\infty)$ 内无界. 又取 $x = 2k\pi + \pi/2, k \in \mathbb{Z}$ 时, 从而有 $y = 0$, 所以当 $x \to +\infty$ 时函数 $y = x\cos x$ 极限不可能趋于无穷大 (如下图所示). 这个例子说明无界函数不一定是无穷大.

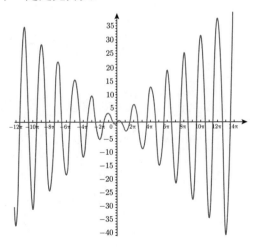

综 合 演 练

极限与连续 | 章测试 1

分数: _____

一、填空题 (3 分 × 5 = 15 分)

1. $\lim\limits_{x \to 1}\left[(x-1)\cdot\sin\dfrac{1}{x-1} + \dfrac{\sin(x-1)}{x^2-1}\right] = $ _____.

2. 设函数 $f(x) = \begin{cases} (\cos x + \sin x)^{\frac{1}{x}}, & x \neq 0, \\ k, & x = 0 \end{cases}$ 在 $x = 0$ 连续, 则常数 $k = $ _____.

3. 当 $x \to 0$ 时, $\alpha(x) = kx^2$ 与 $\beta(x) = \sqrt{1 + x\arcsin x} - \sqrt{\cos x}$ 是等价无穷小, 则 $k = $ _____.

4. $\lim\limits_{n \to \infty}\sum\limits_{k=1}^{n}\dfrac{k}{n^2+n+k} = $ _____.

5. 函数 $f(x) = \left[\dfrac{1}{|x|+1}\right]$ 的间断点 $x = $ _____, 是第 _____ 类间断点, 其中 $[\cdot]$ 表示向下取整.

二、选择题 (3 分 × 5 = 15 分)

6. 当 $x \to 0$ 时与 $\sqrt[3]{1 + \sqrt[3]{x}} - 1$ 为同阶无穷小是 (   ).

(A)$\sqrt[3]{x}$;   (B)$\sqrt[3]{x^2}$;   (C)x;   (D)$\sqrt[3]{x^4}$.

7. 极限 $\lim\limits_{x \to 0}\dfrac{x\sin\dfrac{1}{x}}{\sin x}$ 为 (   ).

(A)1;   (B)∞;   (C) 不存在;   (D)0.

8. 求极限 $\lim\limits_{x \to \infty}\dfrac{2x+1}{\sqrt{x^2+3}} = ($ $)$.

(A) 2;   (B) -2;   (C) ±2;   (D) 不存在.

9. 设函数 $f(x) = \begin{cases} \dfrac{\mathrm{e}^{1/x} - \mathrm{e}^{-1/x}}{\mathrm{e}^{1/x} + \mathrm{e}^{-1/x}}, & x \neq 0, \\ 1, & x = 0 \end{cases}$ 在 $x = 0$ 处 (   ).

(A) 左连续;   (B) 右连续;
(C) 连续;   (D) 左、右均不连续.

10. 以下计算正确的是 (   ).

(A) $\lim\limits_{x\to\infty}\dfrac{\sin x}{x}=1$;

(B) $\lim\limits_{x\to\pi}\dfrac{\sin x}{x}=1$;

(C) $\lim\limits_{x\to\infty}x\cdot\sin\dfrac{1}{x}=1$;

(D) $\lim\limits_{x\to\infty}x\cdot\sin\dfrac{1}{x}=0$.

三、计算题 (5 分 × 6 = 30 分)

11. $\lim\limits_{x\to 0}\dfrac{\tan x-\sin x}{x^2(\mathrm{e}^x-1)}$;

12. $\lim\limits_{x\to 0}\dfrac{\ln\left(\sin^2 x+\mathrm{e}^x\right)-x}{\ln\left(x^2+\mathrm{e}^{2x}\right)-2x}$;

13. $\lim\limits_{x\to+\infty}x\left(\sqrt{x^2-4}-x\right)$;

14. $\lim\limits_{x\to 0}\dfrac{3\sin x+x^2\cos\dfrac{1}{x}}{(1+\cos x)\ln(1+x)}$;

15. $\lim\limits_{x\to\infty}\dfrac{1+2|x|}{1+x}\arctan x$;

16. $\lim\limits_{x\to 0}\left(\dfrac{1+2^x+3^x}{3}\right)^{\frac{1}{x}}$.

四、讨论题 (10 分 ×2 = 20 分)

17. 若 $\lim\limits_{x\to 2}\dfrac{x^2+ax+b}{x^2-x-2}=2$, 求 a 和 b 的值.

18. 设函数 $f(x)=\begin{cases}\lim\limits_{n\to\infty}\dfrac{x^n}{1+x^n}, & x\geqslant 0,\\[2mm]\sin x, & x<0,\end{cases}$ 讨论 $f(x)$ 的间断点, 并判断其类型.

五、证明题 (10 分 × 2 = 20 分)

19. 设 $0<x_1<3, x_{n+1}=\sqrt{x_n(3-x_n)}(n=1,2,\cdots)$. (1) 证明 $\lim\limits_{n\to\infty}x_n$ 存在; (2) 求 $\lim\limits_{n\to\infty}x_n$.

20. 设函数 $f(x)$ 在 $[a,b]$ 上连续, 且 $f(a)=f(b)$, 证明存在一点 $\xi\in(a,b)$ 使得 $f(\xi)=f\left(\xi+\dfrac{b-a}{2}\right)$.

极限与连续 | 章测试 2

分数: _____

一、填空题 (3 分 × 5 = 15 分)

1. $\lim\limits_{x\to\infty}\dfrac{3x-5}{x^3\sin\dfrac{1}{x^2}}=$ _____.

2. 设函数 $f(x)=\begin{cases}(\cos x)^{\frac{1}{x^2}}, & x\neq 0,\\ a, & x=0\end{cases}$ 在 $x=0$ 连续, 则常数 $a=$ _____.

3. 当 $x\to 0$ 时, $(1+ax^3)^{\frac{1}{3}}-1$ 与 $\tan x(\cos x-1)$ 是等价无穷小, 则 $a=$ _____.

4. $\lim\limits_{n\to\infty}\dfrac{(3n+7)^3(2n+1)^2}{(5n+9)^4(n+2)}=$ _____.

5. 函数 $f(x)=\lim\limits_{n\to\infty}\dfrac{(n-1)x}{nx^2+1}$, 则 $f(x)$ 的间断点是 $x=$ _____.

二、选择题 (3 分 × 5 = 15 分)

6. 当 $x\to 0$ 时, 下列各式中为无穷小量的是 (   ).

(A) $\dfrac{x+\cos x}{x}$;   (B) $\dfrac{\tan x}{x}$;   (C) $\dfrac{2\sin x}{\sqrt{x}}$;   (D) $\dfrac{1}{3^x-1}$.

7. $\lim\limits_{x\to 1}\dfrac{x^2-1}{x-1}e^{\frac{1}{x-1}}$ 的极限为 (   ).

(A) 1;   (B) ∞;

(C) 0;   (D) 不存在但也不是无穷大.

8. $x\to 0$ 时, $(1+\sin x)^x-1$ 是比 $x\tan x^n$ 低阶的无穷小, 而 $x\tan x^n$ 是比 $\left(e^{x^2}-1\right)\ln\left(1+x^2\right)$ 低阶的无穷小, 则正整数 n 等于 (   ).

(A)1;   (B)2;   (C)3;   (D)4.

9. 设 $f(x)=\dfrac{1}{\arctan\dfrac{x-1}{x}}$, 则 (   ).

(A) $x=0$ 与 $x=1$ 都是 $f(x)$ 的第一类间断点;

(B) $x=0$ 与 $x=1$ 都是 $f(x)$ 的第二类间断点;

(C) $x=0$ 是 $f(x)$ 的第一类间断点, $x=1$ 是 $f(x)$ 的第二类间断点;

(D) $x=0$ 是 $f(x)$ 的第二类间断点, $x=1$ 是 $f(x)$ 的第一类间断点.

10. 下列命题正确的是 (   ).

(A) 如果 $\lim\limits_{x\to x_0}f(x)g(x)$ 存在, 则 $\lim\limits_{x\to x_0}f(x)$ 与 $\lim\limits_{x\to x_0}g(x)$ 都存在;

(B) 如果 $\lim\limits_{x \to x_0} f(x)$ 存在, $\lim\limits_{x \to x_0} g(x)$ 不存在, 则 $\lim\limits_{x \to x_0} [f(x) + g(x)]$ 不存在;

(C) 如果 $\lim\limits_{x \to x_0} f(x)$, $\lim\limits_{x \to x_0} g(x)$ 都不存在, 则 $\lim\limits_{x \to x_0} [f(x) + g(x)]$ 不存在;

(D) 如果 $\lim\limits_{x \to x_0} [f(x) + g(x)]$ 存在, 则 $\lim\limits_{x \to x_0} f(x)$ 与 $\lim\limits_{x \to x_0} g(x)$ 都存在.

三、计算题 (5 分 × 6 = 30 分)

11. $\lim\limits_{x \to 2} \dfrac{\ln(1 + \sqrt[3]{x - 2})}{\arcsin\left(3\sqrt[3]{x^2 - 4}\right)}$;

12. $\lim\limits_{x \to 0} \dfrac{\mathrm{e}^{\frac{1}{x}} \arctan \frac{1}{x}}{1 + \mathrm{e}^{\frac{2}{x}}}$;

13. $\lim\limits_{x \to 0} \dfrac{\sqrt{1 + x \arcsin x} - \sqrt{\cos x}}{x^2}$;

14. $\lim\limits_{x \to 0} \left(\dfrac{a^x + b^x + c^x}{3}\right)^{\frac{1}{x}}$;

15. $\lim\limits_{x \to 0} \dfrac{\mathrm{e}^x - \mathrm{e}^{\sin x}}{x - \sin x}$;

16. $\lim\limits_{x \to 0} [1 + \ln(1 + x)]^{\frac{2}{x}}$.

四、讨论题 (10 分 × 2 = 20 分)

17. 讨论函数 $f(x) = \begin{cases} a + \mathrm{e}^{\frac{1}{x}}, & x < 0, \\ b + 1, & x = 0, \\ \dfrac{\sin 3x}{x}, & x > 0 \end{cases}$ 在 $x = 0$ 处的连续性, 求常数 a, b 的值.

18. 试确定 a, b 的值, 使 $f(x) = \dfrac{\mathrm{e}^x - b}{(x - a)(x - 1)}$ 有无穷间断点 $x = 0$ 及可去间断点 $x = 1$.

五、证明题 (10 分 × 2 = 20 分)

19. 设 $x_1 = 1, x_2 = 1 + \dfrac{x_1}{1 + x_1}, \cdots, x_n = 1 + \dfrac{x_{n-1}}{1 + x_{n-1}}$, (1) 证明 $\lim\limits_{n \to \infty} x_n$ 存在; (2) 求 $\lim\limits_{n \to \infty} x_n$.

20. 设 $f(x)$ 在 $[0, 2a]$ 上连续, 且 $f(0) = f(2a)$, 证明方程 $f(x + a) = f(x)$ 在 $[0, a]$ 上至少有一个实根.

习 题 解 答

2.1 映射与函数　初等函数

1. 两者并不相同, 例如当 $x < -1$ 时, $x + 1 \neq \sqrt{(x+1)^2}$. 也可和从图像上来看:

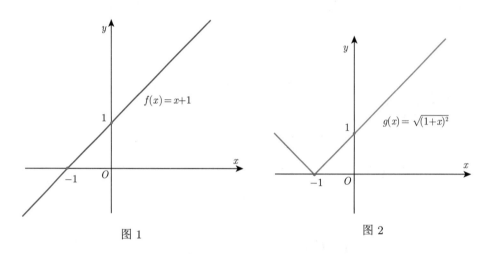

图 1　　　　　　　　　　　　　　　　　图 2

一般判定两个函数是否相同, 既要看它们的定义域, 又要看它们对应的法则是否相同. 所谓对应的法则, 可以简单理解为对函数表达式进行的运算规则, 例如本例两个函数当中, 均有 "$x + 1$", 但 $g(x)$ 对 $x + 1$ 依次进行了 "平方" 和 "开方" 操作, 导致两个函数的法则相异. 我们可以通过绘制函数图像的方法, 直观地理解两个函数的异同.

2. (1,10).

3. 错. 不是任意两个函数都能复合成一个复合函数. 设 $y = f(u), u = \varphi(x)$, 要使这两个函数能复合成复合函数 $y = f[\varphi(x)]$, 则需要满足函数 φ 在其定义域 D 的值域 $\varphi(D)$ 必须含在函数 f 的定义域 D_f 内, 即 $\varphi(D) \subset D_f$, 否则, 不能构成复合函数. 例如: $y = \arcsin u, u = x^2 + 2$, 函数 $u = x^2 + 2$ 的值域 $[2, +\infty)$, 函数 $y = \arcsin u$ 的定义域为 $[-1, 1]$, 所以这两个函数不能复合成一个复合函数.

4. $y = a^u, u = \sin v, v = \sqrt{w}, w = x^2 + 1$.

5. $y = \ln \dfrac{x}{1-x}$.

6. C.

7. B.

8. C.

9. **解** $f(-x) = |-x|\dfrac{e^{-x} - e^x}{e^{-x} + e^x} = -f(x)$, 则 $f(x)$ 为奇函数.

10. **解** 当 $x - 1 < 0$ 即 $x < 1$ 时, $f(x-1) = 1 + x - 1 = x$, 当 $x - 1 \geqslant 0$ 即 $x \geqslant 1$ 时, $f(x-1) = 2^{x-1}$.

$$f(x-1) = \begin{cases} x, & x < 1, \\ 2^{x-1}, & x \geqslant 1. \end{cases}$$

11. **解** 因为 $f(x) = e^{x^2}$, 所以 $f(\varphi(x)) = e^{(\varphi(x))^2} = 1 - x$.

又 $e^{(\varphi(x))^2} = 1 - x > 0$, $\varphi^2(x) = \ln(1-x)$, 且 $\varphi(x) \geqslant 0$, 故 $\varphi(x) = \sqrt{\ln(1-x)}$. 由 $1 - x > 0, \ln(1-x) \geqslant 0$, 可得 $x \leqslant 0$.

2.2 函数极限的概念

1. C.

2. D.

3. (1)0, (2)0, (3)-3, (4)$\dfrac{3}{2}$.

4. **解** (1) $\lim\limits_{x \to 0^+} \dfrac{|x|}{x} = 1$, $\lim\limits_{x \to 0^-} \dfrac{|x|}{x} = -1$, 故极限不存在;

(2) $\lim\limits_{x \to 0^+} f(x) = 0$, $\lim\limits_{x \to 0^-} f(x) = 1$, 故极限不存在;

(3) $\lim\limits_{x \to +\infty} e^x = \infty$, $\lim\limits_{x \to -\infty} e^x = 0$, 故极限不存在;

(4) $\lim\limits_{x \to +\infty} \arctan x = \dfrac{\pi}{2}$, $\lim\limits_{x \to -\infty} \arctan x = -\dfrac{\pi}{2}$, 故极限不存在;

(5) 当 (x,y) 沿直线 $y = kx^2$ 趋近于 $(0,0)$ 时, 原式 $= \lim\limits_{(x,y) \to (0,0)} \dfrac{x^2 k x^2}{x^4 + (k^2 x^2)^2}$ $= \dfrac{k}{1+k^4}$, 极限值不唯一, 故极限不存在;

(6) 若点 (x,y) 沿 x 轴方向趋近于 $(0,0)$, 即 $y = 0$, 得到 $f(x,0) = \dfrac{0}{x^2} = 0$, 对于所有 $x \neq 0$, 即当沿 x 轴方向趋近于 $(0,0)$ 时, 有 $\lim\limits_{(x,y) \to (0,0)} \dfrac{xy}{x^2+y^2} = 0$; 若 (x,y) 沿 $y = x$ 趋近于 $(0,0)$, $\lim\limits_{(x,y) \to (0,0)} \dfrac{xy}{x^2+y^2} = \lim\limits_{\substack{x \to 0 \\ y = x \to 0}} \dfrac{x^2}{x^2 + x^2} = \dfrac{1}{2}$.

5. C.

6. D.

7. $\lim\limits_{x \to 0^+} e^{2x} = 0$, $\lim\limits_{x \to 0^+} (x^2 + a) = a$, $\lim\limits_{x \to 0^+} e^{2x} = \lim\limits_{x \to 0^+} (x^2 + a)$, 故 $a = 0$.

2.3 极限的性质和运算法则

1. $-\sqrt{2}/6$.

2. 分母有理化: 原极限 $= \lim\limits_{\substack{x \to 0 \\ y \to 0}} \dfrac{xy(2 + \sqrt{xy + 4})}{(2 - \sqrt{xy + 4})(2 + \sqrt{xy + 4})} = \lim\limits_{\substack{x \to 0 \\ y \to 0}} \dfrac{2xy}{4 - (xy + 4)}$

$= -2$.

3. $(3/2)^5$.

4. $-\dfrac{1}{4}$.

5. 5.

6. D.

7. C.

8. D.

9. $\times$ $\checkmark$ $\times$ $\checkmark$ $\times$ $\times$.

10. **解** $\lim\limits_{x \to 0} \dfrac{x - \sin 2x}{x + \sin 2x} = -\dfrac{1}{3}$.

11. **解**   设 $\arctan x = t, x = \tan t$, 原式 $= \lim\limits_{t \to 0} \dfrac{t}{\tan t} = 1$.

12. **解** $\lim\limits_{x \to \infty} \dfrac{x^2}{x + 1} \sin \dfrac{x + 1}{x^2} = \lim\limits_{x \to \infty} \dfrac{\sin \dfrac{x + 1}{x^2}}{\dfrac{x + 1}{x^2}} = 1$.

13. **解**   原式 $= \lim\limits_{(x,y) \to (1,0)} \dfrac{\sin(xy)}{xy} y = 0$.

14. **解**   原式 $= \lim\limits_{x \to 0} \dfrac{\sin 4x}{(\sqrt{x + 1} - 1)(\sqrt{x + 1} + 1)} (\sqrt{x + 1} + 1) = \lim\limits_{x \to 0} \dfrac{4\sin 4x}{4x} \cdot$

$(\sqrt{x + 1} + 1) = 8$.

15. **解**   原式 $= \lim\limits_{(x,y) \to (1,1)} \dfrac{\sin(x^2 - y^2)(x + y)}{(x - y)(x + y)} = \lim\limits_{(x,y) \to (1,1)} \dfrac{\sin(x^2 - y^2)(x + y)}{(x^2 - y^2)}$

$= 2$.

16. **解** $x - 1 \leqslant x - \cos x \leqslant x + 1, \dfrac{x - 1}{x} \leqslant \dfrac{x - \cos x}{x} \leqslant \dfrac{x + 1}{x}$,

$$\lim\limits_{x \to -\infty} \dfrac{x - 1}{x} = 1, \lim\limits_{x \to -\infty} \dfrac{x + 1}{x} = 1, 故 \lim\limits_{x \to -\infty} \dfrac{x - \cos x}{x} = 1.$$

17. **解**   因为 $\dfrac{n^2}{n^2 + n\pi} < n\left(\dfrac{1}{n^2 + \pi} + \dfrac{1}{n^2 + 2\pi} + \cdots + \dfrac{1}{n^2 + n\pi}\right) < \dfrac{n^2}{n^2 + \pi}$,

而 $\lim\limits_{n \to \infty} \dfrac{n^2}{n^2 + n\pi} = 1, \lim\limits_{n \to \infty} \dfrac{n^2}{n^2 + \pi} = 1$, 所以 $\lim\limits_{n \to \infty} n\left(\dfrac{1}{n^2 + \pi} + \dfrac{1}{n^2 + 2\pi} + \cdots + \right.$

$\left. \dfrac{1}{n^2 + n\pi}\right) = 1$.

18. **解** 当 $x > 0$ 时, $1 < \sqrt[n]{1+x} \leqslant 1+x$, 且 $\lim\limits_{x \to 0^+}(1+x) = 1$, 故 $\lim\limits_{x \to 0^+}\sqrt[n]{1+x} = 1$;

当 $-1 < x < 0$ 时, $1+x \leqslant \sqrt[n]{1+x} < 1$, 且 $\lim\limits_{x \to 0^-}(1+x) = 1$, 故 $\lim\limits_{x \to 0^-}\sqrt[n]{1+x} = 1$;

综上知 $\lim\limits_{x \to 0}\sqrt[n]{1+x} = 1$.

19. **解** $\dfrac{n}{\sqrt{n^2+n}} \leqslant \left(\dfrac{1}{\sqrt{n^2+1}} + \dfrac{1}{\sqrt{n^2+2}} + \cdots + \dfrac{1}{\sqrt{n^2+n}}\right) \leqslant \dfrac{n}{\sqrt{n^2+1}}$,

$\lim\limits_{n \to \infty}\dfrac{n}{\sqrt{n^2+n}} = \lim\limits_{n \to \infty}\dfrac{1}{\sqrt{1+\frac{1}{n}}} = 1$, $\quad \lim\limits_{n \to \infty}\dfrac{n}{\sqrt{n^2+1}} = \lim\limits_{n \to \infty}\dfrac{1}{\sqrt{1+\frac{1}{n^2}}} = 1$,

所以 $\lim\limits_{n \to \infty}\left(\dfrac{1}{\sqrt{n^2+1}} + \dfrac{1}{\sqrt{n^2+2}} + \cdots + \dfrac{1}{\sqrt{n^2+n}}\right) = 1$.

2.4 数列的极限

1. (1) 收敛于 0, (2) 收敛于 $\dfrac{1}{3}$, (3) 收敛于 0, (4) 发散.

2. $\dfrac{1}{2}$.

3. 1.

4. 略.

5. C.

6. A.

7. D.

8. -2.

9. $\ln 2$.

10. **解** $\lim\limits_{x \to \infty}\left(\dfrac{x-2}{x+2}\right)^x = \lim\limits_{x \to \infty}\dfrac{\left(1-\frac{2}{x}\right)^{-\frac{x}{2}(-2)}}{\left(1+\frac{2}{x}\right)^{\frac{x}{2}\cdot 2}} = \dfrac{e^{-2}}{e^2} = e^{-4}$.

11. **解** $\lim\limits_{x \to \infty}\left(\dfrac{2x+3}{2x+1}\right)^{x+1} = \lim\limits_{x \to \infty}\left(1+\dfrac{2}{2x+1}\right)^{x+1} = \lim\limits_{x \to \infty}\left(1+\dfrac{2}{2x+1}\right)^{\frac{2x+1}{2}+\frac{1}{2}}$

$= \lim\limits_{x \to \infty}\left(1+\dfrac{2}{2x+1}\right)^{\frac{2x+1}{2}}\left(1+\dfrac{2}{2x+1}\right)^{\frac{1}{2}}$

$= \lim\limits_{x \to \infty}\left(1+\dfrac{2}{2x+1}\right)^{\frac{2x+1}{2}} \cdot \lim\limits_{x \to \infty}\left(1+\dfrac{2}{2x+1}\right)^{\frac{1}{2}} = e$.

12. **解** $\lim\limits_{x \to 0}(1+x)^{\frac{2}{\sin x}} = \lim\limits_{x \to 0}(1+x)^{\frac{1}{x} \cdot \frac{2x}{\sin x}} = e^2.$

13. **解**   原式 $= \lim\limits_{x \to 0} \dfrac{(1-x)^{-\frac{1}{x}(-1)}}{(1+x)^{\frac{1}{x}}} = \dfrac{e^{-1}}{e} = e^{-2}.$

14. **解**   原式 $= \lim\limits_{x \to \infty} \dfrac{\left(1-\dfrac{1}{x}\right)^{-x(-1)}}{\left(1+\dfrac{1}{x}\right)^{x}} = \dfrac{e^{-1}}{e} = e^{-2}.$

15. **解**   原式 $= \lim\limits_{x \to \infty}\left(1-\dfrac{2}{x}\right)^{x+10} = \lim\limits_{x \to \infty}\left(1-\dfrac{2}{x}\right)^{-\frac{x}{2} \cdot \left(-\frac{2}{x}\right)(x+10)} = e^{-2}.$

16. **解** $\lim\limits_{x \to 0}\left(1+3\tan^2 x\right)^{\cot^2 x} = \lim\limits_{x \to 0}\left[\left(1+3\tan^2 x\right)^{\frac{1}{3\tan^2 x}}\right]^3 = e^3.$

17. **解** $\lim\limits_{x \to 1} x^{\frac{4}{x-1}} = \lim\limits_{x \to 1}(1+x-1)^{\frac{1}{x-1} \cdot (x-1)\frac{4}{(x-1)}} = e^4.$

18. **解** $\left(\dfrac{3+x}{6+x}\right)^{\frac{x-1}{2}} = \left(1+\dfrac{-3}{6+x}\right)^{\frac{6+x}{-3} \cdot \frac{-3}{6+x}\frac{x-1}{2}}.$ 因为

$$\lim\limits_{x \to \infty}\left(1+\dfrac{-3}{6+x}\right)^{\frac{6+x}{-3}} = e, \quad \lim\limits_{x \to \infty}\dfrac{-3}{6+x} \cdot \dfrac{x-1}{2} = -\dfrac{3}{2},$$

所以 $\lim\limits_{x \to \infty}\left(\dfrac{3+x}{6+x}\right)^{\frac{x-1}{2}} = e^{-\frac{3}{2}}.$

19. **解** $\lim\limits_{x \to 0}(\cos x + \sin x)^{-\frac{1}{x}} = \lim\limits_{x \to 0}(\cos x + \sin x)^{2 \cdot \frac{1}{2(-x)}} = \lim\limits_{x \to 0}(1 + \sin 2x)^{\frac{1}{\sin 2x}\frac{\sin 2x}{2(-x)}} = e^{-1}.$

20. **证** $x_n = \dfrac{1}{2}\left(x_{n-1} + \dfrac{a}{x_{n-1}}\right) \geqslant \sqrt{x_{n-1} \cdot \dfrac{a}{x_{n-1}}} = \sqrt{a},$ 故 $\{x_n\}$ 有下界.

$\dfrac{x_n}{x_{n-1}} = \dfrac{1}{2}\left(1 + \dfrac{a}{x_{n-1}^2}\right) \underset{x_n^2 \geqslant a}{\leqslant} \dfrac{1}{2}\left(1 + \dfrac{a}{a}\right) = 1,$ 即 $x_n \leqslant x_{n-1},$ 故 $\{x_n\}$ 单调递减.

由单调有界准则 (数列 $\{x_n\}$ 单调递减且有下界), 故极限存在, $\lim\limits_{n \to \infty} x_n$ 存在.

设 $\lim\limits_{n \to \infty} x_n = A,$ 根据递推关系式两边取极限: $A = \dfrac{1}{2}\left(A + \dfrac{a}{A}\right),$ 解得 $A = \sqrt{a}$ 或 $A = -\sqrt{a}$(舍去), 故 $\lim\limits_{n \to \infty} x_n = \sqrt{a}.$

21. **证**   由于 $x_1 = 10, x_2 = \sqrt{6+10} = 4,$ 可以猜测 $\{x_n\}$ 为单调递减数列.

设 $x_k > x_{k+1},$ 则 $x_{k+1} = \sqrt{6+x_k} > \sqrt{6+x_{k+1}} = x_{k+2},$ 由归纳法可知 $\{x_n\}$ 为单调递减数列.

又 $x_{n+1} = \sqrt{6 + x_n} \geqslant 0$, 可知数列 $\{x_n\}$ 有下界.

由极限存在准则可知 $\lim\limits_{n \to \infty} x_n$ 存在.

设 $\lim\limits_{n \to \infty} x_n = A$, 则 $\lim\limits_{n \to \infty} x_{n+1} = \lim\limits_{n \to \infty} \sqrt{6 + x_n}$, 从而 $A = \sqrt{6 + A}$, 可解得 $A = 3$, 即 $\lim\limits_{n \to \infty} x_n = 3$.

2.5 无穷小与无穷大

1. A.

2. D.

3. D.

4. B.

5. D.

6. $x, x, x, x, x, x, \dfrac{1}{2}x^2, \alpha x$.

7. $x\cos^2 x; x(\cos x^2 - 1) \sim -\dfrac{x^5}{2}; \dfrac{2}{3}x; \dfrac{1}{6}x^3; \dfrac{1}{2}x^3$.

8. $m = 1, n = 3$.

9. $-3/2$.

10. B.

11. B.

12. **解** (1) $\left| \dfrac{2x}{\sqrt{1+x^2}} \right| \leqslant \dfrac{2|x|}{|x|} = 2, \lim\limits_{x \to \infty} \arctan \dfrac{1}{x} = 0$, 故

$$\lim_{x \to \infty} \dfrac{2x}{\sqrt{1+x^2}} \cdot \arctan \dfrac{1}{x} = 0.$$

(2) $0 \leqslant \sqrt{1 + \sin \dfrac{1}{x}} \leqslant \sqrt{2}, \lim\limits_{x \to 0} x = 0$, 故 $\lim\limits_{x \to 0} x \sqrt{1 + \sin \dfrac{1}{x}} = 0$.

(3) $\left| \dfrac{1}{1 + e^x} \right| < 1, \lim\limits_{x \to \infty} \dfrac{1}{x} = 0$, 故 $\lim\limits_{x \to \infty} \dfrac{1}{x(1 + e^x)} = 0$.

(4) $|\arctan x| < \dfrac{\pi}{2}, \lim\limits_{x \to \infty} \arcsin \dfrac{1}{x} = 0$, 故 $\lim\limits_{x \to \infty} \arctan x \cdot \arcsin \dfrac{1}{x} = 0$.

(5) 原式 $= \lim\limits_{x \to 0} \dfrac{3x}{2x} \cdot 2^x = \dfrac{3}{2}$.

(6) $\lim\limits_{x \to 0} \dfrac{\sin(x^n)}{(\sin x)^m} = \lim\limits_{x \to 0} \dfrac{x^n}{x^m} = \begin{cases} 1, & n = m, \\ 0, & n > m, \\ \infty, & n < m. \end{cases}$

(7) $\lim\limits_{x \to 0} \dfrac{\tan x - \sin x}{\sin^3 x} = \lim\limits_{x \to 0} \dfrac{\sin x \left(\dfrac{1}{\cos x} - 1 \right)}{\sin^3 x} = \lim\limits_{x \to 0} \dfrac{1 - \cos x}{\cos x \sin^2 x} = $

$$\lim_{x \to 0} \frac{\frac{1}{2}x^2}{x^2 \cos x} = \frac{1}{2}.$$

(8) $\sin x - \tan x = \tan x(\cos x - 1) = -2 \tan x \sin^2 \dfrac{x}{2} \sim -2x \cdot \left(\dfrac{x}{2}\right)^2 = -\dfrac{1}{2}x^3 (x \to 0)$,

$$\sqrt[3]{1 + x^2} - 1 = \frac{x^2}{\sqrt[3]{(1 + x^2)^2} + \sqrt[3]{1 + x^2} + 1} \sim \frac{1}{3}x^2 (x \to 0),$$

$$\sqrt{1 + \sin x} - 1 = \frac{\sin x}{\sqrt{1 + \sin x} + 1} \sim \frac{\sin x}{2} \sim \frac{x}{2} (x \to 0),$$

所以 $\lim\limits_{x \to 0} \dfrac{\sin x - \tan x}{(\sqrt[3]{1 + x^2} - 1)(\sqrt{1 + \sin x} - 1)} = \lim\limits_{x \to 0} \dfrac{-\dfrac{1}{2}x^3}{\dfrac{1}{3}x^2 \cdot \dfrac{x}{2}} = -3.$

(9) 原极限 $= \lim\limits_{x \to 0} \dfrac{\mathrm{e}^x \left(\mathrm{e}^{x - \tan x} - 1\right)}{x - \tan x} = \lim\limits_{x \to 0} \dfrac{\mathrm{e}^x (x - \tan x)}{x - \tan x} = \lim\limits_{x \to 0} \mathrm{e}^x = 1.$

(10) 原极限 $= \lim\limits_{\substack{x \to 0 \\ y \to 0}} \dfrac{\dfrac{1}{2}(x^2 + y^2)^2}{x^2 + y^2} = \lim\limits_{\substack{x \to 0 \\ y \to 0}} \dfrac{1}{2}\left(x^2 + y^2\right) = 0.$

2.6 函数的连续性

1. $\lim\limits_{\Delta x \to 0} \Delta y = 0$, $\lim\limits_{x \to x_0} f(x) = f(x_0)$.

2. $\lim\limits_{x \to \frac{\pi}{2}} \tan x = \infty$, $x = \dfrac{\pi}{2}$ 为函数 $\tan x$ 的无穷间断点, $\lim\limits_{x \to 0} \sin \dfrac{1}{x}$, $x = 0$ 为函数 $\sin \dfrac{1}{x}$ 的振荡间断点.

3. 依据 1: 函数的在判定点处左右极限存在但不连续, 则第一类; 左右极限有一个不存在/或除第一类以外的间断点, 则第二类.

依据 2: 左右极限均存在且相等, 但不等于函数值 $f_+(x_0) = f_-(x_0) \neq f(x_0)$, 则可去间断点; 左右极限存在但不等, 则跳跃间断点.

依据 3: 左右极限一个或两个趋于无穷, 则无穷间断点; 当 $x \to x_0$ 时, 函数值来回振荡, 没有极限, 则振荡间断点.

4. C.

5. B.

6. D.

7. B.

8. A.

9. e^{-2}.

10. **解**　由题知, $\lim\limits_{x\to 0^+} f(x) = \lim\limits_{x\to 0^-} f(x) = f(0)$, 且 $\lim\limits_{x\to 0^+} f(x) = 1$, $\lim\limits_{x\to 0^-} f(x) = a, f(0) = b - 1$. 所以 $1 = a = b - 1$. 从而 $a = 1, b = 2$.

11. **解**　因为函数 $f(x)$ 在 $x=1$ 处无定义, 所以 $x=1$ 是函数的一个间断点.

因为 $\lim\limits_{x\to 1^-} f(x) = \lim\limits_{x\to 1^-} \mathrm{e}^{\frac{1}{x-1}} = 0 \left(提示 \lim\limits_{x\to 1^-} \dfrac{1}{x-1} = -\infty\right)$,

$\lim\limits_{x\to 1^+} f(x) = \lim\limits_{x\to 1^+} \mathrm{e}^{\frac{1}{x-1}} = \infty \left(提示 \lim\limits_{x\to 1^+} \dfrac{1}{x-1} = +\infty\right)$, 所以 $x = 1$ 是函数的
第二类间断点.

12. **解**　原式 $= \begin{cases} x, & |x| < 1, \\ 0, & |x| = 1, \\ -x, & |x| > 1. \end{cases}$

$\lim\limits_{x\to -1^-} f(x) = \lim\limits_{x\to -1^-} (-x) = 1$, $\lim\limits_{x\to -1^+} f(x) = \lim\limits_{x\to -1^+} x = -1$, 故 $x = -1$ 为第一类跳跃间断点.

$\lim\limits_{x\to 1^+} f(x) = \lim\limits_{x\to 1^+} (-x) = -1$, $\lim\limits_{x\to 1^-} f(x) = \lim\limits_{x\to 1^-} x = 1$, 故 $x = 1$ 也为第一类跳跃间断点.

13. $\times\ \times\ \times\ \times\ \times\ \sqrt{}$.

14. 右连续; 左连续.

15. **解**　原式 $= \lim\limits_{x\to 0} \dfrac{1}{x} \log_a(1 + x) = \lim\limits_{x\to 0} \log_a(1 + x)^{\frac{1}{x}} = \log_a \lim\limits_{x\to 0} (1 + x)^{\frac{1}{x}} =$
$\log_a \mathrm{e} = \dfrac{\ln \mathrm{e}}{\ln a} = \dfrac{1}{\ln a}$.

16. **解**　设 $a^x - 1 = t$, 则 $x = \log_a(1 + t)$,

$$原式 = \lim_{t\to 0} \frac{t}{\log_a(1 + t)} = \lim_{t\to 0} \frac{1}{\dfrac{1}{t} \log_a(1 + t)} = \lim_{t\to 0} \frac{1}{\log_a(1 + t)^{\frac{1}{t}}}$$

$$= \frac{1}{\log_a \mathrm{e}} = \frac{\ln a}{\ln \mathrm{e}} = \ln a.$$

17. **解**　设 $x - \mathrm{e} = t$, 则 $x = t + \mathrm{e}$, 原式 $= \lim\limits_{t\to 0} \dfrac{\ln(t + \mathrm{e}) - \ln \mathrm{e}}{t} = \lim\limits_{t\to 0} \dfrac{\ln\left(1 + \dfrac{t}{\mathrm{e}}\right)}{t}$
$= \dfrac{1}{\mathrm{e}}$.

18. **解**　原式 $= \lim\limits_{x\to +\infty} [\ln(1 + \mathrm{e}^x) - \ln \mathrm{e}^x] = \lim\limits_{x\to +\infty} \ln(1 + \mathrm{e}^{-x}) = 0$.

19. **解**　通过分子有理化来恒等变形,

$$原式 = \lim_{x\to 0} \frac{(\sqrt{1+x\sin x} - \sqrt{\cos x})(\sqrt{1+x\sin x} + \sqrt{\cos x})}{x^2(\sqrt{1+x\sin x} + \sqrt{\cos x})}$$

$$= \lim_{x\to 0} \frac{1}{2}\left(\frac{1-\cos x}{x^2} + \frac{x\sin x}{x^2}\right) = \frac{3}{4}.$$

20. **解**

$$原式 = \lim_{x\to +\infty} \frac{(x+\sqrt{x}) - (x-\sqrt{x})}{\sqrt{x+\sqrt{x}} + \sqrt{x-\sqrt{x}}} = \lim_{x\to +\infty} \frac{2\sqrt{x}}{\sqrt{x+\sqrt{x}} + \sqrt{x-\sqrt{x}}}$$

$$= \lim_{x\to +\infty} \frac{2}{\sqrt{1+\dfrac{1}{\sqrt{x}}} + \sqrt{1-\dfrac{1}{\sqrt{x}}}}.$$

21. **解**　$原式 = \lim\limits_{x\to 0} \dfrac{\tan x - \sin x}{x^3(\sqrt{2+\tan x} + \sqrt{2+\sin x})} = \lim\limits_{x\to 0} \dfrac{\tan x(1-\cos x)}{2\sqrt{2}x^3} = \dfrac{1}{4\sqrt{2}}.$

22. **解**　$原式 = \lim\limits_{n\to\infty} \dfrac{\cos \dfrac{x}{2}\cos \dfrac{x}{4}\cdots\cos \dfrac{x}{2^n}\cdot\sin \dfrac{x}{2^n}}{\sin \dfrac{x}{2^n}}$

$$= \lim_{n\to\infty} \frac{\dfrac{1}{2}\cos \dfrac{x}{2}\cos \dfrac{x}{4}\cdots\cos \dfrac{x}{2^{n-1}}\cdot\sin \dfrac{x}{2^{n-1}}}{\sin \dfrac{x}{2^n}} = \cdots$$

$$= \lim_{n\to\infty} \frac{\dfrac{1}{2^n}\sin x}{\sin \dfrac{x}{2^n}} = \lim_{n\to\infty} \frac{\sin x}{2^n \sin \dfrac{x}{2^n}} \xrightarrow[\sin \frac{x}{2^n} \sim \frac{x}{2^n}]{\frac{x}{2^n}\xrightarrow{n\to\infty}0} \frac{\sin x}{x}.$$

23. **证**　令 $F(x) = f(x) - 1 + x$, 则

$$F(0) = f(0) - 1 + 0 = -1 < 0,$$

$$F(1) = f(1) - 1 + 1 = 1 > 0,$$

由零点定理可知必有一点 $\xi \in (0,1)$ 使得 $F(\xi) = 0$, 即 $f(\xi) = 1 - \xi$.

24. **证**　令 $F(x) = f(x) - f\left(x + \dfrac{b-a}{2}\right)$.

$f(x)$ 在 $[a,b]$ 上连续, 故 $F(x)$ 在 $\left[a, \dfrac{b+a}{2}\right] \subset [a,b]$ 上连续.

因 $f(a) = f(b), F(a) = f(a) - f\left(\dfrac{a+b}{2}\right)$,

$$F\left(\frac{a+b}{2}\right) = f\left(\frac{a+b}{2}\right) - f(b) = f\left(\frac{a+b}{2}\right) - f(a).$$

(1) 若 $f(a) \neq f\left(\dfrac{a+b}{2}\right)$, 则 $F(a)$ 与 $\left(\dfrac{a+b}{2}\right)$ 异号, 由介值定理, 至少存在一点 $\xi \in \left(a, \dfrac{a+b}{2}\right) \subset (a,b)$, 使得 $F(\xi) = 0$, 即 $f(\xi) = f\left(\xi + \dfrac{b-a}{2}\right)$.

(2) 若 $f(a) = f\left(\dfrac{a+b}{2}\right)$, 取 $\xi = \dfrac{a+b}{2}$, 则 $\xi \in (a,b)$ 且 $f\left(\dfrac{a+b}{2}\right) = f\left(\dfrac{a+b}{2} + \dfrac{b-a}{2}\right) = f(a).$

25. 【略答】

(1) 利用极限定义求极限.

(2) 极限四则运算法则.

(3) 等价无穷小替换.

(4) 两个重要极限.

(5) 极限存在准则 (夹逼定理、单调有界准则).

(6) 无穷小 (大) 量的性质: 无穷小乘有界变量、抓大头.

(7) 利用连续函数的定义求极限.

(8) 表达式的恒等变换: 有理化.

函数与极限 | 章测试 1

一、填空题

1. 1/2.

2. e.

3. 3/4.

4. $\dfrac{1}{2}$.

5. 0, 一.

二、选择题

6. A.

7. C.

8. D.

9. B.

10. C.

三、计算题

11. **解** 原极限 $= \lim\limits_{x \to 0} \dfrac{\sin x (1 - \cos x)}{x^3 \cos x} = \lim\limits_{x \to 0} \dfrac{x \dfrac{1}{2} x^2}{x^3 \cos x} = \dfrac{1}{2}.$

12. **解** 原极限 $= \lim\limits_{x \to 0} \dfrac{\ln\left(\sin^2 x + \mathrm{e}^x\right) - \ln \mathrm{e}^x}{\ln\left(x^2 + \mathrm{e}^{2x}\right) - \ln \mathrm{e}^{2x}} = \lim\limits_{x \to 0} \dfrac{\ln\left(\dfrac{\sin^2 x + \mathrm{e}^x}{\mathrm{e}^x}\right)}{\ln\left(\dfrac{x^2 + \mathrm{e}^{2x}}{\mathrm{e}^{2x}}\right)} =$

$\lim\limits_{x \to 0} \dfrac{\ln\left(1 + \dfrac{\sin^2 x}{\mathrm{e}^x}\right)}{\ln\left(1 + \dfrac{x^2}{\mathrm{e}^{2x}}\right)} = \lim\limits_{x \to 0} \dfrac{\dfrac{\sin^2 x}{\mathrm{e}^x}}{\dfrac{x^2}{\mathrm{e}^{2x}}} = \lim\limits_{x \to 0} \dfrac{\sin^2 x}{x^2} \mathrm{e}^x = 1.$

13. **解** $\lim\limits_{x \to +\infty} x(\sqrt{x^2 - 4} - x) = \lim\limits_{x \to +\infty} \dfrac{x(\sqrt{x^2 - 4} - x)(\sqrt{x^2 - 4} + x)}{(\sqrt{x^2 - 4} + x)}$

$= \lim\limits_{x \to +\infty} \dfrac{-4x}{\sqrt{x^2 - 4} + x} = -2.$

14. **解** 原极限 $= \lim\limits_{x \to 0} \dfrac{3 \sin x + x^2 \cos \dfrac{1}{x}}{2x} = \lim\limits_{x \to 0} \left(\dfrac{3 \sin x}{2x} + x \cos \dfrac{1}{x}\right)$

$= \dfrac{3}{2} + 0 = \dfrac{3}{2}.$

15. **解** $\lim\limits_{x \to +\infty} \dfrac{1 + 2x}{1 + x} \arctan x = 2 \cdot \dfrac{\pi}{2} = \pi,$

$\lim\limits_{x \to -\infty} \dfrac{1 - 2x}{1 + x} \arctan x = -2 \cdot \left(-\dfrac{\pi}{2}\right) = \pi.$

16. **解** $\lim\limits_{x \to 0} \left(\dfrac{1 + 2^x + 3^x}{3}\right)^{\frac{1}{x}} = \lim\limits_{x \to 0} \left(1 + \dfrac{2^x + 3^x - 2}{3}\right)^{\frac{3}{2^x + 3^x - 2} \cdot \frac{2^x + 3^x - 2}{3} \cdot \frac{1}{x}}$

$= \mathrm{e}^{\frac{\ln 2 + \ln 3}{3}} = \sqrt[3]{6}.$

四、讨论题

17. **解** 当 $x \to 2$ 时, 分母部分 $x^2 - x - 2 \to 0$, 所以 $\lim\limits_{x \to 2} \left(x^2 + ax + b\right) = 0$, 根据连续的定义知 $4 + 2a + b = 0$. 从而 $b = -4 - 2a$, 则

$\lim\limits_{x \to 2} \dfrac{x^2 + ax + b}{x^2 - x - 2} = \lim\limits_{x \to 2} \dfrac{x^2 + ax - 4 - 2a}{(x - 2)(x + 1)} = \lim\limits_{x \to 2} \dfrac{(x - 2)(x + 2 + a)}{(x - 2)(x + 1)} = 2,$

即

$\lim\limits_{x \to 2} \dfrac{x + 2 + a}{x + 1} = 2 \Rightarrow \dfrac{4 + a}{3} = 2 \Rightarrow a = 2, b = -8.$

18. **解** $f(x) = \begin{cases} \sin x, & x < 0, \\ 0, & 0 \leqslant x < 1, \\ 1/2, & x = 1, \\ 1, & x > 1, \end{cases}$ 在 $x = 0$ 处连续, $f(1^+) = 1, f(1^-) =$

0, 故 $x = 1$ 跳跃间断点.

五、证明题

19. (1) **证** 由题设 $0 < x_1 < 3$ 知, x_1 及 $3 - x_1$ 均为正数, 故

$$0 < x_2 = \sqrt{x_1(3 - x_1)} \leqslant \frac{1}{2}(x_1 + 3 - x_1) = \frac{3}{2}.$$

设当 $k > 1$ 时, $0 < x_k \leqslant \frac{3}{2}$, 则 $0 < x_{k+1} = \sqrt{x_k(3 - x_k)} \leqslant \frac{1}{2}(x_k + 3 - x_k) = \frac{3}{2}$.

故由数学归纳法知, 对任意正整数 $n > 1$, 均有 $0 < x_n \leqslant \frac{3}{2}$, 即数列 $\{x_n\}$ 有界.

又当 $n > 1$ 时,

$$x_{n+1} - x_n = \sqrt{x_n(3 - x_n)} - x_n = \sqrt{x_n}\left(\sqrt{3 - x_n} - \sqrt{x_n}\right) = \frac{\sqrt{x_n(3 - 2x_n)}}{\sqrt{3 - x_n} + \sqrt{x_n}} \geqslant 0.$$

当 $n > 1$ 时, $x_{n+1} \geqslant x_n$, 即数列 $\{x_n\}$ 单调增加.

根据单调有界定理知数列 $\{x_n\}$ 有限, 即 $\lim\limits_{n \to \infty} x_n$ 存在.

(2) 设 $\lim\limits_{n \to \infty} x_n = a$, 由 $\lim\limits_{n \to \infty} x_{n+1} = \lim\limits_{n \to \infty} \sqrt{x_n(3 - x_n)}$ 得 $a = \sqrt{a(3 - a)}$, 从 而 $2a^2 - 3a = 0$, 解得 $a = \frac{3}{2}, a = 0$. 因 $a = \lim\limits_{n \to \infty} x_n \geqslant x_2 > 0$, 故 $a = 0$ 舍去, 得 $\lim\limits_{n \to \infty} x_n = \frac{3}{2}$.

20. **证** $F(x) = f(x) - f\left(x + \frac{b - a}{2}\right)$. $f(x)$ 在 $[a, b]$ 上连续, 故 $F(x)$ 在 $\left[a, \frac{b + a}{2}\right] \subset [a, b]$ 上连续. 因 $f(a) = f(b)$, $F(a) = f(a) - f\left(\frac{a + b}{2}\right)$,

$$F\left(\frac{a + b}{2}\right) = f\left(\frac{a + b}{2}\right) - f(b) = f\left(\frac{a + b}{2}\right) - f(a).$$

下面分两种情况:

(1) 若 $f(a) \neq f\left(\dfrac{a+b}{2}\right)$ 则 $F(a)$ 与 $F\left(\dfrac{a+b}{2}\right)$ 异号, 由介值定理至少存在

一点 $\xi \in \left(a, \dfrac{a+b}{2}\right) \subset (a,b)$ 使得 $F(\xi)=0$, $f(\xi)=f\left(\xi+\dfrac{b-a}{2}\right)$.

(2) 若 $f(a) = f\left(\dfrac{a+b}{2}\right)$, 取 $\xi = \dfrac{a+b}{2}$, 则 $\xi \in (a,b)$ 且 $f\left(\dfrac{a+b}{2}\right) = f\left(\dfrac{a+b}{2}+\dfrac{b-a}{2}\right) = f(a)$.

函数与极限 | 章测试 2

一、填空题

1. 3.

2. $\mathrm{e}^{-\frac{1}{2}}$.

3. $-\dfrac{3}{2}$.

4. $\dfrac{108}{625}$.

5. 0.

二、选择题

6. C.

7. D.

8. B.

9. C.

10. B.

三、计算题

11. **解**　原式 $= \lim\limits_{x \to 2} \dfrac{\sqrt[3]{x-2}}{3\sqrt[3]{x^2-4}} = \dfrac{1}{3\sqrt[3]{4}}$.

12. **解**　$\lim\limits_{x \to 0^+} \dfrac{\mathrm{e}^{\frac{1}{x}} \arctan \dfrac{1}{x}}{1+\mathrm{e}^{\frac{2}{x}}} = 0$, $\lim\limits_{x \to 0^-} \dfrac{\mathrm{e}^{\frac{1}{x}} \arctan \dfrac{1}{x}}{1+\mathrm{e}^{\frac{2}{x}}} = 0$.

13. **解**　$\lim\limits_{x \to 0} \dfrac{\left(\sqrt{1+x\arcsin x}-\sqrt{\cos x}\right)\left(\sqrt{1+x\arcsin x}+\sqrt{\cos x}\right)}{x^2\left(\sqrt{1+x\arcsin x}+\sqrt{\cos x}\right)}$

$= \lim\limits_{x \to 0} \dfrac{1+x\arcsin x-\cos x}{2x^2} = \lim\limits_{x \to 0} \left(\dfrac{x\arcsin x}{2x^2}+\dfrac{1-\cos x}{2x^2}\right)$

$= \lim\limits_{x \to 0} \left(\dfrac{x^2}{2x^2}+\dfrac{\dfrac{1}{2}x^2}{2x^2}\right) = \dfrac{1}{2}+\dfrac{1}{4} = \dfrac{3}{4}$.

14. **解**

$$\lim_{x \to 0} \left(\frac{a^x + b^x + c^x}{3} \right)^{\frac{1}{x}} = \lim_{x \to 0} \left(1 + \frac{a^x + b^x + c^x - 3}{3} \right)^{\frac{3}{a^x + b^x + c^x - 3} \cdot \frac{a^x + b^x + c^x - 3}{3x}},$$

因为

$$\lim_{x \to 0} \left(1 + \frac{a^x + b^x + c^x - 3}{3} \right)^{\frac{3}{a^x + b^x + c^x - 3}} = e,$$

$$\lim_{x \to 0} \frac{a^x + b^x + c^x - 3}{3x} = \frac{1}{3} \lim_{x \to 0} \left(\frac{a^x - 1}{x} + \frac{b^x - 1}{x} + \frac{c^x - 1}{x} \right),$$

又 $x \to 0$ 时, $a^x - 1 \sim x \ln a$, 故 $\lim\limits_{x \to 0} \dfrac{a^x - 1}{x} = \ln a, \lim\limits_{x \to 0} \dfrac{b^x - 1}{x} = \ln b, \lim\limits_{x \to 0} \dfrac{c^x - 1}{x} =$

$\ln c$, 于是 $\lim\limits_{x \to 0} \dfrac{a^x + b^x + c^x - 3}{3x} = \dfrac{1}{3} (\ln a + \ln b + \ln c) = \ln \sqrt[3]{abc}.$

所以 $\lim\limits_{x \to 0} \left(\dfrac{a^x + b^x + c^x}{3} \right)^{\frac{1}{x}} = e^{\ln \sqrt[3]{abc}} = \sqrt[3]{abc}.$

15. **解**　原式 $= \lim\limits_{x \to 0} \dfrac{e^{\sin x}(e^{x - \sin x} - 1)}{x - \sin x} = \lim\limits_{x \to 0} \dfrac{e^{\sin x}(x - \sin x)}{x - \sin x} = 1.$

16. **解**　原极限 $= \lim\limits_{x \to 0} (1 + \ln(1 + x))^{\frac{1}{\ln(1+x)} \ln(1+x) \frac{2}{x}} = e^2.$

四、讨论题

17. **解**　$a = 3, b = 2.$

$$\lim_{x \to 0^+} \frac{\sin 3x}{x} = 3, \quad \lim_{x \to 0^-} \left(a + e^{\frac{1}{x}} \right) = a, \text{所以} 3 = a = b + 1. \text{从而} a = 3, b = 2.$$

18. **解**　$x = 0$ 无穷间断点: $\lim\limits_{x \to 0} \dfrac{e^x - b}{(x-a)(x-1)} = \infty, \lim\limits_{x \to 0} \dfrac{(x-a)(x-1)}{e^x - b} = $

$\dfrac{a}{1 - b} = 0$, 故 $a = 0, b \neq 1;$

$x = 1$ 可去间断点: $\lim\limits_{x \to 1} \dfrac{e^x - b}{(x-a)(x-1)} = A \Rightarrow b = e, \lim\limits_{x \to 1} \dfrac{e^x - e}{(x-a)(x-1)} = $

$\lim\limits_{x \to 1} \dfrac{e(e^{x-1} - 1)}{(x-a)(x-1)} = \dfrac{e}{1 - a}.$

五、证明题

19. **证**　(1) 该数列为正数列, $x_2 - x_1 = \dfrac{x_1}{1 + x_1} = \dfrac{1}{2} > 0, x_2 > x_1, x_n - x_{n-1} = $

$\dfrac{x_n - x_{n-1}}{(1 + x_n)(1 + x_{n-1})} > 0$, 即 $\{x_n\}$ 单调递增; 设当 $k > 1$ 时, $0 < x_k \leqslant \dfrac{3}{2}$, 又因为

$x_n = 1 + \dfrac{x_{n-1}}{1 + x_{n-1}} < 2$, 即 $\{x_n\}$ 有上界; 根据单调有界定理知, $\{x_n\}$ 有极限, 即 $\lim\limits_{n \to \infty} x_n$ 存在.

(2) 设 $\lim\limits_{n \to \infty} x_n = a$, 由 $\lim\limits_{n \to \infty} x_n = 1 + \lim\limits_{n \to \infty} \dfrac{x_{n-1}}{1 + x_{n-1}}$, $a = 1 + \dfrac{a}{1 + a}$ 解得 $a = \dfrac{1 \pm \sqrt{5}}{2}$, 由于 $a \geqslant 0$, 因此 $\lim\limits_{n \to \infty} x_n = \dfrac{1 + \sqrt{5}}{2}$.

20. 证　令 $F(x) = f(x + a) - f(x)$, 则由题设 $F(x)$ 在 $[0, a]$ 上连续, 且有

$$F(0) = f(a) - f(0), \quad F(a) = f(2a) - f(a) = -[f(a) - f(0)].$$

当 $f(0) = f(a)$ 时, 有 $F(0) = 0 = F(a)$, 即 $x = 0$ 和 $x = a$ 是方程 $f(x + a) = f(x)$ 的根;

当 $f(0) \neq f(a)$ 时, $F(0)$ 与 $F(a)$ 异号, 根据零点定理, 在 $(0, a)$ 内至少有一 ξ, 使 $F(\xi) = 0$, 即至少有一 $\xi \in (0, a)$ 是方程 $f(x + a) = f(x)$ 的根.

综上, 方程 $f(x + a) = f(x)$ 在 $[0, a]$ 上至少有一个实根.

学而不思则罔, 思而不学则殆. ——孔子

3.1 偏导数的定义 基本初等函数导数的计算

➡️ **学习目标导航**

❑ **知识目标**

➤ 偏导数 (partial derivative); 导数; 左 (右) 导数; 变化率; 平均速度与瞬时速度; 增量;

➤ 利用定义求偏导数的步骤;

➤ 偏导数的几何意义;

➤ 偏导数存在与连续性之间的关系;

➤ 基本初等函数的求导公式.

❑ **认知目标**

A. 记忆和复述偏导数 (导数) 的定义, 会利用导数的定义求解物体运动的瞬时速度;

B. 能够运用 "定义求导的步骤" 计算基本初等函数的导数;

C. 绘制图形并解释偏导数的几何意义;

D. 辨析偏导数存在与连续性之间的关系.

❑ **情感目标**

➤ 以极限思想为基础, 体验在解决实际问题中数学方法的发明与创造过程;

✈ 意识到数学工具的通用性, 体会数学学科的高度抽象美.

☞ 学习指导

偏导数的相关知识是研究函数微分性质的逻辑推理基础和语言, 内容的认知难度较高, 在学习时需要注重知识的系统性, 在深刻理解和正确把握基本概念的基础上对知识进行广泛应用, 发现零碎知识点之间的脉络与联系 (例如: 极限与偏导数; 一元函数在一点处可导与在该点处的连续性、可微性, 等等), 搭建系统的微分学知识体系. 不要只重视 "结论" 和使用 "结论"; 不要只对解题方法和技巧机械地模仿、记忆、套用, 要深刻理解定义、法则内涵; 不要凭兴趣对习题 "局部练习". 要针对概念、公式的形成过程和推导过程深度思考、独立总结提炼; 要针对各型习题观察规律特点、总结归纳解题方法, 理顺各种方法的适用条件.

➠ 重难点突破

1. 偏导数的定义、几何意义

二元函数 $z=f(x,y)$ 在 (x_0,y_0) 点关于 x 的偏导数定义为

$$\lim_{\Delta x\to 0}\frac{f(x_0+\Delta x,y_0)-f(x_0,y_0)}{\Delta x}.$$

该形式的特点如下:

(1) 分式 $\dfrac{f(x_0+\Delta x,y_0)-f(x_0,y_0)}{\Delta x}$ 中, Δx 是自变量 x 的增量, 其几何意义是将点 $M_0(x_0,y_0)$ 平行于 x 轴方向移动到点 $M(x_0+\Delta x,y_0)$. $\Delta x\to 0$ 表示该增量逐渐减小, M 趋于定点 M_0, 在趋近的过程中存在两种情形, 分别是 $\Delta x\to 0^+$ 和 $\Delta x\to 0^-$.

(2) 分式 $\dfrac{f(x_0+\Delta x,y_0)-f(x_0,y_0)}{\Delta x}$ 中的分子部分表示给定 x 的增量 Δx 后 (自变量 $y=y_0$ 保持不变), 函数值产生的增量

$$f(x_0+\Delta x,y_0)-f(x_0,y_0)=f(M)-f(M_0)=f(x,y)-f(x_0,y_0)=\Delta_x z.$$

(3) 分式 $\dfrac{f(x_0+\Delta x,y_0)-f(x_0,y_0)}{\Delta x}=\dfrac{\Delta_x z}{\Delta x}$, 表示函数值增量与自变量增量的比值, 其几何意义表示 M_0 处割线的斜率 $\tan\alpha$, 如图 3.1.1 所示.

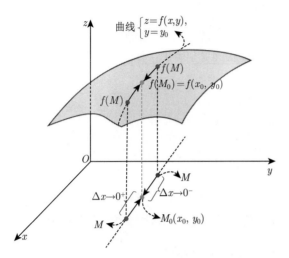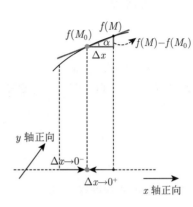

图 3.1.1

(4) 当 $\Delta x \to 0$ 时, 动点 $M(x,y)$ 沿着曲线 $\begin{cases} z = f(x,y), \\ y = y_0 \end{cases}$ 向定点 M_0 无限趋近, 割线的极限位置为切线, 故极限表达式 $\lim\limits_{\Delta x \to 0} \dfrac{f(x_0 + \Delta x, y_0) - f(x_0, y_0)}{\Delta x}$ 若存在, 从几何上看, 表示曲线 $\begin{cases} z = f(x,y), \\ y = y_0 \end{cases}$ 在 M_0 处切线的斜率;

(5) 若极限表达式 $\lim\limits_{\Delta x \to 0} \dfrac{f(x_0 + \Delta x, y_0) - f(x_0, y_0)}{\Delta x}$ 存在, 要求函数 $z = f(x, y)$ 在定点 M_0 的某一邻域内有定义, 且 $\Delta x \to 0^+$ 和 $\Delta x \to 0^-$ 时, 极限均存在且相等;

(6) 函数 $z = f(x,y)$ 在 (x_0, y_0) 处对 x 的偏导数即极限

$$\lim_{\Delta x \to 0} \frac{f(x_0 + \Delta x, y_0) - f(x_0, y_0)}{\Delta x},$$

记为

$$\left.\frac{\partial z}{\partial x}\right|_{(x_0, y_0)}, \quad \frac{\partial z}{\partial x}(x_0, y_0), \quad \left.\frac{\partial f}{\partial x}\right|_{(x_0, y_0)}, \quad \frac{\partial f}{\partial x}(x_0, y_0),$$

$$\frac{\partial f(x_0, y_0)}{\partial x}, \quad z_x(x_0, y_0) \quad \text{或} \quad f_x(x_0, y_0),$$

这些记号形式很多, 表达的含义相同.

升维　若三元函数 $u = f(x, y, z)$ 在点 $M_0(x_0, y_0, z_0)$ 的某一邻域内有定义,

对 x 的偏导数为

$$\lim_{\Delta x \to 0} \frac{f(x_0 + \Delta x, y_0, z_0) - f(x_0, y_0, z_0)}{\Delta x}.$$

若 n 元函数 $y = f(x_1, x_2, \cdots, x_n)$ 在点 $(x_1, x_2, \cdots, x_n)$ 的某一邻域内有定义, 其对第 i 个自变量 x_i 的偏导数是如下形式,

$$\lim_{\Delta x_i \to 0} \frac{f(x_1, x_2, \cdots, x_i + \Delta x_i, \cdots, x_n) - f(x_1, x_2, \cdots, x_n)}{\Delta x_i}.$$

降维 对于一元函数 $y = f(x)$, 由于函数仅包含一个自变量 x, 此时函数对 x 的偏导数称为**导数**. 函数 $y = f(x)$ 在点 x_0 的某一邻域内有定义, 若极限

$$\lim_{\Delta x \to 0} \frac{f(x_0 + \Delta x) - f(x_0)}{\Delta x}$$

存在, 称该极限值为函数 $y = f(x)$ 在点 x_0 的导数, 称函数 $y = f(x)$ 在点 x_0 处可导, 用记号 $\left.\dfrac{\mathrm{d}f}{\mathrm{d}x}\right|_{x_0}, f'(x_0), y'|_{x=x_0}$ 表示.

综上, 我们可以将偏导数定义梳理如下:

表 3.1.1

名称	类型	自变量特点	记号、定义式
导数	一元函数	函数仅含一个自变量	$\left.\dfrac{\mathrm{d}f}{\mathrm{d}x}\right\|_{x_0} = f'(x_0) = \lim\limits_{\Delta x \to 0} \dfrac{f(x_0 + \Delta x) - f(x_0)}{\Delta x}$ $= \lim\limits_{\text{动点} \xrightarrow{\text{沿}x\text{轴}} \text{定点}} \dfrac{f(\text{动点}) - f(\text{定点})}{\text{动点} - \text{定点}}$
偏导数	多元函数	函数中 > 1 个自变量	$\left.\dfrac{\partial f}{\partial x}\right\|_{(x_0, y_0)} = \lim\limits_{\Delta x \to 0} \dfrac{f(x_0 + \Delta x_0, y_0) - f(x_0, y_0)}{\Delta x}$ $\left.\dfrac{\partial f}{\partial x}\right\|_{M_0} = \lim\limits_{M \xrightarrow{\Delta x \to 0} M_0} \dfrac{f(M) - f(M_0)}{\Delta x}$

导数是偏导数在针对研究一元函数时的特例, 两者是特殊与一般的关系, 并且从极限定义式看, 均为某一自变量发生变化时, 函数值在这一自变量所代表的方向上的变化率, 两者本质相同. 因此, 性质、运算法则也存在一致性, 在学习过程中仅关注不同的地方即可.

2. 导数 (偏导数) 在刻画自然界各种现象时大量存在

导数可以用来刻画函数随自变量变化而变化的变化率问题.

(1) **切线斜率** 曲线 $y = f(x)$ 在 x_0 处可导, 则该曲线在 x_0 处切线的斜率为

$$k = \lim_{\Delta x \to 0} \frac{f(x_0 + \Delta x) - f(x_0)}{\Delta x} = \lim_{x \to x_0} \frac{f(x) - f(x_0)}{x - x_0} = \left.\frac{\mathrm{d}f(x)}{\mathrm{d}x}\right|_{x_0} = f'(x_0),$$

故在 x_0 处切线的方程为 $y - f(x_0) = f'(x_0) \cdot (x - x_0)$.

(2) **瞬时速度**　变速直线运动的物体在 t_0 到 t_1 时刻的平均速度是：$\bar{v} = \dfrac{s(t_1) - s(t_0)}{t_1 - t_0}$, 其中 $s(t)$ 是位移函数, 当 t_1 无限趋近于 t_0 时, 平均速度的极限定义为 t_0 时刻的瞬时速度. 基于极限理论, t_0 时刻的瞬时速度为

$$v(t_0) = \lim_{t_1 \to t_0} \frac{s(t_1) - s(t_0)}{t_1 - t_0} = \lim_{\Delta t \to 0} \frac{s(t_0 + \Delta t) - s(t_0)}{\Delta t} = \frac{\mathrm{d}s(t)}{\mathrm{d}t}\bigg|_{t_0}.$$

(3) **电流强度**　$I(t_0) = \lim\limits_{\Delta t \to 0} \dfrac{Q(t_0 + \Delta t) - Q(t_0)}{\Delta t} = \dfrac{\mathrm{d}Q(t)}{\mathrm{d}t}\bigg|_{t_0}$, 其中 $Q(t)$ 为电量函数.

(4) **冷却速度**　$v(t_0) = \lim\limits_{\Delta t \to 0} \dfrac{T(t_0 + \Delta t) - T(t_0)}{\Delta t} = \dfrac{\mathrm{d}T(t)}{\mathrm{d}t}\bigg|_{t_0}$, 其中 $T(t)$ 为温度函数.

(5) **非均匀杆状物体在 x_0 处的线密度**　$\rho(x_0) = \lim\limits_{\Delta x \to 0} \dfrac{m(x_0 + \Delta x) - m(x_0)}{\Delta x}$ $= \dfrac{\mathrm{d}m(x)}{\mathrm{d}x}\bigg|_{x_0}$, 其中 $m(x)$ 是质量函数.

此外, 比热容 (单位质量物质的热容量) $C = \dfrac{\mathrm{d}Q(T)}{\mathrm{d}T}$、经济学中的边际成本 $M_C = \dfrac{\mathrm{d}C}{\mathrm{d}Q}$ 和边际收益 $M_R = \dfrac{\mathrm{d}R}{\mathrm{d}Q}$、心理学中知识增长率 $R = \dfrac{\mathrm{d}I}{\mathrm{d}t}$ 等, 均利用导数来刻画.

3. 函数在某点处偏导数存在与连续性

(1) **一元函数**　若函数 $f(x)$ 在 x_0 处可导 $\Rightarrow$ 函数 $f(x)$ 在 x_0 处连续, 反之未必成立, 即: 一元函数在某点处可导必连续, 连续未必可导.

可导 $\Rightarrow$ 连续

$$可导 \Rightarrow f'(x_0) = \lim_{x \to x_0} \frac{f(x) - f(x_0)}{x - x_0} = \lim_{\Delta x \to 0} \frac{\Delta y}{\Delta x} \ 存在$$

$$\Rightarrow \frac{\Delta y}{\Delta x} = f'(x_0) + \alpha \ (\alpha \to 0, 当 \ \Delta x \to 0)$$

$$\Rightarrow \Delta y = f'(x_0)\Delta x + \alpha\Delta x$$

$$\Rightarrow \lim_{\Delta x \to 0} \Delta y = 0 \Rightarrow \ 连续.$$

当我们学习了极限的未定型之后, 还可以这样理解: 分母 Δx 是无穷小量, 极限 $\lim\limits_{\Delta x \to 0} \dfrac{\Delta y}{\Delta x}$ 存在当且仅当该极限是 $\dfrac{0}{0}$ 型, 即 $\lim\limits_{\Delta x \to 0} \Delta y = 0$, 这正是连续的定义.

连续 $\not\Rightarrow$ 可导, 举例: $y = |x|$ 在 $x = 0$ 处连续但不可导. 下面略证:

连续性 $\lim\limits_{x \to 0^+} |x| = \lim\limits_{x \to 0^+} x = 0 = \lim\limits_{x \to 0^-} |x| = \lim\limits_{x \to 0^-} (-x) = y(0)$, 故连续.

可导性 $\lim\limits_{\Delta x \to 0^-} \dfrac{\Delta y}{\Delta x} = \lim\limits_{\Delta x \to 0^-} \dfrac{|\Delta x|}{\Delta x} = \lim\limits_{\Delta x \to 0^-} \dfrac{-\Delta x}{\Delta x} = -1,$

$\qquad\qquad \lim\limits_{\Delta x \to +0} \dfrac{\Delta y}{\Delta x} = \lim\limits_{\Delta x \to +0} \dfrac{|\Delta x|}{\Delta x} = \lim\limits_{\Delta x \to +0} \dfrac{\Delta x}{\Delta x} = 1,$

由于 $\lim\limits_{\Delta x \to 0^-} \dfrac{\Delta y}{\Delta x} \neq \lim\limits_{\Delta x \to 0^+} \dfrac{\Delta y}{\Delta x}$, 所以 $\lim\limits_{\Delta x \to 0} \dfrac{\Delta y}{\Delta x}$ 不存在, 故 $y = |x|$ 在 $x = 0$ 处导数不存在.

例如: $y = \sqrt[3]{x}$ 和 $y = |x|$ 在 $x = 0$ 点处均连续但不可导 (图 3.1.2).

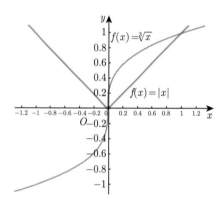

在 $x=0$ 处, $y = \sqrt[3]{x}$ 的切线垂直于 x 轴, 切线的斜率趋于 ∞, 故不可导;
在 $x=0$ 处, $y=|x|$ 的左右导数不相等, $x=0$ 是 "尖点", 亦不可导.

图 3.1.2

命题 "一元函数可导必连续" 的逆否命题是 "一元函数不连续必不可导".

(2) **多元函数**   以二元函数 $z = f(x, y)$ 为例, 函数 $z = f(x, y)$ 在 (x_0, y_0) 处可偏导与其在该点处连续无必然联系.

【**例 1**】函数 $f(x, y) = \begin{cases} \dfrac{xy}{x^2 + y^2}, & (x, y) \neq (0, 0), \\ 0, & (x, y) = (0, 0) \end{cases}$ 在 $(0, 0)$ 处可偏导, 但不连续.

证明 可偏导性

$$\lim_{\Delta x \to 0} \frac{f(0+\Delta x,0)-f(0,0)}{\Delta x} = \lim_{\Delta x \to 0} \frac{\dfrac{\Delta x \cdot 0}{(\Delta x)^2+0^2}-0}{\Delta x} = 0 = \left.\frac{\partial f}{\partial x}\right|_{(0,0)},$$

$$\lim_{\Delta y \to 0} \frac{f(0,0+\Delta y)-f(0,0)}{\Delta y} = \lim_{\Delta y \to 0} \frac{\dfrac{0 \cdot \Delta y}{0^2+(\Delta y)^2}-0}{\Delta y} = 0 = \left.\frac{\partial f}{\partial y}\right|_{(0,0)}.$$

故 $f(x,y)$ 在 $(0,0)$ 处关于 x 和 y 的偏导数均存在, 即可偏导.

连续性 首先看 $(0,0)$ 处极限是否存在, 若极限不存在, $f(x,y)$ 自然不连续. 若动点 (x,y) 沿路径 $y=kx$ 趋近于 $(0,0)$ 时, 原极限 $= \lim\limits_{\substack{x \to 0 \\ y=kx \to 0}} \dfrac{x \cdot kx}{x^2+k^2x^2} = \dfrac{k}{1+k^2}$, 极限值随着 k 的取值不同而不同, 即动点 (x,y) 沿不同路径趋近于 $(0,0)$ 得到的极限值不唯一, 故极限不存在, $f(x,y)$ 在 $(0,0)$ 处不连续.

该例说明函数在某点处可偏导 $\nRightarrow$ 连续, 这是因为函数 $f(x,y)$ 在 (x_0,y_0) 的偏导数, 讨论的仅是该点处与 x,y 轴平行方向的函数性态.

【**例 2**】函数 $z=\sqrt{x^2+y^2}$ 在 $(0,0)$ 处连续, 但不可偏导.

证 连续性 $z(0,0)=0$ 且 $\lim\limits_{(x,y)\to(0,0)} z(x,y) = \lim\limits_{(x,y)\to(0,0)} \sqrt{x^2+y^2} = 0 = z(0,0)$, 故连续;

可偏导性 单看对 x 的偏导,

$$\lim_{\Delta x \to 0} \frac{\sqrt{(0+\Delta x)^2+0^2}}{\Delta x} = \lim_{\Delta x \to 0} \frac{|\Delta x|}{\Delta x} = \begin{cases} 1, & \Delta x \to 0^+, \\ -1, & \Delta x \to 0^-, \end{cases}$$

极限值不唯一, 故极限不存在, 不可偏导.

该例说明函数在某点处连续 $\nRightarrow$ 可偏导.

4. 分段函数在分段点处可导性的判定

分段函数在分段点处的可导性, 常需要按照导数的定义式来讨论.

(1) 设 $f(x) = \begin{cases} \phi(x), & x \geqslant x_0, \\ \psi(x), & x < x_0. \end{cases}$ 讨论 $x=x_0$ 点处的可导性.

由于分界点处左、右两侧函数的表达式不同, 按照导数定义, 应分别求 $f'_-(x_0)$ 和 $f'_+(x_0)$, 即考察左右导数是否相等.

根据 $f(x) = \begin{cases} \phi(x), & x \geqslant x_0, \\ \psi(x), & x < x_0, \end{cases}$ 显然 $f(x_0) = \phi(x_0)$,

$$f'_+(x_0) = \lim_{x \to x_0^+} \frac{f(x) - f(x_0)}{x - x_0} = \lim_{x \to x_0^+} \frac{\phi(x) - \phi(x_0)}{x - x_0},$$

$$f'_-(x_0) = \lim_{x \to x_0^-} \frac{f(x) - f(x_0)}{x - x_0} = \lim_{x \to x_0^-} \frac{\psi(x) - \phi(x_0)}{x - x_0},$$

判断两个极限值是否存在, 若存在是否相等, 若相等则可导, 反之则不可导.

(2) 设 $f(x) = \begin{cases} g(x), & x \neq x_0, \\ A, & x = x_0. \end{cases}$ 讨论 $x = x_0$ 点处的可导性.

由于分界点处左、右两侧函数的表达式相同, 按照导数定义, 只需求 $f'(x_0)$ ($f(x_0) = A$, $f'(x_0) = \lim_{x \to x_0} \frac{f(x) - f(x_0)}{x - x_0} = \lim_{x \to x_0} \frac{g(x) - A}{x - x_0}$, 看极限是否存在), 一般不需要分别求 $f'_-(x_0)$ 和 $f'_+(x_0)$.

✔ 学习效果检测

A. 记忆和复述偏导数 (导数) 的定义, 会利用导数的定义求解物体运动的瞬时速度

1. 函数 $z = f(x, y)$ 在点 (x_0, y_0) 处对自变量 x 的偏导数定义为 $f_x(x_0, y_0) = $ _____, 对自变量 y 的偏导数定义为 $f_y(x_0, y_0) = $ _____.

2. 假定 $f'(x_0)$ 存在, 则 $\lim_{\Delta x \to 0} \frac{f(x_0 - \Delta x) - f(x_0)}{\Delta x} = ($).

(A) 1;   (B) $f'(x_0)$;   (C) $-f'(x_0)$;   (D) 0.

3. 按照导数定义观察并求下列极限.

(1) 设 $f'(2) = 2$, 求 $\lim_{h \to 0} \frac{f(2 - 3h) - f(2)}{h}$;

(2) 设 $f(x)$ 在 $x = 0$ 可导, 求 $\lim_{x \to 0} \frac{f(x) - f(-x)}{x}$;

(3) 设 $f(x)$ 在 $x = 1$ 处可导且 $f'(1) = 2$, 则 $\lim_{x \to 0} \frac{f(1 - x) - f(1 + x)}{x}$.

4. 已知行驶在公路上的某辆汽车的位移函数 $s(t) = -2t^2 + 20t$, 则该汽车在 t_0 时刻的瞬时速度为 _____.

B. 能够运用 "定义求导的步骤" 计算基本初等函数的导数

5. 利用定义计算指数函数 $y = e^x$ 的导数.

C. 绘制图形并解释偏导数的几何意义

6. 求曲线 $y=\cos x$ 上点 $\left(\frac{\pi}{3},\frac{1}{2}\right)$ 处的切线方程和法线方程.

7. 求函数 $z=x^2+y^2$ 在点 $(1,2)$ 的偏导数.

D. 辨析偏导数存在与连续性之间的关系

8. 函数 $f(x)=\begin{cases} x\arctan\dfrac{1}{x}, & x\neq 0,\\ 0, & x=0,\end{cases}$ 则 $f(x)$ 在 $x=0$ 处 ( ).

(A) 不连续; (B) 连续但不可导;

(C) 可导但导数不连续; (D) 可导且导数连续.

9. 二元函数 $f(x,y)=\begin{cases} \dfrac{xy}{\sqrt{x^2+y^2}}, & (x,y)\neq(0,0),\\ 0, & (x,y)=(0,0)\end{cases}$ 在点 $(0,0)$ 处 ( ).

(A) 连续, 偏导数存在; (B) 连续, 偏导数不存在;

(C) 不连续, 偏导数存在; (D) 不连续, 偏导数不存在.

10. 求 a,b 的值, 使 $f(x)=\begin{cases} \mathrm{e}^{2x}, & x\geqslant 0,\\ ax+b, & x<0\end{cases}$ 在 $x=0$ 处可导.

11. 函数 $f(x)=\left(x^2-x-2\right)\left|x^3-x\right|$ 不可导点的个数是 ________.

3.2 偏导数的计算

➡ 学习目标导航

❑ 知识目标

- 偏导数的运算法则;
- 基本初等函数的求导公式;
- 复合函数求导法则;
- 反函数、隐函数求导法则;
- 由参数方程所确定的函数的导数;
- 高阶偏导数;
- 相关变化率问题.

❑ 认知目标

A. 会利用基本求导法则、基本求导公式求导;

B. 熟练运用复合函数求导法则对复合函数求导;

C. 能够说出反函数的求导法则;

D. 会求隐函数一阶导数;

E. 会求函数的高阶导数;

F. 会求参数方程所确定的函数的一阶导数以及二阶导数;

G. 会求解一些简单实际问题中的相关变化率问题.

❑ **情感目标**

➜ 训练归纳总结能力, 提升问题转化能力, 体会事物之间的联系和转化的关系.

☞ **学习指导**

"无他, 但手熟尔". ——《卖油翁》欧阳修

"道也, 进乎技矣". ——《庖丁解牛》庄子

本书概述中提到, 高等数学的学习中有三大运算必须熟练掌握极限运算、求导运算和积分运算. 任何运算能力的提升, 计算求解的 "技进乎道", 都必须经过必要数量的训练, 在训练的过程中, 各种运算法则、技巧、窍门自然而然一一遇到, 解决问题的 "技能" 不断获得和叠加, "经验值" 不断提升, 这是一个反复打磨的过程, 这是一个在数学学习中 "悟道" 的过程, 这是一个付出即有回报的过程. 在此基础上, 下面给出一些学习建议:

(1) 熟记、牢记基本求导公式, 不仅要张口即来, 而且 "倒背如流", 给你一个基本初等函数, 不仅快速写出它的导函数形式, 而且给你相应的导函数, 能够快速写出它是由哪个函数求导得出的, 练习这种正向、逆向思维对以后学习积分运算大有裨益.

(2) 梳理运算法则与公式, 试着写出你能够想到的各种初等函数, 观察分析它们的特点, 为其分类, 例如: 5 种基本初等函数、基本初等函数的和差积商、基本初等函数的各种复合、初等函数的反函数、隐含在方程中的初等函数、隐含在参数方程中的初等函数、由初等函数构成的分段函数……然后梳理每种类型函数的求导方法. 也就是说, 先自上而下为函数进行分类, 重在全面, 分类不必精确, 然后学习和研究每种类型的求导方法和技巧.

⇒ **重难点突破**

1. **基本求导法则**

(1) 关于导数的乘法法则, 不仅要记住两个函数相乘的情况, 还应该掌握多个函数的乘法求导公式, 充分理解多个函数相乘的求导公式.

$$\left(u_1 u_2 \cdots u_n\right)' = \sum_{i=1}^{n} u_1 \cdots u_{i-1} u_i' u_{i+1} \cdots u_n.$$

(2) 关于导数除法法则也可看成是乘法法则.

2. 复合函数求导

复合函数求导时首先把要求导的函数分解成基本初等函数的复合及四则运算形式. 复合函数求导法则又称链式法则, 环环相扣, 求导的关键是从外层到里层盯住中间变量, 中间变量可按下面情形确定: 幂函数中间变量在底数, 指数函数中间变量在指数 (肩膀头), 对数函数中间变量在真数, 三角函数中间变量在后边角. 利用中间变量可将复合函数的 "嵌套" 形式分解为形式更简单的初等函数零件. 评判分解合理与否的准则是: 观察各层函数是否为基本初等函数或者多项式等较简单函数.

按照基本求导公式和四则运算求导法则求导; 如果要求出导数值, 把点代入导函数中即可.

在对抽象复合函数求导时, 必须明确求导的对象, 即对谁求导.

表 3.2.1

复合类型 (以下函数均可导)	求导法则	函数变量关系图
一元函数与一元函数复合 $y = f(g(x)) \Leftrightarrow y = f(u), u = g(x)$	$\dfrac{\mathrm{d}y}{\mathrm{d}x} = \dfrac{\mathrm{d}y}{\mathrm{d}u}\dfrac{\mathrm{d}u}{\mathrm{d}x} = f'(g(x))\,g'(x)$	$x \xrightarrow{g} u=g(x) \xrightarrow{f} y=f(u)$
一元函数与多元函数复合 (1) $z = f(u,v), u = \phi(t), v = \psi(t)$ (2) $y = f(x), x = x(u,v)$	$\dfrac{\mathrm{d}z}{\mathrm{d}t} = \dfrac{\partial z}{\partial u}\dfrac{\mathrm{d}u}{\mathrm{d}t} + \dfrac{\partial z}{\partial v}\dfrac{\mathrm{d}v}{\mathrm{d}t}$ $\dfrac{\partial y}{\partial u} = \dfrac{\mathrm{d}y}{\mathrm{d}x}\dfrac{\partial x}{\partial u}$	
多元函数与多元函数复合 $z = f(u,v), u = \phi(x,y), v = \psi(x,y)$	$\dfrac{\partial z}{\partial x} = \dfrac{\partial z}{\partial u}\dfrac{\partial u}{\partial x} + \dfrac{\partial z}{\partial v}\dfrac{\partial v}{\partial x}$	

当复合关系十分复杂时, 可采用微分形式不变性求解问题, 详见 3.3 节.

3. 隐函数求导

1) 一个方程所确定的隐函数

方法一　公式法: 将 n 元隐函数 (方程) 化为 $n+1$ 元函数, 利用隐函数求导公式 (即, 多元函数偏导数之商的相反数) 求导. 该方法适用范围广, 运用熟练可以 "一力降十会".

【例 1】求方程 $\mathrm{e}^y + xy - \mathrm{e} = 1$ 确定的函数 $y = y(x)$ 的导数 y'.

解　令 $F(x,y)=\mathrm{e}^y+xy-\mathrm{e}-1$，$F_x=y$，$F_y=\mathrm{e}^y+x$，则

$$y'=\frac{\mathrm{d}y}{\mathrm{d}x}=-\frac{F_x}{F_y}=-\frac{y}{\mathrm{e}^y+x}.$$

注　构造的函数 $F(x,y)$ 中，x,y 视为相互独立的自变量.

【**例 2**】求由方程 $\dfrac{x}{z}=\ln\dfrac{x}{y}$ 所确定的隐函数 $z=f(x,y)$ 的偏导数 $\dfrac{\partial z}{\partial x}$.

解　令 $F(x,y,z)=\dfrac{x}{z}-\ln\dfrac{x}{y}$，则 $F_x=\dfrac{1}{z}-\dfrac{1}{x/y}\cdot\dfrac{1}{y}=\dfrac{1}{z}-\dfrac{1}{x}=\dfrac{x-z}{zx}$，

$F_z=-\dfrac{x}{z^2}$，

$$\frac{\partial z}{\partial x}=-\frac{F_x}{F_z}=-\frac{\dfrac{x-z}{zx}}{-\dfrac{x}{z^2}}=\frac{x-z}{zx}\cdot\frac{z^2}{x}=\frac{z(x-z)}{x^2}.$$

【**例 3**】$z=z(x,y)$ 是由方程 $x^3-xyz^2+\mathrm{e}^{2z-1}-\mathrm{e}=0$ 所确定的隐函数，则 $\dfrac{\partial z}{\partial x}\bigg|_{(1,1,1)}=\underline{\qquad\qquad}$.

解　令 $F(x,y,z)=x^3-xyz^2+\mathrm{e}^{2z-1}-\mathrm{e}$，则 $F_x=3x^2-yz^2$，$F_z=-2xyz+2\mathrm{e}^{2z-1}$. 由公式

$$\frac{\partial z}{\partial x}=-\frac{F_x}{F_z},\quad\frac{\partial z}{\partial x}=-\frac{3x^2-yz^2}{-2xyz+2\mathrm{e}^{2z-1}},$$

代入点 $(1,1,1)$，得 $\dfrac{\partial z}{\partial x}\bigg|_{(1,1,1)}=\dfrac{1}{\mathrm{e}-1}$.

方法二　隐函数显化后再求导. 该方法仅适用于显化难度不高的隐函数.

方法三　方程等号两端同时对自变量求导.

【**例 4**】求方程 $\mathrm{e}^y+xy-\mathrm{e}=1$ 确定的函数 $y=y(x)$ 的导数 y'.

解　原方程等号两端同时对 x 求导，得 $\mathrm{e}^y\cdot y'+y+xy'=0$，

$$(\mathrm{e}^y+x)\,y'=-y,\text{ 即 }y'=-\frac{y}{\mathrm{e}^y+x}.$$

注意　采用该方法，方程两端对 x 求导时，仍要把 y 视为 x 的函数. 隐函数求导的特点是在不解出隐函数的前提下，直接对等式左右两端 x 求导，此时心中应牢记 y 是关于 x 的函数，并且在求导结果里允许保留函数 $y=y(x)$. 这里尤其注意当 y 是关于 x 的一个复合函数时，将利用上一节所学复合函数求导方法.

方法四 利用微分形式不变性. 该方法适用范围非常广泛, 详见 3.3 节.

2) 方程组所确定的隐函数

方法一 方程组中每一方程的两端同时对同一变量求导, 解方程组.

【例 5】已知函数 $u = u(x, y)$, $v = v(x, y)$ 是由方程组 $\begin{cases} x^2 + y^2 - uv = 0, \\ xy^2 - u^2 + v^2 = 0 \end{cases}$

所确定的可微函数, 试求偏导数 $\dfrac{\partial u}{\partial x}$, $\dfrac{\partial v}{\partial x}$.

解 方程组两端对 x 求偏导, 得 $\begin{cases} 2x - v\dfrac{\partial u}{\partial x} - u\dfrac{\partial v}{\partial x} = 0, \\ y^2 - 2u\dfrac{\partial u}{\partial x} + 2v\dfrac{\partial v}{\partial x} = 0, \end{cases}$ 将其中的 $\dfrac{\partial u}{\partial x}$,

$\dfrac{\partial v}{\partial x}$ 视为未知数, 利用消元法求二元一次方程组, 解得

$$\frac{\partial u}{\partial x} = \frac{y^2 u + 4xv}{2(u^2 + v^2)}, \quad \frac{\partial v}{\partial x} = \frac{4xu - y^2 v}{2(u^2 + v^2)}.$$

【例 6】设 $\begin{cases} x + y + z = 0, \\ x^2 + y^2 + z^2 = 1, \end{cases}$ 求 $\dfrac{\mathrm{d}x}{\mathrm{d}z}$, $\dfrac{\mathrm{d}y}{\mathrm{d}z}$.

解 通过要求的 $\dfrac{\mathrm{d}x}{\mathrm{d}z}$, $\dfrac{\mathrm{d}y}{\mathrm{d}z}$ 可以判断 $x = x(z)$, $y = y(z)$, 故方程组中每一方程

同时对 z 求导 (x, y 视为关于 z 的一元函数), 得 $\begin{cases} \dfrac{\mathrm{d}x}{\mathrm{d}z} + \dfrac{\mathrm{d}y}{\mathrm{d}z} + 1 = 0, \\ 2x\dfrac{\mathrm{d}x}{\mathrm{d}z} + 2y\dfrac{\mathrm{d}y}{\mathrm{d}z} + 2z = 0, \end{cases}$ 利

用消元法解得

$$\frac{\mathrm{d}x}{\mathrm{d}z} = \frac{z - y}{y - x}, \quad \frac{\mathrm{d}y}{\mathrm{d}z} = \frac{z - x}{x - y}.$$

方法二 利用微分形式不变性, 详见 3.3 节.

4. 两种特殊形式的函数求导

1) 幂指函数 $y = u(x)^{v(x)}$, 求 $\dfrac{\mathrm{d}y}{\mathrm{d}x}$

无论是求幂指函数形式的极限, 还是对幂指函数求导, 首先利用恒等变形将其转化为 e 指数函数, 对于问题求解十分有用. 例如: $y = u^v = \mathrm{e}^{\ln u^v} = \mathrm{e}^{v \ln u}$, 则

$$y' = \mathrm{e}^{v \ln u} \cdot (v \ln u)' = \mathrm{e}^{v \ln u} \cdot \left(v' \ln u + v\frac{u'}{u} \right) = y\left(v' \ln u + v\frac{u'}{u} \right).$$

亦可利用对数求导法, 即先取对数再求导:

$$y = u\left(x\right)^{v(x)}, \ln y = v \ln u \Rightarrow \frac{1}{y} y' = v' \ln u + v \frac{u'}{u} \Rightarrow y' = y\left(v' \ln u + v \frac{u'}{u}\right).$$

2) 连乘除函数 $y = \sqrt[n]{\dfrac{(x-a)(x-b)}{(x-c)(x-d)}}, a, b, c, d \in \mathbb{R}, n \in \mathbb{Z}^+$

直接求导十分复杂, 利用对数公式 $\ln\left(uv\right) = \ln u + \ln v, \ln \dfrac{u}{v} = \ln u - \ln v$, 可将乘除转化为和差的形式, 对函数先取对数再求导.

5. 高阶导数

给出函数 $f(x)$, 利用高阶导数的定义, $f^{(n)}\left(x\right) = \dfrac{\mathrm{d}f^{(n-1)}\left(x\right)}{\mathrm{d}x}$, 一般先求出函数的前几阶导数, 总结规律进而给出 n 阶导数公式.

1) 两个函数的和、差的高阶导数

$$\left[u\left(x\right) \pm v\left(x\right)\right]^{(n)} = u^{(n)}\left(x\right) \pm v^{(n)}\left(x\right).$$

2) 两个函数的乘积的高阶导数基本求导公式 (莱布尼茨公式)

$$(uv)^{(n)} = \sum_{i=0}^{n} \mathrm{C}_n^i u^{(i)} v^{(n-i)}.$$

该公式可以与高中学习的二项式定理对比记忆, 形式上, 莱布尼茨公式就是把二项式定理中的两个函数相加变成相乘, n 次幂变成 n 阶导数, 右端的相应幂次变成求导次数即可.

3) 抽象函数、反函数的高阶导数

对于抽象函数、反函数的高阶导数深刻理解高阶导数的定义是关键. 还应熟练掌握抽象复合函数的求导法则, 然后总结规律, 给出 n 阶导数的表达式.

4) 一个方程确定隐函数的高阶导数

求隐函数高阶导数需要在一阶导数的基础上实施, 依然沿用一个方程确定的隐函数求导方法, 即等式两端逐次对 x 求导, 但需要把 y, y' 看作关于自变量 x 的函数, 最后再将第一次求得 y' 的结果代入等式中, 最后结果是可以含有 x, y 的.

6. 参数方程所确定的函数

利用反函数求导公式、复合函数求导公式推导出参数方程求导公式, 在记忆时要注意找规律.

【例 7】 设 $\begin{cases} x = x(t), \\ y = y(t), \end{cases}$ $x(t), y(t)$ 均可导, 求 $\dfrac{\mathrm{d}y}{\mathrm{d}x}, \dfrac{\mathrm{d}^2 y}{\mathrm{d}x^2}, \dfrac{\mathrm{d}^3 y}{\mathrm{d}x^3}.$

解　$\dfrac{\mathrm{d}x}{\mathrm{d}t} = x'(t), \dfrac{\mathrm{d}y}{\mathrm{d}t} = y'(t).$

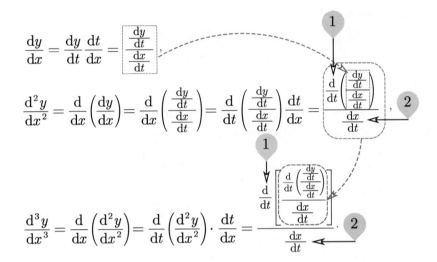

✔ 学习效果检测

A. 会利用基本求导法则、基本求导公式求导

1. (1) $y = \mathrm{e}^{ax} \cos bx;$ 　　　　　　　　(2) $y = \sqrt{x\sqrt{x}} + \ln\sqrt{\dfrac{x-a}{x+a}}.$

2. $y = x^2 \ln x$ 的导数 $y' = (\quad)$.

(A) $2x\ln x + x;$ 　(B) $2x\ln x + 2x;$ 　(C) $2x\ln x - x;$ 　(D) $2x\ln x + x^2.$

3. $y = \left(\dfrac{\arctan x}{x^2}\right)' \Big|_{x=1} = (\quad)$.

(A) $\dfrac{1-\pi}{2};$ 　　　(B) $\dfrac{\pi-1}{2};$ 　　　(C) $\dfrac{\pi}{2};$ 　　　(D) $\dfrac{1}{2}.$

B. 熟练运用复合函数求导法则对复合函数求导

4. $y = \sin^2 \mathrm{e}^{-\sqrt{x}}$, 求 y'.

5. $y = \arctan(\sin x)$, 求 y'.

6. 设 $z = \dfrac{y}{f(x^2 - y^2)}$, 其中 $f(u)$ 为可导函数, 则 $\dfrac{\partial z}{\partial x} = (\quad)$.

(A) $-\dfrac{2xy}{f^2(x^2 - y^2)};$ 　　　　　　　(B) $-\dfrac{2xyf'(x^2 - y^2)}{f^2(x^2 - y^2)};$

(C) $-\dfrac{yf'(x^2-y^2)}{f^2(x^2-y^2)}$;

(D) $-\dfrac{f(x^2-y^2)-yf'(x^2-y^2)}{f^2(x^2-y^2)}$.

C. 能够说出反函数的求导法则

7. 证明 $(\log_a x)' = \dfrac{1}{x\ln a}$.

D. 会求隐函数的导数

8. 已知由方程 $xy^2 + e^y = \cos(x^2+y^2)$ 确定函数 $y=f(x)$, 求 y'.

9. 设方程 $F(x-y,y-z,z-x)=0$ 确定 z 是 x,y 的函数, F 是可微函数, 则 $\dfrac{\partial z}{\partial x} = $ _____.

10. 设 $x=x(y,z), y=y(z,x), z=z(x,y)$ 都由方程 $F(x,y,z)=0$ 所确定的隐函数, 则下列等式中, 不正确的一个是 (　　).

(A) $\dfrac{\partial x}{\partial y}\dfrac{\partial y}{\partial x}=1$;

(B) $\dfrac{\partial x}{\partial z}\dfrac{\partial z}{\partial x}=1$;

(C) $\dfrac{\partial x}{\partial y}\dfrac{\partial y}{\partial z}\dfrac{\partial z}{\partial x}=1$;

(D) $\dfrac{\partial x}{\partial y}\dfrac{\partial y}{\partial z}\dfrac{\partial z}{\partial x}=-1$.

11. 设 $\begin{cases} x+2y+3z=0, \\ x^2+y^2+z^2=1, \end{cases}$ 求 $\dfrac{\mathrm{d}x}{\mathrm{d}z}, \dfrac{\mathrm{d}y}{\mathrm{d}z}$.

12. 设 $\begin{cases} x=\mathrm{e}^u+u\sin v, \\ y=\mathrm{e}^u-u\cos v, \end{cases}$ 求 $\dfrac{\partial u}{\partial x}, \dfrac{\partial v}{\partial x}$.

13. $y=\left(1+\dfrac{1}{x}\right)^x$, 求 y'.

14. $y=\sqrt[3]{\dfrac{x-1}{\sqrt[5]{x^2+1}}}$, 求 y'.

E. 会求函数的高阶导数

15. 已知 $f(x)$ 具有任意阶导数, 且 $f'(x)=[f(x)]^2$, 则 $f^{(4)}(x)$ 为 (　　).

(A) $4![f(x)]^5$; 　　(B) $4![f(x)]^6$; 　　(C) $4[f(x)]^5$; 　　(D) $[f(x)]^5$.

16. 求下列函数所指定阶的导数:

(1) 设 $f(x)=\sin 2x$, 则 $f^{(2n)}(x)=$ _____;

(2) 设 $f(x)=\sin\dfrac{x}{2}+\cos 2x$, 则 $f^{(27)}(\pi)=$ _____.

17. $u=f(r)$, 而 $r=\sqrt{x^2+y^2+z^2}$, 且函数 $f(r)$ 具有二阶连续导数, 则 $\dfrac{\partial^2 u}{\partial x^2}+\dfrac{\partial^2 u}{\partial y^2}+\dfrac{\partial^2 u}{\partial z^2}=$ _____.

18. 求函数 $z=x^y$ 的二阶偏导数 $\dfrac{\partial^2 z}{\partial x^2}, \dfrac{\partial^2 z}{\partial y^2}$ 和 $\dfrac{\partial^2 z}{\partial x\partial y}$.

19. 求方程 $\ln \sqrt{x^2 + y^2} = \arctan \dfrac{y}{x}$ 所确定的隐函数的二阶导数 $\dfrac{\mathrm{d}^2 y}{\mathrm{d} x^2}$.

F. 会求参数方程所确定的函数的一阶导数以及二阶导数

20. $\begin{cases} x = \ln \left(1 + t^2 \right), \\ y = \arctan t, \end{cases}$　求 $\dfrac{\mathrm{d} y}{\mathrm{d} x}, \dfrac{\mathrm{d}^2 y}{\mathrm{d} x^2}$.

21. $\begin{cases} x = f'(t), \\ y = tf'(t) - f(t), \end{cases}$　设 $f''(t)$ 存在且不为零, 则 $\dfrac{\mathrm{d} y}{\mathrm{d} x} = \underline{\hspace{2cm}},$

$\dfrac{\mathrm{d}^2 y}{\mathrm{d} x^2} = \underline{\hspace{2cm}}.$

G. 会求解一些简单实际问题中的相关变化率问题

22. 已知动点 P 在曲线 $y = x^3$ 上运动, 记坐标原点与点 P 之间的距离为 l. 若点 P 的横坐标对时间的变化率为常数 v_0, 则当点 P 运动到点 $(1, 1)$ 时, l 对时间的变化率是 $\underline{\hspace{2cm}}.$

3.3　全微分　方向导数与梯度

➡ **学习目标导航**

❑ **知识目标**

✦ 偏增量、全增量; 微分 (differentiation)、全微分;

✦ 基本初等函数的微分公式;

✦ 微分形式不变性;

✦ 方向导数 (directional derivative); 梯度 (gradient).

❑ **认知目标**

A. 能够复述微分、全微分的概念和几何意义, 会计算函数的微分;

B. 能够说出二元函数连续、偏导数存在、全微分存在的必要条件和充分条件;

C. 能够计算一些函数的方向导数与梯度, 会利用方向导数与梯度知识解决相关的实际问题.

❑ **情感目标**

✦ 通过数形结合、观察分析、独立思考, 从抽象的数学符号中感悟其丰富的哲学内涵.

☞ **学习指导**

---

1. 关于微分的学习

"微, 小也." ——《广雅·释诂二》

字面上来看, 微分即微小的部分. 学习微分, 需要我们从日常感知的宏观世界跃升至微观世界, 由于脱离了现实感, 并且用抽象的数学符号描述微观世界的事物运行规律, 所以感到理解困难是正常的. 另一方面, 无论是微观世界, 还是宏观世界, 只是对事物认知分辨率不同而已, 相互之间的 "穿越" 过程并不是离散的, 由于相似性的普遍存在, 路上的 "风景" 甚至是经常重复出现的, 是有迹可循的. 如此看来, 对于微观世界数学规律的认知似乎又不是那么困难.

微分和积分, 是高等数学课程中的核心概念, 更是我们感受微积分中数学之美的重要载体! 甚至可以说微分和积分代表了一种人类求解问题的朴素的思想和方法, 例如求某一不规则图形的面积, 由于无法套用规则图形的面积计算公式, 很自然的想法是: 将这个不规则图形打散 (分割) 成许多小部分, 让每一小部分是规则的可求的 (或者是可近似求解的), 然后再将所有小部分的面积累加起来, 它们的和就是原不规则图形面积的近似值, 再借助极限思想, 越是不规则的地方, 分割得越小, 得到的小部分越多, 它们的和就越逼近面积的精确值. 这一过程先是从宏观世界 "穿梭" 到了微观世界 (分割), 然后又从微观世界返回到宏观世界 (累加). 借助微分、积分概念, 能够给两次 "穿越" 更为严格的描述, 能够通过两次 "穿越" 带回不规则图形面积的 "真值". 我们学习微分概念及其数学形式时, 要理解它为什么能够起到这样的作用, 而这些都需要你透过抽象的数学表达式, 深度思考, 认真感知探寻其背后的 "道". 在此, 给出以下学习建议:

(1) 不要脱离直觉. 如上所言, 微分概念是经典的、朴素的哲学思维的数学呈现, 其思想、原理你是懂的, 只是要学习它的严格的数学表达形式 (数学语言), 并试着问问自己为何要这样描述微分, 能否提出其他数学描述形式. 当遇到反直觉的问题时, 多问几个为什么. 实际上, 在学习高等数学时经常会遇到 "直觉不可靠" 的情形, 这是由于我们认知能力、感知能力的有限性、不精确性与客观世界变化的无限性、复杂性之间是一对矛盾体. 在学习时, 脱离直觉, 往往会怀疑自己, "数感" 缺失; 完全相信直觉、依靠直觉, 往往会犯 "想当然" 的错误. 所以我们既要依托直觉, 通过深度思考将新知识与自己原有认知建立联系, "从自己头脑中找概念" (张景中), 又要重视反直觉的现象, 深挖背后的理论机理.

(2) 不要陷入题海. 微分概念的学习, 更重要的是其思想、理论和数学语言, 它既诠释了 "以直代曲"、"以平代曲" 和 "抓主要矛盾" 等哲学思想, 同时它形式化的数学语言又不乏简约、清晰、纯粹、自洽, 可以让人回味无穷. 很多同学总感觉导数好学, 微分难懂, 这实际上是因为导数运算可以通过大量的训练掌握得很好, 但学习微分, 仅靠做题而脱离深度思考是不可取的. 不会用普遍联系的方法学习数学概念, 就不能深刻挖掘数学概念的内涵, 就难以真正地感悟到数学真正的美学价值.

2. 关于方向导数、梯度的学习

从概念内涵上看, 方向导数是对偏导数的拓展; 函数在某点处对 x 的偏导数, 是函数在该点处平行于 x 轴方向上的变化率 (变化快慢); 函数在某点处的方向导数, 是函数在该点处沿着某一方向的变化率 (变化快慢). 所以学习方向导数的相关知识, 建议与偏导数对比着学.

梯度作为场论的基本概念, 建议结合其表征的物理 (或几何) 意义进行学习. 关于场论初步知识, 我们在高等数学中将学到三个基本概念: 梯度、散度和旋度, 后两个将在积分学中学到.

⇒ 重难点突破

1. 借助几何理解全微分

1) 一元函数微分——"以直代曲"

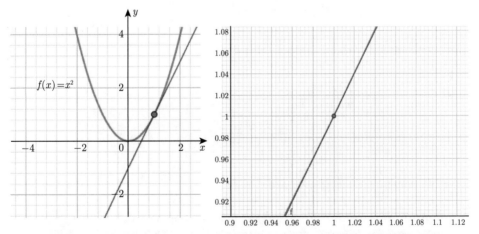

图 3.3.1 从微观层面观察一条光滑的弯曲的曲线, 随着观察的分辨率不断提高 (这里我们用分辨率一词来形容观察局部曲线的精细程度. 分辨率提高特指在观察范围不变的情况下, 图形不断被放大的操作), 这条曲线似乎看起来逐渐变为一条直线. 或许有过这样的经验: 如果我们将计算机屏幕视为我们的观察范围, 通过图像软件将函数图像某点处不断放大, 弯曲的曲线将不断变直

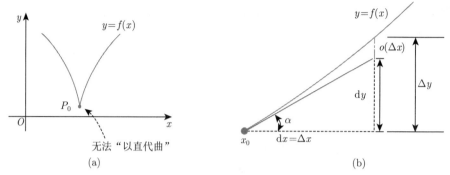

图 3.3.2 从 (b) 可以看出, 曲线在 x_0 附近与直线 (该点的切线) 近似时, 若自变量 x 产生一个微小的增量 Δx, 微分 $\mathrm{d}y = f'(x_0)\,\mathrm{d}x$ 实际上是函数值增量 Δy 的主要部分 (线性主部), "误差"$o(\Delta x) = \Delta y - \mathrm{d}y$ 将随着 $\Delta x \to 0$ 更快地趋近于 0(Δx 的高阶无穷小), 即 $\lim\limits_{\Delta x \to 0} \dfrac{o(\Delta x)}{\Delta x} = 0$. 因此, $\Delta x \to 0$, 则 $\Delta y \approx \mathrm{d}y$, 曲线可近似由该点处的切线代替. 如果我们要求曲线的长度, 可以尝试将这条曲线剖分成 n 小份, 每一小份都近似地由相应的直线代替, 将所有直线段的长度加起来得到曲线长度的近似值, 并且随着 $n \to \infty$, 这个近似值如果存在极限, 我们不妨推测: 极限值就是曲线长度的精确值. 实际上这就是求曲线长度的方法, 在积分学部分会学到. 这里用到的就是 "以直代曲" 的思想, 通过对曲线进行分割, 从宏观世界进入微观世界[1], 找到小曲线段的替代者——小直线段[2], 为什么可以"代替"? 因为误差非常小, (a) 中 P_0 点处就无法 "以直代曲"(不可导, 不可微), 将所有替代者累加起来, 从微观世界返回宏观世界, 再依据极限思想, 所有的 "误差" 都将趋于 0, 从而找到曲线长度的 "真值"

2) 二元函数全微分——"以平代曲"

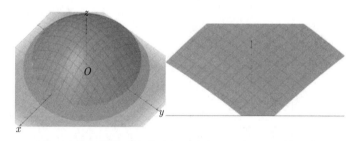

图 3.3.3 随着观察的分辨率不断提高 (观察范围不变, 图形被不断放大), 步入微观层面观察一张光滑的曲面, 这张曲面似乎看起来逐渐变为一张平面. 类似的经验也有: 我们站在开阔的广场上面, 感觉自己站在一张平面上, 而实际上地球是近球形的, 但由于人所处的 "点" 观察地球球面的细微之处, 因此感觉地球曲面在局部是平面

---

1 习惯上, 将这种分割 "打散" 之后的 "粒子" 称为微元.

2 弧微分, 在学习曲率、线积分时会详细学习.

2. 可微、可导的关系

1) 一元函数
一元函数 $f(x)$ 在 x_0 点处可微 $\Leftrightarrow f(x)$ 在 x_0 点处可导.

2) 多元函数
多元函数在某点处连续、可偏导、可微、偏导函数连续之间关系如图 3.3.4.

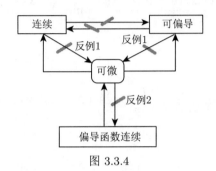

图 3.3.4

【**反例 1**】证明函数 $f(x,y) = \begin{cases} \dfrac{xy}{\sqrt{x^2+y^2}}, & x^2+y^2 \neq 0, \\ 0, & x^2+y^2 = 0 \end{cases}$ 在 $(0,0)$ 处连续、可偏导, 但不可微.

证　连续性　$0 < \left| \dfrac{xy}{\sqrt{x^2+y^2}} \right| \leqslant \left| \dfrac{xy}{\sqrt{2xy}} \right| = \dfrac{1}{\sqrt{2}}\sqrt{xy}$, 而 $\displaystyle\lim_{(x,y)\to(0,0)} \dfrac{1}{\sqrt{2}}\sqrt{xy}$ $= 0$, 由夹挤准则 $\displaystyle\lim_{(x,y)\to(0,0)} \dfrac{xy}{\sqrt{x^2+y^2}} = 0 = f(0,0)$, 故函数在 $(0,0)$ 处连续.

可偏导性

$$f_x(0,0) = \lim_{\Delta x \to 0} \frac{f(0+\Delta x, 0) - f(0,0)}{\Delta x} = \lim_{\Delta x \to 0} \frac{\dfrac{(0+\Delta x)\cdot 0}{\sqrt{(0+\Delta x)^2 + 0^2}} - 0}{\Delta x} = 0,$$

$$f_y(0,0) = \lim_{\Delta y \to 0} \frac{f(0, 0+\Delta y) - f(0,0)}{\Delta y} = \lim_{\Delta x \to 0} \frac{\dfrac{0\cdot(0+\Delta y)}{\sqrt{0^2 + (0+\Delta y)^2}} - 0}{\Delta y} = 0.$$

故函数在 $(0,0)$ 处偏导数存在.

可微性　若函数在一点 M_0 处可微, 由定义

$$\Delta z = \frac{\partial z}{\partial x}\bigg|_{M_0} \Delta x + \frac{\partial z}{\partial y}\bigg|_{M_0} \Delta y + o(\rho), \quad \rho = \sqrt{(\Delta x)^2 + (\Delta y)^2},$$

从而, 看 $\lim\limits_{\rho \to 0} \dfrac{\Delta z - \dfrac{\partial z}{\partial x}\Big|_{M_0} \Delta x - \dfrac{\partial z}{\partial y}\Big|_{M_0}}{\rho} \overset{?}{=\!=} 0$ (极限值是否为 0, 若为 0, 说明分子
部分是 ρ 的高阶无穷小). 因此,

$$\lim_{\rho \to 0} \frac{\Delta z - f_x(0,0)\Delta x - f_y(0,0)\Delta y}{\rho} = \lim_{\rho \to 0} \frac{\dfrac{\Delta x \cdot \Delta y}{\sqrt{(\Delta x)^2 + (\Delta y)^2}} - 0 - 0}{\rho}$$

$$= \lim_{(\Delta x, \Delta y) \to (0,0)} \frac{\Delta x \cdot \Delta y}{(\Delta x)^2 + (\Delta y)^2},$$

考察极限 $\lim\limits_{(\Delta x, \Delta y) \to (0,0)} \dfrac{\Delta x \cdot \Delta y}{(\Delta x)^2 + (\Delta y)^2}$, 当 $(\Delta x, \Delta y)$ 沿着直线 $y = x$ 趋于 $(0,0)$
时,

$$\lim_{(\Delta x, \Delta y) \to (0,0)} \frac{\Delta x \cdot \Delta y}{(\Delta x)^2 + (\Delta y)^2} = \lim_{\Delta x \to 0} \frac{\Delta x \cdot \Delta x}{2(\Delta x)^2} = \frac{1}{2} \neq 0,$$

故函数在 $(0,0)$ 处不可微.

【反例 2】证明函数 $f(x,y) = \begin{cases} (x^2 + y^2) \sin \dfrac{1}{x^2 + y^2}, & x^2 + y^2 \neq 0, \\ 0, & x^2 + y^2 = 0 \end{cases}$ 在

$(0,0)$ 点处可微, 但偏导函数不连续.

证　可偏导性

$$f_x(0,0) = \lim_{\Delta x \to 0} \frac{f(0 + \Delta x, 0) - f(0,0)}{\Delta x}$$

$$= \lim_{\Delta x \to 0} \frac{[(0 + \Delta x)^2 + 0^2] \sin \dfrac{1}{(0 + \Delta x)^2 + 0^2} - 0}{\Delta x}$$

$$= \lim_{\Delta x \to 0} \frac{(\Delta x)^2 \sin \dfrac{1}{(\Delta x)^2}}{\Delta x} = 0.$$

同理, $f_y(0,0) = 0$, 说明函数在 $(0,0)$ 处偏导数存在, 即可偏导.
可微性

$$\lim_{\rho \to 0} \frac{\Delta z - f_z(0,0)\Delta x - f_y(0,0)\Delta y}{\rho}$$

$$= \lim_{\rho \to 0} \frac{[(\Delta x)^2 + (\Delta y)^2] \sin \dfrac{1}{(\Delta x)^2 + (\Delta y)^2} - 0 - 0}{\rho}$$

$$= \lim_{\rho \to 0} \rho \sin \frac{1}{\rho^2} = 0,$$

故函数在 $(0,0)$ 处可微.

下面考察函数在 $(0,0)$ 处偏导数的连续性. 当 $x^2 + y^2 \neq 0$ 时, 先看函数对 x 的偏导数,

$$f_x = 2x \sin \frac{1}{x^2 + y^2} + (x^2 + y^2) \cos \frac{1}{x^2 + y^2} \cdot \left[-\frac{2x}{(x^2 + y^2)^2} \right]$$

$$= 2x \sin \frac{1}{x^2 + y^2} - \frac{2x}{x^2 + y^2} \cos \frac{1}{x^2 + y^2},$$

即

$$f_x(x, y) = \begin{cases} 2x \sin \dfrac{1}{x^2 + y^2} - \dfrac{2x}{x^2 + y^2} \cos \dfrac{1}{x^2 + y^2}, & x^2 + y^2 \neq 0, \\ 0, & x^2 + y^2 = 0, \end{cases}$$

$$\lim_{(x,y) \to (0,0)} f_x(x, y) = \lim_{(x,y) \to (0,0)} \left(2x \sin \frac{1}{x^2 + y^2} - \frac{2x}{x^2 + y^2} \cos \frac{1}{x^2 + y^2} \right)$$

$$\xrightarrow{\text{取路径 } y = x} \lim_{x \to 0} \left(2x \sin \frac{1}{2x^2} - \frac{1}{x} \cos \frac{1}{2x^2} \right) \text{ 不存在}$$

$$\neq f_x(0, 0),$$

说明偏导函数 $f_x(x, y)$ 在 $(0,0)$ 处不连续, 同理 $f_y(0,0)$ 在 $(0,0)$ 处亦不连续.

3. 微分形式不变性

【例 1】设 $y = f(x, t)$, 而 $t = t(x, y)$ 是由方程 $F(x, y, t) = 0$ 所确定的函数, 其中 f, F 都具有一阶连续偏导数, 且 $F_t + f_t F_y \neq 0$, 试证明

$$\frac{\mathrm{d}y}{\mathrm{d}x} = \frac{f_x F_t - f_t F_x}{F_t + f_t F_y}.$$

证 题目中各变量之间关系较为复杂, 考虑利用微分形式不变性, 不必考虑哪些变量是自变量还是中间变量, 上来直接对条件等式中的所有变量求微分.

$$y = f(x, t) \Rightarrow \mathrm{d}y = f_x \mathrm{d}x + f_t \mathrm{d}t.$$

$$t = t(x, y) \Rightarrow \mathrm{d}t = \frac{\partial t}{\partial x} \mathrm{d}x + \frac{\partial t}{\partial y} \mathrm{d}y.$$

$$F(x, y, t) = 0 \Rightarrow \frac{\partial t}{\partial x} = -\frac{F_x}{F_t}, \frac{\partial t}{\partial y} = -\frac{F_y}{F_t}.$$

故

$$\mathrm{d}y = f_x \mathrm{d}x + f_t \left(\frac{\partial t}{\partial x} \mathrm{d}x + \frac{\partial t}{\partial y} \mathrm{d}y \right) = f_x \mathrm{d}x + f_t \left(-\frac{F_x}{F_t} \mathrm{d}x - \frac{F_y}{F_t} \mathrm{d}y \right),$$

$$\left(1 + f_t \frac{F_y}{F_t} \right) \mathrm{d}y = \left(f_x - f_t \frac{F_x}{F_t} \right) \mathrm{d}x,$$

$$\frac{\mathrm{d}y}{\mathrm{d}x} = \frac{f_x F_t - f_t F_x}{F_t + f_t F_y}.$$

【例 2】求方程 $\mathrm{e}^y + xy - \mathrm{e} = 1$ 确定的函数 $y = y(x)$ 的导数 y'.

解 方程等号两端同时取微分, $\mathrm{d}\left(\mathrm{e}^y + xy - \mathrm{e} \right) = 0$,

$$\mathrm{d}\left(\mathrm{e}^y \right) + \mathrm{d}(xy) = 0,$$

$$\mathrm{e}^y \mathrm{d}y + \mathrm{d}x \cdot y + x\mathrm{d}y = 0,$$

$$\left(\mathrm{e}^y + x \right) \mathrm{d}y = -y\mathrm{d}x$$

$$\frac{\mathrm{d}y}{\mathrm{d}x} = -\frac{y}{\mathrm{e}^y + x}.$$

【例 3】已知函数 $u = u(x, y), v = v(x, y)$ 是由方程组 $\begin{cases} x^2 + y^2 - uv = 0, \\ xy^2 - u^2 + v^2 = 0 \end{cases}$ 所确定的可微函数, 试求偏导数 $\dfrac{\partial u}{\partial x}, \dfrac{\partial v}{\partial x}$.

解 对原方程组进行微分运算, $\begin{cases} \mathrm{d}\left(x^2 \right) + \mathrm{d}\left(y^2 \right) - \mathrm{d}(uv) = 0, \\ \mathrm{d}\left(xy^2 \right) - \mathrm{d}\left(u^2 \right) + \mathrm{d}\left(v^2 \right) = 0, \end{cases}$

$$\Rightarrow \begin{cases} 2x\mathrm{d}x + 2y\mathrm{d}y - v\mathrm{d}u - u\mathrm{d}v = 0, & \text{①} \\ y^2\mathrm{d}x + 2xy\mathrm{d}y - 2u\mathrm{d}u + 2v\mathrm{d}v = 0, & \text{②} \end{cases}$$

将 $\mathrm{d}u, \mathrm{d}v$ 视为未知数, 利用消元法解二元一次方程组 (①×2v+②×u)

$$\mathrm{d}u = \frac{4xv + y^2u}{2\left(u^2 + v^2 \right)} \mathrm{d}x + \frac{4yv + 2xyu}{2\left(u^2 + v^2 \right)} \mathrm{d}y,$$

故

$$\frac{\partial u}{\partial x} = \frac{4xv + y^2u}{2\left(u^2 + v^2 \right)}, \quad \frac{\partial u}{\partial y} = \frac{4yv + 2xyu}{2\left(u^2 + v^2 \right)},$$

同理, 解得

$$\mathrm{d}v = \frac{4xu - y^2v}{2\left(u^2 + v^2\right)}\mathrm{d}x + \frac{4yu - 2xyv}{2\left(u^2 + v^2\right)}\mathrm{d}y,$$

故

$$\frac{\partial v}{\partial x} = \frac{4xu - y^2v}{2\left(u^2 + v^2\right)}, \quad \frac{\partial v}{\partial y} = \frac{4yu - 2xyv}{2\left(u^2 + v^2\right)}.$$

4. 方向导数与偏导数的关系

严格地说, 方向导数和偏导数是完全不同的概念, 不能将偏导数视为方向导数的特殊情况.

对于函数 $z = f(x, y)$ 在点 $M_0(x_0, y_0)$ 处, 偏导数

$$\frac{\partial f}{\partial x}(x_0, y_0) = \lim_{\Delta x \to 0} \frac{f(x_0 + \Delta x, y_0) - f(x_0, y_0)}{\Delta x},$$

过点 $M_0(x_0, y_0)$ 平行于 x 轴的直线 L 上取点 $M(x_0 + \Delta x, y_0)$, 点 M 可取在 M_0 的左侧, 也可取在右侧, 所以当点 M 沿 L 趋近 M_0 时, $\Delta x \to 0$ 有 $\Delta x \to 0^+$, $\Delta x \to 0^-$ 两种情形 (图 3.3.5).

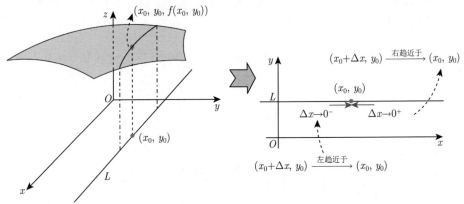

图 3.3.5　从几何上看, 函数 $z = f(x, y)$ 在 (x_0, y_0) 处的偏导数 (以对 x 的偏导数为例), $\Delta x \to 0$ 描述的是动点 $(x_0 + \Delta x, y_0)$ 沿直线 L, 自左、右两个方向 (平行于 x 轴) 趋近于定点 (x_0, y_0) 时, 函数值的变化快慢情况, 粗略地说, 有一种向 (x_0, y_0) "收敛" 的意味

方向导数　$\left.\dfrac{\partial f}{\partial \boldsymbol{l}}\right|_{(x_0, y_0)} = \lim_{\rho \to 0^+} \dfrac{f(x_0 + \rho \cos \alpha, y_0 + \rho \cos \beta) - f(x_0, y_0)}{\rho}$, 过点 $P_0(x_0, y_0)$ 的射线 $\boldsymbol{l}$ 上取点 $P(x_0 + \rho \cos \alpha, y_0 + \rho \cos \beta)$, 点 P 始终在 P_0 的一侧射线 $\boldsymbol{l}$ 上, 所以有且只有 $\rho \to 0^+$ 单侧情形 (图 3.3.6).

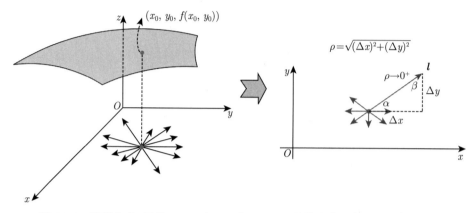

图 3.3.6   按照定义, 函数 $z = f(x,y)$ 在 (x_0, y_0) 处的方向导数是单向的, 是考察自 (x_0, y_0) "向外辐射" 过程中, 对应的函数值变化快慢情况, 这是因为 $\dfrac{\partial z}{\partial l} = \lim\limits_{\rho \to 0} \dfrac{f(x_0 + \Delta x, y_0 + \Delta y) - f(x_0, y_0)}{\rho}$, 其中 $\rho = \sqrt{(\Delta x)^2 + (\Delta y)^2} > 0$, $\rho \to 0$ 实际上是 $\rho \to 0^+$. 如果将一张曲面视为一座山峰表面, 人站在上面的一点处朝向四面八方观察山的陡峭程度, 视线都是自眼睛向四面八方 "辐射" 的. 在某个方向上山的陡峭程度, 对应的就是曲面在这个方向的方向导数, 方向导数越大, 山的高度增长速度就越快, 山越陡. 方向导数为正, 说明山升高; 方向导数为负, 说明山高度下降, 是下坡. 定义方向导数取得最大值的方向为梯度, 通俗来看, 梯度就是山上任意一点处高度上升最大的方向

特别地, 取平行于 x 轴 (与 x 轴方向一致) 的射线 l 时, $\alpha = 0, \beta = \pi/2$, 方向导数

$$\left.\frac{\partial f}{\partial l}\right|_{(x_0, y_0)} = \lim_{\rho \to 0^+} \frac{f(x_0 + \rho, y_0) - f(x_0, y_0)}{\rho}$$

与偏导数

$$\frac{\partial f}{\partial x}(x_0, y_0) = \lim_{\Delta x \to 0} \frac{f(x_0 + \Delta x, y_0) - f(x_0, y_0)}{\Delta x},$$

是有区别的, 前者为单侧极限, 后者为双侧极限.

若 $z = f(x,y)$ 可偏导, 取 $\boldsymbol{e}_l = \boldsymbol{i}$, 则有方向导数 $\left.\dfrac{\partial f}{\partial l}\right|_{(x_0, y_0)} = \dfrac{\partial f}{\partial x}(x_0, y_0)$; 取 $\boldsymbol{e}_l = -\boldsymbol{i}$, 则有 $\left.\dfrac{\partial f}{\partial l}\right|_{(x_0, y_0)} = -\dfrac{\partial f}{\partial x}(x_0, y_0)$. 说明, 偏导数存在, 能推出平行于坐标轴射线的方向导数存在, 而在其他方向的方向导数不一定.

反之, 若 $z = f(x,y)$ 在 (x_0, y_0) 处平行于坐标轴某射线的方向导数存在, 偏导数也未必存在, 因为方向导数存在不能保证 (x_0, y_0) 两侧动点趋近定点 ($\Delta x \to 0^+$

且 $\Delta x \to 0^-$) 的过程中左右极限存在且相等. 如 $f(x, y) = \sqrt{x^2 + y^2}$ 在 $(0, 0)$ 处, 沿 $\boldsymbol{e}_l = \boldsymbol{i}$ 的方向导数 $\dfrac{\partial f}{\partial l}\bigg|_{(0,0)} = 1$, 此时 $\Delta x \to 0^+$,

$$\lim_{\Delta x \to 0^+} \frac{f(0 + \Delta x, 0) - f(0, 0)}{\Delta x} = 1;$$

沿 $\boldsymbol{e}_l = -\boldsymbol{i}$ 的方向导数 $\dfrac{\partial f}{\partial l}\bigg|_{(0,0)} = 1$, 此时 $\Delta x \to 0^-$,

$$\lim_{\Delta x \to 0^-} \frac{f(0 + \Delta x, 0) - f(0, 0)}{\Delta x} = -1.$$

故偏导数 $\dfrac{\partial f}{\partial x}(0, 0)$ 不存在.

5. 方向导数与连续的关系

函数在点 $P_0(x_0, y_0)$ 沿各方向的方向导数都存在, 不能推出函数在点 $P_0(x_0, y_0)$ 连续.

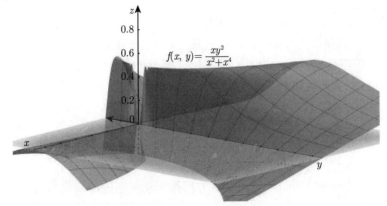

图 3.3.7 函数 $f(x, y) = \begin{cases} \dfrac{xy^2}{x^2 + y^4}, & x^2 + y^2 \neq 0, \\ 0, & x^2 + y^2 = 0 \end{cases}$ 在点 $(0, 0)$ 处沿任意方向的方向导数都存在, 但不连续

函数在一点处连续, 也不能推出在该点沿各方向的方向导数均存在. 例如, $f(x, y) = (xy)^{\frac{1}{3}}$ 在 $(0, 0)$ 处连续, 但在 $(0, 0)$ 处沿方向 $\boldsymbol{e}_l = (\cos\alpha, \cos\beta)$ $(\cos\alpha\cos\beta$

$\neq 0$) 的方向导数 $\left.\dfrac{\partial f}{\partial \boldsymbol{l}}\right|_{(0,0)}$ 不存在:

$$\left.\frac{\partial f}{\partial \boldsymbol{l}}\right|_{(0,0)} = \lim_{\rho \to 0} \frac{f\left(0 + \rho \cos \alpha, 0 + \rho \cos \beta\right) - f\left(0,0\right)}{\rho} = \lim_{\rho \to 0} \frac{\left(\rho^2 \cos \alpha \cos \beta\right)^{1/3}}{\rho}$$

$$= \lim_{\rho \to 0} \frac{\rho^{2/3} \left(\cos \alpha \cos \beta\right)^{1/3}}{\rho} = \lim_{\rho \to 0} \frac{\left(\cos \alpha \cos \beta\right)^{1/3}}{\rho^{1/3}} = \infty.$$

6. 能力训练

【例】暴雨中飞机飞行路线问题

材料 1 (狮子觅食问题)   假设狮子在平坦的草原上总是沿猎物气味浓度增长最快的方向追逐猎物. 把猎物所在位置设为坐标原点, 在草原平面上建立直角坐标系, 设点 (x, y) 处的浓度 (每百万份空气中所含猎物气味的份数) 的近似值为 $f(x, y) = \mathrm{e}^{-\frac{\left(x^2 + 2y^2\right)}{10^4}}$, 求狮子从点 $(1,1)$ 出发追逐猎物的路线.

解   狮子在位置 P_0 处依据气味浓度追逐猎物的最佳方向是气味浓度函数 $f(x, y)$ 增长最快方向, 即该点的梯度方向

$$\max \left.\frac{\partial f}{\partial \boldsymbol{u}}\right|_{P_0} = \mathrm{grad}\, f|_{P_0},$$

其中 $\boldsymbol{u}$ 为点 P_0 处在平面上的任一方向.

设狮子觅食路线为 $y = y(x)$, 则曲线 $y = y(x)$ 在点 P_0 处的切线方向为气味函数 $f(x, y)$ 在点 P_0 处的梯度方向. 因此, 狮子觅食的数学模型为

$$\begin{cases} \dfrac{\mathrm{d}y}{\mathrm{d}x} = \dfrac{f'_y\left(x, y(x)\right)}{f'_x\left(x, y(x)\right)}, \\ y\left(x_0\right) = y_0. \end{cases}$$

把 $f(x, y) = \mathrm{e}^{-\frac{\left(x^2 + 2y^2\right)}{10^4}}$ 代入上述方程得所求问题的数学模型为

$$\begin{cases} \dfrac{\mathrm{d}y}{\mathrm{d}x} = \dfrac{2y}{x}, \\ y\left(1\right) = 1. \end{cases}$$

求解该微分方程可得到解, 即狮子觅食路线 $y = x^2$, 如图 3.3.8 所示.

(材料来源: 李颖, 倪谷炎. 最优化方法在动物觅食问题中的应用 [J]. 大学数学, 2018(2): 42-47.)

材料 2　含有未知函数导数的方程叫做微分方程, 如 $x\dfrac{\mathrm{d}y}{\mathrm{d}x} = 2y$. 未知函数 $y = y(x)$ 叫做微分方程的解. 形如 $\dfrac{\mathrm{d}y}{\mathrm{d}x} = f(x)\,g(x)$ 的微分方程, 它的特点是, 其右端是只含 x 的函数与只含 y 的函数的乘积. 这种微分方程称为可分离变量的方程. (材料来源: 《高等数学新理念教程》(从福仲, 科学出版社))

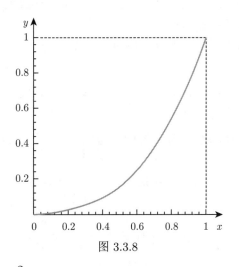

图 3.3.8

例　求方程 $\dfrac{\mathrm{d}y}{\mathrm{d}x} = \dfrac{2y}{x}$ 满足 $y(1) = 1$ 时的解.

解　由 $\dfrac{\mathrm{d}y}{\mathrm{d}x} = \dfrac{2y}{x}$ 得 $\dfrac{\mathrm{d}y}{y} = \dfrac{2\mathrm{d}x}{x}$, 等号两端积分得 $\displaystyle\int \dfrac{\mathrm{d}y}{y} = \int 2x\mathrm{d}x$, 即

$$\ln|y| = \ln x^2 + C_1,$$

其中 C_1 是任意常数, 可以写成 $C_1 = \ln C_2$, 于是 $\ln|y| = \ln x^2 + \ln C_2 = \ln C_2 x^2$, 故 $y = \pm C_2 x^2 = Cx^2$, 其中 C_2, C 均表示常数. 代入条件 $y(1) = 1$, 得 $C = 1$, 所以 $y = x^2$.

通过阅读、学习以上材料, 研究如下问题.

飞机在战场上执行任务时, 会遇到各种各样复杂的气候条件, 这些恶劣的气候条件对战机的安全带来了很大的隐患. 尤其在雷雨天气中执行任务时, 制定最优的规避路线十分必要. 雷暴区气压很低, 执行任务要避开雷暴区, 就是要以最快的速度离开雷暴区.

假设战机避雷装置故障, 飞行高度不变, 速度恒定, 已知雷暴区的气压函数为 $p(x, y)$.

问题 1　通过阅读材料 1, 结合高等数学所学知识, 论述 "确定战机离开雷暴区的最佳规避路线" 的方法.

解答示例 (关键词: 方向导数与梯度)

在战机飞行高度、速度恒定的情况下, 最快飞离雷暴区, 即由气压低的位置尽快向气压高的位置飞行, 根据梯度与方向导数的关系知, 沿梯度方向的方向导数值 (气压变化率) 最大, 所以战机在雷暴区中每一点都应该按梯度方向飞行, 就能最快飞离雷暴区.

问题 2 若雷暴区的气压函数为 $p(x,y) = x^2 + 2y^2$, 战机现在位于点 $P_0(1,2)$, 确定战机的飞行路线函数 $y = y(x)$.

略答 因战机始终朝气压上升最快的方向飞行, 所以在每一点都将按梯度方向运动, 即

$$\operatorname{grad} p(x,y) = (p_x, p_y) = (2x, 4y).$$

设战机的飞行路线函数为 $y = y(x)$, 沿 $\begin{cases} x = x, \\ y = y(x) \end{cases}$ 的任一点的切向量为 $\boldsymbol{\tau} = \left(1, \dfrac{\mathrm{d}y}{\mathrm{d}x}\right)$, 因为战机飞行路线的切线方向与运动方向 (梯度方向) 平行, 有

$$(p_x, p_y) \parallel \left(1, \frac{\mathrm{d}y}{\mathrm{d}x}\right) \Rightarrow \frac{\mathrm{d}y}{\mathrm{d}x} = \frac{2y}{x},$$

故战机的飞行路线 $y = y(x)$ 满足

$$\begin{cases} \dfrac{\mathrm{d}y}{\mathrm{d}x} = \dfrac{2y}{x}, \\ y(1) = 2. \end{cases}$$

解方程得 $y = 2x^2$.

故战机在点 $P_0(1,2)$ 处应当沿着曲线 $y = 2x^2$ 飞行, 就能最快飞离雷暴区.

问题 3 在精度要求不高的条件下, 若无法实时获取气压场数据, 请你在战机上设计简易的装置 (能够利用上述飞行路线确定的原理), 制定雷雨中战机飞行路线选择的原则.

略答 (关键词: 气压)

雷暴区的气压自中心向外连续变化 (升高). 在飞机的机头、机翼末端、尾翼末端、机身等若干不同位置装载测量气压的传感设备, 获得气压数值标绘在机载雷达上, 连接气压值相等的传感器位置点, 形成气压等值线, 传感器数量越多, 等值线精度越高. 由于战机的体积远小于雷暴区而言, 因此可以在雷达显示器上将气压值高的区域标识红色, 气压值低的区域标识蓝色, 飞机自蓝色区域朝向红色区域 (气压数值高的方向) 飞行即可, 虽然存在误差, 但仍可快速飞离雷暴区.

✔ 学习效果检测

A. 能够复述微分、全微分的概念和几何意义, 会计算函数的微分

1. 设函数 $y = f(x)$ 在某区间内有定义, x_0 及 $x_0 + \Delta x$ 在这区间内, 如果函数的增量 $\Delta y = f(x_0 + \Delta x) - f(x_0)$ 可表示为＿＿＿＿＿, 其中 A 是不依赖于＿＿＿＿＿＿的常数, 那么称函数 $y = f(x)$ 在点 x_0 是＿＿＿＿＿ 的, 而＿＿＿＿＿叫做函数 $y = f(x)$ 在点 x_0 相应于自变量增量 Δx 的＿＿＿＿＿, 记作＿＿＿＿, 即＿＿＿＿＿.

2. 设函数 $z = f(x, y)$ 在点 (x, y) 的某邻域内有定义, 如果函数在点 (x, y) 的全增量

$$\Delta z = f(x + \Delta x, y + \Delta y) - f(x, y)$$

可表示为＿＿＿＿＿, 其中 A 和 B 是不依赖于 ＿＿＿＿＿ 和 ＿＿＿＿＿ 而仅与 ＿＿＿＿＿ 和 ＿＿＿＿＿ 有关, $\rho = \sqrt{(\Delta x)^2 + (\Delta y)^2}$, 那么称函数 $z = f(x, y)$ 在点 (x, y) 是＿＿＿＿＿, 而＿＿＿＿＿称为函数 $z = f(x, y)$ 在点 (x, y) 相应于自变量增量 Δx 的＿＿＿＿＿, 记作＿＿＿＿＿, 即＿＿＿＿＿.

3. 设函数 $f(u)$ 可导, $y = f(x^2)$ 当自变量 x 在 $x = -1$ 处取得增量 $\Delta x = -0.1$ 时, 相应的函数增量 Δy 的线性主部为 0.1, 则 $f'(1) = $＿＿＿＿＿.

4. 设 $y = (1 + \sin x)^x$, 则 $\mathrm{d}y|_{x=\pi} = $＿＿＿＿＿.

5. 设 $u = \ln(3x - 5y + z)$, 则 $\mathrm{d}u = $＿＿＿＿＿.

B. 能够说出二元函数连续、偏导数存在、全微分存在的必要条件和充分条件

6. 填空

(1) $z = f(x, y)$ 在点 (x, y) 的偏导数 $\dfrac{\partial z}{\partial x}$ 及 $\dfrac{\partial z}{\partial y}$ 存在是 $f(x, y)$ 在该点连续的＿＿＿＿＿ 条件.

(2) $z = f(x, y)$ 在点 (x, y) 的偏导数 $\dfrac{\partial z}{\partial x}$ 及 $\dfrac{\partial z}{\partial y}$ 存在是 $f(x, y)$ 在该点可微分的＿＿＿＿＿ 条件. $z = f(x, y)$ 在点 (x, y) 可微分是函数在该点偏导数存在的＿＿＿＿＿ 条件.

(3) $z = f(x, y)$ 的偏导数 $\dfrac{\partial z}{\partial x}$ 及 $\dfrac{\partial z}{\partial y}$ 在点 (x, y) 存在且连续是 $f(x, y)$ 在该点可微分的＿＿＿＿＿ 条件.

(4) $f(x, y)$ 在点 (x, y) 可微分是 $f(x, y)$ 在该点连续的＿＿＿＿＿ 条件. $f(x, y)$ 在点 (x, y) 连续是 $f(x, y)$ 在该点可微的＿＿＿＿＿ 条件.

7. 关于二元函数 $f(x, y)$ 的四条描述为: (1) $f(x, y)$ 在点 (x_0, y_0) 连续; (2) $f_x(x, y)$、$f_y(x, y)$ 在点 (x_0, y_0) 连续; (3) $f(x, y)$ 在点 (x_0, y_0) 可微; (4) $f_x(x_0, y_0)$、$f_y(x_0, y_0)$ 存在. 则下列四个选项中正确的是 (　　).

(A) $(2) \Rightarrow (3) \Rightarrow (1)$;   (B) $(3) \Rightarrow (2) \Rightarrow (1)$;

(C) $(3) \Rightarrow (4) \Rightarrow (1)$;   (D) $(3) \Rightarrow (1) \Rightarrow (4)$.

C. 能够计算一些函数的方向导数与梯度, 会利用方向导数与梯度知识解决相关的实际问题

8. 函数 $u = x^2 y^3 e^z$ 在 $(1, 1, 1)$ 处增加最快且模为 1 的方向向量为_____.

9. $z = \sqrt{x^2 + y^2}$ 在点 $(0, 0)$ 处沿 x 轴正向的方向导数为_____.

10. 函数 $u = x^2 + y^2 + z^2 - xy + 2yz$ 在点 $(-1, 2, -3)$ 处的方向导数的最大值等于_____.

11. 设 $f(x, y, z) = x^2 + 2y^2 + 3z^2 + xy + 3x - 2y - 6z$, 求 $\operatorname{grad} f(1, 1, 1)$ 及其在 $l = (1, 1, 1)$ 上的投影.

12. 炎热的夏季, 一块暴晒在日光中的石头表面已经发热, 由于树木遮挡等原因, 石头表面的冷热分布并不均匀, 现假设石头是平的, 石头表面的温度分布函数为 $T(x, y) = 100 - x^2 - 4y^2$. 一只小蚂蚁被风吹到了石头表面的 $(-2, 1)$ 点, 请问在该点, 小蚂蚁应该向哪个方向跑最为理智? 并思考小蚂蚁是否一直沿着这个方向跑才能最快逃生?

3.4 微分中值定理

➡ 学习目标导航

❑ **知识目标**

➔ 罗尔定理 (Rolle's theorem);
➔ 拉格朗日中值定理 (Lagrange mean value theorem);
➔ 柯西中值定理 (Cauchy mean value theorem).

❑ **认知目标**

A. 能直观解释罗尔定理、拉格朗日中值定理, 会用罗尔定理、拉格朗日中值定理证明方程根的存在性问题, 能叙述柯西中值定理.

❑ **情感目标**

➔ 具有由因执果、由果索因的双向思辨思维;
➔ 体会前人由已知迈向未知、探索发现新知的乐趣.

☞ 学习指导

微分中值定理是对罗尔定理、拉格朗日中值定理、柯西中值定理的统称, 三者之间既有区别, 又有联系. 关于中值定理的学习, 给出以下建议:

(1) 明确定理的条件和结论. 条件是该定理的适用范围、边界和使用前提; 经推导证明得出定理的结论, 证明过程像一座桥梁连接了条件和结论; 结论是该定理的应用效果, 是在既有命题基础上证明出的新命题. 因此, 我们学习定理时, 要针对定理的条件、推论演绎过程、结论进行精读和复现, 通过品味教材中对定理的含义清晰的文字描述和简洁严谨的数学描述, 感受数学之美;

(2) 牢记定理, 应用定理证明相关问题. 建立在第 (1) 步的基础上, 进一步提炼定理描述的事物之间的内在关系, 按照定理的条件和结论, 运用其解决有关问题. 从系统的观点看, 条件是数学定理系统的输入, 结论是输出, 从条件到结论的证明推导过程被封装在系统中, 我们使用数学定理系统就是将其放置于合适的输入条件中, 得到预期的结论输出, 从而有助于我们解决问题 (比如利用微分中值定理证明方程根的存在性、证明等式、不等式等, 需要分析发现要证明的问题与可用条件之间的逻辑, 然后放置合适的定理进行衔接);

(3) 数学定理之间通常存在联系, 改变定理的条件能得出新的结论, 从而得到新的定理, 定理与定理有时又可以相互衔接. 直接运用一个个定理丰富了数学推理活动的能力, 像搭积木一样运用定理解决问题与计算机模块化编程思想是一致的. 微分中值定理中的三个定理, 就是调整了定理的条件得出新的结论, 从而改变了定理的适用范围与功能, 在学习时我们认真品味三个定理之间的关联, 这有助于增进学习效果.

⮕ 重难点突破

1. 微分中值定理的条件

罗尔定理、拉格朗日中值定理、柯西中值定理的条件: 都要求函数在闭区间连续, 开区间可导 (图 3.4.1).

为什么三个定理要强调闭区间内连续、开区间内可导呢? 能否将闭区间内连续改为开区间内连续或者将开区间内可导改为闭区间内可导呢?

(1) 条件改为 "开区间内连续, 开区间内可导", 定理将不再成立. 因为开区间连续无法避免出现间断点, 以罗尔定理为例, 如图 3.4.2 所示.

(2) 条件改为 "闭区间内连续, 闭区间内可导", 缩小了定理的适用范围.

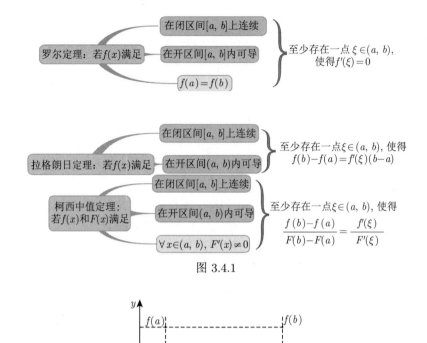

图 3.4.1

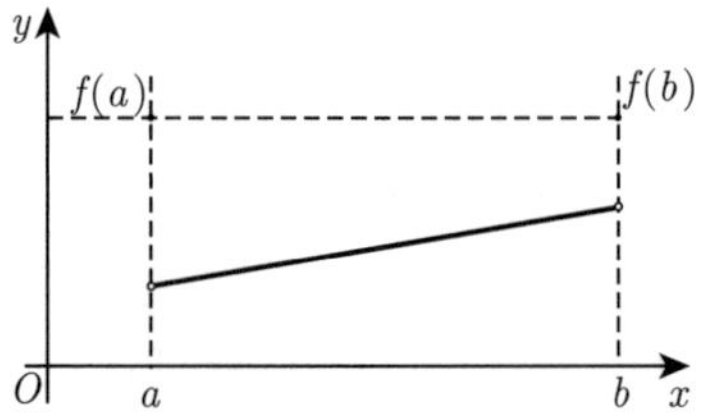

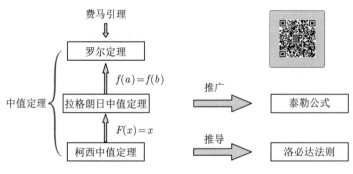

图 3.4.2　$f(x)$ 在开区间 (a,b) 连续, 开区间 (a,b) 内可导, 且 $f(a) = f(b)$, 显然在 (a,b) 内无法找到 $f'(\xi) = 0$ 的点 ξ

2. 微分中值定理之间的关系及其与后续知识的关系

微分中值定理揭示了区间上的性质与区间中一点 (中值) 的导数之间的内在联系, 利用局部性质 (区间中一点的导数值) 进而推断函数本身的整体性质, 架起了沟通函数及其导数的桥梁 (图 3.4.3).

图 3.4.3

利用闭区间上连续函数的性质以及费马引理证明罗尔定理; 通过构造辅助函数并借助罗尔定理证明拉格朗日中值定理和柯西中值定理.

✔ 学习效果检测

A. 能直观解释罗尔定理、拉格朗日中值定理, 会用罗尔定理、拉格朗日中值定理证明方程根的存在性问题, 能叙述柯西中值定理

1. 请通过画图的方式解释罗尔定理和拉格朗日中值定理.

2. 请简述柯西中值定理的条件和结论.

3. $f(x) = 1 - \sqrt[3]{x^2}$, 当 $x_1 = -1$ 及 $x_2 = 1$ 时为零, 但是当 $-1 \leqslant x \leqslant 1$ 时, $f'(x) \neq 0$. 说明与罗尔定理是否矛盾.

4. 求证 $4ax^3 + 3bx^2 + 2cx = a + b + c$ 在 $(0,1)$ 内至少有一个根.

5. 若方程 $a_0 x^n + a_1 x^{n-1} + \cdots + a_{n-1} x = 0$ 有一个正根 $x = x_0$, 证明: 方程 $na_0 x^{n-1} + a_1(n-1)x^{n-2} + \cdots + a_{n-1} = 0$ 必有一个小于 x_0 的正根.

6. (1) 若函数 $f(x)$ 在 (a,b) 内具有二阶导数, 且 $f(x_1) = f(x_2) = f(x_3)$, 其中 $a < x_1 < x_2 < x_3 < b$, 证明: 在 (x_1, x_3) 内至少有一点 ξ, 使得 $f''(\xi) = 0$.

(2) 设函数 $f(x)$ 在闭区间 $[x_0, x_n]$ 上有定义且有 $n-1$ 阶的连续导函数 $f^{(n-1)}(x)$, 在区间 (x_0, x_n) 内有 n 阶导数 $f^{(n)}(x)$, 且 $f(x_0) = f(x_1) = \cdots = f(x_n), x_0 < x_1 < \cdots < x_n$. 证明在区间 (x_0, x_n) 至少存在一点 ξ, 使 $f^{(n)}(\xi) = 0$.

7. 若 $ab < 0$, 拉格朗日中值公式对于 $f(x) = \dfrac{1}{x}$ 在闭区间 $[a,b]$ 上是否正确?

8. 证明不等式 $|\cos x - \cos y| \leqslant |x - y|$.

9. 证明恒等式 $\arcsin x + \arccos x = \dfrac{\pi}{2}, -1 \leqslant x \leqslant 1$.

10. 已知函数 $f(x)$ 在区间 $[0,1]$ 上连续, 在 $(0,1)$ 内可导, 且 $f(0) = 0, f(1) = 1$, 证明: (1) 存在 $\xi \in (0,1)$, 使得 $f(\xi) = 1 - \xi$;

(2) 存在两个不同的 $\eta, \zeta \in (0,1)$, 使得 $f'(\eta)f'(\zeta) = 1$. (提示: 第一问用零点定理; 第二问用两次拉格朗日中值定理, 分别在 $(0,\xi)$ 和 $(\xi,1)$ 上应用定理.)

3.5　洛必达法则

➡ 学习目标导航

❏ 知识目标

➤ 未定式极限类型;

➤ 洛必达法则 (L'Hospital's rule).

❏ 认知目标

　A. 能说出未定式极限的几种类型, 会用洛必达法则求未定式极限.

❏ 情感目标

　✈ 能用相互转化的、普遍联系的观点看待问题.

☞ 学习指导

　大大简化未定式极限的运算过程, 是洛必达法则受人钟爱的最大原因. 不严格地说, 如果我们将求导运算视为一种 "降维/降次"(例如 $(x^2)' = 2x$), 那么充分利用这种降维似乎正是洛必达法则能够化简运算的巧妙之处:

$$\lim_{x \to a} \frac{f(x)}{g(x)} = \lim_{x \to a} \frac{f'(x)}{g'(x)}.$$

　当然洛必达法则可以当作数学定理来学习, 我们仍然要明确它的条件和结论, 要牢记法则的内容, 并通过不断运用提升理解. 容易犯的问题是: 随着不断运用, 似乎洛必达法则是能够解决所有求极限的题目万试不爽的 "灵药" 而忘却了它的使用条件.

⇻ 重难点突破

　洛必达法则就是在一定条件下通过分子分母分别求导再求极限来确定未定式的值的方法.

　七种未定式 $\dfrac{0}{0}$ 型, $\dfrac{\infty}{\infty}$ 型, $\infty \cdot 0$ 型, $\infty - \infty$ 型, 1^{∞} 型, 0^0 型, ∞^0 型, 其中后 5 种类型可以通过图 3.5.1 所示方法转化为 $\dfrac{0}{0}$ 型, $\dfrac{\infty}{\infty}$ 型, 然后 $\lim \dfrac{f(x)}{g(x)} \left(\dfrac{0}{0}$ 型 或 $\dfrac{\infty}{\infty}$ 型 $\right) = \lim \dfrac{f'(x)}{g'(x)} = A$ (或 ∞).

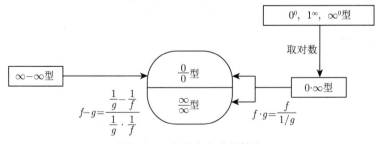

图 3.5.1　各型未定式的转化

使用洛必达法则时, 也要考虑到适当地结合其他的方法来简化计算, 比如能用等价无穷小代换的先代换, 将复杂的函数替换成等价的幂函数; 能化简的先化简, 有非零极限的部分先分离出来, 并利用四则运算法则单独计算;

如果所求极限不是未定式, 仍然使用洛必达法则, 也能得出一个极限值, 但是结果是错误的.

如果 $\lim \dfrac{f'(x)}{g'(x)}$ 不存在, 也不能使用洛必达法则进行计算, 且不能断定 $\lim \dfrac{f(x)}{g(x)}$ 不存在. 例: $\lim\limits_{x\to\infty} \dfrac{x+\cos x}{x} \xeq{\frac{\infty}{\infty}型} \lim\limits_{x\to\infty} \dfrac{1-\sin x}{1}$ 不存在, 但实际上

$$\lim_{x\to\infty} \frac{x+\cos x}{x} = \lim_{x\to\infty} 1 + \lim_{x\to\infty} \frac{1}{x}\cos x = 1+0 = 1.$$

如果分子、分母越求导越复杂, 也不适合单纯利用洛必达法则, 例如

$$\lim_{x\to 0} \frac{\mathrm{e}^{-\frac{1}{x^2}}}{x^2} \xeq{\frac{0}{0}型} 2\lim_{x\to 0} \frac{\mathrm{e}^{-\frac{1}{x^2}}}{x^5} \xeq{\frac{0}{0}型} 4\lim_{x\to 0} \frac{\mathrm{e}^{-\frac{1}{x^2}}}{x^8} = \cdots.$$

实际上

$$\lim_{x\to 0} \frac{\mathrm{e}^{-\frac{1}{x^2}}}{x^2} \xeq{令x=\frac{1}{t}} \lim_{t\to\infty} t^2 \mathrm{e}^{-t^2} = \lim_{t\to\infty} \frac{t^2}{\mathrm{e}^{t^2}} \xeq{\frac{\infty}{\infty}} \lim_{t\to\infty} \frac{2t}{2t\mathrm{e}^{t^2}} = 0.$$

✔ 学习效果检测

A. 能说出未定式极限的几种类型, 会用洛必达法则求未定式极限

1. 计算下列极限:

(1) $\lim\limits_{x\to a} \dfrac{a^x - x^a}{x-a}$;

(2) $\lim\limits_{x\to 1^-} \ln x \cdot \ln(1-x)$;

(3) $\lim\limits_{x\to 0} \left(2 - \mathrm{e}^{\sin x}\right)^{\cot \pi x}$;

(4) $\lim\limits_{x\to 0} \left(\cot x - \dfrac{1}{x}\right)$;

(5) $\lim\limits_{x\to 0} \dfrac{1}{x^{100}\mathrm{e}^{\frac{1}{x^2}}}$;

(6) $\lim\limits_{x\to 0^+} (\sin x)^x$;

(7) $\lim\limits_{x\to 0^+} (\cot x)^{\sin x}$.

3.6　函数的极值与最大值最小值

➡ 学习目标导航

❑ 知识目标

- ✦ 一元函数极值 (extremum)、多元函数极值、极值点 (extreme point)、驻点 (stationary point);
- ✦ 一元函数最值、多元函数最值;
- ✦ 第一充分条件、第二充分条件;
- ✦ 条件极值;
- ✦ 拉格朗日乘数法 (Lagrange multiplier method).

❑ 认知目标

- A. 能够分清函数极值与最值的区别与联系, 能够用自己的语言解释一元函数极值与最值、多元函数极值与最值的概念及求法;
- B. 能够建立简单实际问题的函数表达式, 并利用最值的求法求实际问题的最优解;
- C. 会建立条件极值问题的拉格朗日函数, 熟练利用拉格朗日乘数法求解条件极值问题.

❑ 情感目标

- ✦ 具有将实际问题作抽象处理, 转化为数学问题的意识, 认识到数学工具的实用价值.

☞ 学习指导

　　牢牢把握住极值是 "局部" 之最, 最值是 "整体" 之最的概念内涵与关联, 建议结合图像进行理解. 在实际生产生活中求解函数的最值是很有必要的, 而计算极值通常是为求最值做铺垫的, 将所有局部的情况研究清楚再加以综合便可得到整体的情况了.

　　求极值要和函数的单调性结合起来, 左增右减、左减右增都会产生极值, 可以说只要某点左右的导数值符号发生改变, 那么必然会产生极值. 如果函数的性质足够好, 还具有二阶导数的话, 还可以结合二阶导数的符号来判断函数在某点处取得极小值还是极大值.

求极值的过程可以细分为两步: 第一步首先找出可疑的极值点 (驻点、不可导点), 第二步锁定每一个可疑的极值点利用定义、第一充分条件或第二充分条件进行判断.

求最值就像是一场较量, 所有有实力的选手都集中在一起进行比试, 包括驻点、不可导点 (它们是可能的极值点)、区间端点 (区域边界). 上述点所对应函数值最大的就是最大值点, 函数取得最大值; 上述点所对应函数值最小的就是最小值点, 函数取得最小值.

⮞ 重难点突破

1. 求最值问题时的两点注解

1) 当定义域 (定义区域) 内有唯一驻点时找最值

设函数为 $f(x)$, 有意义的区间为 I(有限或无限, 开或闭), 如果 $f(x)$ 在 I 内可导且只有一个驻点 x_0, 并且这个驻点 x_0 是函数 $f(x)$ 的极值点, 那么, 当 $f(x_0)$ 是极大值时, $f(x_0)$ 就是 $f(x)$ 在 I 上的最大值; 当 $f(x_0)$ 是极小值时, $f(x_0)$ 就是 $f(x)$ 在 I 上的最小值 (图 3.6.1).

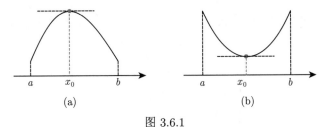

(a)　　　　　　　　　　(b)

图 3.6.1

在实际问题中, 对可导的目标函数 $f(x)$, 通常不必讨论 $f(x_0)$ 是不是极值, 只需写出如下的文字叙述: 由实际问题, 目标函数 $f(x)$ 在区间 I 内可导, 在区间内部一定能取得最值, 又在区间内部只有一个驻点 x_0, 则当 $x = x_0$ 时, 目标函数取得最值 $f(x_0)$.

【例 1】 某公司有 50 套公寓要出租, 当租金定为每月 180 元时, 公寓可全部租出去. 当月租金每增加 10 元时, 就有一套公寓租不出去, 而租出去的房子每月需花费 20 元的整修维护费. 试问房租定为多少可获得最大收入?

解　设房租为每月 x 元, 则租出去的房子为 $50 - \left(\dfrac{x - 180}{10} \right)$ 套, 每月的总收入为

$$G(x) = (x - 20) \left(50 - \frac{x - 180}{10} \right) = (x - 20) \left(68 - \frac{x}{10} \right).$$ ——目标函数

解方程 $G'(x)=0$, 得唯一驻点 $x=350$. ——寻找可能极值点

由问题的实际意义可知 $G(x)$ 的最值点一定存在, 又 $G(x)$ 只有唯一驻点, 所以每月每套租金为 350 元时收入最大.——这句话很关键, 由实际问题的意义可知可能极值点就是最值点.

最大收入为 $G(350)=10890$ (元).

2) 当定义域 (约束条件) 为区域时求最值问题 (即条件极值)

方法　第一步, 先按无条件极值求可能的极值点, 判定极值点是否在区域内部, 若在区域内部则保留, 不在则直接舍弃; 第二步, 按求条件极值的方法求区域边界上的可能的极值点; 第三步, 比较区域内部、边界上所有保留点的函数值, 判断得出问题所求.

【例 2】 求函数 $f(x,y)=2x^2+3y^2-4x+2$ 在闭区域 $D=\left\{(x,y)|x^2+y^2\leqslant 16\right\}$ 上的最大值和最小值.

解　令 $\begin{cases} f_x=4x-4=0, \\ f_y=6y=0 \end{cases}$ 解得 $x=1,y=0$, 因此 $f(x,y)$ 在整个 $\mathbb{R}^2$ 上有唯一驻点.

由于 $(1,0)\in D$, 故作为可能的最值点保留.

再考虑 D 的边界 $x^2+y^2=16$ 上, 令 $L(x,y,\lambda)=2x^2+3y^3-4x+2+\lambda(x^2+y^2-16)$, 则

$$\begin{cases} L_x=4x-4+2\lambda x=0, \\ L_y=6y+2\lambda y=0, \\ x^2+y^2=16. \end{cases}$$

解方程组得 $(4,0),\left(-2,2\sqrt{3}\right),\left(-2,-2\sqrt{3}\right)$, 由于 $f(1,0)=0$, $f(4,0)=18$, $f\left(-2,\pm2\sqrt{3}\right)=54$, 故最大值为 54, 最小值为 0.

2. 能力训练

【例】行军路线选择问题

在战场上, 经常遇到这样的情况: 为夺取战争的胜利, 敌我双方都想尽快占领战场的制高点, 为此双方都派出精兵强将, 欲争分夺秒地向该高地急行军, 争取首先占领制高点, 取得战场主动权. 某次行动中, 我军派出先头部队尽快占领某高地, 根据上级侦测及参照地图, 取山底所在的水平面为 xOy 坐标面, 建立如图所示的坐标系, 经测算, 假设山体的高度函数为 $h(x,y)=75-x^2-y^2+xy$ (单位为 km), 其底部所占区域范围 $D=\left\{(x,y)|x^2+y^2-xy\leqslant 75\right\}$ (图 3.6.2).

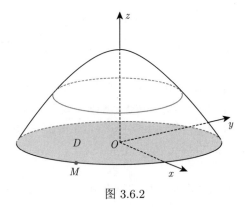

图 3.6.2

问题 1　要抢占山头, 应怎样寻求最短登山路径? 请综合运用高等数学所学知识进行分析 (可以利用高等数学中的哪些知识点来解决该问题? 如何解决? 只写思路).

解答示例 (关键词: 条件极值、方向导数与梯度)

要运用方向导数与梯度、条件极值等知识来解决该问题, 具体而言, 寻求最短登山路径, 就是要确定从什么地方开始爬山, 上山后又沿什么路径爬山, 使得路径最短. 具体分两步:

(1) 首先根据梯度与方向导数的关系知, 沿梯度方向, 方向导数最大, 为此需要在山脚 (D 的边界线 $x^2+y^2-xy=75$ 上) 寻找一上山坡度 (高度的变化率) 最大的点作为攀登的起点, 使该点的梯度达到最大, 从而确定攀登起点的位置. 这是条件极值问题, 目标函数为山脚任意一点 M 处梯度的大小 $|\mathrm{grad} h_M|$, 约束条件为 $x^2+y^2-xy=75$;

(2) 根据第 (1) 步同样的原理在山上确定每一个攀登点, 这些攀登点一起组成的曲线 (最速升曲线) 就是攀登路径. 实际上, 在具体操作可以将连续问题离散化, 即每隔不远确定一个攀登点, 用平滑的曲线连接有限个攀登点即可得到攀登路径.

问题 2　确定我军先头部队在山脚的攀登起点.

略答　由梯度与方向导数的关系知, $h(x,y)$ 在任意点 (x,y) 处沿梯度

$$\mathrm{grad}\, h\,(x,y) = (y-2x)\,\boldsymbol{i} + (x-2y)\,\boldsymbol{j}.$$

方向的方向导数最大, 且最大方向导数等于梯度的模

$$|\mathrm{grad}\, h\,(x,y)| = \sqrt{(y-2x)^2 + (x-2y)^2} = \sqrt{5x^2 + 5y^2 - 8xy}.$$

欲在 D 边界 $x^2+y^2-xy=75$ 上求梯度的模 $\sqrt{5x^2+5y^2-8xy}$ 达到最大值的点, 只需求 $F(x,y) = 5x^2+5y^2-8xy$ 达到最大值的点, 因此构造拉格朗日

函数

$$L\left(x,y,\lambda\right) = 5x^2 + 5y^2 - 8xy + \lambda\left(75 - x^2 - y^2 - xy\right).$$

$$\begin{cases} L_x = 10x - 8y + \lambda\left(y - 2x\right) = 0, \\ L_y = 10y - 8x + \lambda\left(x - 2y\right) = 0, \\ L_\lambda = 75 - x^2 - y^2 + xy = 0. \end{cases}$$

解得四个可能的极值点是

$$M_1\left(5,-5\right), \quad M_2\left(-5,5\right), \quad M_3\left(5\sqrt{3},5\sqrt{3}\right), \quad M_4\left(-5\sqrt{3},-5\sqrt{3}\right).$$

由于 $F\left(M_1\right) = F\left(M_2\right) = 450$, $F\left(M_3\right) = F\left(M_4\right) = 150$, 故 $M_1\left(5,-5\right)$ 或 $M_2\left(-5,5\right)$ 可作为攀登起点.

✔ 学习效果检测

A. 能够分清函数极值与最值的区别与联系，能够用自己的语言解释一元函数极值与最值、多元函数极值与最值的概念及求法

1. 当 $x =$ _____ 时, 函数 $y = x2^x$ 取得极小值.

2. 设函数 $f(x)$ 有二阶连续导数, 且

$$f'(0) = 0, \quad \lim_{x \to 0} \frac{f''(x)}{|x|} = 1,$$

则 (   ).

(A) $f(0)$ 是 $f(x)$ 的极大值;

(B) $f(0)$ 是 $f(x)$ 的极小值;

(C) $(0, f(0))$ 是曲线 $y = f(x)$ 的拐点;

(D) $f(0)$ 不是 $f(x)$ 的极值, $(0, f(0))$ 也不是曲线 $y = f(x)$ 的拐点.

3. 函数 $y = x + 2\cos x$ 在区间 $\left[0, \frac{\pi}{2}\right]$ 上的最大值为 _____.

4. 设函数 $f(x) = \ln x + \frac{1}{x}$. 求 $f(x)$ 的最值.

B. 能够建立简单实际问题的函数表达式, 并利用最值的求法求实际问题的最优解

5. 在曲线 $y = 1 - x^2$, $0 \leqslant x \leqslant 1$ 上求一点, 使曲线在这点的切线与坐标轴围成的三角形面积最小, 并求此面积.

6. 要造一圆柱形油罐, 体积为 V, 问底半径 r 和高 h 各等于多少时, 才能使表面积最小? 这时底直径与高的比是多少?

7. 有一杠杆, 支点在它的一端, 在距支点 0.1 m 处挂一质量为 49 kg 的物体. 加力于杠杆的另一端使杠杆保持水平. 如果杠杆的线密度为 5 kg/m, 求最省力的杆长?

8. 某部队从驻地 A 出发, 赶往 C 处紧急救援. 已知驻地旁有条公路, C 点离公路的垂直距离为 32km, AB 间的水平距离为 100km, 如图 3.6.3 所示. 军车沿公路行驶速度为 80km/h, 沿草地行驶速度为 48km/h. 问军车应该如何选择行车路线才能使所用时间最短?

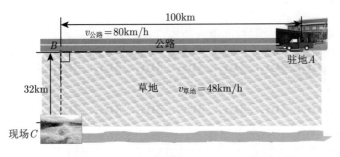

图 3.6.3

C. 会建立条件极值问题的拉格朗日函数, 熟练利用拉格朗日乘数法求解条件极值问题

9. 求内接于半径为 a 的球且有最大体积的长方体的体积.

10. 求二元函数 $T = x^2 + 2y^2 - x$ 的最大、最小值, 其中 $(x, y) \in D, D = \{(x, y) \,|\, x^2 + y^2 \leqslant 1\}$.

11. 求函数 $u = x^2 + y^2 + z^2$ 在约束条件 $z = x^2 + y^2$ 和 $x + y + z = 4$ 的最大值与最小值.

12. 抛物面 $z = x^2 + y^2$ 被平面 $x + y + z = 1$ 截成一椭圆, 求这椭圆上的点到原点距离的最大值和最小值.

3.7　一元函数图形的描绘　曲率

➡ 学习目标导航

❏ 知识目标

➥ 曲线的凹凸性、拐点 (inflection point);

➥ 渐近线 (asymptotic line): 水平渐近线、铅直渐近线、斜渐近线;

➜ 弧微分 (element of arc length)、曲率 (curvature)、曲率圆、曲率半径.

❏ **认知目标**

A. 能用导数判断函数的单调性、凹凸性、拐点, 会求函数图形的水平、铅直和斜渐近线;

B. 会描绘函数的图形;

C. 能写出弧微分公式; 能说出曲率圆定义; 会计算曲率和曲率半径.

❏ **情感目标**

➜ 通过对函数性态的研究培养塑造严谨认真的作风;

➜ 通过数形结合研究事物逐步形成科学研究的思维意识, 严谨、科学、求实的探索精神, 学以致用的学习导向.

☞ **学习指导**

1. "一元函数图形的描绘" 部分建议自主学习, 原因如下:

(1) 与高中数学衔接紧密. 利用导数求函数单调性、单调区间等知识已经不再陌生;

(2) 本部分的相关概念 (如凹凸性、拐点、渐近线等) 较为形象化, 理解难度门槛相对较低;

(3) 本部分内容偏向微分学应用部分, 需要自己动手实践, 更是对以前所学知识的集成、梳理和运用, 从而形成利用所学知识绘制一元函数图像的策略和流程, 需要自己对已学知识的归纳加工, 同时将新知识与已有知识建立联系, 训练并提升自己的符号化思维.

因此, 本部分内容是难得的自学材料.

2. 曲率是函数导数的一个几何应用, 用来刻画曲线的弯曲程度, 是工程设计、道路桥梁设计方面的基础理论. 如何通过研究曲线的弯曲要素得出曲率的计算公式这一过程充分体现了数学建模的思想和方法. 因此在学习时应重点体会 "问题提出 → 定性分析 (影响曲率的因素)→ 机理推导 (定量分析)→ 模型建立 (曲率公式)" 这一应用数学分析解决问题的过程. 学习中体会这一过程, 你或许发现: 曲率公式不再是枯燥难懂, 而是对某种客观现象的本质描述, 是对人类认知事物运转规律的优美呈现; 当你清晰地熟知公式推导而出的机理以及每部分所描述的逻辑, 放眼望去, 你的眼中皆是 "秩序", 数学学习将不再仅仅是对分数的追求, 数学学习的真正价值将得以体会, 数学学习过程将变得富有诗情画意.

⫸ 重难点突破

1. 函数的单调性与曲线的凹凸性

一阶导数可以刻画函数的单调性, 如果函数的性质足够好, 还具有二阶导数, 那就可以利用二阶导数来分析函数图像的凹凸性了. 注意 "凹、凸" 的定义:

设 $f(x)$ 在区间 I 上连续, 如果对 I 上任意两点 x_1, x_2 恒有 $f\left(\dfrac{x_1 + x_2}{2}\right) < \dfrac{f(x_1) + f(x_2)}{2}$, 那么称 $f(x)$ 在区间 I 上的图形是 (向上) 凹的 (或凹弧); 如果恒有 $f\left(\dfrac{x_1 + x_2}{2}\right) > \dfrac{f(x_1) + f(x_2)}{2}$, 那么称 $f(x)$ 在区间 I 上的图形是 (向上) 凸的 (或凸弧). 结合定义和拉格朗日中值公式可以证明: 设 $f(x)$ 在 $[a, b]$ 上连续, 在 (a, b) 内具有一阶和二阶导数, 那么若在 (a, b) 内 $f''(x) > 0$, 则 $f(x)$ 在 $[a, b]$ 上的图形是凹的; 若在 (a, b) 内 $f''(x) < 0$, 则 $f(x)$ 在 $[a, b]$ 上的图形是凸的.

怎样才能更加快速准确地记忆和理解上述结论呢? 建议结合图形. 如果函数的导数大于零, 则函数是单调递增的, 否则单调递减. 如图 3.7.1 所示, 显然曲线是凹的, 可以观察到在 $(0, 0)$ 点左端, 函数的切线斜率是负的, 但是在增大, 在 $(0, 0)$ 点斜率为零, 在 $(0, 0)$ 点右端, 函数的切线斜率是正的, 也是在增大, 斜率对应函数的一阶导数, 因此说函数值的一阶导数值单调递增, 那么函数的二阶导数是大于零的.

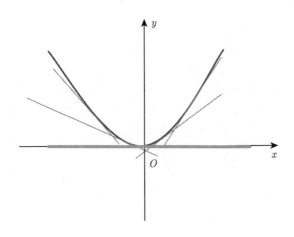

图 3.7.1

2. 渐近线的求法

表 3.7.1

水平渐近线	若 $\lim\limits_{x\to\infty} f(x) = A$, 则 $y = A$ 为曲线 $y = f(x)$ 的一条水平渐近线. 【求法】 (1) 求 $\lim\limits_{x\to+\infty} f(x)$, 若极限存在, 即 $\lim\limits_{x\to+\infty} f(x) = A$, 则 $y = A$ 为曲线 $x \to +\infty$ 时的水平渐近线; (2) 求 $\lim\limits_{x\to-\infty} f(x)$, 若极限存在, 即 $\lim\limits_{x\to-\infty} f(x) = B$, 则 $y = B$ 为曲线 $x \to -\infty$ 时的水平渐近线.	
铅直渐近线	若存在点 x_0 (通常关注函数的间断点), 使得 $\lim\limits_{x\to x_0} f(x) = \infty$ (或 $\lim\limits_{x\to x_0^+} f(x) = \infty$ 或 $\lim\limits_{x\to x_0^-} f(x) = \infty$), 则 $x = x_0$ 为曲线 $y = f(x)$ 的铅直 (垂直) 渐近线.	
斜渐近线	若 $\lim\limits_{x\to\infty} f(x) = \infty$, 则曲线 $y = f(x)$ 无水平渐近线. 此时, 考察极限 $\lim\limits_{x\to\infty} \dfrac{f(x)}{x}$, 若 $\lim\limits_{x\to+\infty} \dfrac{f(x)}{x} = k \neq 0$, 再求极限 $\lim\limits_{x\to+\infty} [f(x) - kx] = b$, 则 $y = kx + b$ 为曲线 $y = f(x)$ 在 $x \to +\infty$ 时的斜渐近线. 在一个方向上 ($x \to \infty$ 或 $x \to -\infty$), 函数曲线要么有水平渐近线, 要么有斜渐近线, 两者不能同时存在.	

3. 关于一元函数图像的描绘

在画图时注意函数的奇偶性, 如果函数具有奇偶性, 那么只需画一半, 另一半对称过去就好了.

我们生活在科技高速发展的今天, 在实际应用中已经很少手动绘图了, 学习运用微分学的方法描绘函数图形的基本知识的目的是识别机器作图的误差, 掌握图形上的关键点, 合理选择作图的范围等, 从而进行人工干预. 下面介绍一个数学软件 GeoGebra, 此软件是免费、开源的软件, 只需将函数表达式输入命令栏中, 即可显示函数图像, 可用此软件对一元函数、二元函数图形进行分析. 大家可以自行下载安装, 自己动手尝试一下, 体验绘图的乐趣吧!

【例】描绘函数 $y = \dfrac{1}{\sqrt{2\pi}} e^{-\frac{x^2}{2}}$ 的图形.

绘图命令: $y = 1/\text{sqrt}(2*\text{pi}) * e\hat{}(-x\hat{}2/2)$, $-2.5 < x < 2.5$.

图像如图 3.7.2.

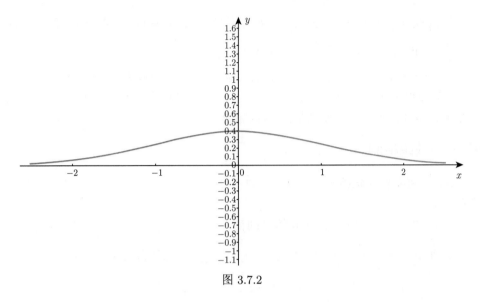

图 3.7.2

4. 曲率

曲率是刻画曲线一点处弯曲程度的量, 是非负的.

首先让我们对曲率这个概念有个形象的认识, 曲线上一点处的曲率是曲线在该点处弯曲程度的度量. 曲率的定义是

$$K = \lim_{\Delta s \to 0} \left| \frac{\Delta \alpha}{\Delta s} \right| = \left| \frac{\mathrm{d}\alpha}{\mathrm{d}s} \right|,$$

其中 α 是曲线的切线与 x 轴的夹角, s 为弧长. 容易验证半径为 R 的圆上各点处的曲率均为 $\frac{1}{R}$, 这说明同一个圆上各个点处的弯曲程度是一样的, 而且曲率与圆的半径成反比; 直线的曲率处处为零, 也恰好印证了直线不弯.

表 **3.7.2**

曲线	曲率公式
$y = y(x)$	$K = \dfrac{\|y''\|}{(1 + y'^2)^{\frac{3}{2}}}$
$\begin{cases} x = x(t), \\ y = y(t) \end{cases}$	$K = \dfrac{\|x'(t)y''(t) - x''(t)y'(t)\|}{(x'^2(t) + y'^2(t))^{\frac{3}{2}}}$
$\rho = \rho(\theta)$	$K = \dfrac{\|\rho^2(\theta) + 2\rho'^2(\theta) - \rho(\theta)\rho''(\theta)\|}{(\rho^2(\theta) + \rho'^2(\theta))^{\frac{3}{2}}}$

建议在理解的基础上记忆公式, 可以重点记忆参数方程情形下的曲率公式, 因为另外两种情况可以转化为参数方程, 经过简单的推导就可以得到相应计算公式.

设曲线 $y = f(x)$ 在点 $M(x, y)$ 处的曲率为 $K(K \neq 0)$. 在点 M 处的曲线的法线上, 在凹的一侧取一点 D, 使 $|DM| = \dfrac{1}{K} = \rho$. 以 D 为圆心, ρ 为半径作圆, 这个圆叫做曲线在点 M 处的曲率圆, 曲率圆的半径 ρ 叫做曲线在点 M 处的曲率半径. 从曲率圆和曲率半径的定义就能看出来, 曲率半径是曲率的倒数, 如果要求的是曲率半径, 别忘了计算完曲率之后取倒数.

✔ 学习效果检测

A. 能用导数判断函数的单调性、凹凸性、拐点, 会求函数图形的水平、铅直和斜渐近线

1. 函数 $y = x^2 - \ln x^2$ 的单调增区间为 _____, 单调减区间为 _____.

2. 函数 $y = \dfrac{2x}{1 + x^2}$ 的单调增区间为_____, 单调减区间为_____.

3. 函数 $f(x)$ 连续, 且 $f'(0) > 0$ 则存在 $\delta > 0$, 使得 (　　).

(A) $f(x)$ 在 $(0, \delta)$ 内单调增加;

(B) $f(x)$ 在 $(-\delta, 0)$ 内单调减少;

(C) 对任意的 $x \in (0, \delta)$ 有 $f(x) > f(0)$;

(D) 对任意的 $x \in (-\delta, 0)$ 有 $f(x) > f(0)$.

4. 函数 $y = \sqrt[3]{x - 4} + 2$ 的拐点是_____.

5. 函数 $y = \mathrm{e}^{-x^2}$ 的拐点是_____.

6. 求函数 $y = x + \sin x$ 的凹区间为 _____, 凸区间为_____.

7. 求曲线 $y = x^4(12 \ln x - 7)$ 的凹区间为_____, 凸区间为_____.

8. 曲线 $y = \dfrac{x^2}{2x + 1}$ 的斜渐近线方程为_____.

9. 曲线 $y = \dfrac{x^2 + x}{x^2 - 1}$ 的渐近线的条数为 (　　).

(A) 0;　　　　　　(B) 1;　　　　　　(C) 2;　　　　　　(D) 3.

10. 求函数 $y = \dfrac{x^3}{(x - 1)^2}$ 图形的渐近线.

B. 会描绘函数的图形

11. 设 $y = \dfrac{x^3 + 4}{x^2}$.

(1) 求函数的增减区间及极值;

(2) 求函数图形的凹凸区间及拐点;

(3) 求其渐近线;

(4) 作出其图形.

12. 描绘函数 $y = \dfrac{x}{1 + x^2}$ 的图形.

C. 能写出弧微分公式; 能说出曲率圆定义; 会计算曲率和曲率半径

13. 简述什么是弧函数, 写出弧微分公式.

14. 设曲线 $y = f(x)$ 在点 $N(x, y)$ 处的曲率为 $K(K \neq 0)$, 则下列说法正确的是 (　　).

(A) N 点处曲率中心位于曲线凸的一侧;

(B) N 点处曲率半径等于 K;

(C) N 点处曲率半径等于 $\dfrac{1}{K}$;

(D) 在实际问题中不可以用曲率圆在 N 点邻近的一段圆弧来近似代替曲线弧使问题简化.

15. 曲线 $y = \ln \csc x$ 在点 (x, y) 处的曲率为＿＿＿＿＿＿.

16. 曲线 $\begin{cases} x = t^2 + 7, \\ y = t^2 + 4t + 7 \end{cases}$ 上对应于 $t = 1$ 的点处的曲率半径是 (　　).

(A) $\dfrac{\sqrt{10}}{50}$; 　　　(B) $\dfrac{\sqrt{10}}{100}$; 　　　(C) $10\sqrt{10}$; 　　　(D) $5\sqrt{10}$.

17. 曲线弧 $y = \sin x, 0 < x < \pi$ 上 (　　) 处的曲率半径最小.

(A) $x = \dfrac{\pi}{4}$; 　　　(B) $x = \dfrac{\pi}{2}$; 　　　(C) $x = \dfrac{\pi}{3}$; 　　　(D) $x = \dfrac{\pi}{6}$.

18. 铁路拐弯处用 $y = \dfrac{x^3}{3}$ 作为过渡曲线, 曲线在点 $\left(1, \dfrac{1}{3}\right)$ 处铁路的曲率为＿＿＿＿＿＿, 曲率半径为＿＿＿＿＿＿.

3.8　偏导数的几何应用

➡ **学习目标导航**

❑ **知识目标**

✦ 空间曲线的切线、法平面;
✦ 空间曲面的切平面、法线.

❑ **认知目标**

A. 能够计算空间曲线的切线、法平面;

B. 能够计算空间曲面的切平面和法线.

❑ **情感目标**

➜ 通过研究空间曲线的切线及法平面、曲面的法线及切平面的代数形式与几何形式, 提升空间思维能力.

☞ 学习指导

偏导数的几何应用重点研究两方面问题: 一方面是已知空间曲线的方程, 求曲线的切线和法平面; 另一方面是已知空间曲面的方程, 求曲面的切平面和法线. 在学习该部分内容时给出以下建议:

(1) 多看书, 精做题. 重点是通过看书理解并建立上述两方面问题的求解模型, 因此需要多读教材由已知信息出发逐步建立模型的过程, 读逻辑推理、读公式证明、读内在逻辑、读外在变形, 将代数方程与几何背景紧密联系起来, 最终掌握最为抽象的数学模型 (曲面切线和法平面求解模型、曲面切平面和法线求解模型), 梳理出本部分内容的知识体系.

(2) 多数形结合, 学会找关键信息. 看到曲线方程, 马上想到它的切向量及求法; 看到曲面方程, 马上想到它的法向量及求法. 通过上述训练并总结方法, 能够极大地提升解题效率.

⮞ 重难点突破

1. 已知空间曲线的方程, 求曲线的切线和法平面

方法　关键找出曲线在 $M_0\left(x_0, y_0, z_0\right)$ 点处的切向量 $\boldsymbol{\tau}$.

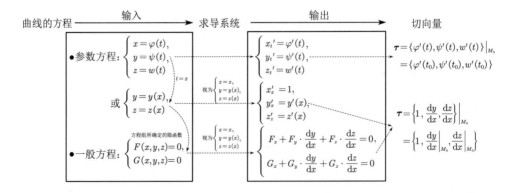

如图 3.8.1(a), 以 M_0 为已知点, 以切向量 $\boldsymbol{\tau}$ 为方向向量, 得 M_0 处的切线方

程为

$$\frac{x-x_0}{\varphi'(t_0)} = \frac{y-y_0}{\psi'(t_0)} = \frac{z-z_0}{w'(t_0)}, \quad \text{或} \quad \frac{x-x_0}{1} = \frac{y-y_0}{\left.\dfrac{\mathrm{d}y}{\mathrm{d}x}\right|_{M_0}} = \frac{z-z_0}{\left.\dfrac{\mathrm{d}z}{\mathrm{d}x}\right|_{M_0}}.$$

以 M_0 点为已知点, 以切向量 $\boldsymbol{\tau}$ 为法向量, 得 M_0 处的法平面方程为

$$\varphi'(t_0)(x-x_0) + \psi'(t_0)(y-y_0) + w'(t_0)(z-z_0) = 0,$$

$$\text{或} \ (x-x_0) + \left.\frac{\mathrm{d}y}{\mathrm{d}x}\right|_{M_0}(y-y_0) + \left.\frac{\mathrm{d}z}{\mathrm{d}x}\right|_{M_0}(z-z_0) = 0.$$

2. 已知空间曲面的方程, 求曲面的切平面和法线

方法 关键找出曲面在 $M_0(x_0, y_0, z_0)$ 点处的法向量 $\boldsymbol{n}$.

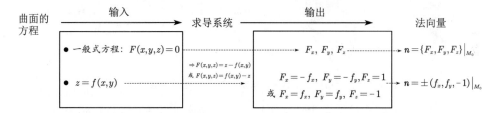

如图 3.8.1(b), 以 M_0 点为已知点, 以 $\boldsymbol{n}$ 为法向量, 得 M_0 处的切平面方程为

$$F_x|_{M_0}(x-x_0) + F_y|_{M_0}(y-y_0) + F_z|_{M_0}(z-z_0) = 0,$$

$$\text{或} \ f_x|_{M_0}(x-x_0) + f_y|_{M_0}(y-y_0) - (z-z_0) = 0.$$

以 M_0 点为已知点, 以法向量 $\boldsymbol{n}$ 为方向向量, 得 M_0 处的法线方程为

$$\frac{x-x_0}{F_x|_{M_0}} = \frac{y-y_0}{F_y|_{M_0}} = \frac{z-z_0}{F_z|_{M_0}}, \quad \text{或} \quad \frac{x-x_0}{f_x|_{M_0}} = \frac{y-y_0}{f_y|_{M_0}} = \frac{z-z_0}{-1}.$$

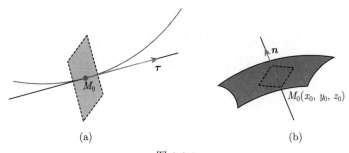

图 3.8.1

3. 曲面的法向量与梯度

同理, 函数 $u = F(x, y, z)$ 在点 $M_0(x_0, y_0, z_0)$ 的梯度方向 $\mathrm{grad}\, u = \{F_x, F_y, F_z\}|_{M_0}$ 是曲面 $F(x, y, z) = C$ 在点 $M_0(x_0, y_0, z_0)$ 的一个法向量, 其中 $C = F(x_0, y_0, z_0)$ 为常数, 曲面 $F(x, y, z) = C$ 称为函数 $u = F(x, y, z)$ 的等值面, 也就是说, 三元函数的梯度是这个三元函数的等值面的一个法向量 (图 3.8.2).

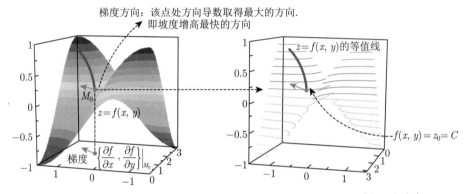

图 3.8.2   函数 $z = f(x, y)$ 在点 $M_0(x_0, y_0)$ 的梯度方向 $\mathrm{grad}\, z = \left\{ \dfrac{\partial f}{\partial x}, \dfrac{\partial f}{\partial y} \right\} \Big|_{M_0}$ 是曲线 $f(x, y) = C$ 在点 $M_0(x_0, y_0)$ 的一个法向量, 其中 $C = f(x_0, y_0) = z_0$ 为常数, 曲线 $f(x, y) = C$ 称为曲面 $z = f(x, y)$ 的等值线 (等高线), 也就是说, 二元函数的梯度是这个二元函数的等值线的一个法向量

✔ 学习效果检测

前测知识

1. 空间曲线的参数方程形式: _____.

2. 已知平面过 $M_0(x_0, y_0, z_0)$ 和它的一个法线向量 $\boldsymbol{n} = (A, B, C)$, 写出平面的点法式方程: _____.

3. 已知直线 L 上一点 $M_0(x_0, y_0, z_0)$, 向量 $\boldsymbol{s} = (m, n, p)$ 是 L 的方向向量, 写出直线的对称式 (点向式) 方程: _____.

4. 已知向量 $\boldsymbol{r} = (x, y, z)$, 写出以向量 $\boldsymbol{r}$ 的方向余弦为坐标的向量: _____.

A. 能够计算空间曲线的切线、法平面

5. 曲线 $\begin{cases} x = \dfrac{t}{1+t}, \\ y = \dfrac{1+t}{t}, \\ z = t^2 \end{cases}$ 在 $t = 1$ 处的切向量为_____.

6. 已知函数 φ, ψ 均可导且不为零, 曲线 $\begin{cases} y = \varphi(x), \\ z = \psi(x) \end{cases}$ 在点 $(x_0, \varphi(x_0), \psi(x_0))$ 处的切线方程为_____.

7. 曲线 $\begin{cases} x^2 + y^2 + z^2 - 3x = 0, \\ 2x - 3y + 5z - 4 = 0 \end{cases}$ 在点 $(1,1,1)$ 处的法平面方程为_____.

B. 能够计算空间曲面的切平面和法线

8. 设 F 连续可微, 则曲面 $F(x,y,z) = 0$ 在点 (x_0, y_0, z_0) 处的法向量为_____.

9. 设 f 的偏导数存在, 曲面 $z = f(x,y)$ 在 (x_0, y_0, z_0) 处的切平面为_____.

C. 综合训练

10. 求旋转椭球面 $3x^2 + y^2 + z^2 = 16$ 上点 $(-1, -2, 3)$ 处的切平面与 xOy 面的夹角的余弦.

11. 在第一卦限内, 作椭球面 $\dfrac{x^2}{a^2} + \dfrac{y^2}{b^2} + \dfrac{z^2}{c^2} = 1$ 的切平面, 使该切平面与三个坐标面围成的四面体的体积最小. 求这切平面的切点, 并求此最小体积.

3.9　泰 勒 公 式

➡ **学习目标导航**

❏ **知识目标**

✦ 泰勒公式 (Taylor's formula), 麦克劳林公式 (Maclaurin's series);
✦ 佩亚诺 (Peano) 余项, 拉格朗日 (Lagrange) 余项.

❏ **认知目标**

A. 能写出带有佩亚诺余项的泰勒公式、麦克劳林公式和带有拉格朗日余项的泰勒公式、麦克劳林公式;
B. 能写出简单函数的泰勒展开式、麦克劳林展开式;
C. 会利用泰勒展开法求函数极限.

❏ **情感目标**

✦ 领悟体会化繁为简、逐渐逼近的数学方法.

☞ 学习指导

学好本部分内容, 建议重点从以下几方面着手:

(1) 弄清楚为何提出泰勒公式, 泰勒公式有什么作用;

(2) 阅读泰勒多项式的推导过程, 思考佩亚诺余项、拉格朗日余项所表示的数学含义, 进而记牢泰勒公式和麦克劳林公式;

(3) 熟记几种常见函数 (如 $y = \sin x, y = \mathrm{e}^x, y = \dfrac{1}{1-x}$ 等) 的麦克劳林展开式;

(4) 借助泰勒公式的学习, 思考其与一元函数微分、拉格朗日中值定理等概念、定理之间的关系, 融会贯通.

➡ 重难点突破

1. 公式梳理

表 3.9.1

一般形式	$f(x) = f(x_0) + f'(x_0)(x - x_0) + \dfrac{f''(x_0)}{2!}(x - x_0)^2$ $+ \cdots + \dfrac{f^{(n)}(x_0)}{n!}(x - x_0)^n + R_n(x),$ 其中 $R_n(x)$ 是余项.
带佩亚诺余项的泰勒公式	$f(x) = f(x_0) + f'(x_0)(x - x_0) + \dfrac{f''(x_0)}{2!}(x - x_0)^2 + \cdots$ $+ \dfrac{f^{(n)}(x_0)}{n!}(x - x_0)^n + o((x - x_0)^n),$ 其中佩亚诺余项 $R_n(x) = o((x - x_0)^n)$ 是 $(x - x_0)^n$ 的高阶无穷小.
带拉格朗日余项的泰勒公式	$f(x) = f(x_0) + f'(x_0)(x - x_0) + \dfrac{f''(x_0)}{2!}(x - x_0)^2 + \cdots$ $+ \dfrac{f^{(n)}(x_0)}{n!}(x - x_0)^n + \dfrac{f^{(n+1)}(\xi)}{(n+1)!}(x - x_0)^{n+1},$ 其中拉格朗日余项 $R_n(x) = \dfrac{f^{(n+1)}(\xi)}{(n+1)!}(x - x_0)^{n+1}, \xi$ 介于 x_0 与 x 之间.
带佩亚诺余项的麦克劳林公式	$f(x) = f(0) + f'(0)x + \dfrac{f''(0)}{2!}x^2 + \cdots + \dfrac{f^{(n)}(0)}{n!}x^n + o(x^n)$
带拉格朗日余项的麦克劳林公式	$f(x) = f(0) + f'(0)x + \dfrac{f''(0)}{2!}x^2 + \cdots + \dfrac{f^{(n)}(0)}{n!}x^n$ $+ \dfrac{f^{(n+1)}(\xi)}{(n+1)!}x^{n+1}$

2. 泰勒公式的作用

泰勒公式是个非常伟大的发明! 正如同世界万物的多样性, 数学研究中遇到的初等函数也是多样的, 至少是由五种基本初等函数 (反三角函数、对数函数、幂函数、三角函数、指数函数) 经有限次四则运算或复合组成的. 泰勒公式正是在不同的 (可导) 函数之间建立统一的形式化表示语言. 相对而言, 在五种基本初等函数中, 幂函数 (如 $y = x^2$) 无论是求导运算还是积分运算都是简单的. 因此, 泰勒公式的优美与伟大之处在于它起到了这样的作用 (图 3.9.1).

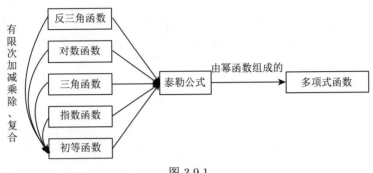

图 3.9.1

这种对不同函数的统一化处理, 能够将不同函数放在相同的参考系下进行理论分析, 所以有的人这样形容泰勒公式: 它架起了研究函数的 "快速通道". 这也是利用泰勒公式 (泰勒展开) 能够计算极限 (如计算 $\lim\limits_{x \to 0} \dfrac{e^x \sin x - x(1 + x)}{x^3}$ 将分子部分的指数函数 e^x、三角函数 $\sin x$ 均统一化为在 $x = 0$ 点处的泰勒展开式) 的依据.

另外, 泰勒公式利用函数 $f(x)$ 在 x_0 点的各阶导数值作系数 (即 $\dfrac{f^{(i)}(x_0)}{i!}$, $i = 0, 1, 2, 3, \cdots$, 记 $0! = 1$), 构建一个多项式来近似地表达函数 $f(x)$ 在 x_0 点附近的信息. 这一点正是利用泰勒公式对复杂函数近似计算的依据.

例如, 一个相对复杂的函数 $f(x) = \ln x$ (相对于幂函数而言, 除特殊点处的函数值外, 我们无法直接简便获知 $\ln x_0$ 的值, 常常需要查表或借助计算器), 考察 $f(x) = \ln x$ 在 $x_0 = 1$ 附近的情况, 如 $\ln 1.01 =$? 借助泰勒公式, $f(x) = f(1) + f'(1)(x - 1) + \dfrac{f''(1)}{2!}(x - 1)^2 + \cdots$, 代入具体的函数 $f(x) = \ln x$, 并取 $x = 1.01$, 则 $\ln 1.01 = 0 + 0.01 - 0.5 \cdot 0.01^2 + \cdots$, 易见, $f(x) = P_n(x) + R_n(x)$, 其中 $P_n(x)$ 是关于 x 的 n 次多项式, 展开的项数越多 (n 越大), $P_n(x)$ 的值就越接近 $\ln 1.01$. 实际上, 数学用表和计算器的原理正是基于泰勒级数.

再如, 函数 $y = \sin x$ 在 $x = 0$ 处的泰勒展开式 (即麦克劳林展开式), 如图 3.9.2.

$$\sin x = x - \frac{x^3}{3!} + \frac{x^5}{5!} - \frac{x^7}{7!} + \cdots + (-1)^n \frac{x^{2n+1}}{(2n+1)!} + o\left(x^{2n+1}\right).$$

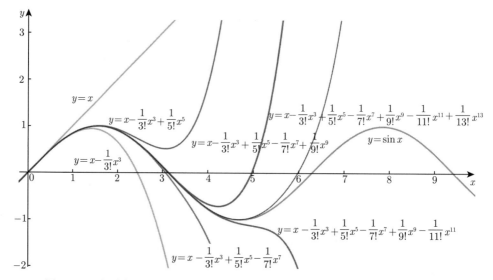

图 3.9.2 多项式逼近 $y = \sin x$, 显然展开的项数越多, 多项式与 $y = \sin x$ 在 $x = 0$ 处的近似度越高

3. 相关题目

(1) 将函数在某一点附近展开成带有佩亚诺余项 (或拉格朗日余项) 的泰勒展开式.

首先明确在哪一点展开, 即要明确公式中的 x_0 是多少, 通常有这样几种说法, 举例如下:

• 将函数按 $x - 1$ 的幂展开, 即展开的泰勒公式中取 $x_0 = 1$;

• 将函数在 $x_0 = -1$ 处展开, 即展开的泰勒公式中取 $x_0 = -1$, 等价于将函数按 $x + 1$ 的幂展开;

• 写出函数的麦克劳林公式, 即取 $x_0 = 0$(在 $x_0 = 0$ 处展开) 或展开成 x 的幂.

其次看函数的结构特点, 借助常用函数的泰勒公式间接展开. 至少熟记以下几个函数的麦克劳林公式:

$$\frac{1}{1-x} = 1 + x + x^2 + \cdots + x^n + o(x^n);$$

$$e^x = 1 + x + \frac{x^2}{2!} + \frac{x^3}{3!} + \cdots + \frac{x^n}{n!} + o(x^n);$$

$$\sin x = x - \frac{x^3}{3!} + \frac{x^5}{5!} - \frac{x^7}{7!} + \cdots + (-1)^n \frac{x^{2n+1}}{(2n+1)!} + o(x^{2n+1});$$

$$(1+x)^\alpha = 1 + \alpha x + \frac{\alpha(\alpha-1)}{2!} x^2 + \cdots + \frac{\alpha(\alpha-1)\cdots(\alpha-n+1)}{n!} x^n + o(x^n)$$

$$= 1 + \begin{pmatrix} \alpha \\ 1 \end{pmatrix} x + \begin{pmatrix} \alpha \\ 2 \end{pmatrix} x^2 + \cdots + \begin{pmatrix} \alpha \\ n \end{pmatrix} x^n + o\left(x^n\right);$$

其中 $\begin{pmatrix} \alpha \\ n \end{pmatrix} = \mathrm{C}_\alpha^n = \dfrac{\alpha\left(\alpha-1\right)\cdots\left(\alpha-n+1\right)}{n!}.$

利用间接展开法, 例如依据 $\sin x$ 的麦克劳林展开式可以直接得出 $\cos x$ 的展开式: 因为 $(\sin x)' = \cos x$, 将 $\sin x$ 的展开式中每一项求导得 $\cos x = 1 - \dfrac{x^2}{2!} + \dfrac{x^4}{4!} - \dfrac{x^6}{6!} + \cdots + (-1)^n \dfrac{x^{2n}}{(2n)!} + o\left(x^{2n+1}\right)$; 依据 $\dfrac{1}{1-x}$ 的展开式, 直接可以得出 $\dfrac{1}{1+x}$ 的展开式: 用 $-x$ 替换 $\dfrac{1}{1-x}$ 展开式中的 x.

(2) 计算极限. 泰勒公式是将函数表达为一个多项式加一个余项的形式, 注意不是近似, 是等于, 所以如果是计算 $x \to x_0$ 时分式型极限, 直接将 $f(x)$ 换成带有佩亚诺余项的泰勒展开式, 确定展开阶数的基本原则是: 不让误差 (余项) 变为主要因素而影响全局.

【例 1】计算极限 $\lim\limits_{x \to 0} \dfrac{\cos x - \mathrm{e}^{-\frac{x^2}{2}}}{x^4}$.

解 由 e^x 的麦克劳林公式得出

$$\mathrm{e}^{-\frac{x^2}{2}} = 1 + \left(-\frac{x^2}{2}\right) + \frac{1}{2!}\left(-\frac{x^2}{2}\right)^2 + o\left(\left(\frac{x^2}{2}\right)^2\right)$$

$$= 1 - \frac{x^2}{2} + \frac{x^4}{8} + o\left(x^4\right), \quad x \to 0,$$

$$\cos x = 1 - \frac{x^2}{2!} + \frac{x^4}{4!} + o\left(x^5\right), \quad x \to 0,$$

故

$$\cos x - \mathrm{e}^{-\frac{x^2}{2}} = \left(1 - \frac{x^2}{2!} + \frac{x^4}{4!} + o\left(x_5\right)\right) - \left(1 - \frac{x^2}{2} + \frac{x^4}{8} + o\left(x^4\right)\right)$$

$$= -\frac{x^4}{12} + o\left(x^4\right), \quad x \to 0.$$

因此,

$$\lim_{x \to 0} \frac{\cos x - \mathrm{e}^{-\frac{x^2}{2}}}{x^4} = \lim_{x \to 0} \left(-\frac{1}{12} + \frac{o\left(x^4\right)}{x^4}\right) = -\frac{1}{12}.$$

观察发现极限分式的分母是 x^4, 若分子展开的项数不足:

$$\mathrm{e}^{-\frac{x^2}{2}} = 1 - \frac{x^2}{2} + o\left(x^2\right), \quad \cos x = 1 - \frac{x^2}{2!} + o\left(x^3\right), x \to 0,$$

则原极限 $\lim\limits_{x \to 0} \dfrac{\cos x - \mathrm{e}^{-\frac{x^2}{2}}}{x^4} = \lim\limits_{x \to 0} \dfrac{1 - \dfrac{x^2}{2} + o\left(x^3\right) - 1 + \dfrac{x^2}{2} + o\left(x^2\right)}{x^4} = \lim\limits_{x \to 0} \dfrac{o\left(x^2\right)}{x^4},$

仍是未定式, 由于展开阶数不足, "误差"保留得太多. 这需要通过进一步增加展开项数来解决.

【例 2】 计算极限 $\lim\limits_{x \to 0} \dfrac{\mathrm{e}^x \sin x - x(1+x)}{x^3}$, 首先看错误的解法:

$$\lim_{x \to 0} \frac{\mathrm{e}^x \sin x - x(1+x)}{x^3} = \lim_{x \to 0} \frac{\left[1 + x + \dfrac{x^2}{2} + o\left(x^2\right)\right]\left[x + o(x)\right] - x(1+x)}{x^3}$$

$$= \lim_{x \to 0} \frac{x + x^2 + \dfrac{1}{2}x^3 - x - x^2}{x^3} = \frac{1}{2}. \qquad \times$$

错在哪里?

由于 $\sin x$ 展开的阶数过少, 造成分子中有与分母 x^3 的同阶无穷小项隐藏在"误差"中被忽略掉了. 正确解法如下:

$$\lim_{x \to 0} \frac{\mathrm{e}^x \sin x - x(1+x)}{x^3}$$

$$= \lim_{x \to 0} \frac{\left[1 + x + \dfrac{x^2}{2} + o\left(x^2\right)\right]\left[x - \dfrac{x^3}{3!} + o\left(x^3\right)\right] - x - x^2}{x^3}$$

$$= \lim_{x \to 0} \frac{x - \dfrac{x^3}{3!} + o\left(x^3\right) + x^2 - \dfrac{x^4}{3!} + o\left(x^4\right) + \dfrac{x^3}{2} - \dfrac{x^5}{12} + o\left(x^5\right) + -x - x^2}{x^3}$$

$$= \lim_{x \to 0} \frac{\dfrac{1}{3}x^3 + o\left(x^3\right)}{x^3} = \frac{1}{3}.$$

通过上例亦可以看到, 无穷小的运算会经常用到, 例如当 $x \to 0$ 时, 我们可以不严格地书写为 $o\left(x^2\right) \cdot \left[x - \dfrac{x^3}{3!} + o\left(x^3\right)\right] = o\left(x^3\right)$, $o\left(x^3\right) + o\left(x^4\right) + o\left(x^5\right) = o\left(x^3\right)$, 这里 "=" 号并非严格意义上的相等, 实际上是 $\lim\limits_{x \to 0} \dfrac{o\left(x^2\right) \cdot \left[x - \dfrac{x^3}{3!} + o\left(x^3\right)\right]}{x^3} = 0$, $\lim\limits_{x \to 0} \dfrac{o\left(x^3\right) + o\left(x^4\right) + o\left(x^5\right)}{x^3} = 0$; $o\left(x^3\right)$ 表示 x^3 的高阶无穷小, 当然也是 x^2 的高阶无穷小, 即 $\lim\limits_{x \to 0} \dfrac{o\left(x^3\right)}{x^3} = 0 = \lim\limits_{x \to 0} \dfrac{o\left(x^3\right)}{x^2}$.

✔ 学习效果检测

A. 能写出带有佩亚诺余项的泰勒公式、麦克劳林公式和带有拉格朗日余项的泰勒公式、麦克劳林公式

1. 如果函数 $f(x)$ 在 x_0 处具有＿＿＿＿＿＿, 那么存在 x_0 的一个邻域, 对于该邻域内的任一 x, 有①式如下:

$$f(x) = f\left(x_0\right) + f'\left(x_0\right)\left(x - x_0\right) + \frac{f''\left(x_0\right)}{2!}\left(x - x_0\right)^2 + \cdots + (\qquad\qquad) + R_n(x),$$

其中 $R_n(x) = $ ＿＿＿＿＿＿(佩亚诺余项) ＿＿＿＿＿＿(拉格朗日余项), ①式称为＿＿＿＿＿＿.

2. 在①式中, 若取 $x_0 = $ ＿＿＿＿＿＿, 则称其为麦克劳林公式.

B. 能写出简单函数的泰勒展开式、麦克劳林展开式

3. 求函数 $f(x) = x\mathrm{e}^{-x}$ 的带有佩亚诺余项的 n 阶麦克劳林公式.

4. 求函数 $f(x) = \sqrt{x}$ 按 $(x - 4)$ 展开的带有拉格朗日余项的 3 阶泰勒公式.

5. 写出函数 $f(x) = \tan x$ 的带有佩亚诺余项的三阶麦克劳林公式.

6. 将 $f(x) = \ln(2 + x)$ 按麦克劳林公式展开后, x^{50} 项的系数为＿＿＿＿＿＿.

C. 会利用泰勒展开法求函数极限

7. 利用泰勒公式求极限.

(1) $\lim\limits_{x \to 0} \dfrac{\cos x - \mathrm{e}^{-\frac{x^2}{2}}}{2x^4}$;

(2) $\lim\limits_{x \to 0} \dfrac{1 + \dfrac{1}{2}x^2 - \sqrt{1 + x^2}}{\left(\cos x - \mathrm{e}^{x^2}\right)\sin x^2}$.

知识点归纳与总结

1. 本章知识脉络

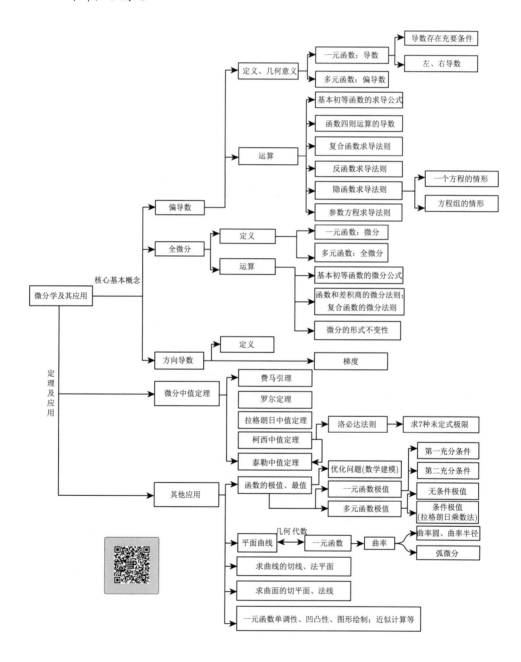

2. 偏导数

1) 定义

设函数 $z = f(x, y)$ 在点 (x_0, y_0) 的某一邻域内有定义, 当 y 固定在 y_0 而 x 在 x_0 处有增量 Δx 时, 相应的函数有偏增量 $f(x_0 + \Delta x, y_0) - f(x_0, y_0)$. 如果极限

$$\lim_{\Delta x \to 0} \frac{f(x_0 + \Delta x, y_0) - f(x_0, y_0)}{\Delta x}$$

存在, 则称此极限为函数 $z = f(x, y)$ 在点 (x_0, y_0) 处对 x 的偏导数, 记作 $\frac{\partial z}{\partial x}(x_0, y_0)$, $\frac{\partial z}{\partial x}\Big|_{(x_0, y_0)}$, $\frac{\partial f}{\partial x}(x_0, y_0)$, $\frac{\partial f}{\partial x}\Big|_{(x_0, y_0)}$, $z_x(x_0, y_0)$, $\frac{\partial f(x_0, y_0)}{\partial x}$, $f_x(x_0, y_0)$ 或 f_1' 等, 对 y 的偏导数类似.

特别地, 对于一元函数 $y = f(x)$ 在点 x_0 的某一邻域内有定义, 当 $x_0 + \Delta x$ 仍处于该邻域内时 (保证有定义), 相应的函数值增量 $f(x_0 + \Delta x) - f(x_0)$. 如果极限

$$\lim_{\Delta x \to 0} \frac{f(x_0 + \Delta x) - f(x_0)}{\Delta x} = \lim_{\Delta x \to 0} \frac{\Delta y}{\Delta x}$$

存在, 则称此极限为函数 $y = f(x)$ 在点 x_0 处对 x 的导数, 记作 $\frac{\mathrm{d}y}{\mathrm{d}x}\Big|_{x_0}$, $f'(x_0)$ 等.

左导数　$f_-'(x_0) = \lim_{\Delta x \to 0^-} \frac{f(x_0 + \Delta x) - f(x_0)}{\Delta x}$;

右导数　$f_+'(x_0) = \lim_{\Delta x \to 0^+} \frac{f(x_0 + \Delta x) - f(x_0)}{\Delta x}$;

一元函数在点 x_0 处可导 $\Leftrightarrow$ 左、右导数存在且相等.

2) 几何意义

偏导数 $f_x(x_0, y_0)$ 表示空间曲线 $\begin{cases} z = f(x, y), \\ y = y_0 \end{cases}$ 在 $(x_0, y_0, f_x(x_0, y_0))$ 点切线的斜率. 特别地, 对于一元函数导数 $f'(x_0)$ 表示曲线 $y = f(x)$ 在点 $(x_0, f(x_0))$ 处切线的斜率.

3) 运算

- **基本初等函数的导数、微分** $(\mathrm{d}f(x) = f'(x)\,\mathrm{d}x)$

$(C)' = 0$

$(x^\mu)' = \mu x^{\mu-1}$

$(\sin x)' = \cos x$

$(\cos x)' = -\sin x$

$(a^x)' = a^x \ln a \ (a > 0, a \neq 1)$

$(\mathrm{e}^x)' = \mathrm{e}^x$

$(\tan x)' = \sec^2 x$

$(\cot x)' = -\csc^2 x$

$(\sec x)' = \sec x \tan x$

$(\csc x)' = -\csc x \cot x$

$(\log_a x)' = \dfrac{1}{x \ln a} \ (a > 0, a \neq 1)$

$(\ln x)' = \dfrac{1}{x}$

$(\arcsin x)' = \dfrac{1}{\sqrt{1-x^2}}$

$(\arccos x)' = -\dfrac{1}{\sqrt{1-x^2}}$

$(\arctan x)' = \dfrac{1}{1+x^2}$

$(\operatorname{arccot} x)' = -\dfrac{1}{1+x^2}$

$\mathrm{d}(C) = 0$

$\mathrm{d}(x^\mu) = \mu x^{\mu-1} \mathrm{d}x$

$\mathrm{d}(\sin x) = \cos x \mathrm{d}x$

$\mathrm{d}(\cos x) = -\sin x \mathrm{d}x$

$\mathrm{d}(a^x) = a^x \ln a \mathrm{d}x \ (a > 0, a \neq 1)$

$\mathrm{d}(\mathrm{e}^x) = \mathrm{e}^x \mathrm{d}x$

$\mathrm{d}(\tan x) = \sec^2 x \mathrm{d}x$

$\mathrm{d}(\cot x) = -\csc^2 x \mathrm{d}x$

$\mathrm{d}(\sec x) = \sec x \tan x \mathrm{d}x$

$\mathrm{d}(\csc x) = -\csc x \cot x \mathrm{d}x$

$\mathrm{d}(\log_a x) = \dfrac{1}{x \ln a} \mathrm{d}x \ (a > 0, a \neq 1)$

$\mathrm{d}(\ln x) = \dfrac{1}{x} \mathrm{d}x$

$\mathrm{d}(\arcsin x) = \dfrac{1}{\sqrt{1-x^2}} \mathrm{d}x$

$\mathrm{d}(\arccos x) = -\dfrac{1}{\sqrt{1-x^2}} \mathrm{d}x$

$\mathrm{d}(\arctan x) = \dfrac{1}{1+x^2} \mathrm{d}x$

$\mathrm{d}(\operatorname{arccot} x) = -\dfrac{1}{1+x^2} \mathrm{d}x$

- **导数四则运算**

若函数 $u = u(x, y)$ 及 $v = v(x, y)$ 都存在偏导数, 则 $u \pm v$, $u \cdot v$, $\dfrac{v}{u}(u \neq 0)$ 也有偏导数, 且

$$\frac{\partial}{\partial x}(u \pm v) = \frac{\partial u}{\partial x} \pm \frac{\partial v}{\partial x};$$

$$\frac{\partial}{\partial x}(u \cdot v) = \frac{\partial u}{\partial x} \cdot v + u \cdot \frac{\partial v}{\partial x};$$

$$\frac{\partial}{\partial x}\left(\frac{v}{u}\right) = \frac{\dfrac{\partial v}{\partial x} \cdot u - v \cdot \dfrac{\partial u}{\partial x}}{u^2} \ (\text{对 } y \text{ 的偏导数类似}).$$

- **复合函数求导法则** (链式求导法则)

■ 一元复合函数 可导函数 $u = \varphi(x)$, $y = f(u)$ 复合得到函数 $y =$

$f[\varphi(x)]$, 则

$$\frac{\mathrm{d}y}{\mathrm{d}x} = \frac{\mathrm{d}y}{\mathrm{d}u} \cdot \frac{\mathrm{d}u}{\mathrm{d}x} = f'[\varphi(x)] \cdot \varphi'(x).$$

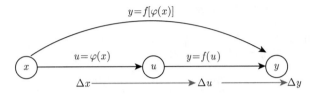

■　**一元函数与多元函数复合**　可导函数 $u = \varphi(t), v = \psi(t)$ 复合得到函数 $z = f(\varphi(t), \psi(t))$, 则

$$\frac{\partial z}{\partial t} = \frac{\partial f}{\partial u} \cdot \frac{\mathrm{d}u}{\mathrm{d}t} + \frac{\partial f}{\partial v} \cdot \frac{\mathrm{d}v}{\mathrm{d}t}.$$

■　**多元函数与多元函数复合**　可偏导函数 $u = \varphi(x, y), v = \psi(x, y)$ 复合得到函数 $z = f(\varphi(x, y), \psi(x, y))$, 则

$$\frac{\partial z}{\partial x} = \frac{\partial f}{\partial u} \cdot \frac{\partial u}{\partial x} + \frac{\partial f}{\partial v} \cdot \frac{\partial v}{\partial x}, \quad \frac{\partial z}{\partial y} = \frac{\partial f}{\partial u} \cdot \frac{\partial u}{\partial y} + \frac{\partial f}{\partial v} \cdot \frac{\partial v}{\partial y}.$$

■　**混合式复合** (中间变量既有一元函数又有多元函数)　可偏导函数 $u = \varphi(x, y)$ 及可导函数 $v = \psi(y)$ 复合得到函数 $z = f(\varphi(x, y), \psi(y))$, 则

$$\frac{\partial z}{\partial x} = \frac{\partial f}{\partial u} \cdot \frac{\partial u}{\partial x}, \quad \frac{\partial z}{\partial y} = \frac{\partial f}{\partial u} \cdot \frac{\partial u}{\partial y} + \frac{\partial f}{\partial v} \cdot \frac{\mathrm{d}v}{\mathrm{d}y}.$$

• **反函数求导法则**

若严格单调函数 $x = \varphi(y)$ 在某一区间内可导, 而且 $\varphi'(y) \neq 0$, 那么它的反函数 $y = f(x)$ 在对应区间内可导, 并且 $f'(x) = \dfrac{\mathrm{d}y}{\mathrm{d}x} = \dfrac{1}{\dfrac{\mathrm{d}x}{\mathrm{d}y}} = \dfrac{1}{\varphi'(y)}.$

• **隐函数求导法则**

■　**一个方程情形**　将方程化成 $F(x, y, z) = 0$ 的形式 (右端要为零, 左端为 F), 求偏导 F_x, F_y, F_z, 代公式 $\dfrac{\partial z}{\partial x} = -\dfrac{F_x}{F_y}, \dfrac{\partial z}{\partial y} = -\dfrac{F_y}{F_z}$ (找到规律, 若 $F(x, y, z) = 0$ 隐含 $x = x(y, z)$, 也可求 $\dfrac{\partial x}{\partial y} = -\dfrac{F_y}{F_x}$).

■　**方程组的情形**　$\begin{cases} F(x, y, u, v) = 0, \\ G(x, y, u, v) = 0, \end{cases}$ 求 $\dfrac{\partial u}{\partial x}, \dfrac{\partial u}{\partial y}, \dfrac{\partial v}{\partial x}, \dfrac{\partial v}{\partial y}.$ 方程组中每个

方程等号两端同时对自变量 x 求偏导, 通过消元法解方程组求得 $\dfrac{\partial u}{\partial x}, \dfrac{\partial v}{\partial x}$; 同时对

自变量 y 求偏导, 通过消元法解方程组求得 $\dfrac{\partial u}{\partial y}, \dfrac{\partial v}{\partial y}$.

- **参数方程所确定的函数求导法则**

对于参数方程 $\begin{cases} x = x(t), \\ y = y(t), \end{cases}$ 当 $\dfrac{\mathrm{d}x}{\mathrm{d}t} = x'(t) \neq 0, \dfrac{\mathrm{d}y}{\mathrm{d}t} = y'(t)$, 则

$$\frac{\mathrm{d}y}{\mathrm{d}x} = \frac{\mathrm{d}y}{\mathrm{d}t} \cdot \frac{\mathrm{d}t}{\mathrm{d}x} = \frac{\mathrm{d}y/\mathrm{d}t}{\mathrm{d}x/\mathrm{d}t},$$

$$\frac{\mathrm{d}^2 y}{\mathrm{d}x^2} = \frac{\mathrm{d}}{\mathrm{d}t}\left(\frac{\mathrm{d}y}{\mathrm{d}t}\right) \cdot \frac{\mathrm{d}t}{\mathrm{d}x} = \frac{\dfrac{\mathrm{d}}{\mathrm{d}t}\left(\dfrac{\mathrm{d}y}{\mathrm{d}t}\right)}{\mathrm{d}x/\mathrm{d}t}.$$

3. 全微分

1) 定义

设函数 $z = f(x, y)$ 在区域 D 上有定义, 若 $f(x, y)$ 在点 $P(x, y)$ 具有偏导数 $f_x(x, y), f_y(x, y)$, 且

$$\Delta z = f_x(x, y)\Delta x + f_y(x, y)\Delta y + o(\rho), \quad \rho = \sqrt{(\Delta x)^2 + (\Delta y)^2},$$

则称 $f_x(x,y)\Delta x + f_y(x,y)\Delta y$ 为函数 $z = f(x,y)$ 在点 $P(x,y)$ 处的全微分,
记作

$$dz = f_x(x,y)\,dx + f_y(x,y)\,dy.$$

2) 全微分存在的必要条件

如果函数 $z = f(x,y)$ 在点 (x,y) 可微分 $\Rightarrow$ 函数在该点的偏导数 $\dfrac{\partial z}{\partial x}$, $\dfrac{\partial z}{\partial y}$ 必
定存在, 且函数 $z = f(x,y)$ 在点 (x,y) 的全微分为 $dz = f_x(x,y)\,dx + f_y(x,y)\,dy$.

3) 全微分存在的充分条件

如果函数 $z = f(x,y)$ 的偏导数 $\dfrac{\partial z}{\partial x}$, $\dfrac{\partial z}{\partial y}$ 在点 (x,y) 连续 $\Rightarrow$ 函数在该点可
微分.

4) 一元函数在一点处的极限、连续、可导、可微之间的关系

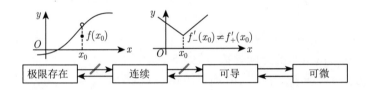

5) 二元函数在一点处的极限、连续、偏导、可微之间的关系

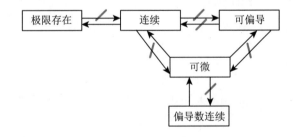

4. 方向导数

1) 定义

设函数 $z = f(x,y)$ 在点 $P(x,y)$ 的某个邻域内有定义. 自点 P 引有向直线
l, l 与 x 轴正向的夹角为 α, 在 l 上任取一点 $P_1(x+\Delta x, y+\Delta y)$. 那么点 P 变
到 P_1 时函数相应的增量为

$$\Delta z = f(x+\Delta x, y+\Delta y) - f(x,y).$$

若令 $\rho = |P_1P| = \sqrt{(\Delta x)^2 + (\Delta y)^2}$, 则函数 $f(x,y)$ 沿着有向直线 l 从 P 到 P_1 的平均变化率为

$$\frac{\Delta z}{\rho} = \frac{f(x+\Delta x, y+\Delta y) - f(x,y)}{\rho}.$$

当 P_1 沿着 l 趋近 P 时, 如果上述平均变化率的极限存在, 那么称这极限值为函数 $f(x,y)$ 在点 P 沿着方向 l 的方向导数, 记作

$$\frac{\partial f}{\partial l} = \lim_{\rho \to 0} \frac{f(x+\Delta x, y+\Delta y) - f(x,y)}{\rho}.$$

2) 计算方向导数

若函数 $z = f(x,y)$ 在点 (x_0, y_0) 可微分, 则对于任一单位向量 $e_i = (\cos\alpha, \cos\beta)$, 函数 $f(x,y)$ 在点 (x_0, y_0) 沿任一方向 l 的方向导数都存在, 且有

$$\left.\frac{\partial f}{\partial l}\right|_{(x_0,y_0)} = f_x(x_0,y_0)\cos\alpha + f_y(x_0,y_0)\cos\beta.$$

其中 $\cos\alpha, \cos\beta$ 是方向 l 的方向余弦.

总结 求可微函数的方向导数, 按如下三步进行:

- 求方向 (射线 l), 并单位化 $e_l = (\cos\alpha, \cos\beta)$;
- 求函数的偏导数 $f_x(x_0,y_0)$, $f_y(x_0,y_0)$;
- 求方向导数 $\left.\dfrac{\partial f}{\partial l}\right|_{(x_0,y_0)} = f_x(x_0,y_0)\cos\alpha + f_y(x_0,y_0)\cos\beta.$

实际上,

$$\left.\frac{\partial f}{\partial l}\right|_{(x_0,y_0)} = f_x(x_0,y_0)\cos\alpha + f_y(x_0,y_0)\cos\beta$$

$$= \{f_x(x_0,y_0), f_y(x_0,y_0)\} \cdot \{\cos\alpha, \cos\beta\}$$

$$= \left.\mathrm{grad}f\right|_{(x_0,y_0)} \cdot e_l$$

$$\xrightarrow{\text{记}\nabla=\left\{\frac{\partial}{\partial x}, \frac{\partial}{\partial y}\right\}} \left.\nabla f\right|_{(x_0,y_0)} \cdot e_l.$$

若函数 $z = f(x,y)$ 在点 (x_0, y_0) 不可微, 则需按照方向导数的定义计算, 例如 $z = \sqrt{x^2+y^2}$ 在点 $(0,0)$ 处不可微, $\dfrac{\partial z}{\partial l} = \lim\limits_{\rho\to 0}\dfrac{f(0+\Delta x, 0+\Delta y) - f(0,0)}{\rho} = \lim\limits_{\rho\to 0}\dfrac{\sqrt{(\Delta x)^2 + (\Delta y)^2}}{\rho} = 1$, 说明函数 $z = \sqrt{x^2+y^2}$ 在点 $(0,0)$ 处沿任意方向的方向导数都是 1.

3) 梯度

设函数 $z = f(x, y)$ 在点 (x_0, y_0) 可微分, 称向量

$$\left\{ \left. \frac{\partial f}{\partial x} \right|_{(x_0, y_0)}, \left. \frac{\partial f}{\partial y} \right|_{(x_0, y_0)} \right\} = f_x(x_0, y_0)\, \boldsymbol{i} + f_y(x_0, y_0)\, \boldsymbol{j}$$

为函数 $f(x, y)$ 在点 $P_0(x_0, y_0)$ 的梯度, 记作 $\mathrm{grad} f(x_0, y_0)$, 即 $\mathrm{grad} f(x_0, y_0) = f_x(x_0, y_0)\, \boldsymbol{i} + f_y(x_0, y_0)\, \boldsymbol{j}$.

梯度是向量 (矢量), 表示函数在一点处方向导数增加最大 (取得最大值) 的方向, 即函数在该点处沿梯度方向的变化率最大, 方向导数能够取得最大值, 最大值为梯度的模,

$$\begin{aligned}
\left. \frac{\partial f}{\partial l} \right|_{(x_0, y_0)} &= \left. \frac{\partial f}{\partial x} \right|_{(x_0, y_0)} \cos\alpha + \left. \frac{\partial f}{\partial y} \right|_{(x_0, y_0)} \cos\beta \\
&= \left\{ \left. \frac{\partial f}{\partial x} \right|_{(x_0, y_0)}, \left. \frac{\partial f}{\partial y} \right|_{(x_0, y_0)} \right\} \cdot \{\cos\alpha, \cos\beta\} \\
&= \mathrm{grad} f(x_0, y_0) \cdot \boldsymbol{e}_l \\
&\xlongequal{\text{数量积的计算}} |\mathrm{grad} f(x_0, y_0)| \cos\theta,
\end{aligned}$$

其中 $\theta = \langle \widehat{\mathrm{grad} f(x_0, y_0), \boldsymbol{e}_l} \rangle$, $|\mathrm{grad} f(x_0, y_0)| = \sqrt{(f_x(x_0, y_0))^2 + (f_y(x_0, y_0))^2}$.

反之, 沿梯度的反方向, 是使方向导数取得最小值的方向, 就是取得最小变化率 (下降最快) 的方向, 最小变化率为梯度模的负值.

$z = f(x, y)$ 在 (x_0, y_0) 点处的梯度方向为等值线 $f(x, y) = C$(其中常数 $C = f(x_0, y_0)$) 在点 (x_0, y_0) 处的一个法向量, 它的指向为从较低的等值线 $f(x, y) = C$ 指向较高的等值线 $f(x, y) = C_1 > f(x_0, y_0)$.

研究梯度对寻找函数的最大 (小) 值很有帮助.

此外, 记 $\nabla = \dfrac{\partial}{\partial x}\boldsymbol{i} + \dfrac{\partial}{\partial y}\boldsymbol{j}$, 则梯度 $\mathrm{grad} f(x, y) = \nabla f(x, y) = \dfrac{\partial f}{\partial x}\boldsymbol{i} + \dfrac{\partial f}{\partial y}\boldsymbol{j}$,

称 ∇ 为二维向量微分算子或 Nabla 算子; 同理三维向量微分算子为 $\nabla = \dfrac{\partial}{\partial x}\boldsymbol{i} + \dfrac{\partial}{\partial y}\boldsymbol{j} + \dfrac{\partial}{\partial z}\boldsymbol{k}$. 例如 $u = u(x, y, z)$, 则 $\nabla u = \dfrac{\partial u}{\partial x}\boldsymbol{i} + \dfrac{\partial u}{\partial y}\boldsymbol{j} + \dfrac{\partial u}{\partial z}\boldsymbol{k}$.

5. 微分中值定理

1) 费马引理

设函数 $f(x)$ 在点 x_0 的某邻域 $N(x_0)$ 内有定义, 并且在 x_0 处可导, 如果对于 $\forall x \in N(x_0)$ 有 $f(x) \leqslant f(x_0)$(或 $f(x) \geqslant f(x_0)$), 那么 $f'(x_0) = 0$.

2) 罗尔定理

函数 $y=f(x)$ 满足 $\begin{cases} \text{在 } [a,b] \text{ 上连续,} \\ \text{在 } (a,b) \text{ 内可导,} \\ f(a)=f(b), \end{cases}$ 则至少存在一点 $\xi \in (a,b)$, 使得 $f'(\xi)=0$.

3) 拉格朗日中值定理

函数 $y=f(x)$ 满足 $\begin{cases} \text{在 } [a,b] \text{ 上连续,} \\ \text{在 } (a,b) \text{ 内可导,} \end{cases}$ 则至少存在一点 $\xi \in (a,b)$, 使得

$$f'(\xi) = \frac{f(b)-f(a)}{b-a} \ \text{或} \ f(b)-f(a)=f'(\xi)(b-a).$$

推论 若 $f(x)$ 在区间 $[a,b]$ 上的导数 $f'(x)$ 恒为零 $\Rightarrow f(x)=C$, C 为常数.

4) 柯西中值定理

设函数 $f(x)$ 和 $g(x)$ 满足

- 函数 $f,g \in C[a,b]$;
- f,g 在 (a,b) 内可导, 且 $g'(x) \neq 0$.

则至少存在一点 $\xi \in (a,b)$, 使

$$\frac{f(b)-f(a)}{g(b)-g(a)} = \frac{f'(\xi)}{g'(\xi)}.$$

5) 洛必达法则

适用范围: 7 种未定式极限. 其中,

基本型 $\dfrac{0}{0}$ 型, $\dfrac{\infty}{\infty}$ 型;

拓展型 $0 \cdot \infty, 1^{\infty}, 0^{0}, \infty^{0}, \infty - \infty$.

若函数 $f(x)$ 和 $g(x)$ 满足

- $\lim\limits_{x \to a} f(x)=0$, $\lim\limits_{x \to a} g(x)=0$ (或 $\lim\limits_{x \to a} f(x)=\infty$, $\lim\limits_{x \to a} g(x)=\infty$)
- 在点 a 的某去心邻域内两者都可导, 且 $g'(x) \neq 0$;
- $\lim\limits_{x \to a} \dfrac{f'(x)}{g'(x)}$ 存在 (或 ∞), 则

$$\lim_{x \to a} \frac{f(x)}{g(x)} = \lim_{x \to a} \frac{f'(x)}{g'(x)}.$$

6) 泰勒公式

在 x_0 点的某邻域 $N(x_0)$ 内具有 $n+1$ 阶导数, 任取 $x \in N(x_0)$ 有

$$f\left(x\right)=f\left(x_0\right)+f'\left(x_0\right)\left(x-x_0\right)+\frac{f''\left(x_0\right)}{2!}\left(x-x_0\right)^2$$

$$+\cdots+\frac{f^{(n)}\left(x_0\right)}{n!}\left(x-x_0\right)^n+R_n\left(x\right),$$

其中余项 $R_n\left(x\right)$ 有两种形式:

- 拉格朗日型余项　$R_n\left(x\right)=\dfrac{f^{(n+1)}\left(\xi\right)}{\left(n+1\right)!}\left(x-x_0\right)^{n+1}$, ξ 介于 x_0 与 x 之间, 一般用于误差估计.
- 佩亚诺型余项　$R_n\left(x\right)=o\left(\left(x-x_0\right)^n\right)$, 一般用于求极限.

当 $x_0=0$ 时的泰勒公式称为**麦克劳林公式**:

$$f\left(x\right)=f\left(0\right)+f'\left(0\right)x+\frac{f''\left(0\right)}{2!}x^2+\cdots+\frac{f^{(n)}\left(0\right)}{n!}x^n+R_n\left(x\right),$$

其中拉格朗日型余项 $R_n\left(x\right)=\dfrac{f^{(n+1)}\left(\xi\right)}{\left(n+1\right)!}x^{n+1}$($\xi$ 介于 0 与 x 之间), 佩亚诺余项 $R_n\left(x\right)=o\left(x^n\right)$.

6. 函数的极值、最值

1) 一元函数的极值

- 若函数 $f\left(x\right)$ 在 x_0 不可导, 需要利用定义判断;
- 判定函数极值的第一充分条件 (第一判别法):

若函数 $f\left(x\right)$ 可导, $f'\left(x_0\right)=0$(即 x_0 是驻点, 切线平行于 x 轴), 且 $\exists\delta>0$,

$$\begin{cases}\forall x\in\left(x_0-\delta,x_0\right),f'\left(x\right)>0,\text{同时}f'\left(x\right)<0,\forall x\in\left(x_0,x_0+\delta\right)\longrightarrow x_0\text{是极大值点};\\\forall x\in\left(x_0-\delta,x_0\right),f'\left(x\right)<0;\text{同时}f'\left(x\right)>0,\forall x\in\left(x_0,x_0+\delta\right)\longrightarrow x_0\text{是极小值点}.\end{cases}$$

通俗来说, 一阶导数在 x_0 左右两侧异号, 则 x_0 是极值点: 先正后负为极大值点; 先负后正为极小值点. 结合图形理解:

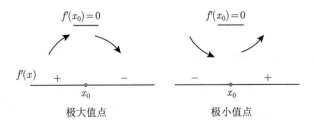

- 判定函数极值的第二充分条件 (第二判别法):

若函数 $f(x)$ 存在二阶导数, $f'(x_0) = 0$(即 x_0 是驻点), 而 $f''(x_0) \neq 0$, 则

$$\begin{cases} f''(x_0) > 0 \Longrightarrow x_0 是极小值点, \\ f''(x_0) < 0 \Longrightarrow x_0 是极大值点. \end{cases}$$

2) 二元函数的极值

• 函数有极值的必要条件   设函数 $z = f(x,y)$ 在点 (x_0, y_0) 具有偏导数, 且在点 (x_0, y_0) 处有极值, 则有

$$f_x(x_0, y_0) = 0, \quad f_y(x_0, y_0) = 0.$$

• 无条件极值   设函数 $z = f(x,y)$ 在点 (x_0, y_0) 的某邻域内连续且有一阶及二阶连续偏导数, 又 $f_x(x_0, y_0) = 0$, $\quad f_y(x_0, y_0) = 0$. 令

$$f_{xx}(x_0, y_0) = A, \quad f_{xy}(x_0, y_0) = B, \quad f_{yy}(x_0, y_0) = C.$$

则 $f(x,y)$ 在 (x_0, y_0) 处是否取得极值的条件如下:

$$\begin{cases} B^2 - AC < 0, 有极值: \begin{cases} A < 0, 极大值, \\ A > 0, 极小值; \end{cases} \\ B^2 - AC > 0, 无极值; \\ B^2 - AC = 0, 可能有极值, 也可能无极值. \end{cases}$$

• 条件极值   在条件 $\varphi(x,y) = 0$, $\psi(x,y) = 0$ 下, 求函数 $z = f(x,y)$ 的极值. 利用拉格朗日乘数法构造拉格朗日函数 $L(x,y,\lambda,\mu) = f(x,y) + \lambda\varphi(x,y) + \mu\psi(x,y)$, 则极值点满足

$$\begin{cases} L_x = f_x + \lambda\varphi_x + \mu\psi_x = 0, \\ L_y = f_y + \lambda\varphi_y + \mu\psi_y = 0, \\ L_\lambda = \varphi(x,y) = 0, \\ L_\mu = \psi(x,y) = 0. \end{cases}$$

解方程组可求得极值点.

7. 一元函数的描绘、曲率

1) 函数单调性的判定

函数 $y = f(x)$ 在某区间 I 内可导且恒有 $\begin{cases} f'(x) \geqslant 0 \longleftrightarrow f(x) 单调递增, \\ f'(x) \leqslant 0 \longleftrightarrow f(x) 单调递减, \end{cases}$ 等号仅在有限多个点处成立.

求函数 $y = f(x)$ 单调区间按如下步骤:

(1) 指出函数的定义域 I, 用区间形式表示出来;

(2) 求导数 $f'(x)$, 令 $f'(x) = 0$, 在 I 中求出所有的驻点和不可导点;

(3) 按这些点从小到大的顺序将 I 分成若干个小区间;

(4) 判定导数 $f'(x)$ 在每一小区间的符号;

(5) 根据导数的符号判断每一小区间的单调性.

简称为: 一指, 二求, 三划分, 四判定, 五下结论.

2) 函数凹凸的判别法

函数 $y = f(x)$ 在某区间 I 上连续, 在 I 内具有一阶和二阶导数, 若在 I 内恒有

$$\begin{cases} f''(x) > 0 \Rightarrow f'(x)\text{单调递增}, \quad f(x) \text{ 图形是凹的}, \\ f''(x) < 0 \Rightarrow f'(x)\text{单调递减}, \quad f(x) \text{ 图形是凸的}. \end{cases}$$

求函数 $y = f(x)$ 图形的凹凸区间的步骤:

(1) 指出函数的定义域 I, 用区间形式表示出来;

(2) 求一阶导数 $f'(x)$, 二阶导数 $f''(x)$, 令 $f''(x) = 0$, 在 I 中求出所有的使二阶导数为零的点和使二阶导数无意义的点;

(3) 按这些点从小到大的顺序将 I 分成若干个小区间;

(4) 判定 $f''(x)$ 在每一小区间的符号;

(5) 根据二阶导数 $f''(x)$ 的符号判断每一小区间的凹凸性, 凹凸发生改变的点是拐点, 并算出拐点的坐标.

简称为: 一指, 二求, 三划分, 四判定, 五下结论.

3) 曲率

曲率公式: $k = \dfrac{|y''|}{(1 + y'^2)^{3/2}}$. 曲率半径: $R = \dfrac{1}{k}$.

8. 偏导数的几何应用

1) 空间曲线的切线、法平面

(1) 写出曲线的参数方程 $\begin{cases} x = \varphi(t), \\ y = \psi(t), \\ z = w(t); \end{cases}$

(2) 求出切向量 $\boldsymbol{\tau} = \{\varphi'(t_0), \psi'(t_0), w'(t_0)\}$;

(3) 写出切线方程和法平面方程, 分别为

$$\frac{x - x_0}{\varphi'(t_0)} = \frac{y - y_0}{\psi'(t_0)} = \frac{z - z_0}{\omega'(t_0)},$$

$$\varphi'\left(t_0\right)\left(x-x_0\right)+\psi'\left(t_0\right)\left(y-y_0\right)+\omega'\left(t_0\right)\left(z-z_0\right)=0.$$

2) 空间曲面的切平面、法线

(1) 写出曲面方程的一般式, 令等号左端为 $F\left(x,y,z\right)$;

(2) 求法向量 $\boldsymbol{n}=\left\{F_x\left(x_0,y_0,z_0\right),F_y\left(x_0,y_0,z_0\right),F_z\left(x_0,y_0,z_0\right)\right\}$;

(3) 写出切平面方程和法线方程, 分别为

$$F_x\left(x_0,y_0,z_0\right)\left(x-x_0\right)+F_y\left(x_0,y_0,z_0\right)\left(y-y_0\right)+F_z\left(x_0,y_0,z_0\right)\left(z-z_0\right)=0,$$

$$\frac{x-x_0}{F_x\left(x_0,y_0,z_0\right)}=\frac{y-y_0}{F_y\left(x_0,y_0,z_0\right)}=\frac{z-z_0}{F_z\left(x_0,y_0,z_0\right)}.$$

综合演练

微分学及其应用 | 章测试 1

分数: _____

一、填空题 (3 分 × 5 = 15 分)

1. 函数 $u = x^2 + y^2 + z^2 - xy + 2yz$ 在点 $(-1, 2, -3)$ 处的梯度为_____.

2. $\lim\limits_{\substack{x \to 0 \\ y \to 0}} \dfrac{3xy}{x^2 + y^2} = $_____.

3. 抛物线 $y = ax^2 + bx + c$ 上 $x = $_____ 处的曲率最大.

4. 函数 $y = 2^x$ 的在麦克劳林公式中 x^n 项的系数是_____.

5. $z = x^y + \dfrac{y}{x}$, 则 $\mathrm{d}z = $_____.

二、选择题 (3 分 × 5 = 15 分)

6. 在区间 $[-1, 1]$ 上满足罗尔定理条件的函数是 (　　).

(A) e^x;　　　　　(B) $\ln|x|$;　　　　　(C) $1 - x^2$;　　　　　(D) $\dfrac{1}{1 - x^2}$.

7. $z = z(x, y)$ 是由方程 $x^3 - xyz^2 + \mathrm{e}^{2z-1} - \mathrm{e} = 0$ 所确定的隐函数, 则 $\dfrac{\partial z}{\partial x}\Big|_{(1,1,1)} = $ (　　).

(A) $\dfrac{1}{1 - \mathrm{e}}$;　　　　　(B) $\dfrac{1}{\mathrm{e} - 1}$;　　　　　(C) $1 - \mathrm{e}$;　　　　　(D) $\mathrm{e} - 1$.

8. 设函数 $f(x, y)$ 在点 $(0, 0)$ 附近有定义, 且 $f_x(0, 0) = 3$, $f_y(0, 0) = 1$, 则 (　　).

(A) $\mathrm{d}z(0, 0) = 3\mathrm{d}x + \mathrm{d}y$;

(B) 曲面 $z = f(x, y)$ 在点 $(0, 0, f(0, 0))$ 的法向量为 $\{3, 1, 1\}$;

(C) 曲线 $\begin{cases} z = f(x, y), \\ y = 0 \end{cases}$ 在点 $(0, 0, f(0, 0))$ 的切向量为 $\{1, 0, 3\}$;

(D) 曲线 $\begin{cases} z = f(x, y), \\ y = 0 \end{cases}$ 在点 $(0, 0, f(0, 0))$ 的切向量为 $\{3, 0, 1\}$.

9. 设 $\lim\limits_{x \to a} \dfrac{f(x) - f(a)}{(x - a)^2} = -1$, 则点 $x = a$ (　　).

(A) 是 $f(x)$ 的极大值点;　　　　　(B) 是 $f(x)$ 的极小值点;

(C) 是 $f(x)$ 的驻点, 但不是极值点;　　(D) 不是 $f(x)$ 的驻点.

10. 二元函数 $z = xy(3 - x - y)$ 的极值点是 (　　).

(A) $(0, 0)$;　　　　　(B) $(1, 1)$;　　　　　(C) $(0, 3)$;　　　　　(D) $(3, 0)$.

三、计算题、综合题 (11,13 小题各 14 分, 其他各 7 分, 总计 70 分)

11. (1) 设 $\ln\sqrt{x^2+y^2}=\arctan\dfrac{y}{x}$, 求 $\dfrac{\mathrm{d}y}{\mathrm{d}x}$;

(2) 求极限 $\lim\limits_{x\to 0}\left(\dfrac{1}{x^2}-\dfrac{\cos^2 x}{\sin^2 x}\right)$.

12. 求函数 $f(x)=\sqrt[x]{x}(x>0)$ 的极值.

13. 求下列函数的一阶偏导数:

(1) $u=f(xy,\mathrm{e}^x)$;   (2) $u=f\left(\dfrac{y}{x},\dfrac{x}{z}\right)$.

14. 设曲线 $y=ax^3+bx^2+2$ 以点 $(2,3)$ 为拐点, 试确定 (a,b) 的值.

15. 已知函数 $u=u(x,y),\ v=v(x,y)$ 是由方程组 $\begin{cases} x^2+y^2-uv=0, \\ xy^2-u^2+v^2=0 \end{cases}$ 所确定的可微函数, 试求偏导数 $\dfrac{\partial u}{\partial x},\dfrac{\partial v}{\partial x}$.

16. 过直线 $\begin{cases} 10x+2y-2z=27, \\ x+y-z=0 \end{cases}$ 作曲面 $3x^2+y^2-z^2=27$ 的切平面, 求其方程.

17. 求函数 $f(x,y)=x^2+y^2-12x+16y$ 在区域 $D=\{(x,y)|x^2+y^2\leqslant 25\}$ 上的最大值和最小值.

18. 设 f,φ 是 $C^{(2)}$ 类函数 ($C^{(2)}$ 类函数是指具有连续的二阶偏导数), $z=yf\left(\dfrac{x}{y}\right)+x\varphi\left(\dfrac{y}{x}\right)$, 证明:

(1) $x\dfrac{\partial^2 z}{\partial x^2}+y\dfrac{\partial^2 z}{\partial x\partial y}=0$;   (2) $x^2\dfrac{\partial^2 z}{\partial x^2}-y^2\dfrac{\partial^2 z}{\partial y^2}=0$.

微分学及其应用 | 章测试 2

分数: _____

一、填空题 (3 分 × 7 = 21 分)

1. 设 f 和 g 为连续可微函数, $u = f(x, xy)$, $v = g(x + xy)$, 则 $\dfrac{\partial u}{\partial x} \cdot \dfrac{\partial v}{\partial x} =$ _____.

2. 函数 $u = \ln(x + y^2 + z^3)$ 在点 $(1, 0, 1)$ 处沿 $l = (2, -2, 1)$ 方向的方向导数为_____.

3. 计算极限 $\lim\limits_{x \to \pi} \dfrac{\mathrm{e}^\pi - \mathrm{e}^x}{\sin 3x - \sin x} =$ _____.

4. 曲线 $y = 2x^2 - 4x + 3$ 在顶点 $(1, 1)$ 处的曲率半径为_____.

5. 函数 $f(x) = 3x^2 - x^3$ 在 $[1, 3]$ 上的最大值为_____, 最小值为_____.

6. 椭球面 $\dfrac{x^2}{a^2} + \dfrac{y^2}{b^2} + \dfrac{z^2}{c^2} = 1$ 在点 (x_0, y_0, z_0) 处的切平面方程为_____.

7. 函数 $y = x - \sqrt{x}$ 的单调减区间为_____.

二、选择题 (3 分 × 7 = 21 分)

8. 下列函数中在给定区间上满足罗尔定理条件的是 (　　).

(A) $f(x) = (x - 1)^{\frac{2}{3}}$, $x \in [0, 2]$;　　(B) $f(x) = x^2 - 4x + 3$, $x \in [1, 3]$;

(C) $f(x) = x \cos x$, $x \in [0, \pi]$;　　(D) $f(x) = \begin{cases} x + 1, & x < 3, \\ 1, & x \geqslant 3, \end{cases}$ $x \in [0, 3]$.

9. 曲线 $y = \mathrm{e}^{-x^2}$ 的拐点情况是 (　　).

(A) 没有拐点;　　(B) 有一个拐点;　　(C) 有两个拐点;　　(D) 有三个拐点.

10. 方程 $x^3 - 3x + 1 = 0$ (　　).

(A) 无实根;　　(B) 有唯一实根;　　(C) 有两个实根;　　(D) 有三个实根.

11. 设 $\lim\limits_{x \to a} \dfrac{f(x) - f(a)}{(x - a)^2} = -1$, 则点 $x = a$ 处 (　　).

(A) $f(x)$ 的导数存在, 且 $f'(a) \neq 0$;　　(B) $f(x)$ 取到极大值;

(C) $f(x)$ 取到极小值;　　(D) $f(x)$ 的导数不存在.

12. 设在 $[0, 1]$ 上 $f''(x) > 0$, 则 $f'(0), f'(1), f(1) - f(0)$ 或 $f(0) - f(1)$ 几个数的大小顺序为 (　　).

(A) $f'(1) > f'(0) > f(1) - f(0)$;　　(B) $f'(1) > f(1) - f(0) > f'(0)$;

(C) $f(1) - f(0) > f'(1) > f'(0)$;　　(D) $f'(1) > f(0) - f(1) > f'(0)$.

13. 二元函数 $f(x, y)$ 在点 $(0, 0)$ 处可微的一个充分条件是 (　　).

(A) $\lim\limits_{(x, y) \to (0, 0)} [f(x, y) - f(0, 0)] = 0$;

(B) $\lim\limits_{x \to 0} \dfrac{f(x,0) - f(0,0)}{x} = 0$ 且 $\lim\limits_{y \to 0} \dfrac{f(0,y) - f(0,0)}{y} = 0$;

(C) $\lim\limits_{(x,y) \to (0,0)} \dfrac{f(x,y) - f(0,0)}{\sqrt{x^2 + y^2}} = 0$;

(D) $\lim\limits_{x \to 0} [f_x(x,0) - f_x(0,0)] = 0$ 且 $\lim\limits_{y \to 0} [f_y(0,y) - f_y(0,0)] = 0$.

14. 关于二元函数 $z = xy$ 说法正确的是 (   ).

(A) 有极大值;   (B) 有极小值;   (C) 无极值;   (D) 无法判断.

三、计算题 (6 分 $\times$ 5 = 30 分)

15. 求函数 $f(x) = \dfrac{1-x}{1+x}$ 在 $x = 0$ 点处带有拉格朗日型余项的 n 阶泰勒公式.

16. 对数曲线 $y = \ln x$ 哪一点处的曲率半径最小? 求出该点处的曲率半径.

17. 设 $z = z(x,y)$ 是由方程 $x^2 + y^2 - z = xyz$ 所确定的函数, 且 $xy \neq -1$, 计算 $\mathrm{d}z$.

18. 求由参数方程 $\begin{cases} x = a(t - \sin t), \\ y = a(1 - \cos t) \end{cases}$ 所确定的函数的导数 $\dfrac{\mathrm{d}y}{\mathrm{d}x}$.

19. 求椭球面 $x^2 + 2y^2 + 3z^2 = 84$ 的切平面方程, 使该切平面与直线 l: $\begin{cases} 2x - y - z = 0, \\ 3y + 2z = 0 \end{cases}$ 垂直.

四、证明题 (8 分)

20. 设 $f(x)$ 在 $[0,1]$ 上连续, 在 $(0,1)$ 内可导, 且 $f(1) = 0$, 证明在 $(0,1)$ 内存在一点 c, 使 $cf'(c) + nf(c) = 0$ (n 为正整数).

五、应用题 (10 分 $\times$ 2 = 20 分)

21. 某农场需建一个面积为 $512\mathrm{m}^2$ 的矩形的晒谷场, 一边可用原来的石条围沿, 另三边需砌新石条围沿, 问晒谷场的长和宽各为多少时, 才能使材料最省?

22. 某训练场馆要造一容积为 $128\mathrm{m}^3$ 的长方体敞口游泳池, 已知游泳池侧壁单位造价是底部的 2 倍, 问游泳池的尺寸应该如何选择才能使造价最低.

习 题 解 答

3.1　偏导数的定义　基本初等函数导数的计算

1. $f_x(x_0, y_0) = \dfrac{\partial f}{\partial x}\bigg|_{(x_0, y_0)} = \lim\limits_{\Delta x \to 0} \dfrac{f(x_0 + \Delta x_0, y_0) - f(x_0, y_0)}{\Delta x}$,

$f_y(x_0, y_0) = \dfrac{\partial f}{\partial y}\bigg|_{(x_0, y_0)} = \lim\limits_{\Delta y \to 0} \dfrac{f(x_0, y_0 + \Delta y_0) - f(x_0, y_0)}{\Delta y}$.

2. C.

3. (1) 解　$\lim\limits_{h \to 0} \dfrac{f(2 - 3h) - f(2)}{h} = -\lim\limits_{h \to 0} \dfrac{f(2 - 3h) - f(2)}{-3h} = -f'(2) = -2$;

(2) 解

$$
\begin{aligned}
\lim\limits_{x \to 0} \frac{f(x) - f(-x)}{x} &= \lim\limits_{x \to 0} \frac{f(x) - f(0) + f(0) - f(-x)}{x} \\
&= \lim\limits_{x \to 0} \frac{f(x) - f(0)}{x - 0} + \lim\limits_{x \to 0} \frac{f(-x) - f(0)}{(-x) - 0} \\
&= \lim\limits_{x \to 0} \frac{f(x) - f(0)}{x - 0} + \lim\limits_{-x \to 0} \frac{f(-x) - f(0)}{(-x) - 0} \\
&= f'(0) + f'(0) \\
&= 2f'(0).
\end{aligned}
$$

(3) 解

$$
\begin{aligned}
\lim\limits_{x \to 0} \frac{f(1 - x) - f(1 + x)}{x} &= \lim\limits_{x \to 0} \frac{f(1 - x) - f(1) + f(1) - f(1 + x)}{x} \\
&= -\lim\limits_{x \to 0} \frac{f(1 - x) - f(1)}{-x} - \lim\limits_{x \to 0} \frac{f(1 + x) - f(1)}{x} \\
&= -\lim\limits_{-x \to 0} \frac{f(1 - x) - f(1)}{-x} - \lim\limits_{x \to 0} \frac{f(1 + x) - f(1)}{x} \\
&= -f'(1) - f'(1) \\
&= -2f'(1) \\
&= -4.
\end{aligned}
$$

4. $-4t_0 + 20$.

5. **解** 求增量 $\Delta y = e^{x+\Delta x} - e^x$; 算比值 $\dfrac{\Delta y}{\Delta x} = \dfrac{e^{x+\Delta x} - e^x}{\Delta x}$, 取极限

$$\lim_{\Delta x \to 0}\frac{\Delta y}{\Delta x} = \lim_{\Delta x \to 0}\frac{e^{x+\Delta x} - e^x}{\Delta x} = \lim_{\Delta x \to 0}\frac{e^x\left(e^{\Delta x}-1\right)}{\Delta x} = e^x\lim_{\Delta x \to 0}\frac{e^{\Delta x}-1}{\Delta x}$$

$$= e^x\lim_{t \to 0}\frac{t}{\ln(1+t)} = e^x\lim_{t \to 0}\frac{1}{\ln(1+t)^{\frac{1}{t}}} = e^x\frac{1}{\ln e} = e^x,$$

故 $(e^x)' = e^x$.

6. **解** 根据导数的几何意义知, 所求切线的斜率为

$$k_1 = y'|_{x=\frac{\pi}{3}} = (-\sin x)|_{x=\frac{\pi}{3}} = -\frac{\sqrt{3}}{2},$$

从而所求切线方程为 $y - \dfrac{1}{2} = -\dfrac{\sqrt{3}}{2}\left(x - \dfrac{\pi}{3}\right)$, 即 $\dfrac{\sqrt{3}}{2}x + y - \dfrac{1}{2} - \dfrac{\sqrt{3}\pi}{6} = 0$.

所求法线的斜率为 $k_2 = -\dfrac{1}{k_1} = \dfrac{2\sqrt{3}}{3}$, 于是所求法线方程为 $y - \dfrac{1}{2} = \dfrac{2\sqrt{3}}{3}$ $\left(x - \dfrac{\pi}{3}\right)$, 即 $\dfrac{2\sqrt{3}}{3}x - y + \dfrac{1}{2} - \dfrac{2\sqrt{3}\pi}{9} = 0$.

7. **解** 根据偏导数的定义

$$z_x(1,2) = \lim_{\Delta x \to 0}\frac{z(1+\Delta x,2) - z(1,2)}{\Delta x} = \lim_{\Delta x \to 0}\frac{(1+\Delta x)^2 + 4 - 5}{\Delta x} = 2,$$

$$z_y(1,2) = \lim_{\Delta y \to 0}\frac{z(1,2+\Delta y) - z(1,2)}{\Delta y} = \lim_{\Delta x \to 0}\frac{1+(2+\Delta y)^2 - 5}{\Delta y} = 4.$$

8. B.

9. A.

10. **解** $\lim\limits_{x \to 0^-} f(x) = \lim\limits_{x \to 0^+} f(x) = f(0)$, 得 $b = 1$,

$$\lim_{x \to 0^-}\frac{f(x)-f(0)}{x} = \lim_{x \to 0^-}\frac{ax}{x} = a, \quad \lim_{x \to 0^+}\frac{f(x)-f(0)}{x} = \lim_{x \to 0^+}\frac{e^{2x}-1}{x} = 2,$$

所以 $a = 2, b = 1$ 时 $f(x)$ 在 $x = 0$ 处可导.

11. 2.

3.2 偏导数的计算

1. (1) $y' = ae^{ax}\cdot\cos bx - be^{ax}\sin bx$; (2) $y' = \dfrac{3}{4}x^{-\frac{1}{4}} + \dfrac{a}{x^2-a^2}$.

2. A.

3. A.

4. **解** $y' = 2\sin \mathrm{e}^{-\sqrt{x}} \cdot \cos \mathrm{e}^{-\sqrt{x}} \cdot \mathrm{e}^{-\sqrt{x}} \left(-\dfrac{1}{2\sqrt{x}} \right) = -\dfrac{1}{\sqrt{x}\mathrm{e}^{\sqrt{x}}} \sin \mathrm{e}^{-\sqrt{x}} \cdot \cos \mathrm{e}^{-\sqrt{x}}.$

5. **解** $y' = \dfrac{\cos x}{1 + \sin^2 x}.$

6. B.

7. **证** 设 $x = a^y\,(a > 0, a \neq 1)$ 为直接函数, 则 $y = \log_a x$ 是它的反函数. 函数 $x = a^y$ 在区间 $I_y = (-\infty, +\infty)$ 内单调、可导, 且

$$(a^y)' = a^y \ln a \neq 0.$$

因此, 由反函数求导法则, 在对应区间 $I_x = (0, +\infty)$ 内有

$$(\log_a x)' = \frac{1}{(a^y)'} = \frac{1}{a^y \ln a}.$$

但 $a^y = x$, 从而得到对数函数的导数公式

$$(\log_a x)' = \frac{1}{x \ln a}.$$

8. **解**

方法一 令 $F(x, y) = xy^2 + \mathrm{e}^y - \cos(x^2 + y^2)$, 则

$$y' = -\frac{F_x}{F_y} = -\frac{y^2 + 2x \sin(x^2 + y^2)}{2xy + \mathrm{e}^y + 2y \sin(x^2 + y^2)}.$$

方法二 方程 $xy^2 + \mathrm{e}^y = \cos(x^2 + y^2)$ 两端同时对 x 求导, 注意到 y 是 x 的函数

$$y^2 + 2xyy' + \mathrm{e}^y y' = -\sin(x^2 + y^2) \cdot (2x + 2yy'),$$

从上述等式中解出

$$y' = -\frac{y^2 + 2x \sin(x^2 + y^2)}{2xy + \mathrm{e}^y + 2y \sin(x^2 + y^2)}.$$

注意到两种方法都应说明条件是 $2xy + \mathrm{e}^y + 2y \sin(x^2 + y^2) \neq 0.$

9. $\dfrac{F_1' - F_3'}{F_2' - F_3'}.$

10. D.

11. 解　所给方程组确定两个一元隐函数 $x = x(z)$ 和 $y = y(z)$, 将所给方程的两端分别对 z 求导并移项, 得

$$\begin{cases} \dfrac{\mathrm{d}x}{\mathrm{d}z} + 2\dfrac{\mathrm{d}y}{\mathrm{d}z} = -3, \\ 2x\dfrac{\mathrm{d}x}{\mathrm{d}z} + 2y\dfrac{\mathrm{d}y}{\mathrm{d}z} = -2z. \end{cases}$$

解方程组得

$$\frac{\mathrm{d}x}{\mathrm{d}z} = \frac{3y - 2z}{2x - y}, \quad \frac{\mathrm{d}y}{\mathrm{d}z} = \frac{z - 3x}{2x - y}.$$

12. 解　所给方程组确定两个二元隐函数 $u = u(x,y)$ 和 $v = v(x,y)$, 将所给方程的两端分别对 x 求偏导并移项整理, 得

$$\begin{cases} (\mathrm{e}^u + \sin v)\dfrac{\partial u}{\partial x} + u\cos v\dfrac{\partial v}{\partial x} = 1, \\ (\mathrm{e}^u - \cos v)\dfrac{\partial u}{\partial x} + u\sin v\dfrac{\partial v}{\partial x} = 0. \end{cases}$$

解方程组得

$$\frac{\partial u}{\partial x} = \frac{\sin v}{\mathrm{e}^u(\sin v - \cos v) + 1}, \quad \frac{\partial v}{\partial x} = \frac{\cos v - \mathrm{e}^u}{u\left[\mathrm{e}^u(\sin v - \cos v) + 1\right]}.$$

13. 解　在 $y = \left(1 + \dfrac{1}{x}\right)^x$ 两端取对数, 得

$$\ln y = x\left[\ln(x + 1) - \ln x\right].$$

在上式两端分别对 x 求导, 并注意到 $y = y(x)$, 得

$$\frac{y'}{y} = \left[\ln(x + 1) - \ln x\right] + x\left(\frac{1}{x + 1} - \frac{1}{x}\right) = \ln\frac{x + 1}{x} - \frac{1}{x + 1},$$

于是

$$y' = y\left(\ln\frac{x + 1}{x} - \frac{1}{x + 1}\right) = \left(1 + \frac{1}{x}\right)^x\left(\ln\frac{x + 1}{x} - \frac{1}{x + 1}\right).$$

14. 解　在 $y = \sqrt[3]{\dfrac{x - 1}{\sqrt[5]{x^2 + 1}}}$ 两端取对数, 得

$$\ln y = \frac{1}{3}\left[\ln(x - 1) - \frac{1}{5}\ln(x^2 + 1)\right] = \frac{1}{3}\ln(x - 1) - \frac{1}{15}\ln(x^2 + 1).$$

在上式两端分别对 x 求导, 并注意到 $y = y(x)$, 得

$$\frac{y'}{y} = \frac{1}{3} \cdot \frac{1}{x-1} - \frac{1}{15} \cdot \frac{2x}{x^2+1},$$

于是

$$y' = y\left[\frac{1}{3(x-1)} - \frac{2x}{15(x^2+1)}\right] = \sqrt[3]{\frac{x-1}{\sqrt[5]{x^2+1}}}\left[\frac{1}{3(x-1)} - \frac{2x}{15(x^2+1)}\right].$$

15. A.

16. (1) $4^n(-1)^n \sin 2x$; (2) 0.

17. $f'' + \dfrac{2}{r}f'$.

18. **解**　$\dfrac{\partial z}{\partial x} = yx^{y-1}, \dfrac{\partial^2 z}{\partial x^2} = y(y-1)x^{y-2}$.

$\dfrac{\partial z}{\partial y} = x^y \ln x, \dfrac{\partial^2 z}{\partial y^2} = x^y(\ln x)^2$.

$\dfrac{\partial^2 z}{\partial x \partial y} = x^{y-1} + yx^{y-1}\ln x$.

19. **解**　设 $F(x, y) = \ln\sqrt{x^2+y^2} - \arctan\dfrac{y}{x}$, 则一阶偏导数分别为

$$F_x = \frac{1}{\sqrt{x^2+y^2}} \cdot \frac{2x}{2\sqrt{x^2+y^2}} - \frac{1}{1+\left(\frac{y}{x}\right)^2} \cdot \left(-\frac{y}{x^2}\right) = \frac{x+y}{x^2+y^2},$$

$$F_y = \frac{1}{\sqrt{x^2+y^2}} \cdot \frac{2y}{2\sqrt{x^2+y^2}} - \frac{1}{1+\left(\frac{y}{x}\right)^2} \cdot \frac{1}{x} = \frac{y-x}{x^2+y^2}.$$

当 $F_y \neq 0$ 时, 有 $\dfrac{\mathrm{d}y}{\mathrm{d}x} = -\dfrac{F_x}{F_y} = \dfrac{x+y}{x-y}$.

在一阶导数的基础上求二阶导数, 注意到 y 是 x 的函数,

$$\frac{\mathrm{d}^2 y}{\mathrm{d}x^2} = \frac{\left(1+\dfrac{\mathrm{d}y}{\mathrm{d}x}\right)(x-y) - (x+y)\left(1-\dfrac{\mathrm{d}y}{\mathrm{d}x}\right)}{(x-y)^2} = \frac{2(x^2+y^2)}{(x-y)^3}.$$

20. **解**　$\dfrac{\mathrm{d}y}{\mathrm{d}x} = \dfrac{\mathrm{d}y}{\mathrm{d}t}\bigg/\dfrac{\mathrm{d}x}{\mathrm{d}t} = \dfrac{\dfrac{1}{1+t^2}}{\dfrac{2t}{1+t^2}} = \dfrac{1}{2t}, \dfrac{\mathrm{d}^2 y}{\mathrm{d}x^2} = -\dfrac{1}{2t^2} \cdot \dfrac{1}{\dfrac{2t}{1+t^2}} = -\dfrac{1+t^2}{4t^3}.$

21. $t, \dfrac{1}{f''(t)}$.

22. $2\sqrt{2}v_0$.

3.3 全微分　方向导数与梯度

1. $\Delta y = A\Delta x + o(\Delta x)$, Δx, 可微, $A\Delta x$, 微分, $\mathrm{d}y$, $\mathrm{d}y = A\Delta x$.

2. $\Delta z = A\Delta x + B\Delta y + o(\rho)$, Δx, Δy, x, y, 可微, $A\Delta x + B\Delta y$, 全微分, $\mathrm{d}z$, $\mathrm{d}z = A\Delta x + B\Delta y$.

3. $\dfrac{1}{2}$.

4. $\pi\mathrm{d}x$.

5. $\dfrac{3\mathrm{d}x - 5\mathrm{d}y + \mathrm{d}z}{3x - 5y + z}$.

6. (1) 既非充分又非必要; (2) 必要, 充分; (3) 充分; (4) 充分, 必要.

7. A.

8. $\dfrac{1}{\sqrt{14}}(2, 3, 1)$.

9. 1.

10. $\sqrt{21}$.

11. **解**

$$\operatorname{grad} f(x, y, z) = f_x \boldsymbol{i} + f_y \boldsymbol{j} + f_z \boldsymbol{k}$$

$$= (2x + y + 3)\boldsymbol{i} + (4y + x - 2)\boldsymbol{j} + (6z - 6)\boldsymbol{k},$$

$$\operatorname{grad} f(1, 1, 1) = 6\boldsymbol{i} + 3\boldsymbol{j}.$$

设 $\boldsymbol{a} = \operatorname{grad} f(1, 1, 1) = 6\boldsymbol{i} + 3\boldsymbol{j}$, 则 $\operatorname{Prj}_l \boldsymbol{a} = \dfrac{(\boldsymbol{a}, \boldsymbol{l})}{|\boldsymbol{l}|} = 3\sqrt{3}$.

12. **解**　由于梯度方向是函数值增加最快的方向, 负梯度方向是函数值减少最快的方向, 所以小蚂蚁应该选择该点处温度函数的负梯度方向逃生, 即

$$-\operatorname{grad} T(x, y) = -(T_x \boldsymbol{i} + T_y \boldsymbol{j}) = 2x\boldsymbol{i} + 8y\boldsymbol{j},$$

$$\operatorname{grad} T(-2, 1) = -4\boldsymbol{i} + 8\boldsymbol{j},$$

在 $(-2, 1)$ 点, 小蚂蚁应该向 $(-4, 8)$ 方向跑. 不是一直沿该方向跑, 小蚂蚁随着所处位置的不同, 需要一直调整逃生方向, 保证逃生路线的每一点的切线方向都是温度函数的负梯度方向.

3.4 微分中值定理

1. **答**　罗尔定理

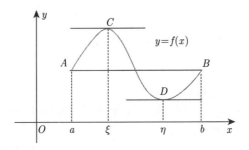

拉格朗日中值定理

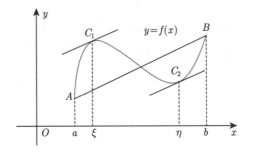

2. **答**　如果函数 $f(x)$ 及 $F(x)$ 满足

(1) 在闭区间 $[a,b]$ 上连续;

(2) 在开区间 (a,b) 内可导;

(3) 对任一 $x \in (a,b)$, $F'(x) \neq 0$,

那么在 (a,b) 内至少有一点 ξ, 使等式

$$\frac{f(b) - f(a)}{F(b) - F(a)} = \frac{f'(\xi)}{F'(\xi)}$$

成立.

3. **答**　不矛盾, 因为函数 $f(x) = 1 - \sqrt[3]{x^2}$ 不满足罗尔定理中开区间 $(-1,1)$ 内可导的条件 (在 $x = 0$ 处不可导).

4. **证**　设 $f(x) = ax^4 + bx^3 + cx^2 - ax - bx - cx$, 易见, $f(0) = f(1) = 0$, 且 $f(x)$ 在 $[0,1]$ 上连续, 在 $(0,1)$ 内可导, 由罗尔定理知, 至少存在一点 $\xi \in (0,1)$, 使得

$$f'(\xi) = 4a\xi^3 + 3b\xi^2 + 2c\xi - a - b - c = 0,$$

即 $4ax^3 + 3bx^2 + 2cx = a + b + c$ 在 $(0,1)$ 内至少有一个根, 证毕.

5. **证**　设 $f(x) = a_0 x^n + a_1 x^{n-1} + \cdots + a_{n-1} x$, 易见, $f(0) = f(x_0) = 0$, 且 $f(x)$ 在 $[0, x_0]$ 上连续, 在 $(0, x_0)$ 内可导, 由罗尔定理知, 至少存在一点 $\xi \in (0, x_0)$,

使得

$$f'(\xi) = a_0 n\xi^{n-1} + a_1(n-1)\xi^{n-2} + \cdots + a_{n-1} = 0,$$

即方程 $na_0 x^{n-1} + a_1(n-1)x^{n-2} + \cdots + a_{n-1} = 0$ 必有一个小于 x_0 的正根, 证毕.

6. **证** (1) 由题意可知函数 $f(x)$ 在 $[x_1, x_2], [x_2, x_3]$ 上连续, $(x_1, x_2), (x_2, x_3)$ 内可导, 且 $f(x_1) = f(x_2) = f(x_3)$, 故由罗尔定理知至少存在点 $\xi_1 \in (x_1, x_2), \xi_2 \in (x_2, x_3)$, 使得 $f'(\xi_1) = f'(\xi_2) = 0$.

又 $f'(x)$ 在 $[\xi_1, \xi_2]$ 上连续, 在 (ξ_1, ξ_2) 内可导, 故由罗尔定理至少存在点 $\xi \in (\xi_1, \xi_2) \subset (x_1, x_3)$ 使 $f''(\xi) = 0$. 证毕.

(2) **提示** 累次应用罗尔定理, 过程略.

7. **答** 不正确. 假设拉格朗日中值公式对于 $f(x) = \dfrac{1}{x}$ 在闭区间 $[a, b]$ 上成立, 则在 (a, b) 内至少存在一点 ξ 使得

$$f'(\xi) = \frac{f(b) - f(a)}{b - a}$$

成立, 即

$$-\frac{1}{\xi^2} = \frac{\dfrac{1}{b} - \dfrac{1}{a}}{b - a} = -\frac{1}{ab},$$

由于 $ab < 0$, 由上式可得 $-\dfrac{1}{\xi^2} > 0$, 矛盾, 故假设不成立.

8. **证** 若 $x = y$, 则结论显然成立. 若 $x \neq y$, 则不妨设 $x < y$, 显然 $\cos x$ 在 $[x, y]$ 上连续, 在 (x, y) 内可导, 由拉个朗日中值定理知存在 $\xi \in (x, y)$, 使得

$$\cos x - \cos y = (-\sin\xi)(x - y),$$

进而

$$|\cos x - \cos y| = |-\sin\xi||x - y| \leqslant |x - y|,$$

证毕.

9. **证** 设 $f(x) = \arcsin x + \arccos x$. 显然, $f'(x) = \dfrac{1}{\sqrt{1-x^2}} - \dfrac{1}{\sqrt{1-x^2}} = 0, \forall x \in [-1, 1]$, 从而 $f(x) \equiv C, \forall x \in [-1, 1]$, 又 $f(0) = \arcsin 0 + \arccos 0 = 0 + \dfrac{\pi}{2} = \dfrac{\pi}{2}$. 证毕.

10. 证　(1) 设 $F(x) = f(x) + x - 1$, 显然 $F(x)$ 在 $[0,1]$ 上连续, 又 $F(0) = -1 < 0, F(1) = 1 > 0$, 由零点定理知, 存在 $\xi \in (0,1)$ 使得 $F(\xi) = 0$, 即 $f(\xi) = 1 - \xi$.

(2) 由题意可知函数 $f(x)$ 在 $[0,\xi], [\xi,1]$ 上连续, $(0,\xi), (\xi,1)$ 内可导, 由拉格朗日中值定理知, 存在 $\eta \in (0,\xi), \zeta \in (\xi,1)$ 使得 $f'(\eta) = \dfrac{f(\xi) - f(0)}{\xi - 0} = \dfrac{1 - \xi}{\xi}$,

$f'(\zeta) = \dfrac{f(1) - f(\xi)}{1 - \xi} = \dfrac{\xi}{1 - \xi}$, 进而得到 $f'(\eta) f'(\zeta) = 1$.

3.5　洛必达法则

1. 解　(1) $\lim\limits_{x \to a} \dfrac{a^x - x^a}{x - a} = \lim\limits_{x \to a} \dfrac{a^x \ln a - a x^{a-1}}{1} = a^a \ln a - a^a = a^a (\ln a - 1)$.

(2)

$$\lim_{x \to 1^-} \ln x \cdot \ln(1 - x) = \lim_{x \to 1^-} \ln[1 - (1 - x)] \cdot \ln(1 - x)$$

$$= \lim_{x \to 1^-} (1 - x) \cdot \ln(1 - x)$$

$$= \lim_{x \to 1^-} \frac{\ln(1 - x)}{\dfrac{1}{1 - x}} \xlongequal{t = 1 - x} \lim_{t \to 0^+} \frac{\ln t}{\dfrac{1}{t}} = \lim_{t \to 0^+} \frac{\dfrac{1}{t}}{-\dfrac{1}{t^2}} = 0.$$

(3)

$$\lim_{x \to 0} \left(2 - e^{\sin x}\right)^{\cot \pi x} = \lim_{x \to 0} e^{\cot \pi x \cdot \ln\left(2 - e^{\sin x}\right)} = e^{\lim\limits_{x \to 0} \frac{\cos \pi x \cdot \ln\left(2 - e^{\sin x}\right)}{\sin \pi x}},$$

而

$$\lim_{x \to 0} \frac{\cos \pi x \cdot \ln(2 - e^{\sin x})}{\sin \pi x} = \lim_{x \to 0} \cos \pi x \cdot \lim_{x \to 0} \frac{\ln(1 + 1 - e^{\sin x})}{\sin \pi x}$$

$$= 1 \cdot \lim_{x \to 0} \frac{1 - e^{\sin x}}{\pi x} = \lim_{x \to 0} \frac{-\cos x \cdot e^{\sin x}}{\pi} = -\frac{1}{\pi}.$$

所以, $\lim\limits_{x \to 0} \left(2 - e^{\sin x}\right)^{\cot \pi x} = e^{-\frac{1}{\pi}}$.

(4)

$$\lim_{x \to 0} \left(\cot x - \frac{1}{x}\right) = \lim_{x \to 0} \frac{x \cos x - \sin x}{x \sin x} = \lim_{x \to 0} \frac{x \cos x - \sin x}{x^2}$$

$$= \lim_{x \to 0} \frac{\cos x - x \sin x - \cos x}{2x} = \lim_{x \to 0} -\frac{\sin x}{2} = 0.$$

(5)

$$\lim_{x\to 0}\frac{1}{x^{100}\mathrm{e}^{\frac{1}{x^2}}}=\lim_{x\to 0}\frac{\dfrac{1}{x^{100}}}{\mathrm{e}^{\frac{1}{x^2}}}\xlongequal{t=\frac{1}{x^2}}\lim_{t\to+\infty}\frac{t^{50}}{\mathrm{e}^t}$$

$$=\lim_{t\to+\infty}\frac{50t^{49}}{\mathrm{e}^t}=\cdots=\lim_{t\to+\infty}\frac{50!}{\mathrm{e}^t}=0.$$

(6) $\lim\limits_{x\to 0^+}(\sin x)^x=\lim\limits_{x\to 0^+}\mathrm{e}^{x\cdot\ln(\sin x)}$, 而

$$\lim_{x\to 0^+}x\cdot\ln(\sin x)=\lim_{x\to 0^+}\frac{\ln(\sin x)}{\dfrac{1}{x}}=\lim_{x\to 0^+}\frac{\dfrac{\cos x}{\sin x}}{-\dfrac{1}{x^2}}=\lim_{x\to 0^+}\cos x\cdot\lim_{x\to 0^+}-\frac{x^2}{\sin x}=0.$$

所以, $\lim\limits_{x\to 0^+}(\sin x)^x=\mathrm{e}^0=1.$

(7) $\lim\limits_{x\to 0^+}(\cot x)^{\sin x}=\lim\limits_{x\to 0^+}\mathrm{e}^{\sin x\cdot\ln(\cot x)}$, 而

$$\lim_{x\to 0^+}\sin x\cdot\ln(\cot x)=\lim_{x\to 0^+}x\cdot\ln(\cot x)=\lim_{x\to 0^+}\frac{\ln(\cot x)}{\dfrac{1}{x}}=\lim_{x\to 0^+}\frac{-\dfrac{\csc^2 x}{\cot x}}{-\dfrac{1}{x^2}}$$

$$=\lim_{x\to 0^+}\frac{x^2}{\sin x\cdot\cos x}=\lim_{x\to 0^+}\frac{1}{\cos x}\cdot\lim_{x\to 0^+}\frac{x^2}{\sin x}=0.$$

所以, $\lim\limits_{x\to 0^+}(\cot x)^{\sin x}=\mathrm{e}^0=1.$

3.6 函数的极值与最大值最小值

1. $-\dfrac{1}{\ln 2}.$

2. B.

3. $\dfrac{\pi}{6}+\sqrt 3.$

4. 最小值 $f(1)=1.$

5. **解** 设曲线上点坐标为 $(x_0,1-x_0^2)$, 此点处切线斜率 $k=-2x_0$, 切线方程为

$$y-(1-x_0^2)=-2x_0(x-x_0).$$

令 $x=0$, 解得 $y=1+x_0^2$, 令 $y=0$, 解得 $x=\dfrac{1+x_0^2}{2x_0}.$

面积 $s = \dfrac{1}{2}(1+x_0^2)\dfrac{1+x_0^2}{2x_0}$ ，即求函数 $s(x_0)$ 的最小值. 令

$$s' = \frac{1}{4}\frac{(1+x_0^2)(3x_0^2-1)}{x_0^2} = 0,$$

得

$$x_0 = \frac{1}{\sqrt{3}}y_0 = 1 - x_0^2 = \frac{2}{3}.$$

此时, $s = \dfrac{4}{9}\sqrt{3}$.

6. **解**　已知 $\pi r^2 h = V$, 油罐表面积

$A = 2\pi r^2 + 2\pi r h = 2\pi r^2 + 2\pi r \dfrac{V}{\pi r^2} = 2\pi r^2 + \dfrac{2V}{r}, \ r \in (0, +\infty),$

$A' = 4\pi r - \dfrac{2V}{r^2}, \quad A'' = 4\pi + \dfrac{4V}{r^3}.$

令 $A' = 0$, 得 $r = \sqrt[3]{\dfrac{V}{2\pi}}$, 此时 $A'' = 4\pi + 8\pi = 12\pi > 0$, 因此 $r = \sqrt[3]{\dfrac{V}{2\pi}}$ 为

极小值点, 又驻点唯一, 故极小值点就是最小值点, 此时 $h = \dfrac{V}{\pi r^2} = 2\sqrt[3]{\dfrac{V}{2\pi}} = 2r,$
即底直径与高的比为 $1:1$.

7. **解**　设最省力的杆长为 $x(\mathrm{m})$, 则此时杠杆的重力为 $5gx$, 由力矩平衡公式

$$x\,|F| = 49g \times 0.1 + 5gx \cdot \frac{x}{2}, \quad x > 0.$$

知 $|F| = \dfrac{4.9}{x}g + \dfrac{5}{2}gx, \ |F|' = -\dfrac{4.9}{x^2}g + \dfrac{5}{2}g, \ |F|'' = \dfrac{9.8}{x^3}g.$

令 $|F|' = 0$, 得驻点 $x = 1.4$, 此时 $|F|'' = \dfrac{9.8}{1.4^3}g > 0$, 故 $x = 1.4$ 为极小值点,
又驻点唯一, 因此 $x = 1.4$ 也是最小值点, 即杆长 $1.4\mathrm{m}$ 时最省力.

8. **解**　设军车在公路行驶里程为 $x(\mathrm{km})$, 则草地行驶里程为

$$\sqrt{(100-x)^2 + 32^2} \ \mathrm{km}.$$

所用时间 $t = \dfrac{x}{80} + \dfrac{\sqrt{(100-x)^2 + 32^2}}{48}$, 即需求函数 $t(x)$ 的最小值.

令 $t' = \dfrac{1}{80} - \dfrac{1}{48}\dfrac{100-x}{\sqrt{(100-x)^2 + 32^2}} = 0$, 解得 $x = 76(\mathrm{km})$.

当 $x = 76$ 时 $t'' > 0$ 为极小值点, 又驻点唯一, 故极小值点就是最小值点. 即沿公路行驶里程为 76km 处改为草地行驶能使所用时间最短.

9. 解　设球面方程为 $x^2 + y^2 + z^2 = a^2$, x, y, z 时它的内接长方体在第一卦限内的一个顶点. 则此长方体的长宽高分别为 $2x$, $2y$, $2z$, 体积为

$$V = 2x \cdot 2y \cdot 2z = 8xyz.$$

设 $L(x, y, z) = 8xyz + \lambda(x^2 + y^2 + z^2 - a^2)$. 由

$$\begin{cases} L_x = 8yz + 2\lambda x = 0, \\ L_y = 8xz + 2\lambda y = 0, \\ L_z = 8xy + 2\lambda z = 0, \end{cases} \quad 即 \quad \begin{cases} 4yz + \lambda x = 0, \\ 4xz + \lambda y = 0, \\ 4xy + \lambda z = 0. \end{cases}$$

解得 $x = y = z = -\dfrac{\lambda}{4}$, 代入 $x^2 + y^2 + z^2 = a^2$ 得 $\lambda = -\dfrac{4}{\sqrt{3}} a$.

故 $\left(\dfrac{a}{\sqrt{3}}, \dfrac{a}{\sqrt{3}}, \dfrac{a}{\sqrt{3}} \right)$ 为唯一可能的极值点, 由于内接于球且有最大体积的长方体必定存在, 所以当长方体的长、宽、高都为 $\dfrac{2a}{\sqrt{3}}$ 时其体积最大.

10. 解　首先对于区域 D 的内部, 由方程 $\begin{cases} \dfrac{\partial T}{\partial x} = 2x - 1 = 0, \\ \dfrac{\partial T}{\partial y} = 4y = 0 \end{cases}$ 得驻点 $\left(\dfrac{1}{2}, 0 \right)$.

$$T_1 = T \Big|_{\left(\frac{1}{2}, 0 \right)} = -\frac{1}{4}.$$

在边界 $x^2 + y^2 = 1$ 上, $T = 2 - (x^2 + x) = \dfrac{9}{4} - \left(x + \dfrac{1}{2} \right)^2$.

当 $x = -\dfrac{1}{2}$ 时, 有边界上的最大值 $T_2 = \dfrac{9}{4}$, $x = 1$ 时, 有边界上的最小值 $T_3 = 0$.

比较 T_1, T_2, T_3 的值知, 函数最大值为 $\dfrac{9}{4}$, 最小值为 $-\dfrac{1}{4}$.

11. 解　作拉格朗日函数

$$F(x, y, z, \lambda, \mu) = x^2 + y^2 + z^2 + \lambda(x^2 + y^2 - z) + \mu(x + y + z - 4).$$

$$\begin{cases} F_x = 2x + 2\lambda x + \mu = 0, \\ F_y = 2y + 2\lambda y + \mu = 0, \\ F_z = 2z - \lambda + \mu = 0, \\ F_\lambda = x^2 + y^2 - z = 0, \\ F_\mu = x + y + z - 4 = 0. \end{cases}$$

解方程组得 $(x_1, y_1, z_1) = (1, 1, 2)$, $(x_2, y_2, z_2) = (-2, -2, 8)$.

12. **解**　设椭圆上点为 (x, y, z), 则椭圆上的点到原点距离的平方为

$$d^2 = x^2 + y^2 + z^2,$$

其中 x, y, z 满足条件 $z = x^2 + y^2$, $x + y + z = 1$.

作拉格朗日函数

$$L(x, y, z, \lambda, \mu) = x^2 + y^2 + z^2 + \lambda(z - x^2 + y^2) + \mu(x + y + z - 1).$$

令

$$\begin{cases} L_x = 2x - 2\lambda x + \mu = 0, & ① \\ L_y = 2y - 2\lambda y + \mu = 0, & ② \\ L_z = 2z + \lambda + \mu = 0, & ③ \end{cases}$$

① $-$ ②得

$$(1 - \lambda)(x - y) = 0.$$

故有 $\lambda = 1$ 或 $x = y$.

由 $\lambda = 1$ 得 $\mu = 0$, $z = -\dfrac{1}{2}$, 不合题意, 故舍去.

将 $x = y$ 代入 $z = x^2 + y^2$ 和 $x + y + z = 1$, 得

$$z = 2x^2, \quad 2x + z = 1,$$

于是 $2x^2 + 2x - 1 = 0.$ 解得

$$x = y = \frac{-1 \pm \sqrt{3}}{2}, \quad z = 2 \mp \sqrt{3}.$$

于是得到两个可能的极值点

$$M_1\left(\frac{-1 + \sqrt{3}}{2}, \frac{-1 + \sqrt{3}}{2}, 2 - \sqrt{3} \right), \quad M_2\left(\frac{-1 - \sqrt{3}}{2}, \frac{-1 - \sqrt{3}}{2}, 2 + \sqrt{3} \right).$$

由于距离的最大值和最小值一定存在, 所以距离的最大、最小值分别在这两点处取得.

由 $2\left(\dfrac{-1 \pm \sqrt{3}}{2} \right)^2 + (2 \mp \sqrt{3})^2 = 9 \mp 5\sqrt{3}$, 故最大值和最小值分别为 $9 + 5\sqrt{3}$, $9 - 5\sqrt{3}$.

3.7　一元函数图形的描绘　曲率

1. $[-1,0),[1,+\infty);\quad(-\infty,-1],(0,1]$

2. $(-1,1);(-\infty,-1),(1,+\infty)$.

3. C.

4. $(4,2)$.

5. $\left(\pm\dfrac{1}{\sqrt{2}},\mathrm{e}^{-\frac12}\right)$.

6. $((2k+1)\pi,(2k+2)\pi);\quad(2k\pi,(2k+1)\pi),\quad k=0,\pm1,\pm2,\cdots$.

7. $(1,+\infty),\quad(0,1)$.

8. $y=\dfrac{1}{2}x-\dfrac{1}{4}$.

9. C.

10. **解**　因为 $\lim\limits_{x\to1}\dfrac{x^3}{(x-1)^2}=\infty$, 故铅直渐近线 $x=1$.

因为 $\lim\limits_{x\to\infty}\dfrac{x^3}{(x-1)^2}=\infty$, 故无水平渐近线.

因为 $\lim\limits_{x\to\infty}\dfrac{y}{x}=\lim\limits_{x\to\infty}\dfrac{x^3}{x(x-1)^2}=1=k,\ \lim\limits_{x\to\infty}(y-1\cdot x)=\lim\limits_{x\to\infty}\left(\dfrac{x^3}{(x-1)^2}-1\cdot x\right)$
$=2=b$, 且故斜渐近线为 $y=kx+b=x+2$.

11. **解**　函数在 $(-\infty,0)$ 和 $(2,+\infty)$ 上单调增, 在 $(0,2)$ 上单调减. 在 $x=2$ 取极小值 3, 其图形在 $(-\infty,0)$ 和 $(0,+\infty)$ 上都是凹的, 无拐点. 该曲线有垂直渐近线 $x=0$ 和斜渐近线 $y=x$.

12. **解**　奇函数, 可只考虑函数在 $[0,+\infty)$ 的情况, $[0,1]$ 上单调增, 在 $[1,+\infty)$ 上单调减. 在 $x=1$ 取极大值 $\dfrac{1}{2}$, 其图形在 $[0,\sqrt{3}]$ 上是凸的, $[\sqrt{3},+\infty)$ 上是凹的, 拐点为 $(0,0),\left(\sqrt{3},\dfrac{\sqrt{3}}{4}\right)$. 该曲线仅有水平渐近线 $y=0$.

13. 略.

14. C.

15. $|\sin x|$.

16. C.

17. B.

18. $K=\dfrac{\sqrt{2}}{2},R=\sqrt{2}$.

3.8 偏导数的几何应用

1. $\begin{cases} x = x\,(t)\,, \\ y = y\,(t)\,, \quad t \in [\alpha, \beta]. \\ z = z\,(t)\,, \end{cases}$

2. $A\,(x - x_0) + B\,(y - y_0) + C\,(z - z_0) = 0.$

3. $\dfrac{x - x_0}{m} = \dfrac{y - y_0}{n} = \dfrac{z - z_0}{p}.$

4. $\dfrac{\boldsymbol{r}}{|\boldsymbol{r}|} = \left(\dfrac{x}{\sqrt{x^2 + y^2 + z^2}}, \dfrac{y}{\sqrt{x^2 + y^2 + z^2}}, \dfrac{z}{\sqrt{x^2 + y^2 + z^2}} \right)$
$= (\cos \alpha, \cos \beta, \cos \gamma).$

5. $\left(\dfrac{1}{4}, -1, 2 \right).$

6. $\dfrac{x - x_0}{1} = \dfrac{y - \varphi\,(x_0)}{\varphi'\,(x_0)} = \dfrac{z - \psi\,(x_0)}{\psi'\,(x_0)}.$

7. $16x + 9y - z - 24 = 0.$

8. $\{F_x\,(x_0, y_0, z_0)\,, F_y\,(x_0, y_0, z_0)\,, F_z\,(x_0, y_0, z_0)\}.$

9. $\left. \dfrac{\partial f}{\partial x} \right|_{(x_0, y_0)} (x - x_0) + \left. \dfrac{\partial f}{\partial y} \right|_{(x_0, y_0)} (y - y_0) - 1 \cdot (z - z_0) = 0.$

10. **解**　设 $F(x, y, z) = 3x^2 + y^2 + z^2 - 16$, 点 $(-1, -2, 3)$ 处曲面的法向量为

$$\boldsymbol{n} = (F_x, F_y, F_z)\,\big|_{(-1, -2, 3)} = (5x, 2y, 2z)\,\big|_{(-1, -2, 3)} = (-6, -4, 6).$$

xOy 面的法向量 $\boldsymbol{n}_1 = (0, 0, 1)$, $\boldsymbol{n}$ 与 $\boldsymbol{n}_1$ 夹角余弦值为

$$\frac{\boldsymbol{n}_1 \cdot \boldsymbol{n}}{|\boldsymbol{n}_1|\,|\boldsymbol{n}|} = \frac{6}{\sqrt{6^2 + 4^2 + 6^2} \cdot 1} = \frac{3}{\sqrt{22}}.$$

故所求余弦值为 $\dfrac{3}{\sqrt{22}}.$

11. **解**　设切点为 $M\,(x_0, y_0, z_0)$, $F(x, y, z) = \dfrac{x^2}{a^2} + \dfrac{y^2}{b^2} + \dfrac{z^2}{c^2} - 1.$

M 点处曲面切平面法向量为

$$(F_x, F_y, F_z)\,|_{(x_0, y_0, z_0)} = \left(\dfrac{2x}{a^2}, \dfrac{2y}{b^2}, \dfrac{2z}{c^2} \right) \Bigg|_{(x_0, y_0, z_0)} = \left(\dfrac{2x_0}{a^2}, \dfrac{2y_0}{b^2}, \dfrac{2z_0}{c^2} \right).$$

M 点处切平面方程为

$$\dfrac{x_0}{a^2}(x - x_0) + \dfrac{y_0}{b^2}(y - y_0) + \dfrac{z_0}{c^2}(z - z_0) = 0, \text{即 } \dfrac{x_0 x}{a^2} + \dfrac{y_0 y}{b^2} + \dfrac{z_0 z}{c^2} = 1.$$

所以, 切平面在三个坐标轴上的截距分别为 $\dfrac{a^2}{x_0}, \dfrac{b^2}{y_0}, \dfrac{c^2}{z_0}$. 切平面与三个坐标面所围成的四面体的体积为 $V = \dfrac{1}{6} \dfrac{a^2 b^2 c^2}{x_0 y_0 z_0}$. 即在约束条件 $\dfrac{x^2}{a^2} + \dfrac{y^2}{b^2} + \dfrac{z^2}{c^2} = 1$ 下求函数 $V = \dfrac{1}{6} \dfrac{a^2 b^2 c^2}{x_0 y_0 z_0}$ 的最小值.

设拉格朗日函数 $L(x, y, z, \lambda) = xyz + \lambda \left(\dfrac{x^2}{a^2} + \dfrac{y^2}{b^2} + \dfrac{z^2}{c^2} - 1 \right)$.

$$
\begin{cases}
L_x = yz + \dfrac{2\lambda x}{a^2} = 0, \\[2mm]
L_y = xz + \dfrac{2\lambda y}{b^2} = 0, \\[2mm]
L_z = xy + \dfrac{2\lambda z}{c^2} = 0,
\end{cases}
$$

解得 $x = \dfrac{a}{\sqrt{3}}, y = \dfrac{b}{\sqrt{3}}, z = \dfrac{c}{\sqrt{3}}$.

由此问题性质知, 所求切点为 $\left(\dfrac{a}{\sqrt{3}}, \dfrac{b}{\sqrt{3}}, \dfrac{c}{\sqrt{3}} \right)$, 四面体最小体积为 $\dfrac{\sqrt{3}}{2} abc$.

3.9 泰勒公式

1. $n+1$ 阶导数, $\dfrac{f^{(n)}(x_0)}{n!}(x - x_0)^n$, $o\left((x - x_0)^{(n)} \right)$, $\dfrac{f^{(n+1)}(\xi)}{(n+1)!}(x - x_0)^{n+1}$, 在 x_0 处展开的带有佩亚诺余项或拉格朗日余项的 n 阶泰勒公式.

2. 0.

3. **解** $f'(x) = \mathrm{e}^{-x} - x\mathrm{e}^{-x}$, $f''(x) = -2\mathrm{e}^{-x} + x\mathrm{e}^{-x}$, $f'''(x) = 3\mathrm{e}^{-x} - x\mathrm{e}^{-x}$,

$$
f^{(n)}(x) = (-1)^{n+1} n \mathrm{e}^{-x} + (-1)^n x \mathrm{e}^{-x}.
$$

所以 $x\mathrm{e}^{-x} = x - x^2 + \dfrac{1}{2} x^3 + \cdots + \dfrac{(-1)^{(n-1)}}{(n-1)!} x^n + o(x^n)$.

4. **解**   因为

$$
f(4) = \sqrt{4} = 2, \quad f'(4) = \frac{1}{2} x^{-\frac{1}{2}} \Big|_{x=4} = \frac{1}{4}, \quad f''(4) = -\frac{1}{4} x^{-\frac{3}{2}} \Big|_{x=4} = -\frac{1}{32},
$$

$$
f'''(4) = \frac{3}{8} x^{-\frac{5}{2}} \Big|_{x=4} = \frac{3}{8 \cdot 32}, \quad f^{(4)}(x) = -\frac{15}{16} x^{-\frac{7}{2}},
$$

所以, $\sqrt{x} = f(4) + f'(4)(x-4) + \dfrac{f''(4)}{2!}(x-4)^2$

$\qquad + \dfrac{f'''(4)}{3!}(x-4)^3 + \dfrac{f^{(4)}(\xi)}{4!}(x-4)^4$

$\quad = 2 + \dfrac{1}{4}(x-4) - \dfrac{1}{64}(x-4)^2 + \dfrac{1}{512}(x-4)^3 - \dfrac{1}{4!}$

$\qquad \cdot \dfrac{15}{16\sqrt{[4+\theta(x-4)]^7}}(x-4)^4 \quad (0 < \theta < 1).$

5. 解　因为

$\qquad f'(x) = \sec^2 x,$

$\qquad f''(x) = 2\sec x \cdot \sec x \cdot \tan x = 2\sec^2 x \cdot \tan x,$

$\qquad f'''(x) = 4\sec x \cdot \sec x \cdot \tan^2 x + 2\sec^4 x = 4\sec^2 x \cdot \tan^2 x + 2\sec^4 x,$

$\qquad f(0) = 0, \quad f'(0) = 1, \quad f''(0) = 0, \quad f'''(0) = 2,$

所以, $\tan x = x + \dfrac{1}{3}x^3 + o(x^4).$

6. 解　$\ln(1+x) = x - \dfrac{x^2}{2} + \dfrac{x^3}{3} + \cdots + (-1)^{n-1}\dfrac{x^n}{n} + o\left(x^n\right),$

$\qquad \ln(2+x) = \ln\left[2 \cdot \left(1 + \dfrac{x}{2}\right)\right] = \ln 2 + \ln\left(1 + \dfrac{x}{2}\right),$

$\ln\left(1 + \dfrac{x}{2}\right)$ 展开的含 x^{50} 的项为 $(-1)^{49}\dfrac{\left(\dfrac{x}{2}\right)^{50}}{50} = -\dfrac{x^{50}}{2^{50} \cdot 50}.$

7. 解　(1) $\displaystyle\lim_{x \to 0} \dfrac{\cos x - \mathrm{e}^{-\frac{x^2}{2}}}{2x^4}$

$\quad = \displaystyle\lim_{x \to 0} \dfrac{\left[1 - \dfrac{1}{2!}x^2 + \dfrac{1}{4!}x^4 + o(x^4)\right] - \left[1 - \dfrac{1}{2}x^2 + \dfrac{1}{2!} \cdot \dfrac{1}{4}x^4 + o(x^4)\right]}{2x^4}$

$\quad = \displaystyle\lim_{x \to 0} \dfrac{-\dfrac{2}{24}x^4 + o(x^4)}{2x^4} = -\dfrac{1}{24} + 0 = -\dfrac{1}{24}.$

(2) $\lim\limits_{x\to 0}\dfrac{1+\dfrac{1}{2}x^2-\sqrt{1+x^2}}{(\cos x-\mathrm{e}^{x^2})\sin x^2}$

$$=\lim\limits_{x\to 0}\dfrac{1+\dfrac{1}{2}x^2-\left[1+\dfrac{1}{2!}x^2-\dfrac{3}{4!}x^4+o(x^4)\right]}{\left[\left(1-\dfrac{1}{2!}x^2+\dfrac{1}{4!}x^4+o(x^4)\right)-\left(1+x^2+\dfrac{1}{2!}x^4+o(x^4)\right)\right]x^2}$$

$$=\lim\limits_{x\to 0}\dfrac{\dfrac{3}{4!}x^4+o(x^4)}{-\dfrac{3}{2}x^4-\dfrac{11}{24}x^6+x^2\cdot o(x^4)}=\lim\limits_{x\to 0}\dfrac{\dfrac{3}{4!}+\dfrac{o(x^4)}{x^4}}{-\dfrac{3}{2}-\dfrac{11}{24}x^2+\dfrac{o(x^4)}{x^2}}=\dfrac{\dfrac{3}{4!}}{-\dfrac{3}{2}}$$

$$=-\dfrac{1}{12}.$$

微分学及其应用 | 章测试 1

一、填空题

1. $(-4,-1,-2)$.

2. 不存在.

3. $-\dfrac{b}{2a}$.

4. $\dfrac{(\ln 2)^n}{n!}$.

5. $\left(yx^{y-1}-\dfrac{y}{x^2}\right)\mathrm{d}x+\left(x^y\ln x+\dfrac{1}{x}\right)\mathrm{d}y$.

二、选择题

6. C.

7. A.

8. C.

9. A.

10. B.

三、计算题、综合题

11. **解** (1) 原式化简为 $\dfrac{1}{2}\ln\left(x^2+y^2\right)=\arctan\dfrac{y}{x}$, 方程两端同时对 x 求导得

$$\dfrac{1}{2}\cdot\dfrac{2x+2y\cdot y'}{x^2+y^2}=\dfrac{\dfrac{y'x-y}{x^2}}{1+\left(\dfrac{y}{x}\right)^2},$$

即 $\dfrac{x+yy'}{x^2+y^2}=\dfrac{y'x-y}{x^2+y^2}$, 整理得 $(y-x)\,y'=-(x+y)$, 于是 $y'=\dfrac{x+y}{x-y}$.

(2)

$$\lim_{x\to 0}\left(\frac{1}{x^2}-\frac{\cos^2 x}{\sin^2 x}\right)$$

$$=\lim_{x\to 0}\frac{\sin^2 x-x^2\cos^2 x}{x^2\sin^2 x}$$

$$=\lim_{x\to 0}\frac{\left(x-\dfrac{x^3}{3!}+o\left(x^4\right)\right)^2-x^2\left(1-\dfrac{x^2}{2}+o\left(x^3\right)\right)^2}{x^4}$$

$$=\lim_{x\to 0}\frac{x^2-\dfrac{x^4}{3}+o\left(x^4\right)-x^2+x^4+o\left(x^4\right)}{x^4}=1-\frac{1}{3}=\frac{2}{3}.$$

12. **解** $\ln f\left(x\right)=\dfrac{\ln x}{x}$, $\dfrac{f'\left(x\right)}{f\left(x\right)}=\dfrac{1-\ln x}{x^2}$, $f'\left(x\right)=x^{\frac{1}{x}-2}\left(1-\ln x\right)$,

令 $f'\left(x\right)=0$ 得 $x=\mathrm{e}$. 当 $0<x<\mathrm{e}$, $f'\left(x\right)>0$; 当 $x>\mathrm{e}$, $f'\left(x\right)<0$.

故 $f\left(x\right)$ 在 $x=\mathrm{e}$ 处取得极大值 $f\left(\mathrm{e}\right)=\mathrm{e}^{\frac{1}{e}}$.

13. **解** (1) 记 $u=f(w,v),w=xy,v=\mathrm{e}^x$ 则

$$\frac{\partial u}{\partial x}=f_w\cdot y+f_v\mathrm{e}^x,\qquad \frac{\partial u}{\partial y}=f_w\cdot x.$$

(2) 记 $u=f(w,v),w=\dfrac{y}{x},v=\dfrac{x}{z}$ 则

$$\frac{\partial u}{\partial x}=f_w\cdot\left(-\frac{y}{x^2}\right)+f_v\frac{1}{z},\qquad \frac{\partial u}{\partial y}=f_w\cdot\frac{1}{x}\frac{\partial u}{\partial z}=f_v\cdot\left(-\frac{x}{z^2}\right).$$

14. **解** $y'=3ax^2+2bx,y''=6ax+2b$. 要使 $(2,3)$ 成为曲线 $y=ax^3+bx^2+2$ 的拐点, 必须 $y\left(2\right)=3$ 且 $y''\left(2\right)=0$, 即 $8a+4b+2=3$, 且 $12a+2b=0$, 解此方程组得 $a=-\dfrac{1}{16},b=\dfrac{3}{8}$.

15. **解** 方程组两端同时对 x 求导, y 视为常数, u,v 均与 x 有函数关系. 得

$$\begin{cases} 2x+0-\dfrac{\partial u}{\partial x}\cdot v-u\cdot\dfrac{\partial v}{\partial x}=0,\\[3mm] y^2-2u\cdot\dfrac{\partial u}{\partial x}+2v\cdot\dfrac{\partial v}{\partial x}=0, \end{cases}$$

即

$$\begin{cases} v\dfrac{\partial u}{\partial x} + u \cdot \dfrac{\partial v}{\partial x} = 2x, \\ 2u \cdot \dfrac{\partial u}{\partial x} - 2v \cdot \dfrac{\partial v}{\partial x} = y^2, \end{cases}$$

解得

$$\frac{\partial u}{\partial x} = \frac{4xv + uy^2}{2v^2 + 2u^2}, \quad \frac{\partial v}{\partial x} = \frac{4xu - vy^2}{2v^2 + 2u^2}.$$

16. 解 设切点为 $M_0(x_0, y_0, z_0)$, 切平面方程为

$$3x_0 x + y_0 y - z_0 z - 27 = 0. \quad ①$$

过已知直线的平面束方程为

$$10x + 2y - 2z - 27 + \lambda(x + y - z) = 0.$$

即

$$(10 + \lambda)x + (2 + \lambda)y + (-\lambda - 2)z - 27 = 0. \quad ②$$

当①和②为同一平面时有

$$10 + \lambda = 3x_0, \quad 2 + \lambda = y_0, \quad -\lambda - 2 = -z_0,$$

且 $3x_0^2 + y_0^2 - z_0^2 = 27$. 解得

$$\begin{cases} x_0 = 3, \\ y_0 = 1, \\ z_0 = 1 \end{cases} \text{或} \begin{cases} x_0 = -3, \\ y_0 = -17, \\ z_0 = -17. \end{cases}$$

对应的切平面方程为 $9x + y - z - 27 = 0$ 或 $9x + 17y - 17z + 27 = 0$.

17. 解 $\begin{cases} f_x = 2x - 12 = 0, \\ f_y = 2y + 16 = 0. \end{cases}$ $(6,8)$ 不在 D 内, 所以, D 内无极值点.

在边界 $x^2 + y^2 = 25$ 上, $f(x,y) = 25 - 12x + 16y$,

$$L(x,y) = 25 - 12x + 16y + \lambda(x^2 + y^2 - 25),$$

$$\begin{cases} L_x = -12 + 2\lambda x = 0, \\ L_y = 16 + 2\lambda y = 0, \\ x^2 + y^2 = 25. \end{cases}$$

解得

$$\begin{cases} x = 3, \\ y = -4. \end{cases} \quad \begin{cases} x = -3, \\ y = 4. \end{cases}$$

故 $f(3, -4) = -75$ 为最小值, $f(-3, 4) = 125$ 为最大值.

18. 证

$$\frac{\partial z}{\partial x} = yf' \cdot \frac{1}{y} + \varphi + x \cdot \varphi' \cdot \left(-\frac{y}{x^2}\right) = f' + \varphi - \frac{y}{x}\varphi'.$$

$$\frac{\partial^2 z}{\partial x^2} = f'' \cdot \frac{1}{y} + \varphi' \cdot \left(-\frac{y}{x^2}\right) + \frac{y}{x^2}\varphi' - \frac{y}{x}\varphi'' \cdot \left(-\frac{y}{x^2}\right) = \frac{1}{y}f'' + \frac{y^2}{x^3}\varphi''.$$

$$\frac{\partial^2 z}{\partial x \partial y} = f'' \cdot \left(-\frac{x}{y^2}\right) + \varphi' \cdot \frac{1}{x} - \frac{1}{x}\varphi' - \frac{y}{x}\varphi'' \frac{1}{x} = -\frac{x}{y^2}f'' - \frac{y}{x^2}\varphi''.$$

$$\frac{\partial z}{\partial y} = f + y \cdot f' \left(-\frac{x}{y^2}\right) + x \cdot \varphi' \frac{1}{x} = f - \frac{x}{y}f' + \varphi'.$$

$$\frac{\partial^2 z}{\partial y^2} = f \cdot \left(-\frac{x}{y^2}\right) + \frac{x}{y^2}f' - \frac{x}{y} \cdot f'' \cdot \left(-\frac{x}{y^2}\right) + \varphi'' \cdot \frac{1}{x} = \frac{x^2}{y^3}f'' + \frac{1}{x}\varphi''.$$

微分学及其应用 | 章测试 2

一、填空题

1. $(f_1' + yf_2') \cdot g' \cdot (1 + y)$.

2. $\dfrac{5}{6}$.

3. $\dfrac{1}{2}e^{\pi}$.

4. $\dfrac{1}{4}$.

5. $4, 0$.

6. $\dfrac{x_0 x}{a^2} + \dfrac{y_0 y}{b^2} + \dfrac{z_0 z}{c^2} = 1$.

7. $\left[0, \dfrac{1}{4}\right]$.

二、选择题

8. B.

9. C.

10. D.

11. B.

12. B.

13. C.

14. C.

三、计算题

15. **解** $f(x) = \dfrac{2}{1+x} - 1$，$f^{(k)}(x) = \dfrac{(-1)^k 2 \cdot k!}{(1+x)^{k+1}}$，

$$f(x) = 1 - 2x + 2x^2 - \cdots + (-1)^n 2x^n + \frac{(-1)^{n+1} \cdot 2x^{n+1}}{(1+\theta x)^{n+2}} \quad (0 < \theta < 1).$$

16. **解** $y' = \dfrac{1}{x}$，$y'' = -\dfrac{1}{x^2}$，

$$K = \frac{|y''|}{(1+y'^2)^{\frac{3}{2}}} = \frac{\left|-\dfrac{1}{x^2}\right|}{\left(1 + \dfrac{1}{x^2}\right)^{\frac{3}{2}}} = \frac{x}{(1+x^2)^{\frac{3}{2}}},$$

$$\rho = \frac{(1+x^2)^{\frac{3}{2}}}{x},$$

$$\rho' = \frac{\sqrt{1-x^2}\,(2x^2-1)}{x^2}.$$

令 $\rho' = 0$，得 $x = \dfrac{\sqrt{2}}{2}$，因为当 $0 < x < \dfrac{\sqrt{2}}{2}$ 时 $\rho' < 0$；当 $x > \dfrac{\sqrt{2}}{2}$ 时，$\rho' > 0$，所以 $x = \dfrac{\sqrt{2}}{2}$ 是极小值点，同时也最小值点. 当 $x = \dfrac{\sqrt{2}}{2}$ 时，$y = \ln \dfrac{\sqrt{2}}{2}$. 因此在曲线上点 $\left(\dfrac{\sqrt{2}}{2}, \ln \dfrac{\sqrt{2}}{2}\right)$ 处曲率半径最小，最小曲率半径为 $\rho = \dfrac{3\sqrt{3}}{2}$.

17. **解** 设 $F(x,y,z) = x^2 + y^2 - z - xyz$，则 $F_x = 2x - yz$，$F_y = 2y - xz$，$F_z = -1 - xy$，由条件知 $F_z \neq 0$，又 $\dfrac{\partial z}{\partial x} = -\dfrac{F_x}{F_z} = \dfrac{2x - yz}{1 + xy}$，$\dfrac{\partial z}{\partial y} = -\dfrac{F_y}{F_z} = \dfrac{2y - xz}{1 + xy}$，从而 $\mathrm{d}z = \dfrac{2x - yz}{1 + xy}\mathrm{d}x + \dfrac{2y - xz}{1 + xy}\mathrm{d}y$.

18. **解** $\dfrac{\mathrm{d}y}{\mathrm{d}t} = a \sin t$，$\dfrac{\mathrm{d}x}{\mathrm{d}t} = a(1 - \cos t)$，$\dfrac{\mathrm{d}y}{\mathrm{d}x} = \dfrac{\mathrm{d}y}{\mathrm{d}t} \Big/ \dfrac{\mathrm{d}x}{\mathrm{d}t} = \dfrac{\sin t}{1 - \cos t}$.

19. **解** 直线 l 的方向向量为 $\boldsymbol{s} = (1, -4, 6)$，椭球面上点 (x, y, z) 处的法向量为 $\boldsymbol{n} = (2x, 4y, 6z)$，由条件知 $\boldsymbol{s} \parallel \boldsymbol{n}$，所以 $\dfrac{2x}{1} = \dfrac{4y}{-4} = \dfrac{6z}{6} = \lambda$，$x = \dfrac{\lambda}{2}$，$y =$

$-\lambda, z = \lambda$. 从而 $\left(\dfrac{\lambda}{2}\right)^2 + 2\left(-\lambda\right)^2 + 3\lambda^2 = 84$, 得 $\lambda = \pm 4$, 得到两点 $(2, -4, 4)$ 和 $(-2, 4, -4)$. 切平面方程分别为 $x - 4y + 6z - 42 = 0$ 和 $x - 4y + 6z + 42 = 0$.

四、证明题

20. **证**　令 $F(x) = x^n f(x)$, $F(x)$ 在 $[0,1]$ 上连续, 在 $(0, 1)$ 内可导, 因为 $f(1) = 0$, 所以 $F(0) = F(1) = 0$, 即 $F(x)$ 在 $[0, 1]$ 上满足罗尔定理的条件, 则至少存在一点 $c \in (0, 1)$ 使 $F'(c) = 0$,

而 $F'(x) = nx^{n-1}f(x) + x^n f'(x)$, 故 $F'(c) = nc^{n-1}f(c) + c^n f'(c) = 0$, $cf'(c) + nf(c) = 0$, 证毕.

五、应用题

21. **解**　设晒谷场宽为 x(m), 则长为 $\dfrac{512}{x}$ (m), 新砌石条围沿的总长为 $L = 2x + \dfrac{512}{x}(x > 0)$, $L' = 2 - \dfrac{512}{x^2}$, 唯一驻点 $x = 16$. $L''|_{x=16} = \dfrac{1024}{x^3}\bigg|_{x=16} > 0$, 所以 $x = 16$ 为极小值点. 由问题的实际意义知唯一极值点就是最值点, 故晒谷场宽为 16 m, 长为 $\dfrac{512}{16} = 32$ m 时, 可使新砌石条围沿所用材料最省.

22. **解**　设游泳池的长、宽、高分别为 x, y, z (m), 游泳池底部的单位造价为 l, 则游泳池造价为 $S = (xy + 4xz + 4yz)\,l$, 且 $xyz = 128(x > 0, y > 0, z > 0)$.

设 $L = xy + 4xz + 4yz + \lambda(xyz - 128)$, 由

$$
\begin{cases}
L_x = y + 4z + \lambda yz = 0, \\
L_y = x + 4z + \lambda xz = 0, \\
L_z = 4x + 4y + \lambda xy = 0, \\
xyz = 128
\end{cases}
$$

得 $x = y = 8, z = 2$. 由问题的实际意义知泳池造价函数必存在最小值, 因此当游泳池的长、宽、高分别为 8m、8m、2m 时造价最低.

第 4 章
积分学及其应用

博学之, 审问之, 慎思之, 明辨之, 笃行之. ——《礼记》

4.1 积分的基本概念

➤ 学习目标导航

❑ **知识目标**

↪ 流形 (manifold)、积分 (integral);

↪ 积分的性质;

↪ 微元法 (infinitesimal method, 又称元素法 atomistic approach);

↪ 积分分类: 线积分 (分为定积分 definite integral、曲线积分 line integral); 面积分 (分为二重积分 double integral、曲面积分 surface integral); 体积分 (三重积分 triple integral).

❑ **认知目标**

1. 空间中的流形及流形上的积分

A. 理解什么是空间中的流形; 理解并复述流形上积分的定义及积分的性质.

2. 微元法与积分分类

B. 建立积分分类的知识框架;

C. 灵活运用微元法思想及方法建立变量微元, 进而构建问题求解的积分模型 (曲线积分模型、定积分模型、重积分模型和曲面积分模型).

❑ **情感目标**

↪ 通过学习, 搭建起利用积分求解问题的初步认识观, 充分发挥空间想象能力对抽象的数学概念进行研究;

↳ 通过梳理知识点提升信息提取、信息处理和利用所学方法进行数学建模的意愿与能力.

☞ 学习指导

微分, 从微观局部角度研究事物关系;

积分, 将微观世界的事物关系累积起来跃升至宏观世界.

微分, 从宏观世界迈入微观世界;

积分, 为微观世界迈向宏观世界搭建了桥梁.

学好积分学, 要在理性思考的基础上充分发挥想象力.

学好积分学, 要在理解的基础上不断梳理总结和归纳各型积分的关系及其相关知识.

(1) **关于积分概念的学习**. 积分学部分, 各型积分 (定积分、第一型曲线积分、第二型曲线积分、二重积分、第一型曲面积分、第二型曲面积分、三重积分) 具有统一的概念, 即流形上的积分. 学习中, 要通过流形上的积分的概念, 充分理解其内涵, 深度思考: 概念的本质是什么? 体现了什么样的方法论? 要逐字逐句地分析教材中的定义, 乃至熟记定义.

(2) **关于积分性质的学习**. 由于概念上的统一性, 各型积分呈现出的性质是相似的、关联的! 除此之外, 同导数的概念一样, 积分亦是某种特殊形式的极限. 因此, 粗略地讲, 积分的性质同极限的性质是具有继承性的. 所以在学习这些知识时, 建议深度思考相互之间的联系并推理.

(3) **关于积分建模的学习**. 这里将利用积分知识建立实际问题的数学模型 (积分表达式) 简称建立积分模型, 建立积分表达式的过程简称积分建模. 积分建模要建立在充分理解积分概念的基础上. 在实际问题求解时, 利用微元法思想找到所求量的微元表达式 (微分表达式) 是关键, 再按照分割的区域 (流形) 维度将微元累加起来, 累加的过程就是从微分表达式跃升至积分表达式. 这里可以结合教材上的举例, 反复体会上述过程.

总之, 本节是对后面各型积分的概念、性质、形式等内容的统一给出, 具有基础性和理论性强的特点, 在学习时应引起重视.

⇒ 重难点突破

1. *流形上的积分及微元法*

在微分学中, 我们学习了微分的概念. 若函数 $y = f(x)$ 可微, 等价于

$$\Delta y = f'(x)\Delta x + o(\Delta x),$$

其中微分 $\mathrm{d}y = f'(x)\Delta x = f'(x)\mathrm{d}x$, 是 Δy 的线性主部, 即 $\Delta y \approx \mathrm{d}y$, 从几何上看, 当 $\Delta x \to 0$ 时, 光滑曲线 $y = f(x)$ 在 x 处可以用此处的切线近似代替, 也就是 "以直代曲". 由此可以看出, 当研究函数的微分时, 实际上是从微观领域研究它的性质.

　　积分, 是将微观世界中每一点处的微分连续地累积起来[1]. 所以说微分是 "打散" 的过程, 是化整为零的过程; 积分是将这些被 "打散" 的细微碎片重新 "拼装" 的过程, 是积零为整的过程.

　　利用积分求解实际问题 (例如, 求面积、体积、不均匀物质的质量等), 基本的方法就是按照如下四个步骤建模 (图 4.1.1):

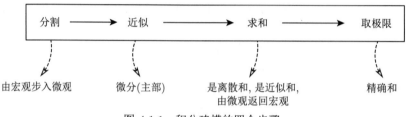

图 4.1.1　积分建模的四个步骤

　　在高等数学中, 无论何种类型的积分, 其概念的建立均可分解为上述步骤. 学习积分的定义时, 应当多体会积分定义中蕴含的方法论. 下面对积分的定义进一步注解, 希望能够加深读者的理解.

　　【定义】 设 $f(M)$ 是有界闭流形 $\bar{\Omega}$ 上的有界函数. 将闭流形 $\bar{\Omega}$ 任意分成 n 个小流形 $\bar{\Omega}_1, \bar{\Omega}_2, \cdots, \bar{\Omega}_n$[①], 其测度分别为

$$\Delta \mu_1, \Delta \mu_2, \cdots, \Delta \mu_n.$$

在每个小流形 $\bar{\Omega}_i$ 上任取一点 $M_i, i = 1, 2, \cdots, n$, 作和式 [②]

$$\sum_{i=1}^{n} f(M_i) \Delta \mu_i.$$

如果当各小流形的直径中的最大值趋于零[③] 时, 上述和的极限存在, 则称此极限为函数 $f(M)$ 在闭流形 $\bar{\Omega}$ 上的积分, 记作 $\displaystyle\int_{\bar{\Omega}} f(M)\mathrm{d}\mu$ 或 $\displaystyle\int_{\bar{\Omega}} f(x, y, z)\mathrm{d}\mu$[④], 即

---

　　1 这句话请读者随着学习的深入不断体会, 它既是对积分概念的概括, 是利用微元法建立实际问题的积分模型的基本依据, 亦蕴含着各类型积分计算方法的基本原理.

$$\int_{\bar{\Omega}} f(x,y,z)\mathrm{d}\mu = \lim_{\lambda \to 0} \sum_{i=1}^{n} f(M_i)\,\Delta\mu_i.$$

注①　分割, 即 "大化小"

注②　用小流形 $\bar{\Omega}_i$ 上任意一点 M_i 的函数值 $f(M_i)$ 代替 $\bar{\Omega}_i$ 上变化的函数值 $f(M), M \in \bar{\Omega}_i$, 是 "以常代变", 即近似; 将每一个小流形上的近似值加起来, 即求和, 得到欲求量的近似和.

注③　"各小流形直径中的最大值 λ 趋于零", 即取极限. 这一步操作的目的是使得 "分割越来越细". 所谓小闭流形 $\bar{\Omega}_i$ 的直径, 是指在小闭流形的边界上任意选取两点, 两点之间距离的最大值, 如图 4.1.2.

图 4.1.2

设 n 个小闭流形的直径为 $d_1, d_2, \cdots, d_n$, 则 $\lambda = \max\{d_1, d_2, \cdots, d_n\}$. 可以这样理解, 在 n 个小闭流形中, 直径最大的那个小闭流形的直径趋近于 0, 即该小闭流形逐渐地缩小, 趋近于当中的点 M_i, 也就意味着所有小闭流形都在缩小, 而小流形的数目 n 在增大, 趋近于 $+\infty$, 直观上就是对流形 $\bar{\Omega}$ 的分割越来越细.

注④　由此可见, 积分是符合特定形式的极限式.

可以借助具体问题的求解帮助记忆和巩固上述定义, 并进一步理解**微元法**.

【例 1】求以 $y = f(x)$ 为曲边的曲边梯形的面积 S. 如图 4.1.3 所示, 该曲边梯形是 $y = f(x)$ 及 $x = a, x = b, y = 0$, 假设 $f(x)$ 在 $[a,b]$ 上连续.

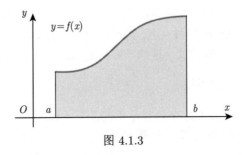

图 4.1.3

【分析】我们欲求的量是图形的面积, 按照积分的定义, 只需将上述不规则图形进行分割, 找到微元的微分表达式, 再将微元的微分表达式按照分割方式累积起来即可.

方法一

分割   将 $[a, b]$ 分割 (注意分割的是一维闭流形), 其中每一小区间的测度 (对于一维闭流形, 即长度) 为 Δx_i;

近似   在小区间上任取一点 x_i, 以 Δx_i 为底的小曲边梯形的面积 $\Delta S_i \approx f(x_i)\Delta x_i$;

求和   整个曲边梯形的面积 $S = \sum_{i=1}^{n} \Delta S_i \approx \sum_{i=1}^{n} f(x_i)\Delta x_i$;

取极限 $S = \lim\limits_{\text{分割越来越细}} \sum_{i=1}^{n} f(x_i)\Delta x_i = \lim\limits_{\lambda \to 0} \sum_{i=1}^{n} f(x_i)\Delta x_i$; 其中 $\lambda = \max\{\Delta x_1, \Delta x_2, \cdots, \Delta x_n\}$.

若上述极限存在, 极限值就是曲边梯形的面积. 这一点通过观察图像 (图 4.1.4) 也能直观感受到.

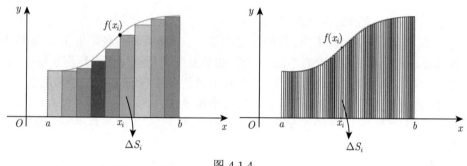

图 4.1.4

注意到, 曲边梯形的面积与变量 x 的变化区间 $[a, b]$ 有关, 即对于区间 $[a, b]$ 具有可加性, 因此面积微元可以表示为: $\mathrm{d}S = f(x)\mathrm{d}x$, 也就是将 $\Delta S_i \approx f(x_i)\Delta x_i$ 写成微分形式, $\mathrm{d}S$ 是 ΔS 的线性主部, 当分割地极其细微时, 可以用 $\mathrm{d}S$ 近似代替 ΔS 然后将微元按照其分割方式 "连续" 累积起来, 由于分割的是一维闭流形 (区间 $[a, b]$), 故 $S = \int_{[a,b]} f(x)\mathrm{d}x$.

注⑤ (拓展: 积分定义中蕴含的哲学思想 (图 4.1.5))

可见, 在建立积分模型的四个步骤中, 前三步是量变阶段, 无论分割得多么细, 都只是近似, 唯有经历最后一步取极限, 将有限与无限相联系, 才能达到质的飞跃, 近似变为精确. 后面我们知道, 在图 4.1.5 积分表达式中, 等号左端是定积分, 计算出来是个常数, 即求得的面积是个确定的数值, 是静止的, 而等号右端是个极限表达式, 表示无限细分这一过程不断持续下去, 是个动态发展的过程. 通过积分表达式将静止状态与运动过程联系起来.

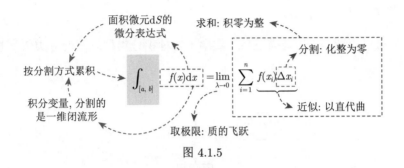

图 4.1.5

方法二　若我们改变分割方式, 改变面积微元的微分表达式, 如图 4.1.6.

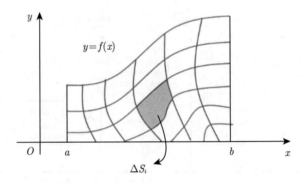

图 4.1.6　以任意的曲线将曲边梯形分割为 n 个不规则小平面区域, 设其中任意一个小区域的面积为 ΔS_i, 面积微元我们用 $\mathrm{d}\sigma$ 表示, 则整个曲边梯形的面积就是将每一个面积微元连续的累积起来. 由于分割的是二维闭流形 (设二维平面上曲边梯形所占区域为 D), 即 $S = \underset{\text{面积微元}}{\iint_D \mathrm{d}\sigma}$

通过上述两种方法, 可以说明:

(1) 分割的区域 (闭流形) 不同, 累积起来的积分表达式亦不同. 方法 1 建立的积分模型是定积分, 方法 2 是二重积分.

(2) 两种不同的方法所求曲边梯形的面积值应当是相同的, 因此建立的不同积分模型之间应当是等价的. 这也为我们研究不同类型积分的计算方法提供了启示.

(3) 利用微元法建立实际问题的积分模型, 关键是列出欲求量之微元的微分表达式 (所谓欲求量, 如求图形的面积、立体的体积、物体的质量、转动惯量、变力沿曲线做的功等, 这些量对于积分区域具有可加性), 然后再按照微分表达式中积分变量对积分区域的分割方式 (主要考虑是对哪个闭流形分割的, 这个闭流形是几维的) 累积起来. 这方面, 我们将在积分学应用 (专题) 里专门训练.

2. 积分的分类

我们可以用图 4.1.7 来描述高等数学中各种积分类型之间的分类依据和相互关系:

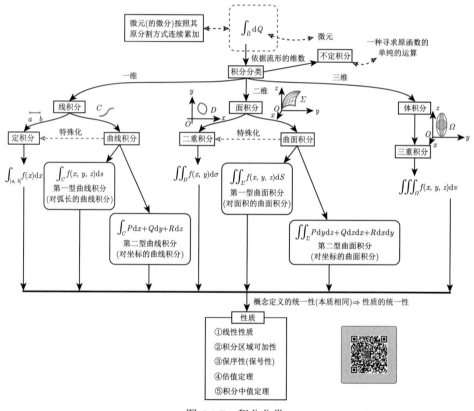

图 4.1.7　积分分类

图 4.1.7 将教材中对积分的分类逻辑进行了梳理, 根据积分流形的维数, 将积分分为线积分、面积分和体积分.

线积分是一维闭流形上的积分. 若积分区域是区间 (一维数轴上的线段), 则积分为定积分; 若积分区域是平面上 (或空间中) 的一条曲线, 则积分为曲线积分. 由积分区域的图像情况, 可以将定积分视为曲线积分的特殊化. 一维闭流形上的线积分, 在积分表达式中只有一个 $\int$ 符号.

面积分是二维闭流形上的积分. 平面有界闭区域 D 上的二重积分可以视为空间曲面 Σ 上的曲面积分的特殊化. 二维闭流形上的面积分, 在积分表达式中有两个 $\int$ 符号, 即 $\iint$.

三维闭流形上的体积分 (即三重积分), 在积分表达式中用 $\iiint$ 表示.

读者可以借助图 4.1.7 不断丰富和完善积分学知识, 可将后面学习各型积分计算方法、积分间关系、积分应用中学到知识点进行梳理、归纳、联系和加工, 补充到图 4.1.7 中.

✔ 学习效果检测

A. 理解什么是空间中的流形; 理解并复述流形上积分的定义及积分的性质

1. 填空题

(1) 点集 $\Omega = \{(x,y,z)\,|\,x=0, c<y<d, z=0\}$ 是_____ 维流形 (其中 c,d 是常数), _____ (是/不是) 闭流形.

(2) 点集 $\Omega = \{(x,y,z)\,|\,x^2+y^2=1, z=0\}$ 是_____ 维流形, _____ (是/不是) 闭流形.

(3) 点集 $\Omega = \{\{x,y,z\}\,|\,x^2+y^2\leqslant 1, z=0\}$ 是_____ 维流形, _____ (是/不是) 闭流形.

(4) 点集 $\Omega = \{(x,y,z)\,|\,x^2+y^2+z^2\leqslant 1\}$ 是_____ 维流形, _____ (是/不是) 闭流形.

(5) 如果闭流形 $\bar{\Omega}$ 的测度为 μ, 则 $\int_{\bar{\Omega}} d\mu = $ _____; 若曲线 L 的长度为 l, 则 $\int_L ds = $ _____; 若曲面的 Σ 的面积为 A, 则 $\iint_{\Sigma} dS = $ _____; 若空间有界立体 Ω 的体积为 V, 则 $\iiint_{\Omega} dv = $ _____.

(6) 如果在 $\bar{\Omega}$ 上 $f(x,y,z)$ 连续, $f(x,y,z)<0$, 则 $\int_{\bar{\Omega}} f(x,y,z)\,d\mu$ _____ (大于/小于/等于) 0.

B. 建立积分分类的知识框架

2. 丰富和完善图 4.1.7 (或根据自己阅读教材后的理解, 重新绘制).

C. 灵活运用微元法思想及方法建立变量微元, 进而构建问题求解的积分模型 (曲线积分模型、定积分模型、重积分模型和曲面积分模型)

3. 求下列物体的质量:

(1) 设不均匀细棒占据一维流形 $\bar{\Omega} = \{(x,y,z) \,|\, a \leqslant x \leqslant b, y = 0, z = 0\}$, 线密度 $\rho(x)$ 为连续函数, 求细棒的质量;

(2) 设某平面薄片占据平面有界闭区域 D, 其面密度 $\rho(x,y)$ 是 D 上的连续函数, 求薄片的质量;

(3) 设某曲面形物件占据空间曲面 Σ 区域, 其面密度为 $\rho(x,y,z) \in C(\Sigma)$, 求该物件的质量;

(4) 设某密度分布不均匀的物体占据空间有界闭区域 Ω, 且密度函数 $\rho(x,y,z) \in C(\Omega)$, 求物体质量.

4. 做直线运动的质点在任意位置 x 处所受力的大小为连续函数 $f(x)$, 假设力的方向同质点运动方向一致, 试求质点从点 $x = a$ 沿 x 轴运动到点 $x = b$ 处, 力 $f(x)$ 所做的功.

5. 一质点在力 $\boldsymbol{F}(x,y,z) = \{P(x,y,z), Q(x,y,z), R(x,y,z)\}$ 的作用下, 从 A 点沿光滑曲线 L 移动至 B 点. 假设 P, Q, R 为连续函数, 求力 $\boldsymbol{F}(x,y,z)$ 所做的功.

4.2 不定积分

➡ **学习目标导航**

❑ **知识目标**

✦ 原函数 (primitive function), 不定积分 (indefinite integral), 不定积分的性质和基本公式;

✦ 第一类换元积分法 (凑微分法); 第二类换元积分法;

✦ 分部积分法 (integration by parts);

✦ 有理函数; 被积函数为有理函数类型的积分方法.

❑ **认知目标**

1. 不定积分的概念与性质

A. 理解原函数及不定积分的概念;

B. 熟记不定积分的基本积分公式, 灵活运用不定积分的性质计算不定积分.

2. 换元积分法

C. 理解两类换元积分法的思想及适用条件, 能够熟练运用换元法计算相关积分式.

3. 分部积分法

D. 熟记分部积分公式及其适用条件, 能利用公式计算不定积分.

4. 有理函数的积分

E. 能够运用有理函数分解的计算程序计算简单的有理函数积分、三角函数有理式的积分; 能够利用换元的思想计算简单无理函数的积分.

❑ **情感目标**

➴ 从互逆的角度理解微分 (求导) 与不定积分的关系, 感受数学运算之妙和符号推理之乐趣;

➴ 通过对简单不定积分运算的练习, 树立学习微积分的自信心;

➴ 通过从微分到积分的发展性认识, 培养踏实的态度, 勇于探索、积极前进的精神品质.

☞ **学习指导**

1. 关于记公式

牢记并灵活运用数学公式, 有两个关键的学习环节: 弄清原理和大量训练运用. 缺失了第一个环节, 仅通过大量做题记忆公式, 往往对公式的理解不够深刻, 不利于长时记忆; 缺失了第二个环节, 仅弄懂了公式得出的原理, 往往在实战运用时不够熟练, 解题耗时, 缺乏解题技巧. 因此两个环节的学习活动应当互补, 例如不定积分的分部积分法公式在推导过程中, 利用了函数乘积的求导公式

$$[u(x)v(x)]' = u'(x)v(x) + u(x)v'(x),$$

对该公式移项后等号两端取积分,

$$\int u(x)v'(x)\,dx = u(x)v(x) - \int v(x)u'(x)\,dx, \text{或简写为} \int u\,dv = uv - \int v\,du.$$

这个过程实际上是分部积分公式的原理和依据. 我们在理解了基本原理后, 没有必要每次在解题时都推导一遍, 而是应当反复观察这个公式的特征, 然后集中精力演练公式适用的积分求解问题, 套用公式, 通过强化训练, 初步形成短时记忆后, 再借助公式的基本原理, 进一步思考公式适用的情况、公式适用的技巧等.

2. 关于习题

在本部分进行大强度的解题训练是必要的. 如果说求导运算是在训练我们的正向思维, 那么求积运算更像是训练逆向思维, 其中蕴含着更为丰富的方法和技巧. 因此, 在学习不定积分时, 一定要谨记 "无他, 但手熟尔!"

当然, 应当针对被积函数的特点、采用的方法或技巧等方面对做过的题目进行梳理和分类, 多总结经验.

⮞ 重难点突破

1. 不定积分的概念与性质

• **为什么说求积运算可视为求导运算的逆运算?**

微分学中,

$$\text{求导运算 \quad 已知 } F(x) \text{ 可导, 问 } F'(x) = ?$$
$$\text{求微分 \quad 已知 } F(x) \text{ 可导, 问 } \mathrm{d}F(x) = ?$$

反过来, 若已知某个函数的导数为 $f(x)$, 问 $(?)' = f(x)$ (或 $\mathrm{d}(?) = f(x)\mathrm{d}x$), 即找出导函数为 $f(x)$ 的函数 $F(x)$. 若 $F'(x) = f(x)$, 称 $F(x)$ 为 $f(x)$ 的原函数. $f(x)$ 的原函数不唯一, 因为若 $F(x)$ 为 $f(x)$ 的原函数, 则 $[F(x) + C]' = f(x)$, 其中 C 为任意常数, 这说明 $F(x) + C$ 也是 $f(x)$ 的原函数, 函数 $f(x)$ 的任意两个原函数之间只相差某个常数.

寻找函数 $f(x)$ 的全体原函数的运算过程, 就是不定积分运算. 若用 $\int f(x)\mathrm{d}x$ 表示 $f(x)$ 的全体原函数, 且知 $F'(x) = f(x)$, 即 $F(x)$ 为 $f(x)$ 的一个原函数, 则

$$\int f(x)\mathrm{d}x = F(x) + C, \qquad \left[\int f(x)\mathrm{d}x\right]' = f(x).$$

由此可见, 求积运算 $\int f(x)\mathrm{d}x$ 可视为求导运算 $F'(x)$ 的逆运算. $\int f(x)\mathrm{d}x$ 是一族 (或者说是无穷多个) 函数.

• **微分 (求导) 与不定积分之间的运算关系**

既然求导与求积过程互逆, 若设 $F(x)$ 为 $f(x)$ 的一个原函数, 则下列等式成立:

$$\frac{\mathrm{d}}{\mathrm{d}x}\int f(x)\mathrm{d}x = f(x); \qquad \mathrm{d}\int f(x)\mathrm{d}x = f(x)\mathrm{d}x;$$

$$\int F'(x)\mathrm{d}x = F(x) + C; \qquad \int \mathrm{d}F(x) = F(x) + C.$$

为了表述求导与求积的互逆性, 从运算符号角度看, 微分运算符 "d"(注意是正体) 与不定积分运算符 "$\int$" 是互逆的. 也就是说当 $\int$ 与 d 连在一起时, 或互相

抵消或抵消后差一个常数 (C). 一个自然的问题是: 为什么用符号 $\displaystyle\int f(x)\,\mathrm{d}x$ 表示 $f(x)$ 的不定积分? 关于这个问题, 我们将在定积分中讲解.

2. 换元积分法

根据前述, 由于求积与求导运算的互逆性, 相应于求导的运算法则, 可以建立求积 (即不定积分) 的运算法则. 由常见函数的导数公式, 可得出基本积分表, 例如

$$(\sin x)' = \cos x, \text{则} \int \cos x\,\mathrm{d}x = \sin x + C.$$

换元积分法是基于复合求导法则推导而出的.

• **第一类换元积分法 (凑微分法)**

在计算某不定积分 $\displaystyle\int g(x)\,\mathrm{d}x$ 时, 若可进行转换: $\displaystyle\int g(x)\,\mathrm{d}x = \int f[\varphi(x)]\,\varphi'(x)\,\mathrm{d}x$, 则如图 4.2.1.

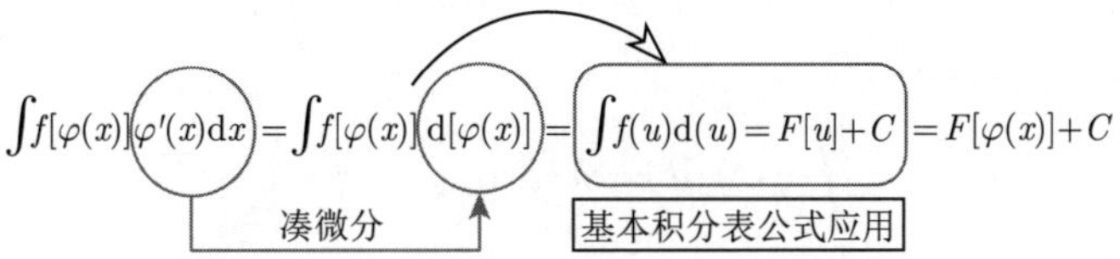

图 4.2.1 凑微分法

例如,

$$\int \underbrace{\frac{1+\ln x}{(x\ln x)^2}}_{g(x)}\,\mathrm{d}x = \int \overbrace{\frac{1}{(x\ln x)^2}}^{f[\varphi(x)]}\underbrace{(x\ln x)'}_{\varphi'(x)}\,\mathrm{d}x = \int \frac{1}{u^2}\,\mathrm{d}u = -\frac{1}{u} + C = -\frac{1}{x\ln x} + C.$$

下面再举一个例子帮助理解,

$$\int \cos 2x\,\mathrm{d}x = \frac{1}{2}\int \cos 2x\,\mathrm{d}(2x) = \frac{1}{2}\sin 2x + C.$$

常见的几种第一类换元类型

(1) $\displaystyle\int f(ax+b)\,\mathrm{d}x = \frac{1}{a}\int f(ax+b)\,\mathrm{d}(ax+b)$;

(2) $\displaystyle\int f(x^n)\,x^{n-1}\mathrm{d}x = \frac{1}{n}\int f(x^n)\,\mathrm{d}x^n$;

(3) $\displaystyle\int f\left(x^n\right)\frac{1}{x}\mathrm{d}x = \frac{1}{n}\int f\left(x^n\right)\frac{1}{x^n}\mathrm{d}x^n;$

(4) $\displaystyle\int f\left(\sin x\right)\cos x\mathrm{d}x = \int f\left(\sin x\right)\mathrm{d}\sin x;$

(5) $\displaystyle\int f\left(\cos x\right)\sin x\mathrm{d}x = -\int f\left(\cos x\right)\mathrm{d}\cos x;$

(6) $\displaystyle\int f\left(\tan x\right)\sec^2 x\mathrm{d}x = \int f\left(\tan x\right)\mathrm{d}\tan x;$

(7) $\displaystyle\int f\left(\mathrm{e}^x\right)\mathrm{e}^x\mathrm{d}x = \int f\left(\mathrm{e}^x\right)\mathrm{d}\mathrm{e}^x;$

(8) $\displaystyle\int f\left(\ln x\right)\frac{1}{x}\mathrm{d}x = \int f\left(\ln x\right)\mathrm{d}\ln x.$

- **第二类换元积分法**

在计算某不定积分 $\displaystyle\int f\left(x\right)\mathrm{d}x$ 时, 若选择适当的可逆变量代换 $x=\phi\left(t\right)$, 则

$$\underbrace{\int f\left(x\right)\mathrm{d}x}_{\text{难算}} \xlongequal{\text{令 } x=\phi(t)} \int f\left[\phi\left(t\right)\right]\mathrm{d}\phi\left(t\right) = \int \overbrace{f\left[\phi\left(t\right)\right]\phi'\left(t\right)}^{g(t)}\mathrm{d}t$$

$$= \underbrace{\int g\left(t\right)\mathrm{d}t}_{\text{易算}} = \Phi\left(t\right)\big|_{t=\phi^{-1}(x)} + C.$$

选择变量代换 $x=\phi\left(t\right)$ 的目的是: 使得积分形式 $\displaystyle\int f\left[\phi\left(t\right)\right]\phi'\left(t\right)\mathrm{d}t$ 经过化简后容易计算. 例如, 计算 $\displaystyle\int\sqrt{a^2-x^2}\mathrm{d}x, a>0$ 时, 考虑到公式 $\sin^2 t+\cos^2 t=1$, 令 $x=a\sin t, -\dfrac{\pi}{2}<t<\dfrac{\pi}{2}$, 则

$$\int\sqrt{a^2-x^2}\,\mathrm{d}x = \int a\cos t\,\mathrm{d}\left(a\sin t\right) = \int a^2\cos^2 t\,\mathrm{d}t = \frac{a^2}{2}\int\left(1+\cos 2t\right)\mathrm{d}t$$

$$= \frac{a^2}{2}\left(t+\sin t\cos t\right)\Big|_{\text{回代}:t=\arcsin\frac{x}{a}} + C \quad\text{表示成}x\text{的函数}$$

$$= \frac{a^2}{2}\arcsin\frac{x}{a} + \frac{1}{2}x\sqrt{a^2-x^2} + C.$$

此例, 由于被积函数 $\sqrt{a^2-x^2}$ 带有根号, 不易计算. 通过利用三角公式对所求的积分进行三角代换, 可以达到 "**将根号掀开**" 的目的. "t 表示成 x 的函数" 的

回代过程是通过构造简易的"直角三角形图形"完成. 具体计算过程要点如下:

(1) 经过 $x = \phi(t)$ 代换后, 求得的积分是关于 t 的函数, 需要将 $x = \phi(t)$ 的反函数 $t = \phi^{-1}(x)$ 回代! 因此 $x = \phi(t)$ 需具备满足条件: 单调 (或在某区域内单调) 可导且 $\phi'(t) \neq 0$.

(2) 利用三角代换计算积分在回代时, 经常遇到这样的问题: 已知 $x = a\sin t$, 问 $\sin t =?, \cos =?$, 一般地, 可采用直角三角形来确定相关量的关系.

由 $x = a\sin t$ 知 $\sin t = \dfrac{x}{a}$, 绘制直角三角形 (图 4.2.2), 选定一锐角为 t, 从而可以确定三条边, 进而由定义可得 $\cos t = \dfrac{\sqrt{a^2 - x^2}}{a}$, $\tan t = \dfrac{x}{\sqrt{a^2 - x^2}}$, 等等.

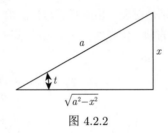

图 4.2.2

常见的几种第二类换元类型

(1) 三角代换　被积函数中含有 $\sqrt{a^2 - x^2}$, 考虑三角公式 $\sin^2 t + \cos^2 t = 1$, 令 $x = a\sin t, -\dfrac{\pi}{2} < t < \dfrac{\pi}{2}$, 去根式;

(2) 三角代换　被积函数中含有 $\sqrt{a^2 + x^2}$, 考虑三角公式 $1 + \tan^2 t = \sec^2 t$, 令 $x = a\tan t -\dfrac{\pi}{2} < t < \dfrac{\pi}{2}$, 去根式;

(3) 三角代换　被积函数中含有 $\sqrt{x^2 - a^2}$, 考虑三角公式 $1 + \tan^2 t = \sec^2 t$, 令 $x = a\sec t, -\dfrac{\pi}{2} < t < 0, 0 < t < \dfrac{\pi}{2}$, 去根式;

(4) 倒代换　被积函数是有理分式, 其分母多项式的次数比分子的次数高, 例如 $\displaystyle\int \dfrac{1}{x(x^7 + 2)} \mathrm{d}x$, 可尝试采用倒代换, 令 $x = \dfrac{1}{t}$;

(5) 根式代换　计算形如 $\displaystyle\int f\left(x, \sqrt[n]{ax + b}\right) \mathrm{d}x$ 的积分, 可尝试令 $t = \sqrt[n]{ax + b}$; $\displaystyle\int f\left(x, \sqrt[n]{\dfrac{ax + b}{cx + d}}\right) \mathrm{d}x$, 可尝试令 $t = \sqrt[n]{\dfrac{ax + b}{cx + d}}$.

3. 分部积分法

在某种意义上说, 分部积分法是基于两函数乘积的求导法则 $(uv)' = u'v + uv'$, $\int u\mathrm{d}v = uv - \int v\mathrm{d}u$. 因此当发现被积函数是两种不同类型的函数时, 如 $\int x^2\mathrm{e}^x\mathrm{d}x$, $\int \mathrm{e}^x \sin x\mathrm{d}x$ 等, 优先选择分部积分法.

在使用分部积分公式时, 需要在被积函数中选择 (或指定, 或分离出) 合适的 u 和 v. 如果函数选取不恰当, 分部积分公式也会失效. 例如, 计算积分 $\int x\arctan x\mathrm{d}x$, 若选择 $\arctan x$ 为 v', v 函数是不容易得到的. 因此可以将 x 部分视为 v', 则 $v = \dfrac{1}{2}x^2$. 函数 u 和 v 的选取原则可以遵循这样的经验: "反、对、幂、三、指" 或 "反、对、幂、指、三" (分别是对反三角函数、对数函数、幂函数、指数函数、三角函数的简称), 采用从后至前的顺序优先作为 v 函数 (或凑微分), 下面举例帮助理解:

$$\int \underbrace{x}_{u} \overbrace{\cos x}^{v'}\mathrm{d}x = \int \underbrace{x}_{u} \overbrace{\mathrm{d}\sin x}^{\mathrm{d}v} = x\sin x - \int \sin x\mathrm{d}x = x\sin x + \cos x + C;$$

$$\int x\arcsin x\mathrm{d}x = \int \arcsin x\mathrm{d}\left(\frac{x^2}{2}\right);$$

$$\int \underbrace{\arcsin x}_{u} \overbrace{\mathrm{d}x}^{\mathrm{d}v} = x\arcsin x - \int x\mathrm{d}\left(\arcsin x\right);$$

$$\int x\ln x\mathrm{d}x = \int \ln x\mathrm{d}\left(\frac{x^2}{2}\right).$$

在积分过程中, 若 v' 比较复杂, 不能通过观察得到 v, 可以先求 $\int v'\mathrm{d}x$ 找到原函数 v. 例如计算积分 $\int \dfrac{\arctan x}{(x^2+1)^{\frac{3}{2}}}\mathrm{d}x$ 时, 很难直接看出 $\dfrac{1}{(x^2+1)^{\frac{3}{2}}}$ 的原函数, 可以先通过 $\int \dfrac{1}{(x^2+1)^{\frac{3}{2}}}\mathrm{d}x$ 寻找原函数, 探索过程如下:

$$\begin{aligned}
\int \frac{1}{(x^2+1)^{\frac{3}{2}}}\mathrm{d}x &= \frac{x}{(x^2+1)^{\frac{3}{2}}} - \int x\mathrm{d}\left(\frac{1}{(x^2+1)^{\frac{3}{2}}}\right) \\
&= \frac{x}{(x^2+1)^{\frac{3}{2}}} - \int x\cdot\left[-\frac{3}{2}\left(x^2+1\right)^{-\frac{5}{2}}\cdot 2x\right]\mathrm{d}x \\
&= \frac{x}{(x^2+1)^{\frac{3}{2}}} + 3\int \frac{x^2}{(x^2+1)^{\frac{5}{2}}}\mathrm{d}x
\end{aligned}$$

$$= \frac{x}{(x^2+1)^{\frac{3}{2}}} + 3\int \frac{x^2+1-1}{(x^2+1)^{\frac{5}{2}}}\mathrm{d}x$$

$$= \frac{x}{(x^2+1)^{\frac{3}{2}}} + 3\int \frac{1}{(x^2+1)^{\frac{3}{2}}}\mathrm{d}x - 3\int \frac{1}{(x^2+1)^{\frac{5}{2}}}\mathrm{d}x.$$

整理可得

$$-2\int \frac{1}{(x^2+1)^{\frac{3}{2}}}\mathrm{d}x = \frac{x}{(x^2+1)^{\frac{3}{2}}} - 3\int \frac{1}{(x^2+1)^{\frac{5}{2}}}\mathrm{d}x,$$

可以发现结果中 $-3\displaystyle\int \frac{1}{(x^2+1)^{\frac{5}{2}}}\mathrm{d}x$ 被积函数分母部分的幂次升高了, 由此考虑

尝试计算 $\displaystyle\int \frac{1}{(x^2+1)^{\frac{1}{2}}}\mathrm{d}x$,

$$\int \frac{1}{(x^2+1)^{\frac{1}{2}}}\mathrm{d}x = \frac{x}{(x^2+1)^{\frac{1}{2}}} - \int x\mathrm{d}\frac{1}{(x^2+1)^{\frac{1}{2}}}$$

$$= \frac{x}{(x^2+1)^{\frac{1}{2}}} + \int \frac{x^2}{(x^2+1)^{\frac{3}{2}}}\mathrm{d}x$$

$$= \frac{x}{(x^2+1)^{\frac{1}{2}}} + \int \frac{x^2+1-1}{(x^2+1)^{\frac{3}{2}}}\mathrm{d}x$$

$$= \frac{x}{(x^2+1)^{\frac{1}{2}}} + \int \frac{1}{(x^2+1)^{\frac{1}{2}}}\mathrm{d}x - \int \frac{1}{(x^2+1)^{\frac{3}{2}}}\mathrm{d}x.$$

化简得 $\displaystyle\int \frac{1}{(x^2+1)^{\frac{3}{2}}}\mathrm{d}x = \frac{x}{(x^2+1)^{\frac{1}{2}}} + C$, 即

$$\int \frac{\arctan x}{(x^2+1)^{\frac{3}{2}}}\mathrm{d}x = \int \arctan x\mathrm{d}\left[\frac{x}{(x^2+1)^{\frac{1}{2}}}\right]$$

$$= \frac{x\arctan x}{(x^2+1)^{\frac{1}{2}}} - \int \frac{x}{(x^2+1)^{\frac{1}{2}}}\mathrm{darc}\tan x$$

$$= \frac{x\arctan x}{(x^2+1)^{\frac{1}{2}}} - \int \frac{x}{(x^2+1)^{\frac{1}{2}}} \cdot \frac{1}{1+x^2}\mathrm{d}x$$

$$= \frac{x\arctan x}{(x^2+1)^{\frac{1}{2}}} - \frac{1}{2}\int \frac{1}{(1+x^2)^{\frac{3}{2}}}\mathrm{d}(1+x^2)$$

$$= \frac{x\arctan x}{(x^2+1)^{\frac{1}{2}}} + \frac{1}{(1+x^2)^{\frac{1}{2}}} + C.$$

另外, 计算 $\displaystyle\int \frac{\arctan x}{\left(x^2+1\right)^{\frac{3}{2}}}\mathrm{d}x$ 亦可采用三角代换的思路求解, 简略过程如下:

$$\int \frac{\arctan x}{\left(x^2+1\right)^{\frac{3}{2}}}\mathrm{d}x \xlongequal[t\in\left(-\frac{\pi}{2},\frac{\pi}{2}\right)]{x=\tan t} \int t\cos t\,\mathrm{d}t = t\sin t + \cos t + C$$
$$= \frac{x\arctan x}{\left(1+x^2\right)^{\frac{1}{2}}} + \frac{1}{\left(1+x^2\right)^{\frac{1}{2}}} + C.$$

因此, 在利用第一类换元公式和分部积分公式时, 往往一个复杂的积分要分解为几个简单的积分进行计算.

4. 有理函数的积分

当被积函数是有理函数时, 可以通过裂项将有理函数转化为若干个真分式和的形式, 即图 4.2.3.

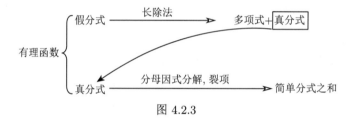

图 4.2.3

例如, 计算 $\displaystyle\int \frac{x^5+1}{x^4-8x^2+16}\mathrm{d}x$, 被积函数是有理假分式, $\dfrac{x^5+1}{x^4-8x^2+16}=\underbrace{x}_{\text{多项式}}+$

$\underbrace{\dfrac{8x^3-16x+1}{x^4-8x^2+16}}_{\text{真分式}}$, 其中, 真分式部分

$$\frac{8x^3-16x+1}{x^4-8x^2+16} = \frac{8x^3-16x+1}{\left(x-2\right)^2\left(x+2\right)^2}$$
$$= \frac{A}{\left(x-2\right)^2} + \frac{B}{x-2} + \frac{C}{\left(x+2\right)^2} + \frac{D}{x+2}.$$

比较分子部分 (将裂项后的各分式通分, 上面等式分子部分应当相等), 通过代入特殊值或比较次数相同项的系数列方程组, 可以将待定的系数 A,B,C,D 确定下来, 具体如下:

$$8x^3-16x+1$$
$$= A\left(x+2\right)^2 + B\left(x-2\right)\left(x+2\right)^2 + C\left(x-2\right)^2 + D\left(x+2\right)\left(x-2\right)^2. \quad (*)$$

令 $x = 2$, 可求出 $A = \dfrac{33}{16}$; 令 $x = -2$, 得 $C = -\dfrac{31}{16}$; 再令 $x = 0$, 得 $-16B + 16D = 1$; 比较 x^3 项的系数, 得 $8 = B + D$, 列方程组 $\begin{cases} -16B + 16D = 1, \\ B + D = 8, \end{cases}$ 求

得 $B = \dfrac{127}{32}, D = \dfrac{129}{32}$. 故

$$
\int \frac{x^5 + 1}{x^4 - 8x^2 + 16} \mathrm{d}x = \int x\mathrm{d}x + \frac{33}{16} \int \frac{\mathrm{d}x}{(x-2)^2} + \frac{127}{32} \int \frac{\mathrm{d}x}{x-2}
$$
$$
- \frac{31}{16} \int \frac{\mathrm{d}x}{(x+2)^2} + \frac{129}{32} \int \frac{\mathrm{d}x}{x+2}.
$$

　　根据分式理论, 这样就将较为复杂的有理函数积分转化为每一项均易求的简单分式积分形式. 在上述求解过程中, 有时也常常利用对恒等式 $(*)$ 关于 x 求导的方式确定系数.

　　可能出现的简单分式有下列四种形式:

(1) $\displaystyle\int \frac{A}{x - a}\mathrm{d}x$; 　　　　　　　　(2) $\displaystyle\int \frac{A}{(x-a)^n}\mathrm{d}x \,(n \geqslant 2)$;

(3) $\displaystyle\int \frac{Cx+D}{x^2+px+q}\mathrm{d}x \,(p^2 - 4q < 0)$; 　(4) $\displaystyle\int \frac{Cx+D}{(x^2+px+q)^n}\mathrm{d}x \,(p^2 - 4q < 0, n \geqslant 2)$.

因此, 理论上讲, 会计算上面四种积分, 就会计算所有有理函数的积分.

【例 1】 $\displaystyle\int \frac{1}{(x-1)^2}\mathrm{d}x = \int \frac{1}{(x-1)^2}\mathrm{d}(x-1) = -\frac{1}{x-1} + C$.

【例 2】 $\displaystyle\int \frac{x-2}{(x-1)^2}\mathrm{d}x = \int \frac{x-1-1}{(x-1)^2}\mathrm{d}x = \int \frac{1}{x-1}\mathrm{d}x - \int \frac{1}{(x-1)^2}\mathrm{d}x$

$$
= \ln|x-1| + \frac{1}{x-1} + C.
$$

【例 3】计算 $\displaystyle\int \frac{x}{x^2 + x + 1}\mathrm{d}x$.

解 $\displaystyle\int \frac{x}{x^2 + x + 1}\mathrm{d}x = \frac{1}{2} \int \frac{(2x+1) - 1}{x^2 + x + 1}\mathrm{d}x$

$$
= \frac{1}{2} \int \frac{\mathrm{d}(x^2 + x + 1)}{x^2 + x + 1} - \frac{1}{2} \int \frac{1}{x^2 + x + 1}\mathrm{d}x
$$
$$
= \frac{1}{2} \ln|x^2 + x + 1| - \frac{1}{2} \int \frac{1}{\left(x + \dfrac{1}{2}\right)^2 + \left(\dfrac{\sqrt{3}}{2}\right)^2}\mathrm{d}x
$$
$$
= \frac{1}{2} \ln|x^2 + x + 1| - \frac{1}{\sqrt{3}}\arctan \frac{2x + 1}{\sqrt{3}} + C.
$$

【例 4】计算 $\int \dfrac{Cx+D}{(x^2+px+q)^n}\mathrm{d}x,\ p^2-4q<0.$

解　$\int \dfrac{Cx+D}{(x^2+px+q)^n}\mathrm{d}x$

$=\int \dfrac{Cx+\dfrac{Cp}{2}-\dfrac{Cp}{2}+D}{(x^2+px+q)^n}\mathrm{d}x$

$=\int \dfrac{Cx+\dfrac{Cp}{2}}{(x^2+px+q)^n}\mathrm{d}x+\int \dfrac{D-\dfrac{Cp}{2}}{(x^2+px+q)^n}\mathrm{d}x$

$=\dfrac{C}{2}\int \dfrac{2x+p}{(x^2+px+q)^n}\mathrm{d}x+\left(D-\dfrac{Cp}{2}\right)\int \dfrac{\mathrm{d}x}{(x^2+px+q)^n}$

$=\dfrac{C}{2}\int \dfrac{\mathrm{d}\left(x^2+px+q\right)}{(x^2+px+q)^n}+\left(D-\dfrac{Cp}{2}\right)\int \dfrac{\mathrm{d}x}{\left[\left(x+\dfrac{p}{2}\right)^2+\dfrac{4q-p^2}{4}\right]^n}$

$=\dfrac{C}{2}\dfrac{(x^2+px+q)^{-n+1}}{-n+1}+\left(D-\dfrac{Cp}{2}\right)\int \dfrac{\mathrm{d}u}{(u^2+a^2)^n},$

其中, 令 $u=x+\dfrac{p}{2}$, $a^2=\dfrac{4q-p^2}{4}$, 利用分部积分法,

$I_n=\int \dfrac{\mathrm{d}u}{(u^2+a^2)^n}=\dfrac{u}{(u^2+a^2)^n}-\int u\,\mathrm{d}\left(\dfrac{1}{(u^2+a^2)^n}\right)$

$=\dfrac{u}{(u^2+a^2)^n}-\int u\cdot(-n)\left(u^2+a^2\right)^{-n-1}\cdot 2u\mathrm{d}u$

$=\dfrac{u}{(u^2+a^2)^n}+2n\int \dfrac{u^2}{(u^2+a^2)^{n+1}}\mathrm{d}u$

$=\dfrac{u}{(u^2+a^2)^n}+2n\int \dfrac{u^2+a^2-a^2}{(u^2+a^2)^{n+1}}\mathrm{d}u$

$=\dfrac{u}{(u^2+a^2)^n}+2nI_n-2na^2I_{n+1}.$

于是, 得到递推公式,

$2na^2I_{n+1}=\dfrac{u}{(u^2+a^2)^n}+(2n-1)I_n$

$\Rightarrow I_{n+1}=\dfrac{1}{2na^2}\left[\dfrac{u}{(u^2+a^2)^n}+(2n-1)I_n\right]$

$$\Rightarrow I_n = \frac{1}{2a^2 \, (n-1)} \left[\frac{u}{(u^2 + a^2)^{n-1}} + (2n-3) \underbrace{\int \frac{\mathrm{d}u}{(u^2 + a^2)^{n-1}}}_{I_{n-1}} \right]$$

利用递推公式和 $I_1 = \displaystyle\int \frac{\mathrm{d}u}{u^2 + a^2} = \frac{1}{a} \arctan \frac{u}{a} + C$, 可以计算 I_n.

注意　(1) 将真分式化为部分分式之和时, 分母因式分解要写成 "标准形式", 真分式要分解到四种形式的简单分式.

例如, $\displaystyle\int \frac{x-3}{(x-1)\,(x^2-1)} \mathrm{d}x$ 的被积函数的分母部分, $(x-1)$ 与 (x^2-1) 有公因子, 因此需进一步分解为

$$\int \frac{x-3}{(x-1)\,(x^2-1)} \mathrm{d}x = \int \frac{x-3}{(x-1)^2\,(x+1)} \mathrm{d}x.$$

再设 $\dfrac{x-3}{(x-1)\,(x^2-1)} = \dfrac{a}{x-1} + \dfrac{b}{(x-1)^2} + \dfrac{c}{x+1}$, 用待定系数法求得 $a=1, b = -1, c = -1$.

(2) 要综合运用各种积分方法.

例如, 计算 $\displaystyle\int \frac{1}{\sqrt{x} + \sqrt[4]{x}} \mathrm{d}x$ 可先结合换元积分法设 $x = t^4$, 然后将积分化为有理函数的积分计算.

✔ 学习效果检测

A. 理解原函数及不定积分的概念

1. $f(x)$ 在 $(-\infty, +\infty)$ 有连续导数, 则以下运算 (　　) 正确.

(A) $\displaystyle\int f'(x)\, \mathrm{d}x = f(x)$;　　　　　　(B) $\left[\displaystyle\int f(x)\, \mathrm{d}x \right]' = f(x) + C$;

(C) $\displaystyle\int \mathrm{d}f(x) = f(x) + C$;　　　　　　(D) $\mathrm{d} \displaystyle\int f(x)\, \mathrm{d}x = f(x)$.

2. 若 $f(x)$ 的某个原函数为常数, 则 $f(x) =$ _____.

3. 若 $F'(x) = f(x)$, $G'(x) = f(x)(f(x)$ 连续), 则 $F(x)$ 与 $G(x)$ 之间有关系式 _____.

4. $\mathrm{d} \displaystyle\int f(x)\, \mathrm{d}x =$ _____.

5. 不定积分的运算性质: $\displaystyle\int [af(x) + bg(x)]\, \mathrm{d}x =$ _____.

6. 若 $\int \dfrac{f(x)}{1+x^2}\mathrm{d}x = \ln\left(1+x^2\right)+c$, 则 $f(x)$ 为_____.

B. 熟记不定积分的基本公式, 灵活运用不定积分的性质化简计算过程

7. 求下列不定积分:

(1) $\int \left(x^2+2x-1\right)\mathrm{d}x$;

(2) $\int \left(\dfrac{2}{\sqrt{1-x^2}}+\dfrac{1}{1+x^2}\right)\mathrm{d}x$;

(3) $\int \left(\dfrac{1}{x}+\mathrm{e}^x\right)\mathrm{d}x$;

(4) $\int \left(3^x+\dfrac{1}{\sqrt{x}}\right)\mathrm{d}x$.

8. 已知曲线 $y = y(x)$ 上任一点的二阶导数 $y'' = 6x$, 且在曲线上点 $(0,-2)$ 处的切线方程为 $2x-3y-6=0$, 求该曲线方程.

C. 理解两类换元积分法的思想及适用条件, 能够熟练运用换元法计算相关积分式

9. 完成以下 "凑微分" 练习:

(1) $\mathrm{d}x = \_\mathrm{d}\left(ax+b\right)$;　(2) $x\mathrm{d}x = \_\_\mathrm{d}\left(\_\_\right)$;　(3) $\dfrac{\mathrm{d}x}{2\sqrt{x}} = \mathrm{d}\left(\_\_\right)$;

(4) $\dfrac{1}{x}\mathrm{d}x = \mathrm{d}\left(\_\_\right)$;　(5) $\mathrm{e}^x\mathrm{d}x = \mathrm{d}\left(\_\_\right)$;　(6) $-\dfrac{1}{x^2}\mathrm{d}x = \mathrm{d}\left(\_\_\right)$;

(7) $\cos x\mathrm{d}x = \mathrm{d}\left(\_\_\right)$;　(8) $\sec^2 x\mathrm{d}x = \mathrm{d}\left(\_\_\right)$;　(9) $\dfrac{x\mathrm{d}x}{\sqrt{1-x^2}} = -\mathrm{d}\left(\_\_\right)$.

10. 已知 $F'(x) = f(x)$, 则 $\int f(t+a)\,\mathrm{d}t = (\quad)$.

(A) $F(x)+C$;　(B) $F(t)+C$;

(C) $F(x+a)+C$;　(D) $F(t+a)+C$.

11. 若 $\int f(x)\,\mathrm{d}x = F(x)+C$, 则 $\int f\left(ax^2+b\right)x\mathrm{d}x$ 为 $(\quad)$.

(A) $F\left(ax^2+b\right)+C$;　(B) $2aF\left(ax^2+b\right)+C$;

(C) $\dfrac{1}{a}F\left(ax^2+b\right)+C$;　(D) $\dfrac{1}{2a}F\left(ax^2+b\right)+C$.

12. 设 $I = \int \dfrac{\mathrm{d}x}{\mathrm{e}^x+\mathrm{e}^{-x}}$, 则 I 为 $(\quad)$.

(A) $\mathrm{e}^x-\mathrm{e}^{-x}+C$;　(B) $\arctan \mathrm{e}^x+C$;

(C) $\arctan \mathrm{e}^{-x}+C$;　(D) $\mathrm{e}^x+\mathrm{e}^{-x}+C$.

13. 若 $F'(x) = f(x)$, 则 $\int f(2x)\,\mathrm{d}x = $_____.

14. $\int \dfrac{3x+2}{\sqrt{1-x^2}}\mathrm{d}x = $_____.

15. $\int \dfrac{\sin x}{\cos^2 x}\mathrm{d}x = $_____.

16. 计算下列不定积分:

(1) $\displaystyle\int \frac{1}{x\sqrt{1+2\ln x}}\mathrm{d}x;$　　(2) $\displaystyle\int \tan^3 x \cdot \sec^4 x\mathrm{d}x;$　　(3) $\displaystyle\int \frac{1}{1+\sin x}\mathrm{d}x.$

17. 计算下列不定积分:

(1) $\displaystyle\int \frac{1}{x\sqrt{x^2-1}}\mathrm{d}x;$　　　　　　　　(2) $\displaystyle\int \frac{\mathrm{d}x}{1+\sqrt[3]{x+1}};$

(3) $\displaystyle\int \frac{\mathrm{d}x}{\sqrt{1-x}-1};$　　　　　　　　(4) $\displaystyle\int \frac{1}{x^2\sqrt{x^2+1}}\mathrm{d}x.$

18. 请总结两类换元积分法公式的关键点:

第一类换元积分法 (1) ＿＿＿＿＿＿＿＿＿＿＿＿＿＿＿＿;

(2) ＿＿＿＿＿＿＿＿＿＿＿＿＿＿＿＿＿＿＿＿＿＿;

(3) ＿＿＿＿＿＿＿＿＿＿＿＿＿＿＿＿＿＿＿＿＿＿.

第二类换元积分法 (1) ＿＿＿＿＿＿＿＿＿＿＿＿＿＿＿＿;

(2) ＿＿＿＿＿＿＿＿＿＿＿＿＿＿＿＿＿＿＿＿＿＿;

(3) ＿＿＿＿＿＿＿＿＿＿＿＿＿＿＿＿＿＿＿＿＿＿.

D. 熟记分部积分公式及其适用条件, 能利用公式计算相关的不定积分

19. 写出不定积分分部积分法公式: ＿＿＿＿＿＿＿＿＿＿＿＿＿＿＿＿＿＿.

20. $\displaystyle\int x\sin x\mathrm{d}x = $ ＿＿＿＿＿＿＿＿＿＿＿＿＿＿＿＿＿＿＿＿.

21. 设 $\dfrac{\sin x}{x}$ 是 $f(x)$ 的一个原函数, 则 $\displaystyle\int xf'(x)\,\mathrm{d}x = $ ＿＿＿＿＿＿.

22. 计算不定积分 $\displaystyle\int \ln(x^2+1)\,\mathrm{d}x.$

23. 计算不定积分 $\displaystyle\int x^2\arctan x\mathrm{d}x.$

24. 计算不定积分 $\displaystyle\int \frac{x\mathrm{e}^x}{\sqrt{\mathrm{e}^x-1}}\mathrm{d}x.$

25. 计算不定积分 $\displaystyle\int (x^2-1)\sin 2x\mathrm{d}x.$

26. 已知 $f(x) = \dfrac{\sin x}{x}$, 求 $\displaystyle\int xf''(x)\,\mathrm{d}x.$

27. 请总结分部积分法公式的关键点:

(1) ＿＿＿＿＿＿＿＿＿＿＿＿＿＿＿＿＿＿＿＿＿＿＿＿;

(2) ＿＿＿＿＿＿＿＿＿＿＿＿＿＿＿＿＿＿＿＿＿＿＿＿;

(3) ＿＿＿＿＿＿＿＿＿＿＿＿＿＿＿＿＿＿＿＿＿＿＿＿.

E. 能够运用有理函数分解的计算程序计算简单的有理函数积分、三角函数有理式的积分; 能够利用换元的思想计算简单无理函数的积分

28. 计算不定积分 $\displaystyle\int \frac{1}{x^2 - 5x + 6}\mathrm{d}x$.

29. 计算不定积分 $\displaystyle\int \frac{x + 1}{x^2 - 5x + 6}\mathrm{d}x$.

30. 计算不定积分 $\displaystyle\int \frac{x + 1}{x^2 - 2x + 5}\mathrm{d}x$.

31. 计算不定积分 $\displaystyle\int \frac{1}{(x^2 + 1)(x^2 + x + 1)}\mathrm{d}x$.

32. 计算不定积分 $\displaystyle\int \frac{1}{1 + \sqrt[3]{x + 1}}\mathrm{d}x$.

33. 计算不定积分 $\displaystyle\int \frac{\sqrt{x + 1} - 1}{\sqrt{x + 1} + 1}\mathrm{d}x$.

4.3 线 积 分

➡ 学习目标导航

❏ 知识目标

✦ 定积分的概念; 积分上限函数 (cumulative area function); 牛顿–莱布尼茨公式 (Newton-Leibniz formula, 又称微积分基本公式);

✦ 定积分的换元积分法和分部积分法 (integration by parts);

✦ 两类广义积分 (瑕积分 improper integral、无穷积分);

✦ 线积分的概念、弧微分、第一型曲线积分 (对弧长的曲线积分) 的计算流程;

✦ 第二型曲线积分 (对坐标的曲线积分) 的计算流程.

❏ 认知目标

1. 微积分学基本定理

A. 深刻揣摩定积分的概念, 能够运用定积分表示并计算特定形式的极限;

B. 能够复述积分上限函数的几何意义, 熟练对积分上限函数进行求导运算, 灵活利用洛必达法则求解含积分上限函数的综合性极限问题.

2. 定积分的计算法

C. 熟练记忆定积分换元积分法和分部积分法公式, 能利用这两种方法求解定积分计算问题, 熟练运用牛顿–莱布尼茨公式对定积分进行基本运算;

D. 能利用对称区间偶倍奇零的结论计算定积分.

3. 广义积分 (反常积分)

E. 能复述两类反常积分的收敛性定义, 会计算反常积分、判定反常积分的敛散性.

4. 第一型曲线积分

F. 能够详细阐述出第一型曲线积分的物理意义与几何意义 (拓展);

G. 熟练应用第一型曲线积分的计算方法解决对弧长的曲线积分的计算问题.

5. 第二型曲线积分

H. 熟练应用第二型曲线积分的计算方法解决对坐标的曲线积分的计算问题;

I. 会利用第二型曲线积分解决 "变力沿曲线做功" 和 "环流量" 等物理问题.

❑ **情感目标**

✦ 在定积分的概念及微积分基本定理的学习过程中, 体会积分学中所蕴含的朴素思想, 感受利用抽象的数学表达式描述朴素思想的数学之美, 通过学习微积分基本公式所体现的微分学与积分学之间深刻的内在联系, 对微积分知识形成系统的结构性的认识, 体会数学学科在揭示事物内在联系与规律上的魅力;

✦ 善于观察、联想分析, 在分析处理问题过程中具有明确的目的、坚韧的毅力、踏实的态度;

✦ 从定积分到反常积分, 体会从已知到未知的推理方法, 开阔思维视野;

✦ 主观上意识到数学学习中知识运用、知识迁移的普遍特性, 进一步树立起借助数学问题提升自身逻辑思维能力、推理能力的愿景, 增强自我探究问题本质的意愿;

✦ 在分析如何计算曲线积分时, 思考如何将其转化成定积分, 在这一过程中, 体会知识之间的内在联系, 并学会举一反三.

☞ **学习指导**

本部分主要研究线积分 (定积分、曲线积分) 的计算方法 (简称算法, 算法是对解题方案的准确而完善的描述, 通常是模式化的、流程化的).

在学习时, 应善于联系, 主动思考 "为何如此计算 (算法的原理和数学思想), 算法之间具有何种联系, 能否通过对知识的加工复述算法" 等问题.

如何提升本部分内容的学习效率? 可从下面三个阶段循序渐进:

(1) **初学阶段**　由于线积分的算法是相对固定的, 可能在不同的曲线解析表达形式时, 有不同的处理技巧, 而常见的情形也是有限的, 不同情形下算法的本质也是一致的. 因此, 盯准典型例题, 反复钻研, 发现和掌握算法的原理, 十分重要. 这些 "发现" 是学习者对知识的探索和加工, 是第一手的宝贵经验, 应该边思考边及时记录下来.

(2) **巩固阶段**　建立在初学阶段的认知基础上, 通过足量的习题练习, 勇于试错, 印证和完善自己的思考成果, 尤其是针对错误的求解过程, 思考自己在理解算法时存在哪些不足, 哪些没有想到, 形成学习的正反馈. 这一阶段就是理论 (自己思考的成果) 联系实际 (具体的、多样的习题) 的过程.

(3) **复习阶段**　在初学阶段、巩固阶段中积累的经验和成果, 会带来好的学习效果. 运用自己思考、总结的成果在章复习、期中复习、期末复习时多次阶段性的知识复现和习题实战, 可有效地提升复习效率和测试效果.

上述三个阶段的学习过程, 是对自己的学习全周期进行质量把控, 不仅仅适用高等数学课程的学习, 做好每一步, 能够有效提高学习者的学习自信心.

此外, 需要特别强调的是, 认真思考曲线积分算法与定积分算法之间的联系! 探究知识之间相互关系能够加强学习者思考的深度, 提高从整体上把握知识的能力.

⇒ 重难点突破

1. 微积分学基本定理

(1) 微积分学基本定理 (牛顿–莱布尼茨公式) 揭示了定积分与被积函数的原函数 (不定积分) 之间的关系, 将求定积分问题转化为求不定积分的问题. 下面对该定理进一步诠释:

定理 (微积分学基本定理)　设 $f(x)$ 在区间 $[a,b]$ 上连续. 若 $F(x)$ 是 $f(x)$ 的一个原函数[①], 那么

$$\int_a^b f(x)\,\mathrm{d}x = F(b) - F(a).$$

注①: 说明 $F(x)$ 在 $[a,b]$ 内可导.

该公式建立了定积分运算与不定积分运算的联系:

$$\int_a^b f(x)\,\mathrm{d}x = \left[\int f(x)\,\mathrm{d}x\right]_a^b = [F(x) + C]_a^b = F(b) - F(a).$$

亦建立了积分学与微分学之间的联系:

$$\int_a^b f(x)\,\mathrm{d}x = \boxed{\begin{array}{c}\text{微分中值定理(拉格朗日中值定理)}\\ F(b) - F(a) = F'(\xi)(b-a)\end{array}} = f(\xi)(b-a).$$

积分中值定理

该公式揭示了区间 $[a,b]$ 上的定积分运算, 可以转化为区间 $[a,b]$ 的 "边界"(即端点 a,b) 上原函数的差运算 (增量). 随着学习深入你会发现, 这个特性在高维积分中的格林公式、高斯公式、斯托克斯公式中同样存在.

现在来回答前面提出的问题. 不定积分采用 $\displaystyle\int f(x)\,\mathrm{d}x$ 形式, 正是为了从形式上与定积分进行对接. 体现了认识论的 "形式反作用于内容" 的思想.

(2) 运用定积分表示并计算特定形式的极限.

【例 1】计算极限 $\displaystyle\lim_{n\to\infty}\sum_{i=1}^n \frac{i}{n^2}\mathrm{e}^{\frac{i}{n}}$.

分析　将该极限转化为定积分来计算.

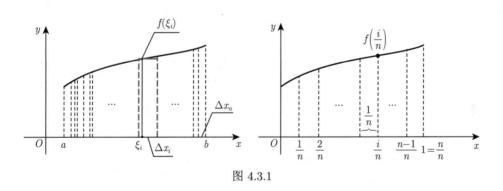

图 4.3.1

我们知道, 定积分的概念可归纳为 "分割、近似、求和、取极限". 因此, 有定义式

$$\lim_{\lambda\to 0}\sum_{i=1}^n f(\xi_i)\,\Delta x_i = \int_a^b f(x)\,\mathrm{d}x,$$

其中具有两个任意性, 即对积分区域 $[a,b]$ 的分割是任意的; 在每个小区间中的选点是任意的.

所谓分割是任意的, 即将区间 $[a,b]$ 分割成小区间的方式是任意的; 所谓选点任意, 是指选取小区间 Δx_i 内任意一点 ξ_i 的函数值 $f(\xi_i)$ 来近似代替 Δx_i 内所有点对应的函数值. 基于上述两个任意性, 人为地选择 "等距" 的分割方式, 将区间 $[0,1]$ 等距分割为 n 等份, 则 $\Delta x_i = \dfrac{1}{n}$, 每一小区间的右端点 $\dfrac{i}{n}$ 作为任意选取的点, 即**特定分割**和**特殊取点**, 则由上述定积分的定义式得出

$$\lim_{\lambda \to 0} \sum_{i=1}^{n} f(\xi_i) \boxed{\Delta x_i} = \int_a^b f(x)\,\mathrm{d}x,$$

$$\lim_{n \to \infty} \sum_{i=1}^{n} f\left(\frac{i}{n}\right)\boxed{\frac{1}{n}} = \int_0^1 f(x)\,\mathrm{d}x,$$

可以看出, 正是由于分割方式和选点策略上的变化, 带来了应用的灵活性. 对照地, 考虑极限 $\displaystyle\lim_{n \to \infty} \sum_{i=1}^{n} \frac{i}{n^2} \mathrm{e}^{\frac{i}{n}}$, 我们有

$$\lim_{n \to \infty} \sum_{i=1}^{n} \frac{i}{n^2} \mathrm{e}^{\frac{i}{n}} = \lim_{n \to \infty} \sum_{i=1}^{n} \left(\frac{i}{n}\mathrm{e}^{\frac{i}{n}}\right) \cdot \frac{1}{n}$$

$$= \int_0^1 x\mathrm{e}^x\,\mathrm{d}x$$

$$= [x\mathrm{e}^x - \mathrm{e}^x]_0^1 = 1.$$

如图 4.3.2.

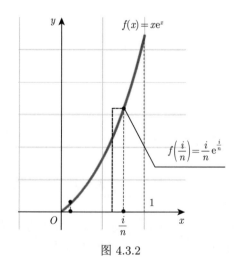

图 4.3.2

【例 2】将下列和式极限表示成定积分 $\lim\limits_{n\to\infty}\dfrac{1}{n^2}\Big(\sqrt{n^2-1}+\sqrt{n^2-2^2}+\cdots+$
$\sqrt{n^2-n^2}\Big)=($　　$).$

(A) $\displaystyle\int_0^1\left(1-x^2\right)\mathrm{d}x;$

(B) $\displaystyle\int_1^2\sqrt{1-x^2}\mathrm{d}x;$

(C) $\displaystyle\int_0^1\sqrt{1-x^2}\mathrm{d}x;$

(D) $\displaystyle\int_0^2\sqrt{x^2-1}\mathrm{d}x.$

解　首先将所求极限写成和式 $\displaystyle\sum_{i=1}^n\dfrac{1}{n}\sqrt{\dfrac{n^2-i^2}{n^2}}=\sum_{i=1}^n\dfrac{1}{n}\sqrt{1-\left(\dfrac{i}{n}\right)^2}$，可以看

作将区间 $[0,1]$ 进行 n 等分，分点可用 $\dfrac{i}{n}$ 表示，每个小区间的长度为 $\dfrac{1}{n}$，因此，$\dfrac{1}{n}$

即定积分定义中的 Δx_i，$\sqrt{1-\left(\dfrac{i}{n}\right)^2}$ 可以看作某被积函数在第 i 个分点 $\xi_i=\dfrac{i}{n}$

处的函数值，因此可以推断出定积分的被积函数应为 $\sqrt{1-x^2}$，故和式极限实际上

就是定积分 $\displaystyle\int_0^1\sqrt{1-x^2}\mathrm{d}x$，答案为 C.

更进一步地，如果我们分割的不是区间 $[0,1]$，而是任意区间 $[a,b]$，依然是等
距分割，选择小区间的右端点的函数值作为近似值，如图 4.3.3，则得出

$$\lim_{n\to\infty}\sum_{i=1}^n f\left(a+\frac{(b-a)\,i}{n}\right)\cdot\frac{b-a}{n}=\int_a^b f\left(x\right)\mathrm{d}x.$$

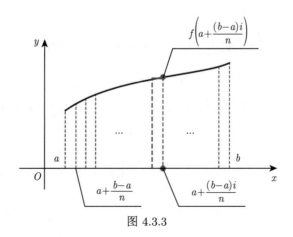

图 4.3.3

(3) 积分上限函数.

概念理解　$\varPhi(x) = \displaystyle\int_a^x f(t)\,\mathrm{d}t$ 称为 "积分上限函数". 它与以前我们常见的函数有所不同, 是由定积分来定义的, t 是定积分的积分变量, 而 x 是积分上限函数本身的自变量, 即积分上限函数的自变量是 x, 与积分变量 t 无关. $\varPhi(x) = \displaystyle\int_x^a f(t)\,\mathrm{d}t$ 称为 "积分下限函数", 它的自变量虽然在积分下限上, 但是可以根据定积分的性质 "交换积分上下限, 则定积分取相反数", 将其变成 $\varPhi(x) = -\displaystyle\int_a^x f(t)\,\mathrm{d}t$.

几何意义　从几何上看 $\varPhi(x) = \displaystyle\int_a^x f(t)\,\mathrm{d}t$ 表示右端线可变动的曲边梯形面积的代数和 (图 4.3.4).

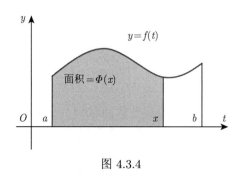

图 4.3.4

几点说明

(1) 对 $\varPhi(x) = \displaystyle\int_a^x f(t)\,\mathrm{d}t$ 求导时, 是关于上限变量 x 求导;

(2) 在 $\varPhi(x) = \displaystyle\int_a^x f(t)\,\mathrm{d}t$ 中, 求积分把 x 看作常数, 积分变量 t 在积分区间 $[a, x]$ 上变动;

(3) 若 $f(x)$ 为奇函数, 则 $\displaystyle\int_0^x f(t)\,\mathrm{d}t$ 为偶函数; 若 $f(x)$ 为偶函数, 则 $\displaystyle\int_0^x f(t)\,\mathrm{d}t$ 为奇函数;

(4) 当积分上限是单一的变量 x 时, $\dfrac{\mathrm{d}}{\mathrm{d}x}\left[\displaystyle\int_a^x f(t)\,\mathrm{d}t\right] = f(x)$;

(5) 当积分下限是单一变量 x 时, $\dfrac{\mathrm{d}}{\mathrm{d}x}\left[\displaystyle\int_x^a f(t)\,\mathrm{d}t\right] = -f(x)$;

(6) 当积分上限是关于 x 的函数 $\varphi(x)$ 时, 要将其看成是中间变量, 然后按照复合函数求导法则来求导, 即 $\dfrac{\mathrm{d}}{\mathrm{d}x}\left[\displaystyle\int_a^{\varphi(x)} f(t)\,\mathrm{d}t\right]=f\left[\varphi(x)\right]\varphi'(x)$;

(7) 当积分上、下限都是关于 x 的函数时, 根据定积分积分区间可加性将其分成两个积分之和, 然后再求导, 即

$$\int_{\varphi(x)}^{\psi(x)} f(t)\,\mathrm{d}t=\int_{\varphi(x)}^{c} f(t)\,\mathrm{d}t+\int_{c}^{\psi(x)} f(t)\,\mathrm{d}t,$$

$$\frac{\mathrm{d}}{\mathrm{d}x}\left[\int_{\varphi(x)}^{\psi(x)} f(t)\,\mathrm{d}t\right]=f\left[\psi(x)\right]\psi'(x)-f\left[\varphi(x)\right]\varphi'(x).$$

【例 1】 $\dfrac{\mathrm{d}}{\mathrm{d}x}\left[\displaystyle\int_a^b \sin x^2\mathrm{d}x\right]=$ _____;

$\dfrac{\mathrm{d}}{\mathrm{d}a}\left[\displaystyle\int_a^b \sin x^2\mathrm{d}x\right]=$ _____.

解 在求导过程中, 最主要的是搞清楚 "谁" 对 "谁" 求导. 我们注意到 $\dfrac{\mathrm{d}}{\mathrm{d}x}\left[\displaystyle\int_a^b \sin x^2\mathrm{d}x\right]$ 中, 外层对 x 求导, 而里层的积分上下限是跟 x 无关的常数, 因此积分结果是一个常数, 故而再求导的结果是 0; 在 $\dfrac{\mathrm{d}}{\mathrm{d}a}\left[\displaystyle\int_a^b \sin x^2\mathrm{d}x\right]$ 时, 外层对 a 求导, 而里层的积分下限是 a, 因此是一个积分下限函数的求导问题. 根据积分上限函数求导的公式结果是 $-\sin a^2$.

【例 2】 设 $y=\displaystyle\int_0^{x^2} \dfrac{\sin t}{t}\mathrm{d}t$, 则 $\mathrm{d}y=$ _____.

解 本题的自变量位于积分上限, 而且是关于 x 的函数, 因此要按照复合函数的求导法则去求导, 即 $\dfrac{\mathrm{d}y}{\mathrm{d}x}=\dfrac{\mathrm{d}}{\mathrm{d}x}\left(\displaystyle\int_0^{x^2} \dfrac{\sin t}{t}\mathrm{d}t\right)=\dfrac{\sin x^2}{x^2}\cdot 2x$, 故 $\mathrm{d}y=\dfrac{2\sin x^2}{x}\mathrm{d}x$.

【例 3】 $\dfrac{\mathrm{d}}{\mathrm{d}x}\displaystyle\int_0^x x\sin t\,\mathrm{d}t=$ _____.

解 本题中的积分上限函数自变量为 x, 与积分变量 t 无关, 因此 x 可以看成是常数提到积分号外面去, 按照两个函数乘积的导数公式可得

$$\frac{\mathrm{d}}{\mathrm{d}x}\left(x\int_0^x \sin t\,\mathrm{d}t\right)=\int_0^x \sin t\,\mathrm{d}t+x\sin x=1-\cos x+x\sin x.$$

【例 4】 $f(x)$ 连续, 则 $\dfrac{\mathrm{d}}{\mathrm{d}x}\displaystyle\int_a^b f(x+t)\,\mathrm{d}t=$ _____.

解 当被积函数为复合函数, 中间变量是关于 x 和 t 的函数时, 需要令中间变量为新的变量 u, 则原积分变为 $\displaystyle\int_{x+a}^{x+b} f(u)\,\mathrm{d}u$, 再对其求导, 即为 $f(x+b) - f(x+a)$.

【例 5】 计算 $\displaystyle\lim_{x \to 0^+} \frac{\displaystyle\int_0^{x^2} t^{\frac{3}{2}}\,\mathrm{d}t}{\displaystyle\int_0^x t\,(t - \sin t)\,\mathrm{d}t} = \underline{\hspace{3cm}}$.

解 该极限为 $0/0$ 型, 根据洛必达法则,

$$\left(\int_0^{x^2} t^{\frac{3}{2}}\,\mathrm{d}t \right)' = \left(x^2 \right)^{\frac{3}{2}} \cdot \left(x^2 \right)' = x^3 \cdot 2x,$$

$$\left(\int_0^x t\,(t - \sin t)\,\mathrm{d}t \right)' = x\,(x - \sin x) \cdot (x)' = x\,(x - \sin x),$$

故

$$\text{原极限} = \lim_{x \to 0^+} \frac{x^3 \cdot 2x}{x\,(x - \sin x)} = \lim_{x \to 0^+} \frac{2x^3}{\dfrac{1}{6}x^3} = 12.$$

2. 定积分的计算法

由牛顿–莱布尼茨公式 $\displaystyle\int_a^b f(x)\,\mathrm{d}x = \left[\int f(x)\,\mathrm{d}x \right]_a^b = [F(x) + C]_a^b = F(b) - F(a)$ 可知, 计算定积分 $\displaystyle\int_a^b f(x)\,\mathrm{d}x$ 就是建立在计算不定积分 $\displaystyle\int f(x)\,\mathrm{d}x$ 求出原函数 $F(x)$ 的基础上, 更进一步地计算原函数在积分区间 $[a,b]$ 的端点值之差.

1) 定积分的换元法

(1) 定积分的换元法要做到 "三换": 被积函数、积分变量、积分区间, **"三换"缺一不可**.

(2) 在选择变量替换的函数时, 要选择在积分区间单调并且有连续导数的函数.

(3) 在利用换元法计算不定积分的时候, 如果做了变量替换 $x = f(x)$, 最后要将变量回代成 x; 而利用换元法计算定积分的时候, 由于定积分的值只与被积函数和积分区间有关, 是一个常数, 所以 **"换元、换限、不回代"**.

2) 定积分的分部积分法

当被积函数是两类函数的乘积时, 往往可以考虑用分部积分法来计算. 利用分部积分法计算定积分, 关键在于准确地找到 u 和 v, 具体方法与不定积分的分部积分法相同, 所不同的只是多了积分上下限. 因此, 读者可以自行结合不定积分的分部积分法进行研究.

3. 常用公式——瓦里斯公式 (Wallis formula)

对于 $\left[0, \dfrac{\pi}{2}\right]$ 上的三角函数积分, 有如下的瓦里斯公式:

$$\int_0^{\frac{\pi}{2}} \sin^n x\mathrm{d}x = \int_0^{\frac{\pi}{2}} \cos^n x\mathrm{d}x.$$

进一步, 可得到

$$\int_0^{\frac{\pi}{2}} \sin^n x\mathrm{d}x = \int_0^{\frac{\pi}{2}} \cos^n x\mathrm{d}x = \begin{cases} \dfrac{(n-1)!!}{n!!}, & n \text{ 为奇数,} \\[3mm] \dfrac{(n-1)!!}{n!!}\dfrac{\pi}{2}, & n \text{ 为偶数,} \end{cases}$$

其中 $n \in \mathbb{N}$, 且规定 $0! = 1$, $n!!$ 定义为

$$n!! = n \cdot (n-2) \cdot (n-4) \cdot (n-6)\cdots,$$

$$(n-1)!! = (n-1) \cdot (n-3) \cdot (n-5)\cdots.$$

【例 1】计算 $\displaystyle\int_0^{\frac{\pi}{2}} \sin^{10} x\mathrm{d}x$, $\displaystyle\int_0^{\frac{\pi}{2}} \sin^9 x\mathrm{d}x$, $\displaystyle\int_0^{\frac{\pi}{2}} \cos^{10} x\mathrm{d}x$.

解　$\displaystyle\int_0^{\frac{\pi}{2}} \sin^{10} x\mathrm{d}x = \dfrac{9}{10} \cdot \dfrac{7}{8} \cdot \dfrac{5}{6} \cdot \dfrac{3}{4} \cdot \dfrac{1}{2} \cdot \dfrac{\pi}{2} = \dfrac{63\pi}{512}.$

$$\int_0^{\frac{\pi}{2}} \sin^9 x\mathrm{d}x = \dfrac{8}{9} \cdot \dfrac{6}{7} \cdot \dfrac{4}{5} \cdot \dfrac{2}{3} = \dfrac{128}{315}.$$

$$\int_0^{\frac{\pi}{2}} \cos^{10} x\mathrm{d}x = \int_0^{\frac{\pi}{2}} \sin^{10} x\mathrm{d}x = \dfrac{63\pi}{512}.$$

【例 2】利用三角函数奇偶性和周期性, 可知以下等式成立:

$$\int_{-\frac{\pi}{2}}^{\frac{\pi}{2}} \sin^n x\mathrm{d}x = \begin{cases} 2\displaystyle\int_0^{\frac{\pi}{2}} \sin^n x\mathrm{d}x, & n \text{ 为偶数,} \\[3mm] 0, & n \text{ 为奇数;} \end{cases}$$

$$\int_{-\frac{\pi}{2}}^{\frac{\pi}{2}} \cos^n x\mathrm{d}x = 2\int_0^{\frac{\pi}{2}} \cos^n x\mathrm{d}x = 2\int_0^{\frac{\pi}{2}} \sin^n x\mathrm{d}x;$$

$$\int_0^{2\pi} \sin^n x\mathrm{d}x = \int_0^{2\pi} \cos^n x\mathrm{d}x = \begin{cases} 4\displaystyle\int_0^{\frac{\pi}{2}} \sin^n x\mathrm{d}x, & n \text{ 为偶数,} \\[3mm] 0, & n \text{ 为奇数.} \end{cases}$$

4. 广义积分 (反常积分)

定积分 $\displaystyle\int_a^b f(x)\,\mathrm{d}x$ 有两个限制 (图 4.3.5):

- **积分区间的有限性**　积分区间是有限 (界) 的区间 $[a,b]$;
- **被积函数的有界性**　被积函数 $f(x)$ 在区间 $[a,b]$ 内是有界函数.

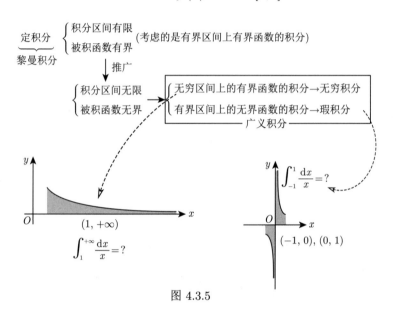

图 4.3.5

在一些实际问题中, 可能会突破上面两个限制, 得到定积分的 "变种"——反常积分 (它们已经不属于一般意义上的 "正常的" 积分了, 将这种推广的积分称之为反常积分, 也称为广义积分).

- 积分区间为无穷区间的反常积分, 如 $\displaystyle\int_1^{+\infty}\frac{1}{x^2}\mathrm{d}x$, 称为无穷积分;
- 被积函数为无界函数的反常积分, 如 $\displaystyle\int_0^1\frac{1}{x^2}\mathrm{d}x$, 称为瑕积分.

计算反常积分时, 先求不定积分, 在 "收缩" 的区间上求定积分, 然后在无穷远处或瑕点处对原函数取极限. 换句话说, 反常积分的计算可以看成是定积分计算与极限计算的结合.

(1) 在计算无穷限的反常积分时, 若

$$\int_{-\infty}^{+\infty} f(x)\,\mathrm{d}x = \int_{-\infty}^{0} f(x)\,\mathrm{d}x + \int_{0}^{+\infty} f(x)\,\mathrm{d}x,$$

等号右端的两个反常积分有一个发散, 则可断言原反常积分发散.

(2) 由于有限区间上的无界函数的反常积分常常会与定积分混淆, 因此求积分时, 首先应判断积分区间上有无瑕点. 有瑕点的, 是反常积分; 无瑕点的, 是定积分. 若是反常积分, 还要保证瑕点位于积分区间的端点. 若瑕点在积分区间的中间, 则要利用积分区间可加性将其拆成两个积分计算.

(3) 某些反常积分经变量替换后, 形式上可能变成定积分. 如 $\int_{\sqrt{2}}^{+\infty} \dfrac{1}{x\sqrt{x^2-1}} dx$,

令 $x = \dfrac{1}{t}$, 原式 $= \int_0^{\frac{\sqrt{2}}{2}} \dfrac{1}{\sqrt{1-t^2}} dt$, 我们注意到做了变量替换之后, 原积分已经不再是一个反常积分, 而是一个定积分了.

(4) 收敛的反常积分具有定积分类似的奇偶性、对称性, 但不能等同.

例如, 判断反常积分 $\int_{-\infty}^{+\infty} \dfrac{2x}{x^2+1} dx$ 的敛散性.

错误做法　若不考虑积分本身的敛散性, 则利用偶倍奇零的结论, 由于被积函数为奇函数, 所以积分的结果是 0.

正确做法　$\displaystyle\int_{-\infty}^{+\infty} \dfrac{2x}{x^2+1} dx = \int_{-\infty}^{0} \dfrac{2x}{x^2+1} dx + \int_{0}^{+\infty} \dfrac{2x}{x^2+1} dx.$

由于　　$\displaystyle\int_{0}^{+\infty} \dfrac{2x}{x^2+1} dx = \ln(x^2+1)\big|_0^{+\infty} = +\infty$, 所以 $\displaystyle\int_{-\infty}^{+\infty} \dfrac{2x}{x^2+1} dx$ 发散.

5. 第一型曲线积分 (对弧长的曲线积分)

1) 第一型曲线积分的几何意义

如图 4.3.6(a), 曲边梯形 $ABCD$ 所围区域记为 D. 若对 D 进行分割, 记面积微元为 dA, 则曲边梯形的面积为 $A = \iint_D dA$; 如果我们提升面积微元表达式的描述粒度[1], 即 $dA = f(x) dx$, 微元表达式 $f(x) dx$ 中, 积分变量为 x, 是对 x 坐标轴上的区间 $[a, b]$ (直线段) 进行的分割[2], 则曲边梯形的面积就是微元 $f(x) dx$ 在区间 $[a, b]$ 内连续地累积起来[3], 即 $A = \int_a^b f(x) dx$. 因此, 对于任意定积分 $\int_a^b f(x) dx$, 从几何上可以视为以 $y = f(x)$ 为曲边, 以 $x = a, x = b, y = 0$ 为直边所围成的曲边梯形面积的代数和.

---

1 本书中 "粒度" 是指微元信息描述的粗细程度、精细程度, 提升粒度是指提升对微元 "粒子" 的描述精度.

2 积分变量从 dA 变比例地转化为 dx, 可粗略地理解为 dA 是对 D 的分割, dx 是通过对区间 $[a, b]$ 分割实现对 D 的分割, 两者通过 $dA = f(x)dx$ 变比例地联系起来. 相对而言, dA 是粗粒度的微元表达式, $f(x)dx$ 是细粒度的微元表达式.

3 微元按照剖分方式 (即积分变量的形成方式) 连续地累加起来.

设 Σ 是母线平行于 z 轴的柱面的一部分, 其中 L 为 xOy 面上的曲线段, 其端点为 B 和 C; BE 和 CD 平行于 z 轴; 曲线段 $\overset{\frown}{DE}$ 为曲面 $z = f(x,y)$ 与柱面的交线, $f(x,y) > 0$, 如图 4.3.6(b). 欲求曲面 Σ 的面积, 利用微元法, 若对曲面 Σ 直接进行分割, 面积微元若记为 $\mathrm{d}S$, 则其面积为 $\iint_{\Sigma} \mathrm{d}S$; 若提升面积微元表达式的描述粒度, 即 $\mathrm{d}S = f(x,y)\,\mathrm{d}s$, 其中 $\mathrm{d}s$ 是对 xOy 面上的曲线弧 L 进行分割得出的弧微分, 因此曲面 Σ 的面积就是面积微元 $f(x,y)\,\mathrm{d}s$ 按照分割方式 (对 L 分割) 连续的累积, 即 $A = \int_{L} f(x,y)\,\mathrm{d}s$. 因此, 对于一般的曲线积分 $\int_{L} f(x,y)\,\mathrm{d}s$, 从几何上可以视为母线平行于 z 轴的柱面上 "弯曲的曲边梯形" 面积的代数和.

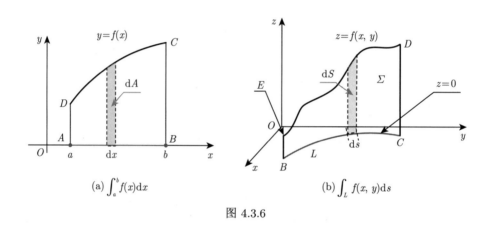

图 4.3.6

2) 第一型曲线积分的计算方法 (原理分析)

如何计算 $\int_{C} f(M)\,\mathrm{d}s$?

先考虑 C 为平面曲线的情况. 如图 4.3.7, 设 C 是光滑的曲线弧, 根据被积表达式 (即微元表达式) $f(x,y)\,\mathrm{d}s$ 的含义知, $\mathrm{d}s$ 是弧微分, 且有

$$y(x + \Delta x) - y(x) = \Delta y$$
$$= y'(x)\Delta x + o(\Delta x)$$
$$= \mathrm{d}y + o(\Delta x),$$
$$\Delta s \approx \mathrm{d}s = \sqrt{(\mathrm{d}x)^2 + (\mathrm{d}y)^2} = \sqrt{1 + \left(\frac{\mathrm{d}y}{\mathrm{d}x}\right)^2}\,\mathrm{d}x.$$

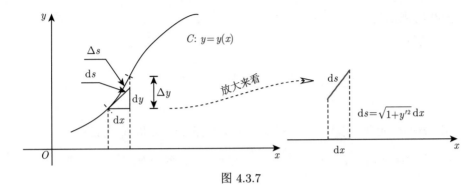

图 4.3.7

　　根据微分学知识, 曲线 $C: y = y(x)$ 可微, 对其无限细分至每一小弧段 Δs 可近似为直线段 (切线) $\mathrm{d}s$ (弧微分——曲线弧 C 的微元), 即 "以直代曲". 弧微分的表达式随 C 的解析表达式不同而不同.

- 直角坐标　$C: y = y(x), x \in [a, b]$, 则 $\mathrm{d}s = \sqrt{1 + y'^2(x)}\mathrm{d}x$;

- 参数方程　$C: \begin{cases} x = x(t), \\ y = y(t). \end{cases} \quad t \in [\alpha, \beta]$, 则 $\mathrm{d}s = \sqrt{[x'(t)]^2 + [y'(t)]^2}\mathrm{d}t$;

- 极坐标　$C: r = r(\theta), \theta \in [\alpha, \beta]$, 则 $\mathrm{d}s = \sqrt{[r(\theta)]^2 + [r'(\theta)]^2}\mathrm{d}\theta$.

上述无论哪种情形, 本质上是同一对象的不同表达形式, 可以视为一种换元. 在直角坐标系情况, 由于 C 是由自变量 x 度量, $\mathrm{d}y = y'\mathrm{d}x$, 则 $\mathrm{d}s = \sqrt{1 + y'^2(x)}\mathrm{d}x$, 这相当于把变量 s 转换为变量 x, 通俗来讲, 从几何的角度就是曲线弧的微分 $\mathrm{d}s$ 转换为 x 轴上区间 $[a, b]$ 的微分 $\mathrm{d}x$, $\sqrt{1 + y'^2(x)}$ 是 "系数" 或 "转化比例", 相当于将曲线弧按照变比例关系投影到坐标轴上, 形象地说, 就是将曲线弧 "压平" 了, 这样计算曲线积分 $\displaystyle\int_C f(x, y)\,\mathrm{d}s$ 就可以转化为定积分来计算.

　　具体地, 记 $I = \displaystyle\int_C f(x, y)\,\mathrm{d}s$, 其对应的微分形式为

$$\mathrm{d}I = f(x, y)\,\mathrm{d}s. \tag{1}$$

"压平" 过程就是变量转换的过程, 进而导致待求量微元 $\mathrm{d}I$ 的表达式转化. 由于 $y = y(x)$, $\mathrm{d}s = \sqrt{1 + y'^2(x)}\mathrm{d}x$, 因此,

$$\mathrm{d}I = f(x, y(x))\sqrt{1 + y'^2(x)}\mathrm{d}x, \quad x \in [a, b]. \tag{2}$$

对 (1) 和 (2) 采取不同形式 "累加", 得到

$$\int_C f(x, y)\,\mathrm{d}s = \int_a^b f(x, y(x))\sqrt{1 + y'^2(x)}\mathrm{d}x.$$

这一过程可表示为

$$\int_C f(x,y)\mathrm{d}s \xrightarrow{\text{"压平"}} \int_{[a,b]} f(x,y(x))\sqrt{1+y'^2(x)}\mathrm{d}x \;,$$

其中 $\mathrm{d}s$ 表明微元在曲线 C 上累积, $\mathrm{d}x$ 表明微元在区间 $[a,b]$ 上累积.

若 $C: x=x(y), y\in[c,d]$, 计算 $\displaystyle\int_C f(x,y)\mathrm{d}s$, 向 y 轴 "压平",

$$\int_C f(x,y)\,\mathrm{d}s = \int_c^d f(x(y),y)\sqrt{1+x'^2(y)}\mathrm{d}y.$$

可以看出, 曲线积分 $\displaystyle\int_C f(x,y)\,\mathrm{d}s$ 的计算公式有如下特点:

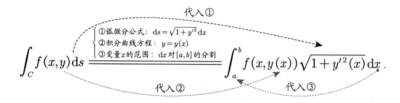

计算 $\displaystyle\int_C f(x,y)\,\mathrm{d}s$ 就是将①～③代入其中, 进而转化为定积分来计算. 由此, 这种方法称为 **"代入法"**. 类似地, 可以考虑其他几种情况, 总结如下.

• 平面直角坐标表示

$$C: y=y(x), x\in[a,b], \mathrm{d}s=\sqrt{1+y'^2(x)}\mathrm{d}x,$$

则

$$\int_C f(x,y)\,\mathrm{d}s = \int_a^b f(x,y(x))\sqrt{1+y'^2(x)}\mathrm{d}x.$$

• 平面曲线参数方程表示

$$C: \begin{cases} x=x(t), \\ y=y(t). \end{cases} \quad t\in[\alpha,\beta], \mathrm{d}s=\sqrt{[x'(t)]^2+[y'(t)]^2}\mathrm{d}t,$$

则

$$\int_C f(x,y)\,\mathrm{d}s = \int_\alpha^\beta f(x(t),y(t))\sqrt{[x'(t)]^2+[y'(t)]^2}\mathrm{d}t.$$

- 空间曲线参数方程表示

$$\Gamma:\begin{cases} x=x(t),\\ y=y(t),\ t\in[\alpha,\beta],\mathrm{d}s=\sqrt{[x'(t)]^2+[y'(t)]^2+[z'(t)]^2}\mathrm{d}t,\\ z=z(t).\end{cases}$$

则

$$\int_\Gamma f(x,y,z)\,\mathrm{d}s = \int_\alpha^\beta f(x(t),y(t),z(t))\sqrt{[x'(t)]^2+[y'(t)]^2+[z'(t)]^2}\mathrm{d}t.$$

- 极坐标表示

$$C:r=r(\theta),\theta\in[\alpha,\beta],\mathrm{d}s=\sqrt{[r(\theta)]^2+[r'(\theta)]^2}\mathrm{d}\theta,$$

则

$$\int_C f(x,y)\,\mathrm{d}s = \int_\alpha^\beta f(r(\theta)\cos\theta,r(\theta)\sin\theta)\sqrt{[r(\theta)]^2+[r'(\theta)]^2}\mathrm{d}\theta.$$

由 "代入法" 知, 曲线积分的被积函数可通过曲线 C 的表达式 "整体代入". 例如

$$C:\frac{x^2}{3}+\frac{y^2}{2}=1,\int_C(2x^2+3y^2)\,\mathrm{d}s=\int_C 6\left(\frac{x^2}{3}+\frac{y^2}{2}\right)\mathrm{d}s=\int_C 6\mathrm{d}s=12\pi.$$

这一点在计算中可以显著提高解题效率.

6. 第二型曲线积分

1) 第二型曲线积分 (对坐标的曲线积分) 表达式的建立
借助微元法和第一型曲线积分可以得出另一种特殊形式的曲线积分——第二型曲线积分, 也称为对坐标的曲线积分.

问题 (变力沿曲线做功)　求在变力 $\boldsymbol{F}(x,y,z)=P(x,y,z)\boldsymbol{i}+Q(x,y,z)\boldsymbol{j}+R(x,y,z)\boldsymbol{k}$ 作用下, 一个质点沿有向曲线 L_{AB} 移动所做的功.

利用微元法, 如图 4.3.8 所示, 在 L_{AB} 上取有向小弧段 $\widehat{MN}$, 它的长度为 Δs. 当 $\Delta s\to 0$ 时, $\widehat{MN}$ 的割线 (有向直线段 $\overrightarrow{MN}$) 的极限位置是 M 点的切线, 因此

可用 M 点的力 $\boldsymbol{F}$ 来代替 $\overset{\frown}{MN}$ 上其他各点处的力, 可用带方向的弧微分 $\mathrm{d}\boldsymbol{s}$ 代替 $\overrightarrow{MN}$. 若用 α, β, γ 分别表示 $\mathrm{d}\boldsymbol{s}$ 与 x 轴、y 轴和 z 轴的夹角, 则 $\mathrm{d}\boldsymbol{s}$ 的方向为 $\{\cos \alpha, \cos \beta, \cos \gamma\}$, 即

$$\mathrm{d}\boldsymbol{s} = \{\cos \alpha, \cos \beta, \cos \gamma\}\mathrm{d}s.$$

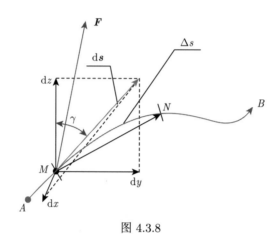

图 4.3.8

于是, 功微元

$$\begin{aligned}
\mathrm{d}W &= \boldsymbol{F} \cdot \mathrm{d}\boldsymbol{s} \\
&= \{P(x,y,z), Q(x,y,z), R(x,y,z)\} \cdot \{\cos \alpha, \cos \beta, \cos \gamma\}\mathrm{d}s \\
&= [P(x,y,z)\cos \alpha + Q(x,y,z)\cos \beta + R(x,y,z)\cos \gamma]\mathrm{d}s.
\end{aligned}$$

将微元在有向线段 L_{AB} 上积分, 得所求的功

$$W = \int_{L_{AB}} [P(x,y,z)\cos \alpha + Q(x,y,z)\cos \beta + R(x,y,z)\cos \gamma]\mathrm{d}s.$$

记 $\cos \alpha \mathrm{d}s = \mathrm{d}x, \cos \beta \mathrm{d}s = \mathrm{d}y, \cos \gamma \mathrm{d}s = \mathrm{d}z$; $P(x,y,z), Q(x,y,z), R(x,y,z)$ 分别简记为 P, Q, R, 则

$$W = \underbrace{\int_{L_{AB}} [P\cos \alpha + Q\cos \beta + R\cos \gamma]\mathrm{d}s}_{\text{第一型曲线积分}} = \overbrace{\int_{L_{AB}} P\mathrm{d}x + Q\mathrm{d}y + R\mathrm{d}z}^{\text{第二型曲线积分}}.$$

形式上看, 上式揭示了两类曲线积分之间的关系, 说明第二型曲线积分与 L_{AB} 的方向有关, 可通俗地看成第一型曲线积分沿坐标轴正向方向的分解.

第二型曲线积分具有方向性: 设 L 是有向曲线弧, $-L$ 是与 L 方向相反的有向曲线弧, 则

$$\int_{-L} P\mathrm{d}x + Q\mathrm{d}y = -\int_{L} P\mathrm{d}x + Q\mathrm{d}y.$$

2) 第二型曲线积分的计算

代入法　第二型曲线积分计算的基本方法是代入法, 与第一型曲线积分计算不同, 这里要考虑曲线的方向. 曲线的起点参数值对应定积分下限, 终点参数值对应上限.

【算法模型】计算 $\displaystyle\int_{L} P\left(x,y,z\right)\mathrm{d}x + Q\left(x,y,z\right)\mathrm{d}y + R\left(x,y,z\right)\mathrm{d}z$, 其中

$$L:\begin{cases} x = x\left(t\right), \\ y = y\left(t\right), \quad t:\alpha \to \beta. \\ z = z\left(t\right), \end{cases}$$

解

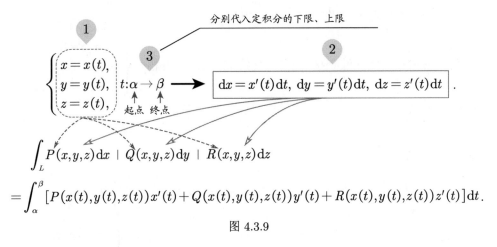

图 4.3.9

公式法　当满足特定条件时, 可利用格林公式 (或斯托克斯公式) 计算第二型曲线积分, 详见 4.6 节.

7. 两类曲线积分之间的联系

两类曲线积分的关系可以通过向量形式表示:

$$\int_{L} \boldsymbol{F} \cdot \mathrm{d}\boldsymbol{s} = \int_{L} \overbrace{\left(\boldsymbol{F} \cdot \boldsymbol{\tau}\right)}^{\boldsymbol{F}\ \text{在}\ \boldsymbol{\tau}\ \text{上的投影}} \mathrm{d}s,$$

具体为

$$
\int_L \{P, Q, R\} \cdot \{\mathrm{d}x, \mathrm{d}y, \mathrm{d}z\}
$$

$$
= \int_L P\mathrm{d}x + Q\mathrm{d}y + R\mathrm{d}z
$$

$$
= \int_L \left(\underbrace{\{P, Q, R\}}_{\boldsymbol{F}} \cdot \overbrace{\{\cos\alpha, \cos\beta, \cos\gamma\}}^{\boldsymbol{\tau}} \right) \mathrm{d}s
$$

$$
= \int_L (P\cos\alpha + Q\cos\beta + R\cos\gamma)\mathrm{d}s,
$$

其中, $\boldsymbol{\tau} = (\cos\alpha, \cos\beta, \cos\gamma)$ 为曲线 L 的单位切向量; $\boldsymbol{F} = P(x,y,z)\boldsymbol{i} + Q(x,y,z)\boldsymbol{j} + R(x,y,z)\boldsymbol{k} = \{P, Q, R\}$; $\mathrm{d}\boldsymbol{s} = \{\mathrm{d}x, \mathrm{d}y, \mathrm{d}z\} = \{\mathrm{d}s \cdot \cos\alpha, \mathrm{d}s \cdot \cos\beta, \mathrm{d}s \cdot \cos\gamma\}$; $\cos\left(\widehat{\boldsymbol{\tau}, \boldsymbol{i}}\right) = \cos\alpha = \dfrac{\mathrm{d}x}{\mathrm{d}s}$, $\cos\left(\widehat{\boldsymbol{\tau}, \boldsymbol{j}}\right) = \cos\beta = \dfrac{\mathrm{d}y}{\mathrm{d}s}$, $\cos\left(\widehat{\boldsymbol{\tau}, \boldsymbol{k}}\right) = \cos\gamma = \dfrac{\mathrm{d}z}{\mathrm{d}s}$.

【例】设 L 是柱面 $x^2 + y^2 = 1$ 与平面 $z = x + y$ 的交线, 从 z 轴正向看去为逆时针, 则曲线积分 $\oint_L xz\mathrm{d}x + x\mathrm{d}y + \dfrac{y^2}{2}\mathrm{d}z = $_____.

解 方法一 (代入法直接计算) 交线 L 的参数方程: $\begin{cases} x = \cos t, \\ y = \sin t, \\ z = \cos t + \sin t, \end{cases}$

$0 \leqslant t \leqslant 2\pi$. 故

$$
\oint_L xz\mathrm{d}x + x\mathrm{d}y + \frac{y^2}{2}\mathrm{d}z
$$

$$
= \int_0^{2\pi} \left[-\cos^2 t \sin t - \frac{1}{2}\sin^2 t \cos t + \cos^2 t - \frac{1}{2}\sin^3 t \right]\mathrm{d}t = \pi.
$$

方法二 (利用两类积分之间的关系) 曲线 L 的参数方程: $\begin{cases} x = \cos t, \\ y = \sin t, \\ z = \cos t + \sin t, \end{cases}$

$0 \leqslant t \leqslant 2\pi$. 曲线的方向余弦为

$$
\cos\alpha = \frac{x'(t)}{\sqrt{x'^2(t) + y'^2(t) + z'^2(t)}} = -\frac{\sin t}{\sqrt{2 + \sin 2t}};
$$

$$
\cos\beta = \frac{y'(t)}{\sqrt{x'^2(t) + y'^2(t) + z'^2(t)}} = \frac{\cos t}{\sqrt{2 + \sin 2t}};
$$

$$\cos\gamma = \frac{z'(t)}{\sqrt{x'^2(t)+y'^2(t)+z'^2(t)}} = \frac{-\sin t+\cos t}{\sqrt{2+\sin 2t}}.$$

$$\mathrm{d}s = \sqrt{x'^2(t)+y'^2(t)+z'^2(t)}\,\mathrm{d}t = \sqrt{2+\sin 2t}\,\mathrm{d}t.$$

故

$$\oint_L xz\mathrm{d}x + x\mathrm{d}y + \frac{y^2}{2}\mathrm{d}z = \oint_L \left(xz\cos\alpha + x\cos\beta + \frac{y^2}{2}\cos\gamma\right)\mathrm{d}s$$

$$= \int_0^{2\pi}\left[-\cos^2 t\sin t - \frac{1}{2}\sin^2 t\cos t + \cos^2 t - \frac{1}{2}\sin^3 t\right]\mathrm{d}t = \pi.$$

✔ 学习效果检测

A. 深刻揣摩定积分的概念性质，能够运用定积分表示并计算特定形式的极限

1. 下列命题中错误的是 (　　).

(A) 若 $f(x)$ 在 $[a,b]$ 上有界, 则 $f(x)$ 在 $[a,b]$ 上可积;

(B) 若 $f(x)$ 在 $[a,b]$ 上连续, 则 $f(x)$ 在 $[a,b]$ 上可积;

(C) 若 $f(x)$ 在 $[a,b]$ 上单调有界, 则 $f(x)$ 在 $[a,b]$ 上可积;

(D) 若 $f(x)$ 在 $[a,b]$ 上可积, 则 $f(x)$ 在 $[a,b]$ 上有界.

2. 下列命题错误的是 (　　).

(A) 若 $f(x)$ 在区间 I 上的某个原函数为常数, 则在 I 上 $f(x)\equiv 0$;

(B) 若 $f(x)$ 在区间 I 上不连续, 则 $f(x)$ 在 I 上必无原函数;

(C) 若 $f(x)$ 的某个原函数为零, 则 $f(x)$ 的所有原函数均为常数;

(D) 若 $f(x)$ 有原函数 $F(x)$, 则 $F(x)$ 是连续函数.

3. 利用定积分的几何意义求下列定积分:

(1) $\displaystyle\int_0^1 2x\mathrm{d}x = $ _____;

(2) $\displaystyle\int_{-a}^a -\sqrt{a^2-x^2}\,\mathrm{d}x = $ _____;

(3) $\displaystyle\int_0^2 \sqrt{2x-x^2}\,\mathrm{d}x = $ _____;

(4) $\displaystyle\int_0^1 \sqrt{1-x^2}\,\mathrm{d}x + \int_0^{2\pi}\cos x\mathrm{d}x = $ _____;

(5) $\int_{-\pi}^{\pi} \sin x \mathrm{d}x = $ _____.

4. 利用定积分表示下列极限:

(1) $\lim_{n \to \infty} \left(\dfrac{1}{n+1} + \dfrac{1}{n+2} + \cdots + \dfrac{1}{n+n} \right)$;

(2) $\lim_{n \to \infty} \dfrac{1^p + 2^p + \cdots + n^p}{n^{p+1}}$;

(3) $\lim_{n \to \infty} \dfrac{1}{n} \left[\sin \dfrac{\pi}{n} + \sin \dfrac{2\pi}{n} + \cdots + \sin \dfrac{(n-1)\pi}{n} \right]$;

(4) $\lim_{n \to \infty} \left(\dfrac{1}{\sqrt{n^2+1^2}} + \dfrac{1}{\sqrt{n^2+2^2}} + \cdots + \dfrac{1}{\sqrt{n^2+n^2}} \right) = ($ $)$.

(A) $\int_0^1 \dfrac{x}{1+x^2} \mathrm{d}x$;　　　　　　(B) $\int_1^2 \sqrt{\dfrac{x}{1+x^2}} \mathrm{d}x$;

(C) $\int_0^1 \dfrac{1}{\sqrt{1+x^2}} \mathrm{d}x$;　　　　　(D) $\int_0^2 \dfrac{1}{\sqrt{1+x^2}} \mathrm{d}x$.

5. 设 $f(x)$ 在 $[a,b]$ 上是非负连续函数, 若区间 $[c,d] \subset [a,b]$, 且 $I_1 = \int_a^b f(x) \mathrm{d}x$, $I_2 = \int_c^d f(x) \mathrm{d}x$, 则 I_1, I_2 的大小关系是 _____.

6. 不计算定积分的值, 比较下列定积分的大小.

(1) $I_1 = \int_0^1 \sqrt[3]{1+x^2} \mathrm{d}x$ 与 $I_2 = \int_0^1 \sqrt[3]{1+\sin^2 x} \mathrm{d}x$;

(2) $I_1 = \int_0^{\frac{\pi}{2}} (\sin^4 x - \sin^5 x) \mathrm{d}x$ 与 $I_2 = \int_{\frac{1}{3}}^1 x^2 \ln x \mathrm{d}x$.

7. 设在区间 $[a,b]$ 上 $f(x)>0, f'(x)<0, f''(x)>0$, 令 $S_1 = \int_a^b f(x)\mathrm{d}x, S_2 = f(b)(b-a), S_3 = \dfrac{1}{2}[f(a)+f(b)](b-a)$, 则有 ( ).

(A) $S_1 < S_2 < S_3$; (B) $S_2 < S_1 < S_3$; (C) $S_3 < S_1 < S_2$; (D) $S_2 < S_3 < S_1$.

8. 估计定积分 $\int_0^2 \mathrm{e}^{x^2-x} \mathrm{d}x$ 的值.

9. 证明不等式: $1 \leqslant \int_0^1 \mathrm{e}^{x^2} \mathrm{d}x < \mathrm{e}$.

10. 设函数 $f(x)$ 在 $[0,1]$ 上连续, 在 $(0,1)$ 内可导, 且 $3\int_{\frac{2}{3}}^{1} f(x)\,\mathrm{d}x = f(0)$. 证明: 存在 $c \in (0,1)$, 使 $f'(c) = 0$.

11. 设函数 $f(x)$ 的 $[2,4]$ 上连续, 在 $(2,4)$ 内可导, 且满足 $f(2) = \int_{3}^{4} (x-1)^{2} \cdot f(x)\,\mathrm{d}x$, 证明在 $(2,4)$ 内至少存在一点 ξ, 使 $(1-\xi)f'(\xi) = 2f(\xi)$.

B. 能够复述积分上限函数的几何意义, 熟练对积分上限函数进行求导运算, 灵活利用洛必达法则求解含积分上限函数的极限

12. 设 $y = \int_{1}^{x} \sin \mathrm{e}^{t}\mathrm{d}t$, 则 $y'(0) = $ _____.

13. 设 $\varphi(t) = \int_{t}^{t^2} \dfrac{\sin x}{x}\mathrm{d}x\,(t>0)$, 则 $\varphi'(t) = $ _____.

14. 设 $f(x)$ 连续, 则 $\dfrac{\mathrm{d}}{\mathrm{d}x}\int_{0}^{x} tf\left(x^2 - t^2\right)\mathrm{d}t = $ _____.

15. 设 $f(x)$ 连续, 则 $\dfrac{\mathrm{d}}{\mathrm{d}x}\int_{0}^{x} tf\left(t^2 - x^2\right)\mathrm{d}t = $ _____.

16. 求由参数表示式 $x = \int_{0}^{t} \sin u\,\mathrm{d}u,\ y = \int_{0}^{t} \cos u\,\mathrm{d}u$ 所给定的函数 y 对 x 的导数.

17. 求由 $\int_{0}^{y} \mathrm{e}^{t}\mathrm{d}t + \int_{0}^{x} \cos t\,\mathrm{d}t = 0$ 所决定的隐函数 y 对 x 的导数 $\dfrac{\mathrm{d}y}{\mathrm{d}x}$.

18. 设 $f(x)$ 在 $[a,b]$ 上连续, 在 (a,b) 内可导且 $f'(x) \leqslant 0$, $F(x) = \dfrac{1}{x-a} \cdot \int_{a}^{x} f(t)\,\mathrm{d}t$. 证明在 (a,b) 内有 $F'(x) \leqslant 0$.

19. 计算下列极限:

(1) $\lim\limits_{x \to 0} \dfrac{\int_{0}^{5x^2} \frac{\sin t}{t}\mathrm{d}t}{1 - \cos x}$;

(2) $\lim\limits_{x \to 0^+} \dfrac{\int_{0}^{x^2} t^{\frac{3}{2}}\mathrm{d}t}{\int_{0}^{x} t(t - \sin t)\,\mathrm{d}t}$;

(3) $\lim\limits_{x \to +\infty} \dfrac{\int_{0}^{x} (\arctan t)^2\,\mathrm{d}t}{\sqrt{1 + x^2}}$;

(4) $\lim\limits_{x \to 0} \dfrac{\left(\int_{0}^{x} \mathrm{e}^{t^2}\mathrm{d}t\right)^2}{\int_{0}^{x} t\mathrm{e}^{2t^2}\mathrm{d}t}$.

20. 设函数 $f(x)$ 可导, 且 $f(0) \neq 0$, 求极限 $\lim\limits_{x \to 0} \dfrac{\displaystyle\int_0^x (x-t) f(t) \, \mathrm{d}t}{x \displaystyle\int_0^x f(x-t) \, \mathrm{d}t}$.

21. 若 $f(x)$ 连续, 求 $\lim\limits_{x \to a} \dfrac{x \displaystyle\int_a^x f(t) \, \mathrm{d}t}{x-a}$.

22. 设 $f(x)$ 在 $x = 0$ 处一阶可导, $\lim\limits_{x \to 0} \dfrac{f(x)}{x} = 2$. 求 $\lim\limits_{x \to 0} \dfrac{\displaystyle\int_0^x t f(x^2 - t^2) \, \mathrm{d}t}{x^4}$.

23. 设 $u = \displaystyle\int_{yz}^{xyz} \mathrm{e}^{t^2} \mathrm{d}t$. 求 $\dfrac{\partial u}{\partial x}, \dfrac{\partial u}{\partial y}, \dfrac{\partial u}{\partial z}$.

C. 熟练记忆定积分换元积分法和分部积分法公式, 能利用这两种方法求解定积分计算问题, 熟练运用牛顿-莱布尼茨公式对定积分进行基本运算

24. 已知 $F'(x) = f(x)$, 则 $\displaystyle\int_a^x f(t+a) \, \mathrm{d}t = ($ 　 $)$.

(A) $F(x) - F(a)$;　　　　　　　(B) $F(t) - F(a)$;

(C) $F(x+a) - F(2a)$;　　　　　(D) $F(t+a) - F(2a)$.

25. 已知 $\displaystyle\int_0^2 f(x) \, \mathrm{d}x = 1, f(2) = 3$, 则 $\displaystyle\int_0^2 x f'(x) \, \mathrm{d}x = $ _____.

26. 设 $f(x) = \displaystyle\int_1^{x^2} \mathrm{e}^{-t^2} \mathrm{d}t$, 则 $\displaystyle\int_0^1 x f(x) \, \mathrm{d}x = $ _____.

27. 求下列定积分:

(1) $\displaystyle\int_1^4 \dfrac{1}{\sqrt{x}(1+x)} \mathrm{d}x$;

(2) $\displaystyle\int_0^{\ln 2} \sqrt{\mathrm{e}^x - 1} \, \mathrm{d}x$;

(3) $\displaystyle\int_0^a \dfrac{1}{x + \sqrt{a^2 - x^2}} \mathrm{d}x$;

(4) $\displaystyle\int_1^{\sqrt{3}} \dfrac{1}{x^2 \cdot \sqrt{1+x^2}} \mathrm{d}x$;

(5) $\displaystyle\int_0^1 \dfrac{\arctan x}{1+x^2} \mathrm{d}x$;

(6) $\displaystyle\int_1^{\mathrm{e}} \dfrac{(\ln x + 1)^2}{x} \mathrm{d}x$;

(7) $\displaystyle\int_0^{\frac{1}{\sqrt{3}}} \dfrac{1}{(2x^2 + 1) \cdot \sqrt{1+x^2}} \mathrm{d}x$;

(8) $\displaystyle\int_0^1 x^2 \cdot \sqrt{1-x^2} \, \mathrm{d}x$;

(9) $\displaystyle\int_{\frac{3}{2}}^4 \dfrac{x+1}{\sqrt{1+2x}} \mathrm{d}x$;

(10) $\displaystyle\int_{\frac{1}{2}}^1 \mathrm{e}^{-\sqrt{2x-1}} \, \mathrm{d}x$;

(11) $\displaystyle\int_{-\frac{\pi}{2}}^{\frac{\pi}{2}} \cos x \cdot \cos 2x \, \mathrm{d}x$;

(12) $\displaystyle\int_{-\frac{\pi}{2}}^{\frac{\pi}{2}} \sqrt{\cos x - \cos^3 x} \, \mathrm{d}x$;

(13) $\displaystyle\int_0^\pi \sqrt{1+\cos 2x}\,dx$;   (14) $\displaystyle\int_{-2}^0 \dfrac{1}{x^2+2x+2}\,dx$.

28. 求下列定积分:

(1) $\displaystyle\int_1^e x\ln x\,dx$;   (2) $\displaystyle\int_0^3 \arcsin\sqrt{\dfrac{x}{x+1}}\,dx$.

29. 设 $f(x)$ 二阶连续可微. 已知 $f(0)=1$, $f(2)=2$, $f'(2)=5$. 求 $\displaystyle\int_0^1 xf''(2x)\,dx$.

30. 计算定积分 $\displaystyle\int_0^2 f(x)\,dx$, 其中 $f(x)=\begin{cases} x+1, & x\leqslant 1, \\ \dfrac{1}{2}x^2, & x>1. \end{cases}$

31. 计算定积分 $\displaystyle\int_{-2}^3 \min\{1,x^2\}\,dx$.

32. 计算定积分 $\displaystyle\int_0^3 \sqrt{x^2-4x+4}\,dx$.

33. 计算定积分 $\displaystyle\int_0^{2\pi} |\sin x|\,dx$.

D. 能利用对称区间偶倍奇零的结论计算定积分

34. 下列定积分中, 积分值不等于 0 的是 (   ).

(A) $\displaystyle\int_{-\frac{1}{2}}^{\frac{1}{2}} \sin x^2\cdot\ln\dfrac{1+x}{1-x}\,dx$;   (B) $\displaystyle\int_{-1}^1 x\ln\left(x^2+\sqrt{1+x^2}\right)\,dx$;

(C) $\displaystyle\int_{-\frac{\pi}{2}}^{\frac{\pi}{2}} \dfrac{\sin x\cdot\cos^4 x}{1+x^8}\,dx$;   (D) $\displaystyle\int_{-1}^1 x^7\cdot\sin^9 x\,dx$.

35. 计算定积分 $\displaystyle\int_{-2}^2 \dfrac{1+\sin x}{1+x^2}\,dx$.

36. $\displaystyle\int_{-1}^2 xe^{|x|}\,dx$ 的值为 (   ).

(A) 0;   (B) e^2;   (C) $3e^2-2e$;   (D) $2e^2-1$.

37. $\displaystyle\int_{-4\pi}^{4\pi} (x+1)|\sin x|\,dx = $ _____.

38. $\displaystyle\int_{-2}^2 \left(x^3\cdot\sqrt{x^2+1}+2\right)dx = $ _____.

39. $\displaystyle\int_{-a}^a \sqrt{a^2-x^2}\ln\left(x+\sqrt{a^2+x^2}\right)dx = $ _____.

40. $\displaystyle\int_{-2}^{2} \frac{\sin x + |x|}{2 + x^2}\mathrm{d}x = $ _____.

E. 能复述两类反常积分的收敛性定义, 会计算反常积分、判定反常积分的敛散性

41. 下列反常积分收敛的是 (　　).

(A) $\displaystyle\int_{2}^{+\infty} \frac{\ln x}{x}\mathrm{d}x$;

(B) $\displaystyle\int_{2}^{+\infty} \frac{1}{x \cdot \ln x}\mathrm{d}x$;

(C) $\displaystyle\int_{2}^{+\infty} \frac{1}{x\left(\ln x\right)^2}\mathrm{d}x$;

(D) $\displaystyle\int_{2}^{+\infty} \frac{1}{x \cdot \sqrt{\ln x}}\mathrm{d}x$.

42. 已知反常积分 $\displaystyle\int_{0}^{+\infty} x\mathrm{e}^{ax^2}\mathrm{d}x$ 收敛, 且值为 1, 则 $a = $ _____.

43. 计算下列反常积分:

(1) $\displaystyle\int_{1}^{+\infty} \frac{\arctan x}{x^2}\mathrm{d}x$;

(2) $\displaystyle\int_{1}^{+\infty} \frac{x+1}{x\left(x^2+1\right)}\mathrm{d}x$.

44. 判断下列各反常积分的敛散性. 如果收敛, 计算反常积分的值.

(1) $\displaystyle\int_{0}^{+\infty} x\mathrm{e}^{-x}\mathrm{d}x$;

(2) $\displaystyle\int_{e}^{+\infty} \frac{\ln x}{x}\mathrm{d}x$.

45. 下列反常积分中收敛的是 (　　).

(A) $\displaystyle\int_{-\infty}^{+\infty} \sin x\mathrm{d}x$;

(B) $\displaystyle\int_{e}^{+\infty} \frac{1}{x\sqrt{\ln x + 2}}\mathrm{d}x$;

(C) $\displaystyle\int_{1}^{+\infty} \frac{1}{x^2+2}\mathrm{d}x$;

(D) $\displaystyle\int_{0}^{1} \frac{1}{x-1}\mathrm{d}x$.

46. 下列反常积分发散的是 (　　).

(A) $\displaystyle\int_{-1}^{1} \csc x\mathrm{d}x$;

(B) $\displaystyle\int_{-1}^{1} \frac{1}{\sqrt{1-x^2}}\mathrm{d}x$;

(C) $\displaystyle\int_{2}^{+\infty} \frac{1}{\sqrt{x^3}}\mathrm{d}x$;

(D) $\displaystyle\int_{2}^{+\infty} \frac{1}{x\sqrt{\left(\ln x\right)^3}}\mathrm{d}x$.

47. 计算下列反常积分:

(1) $\displaystyle\int_{1}^{e} \frac{1}{x\sqrt{1-\left(\ln x\right)^2}}\mathrm{d}x$;

(2) $\displaystyle\int_{1}^{5} \frac{1}{\sqrt{\left(x-1\right)\left(5-x\right)}}\mathrm{d}x$;

(3) $\displaystyle\int_{-1}^{1} \frac{1}{(1+x^2)\sqrt{1-x^2}}\mathrm{d}x;$ (4) $\displaystyle\int_{-1}^{1} \frac{1}{\sqrt{x^3}}\mathrm{d}x;$

(5) $\displaystyle\int_{-\infty}^{0} \frac{1}{x-1}\mathrm{d}x.$

F. 能够详细阐述出第一型曲线积分的物理意义与几何意义 (拓展)

48. $L: x^2 + y^2 = 1,\ \displaystyle\oint_{L} \mathrm{d}s = \underline{\qquad\qquad}.$

49. 曲线弧 $\overset{\frown}{AB}$ 上的曲线积分和 $\overset{\frown}{BA}$ 上的曲线积分有关系 ( ).

(A) $\displaystyle\int_{\overset{\frown}{AB}} f(x,y)\,\mathrm{d}s = -\int_{\overset{\frown}{BA}} f(x,y)\,\mathrm{d}s;$

(B) $\displaystyle\int_{\overset{\frown}{AB}} f(x,y)\,\mathrm{d}s = \int_{\overset{\frown}{BA}} f(x,y)\,\mathrm{d}s;$

(C) $\displaystyle\int_{\overset{\frown}{AB}} f(x,y)\,\mathrm{d}s + \int_{\overset{\frown}{BA}} f(x,y)\,\mathrm{d}s = 0;$

(D) $\displaystyle\int_{\overset{\frown}{AB}} f(x,y)\,\mathrm{d}s = \int_{\overset{\frown}{BA}} f(-x,-y)\,\mathrm{d}s.$

50. 设平面曲线 L 为下半圆 $y = -\sqrt{1-x^2}$, 则曲线积分 $\displaystyle\int_{L} (x^2 + y^2)\,\mathrm{d}s =$ ( ).

(A) 0;   (B) π;   (C) 2π;   (D) 3π.

51. 设空间曲线 Γ 为球面 $x^2 + y^2 + z^2 = 1$ 与平面 $x + y + z = 0$ 的交线, 则曲线积分 $\displaystyle\oint_{\Gamma} x^2 \mathrm{d}s = ($) (提示: 利用轮换对称性).

(A) π;   (B) 2π;   (C) $\dfrac{\pi}{3}$;   (D) $\dfrac{2\pi}{3}$.

52. 若 L 为圆周 $x^2 + y^2 = a^2$, 则 $\displaystyle\oint_{L} (x^2 + y^2)^n\,\mathrm{d}s = \underline{\qquad\qquad}.$

53. 设 L 为椭圆 $\dfrac{x^2}{2} + \dfrac{y^2}{9} = 1$, 其周长为 a, 则 $\displaystyle\oint_{L} (xy + 9x^2 + 2y^2)\,\mathrm{d}s =$ ( ).

(A) a;   (B) $2a$;   (C) 9π;   (D) $18a$.

G. 熟练应用第一型曲线积分的计算方法解决对弧长的曲线积分的计算问题

54. 设空间曲线 Γ 是球面 $x^2 + y^2 + z^2 = 1$ 与平面 $x + y + z = 0$ 的交线, 则 $\displaystyle\oint_{\Gamma} (xy + yz + zx)\,\mathrm{d}s = \underline{\qquad\qquad}.$

55. 计算 $\displaystyle\int_C e^{\sqrt{x^2+y^2}}\mathrm{d}s$, 其中 C 为圆周 $x^2+y^2=a^2$, 直线 $y=x$ 及 x 轴在第一象限内所围成的扇形的整个边界.

56. 计算星形线 $x=a\cos^3 t, y=a\sin^3 t$ 的全长.

57. 计算 $\displaystyle\int_L x\sqrt{x^2-y^2}\mathrm{d}s$, 其中 L 是双纽线 $\left(x^2+y^2\right)^2=a^2\left(x^2-y^2\right)$.

58. 设 l 为椭圆 $\dfrac{x^2}{4}+\dfrac{y^2}{3}=1$, 其周长为 a, 求 $\displaystyle\oint_l\left(2xy+3x^2+4y^2\right)\mathrm{d}s$.

59. 分情况计算 $\displaystyle\oint_L\sqrt{x^2+y^2}\mathrm{d}s$, 其中 (1) L: 圆 $x^2+y^2=a^2$ 的右半部分 $(y\geqslant 0)$; (2) L: 圆 $x^2+y^2=ax$.

H. 熟练应用第二型曲线积分的计算方法解决对坐标的曲线积分的计算问题

60. 设 C 为平面上从点 $A\left(x_1,y_1\right)$ 到点 $B\left(x_2,y_2\right)$ 的有向曲线弧, 函数 $f\left(x\right)$ 是连续函数, 则 $\displaystyle\int_C f\left(x\right)\mathrm{d}x=$ _____.

61. 设 L 为 xOy 面内直线 $x=a$ 上的一段, 则 $\displaystyle\int_L P\left(x,y\right)\mathrm{d}x=$ _____.

62. 设 L 为从点 $A\left(1,\dfrac{1}{2}\right)$ 沿曲线 $2y=x^2$ 到点 $B\left(2,2\right)$ 的弧段, 则曲线积分 $\displaystyle\int_L\dfrac{2x}{y}\mathrm{d}x-\dfrac{x^2}{y^2}\mathrm{d}y=($ $)$.

(A) -3;   (B) $\dfrac{3}{2}$;   (C) 3;   (D) 0.

63. 计算 $I=\displaystyle\oint_L\dfrac{(x+y)\mathrm{d}x-(x-y)\mathrm{d}y}{x^2+y^2}$, L 为圆周 $x^2+y^2=a^2(a>0)$ 按逆时针方向绕行.

64. 设 L 为抛物线 $y=x^2$ 上从点 $(0,0)$ 到点 $(2,4)$ 的一段弧, 计算 $\displaystyle\int_L\left(x^2-y^2\right)\mathrm{d}x$.

65. $\displaystyle\int_L xy\mathrm{d}x$ 其中 L 为半圆 $(x-2)^2+y^2\leqslant 4, y\geqslant 0$ 的边界曲线, 方向取逆时针.

66. 在过点 $O\left(0,0\right)$ 和 $A\left(\pi,0\right)$ 的曲线族 $y=a\sin x, a>0$ 中, 求一条曲线 L, 使沿该曲线的积分 $\displaystyle\int_L\left(1+y^3\right)\mathrm{d}x+(2x+y)\mathrm{d}y$ 的值最小.

I. 会利用第二型曲线积分解决"变力沿曲线做功"和"环流量"等物理问题

67. 某力场由沿着横轴正方向的常力 $\boldsymbol{F}$ 所构成, 试求当一质量为 m 的质点沿圆周 $x^2+y^2=R^2$ 按逆时针方向移过位于第一象限的那一段弧时, 场力所做的功.

4.4 面 积 分

➡ **学习目标导航**

❑ **知识目标**

- ➔ 二重积分、面积分、积分区域、面积元素、几何意义、曲顶柱体;
- ➔ 直角坐标、极坐标系 (polar coordinate system) 下化二重积分为累次积分的算法;
- ➔ 极坐标; 直角坐标与极坐标的关系;
- ➔ 极坐标下的二重积分 (极坐标下化二重积分为累次积分的方法);
- ➔ 曲面面积、对面积的曲面积分的概念和计算;
- ➔ 有向曲面、双侧曲面、单侧曲面; 流量 (flow rate);
- ➔ 对坐标的曲面积分的概念; 对坐标的曲面积分的计算方法.

❑ **认知目标**

1. 二重积分
   A. 能够理解二重积分的概念; 能够运用二重积分的几何意义求二重积分;
   B. 能够利用二重积分的性质解决问题;
   C. 能够将直角坐标系下的二重积分转化成二次定积分来计算;
   D. 会将二重积分化成极坐标进行计算;
   E. 能够灵活根据积分区域类型、被积函数特点, 选择合适的坐标系化二重积分为累次积分.

2. 第一型曲面积分
   F. 能够复述对面积的曲面积分的概念, 说出对面积的曲面积分与二重积分之间的区别和联系;
   G. 能够列出面积微元表达式 (微元法), 并会计算曲面面积;
   H. 熟练应用公式计算对面积的曲面积分.

3. 第二型曲面积分
   I. 能够描述对坐标的曲面积分 (第二型曲面积分) 的概念;
   J. 会计算流向曲面一侧的流量;
   K. 能够计算简单的第二型曲面积分.

❑ **情感目标**

- ➔ 磨炼遇到问题迎难而上的意志, 调整学习策略逐步形成方法观;

- ✦ 研讨交流形成团队协作的意识;
- ✦ 进一步理解积分与微分的"局部与整体、量变与质变"的辩证关系;
- ✦ 培养空间想象力, 通过观察分析、独立思考自主提升逻辑推理能力和总结归纳能力;
- ✦ 能够认真观察、联想推理、逻辑分析, 通过变量代换方法, 树立问题转化意识;
- ✦ 通过将新问题转化为已学问题, 激发创造性, 提升问题分析与转化的能力, 体会探究数学问题时的阻滞感和通过自己努力得出结论后的满足感.

☞ 学习指导

关于线积分的学习经验可以迁移至面积分的学习.

下面是运用积分学知识求解问题的一般流程 (图 4.4.1).

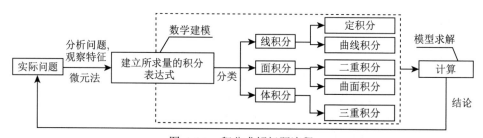

图 4.4.1   积分求解问题流程

观察问题特征, 抽象出概念并建立积分模型, 这一过程在 4.1 节已经学习过了. 本部分重点是掌握面积分的算法, 求解模型. 在学习的过程中, 给出如下建议:

(1) 通过深度思考, 努力挖掘抽象的数学描述形式背后的朴素的解题思想. 通过前面的学习看到, 积分的运算并没有超出学习者的已有认知, 只不过其蕴含的运算思想、思维演绎和逻辑规则是通过形式化的数学语言表述出来的, 我们需要掌握这种语言. 伽利略曾说过: "数学是一种语言, 是一切科学的共同语言; 展现在我们眼前的宇宙像一本用数学语言写成的大书, 如不掌握数学符号语言, 就像在黑暗的迷宫里游荡, 什么也认识不清." 这里虽然有夸大的成分, 但不得不说, 掌握数学这种世界通用的学术性语言, 对于培养我们思维、提升抽象化描述问题能力大有裨益.

(2) 独立思考、善于总结. 通过阅读、分析、总结、探索、训练, 围绕着基本概念、基本算法研究各型积分运算的基本原理和底层逻辑, 不断 "温故而知新", 尤其关注自己困惑的逻辑点、表达式, 既要依托于教材逐字逐句地精读、精研, 又要跳脱出课本, 举一反三、广泛联系, 真正发现数学之美, 建构起自己的系统的数学知识体系. 建立微积分的自我知识体系和认知体系, 是高等数学学习的终极目标. 除了极限运算、求导运算、积分运算等基本运算法则和公式需要训练熟记以外, 大多部分无需陷入 "题海" 当中. 通过少量的习题来检验认知的掌握程度, 检测认知目标的达成度, 熟悉基本的问题类型; 通过大量地阅读例题或对照答案完成每章节后面的习题的目的都是加深对高等数学当中的概念、定理、思想和方法的理解, 都是为了明晰知识本身的内涵和应用模式, 都是为了帮助自己建立知识体系和认知体系, 以免陷入知识点混乱状态.

(3) 当你感到学习这部分内容枯燥无味时, 那是因为你没有对积分学的学习产生兴趣. 人类总是对形象化的事物感兴趣, 而抽象的数学描述中每个字符都需要你耗费 "精神力量" 思考. 此时不妨从与同学讨论一个定理开始, 把对这个定理的条件、逻辑推导和结论中的所有疑问都用自己的语言说给他听. 当你讲不清楚时, 回过头来再看定理的条件、逻辑推导和结论, 可能当你还未说完突然就豁然开朗了. 这是因为学习的最高效方法是讲给他人听 (请参考费曼学习法).

最后, 学好任何知识的基本前提是努力付出, 产生兴趣的基本前提也是奋力付出. 通常我们不会对轻易获得的东西产生深刻印象.

▸ 重难点突破

1. 二重积分

1) 二重积分的计算方法

请充分阅读教材, 基本上理解二重积分的计算方法之后, 思考这样的说法是否正确: 二重积分计算方法的原理蕴含在二重积分的定义中, 各型积分运算方法的原理蕴含在积分的定义中. 是否认同, 请尝试将观点和推理过程写在纸上, 与同学讨论. 下面我们尝试进一步研究这个问题.

如图 4.4.2 所示, 在求以 $z = f(x,y)(f > 0)$ 为曲顶, 以 xOy 平面上的有界闭区域 D 为底的曲顶柱体体积时, 根据微元法, 将区域 D 按任意方式分割为 $\sigma_1, \sigma_2, \cdots, \sigma_n$, 其中区域 D 的面积微元为 $\mathrm{d}\sigma$, 故体积微元为 $\mathrm{d}V = f(x,y)\mathrm{d}\sigma$, 整个曲顶柱体的体积就是将体积微元按原分割方式连续地累积起来:

$$V = \iint_D \mathrm{d}V = \iint_D f(x,y)\mathrm{d}\sigma.$$

下面进一步研究如何计算该积分. 通过积分, 将微观世界的微元连续地累积起来, 我们不妨大胆设想, 如果知道每一个微元, 将所有微元一个不漏且不重复地累加起来, 得到的 "和" 应当符合积分的基本概念. 所以为了不漏掉、不重复地 "遍

历" 整个积分区域, 就需要确定一种累积流程. 举个简单的例子, 计算以下数表中所有数的和:

$$
\begin{array}{cccc}
1 & 2 & 3 & 4 \\
5 & 6 & 7 & 8 \\
9 & 8 & 7 & 6 \\
5 & 4 & 3 & 2
\end{array}
$$

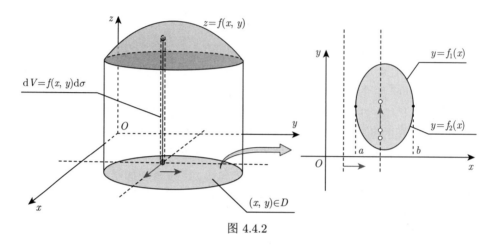

图 4.4.2

我们想像命令一个机器人, 让它完成这个任务, 至少可以给出两种程序: 一是首先让机器人将每一行的数 (元素) 不漏掉、不重复地 "扫" 一遍, 然后再将所有行得到的新元素不漏掉、不重复地 "扫" 一遍 (求和); 或者, 首先将每一列的元素不漏掉、不重复地 "扫" 一遍, 然后再将所有列得到的新元素不漏掉、不重复地 "扫" 一遍. 如下所示 (图 4.4.3).

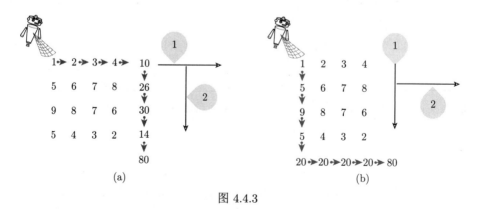

图 4.4.3

当然, 我们仍可以提出其他的 "算法", 但宗旨是将所有元素不漏掉、不重复地累加起来. 如果是连续的区域呢? 像雷达一样将某一平面有界闭区域上所有元素扫描一遍 (即 "遍历", 可以将扫描的方向通俗地称呼为扫描射线). 类似地, 我们至少可以给出三种算法 (图 4.4.4).

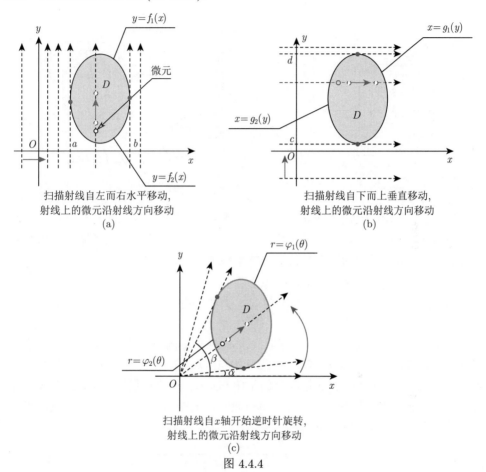

扫描射线自左而右水平移动,
射线上的微元沿射线方向移动
(a)

扫描射线自下而上垂直移动,
射线上的微元沿射线方向移动
(b)

扫描射线自 x 轴开始逆时针旋转,
射线上的微元沿射线方向移动
(c)

图 4.4.4

对应地, 微元沿射线的累积过程可以用定积分表示, 于是有二重积分的三种化累次积分的算法[1]:

$$(a)\ \iint_D f(x,y)\mathrm{d}\sigma = \int_a^b \left[\underbrace{\int_{f_2(x)}^{f_1(x)} \underbrace{f(x,y)\mathrm{d}y}_{\text{面积微元}}}_{\text{微元沿射线累积}} \right] \mathrm{d}x.$$

扫描射线自左而右移动累积

---

1 这里为了帮助理解, 不采用严谨专业的数学语言描述.

首先，$f(x,y)\mathrm{d}y$ 是什么？如图 4.4.5 所示，$f(x,y)\mathrm{d}\sigma$ 是体积微元，若用平行于 x,y 坐标轴的线分割区域 D，则 $\mathrm{d}\sigma = \mathrm{d}x\mathrm{d}y$，由此 $f(x,y)\mathrm{d}y$ 可视为垂直于 x 轴的截面面积微元.

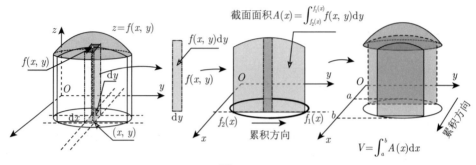

图 4.4.5

然后，看面积微元沿射线累积，无论是哪条扫描射线，累积的起点显然都在平面曲线 $y = f_2(x)$ 上，累积的终点都在 $y = f_1(x)$ 上，这样就确定了微元沿射线累积的下限和上限，累积的结果是得到扫描射线所对应的截面面积

$$A(x) = \int_{f_2(x)}^{f_1(x)} f(x,y)\mathrm{d}y.$$

最后，看扫描射线的累积，扫描射线自 x 轴负轴向正轴方向（自左向右）水平移动，即 $\mathrm{d}x$ 自 $-\infty$ 向 $+\infty$ 移动，射线开始与区域 D 有交点时 $(x=a)$ 和交点消失时 $(x=b)$，分别为对 x 变量积分的下限和上限. 形象地看，就是扫描射线积分的下限和上限，上下限决定了前一步面积微元形成的"墙"扫过的范围. 最后累积的结果是得到整个曲顶柱体的体积.

(b) 同理，$$\displaystyle\iint_D f(x,y)\mathrm{d}\sigma = \overbrace{\int_c^d \left[\overbrace{\int_{g_2(y)}^{g_1(y)} \overbrace{f(x,y)\mathrm{d}x}^{\text{面积微元}}}^{\text{体积微元沿射线累积}} \right] \mathrm{d}y.}^{\text{扫描射线自下而上移动累积}}$$

(c) $$\displaystyle\iint_D f(x,y)\mathrm{d}\sigma = \overbrace{\int_\alpha^\beta \left[\overbrace{\int_{\varphi_2(\theta)}^{\varphi_1(\theta)} \overbrace{f(r\cos\theta, r\sin\theta)\,r\mathrm{d}r}^{\text{面积微元}}}^{\text{体积微元沿射线累积}} \right] \mathrm{d}\theta.}^{\text{扫描射线自极轴开始逆时针旋转累积}}$$

通过上述分析，可以得出如下结论：

1° 三种算法形式不同, 但本质一样, 均为面积微元在 D 上的 "遍历" 加权累加, 不同之处在于遍历的流程不同. 遍历的方式取决于对区域 D 的分割方式, 即怎样分割得到的微元, 就应按相同的方式累积起来;

2° 无论何种方式, 二重积分最终化为了累次定积分计算;

3° 若将二重积分拓展至三重积分, 我们有理由推断其计算方法具有相似性, 算法本质相同, 甚至可以推断各型积分 (线积分、面积分、体积分) 的计算方法本质也相同, 详见 4.5 节;

4° 根据二重积分的积分区域特点 (X 型、Y 型、圆域、环形、扇形等)、被积函数特点, 选择不同的遍历方式, 计算繁简程度不同.

2) 二重积分的对称性

如图 4.4.6, 若积分区域 D 关于 x 轴对称, 则

$$\iint_D f(x,y)\mathrm{d}x\mathrm{d}y = \begin{cases} 0, & f(x,y)\text{是关于 } y \text{ 的奇函数}, \\ 2\iint_{D_1} f(x,y)\mathrm{d}x\mathrm{d}y, & f(x,y)\text{是关于 } y \text{ 的偶函数}, \end{cases}$$

其中 $D_1 = D \cap \{y \geqslant 0\}$.

实际上, 若函数 $f(x,y)$ 是关于 y 的奇函数, 即 $f(x,-y) = -f(x,y)$, 这说明 (在图 4.4.6(b) 中 x 轴的上方和下方) y 轴正方向上与 y 轴负方向上的函数绝对值相同, 符号相反. 从几何上看, 二重积分可理解为以积分区域为底, 以 $z = f(x,y)$ 为顶的曲顶柱体的体积, 其中 $f(x,y) \geqslant 0$. 若积分区域 D 关于 x 轴对称, 且 $f(x,y)$ 是关于 y 的奇函数, 则 $\iint_D f(x,y)\mathrm{d}x\mathrm{d}y$ 可理解为在 D_1, D_2 上的曲顶柱体的体积的代数和, 其中在 $z = 0$ 面 (即 xOy 坐标面) 下方的二重积分可理解为: 曲顶柱体的体积的负值. 如图 4.4.6(b) 所示, 即

$$\iint_D f(x,y)\mathrm{d}x\mathrm{d}y = \underbrace{V_{\text{以}D_1\text{为底, 以}z=|f(x,y)|\text{为顶的曲顶柱体}}}_{\text{绿色部分}^1}$$

$$+ \overbrace{\left(-V_{\text{以}D_2\text{为底, 以}z=|f(x,-y)|=|-f(x,y)|\text{为顶的曲顶柱体}}\right)}^{\text{蓝色部分}} = 0.$$

同理, 若积分区域 D 关于 x 轴对称, 且 $f(x,y)$ 是关于 y 的偶函数, 如图 4.4.6(c), 则

$$\iint_D f(x,y)\mathrm{d}x\mathrm{d}y = \underbrace{V_{\text{以}D_1\text{为底, 以}z=|f(x,y)|\text{为顶的曲顶柱体}}}_{\text{绿色部分}}$$

---

1 请扫码查看颜色.

$$\overbrace{+\left(V_{\text{以}D_2\text{为底, 以}z=|f(x,-y)|=|-f(x,y)|\text{为顶的曲顶柱体}}\right)}^{\text{黄色部分}}$$

$$= 2V_{\text{绿色部分}} = 2\iint_{D_1} f(x,y)\mathrm{d}x\mathrm{d}y.$$

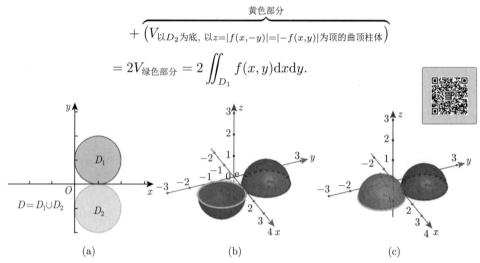

(a)   (b)   (c)

图 4.4.6　(a) 积分区域 D 关于 x 轴对称; (b) 函数 $f(x,y)$ 是关于 y 的奇函数, 即 $f(x,-y) = -f(x,y)$; (c) 函数 $f(x,y)$ 是关于 y 的偶函数, 即 $f(x,-y) = f(x,y)$.

注意　利用对称性化简二重积分计算, 必须同时考虑积分区域关于某一坐标轴的对称性、被积函数 (关于积分区域所在平面中另一坐标轴) 的奇偶性两方面, 两者缺一不可.

类似地, 若积分区域 D 关于 y 轴对称, 则 (图 4.4.7)

$$\iint_D f(x,y)\mathrm{d}x\mathrm{d}y = \begin{cases} 0, & f(x,y)\text{是关于 }x\text{ 的奇函数}, \\ 2\iint_{D_1} f(x,y)\mathrm{d}x\mathrm{d}y, & f(x,y)\text{是关于 }x\text{ 的偶函数}, \end{cases}$$

其中 $D_1 = D \cap \{x \geqslant 0\}$.

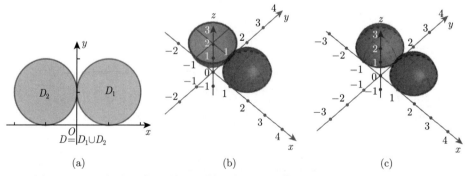

(a)   (b)   (c)

图 4.4.7　(a) 积分区域 D 关于 y 轴对称; (b) 函数 $f(x,y)$ 是关于 x 的奇函数, 即 $f(-x,y) = -f(x,y)$; (c) 函数 $f(x,y)$ 是关于 x 的偶函数, 即 $f(-x,y) = f(x,y)$.

【例 1】计算

$$I = \iint_D \frac{\sin xy}{x} \mathrm{d}x\mathrm{d}y,$$

其中 D 是由 $x = y^2$, $x = 1 + \sqrt{1 - y^2}$, $x = \dfrac{1}{3}$ 所围区域 (图 4.4.8).

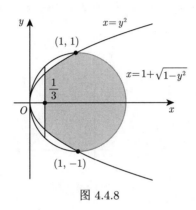

图 4.4.8

解　由于 D 关于 x 轴对称, 且被积函数是关于 y 的奇函数, 故 $I = 0$.

【例 2】计算

$$I = \iint_D \left(1 + x + x^2\right) \arcsin \frac{y}{R} \mathrm{d}\sigma,$$

其中 D 是由曲线 $(x - R)^2 + y^2 = R^2$ 所围成的圆域.

解　积分区域 D 关于 x 轴对称, 且

$$f(x, -y) = \left(1 + x + x^2\right) \arcsin \left(\frac{-y}{R}\right) = -f(x, y),$$

可知被积函数是关于变量 y 的奇函数, 故 $I = 0$.

若积分区域 D 关于 $y = x$ 对称, 结合二重积分与积分变量名称的无关性, 则存在如下 "轮换对称性":

$$\iint_D f(x, y)\mathrm{d}x\mathrm{d}y = \iint_D f(y, x)\,\mathrm{d}x\mathrm{d}y = \frac{1}{2} \iint_D [f(x, y) + f(y, x)]\,\mathrm{d}x\mathrm{d}y.$$

【例 3】计算

$$I = \iint_D \frac{\sqrt[3]{x - y}}{x^2 + y^2} \mathrm{d}\sigma$$

其中 $D: x^2 + y^2 \leqslant R^2, x + y \geqslant R.$

解　如图 4.4.9, 注意到积分区域 D 关于 $y = x$ 对称, 将积分中的积分变量 x 与 y 互换, 得

$$I = \iint_D \frac{\sqrt[3]{x-y}}{x^2 + y^2} \mathrm{d}x\mathrm{d}y = \iint_D \frac{\sqrt[3]{y-x}}{x^2 + y^2} \mathrm{d}x\mathrm{d}y,$$

又因为被积函数 $\dfrac{\sqrt[3]{y-x}}{x^2 + y^2} = \dfrac{-\sqrt[3]{x-y}}{x^2 + y^2}$, 故 $I = -I$, 即 $I = 0$.

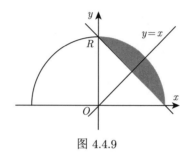

图 4.4.9

3) 计算二重积分的一般步骤

(1) 画出积分区域 D.

(2) 观察积分区域 D 特点: 若 D 具有轴对称性, 考察被积函数的奇偶性. 若无对称性, 考察积分区域的形状特征, 当 D 是圆域、环域、扇形区域, 或被积函数中含有 $x^2 + y^2$ 元素时, 考虑采用极坐标计算二重积分; 否则用直角坐标计算二重积分, 根据积分区域 (X 型、Y 型) 和被积函数特点选择积分次序, 例如被积函数是 $\mathrm{e}^{\frac{1}{x}}, \dfrac{\sin x}{x}, \dfrac{\cos x}{x}, \dfrac{1}{\ln x}, \mathrm{e}^{x^2}, \mathrm{e}^{\frac{y}{x}}$ 等, 通常选择先积 y 后积 x.

(3) 根据上述选择适当的坐标系、适当的积分次序, 化二重积分为累次定积分, 其中确定积分上下限是易错点, 参考定限口诀: 后积先定限[1], 限内画条线[2]. 先交为下限[3], 后交为上限[4].

(4) 计算累次积分.

2. 第一型曲面积分的计算

回忆第一型曲线积分计算原理 (图 4.4.10).

---

1 二次积分中后积分的变量的上下限均为常数.

2 该直线要平行于坐标轴且与坐标轴同方向.

3 直线先穿过的曲线作为下限.

4 直线后穿过的曲线作为上限.

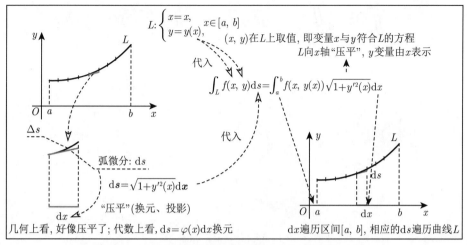

$$L:\begin{cases} x=x, & x\in[a,\,b] \\ y=y(x), & (x,\,y)\text{在}L\text{上取值, 即变量}x\text{与}y\text{符合}L\text{的方程} \end{cases}$$
$L\text{向}x\text{轴“压平”, }y\text{变量由}x\text{表示}$

代入

$$\int_L f(x,\,y)\mathrm{d}s = \int_a^b f(x,\,y(x))\sqrt{1+y'^2(x)}\,\mathrm{d}x$$

代入

弧微分: $\mathrm{d}s$

$$\mathrm{d}s = \sqrt{1+y'^2(x)}\,\mathrm{d}x$$

"压平"(换元、投影)

几何上看，好像压平了；代数上看，$\mathrm{d}s=\varphi(x)\mathrm{d}x$换元

$\mathrm{d}x$遍历区间$[a,\,b]$，相应的$\mathrm{d}s$遍历曲线L

图 4.4.10　第一型曲线积分计算公式背后的基本原理

第一型曲面积分的计算原理与此类似.

【问题】若已知空间曲面 Σ 的方程 (不妨设为 $z=f(x,y)$)，如何求 Σ 的面积？

建模方法：微元法.

建模步骤：

分割　将 Σ 任意分割，其中第 i 小块 ΔS_i 的面积记为 ΔS_i；

近似　$\Delta S_i \approx \mathrm{d}S$；

求和　$\displaystyle\sum_{i=1}^{n}\Delta S_i$；

取极限　$S_{\text{面积}} = \displaystyle\lim_{\lambda\to 0}\sum_{i=1}^{n}\Delta S_i$.

积分模型　$\displaystyle\iint_{\Sigma}\mathrm{d}S \stackrel{\text{def}}{=\!=} \lim_{\lambda\to 0}\sum_{i=1}^{n}\Delta S_i$.

模型计算　计算积分 $\displaystyle\iint_{\Sigma}\mathrm{d}S$.

思路：探究面积微元 $\mathrm{d}S$ 在某一坐标面 (如 xOy) 内的 "投影微元" $\mathrm{d}\sigma$.

具体步骤如图 4.4.11 所示.

类似第一型曲线积分中弧微分的计算公式，可以得出面积微元 $\mathrm{d}S = \sqrt{1+f_x^2+f_y^2}\,\mathrm{d}\sigma$，可以通过 "微元之间的转换"，将第一型曲面积分转换为二重积分：$\mathrm{d}\sigma$ 不漏掉、不重复地遍历 Σ 在 xOy 面的投影区域 D_{xy}，相应的 $\mathrm{d}S$ 即可通过变换关系遍历整个曲面 Σ，最终得到求曲面面积的公式，

$$S = \iint_{\Sigma} \mathrm{d}S = \iint_{D} \sqrt{1 + f_x^2 + f_y^2}\,\mathrm{d}\sigma = \iint_{D} \sqrt{1 + f_x^2 + f_y^2}\,\mathrm{d}x\mathrm{d}y.$$

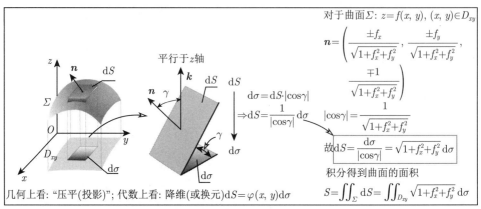

图 4.4.11　第一型曲面积分计算原理分析图

由此可见, 微元转换后, 微元变了, 积分区域和被积函数也随之而变, 将改变前后的关系通过转换公式联系起来, 就可以实现积分类型之间的转化.

再问　在上一问的基础上, 若已知曲面 Σ 的面密度为 $\rho(x, y, z)$, $\rho(x, y, z)$ 是 Σ 上的连续函数, 如何求该曲面的质量?

解　依据几何关系或物理机理, 进一步利用微元之间的转换, 记质量微元为 $\mathrm{d}m$, 则

$$\mathrm{d}m = \rho(x, y, z)\,\mathrm{d}S,$$

$\Sigma: z = f(x, y)$

　　　　　　　　　　(x,y,z)在Σ上取值, 即变量x, y与z符合Σ的方程

$$m = \iint_{\Sigma} \mathrm{d}m = \iint_{\Sigma} \rho(x, y, z)\,\mathrm{d}S = \iint_{D_{xy}} \rho(x, y, f(x, y))\sqrt{1 + f_x^2 + f_y^2}\,\mathrm{d}x\mathrm{d}y$$

　　　　　　　　曲面Σ向D_{xy}上"压平", z变量由x和y来表示

总结　基于上述分析, 可以看出计算第一型曲面积分时, 本质上是通过"微元之间的转换"将其化为我们熟悉的二重积分进行计算, 而形式上呈现出的是将相关要素"代入"使之化为二重积分. 由此, 类似第一型曲线积分的计算公式, 我们仍将这种形式上具有"代入"特征的公式总结为"代入法":

代入①

①面积微元公式: $\mathrm{d}S = \sqrt{1 + f_x^2 + f_y^2}\,\mathrm{d}x\mathrm{d}y$
②曲面Σ方程: $z = f(x, y)$
③Σ在xOy面的投影区域D_{xy}: $\mathrm{d}x\mathrm{d}y$对D_{xy}的分割

代入②

$$\iint_{\Sigma} f(x, y, z)\,\mathrm{d}S \xtofrom{\quad\quad\quad} \iint_{D_{xy}} f(x, y, f(x, y))\sqrt{1 + f_x^2 + f_y^2}\,\mathrm{d}x\mathrm{d}y.$$

代入③

注　上面的例子中, 曲面 Σ 是向 xOy 坐标面投影. 在解决实际问题时, 可以根据曲面 Σ 和被积函数的特点, 灵活地向 yOz 面或 zOx 面作投影 ("压平" 的方向不同), 分别得到投影区域 D_{yz} 与 D_{zx}, 相应的计算公式:

若曲面 Σ 向 yOz 面投影, 则 Σ 的方程化为显函数 $x = x(y, z)$,

$$\iint_{\Sigma} f(x, y, z)\,\mathrm{d}S = \iint_{D_{yz}} f(x(y, z), y, z)\sqrt{1 + x_y^2 + x_z^2}\mathrm{d}y\mathrm{d}z.$$

同理, 若曲面 Σ 向 zOx 面投影, 则 Σ 的方程化为显函数 $y = y(z, x)$,

$$\iint_{\Sigma} f(x, y, z)\,\mathrm{d}S = \iint_{D_{zx}} f(x, y(z, x), z)\sqrt{1 + y_z^2 + y_x^2}\mathrm{d}z\mathrm{d}x.$$

例如, 如图 4.4.12, 求柱面 Σ: $x^2 + y^2 = R^2$, $0 \leqslant z \leqslant 1$ 的面积, 根据几何关系易知 $S_{\Sigma} = 2\pi R \cdot 1 = 2\pi R$.

由积分学知识, 曲面 Σ 的面积同样可表示为 $\iint_{\Sigma} \mathrm{d}S$, 而计算该积分时, Σ 不能向 xOy 坐标面投影 (因为投影得到的是一条线, 一维流形的面积记为 0, 也就是说这种 "压平" 直接将曲面给 "压没了"), 因此考虑向 yOz 面投影, yOz 面将 Σ 截为对称的两部分 (面积相同), 分别记为 Σ_1 和 Σ_2, 两者在 yOz 面的投影区域相同, 且 Σ 的面积等于 Σ_1 面积的两倍, 即

$$S_{\Sigma} = 2S_{\Sigma_1} = 2\iint_{\Sigma_1} \mathrm{d}S = 2\iint_{D_{yz}} \sqrt{1 + x_y^2 + x_z^2}\mathrm{d}y\mathrm{d}z.$$

而 Σ_1: $x = \sqrt{R^2 - y^2}$, 即

$$x_y = \frac{-y}{\sqrt{R^2 - y^2}}, \quad x_z = 0, \quad \sqrt{1 + x_y^2 + x_z^2} = \sqrt{1 + \frac{y^2}{R^2 - y^2}} = \frac{R}{\sqrt{R^2 - y^2}},$$

这样,

$$S_{\Sigma} = 2R \iint_{D_{yz}} \frac{1}{\sqrt{R^2 - y^2}}\mathrm{d}y\mathrm{d}z$$

$$= 2R \int_{-R}^{R} \mathrm{d}y \int_0^1 \frac{1}{\sqrt{R^2 - y^2}}\mathrm{d}z = 2R \int_{-R}^{R} \frac{1}{\sqrt{R^2 - y^2}}\mathrm{d}y$$

$$= 2R \left[\arcsin \frac{y}{R}\right]_{-R}^{R} = 2R \left(\frac{\pi}{2} - \left(-\frac{\pi}{2}\right)\right) = 2\pi R.$$

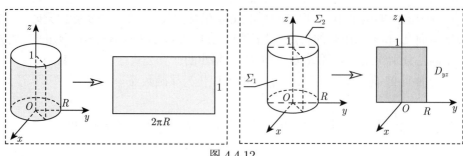

图 4.4.12

3. 第二型曲面积分

代入法　借助第一型曲面积分的计算方法来计算第二型曲面积分, 推导过程不再赘述, 举例如下:

【**算法模型**】计算 $I = \iint_{\Sigma} P(x, y, z) \, \mathrm{d}y\mathrm{d}z + Q(x, y, z) \, \mathrm{d}z\mathrm{d}x + R(x, y, z) \, \mathrm{d}x\mathrm{d}y$, 其中 $\Sigma: F(x, y, z) = 0$.

解　如图 4.4.13 所示,

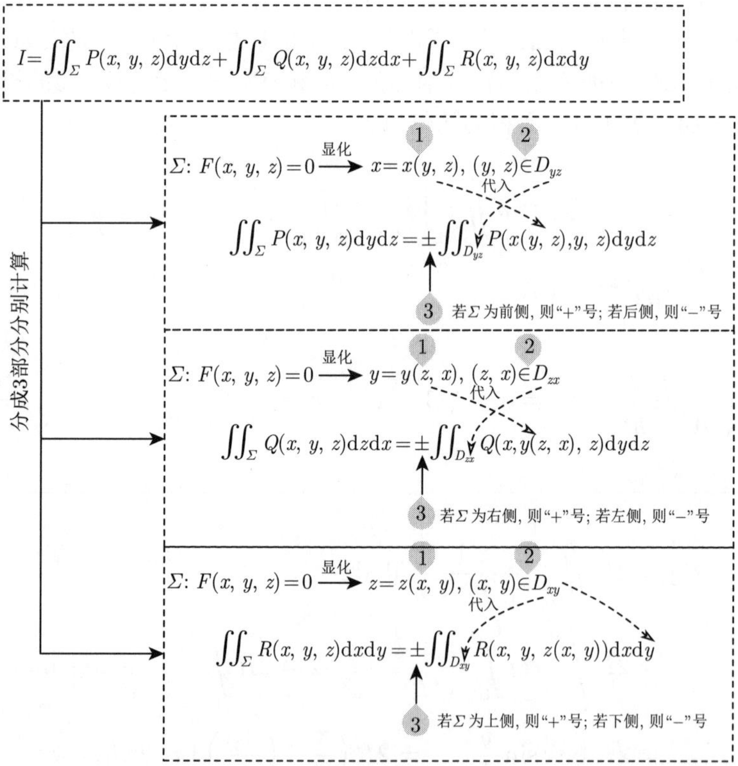

$$I = \iint_{\Sigma} P(x, y, z)\mathrm{d}y\mathrm{d}z + \iint_{\Sigma} Q(x, y, z)\mathrm{d}z\mathrm{d}x + \iint_{\Sigma} R(x, y, z)\mathrm{d}x\mathrm{d}y$$

分成3部分分别计算

$\Sigma: F(x, y, z) = 0 \xrightarrow{\text{显化}}$ ① $x = x(y, z)$, ② $(y, z) \in D_{yz}$
代入

$$\iint_{\Sigma} P(x, y, z)\mathrm{d}y\mathrm{d}z = \pm \iint_{D_{yz}} P(x(y, z), y, z)\mathrm{d}y\mathrm{d}z$$

③ 若 Σ 为前侧, 则"+"号; 若后侧, 则"−"号

$\Sigma: F(x, y, z) = 0 \xrightarrow{\text{显化}}$ ① $y = y(z, x)$, ② $(z, x) \in D_{zx}$
代入

$$\iint_{\Sigma} Q(x, y, z)\mathrm{d}z\mathrm{d}x = \pm \iint_{D_{zx}} Q(x, y(z, x), z)\mathrm{d}y\mathrm{d}z$$

③ 若 Σ 为右侧, 则"+"号; 若左侧, 则"−"号

$\Sigma: F(x, y, z) = 0 \xrightarrow{\text{显化}}$ ① $z = z(x, y)$, ② $(x, y) \in D_{xy}$
代入

$$\iint_{\Sigma} R(x, y, z)\mathrm{d}x\mathrm{d}y = \pm \iint_{D_{xy}} R(x, y, z(x, y))\mathrm{d}x\mathrm{d}y$$

③ 若 Σ 为上侧, 则"+"号; 若下侧, 则"−"号

图 4.4.13

公式法　利用高斯公式将曲面积分转化为三重积分计算 (注意使用条件), 详见 4.6 节.

4. 两类曲面积分之间的联系

下面通过向量形式进一步探究两类曲线积分的联系:

$$\iint_{\Sigma} \boldsymbol{A} \cdot \mathrm{d}\boldsymbol{S} = \iint_{\Sigma} \overbrace{(\boldsymbol{A} \cdot \boldsymbol{n})}^{\boldsymbol{A}\text{在}\boldsymbol{n}\text{上的投影}} \mathrm{d}S$$

具体地,

$$\iint_{\Sigma} \{P, Q, R\} \cdot \{\mathrm{d}y\mathrm{d}z, \mathrm{d}z\mathrm{d}x, \mathrm{d}x\mathrm{d}y\} = \iint_{\Sigma} P\mathrm{d}y\mathrm{d}z + Q\mathrm{d}z\mathrm{d}x + R\mathrm{d}x\mathrm{d}y$$

$$= \iint_{\Sigma} \left(\underbrace{\{P, Q, R\}}_{\boldsymbol{A}} \cdot \overbrace{\{\cos\alpha, \cos\beta, \cos\gamma\}}^{\boldsymbol{n}} \right) \mathrm{d}\boldsymbol{S}$$

$$= \iint_{\Sigma} (P\cos\alpha + Q\cos\beta + R\cos\gamma)\,\mathrm{d}\boldsymbol{S}.$$

其中, $\boldsymbol{n} = (\cos\alpha, \cos\beta, \cos\gamma)$ 为曲面 Σ 的单位法向量, 指向由曲面的侧决定;

$$\boldsymbol{A} = P(x, y, z)\,\boldsymbol{i} + Q(x, y, z)\,\boldsymbol{j} + R(x, y, z)\,\boldsymbol{k} = \{P, Q, R\};$$

$$\mathrm{d}\boldsymbol{S} = \{\mathrm{d}y\mathrm{d}z, \mathrm{d}z\mathrm{d}x, \mathrm{d}x\mathrm{d}y\} = \{\mathrm{d}S \cdot \cos\alpha, \mathrm{d}S \cdot \cos\beta, \mathrm{d}S \cdot \cos\gamma\}.$$

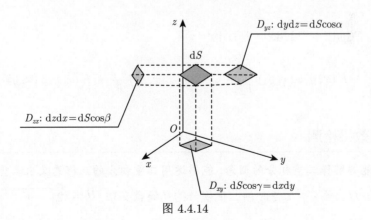

图 4.4.14

此外, 由 $\mathrm{d}y\mathrm{d}z = \mathrm{d}S\cos\alpha, \mathrm{d}z\mathrm{d}x = \mathrm{d}S\cos\beta, \mathrm{d}x\mathrm{d}y = \mathrm{d}S\cos\gamma$ 知, 在计算 $\iint_{\Sigma} P\mathrm{d}y\mathrm{d}z + Q\mathrm{d}z\mathrm{d}x + R\mathrm{d}x\mathrm{d}y$ 时可以选择较为简单的投影域, 将在三个坐标上

分别计算投影域内的积分 "合一投影" 至其中一个投影内 (简称 "合一投影法"). 例如,

$$\frac{\mathrm{d}y\mathrm{d}z}{\mathrm{d}x\mathrm{d}y} = \frac{\mathrm{d}S\cos\alpha}{\mathrm{d}S\cos\gamma} \Rightarrow \mathrm{d}y\mathrm{d}z = \frac{\cos\alpha}{\cos\gamma}\mathrm{d}x\mathrm{d}y,$$

$$\frac{\mathrm{d}z\mathrm{d}x}{\mathrm{d}x\mathrm{d}y} = \frac{\mathrm{d}S\cos\beta}{\mathrm{d}S\cos\gamma} \Rightarrow \mathrm{d}z\mathrm{d}x = \frac{\cos\beta}{\cos\gamma}\mathrm{d}x\mathrm{d}y,$$

$$\iint_{\Sigma} P\mathrm{d}y\mathrm{d}z + Q\mathrm{d}z\mathrm{d}x + R\mathrm{d}x\mathrm{d}y = \iint_{\Sigma}\left(P\frac{\cos\alpha}{\cos\gamma} + Q\frac{\cos\beta}{\cos\gamma} + R\right)\mathrm{d}x\mathrm{d}y$$

$$= \iint_{D_{xy}}\left[P\left(x,y,z\left(x,y\right)\right)\frac{\cos\alpha}{\cos\gamma} + Q\left(x,y,z\left(x,y\right)\right)\frac{\cos\beta}{\cos\gamma} + R\left(x,y,z\left(x,y\right)\right)\right]\mathrm{d}x\mathrm{d}y.$$

其中, $\cos\alpha, \cos\beta, \cos\gamma$ 是曲面 $\Sigma: F\left(x,y,z\right) = 0$ 的任意点 $\left(x,y,z\right)$ 处法向量的方向余弦, 设单位法向量为 $\boldsymbol{n}$, 则

$$\boldsymbol{n} = \{\cos\alpha, \cos\beta, \cos\gamma\}$$

$$= \left\{\frac{F_x}{\sqrt{F_x^2 + F_y^2 + F_z^2}}, \frac{F_y}{\sqrt{F_x^2 + F_y^2 + F_z^2}}, \frac{F_z}{\sqrt{F_x^2 + F_y^2 + F_z^2}}\right\},$$

故

$$\frac{\cos\alpha}{\cos\gamma} = \frac{F_x}{F_z}, \quad \frac{\cos\beta}{\cos\gamma} = \frac{F_y}{F_z}.$$

这样得到

$$\iint_{\Sigma} P\mathrm{d}y\mathrm{d}z + Q\mathrm{d}z\mathrm{d}x + R\mathrm{d}x\mathrm{d}y$$

$$= \iint_{D_{xy}}\left[P\left(x,y,z\left(x,y\right)\right)\frac{F_x}{F_z} + Q\left(x,y,z\left(x,y\right)\right)\frac{F_y}{F_z} + R\left(x,y,z\left(x,y\right)\right)\right]\mathrm{d}x\mathrm{d}y.$$

✔ 学习效果检测

A. 能够解释二重积分的概念; 能够运用二重积分的几何意义求二重积分

1. 设 $D: x^2 + y^2 \leqslant 2x$, 由二重积分的几何意义知 $\displaystyle\iint_D \sqrt{2x - x^2 - y^2}\mathrm{d}x\mathrm{d}y = $ _____.

B. 能够利用二重积分的性质解决问题

2. 判断符号: $\displaystyle\iint_{\frac{1}{2} \leqslant x^2 + y^2 \leqslant 1} \ln\left(x^2 + y^2\right)\mathrm{d}x\mathrm{d}y.$

3. 判断积分值的大小：$I_1 = \iint_D \ln^3(x+y)\,\mathrm{d}x\mathrm{d}y$，$I_2 = \iint_D (x+y)^3\,\mathrm{d}x\mathrm{d}y$，$I_1 = \iint_D [\sin(x+y)]^3\,\mathrm{d}x\mathrm{d}y$，其中 D 由 $x=0, y=0, x+y=\dfrac{1}{2}, x+y=1$ 围成，则 I_1, I_2, I_3 之间的大小顺序为（　　）.

(A) $I_1 < I_2 < I_3$;　(B) $I_3 < I_2 < I_1$;　(C) $I_1 < I_3 < I_2$;　(D) $I_3 < I_1 < I_2$.

4. 根据二重积分的性质，估计积分 $I = \iint_D xy(x+y)\,\mathrm{d}\sigma$ 的值，其中 $D = \{(x,y)\,|\,0 \leqslant x \leqslant 1, 0 \leqslant y \leqslant 1\}$.

5. 平面上以 $(-1,1),(1,1),(1,-1)$ 为顶点的三角形区域，D_1 是 D 的第二象限的部分，则 $\iint_D (xy + \cos x \sin y)\,\mathrm{d}x\mathrm{d}y = $（　　）.

(A) 0;

(B) $4\iint_{D_1} (xy + \cos x \sin y)\,\mathrm{d}x\mathrm{d}y$;

(C) $2\iint_{D_1} \cos x \sin y\,\mathrm{d}x\mathrm{d}y$;

(D) $2\iint_{D_1} xy\,\mathrm{d}x\mathrm{d}y$.

C. 能够将直角坐标系下的二重积分转化成二次定积分来计算

6. 画出下列二重积分的积分区域，并在直角坐标系下计算.

(1) $\iint_D (x^2 + y^2)\,\mathrm{d}\sigma$，其中 D 是矩形：$|x| \leqslant 1, |y| \leqslant 1$;

(2) $\iint_D (3x + 2y)\,\mathrm{d}\sigma$，其中 D 是由 $x=0, y=0$ 及直线 $x+y=2$ 所围区域.

7. 二重积分 $\iint_D xy\,\mathrm{d}x\mathrm{d}y$（其中 $D: 0 \leqslant y \leqslant x^2, 0 \leqslant x \leqslant 1$）的值为（　　）.

(A) $\dfrac{1}{6}$;　　　(B) $\dfrac{1}{12}$;　　　(C) $\dfrac{1}{2}$;　　　(D) $\dfrac{1}{4}$.

8. 交换积分顺序：$\displaystyle\int_0^1 \mathrm{d}y \int_{-y}^{\sqrt{2y-y^2}} f(x,y)\mathrm{d}x = \underline{\hspace{2cm}}$.

9. 设函数 $f(x,y)$ 在区域 $D: y^2 \leqslant -x, y \geqslant x^2$ 上连续，则二重积分 $\iint_D f(x,y)\mathrm{d}x\mathrm{d}y$ 可化累次积分为（　　）.

(A) $\displaystyle\int_{-1}^0 \mathrm{d}x \int_{\sqrt{-x}}^{x^2} f(x,y)\mathrm{d}y$;

(B) $\displaystyle\int_{-1}^0 \mathrm{d}x \int_{-\sqrt{x}}^{x^2} f(x,y)\mathrm{d}y$;

(C) $\displaystyle\int_0^1 \mathrm{d}y \int_{-\sqrt{y}}^{-y^2} f(x,y)\mathrm{d}x$;

(D) $\displaystyle\int_0^1 \mathrm{d}y \int_{\sqrt{y}}^{y^2} f(x,y)\mathrm{d}x$.

D. 会将二重积分化成极坐标进行计算

10. 利用极坐标计算二重积分 $\iint_D \sin\sqrt{x^2+y^2}\mathrm{d}x\mathrm{d}y$, 其中 $D = \{(x,y)\,|\,\pi^2 \leqslant x^2+y^2 \leqslant 4\pi^2\}$.

11. 若 $\iint_D f(x,y)\mathrm{d}x\mathrm{d}y = \int_{-\frac{\pi}{2}}^{\frac{\pi}{2}} \mathrm{d}\theta \int_0^{a\cos\theta} f(r\cos\theta, r\sin\theta)\,r\mathrm{d}r$, 则积分区域 D 为 (　　).

(A) $x^2+y^2 \leqslant a^2$;　　　　　　　　(B) $x^2+y^2 \leqslant a^2\,(x\geqslant 0)$;

(C) $x^2+y^2 \leqslant ax\,(a>0)$;　　　　　(D) $x^2+y^2 \leqslant ax\,(y>0)$.

12. 计算二重积分 $\iint_D \ln\left(1+x^2+y^2\right)\mathrm{d}x\mathrm{d}y$, 其中 $D: x^2+y^2\leqslant 4, x\geqslant 0, y\geqslant 0$.

E. 能够灵活根据积分区域类型、被积函数特点, 选择合适的坐标系化二重积分为累次积分

13. 选择适当的坐标系计算二重积分: $\iint_D \sqrt{\dfrac{1-x^2-y^2}{1+x^2+y^2}}\mathrm{d}\sigma$, 其中 D 是由圆周 $x^2+y^2=1$ 及坐标轴所围成的在第一象限内的闭区域.

F. 能够复述对面积的曲面积分的概念, 说出对面积的曲面积分与二重积分之间的区别和联系

14. 请简要阐述第一型曲面积分的概念.

15. 简要阐述对面积的曲面积分与二重积分之间的关系.

G. 能够列出面积微元表达式 (微元法), 并会计算曲面面积

16. 若平面 $6x+3y+2z=12$ 在第一卦限中的部分为 Σ, 求 Σ 的面积.

H. 熟练应用公式计算对面积的曲面积分

17. 计算 $\oiint_\Sigma (2x+2y+z)\mathrm{d}S$, 其中 Σ 是平面 $2x+2y+z=2$ 被三个坐标平面所截下的在第一卦限的部分.

18. 设 Σ 是锥面 $x^2+y^2=z^2$ 在 $0\leqslant z\leqslant 1$ 的部分, 则 $\iint_\Sigma x^2\mathrm{d}S = (\quad)$.

(A) $\displaystyle\int_0^\pi \mathrm{d}\theta \int_0^1 r^3\mathrm{d}r$;　　　　　　　(B) $\displaystyle\int_0^{2\pi} \mathrm{d}\theta \int_0^1 r^3\mathrm{d}r$;

(C) $\sqrt{2}\displaystyle\int_0^\pi \mathrm{d}\theta \int_0^1 r^3\mathrm{d}r$;　　　　(D) $\dfrac{\sqrt{2}}{2}\displaystyle\int_0^{2\pi} \mathrm{d}\theta \int_0^1 r^3\mathrm{d}r$.

19. 设 Σ 为 $x^2+y^2+z^2=a^2$ 在 $z\geqslant h\,(0<h<a)$ 部分, 则 $\iint_\Sigma z\mathrm{d}S = (\quad)$.

(A) $\displaystyle\int_0^{2\pi} \mathrm{d}\theta \int_0^{a^2-h^2} \sqrt{a^2-r^2}\,r\mathrm{d}r$;　　(B) $\displaystyle\int_0^{2\pi} \mathrm{d}\theta \int_0^{\sqrt{a^2-h^2}} ar\mathrm{d}r$;

(C) $\int_0^{2\pi} \mathrm{d}\theta \int_{-\sqrt{a^2-h^2}}^{\sqrt{a^2-h^2}} ar\mathrm{d}r$;   (D) $\int_0^{2\pi} \mathrm{d}\theta \int_0^{\sqrt{a^2-h^2}} \sqrt{a^2-r^2}r\mathrm{d}r$.

20. 设 Σ 是上半椭球面 $\dfrac{x^2}{9}+\dfrac{y^2}{4}+z^2=1\,(z\geqslant 0)$, 已知 Σ 的面积为 A, 则

$\iint_{\Sigma}(4x^2+9y^2+36z^2+xyz)\mathrm{d}S=$ _____.

21. 设 Σ 是柱面 $x^2+y^2=a^2\,(a>0)$ 在 $0\leqslant z\leqslant h$ 之间的部分, 则

$\iint_{\Sigma}x^2\mathrm{d}S=$ _____.

22. 设 Σ 是平面 $x+y+z=4$ 被柱面 $x^2+y^2=1$ 截出的有限部分, 则

$\iint_{\Sigma}x\mathrm{d}S=$ _____.

23. 设 $\Sigma=\{(x,y,z)\mid x+y+z=1,x\geqslant 0,y\geqslant 0,z\geqslant 0\}$, 则 $\iint_{\Sigma}y^2\mathrm{d}S=$ _____.

24. 设 $\Sigma=\{(x,y,z)\mid x+y+z=1,x\geqslant 0,y\geqslant 0,z\geqslant 0\}$, 则 $\iint_{\Sigma}x^2\mathrm{d}S=$ _____.

25. 计算 $\oiint_{\Sigma}(2x+2y+z)\mathrm{d}S$ 其中 Σ 是平面 $2x+2y+z=2$ 被三个坐标平面所截下的在第一卦限的部分.

26. 计算 $\iint_{\Sigma}\dfrac{\mathrm{d}S}{x^2+y^2+z^2}$, Σ 是介于平面 $z=0$ 及平面 $z=4$ 之间的圆柱面 $x^2+y^2=4$.

I. 能够描述对坐标的曲面积分 (第二型曲面积分) 的概念

27. 当 Σ 为 xOy 内的一个闭区域时, 曲面积分 $\iint_{\Sigma}R(x,y,z)\mathrm{d}x\mathrm{d}y$ 与二重积分有什么关系?

28. 设曲面 Σ 为柱面 $x^2+y^2=R^2$ 上介于 $z=h$ 和 $z=H\,(h\neq H)$ 之间的部分, 取外侧, 则 $\iint_{\Sigma}R(x,y,z)\mathrm{d}x\mathrm{d}y=$ _____.

J. 会计算流向曲面一侧的流量

29. 求向量 $\boldsymbol{A}=x\boldsymbol{i}+y\boldsymbol{j}+z\boldsymbol{k}$ 通过闭区域 $\Omega=\{(x,y,z)\mid 0\leqslant x\leqslant 1,0\leqslant y\leqslant 1,0\leqslant z\leqslant 1\}$ 的边界曲面流向外侧的通量.

K. 能够计算简单的第二型曲面积分

30. 设 Σ 为平面块 $y=x,0\leqslant x\leqslant 1,0\leqslant z\leqslant 1$ 的右侧, 则 $\iint_{\Sigma}y\mathrm{d}z\mathrm{d}x=$
(   ).

(A) 1;   (B) 2;   (C) $\dfrac{1}{2}$;   (D) $-\dfrac{1}{2}$.

31. 设 Σ 为球面 $x^2 + y^2 + z^2 = R^2$ 的下半球面下侧, 则 $\iint_\Sigma z\mathrm{d}x\mathrm{d}y = ($ $)$.

(A) $-\displaystyle\int_0^{2\pi} \mathrm{d}\theta \int_0^R \sqrt{R^2 - r^2}\mathrm{d}r$;   (B) $\displaystyle\int_0^{2\pi} \mathrm{d}\theta \int_0^R \sqrt{R^2 - r^2}r\mathrm{d}r$;

(C) $-\displaystyle\int_0^{2\pi} \mathrm{d}\theta \int_0^R \sqrt{R^2 - r^2}r\mathrm{d}r$;   (D) $\displaystyle\int_0^{2\pi} \mathrm{d}\theta \int_0^R \sqrt{R^2 - r^2}\mathrm{d}r$.

32. 设 Σ 是平面 $3x + 2y + 2\sqrt{3}z = 6$ 在第一卦限部分的下侧, 则 $I = \iint_\Sigma P\mathrm{d}y\mathrm{d}z + Q\mathrm{d}z\mathrm{d}x + R\mathrm{d}x\mathrm{d}y$ 化为对面积的曲面积分为 $I = $ _____.

33. 计算曲面积分 $\iint_\Sigma \left(x^2 + y^2\right) z\mathrm{d}x\mathrm{d}y$ 其中, Σ 是下半球面 $x^2 + y^2 + z^2 = R^2, z \leqslant 0$ 的下侧.

34. 计算 $I = \iint_\Sigma yz\mathrm{d}y\mathrm{d}z + zx\mathrm{d}z\mathrm{d}x + xy\mathrm{d}x\mathrm{d}y$, 其中 Σ 为 $x + y + z = 1$ 被三坐标面所截部分的上侧.

35. 计算对坐标的曲面积分

$$\iint_\Sigma \left[f\left(x, y, z\right) + x\right]\mathrm{d}y\mathrm{d}z + \left[2f\left(x, y, z\right) + y\right]\mathrm{d}z\mathrm{d}x + \left[f\left(x, y, z\right) + z\right]\mathrm{d}x\mathrm{d}y,$$

其中 $f\left(x, y, z\right)$ 为连续函数, Σ 是平面 $x - y + z = 1$ 在第四卦限部分的上侧.

36. 把对坐标的曲面积分

$$\iint_\Sigma P\left(x, y, z\right)\mathrm{d}y\mathrm{d}z + Q\left(x, y, z\right)\mathrm{d}z\mathrm{d}x + R\left(x, y, z\right)\mathrm{d}x\mathrm{d}y,$$

化成对面积的曲面积分, 其中 Σ 是平面 $3x + 2y + 2\sqrt{3}z = 6$ 在第一卦限部分的上侧.

4.5　体积分 (三重积分)

➡ **学习目标导航**

❑ **知识目标**

✛ 柱面坐标 (cylindrical coordinate), 球面坐标 (spherical coordinates);
✛ 柱面坐标、球面坐标下三重积分的计算方法.

❑ 认知目标

A. 能够识别适合在直角坐标系下计算三重积分的问题类型, 运用直角坐标下计算三重积分的方法求解问题;
B. 能够利用对称性计算三重积分;
C. 能够识别并运用柱面坐标下计算三重积分的方法求解计算问题;
D. 了解球面坐标下计算三重积分的方法.

❑ 情感目标

- 能够建立观察问题、联想分析、探究方法、总结归纳的意识;
- 在分析处理问题过程中培养空间想象能力, 体会积分的微元法的思想;
- 通过对运算方法的研讨, 自觉深入思考各型积分类型之间联系的深刻内涵, 体会并逐步形成深度思考的学习方式, 感悟数学思想中蕴含的数学之美.

☞ 学习指导

学习二重积分的经验可以完整迁移到三重积分的学习中. 另外, 有如下学习建议:

(1) **主动思考, 努力提升学习境界**. 关于积分学的学习, 如何计算各型积分是我们学习的一大重点, 也是一大难点, 尤其是随着学习的积分类型增多, 各型积分的计算公式往往容易引起混淆. 所以, 不仅要牢记数学运算公式的 “是什么”, 还应通过不断发问探究计算公式背后的 “为什么” (即原理). 而 “为什么” 通常不会直接地、显然地写在各种教材上, 而是隐含在细致讲解 “是什么” 的操作步骤并逐步得出公式、结论的叙述过程之中, 需要我们在此基础上进一步剖析和发掘 “为什么”. 关于 “为什么”, 在线积分、面积分的学习部分, 我们已经逐步探索了, 而体积分 (即三重积分) 运算公式的 “为什么” 也大致相同.

(2) **勤绘图**. 三重积分的学习需要借助空间想象能力, 能够想象出空间图形的大致特征. 因此, 建议在学习中针对遇到的习题多多绘制空间有界闭区域的图形 (及其投影域), 争取做到一道题一张图, 努力提升作图能力. 一般情形下, 图形正确绘制出来后, 三重积分化累次定积分也就顺其自然地写出来了, 并且随着作图训练的不断加强, 你对于积分学的理解也会不断加深.

(3) **广泛联系**. 高等数学中学到的积分类型包括不定积分、定积分、曲线积分、二重积分、曲面积分, 有必要将所学知识进行总结, 对比和联系各型积分的运算方法, 形成清晰、严谨、系统的知识架构.

⟱➤ **重难点突破**

1. 三重积分的概念

体积分的研究对象是三维流形上的积分. 在这种情况下, 测度元素被称为体积元素, 习惯上将流形上积分的一般模型 $\displaystyle\int_{\bar{\Omega}} f(x, y, z)\,\mathrm{d}\mu$ 中, $\mathrm{d}\mu$ 记为 $\mathrm{d}v$ 或 $\mathrm{d}x\mathrm{d}y\mathrm{d}z$, 即

$$\int_{\bar{\Omega}} f(x, y, z)\,\mathrm{d}\mu = \iiint_{\bar{\Omega}} f(x, y, z)\,\mathrm{d}x\mathrm{d}y\mathrm{d}z.$$

从定义上看:

$$\iiint_{\bar{\Omega}} f(x, y, z)\,\mathrm{d}x\mathrm{d}y\mathrm{d}z = \lim_{\lambda \to 0} \sum_{i=1}^{n} f(\xi_i, \eta_i, \zeta_i)\,\underbrace{\Delta v_i}_{\text{分割}}$$

$$\underbrace{\phantom{\lim_{\lambda \to 0} \sum_{i=1}^{n} f(\xi_i, \eta_i, \zeta_i) \Delta v_i}}_{\text{近似}}$$

$$\underbrace{\phantom{\lim_{\lambda \to 0} \sum_{i=1}^{n} f(\xi_i, \eta_i, \zeta_i) \Delta v_i}}_{\text{求和}}$$

$$\underbrace{\phantom{\lim_{\lambda \to 0} \sum_{i=1}^{n} f(\xi_i, \eta_i, \zeta_i) \Delta v_i}}_{\text{质的飞跃}}$$

问题 (求空间立体的质量) 设某物体占有空间有界闭区域 Ω, 物体的密度函数 $\rho(x, y, z)$ 在 Ω 上连续. 求该物体的质量.

方法如下.

分割 $\Omega \xrightarrow{\text{分割}} \Delta v_1, \Delta v_2, \cdots, \Delta v_i, \cdots, \Delta v_n$, 即 "大化小". 每一小块的体积为 $\Delta v_i, i = 1, 2, \cdots, n$.

近似 $\Delta m_i \approx \rho(\xi_i, \eta_i, \zeta_i)\,\Delta v_i$, 即 "常代变". 当 $n \to \infty$ 时, $\Delta v_i \to 0$, 由于每一小块体积非常微小, 而 $\rho(x, y, z)$ 是连续函数, 即在小块 Δv_i 内, 密度 "来不及" 变化很大. 因此, 用 Δv_i 内任意一点 (ξ_i, η_i, ζ_i) 的密度代替整个小块 Δv_i 上变化的密度, 从而得到小块 Δv_i 质量的近似值.

求和 $m \approx \displaystyle\sum_{i=1}^{n} \rho(\xi_i, \eta_i, \zeta_i)\,\Delta v_i$, 即 "近似和". 将所有小块得到的质量近似值累加起来, 从而得到整个物体质量的近似值.

取极限 $m = \displaystyle\lim_{\lambda \to 0} \sum_{i=1}^{n} \rho(\xi_i, \eta_i, \zeta_i)\,\Delta v_i$. 令所有小块中最大的小块变得更加微小 (即令所有小块的直径的最大值 $\lambda = \max\{\lambda_1, \lambda_2, \cdots, \lambda_n\} \to 0$, 实际上就是让分割变得更细致, 每一小块更微小, 乃至趋近于零), 若极限值存在, 该极限值定义为物体质量的精确值.

按照微元法思想描述上述过程, 即

体积微元：$\mathrm{d}v$.

质量微元：$\mathrm{d}m = \rho(x, y, z)\,\mathrm{d}v$.

质量微元在三维流形 Ω 上连续加权累积, 即建立质量模型：$m = \iiint\limits_{\Omega} f(x, y, z)\,\mathrm{d}v$.

注　显然, 当 $\rho(x, y, z) \equiv 1$ 时, 数值上, 物体的体积 $V = m = \iiint\limits_{\Omega} \mathrm{d}v$.

由此, 当我们看到三重积分时, 可以从物理的角度理解该积分. 如 $\iiint\limits_{\frac{x^2}{a^2}+\frac{y^2}{b^2}+\frac{z^2}{c^2}\leqslant 1} z^2\mathrm{d}x\mathrm{d}y\mathrm{d}z$, 可以理解为以 $\rho(x, y, z) = z^2$ 为密度的空间椭球体 $\dfrac{x^2}{a^2} + \dfrac{y^2}{b^2} + \dfrac{z^2}{c^2} \leqslant 1$ 的质量. 若被积函数为负, 如 $\iiint\limits_{\Omega}(-z^2)\mathrm{d}x\mathrm{d}y\mathrm{d}z$, $\Omega: \dfrac{x^2}{a^2} + \dfrac{y^2}{b^2} + \dfrac{z^2}{c^2} \leqslant 1$, 由于我们没有 "负密度" 和 "负质量" 的概念, 不妨将该积分理解为以 $\rho(x, y, z)$ 为密度的空间立体 Ω 的质量的 "代数值".

2. 空间立体的 "遍历" 方式

从三重积分的概念可以看出, 三重积分描述的仍然是一种求解问题的操作过程: 分割 → 近似 → 求和 → 取极限. 求空间物体的质量, 通过 "分割" 将物体 "打散", 化整为零, 由宏观步入微观, 通过 "近似" 找到微元的主要部分 (微分), 通过 "求和" 将 "打散" 的微元重新 "拼装", 积零为整, 由微观返回宏观, 得到的离散和是物体质量的近似和, 最后通过 "取极限" 使 "拼装" 碎片得到的离散和 "重返原样", 找到质量的精确值, 即找出 "真值". 这一过程用数学语言描述, 既是三重积分的定义式, 又蕴含了计算三重积分得到 "重积分化累次积分公式" 的思想、原理和方法: 使微元 (或积分变量) "遍历" 空间区域, 实现 "拼装"、"重返原样"、"找到真值" 的过程. 这一思想与前面学过的所有积分的计算原理相同.

1) 回顾二重积分化累次积分

如图 4.5.1 通过回顾二重积分化累次积分的原理, 我们可以发现: 遍历方式不同, 决定积分次序不同. 试问: 我们能否让微元随机地跑遍整个积分区域, 然后累积起来呢? 只要遍历, 原则上可以, 但是一方面容易漏掉、容易重复. 另一方面, 由于随机性, 无规律可循, 不易列式子计算.

下面将积分区域由二维平面有界闭区域拓展到三维空间有界闭区域, 列举遍历方式.

2) 直角坐标系下三重积分化累次积分

若将平行于 xOy 面的平面和平行于 z 轴的方向分别通俗地称为 "水平方向""竖直方向", 显然水平方向就是二重积分的积分变量遍历积分区域 D 的方式,增加一个竖直方向的遍历, 即得到三重积分的遍历方式.

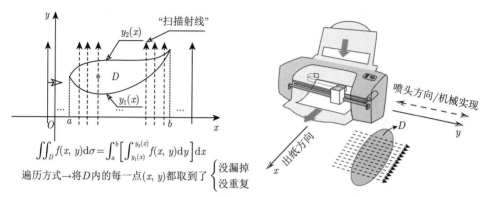

$$\iint_D f(x, y)\mathrm{d}\sigma = \int_a^b \left[\int_{y_1(x)}^{y_2(x)} f(x, y)\mathrm{d}y\right]\mathrm{d}x$$

遍历方式→将 D 内的每一点 (x,y) 都取到了 $\begin{cases} \text{没漏掉} \\ \text{没重复} \end{cases}$

图 4.5.1 二重积分化累次积分的原理. 计算二重积分, 是让积分变量 (或微元) 按照某种方式 "遍历" 整个积分区域, 如果我们固定 "扫描射线", 那么就同喷墨打印机有点类似: 纸张上需要打印某一图案, 如果把喷头看作图案像素微元的所在位置, 像素值 (CMYK, 色彩值) 视为微元表达式, 那么喷头运动实现了微元沿 "扫描射线" 运动的过程, 纸张运动实现了 "扫描射线" 运动的过程

直角坐标系下, 根据 Ω 在 xOy 面上投影域的特点 (X 型、Y 型、混合型), 水平方向可采用平行于坐标轴的 "扫描射线" 和 "扫描射线" 平移方向进行遍历. 由此得到第一种遍历方式 (如图 4.5.2): 区域 D 内 (x,y) 跑遍整个区域 D, 带动着竖直方向的微元累积 $\int_{z_1(x,y)}^{z_2(x,y)} f(x,y,z)\,\mathrm{d}z$ 跑遍整个 Ω, 即

$$\iiint_\Omega f(x,y,z)\,\mathrm{d}x\mathrm{d}y\mathrm{d}z = \iint_D \underbrace{\left[\int_{z_1(x,y)}^{z_2(x,y)} f(x,y,z)\,\mathrm{d}z\right]}_{\text{竖直方向上累积结果}}\mathrm{d}x\mathrm{d}y.$$

这种遍历的方法, 通常称为 "投影法", 或 "先一后二" (先算一个定积分, 再算一个二重积分). 其中, 竖直方向上累积结果体现在图形中就是介于上曲面 $z = z_2(x,y)$ 和下曲面 $z = z_1(x,y)$ 之间的 "细柱" 或线段 (严格上不能这样称呼, 这里为了帮助理解), 一个 "细柱" 对应投影域 D 内的一个点 (x,y), 点 (x,y) 按照二重积分的遍历方式跑遍区域 D, 就像 "放风筝" 一样带动着 "细柱" 遍历整个 Ω. 注意: 图 4.5.2 中举例的 Ω 是柱体, 即侧面平行于 yOz 面或 zOx 面, 如果 Ω 不是柱体, 可通过分割使其每一部分成为柱体.

若将空间有界闭区域 Ω 视为一张张水平的截面沿某种方式累积而成, 则得到第二种遍历方式: 微元首先跑遍 Ω 的截面 D_z, 即 $\iint_{D_z} f(x,y,z)\,\mathrm{d}x\mathrm{d}y$, 然后所有截面自下而上连续累积, 如图 4.5.3, 即

$$\iiint_{\Omega} f(x,y,z)\,\mathrm{d}x\mathrm{d}y\mathrm{d}z = \int_{c}^{d} \underbrace{\left[\iint_{D_z} f(x,y,z)\,\mathrm{d}x\mathrm{d}y\right]}_{\text{水平方向上的累积结果}} \mathrm{d}z.$$

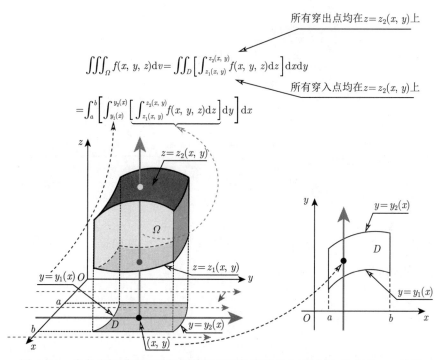

$$\iiint_{\Omega} f(x,\ y,\ z)\mathrm{d}v = \iint_{D}\left[\int_{z_1(x,\ y)}^{z_2(x,\ y)} f(x,\ y,\ z)\mathrm{d}z\right]\mathrm{d}x\mathrm{d}y$$

所有穿出点均在 $z=z_2(x,\ y)$ 上

所有穿入点均在 $z=z_2(x,\ y)$ 上

$$=\int_{a}^{b}\left[\int_{y_1(x)}^{y_2(x)}\left[\int_{z_1(x,\ y)}^{z_2(x,\ y)} f(x,\ y,\ z)\mathrm{d}z\right]\mathrm{d}y\right]\mathrm{d}x$$

图 4.5.2　直角坐标系下三重积分的积分变量遍历积分区域 Ω 的方式一：投影法. 积分变量不重复、不遗漏地跑遍整个区域 Ω, 使微观世界的微元按原分割方式连续累积得到宏观世界的量

这种遍历的方法, 通常称为 "截面法", 或 "先二后一". 该方法适合于被积函数 $f(x,y,z)$ 仅含一个变量, 且截面积好求. 以图 4.5.3 所示情况为例, 先计算的 $\iint_{D_z} f(x,y,z)\,\mathrm{d}x\mathrm{d}y$ 的积分区域 D_z 随 z 的变动而变动. 但若 $f(x,y,z)=f(z)$, 即被积函数中仅包含 z 变量, 由于 $\iint_{D_z} f(x,y,z)\,\mathrm{d}x\mathrm{d}y$ 的积分变量为 x 和 y, 计算时 z 视为常数, 则 $\iint_{D_z} f(x,y,z)\,\mathrm{d}x\mathrm{d}y = \iint_{D_z} f(z)\,\mathrm{d}x\mathrm{d}y = f(z)\iint_{D_z}\mathrm{d}x\mathrm{d}y$, 其中 $\iint_{D_z}\mathrm{d}x\mathrm{d}y$ 表示积分区域 D_z 的面积 (截面积), 当截面积易求时, 这种方法较为简便.

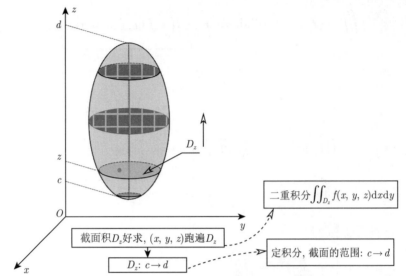

图 4.5.3   直角坐标系下三重积分的积分变量遍历积分区域 Ω 的方式二：截面法

【例 1】计算三重积分 $\displaystyle\iiint_\Omega x\mathrm{d}v$, 其中 Ω 为三个坐标面及平面 $x+2y+z=1$ 所围成的闭区域.

解   绘制图形.

方法一   先一后二 (图 4.5.4(a))

$$\iiint_\Omega x\mathrm{d}v = \iint_D \left[\int_0^{1-x-2y} x\mathrm{d}z\right]\mathrm{d}x\mathrm{d}y = \int_0^1 x\mathrm{d}x \int_0^{\frac{1-x}{2}}\mathrm{d}y \int_0^{1-x-2y}\mathrm{d}z$$

$$= \int_0^1 x\mathrm{d}x \int_0^{\frac{1}{2}-\frac{1}{2}x}(1-x-2y)\,\mathrm{d}y = \int_0^1 x\cdot\left(y-xy-y^2\right)\Big|_0^{\frac{1}{2}-\frac{1}{2}x}\,\mathrm{d}x$$

$$= \int_0^1 \left(\frac{x}{4}-\frac{x^2}{2}+\frac{1}{4}x^3\right)\mathrm{d}x = \frac{1}{48}.$$

方法二   先二后一 (该题符合截面法的适用条件, 即被积函数仅含 x 一个变量, 且截面 D_x 是规则图形, 面积易求, 如图 4.5.4(b))

$$\iiint_\Omega x\mathrm{d}v = \int_0^1 \left[\iint_{D_x} x\mathrm{d}y\mathrm{d}z\right]\mathrm{d}x = \int_0^1 x\mathrm{d}x \iint_{D_x}\mathrm{d}y\mathrm{d}z$$

$$= \int_0^1 x\left[\frac{1}{2}\cdot\frac{1-x}{2}\cdot(1-x)\right]\mathrm{d}x = \frac{1}{4}\int_0^1 \left(x+x^3-2x^2\right)\mathrm{d}x = \frac{1}{48}.$$

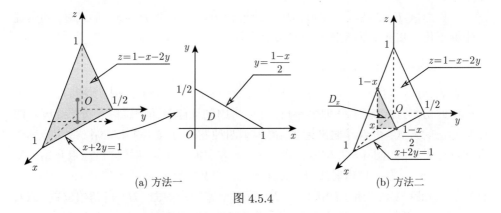

(a) 方法一　　　　　　　　　(b) 方法二

图 4.5.4

3) 柱面坐标系下三重积分化累次积分

我们继续沿用上面对 "水平方向" 和 "竖直方向" 的通俗界定.

若水平方向类似于二重积分在极坐标系下的遍历方式, 增加竖直方向, 得到第三种遍历方式 (图 4.5.5), 即柱面坐标系下的遍历方式: 与平行于坐标轴平移方向不同, 区域 D 内 (x, y) 沿着 "扫描射线" 向 "雷达" 一样扫遍整个区域 D, 带动着竖直方向的微元累积 $\displaystyle\int_{z_1(r\cos\theta, r\sin\theta)}^{z_2(r\cos\theta, r\sin\theta)} f(r\cos\theta, r\sin\theta, z)\,\mathrm{d}z$ 跑遍整个 Ω, 即

$$\iiint_\Omega f(x, y, z)\,\mathrm{d}v = \iiint_\Omega f(r\cos\theta, r\sin\theta, z)\, r\,\mathrm{d}\theta\mathrm{d}r\mathrm{d}z$$

$$= \iint_D \underbrace{\left[\int_{z_1(r\cos\theta, r\sin\theta)}^{z_2(r\cos\theta, r\sin\theta)} f(r\cos\theta, r\sin\theta, z)\,\mathrm{d}z\right]}_{\text{竖直方向上累积结果}} r\,\mathrm{d}\theta\mathrm{d}r.$$

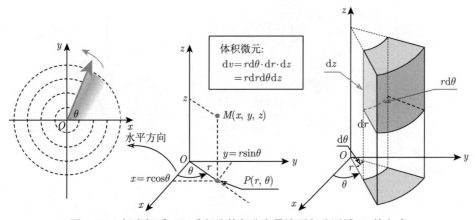

图 4.5.5　极坐标系下三重积分的积分变量遍历积分区域 Ω 的方式

当投影域 D 是圆域、扇形、环形或被积函数中包含 $x^2 + y^2$ 形式时, 利用柱面坐标下化三重积分为累次积分计算会更简便.

4) 球面坐标系下三重积分化累次积分

若 Ω 与球体有关或 $f(x, y, z)$ 中包含 $x^2 + y^2 + z^2$ 结构, 此时仍然按照平行于坐标面的切割方式切割 Ω 似乎不再简单, 考虑到地球表面位置信息按照经度、纬度来标记的方式, 引入球面坐标系, 得到第四种遍历方式 (图 4.5.6): 微元分三个方向进行累积, 如图 4.5.7, 像降落伞一样, 一方面沿 "扫描" 射线, 自原点开始累积 $r : 0 \to +\infty$, 一方面扫描射线自 z 轴 $(\varphi = 0)$ 开始沿经度线开始旋转 $(\varphi : 0 \to \pi)$, 相应的微元跑遍图中所示的圆内面 Π, 第三个方向是该面 (Π) 自初始位置 $(xOz$ 面上, $\theta = 0)$ 开始, 从 z 轴正向往下看沿逆时针方向旋转 $(\theta : 0 \to 2\pi)$, 相应地, 微元跑遍整个 Ω 区域.

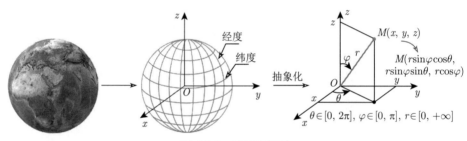

图 4.5.6　球面坐标系

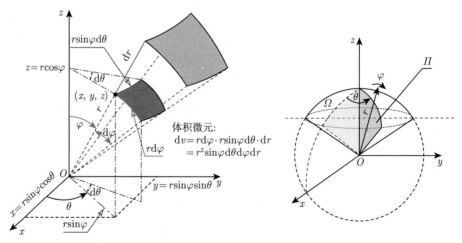

图 4.5.7　球面坐标系下的体积微元及其遍历积分区域 Ω 的方式

将直角坐标系下的三重积分转化为球面坐标下的形式为

$$\iiint_{\Omega} f(x, y, z)\, \mathrm{d}v = \iiint_{\Omega} f\left(r\sin\varphi\cos\theta, r\sin\varphi\sin\theta, r\cos\varphi\right) r^2 \sin\varphi\, \mathrm{d}r\, \mathrm{d}\varphi\, \mathrm{d}\theta,$$

给定 Ω 具体的界限范围, 根据上述遍历原理, 得到三重积分化三次定积分的方式.

【例 2】求半径为 a 的球面与半顶角为 α 的内接锥面所围成的立体的体积.

解　该立体所占区域 Ω 可表示为: $0 \leqslant r \leqslant 2a\cos\varphi,\ 0 \leqslant \varphi \leqslant \alpha,\ 0 \leqslant \theta \leqslant 2\pi$ (图 4.5.8). 于是所求立体的体积为

$$V = \iiint_{\Omega} \mathrm{d}x\mathrm{d}y\mathrm{d}z = \iiint_{\Omega} r^2 \sin\varphi\, \mathrm{d}r\mathrm{d}\varphi\mathrm{d}\theta = \int_0^{2\pi} \mathrm{d}\theta \int_0^{\alpha} \mathrm{d}\varphi \int_0^{2a\cos\varphi} r^2 \sin\varphi\, \mathrm{d}r$$

$$= 2\pi \int_0^{\alpha} \sin\varphi\, \mathrm{d}\varphi \int_0^{2a\cos\varphi} r^2 \mathrm{d}r = \frac{16\pi a^3}{3} \int_0^{\alpha} \cos^3\varphi \sin\varphi\, \mathrm{d}\varphi = \frac{4\pi a^3}{3}\left(1 - \cos^4\alpha\right).$$

提示　球面的方程为 $x^2 + y^2 + (z-a)^2 = a^2$, 即 $x^2 + y^2 + z^2 = 2az$ 在球面坐标下此球面的方程为 $r^2 = 2ar\cos\varphi$, 即 $r = 2a\cos\varphi$.

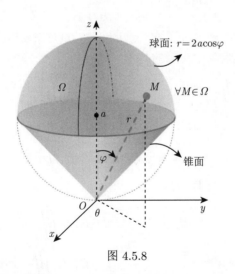

图 4.5.8

✔ 学习效果检测

A. 能够识别适合在直角坐标系下计算三重积分的问题类型, 运用直角坐标下计算三重积分的方法求解问题

1. 设 Ω 是由 $x = 0, y = 0, z = 0$ 及 $2x + y + z - 1 = 0$ 所围的有界闭域, 则
$$\iiint_{\Omega} f(x, y, z) = (\qquad).$$

(A) $\int_0^1 \mathrm{d}y \int_0^1 \mathrm{d}x \int_0^{1-2x-y} f(x,y,z)\mathrm{d}z$;

(B) $\int_0^1 \mathrm{d}y \int_0^{\frac{1-y}{2}} \mathrm{d}x \int_0^{1-2x-y} f(x,y,z)\,\mathrm{d}z$;

(C) $\int_0^1 \mathrm{d}y \int_0^{\frac{1}{2}} \mathrm{d}x \int_0^1 f(x,y,z)\,\mathrm{d}z$;

(D) $\int_0^1 \mathrm{d}z \int_0^{\frac{1}{2}} \mathrm{d}x \int_0^{1-2x} f(x,y,z)\,\mathrm{d}y$.

2. 计算 $\iiint_\Omega x\mathrm{d}x\mathrm{d}y\mathrm{d}z$, 其中 Ω 是由三个坐标面及平面 $x+2y+z=1$ 围成.

3. 计算 $\iiint_\Omega xy^2z^3\mathrm{d}x\mathrm{d}y\mathrm{d}z$, 其中 Ω 是由曲面 $z=xy$ 与平面 $y=x, x=1$ 和 $z=0$ 围成的区域.

B. 能够利用对称性计算三重积分

4. 设 $I = \iiint_\Omega \dfrac{z\ln(x^2+y^2+z^2+1)}{x^2+y^2+z^2+1}\mathrm{d}v = ($ ＿＿ $)$, 其中 $\Omega : x^2+y^2+z^2 \leqslant 1$.

(A) 0;　　　　(B) π;　　　　(C) 1;　　　　(D) 2π.

5. 设空间区域 $\Omega : x^2+y^2+z^2 \leqslant R^2, z \geqslant 0$, $\Omega_1 : x^2+y^2+z^2 \leqslant R^2, x \geqslant 0, y \geqslant 0, z \geqslant 0$. 则下列选项中正确的是 ( ).

(A) $\iiint_\Omega x\mathrm{d}v = 4\iiint_{\Omega_1} x\mathrm{d}v$;　　　　(B) $\iiint_\Omega y\mathrm{d}v = 4\iiint_{\Omega_1} y\mathrm{d}v$;

(C) $\iiint_\Omega z\mathrm{d}v = 4\iiint_{\Omega_1} z\mathrm{d}v$;　　　　(D) $\iiint_\Omega xyz\mathrm{d}v = 4\iiint_{\Omega_1} xyz\mathrm{d}v$.

6. Ω 是球体 $x^2+y^2+z^2 \leqslant R^2$, Ω_1 是球体 Ω 位于第一卦限内的部分, 则积分 $\iiint_\Omega (x+y^2+z^3)\mathrm{d}v$ 等于 ( ).

(A) $8\iiint_{\Omega_1} (x+y^2+z^3)\mathrm{d}v$;　　　　(B) $8\iiint_{\Omega_1} y^2\mathrm{d}v$;

(C) $8\iiint_{\Omega_1} (x+y^2)\mathrm{d}v$;　　　　(D) $24\iiint_{\Omega_1} y^2\mathrm{d}v$.

7. 设 $I = \iiint_{\{(x,y,z)||x|\leqslant 1,|y|\leqslant 1,|z|\leqslant 1\}} \left(\mathrm{e}^{y^2}\sin y^3 + z^2\tan x + 3\right)\mathrm{d}v$, 则 $I = $ ＿＿＿＿＿.

C. 能够识别并运用柱面坐标下计算三重积分的方法求解计算问题

8. 直角坐标中三次积分 $I = \int_{-1}^1 \mathrm{d}x \int_{-\sqrt{1-x^2}}^{\sqrt{1-x^2}} \mathrm{d}y \int_0^{x^2+y^2} f(x,y,z)\mathrm{d}z$ 在柱面坐标中先 z 再 r 后 θ 顺序的三次积分是 ＿＿＿＿＿.

9. 设 Ω 是圆柱面 $x^2 + y^2 = 2x$ 及平面 $z = 0, z = 1$ 所围成的区域, 则 $\iiint\limits_{\Omega} f(x, y, z)\,\mathrm{d}x\mathrm{d}y\mathrm{d}z = ($ $)$.

(A) $\displaystyle\int_{0}^{\pi/2} \mathrm{d}\theta \int_{0}^{2\cos\theta} \mathrm{d}r \int_{0}^{1} f(r\cos\theta, r\sin\theta, z)\,\mathrm{d}z$;

(B) $\displaystyle\int_{0}^{\pi/2} \mathrm{d}\theta \int_{0}^{2\cos\theta} r\mathrm{d}r \int_{0}^{1} f(r\cos\theta, r\sin\theta, z)\,\mathrm{d}z$;

(C) $\displaystyle\int_{-\pi/2}^{\pi/2} \mathrm{d}\theta \int_{0}^{2\cos\theta} r\mathrm{d}r \int_{0}^{1} f(r\cos\theta, r\sin\theta, z)\,\mathrm{d}z$;

(D) $\displaystyle\int_{0}^{\pi} \mathrm{d}\theta \int_{0}^{2\cos\theta} r\mathrm{d}r \int_{0}^{1} f(r\cos\theta, r\sin\theta, z)\,\mathrm{d}z$.

10. 计算 $\iiint\limits_{\Omega} (x^2 + y^2)\,\mathrm{d}v$, 其中 Ω 是由曲面 $x^2 + y^2 = 2z$ 及平面 $z = 2$ 所围成的闭区域.

11. 计算 $\iiint\limits_{\Omega} z\mathrm{d}v$, 其中 Ω 是由 $z = \sqrt{x^2 + y^2}$ 及平面 $z = h, h > 0$ 所围成的区域.

12. 计算 $\iiint\limits_{\Omega} \mathrm{e}^{|z|}\mathrm{d}x\mathrm{d}y\mathrm{d}z$, 其中 Ω 为球体 $x^2 + y^2 + z^2 \leqslant 1$.

D. 了解球面坐标下计算三重积分的方法

13. 计算三重积分 $I = \iiint\limits_{\Omega} (3x^2 + 5y^2 + 7z^2)\,\mathrm{d}x\mathrm{d}y\mathrm{d}z$, 其中 $\Omega : 0 \leqslant z \leqslant \sqrt{R^2 - x^2 - y^2}$.

14. 球心在原点, 半径为 R 的球体, 在其上任意一点的体密度与这点到球心的距离成正比, 求球体的质量.

4.6 积分间关系与场论初步

➡ **学习目标导航**

❑ **知识目标**

✦ 格林公式 (Green formula), 积分与路径无关, 二元函数全微分求积;

✦ 斯托克斯公式 (Stokes' theorem), 环流量、旋度 (curl);

✦ 高斯公式 (Gauss' law), 通量 (flux)、散度 (divergence).

❏ **认知目标**

  1. 格林公式及其应用

    A. 掌握格林公式及其方法, 能灵活运用格林公式和积分与路径无关条件求解问题;

    B. 会求保守场的势函数 (二元函数的全微分求积).

  2. 斯托克斯公式、环流量与旋度

    C. 熟记并能应用斯托克斯公式求解简单问题;

    D. 利用旋度公式计算向量场的旋度及环流量.

  3. 高斯公式、通量与散度

    E. 熟记并灵活运用高斯公式;

    F. 利用散度公式计算向量的散度及通量.

❏ **情感目标**

↦ 提升空间想象能力、观察分析、独立思考、运用数学知识解决物理问题的能力;

↦ 通过理论知识的不断深化, 培养研讨交流和团队协作的意识, 磨炼学员遇到问题迎难而上的意志, 通过不断解决遇到的难题, 逐步磨炼和形成思维领域、精神世界的挑战精神.

☞ **学习指导**

    牛顿–莱布尼茨公式 (微积分基本定理) 建立了积分学与微分学之间的桥梁, 揭示了区间 $[a,b]$ 上的定积分运算, 可以转化为区间 $[a,b]$ 的 "边界" (即端点 a,b) 上原函数的差运算 (增量).

$$\int_a^b f(x)\,\mathrm{d}x = \underbrace{F(b) - F(a) = F'(\xi)\,(b-a)}_{\text{微分中值定理(拉格朗日中值定理)}} = f(\xi)\,(b-a).$$

积分中值定理

    对于定积分 $\int_a^b f(x)\,\mathrm{d}x$ 而言, 积分区域是区间 $[a,b]$, 微元在 $[a,b]$ 上的累积效果 $\int_a^b f(x)\,\mathrm{d}x$ 通过牛顿–莱布尼茨公式转化为了区间 $[a,b]$ 的 "边界" (即端点 a,b) 上原函数的差运算 (增量). 这一点说明, 在积分问题上, 积分区域及其边界之间一定存在某种客观的事实与规律. 人们经过不懈地努力, 这种规律推广到高维, 得出了格林公式、斯托克斯公式和高斯公式. 下面给出相关的学习建议:

(1) **理解公式 (定理) 的深刻内涵, 借此将积分学知识融会贯通.** 三大公式阐述了积分间的关系, 是积分学的重要内容. 公式建立了不同类型积分之间的转换桥梁 (格林公式建立了平面上沿闭曲线 L 的第二型曲线积分与曲线 L 所围成闭区域 D 上的二重积分之间的关系; 斯托克斯公式建立了曲面片上的第二型曲面积分与其边界线上的第二型曲线积分之间的关系; 高斯公式建立了空间封闭光滑曲面上的第二型曲面积分与曲面所围区域内三重积分之间的关系), 反映了现代物理的本质规律, 对于正确理解各类物理量之间联系具有重要的意义.

(2) **注意公式适用的前提条件, 在理解的基础上灵活运用公式, 不建议死记硬背.** 数学公式诠释了数学概念之间的数学现象和演绎机制. 三大公式是解决数学问题的工具, 工具用得好、用得准对于解决问题事半功倍, 工具胡乱套用、生搬硬套, 容易出错. 所以我们需要注意每个工具的特点, 关注它的使用条件是什么, 能够得到何种结论, 这样在遇到相应的问题和合适的条件时, 才能将工具运用得得心应手. 另一方面, 随着对工具性能理解得加深, 当条件不适用时, 也能够创造条件使用工具, 增效工具性能.

(3) **大胆猜测, 小心求证, 从形式化、抽象化的数学表面特征中感触数学之美.** 巴尔扎克说: "打开一切科学的钥匙毫无异议是问号." 牛顿说: "没有大胆的猜测, 就做不出伟大的发现." 胡适说: "科学精神在于寻求事实, 寻求真理." 我们应从知识的接受者变为知识和真理的探索者, 感受和领略人类精神领域的财富与自由, 体会和感悟数学领域不可名状的迷人魅力.

➡ **重难点突破**

1. 总结: 场论初步

1) 数学表达式

在向量代数中, 向量的运算主要有: 线性运算 (加减、数乘), 数量积与向量积. 三维情况下 Nabla 算子 (三维向量微分算子, 因由 W. R. Hamilton 引入, 故也被称为哈密顿算子. Nabla 来自希腊语中一种竖琴的名字) 记作

$$\nabla = \frac{\partial}{\partial x}\boldsymbol{i} + \frac{\partial}{\partial y}\boldsymbol{j} + \frac{\partial}{\partial z}\boldsymbol{k} = \left\{\frac{\partial}{\partial x}, \frac{\partial}{\partial y}, \frac{\partial}{\partial z}\right\}.$$

设三元标量函数 $u = f(x, y, z)$, 向量

$$\boldsymbol{F} = P(x, y, z)\boldsymbol{i} + Q(x, y, z)\boldsymbol{j} + R(x, y, z)\boldsymbol{k} = \{P, Q, R\},$$

则

梯度 $\operatorname{grad}u = \nabla u = \left\{\dfrac{\partial}{\partial x}, \dfrac{\partial}{\partial y}, \dfrac{\partial}{\partial z}\right\} f(x,y,z) = \left\{\dfrac{\partial f}{\partial x}, \dfrac{\partial f}{\partial y}, \dfrac{\partial f}{\partial z}\right\}$ (数乘).

散度 $\operatorname{div}\boldsymbol{F} = \nabla \cdot \boldsymbol{F} = \left\{\dfrac{\partial}{\partial x}, \dfrac{\partial}{\partial y}, \dfrac{\partial}{\partial z}\right\} \cdot \{P,Q,R\} = \dfrac{\partial P}{\partial x} + \dfrac{\partial Q}{\partial y} + \dfrac{\partial R}{\partial z}$ (数量积).

旋度 $\operatorname{rot}\boldsymbol{F} = \nabla \times \boldsymbol{F} = \begin{vmatrix} \boldsymbol{i} & \boldsymbol{j} & \boldsymbol{k} \\ \dfrac{\partial}{\partial x} & \dfrac{\partial}{\partial y} & \dfrac{\partial}{\partial z} \\ P & Q & R \end{vmatrix} = \left\{\dfrac{\partial R}{\partial y} - \dfrac{\partial Q}{\partial z}, \dfrac{\partial P}{\partial z} - \dfrac{\partial R}{\partial x}, \dfrac{\partial Q}{\partial x} - \dfrac{\partial P}{\partial y}\right\}$

(向量积).

  上面三个 "度" 均是衡量标量场 (数量场) 或矢量场 (向量场) 的微观特征量. 其中, 梯度是衡量标量场在空间中的微观特征量, 散度和旋度, 是衡量矢量场的微观特征量. 下面两个量是描述矢量场的宏观特征量:

通量

$$\Phi = \iint_{\Sigma} \boldsymbol{F} \cdot \mathrm{d}\boldsymbol{S} = \iint_{\Sigma} (\boldsymbol{F} \cdot \boldsymbol{n}) \, \mathrm{d}S$$

$$= \iint_{\Sigma} P \mathrm{d}y\mathrm{d}z + Q \mathrm{d}z\mathrm{d}x + R \mathrm{d}x\mathrm{d}y$$

$$= \iint_{\Sigma} (P\cos\alpha + Q\cos\beta + R\cos\gamma) \, \mathrm{d}S,$$

其中曲面 Σ 在 (x,y,z) 处的单位法向量为 $\boldsymbol{n} = \{\cos\alpha, \cos\beta, \cos\gamma\}$.

环流量

$$\Gamma = \oint_{\Gamma} \boldsymbol{F} \cdot \mathrm{d}\boldsymbol{s} = \oint_{\Gamma} (\boldsymbol{F} \cdot \boldsymbol{\tau}) \, \mathrm{d}s$$

$$= \oint_{\Gamma} P \mathrm{d}x + Q \mathrm{d}y + R \mathrm{d}z$$

$$= \oint_{\Gamma} (P\cos\alpha + Q\cos\beta + R\cos\gamma) \, \mathrm{d}s,$$

其中曲线 Γ 在 (x,y,z) 处的单位法向量为 $\boldsymbol{\tau} = \{\cos\alpha, \cos\beta, \cos\gamma\}$.

2) 物理意义

  场 (field) 指物体在空间中的分布情况, 即某种物理量在空间的分布和变化规律, 用空间位置函数来表征. 若物理量是标量 (数量), 那么空间中每一点都对应该物理量的一个确定数值 (只有大小, 没有方向), 称为标量场 (或数量场), 例如: 温度场、电势场、密度场等. 若物理量是矢量 (向量), 那么空间中每一点都存在着它的大小和方向, 称为矢量场 (或向量场), 例如: 电磁场、速度场、引力场等.

一个标量场 u 可以用一个标量函数 $u(x,y,z)$ 来表示: 直角坐标系中 $u = u(x,y,z)$. 若令 $u = C$ (C 是任意常数), 则 $u(x,y,z) = C$ 在几何上表示一个曲面, 在此曲面上的各点, 虽然坐标不同, 但函数值相同, 因此该面为标量场 u 的等值面 (等位面). 标量场中, 关注的是等值面、方向导数、梯度几个量. 等值面是标量场的宏观特征量, 方向导数、梯度是标量场空间变化的微观特征量.

梯度　允许标量场 $u = u(x,y,z)$ 在某点 M_0 沿各个方向 $\boldsymbol{l}$ 做出变化, 方向导数刻画的沿各个方向函数值得变化率, 梯度 $\nabla u = \dfrac{\partial u}{\partial x}\boldsymbol{i} + \dfrac{\partial u}{\partial y}\boldsymbol{j} + \dfrac{\partial u}{\partial z}\boldsymbol{k}$ 是矢量, 方向垂直于 M_0 的等值面, 指向 $u = u(x,y,z)$ 增大的方向, 梯度方向即方向导数取得最大值的方向, 负梯度方向即方向导数取得最小值的方向, 梯度的大小等于最大的方向导数, 即 $|\nabla u| = |\mathrm{grad}\, u| = \max\left\{\dfrac{\partial u}{\partial l}\right\}$. 任何方向导数都是梯度在 $\boldsymbol{l}$ 方向的投影. 上述关系均涵盖在如下表达式中:

$$\frac{\partial u}{\partial u} = (\nabla u) \cdot \boldsymbol{l}^0 = |\nabla u| \cdot 1 \cdot \cos\left(\widehat{\nabla u, \boldsymbol{l}^0}\right)$$

$$= \left\{\frac{\partial u}{\partial x}, \frac{\partial u}{\partial y}, \frac{\partial u}{\partial z}\right\} \cdot \{\cos\alpha, \cos\beta, \cos\gamma\} = \frac{\partial u}{\partial x}\cos\alpha + \frac{\partial u}{\partial y}\cos\beta + \frac{\partial u}{\partial z}\cos\gamma.$$

对于函数 $\boldsymbol{F} = \boldsymbol{F}(M)$, 空间中每一点 $M(x,y,z)$ 均对应一矢量, 这种函数是向量值函数, 写成分量形式即 $\boldsymbol{F} = P(x,y,z)\boldsymbol{i} + Q(x,y,z)\boldsymbol{j} + R(x,y,z)\boldsymbol{k}$, 称 $\boldsymbol{F}$ 为空间矢量场.

通量与散度　通量是单位时间内通过某曲面的量. 好比电灯外面有一层膜 (曲面) 包裹, 单位时间穿过这层膜的光 (能量), 或某种液体单位时间穿过曲面的总量. 设稳定流动不可压缩的液体 (设密度为 1) 以流速 $\boldsymbol{v}(M) = P(M)\boldsymbol{i} + Q(M)\boldsymbol{j} + R(M)\boldsymbol{k}$ 流过曲面 $\varSigma$, 则计算液体单位时间内流过 $\varSigma$ 的总量采用微元法.

面积微元　$\mathrm{d}S$.

流量微元

$$\mathrm{d}\varPhi = \boldsymbol{v} \cdot \boldsymbol{n}\mathrm{d}S = \{P, Q, R\} \cdot \{\cos\alpha, \cos\beta, \cos\gamma\}\mathrm{d}S$$

$$= (P(x,y,z)\cos\alpha + Q(x,y,z)\cos\beta + R(x,y,z)\cos\gamma)\,\mathrm{d}S$$

$$= P(x,y,z)\mathrm{d}y\mathrm{d}z + Q(x,y,z)\mathrm{d}z\mathrm{d}x + R(x,y,z)\mathrm{d}x\mathrm{d}y.$$

其中曲面在 $M(x,y,z)$ 处的单位法向量 $\boldsymbol{n} = \{\cos\alpha, \cos\beta, \cos\gamma\}$.

流量　$\varPhi = \iint_{\varSigma} P\mathrm{d}y\mathrm{d}z + Q\mathrm{d}z\mathrm{d}x + R\mathrm{d}x\mathrm{d}y.$

若把例子中的电灯看作一个点 M, 它无时无刻向外界散发能量, 构成向量场 $\boldsymbol{A}(M) = \{P(M), Q(M), R(M)\}$, 如图 4.6.1(b), 散度 $\mathrm{div}\boldsymbol{A}$ 是流量对体积的变

化率, 因此也称散度为流量密度. 它是描述向量场在 M 点附近能量发散的程度, 是微观特征量, 是标量, 是向量场的一种强度性质的刻画, 代表了流速场产生流体的能力. $\mathrm{div}\boldsymbol{A} > 0$, 即散度为正, 表示 M 像灯泡、太阳、水龙头一样向外散发通量, 是正源 (源). $\mathrm{div}\boldsymbol{A} < 0$, 即散度为负, 表示 M 像黑洞、下水口一样吸收通量, 是负源 (汇). $\mathrm{div}\boldsymbol{A} = 0$ 表示无源, 发散与吸收强度相等, "源" 和 "汇" 相互抵消, 此时 $\boldsymbol{A}$ 为无源场. 根据物理含义, 散度的积分形式可以表示成

$$\mathrm{div}\boldsymbol{A} = \lim_{\Omega \to M} \frac{1}{\Delta V} \oiint_{\Sigma} (\boldsymbol{A} \cdot \boldsymbol{n})\,\mathrm{d}S = \lim_{\Delta V \to 0} \frac{1}{\Delta V} \oiint_{\Sigma} (\boldsymbol{A} \cdot \boldsymbol{n})\,\mathrm{d}S.$$

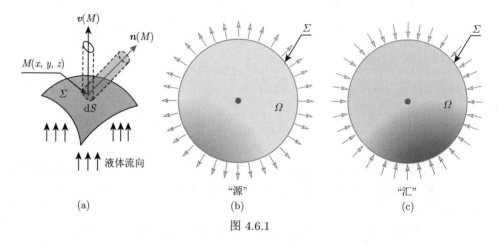

图 4.6.1

设空间 $M(x,y,z)$ 处有向量场: $\boldsymbol{A}(M) = P(x,y,z)\boldsymbol{i} + Q(x,y,z)\boldsymbol{j} + R(x,y,z)\boldsymbol{k}$, P,Q,R 均具有一阶连续偏导数, 取体积小块为立方体 $\Delta v = \Delta x \Delta y \Delta z$, 如图 4.6.2 所示.

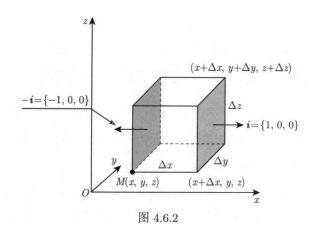

图 4.6.2

如图中以左右两个侧面为例, 沿 x 轴正向通过体积块右侧面的流出量为

$$\Phi_{x正向} = \boldsymbol{A} \cdot \boldsymbol{i} \cdot (\Delta S) = \{P, Q, R\} \cdot \{1, 0, 0\}\,\Delta y \Delta z$$

$$= P(x, y, z)\,|_{(x+\Delta x, y, z)}\,\Delta y \Delta z = P(x + \Delta x, y, z)\,\Delta y \Delta z,$$

沿 x 轴负向通过体积块右侧面的流出量为

$$\Phi_{x负向} = \boldsymbol{A} \cdot (-\boldsymbol{i}) \cdot (\Delta S) = -P(x, y, z)\,\Delta y \Delta z,$$

故 x 方向流出量为

$$\left[\frac{P(x + \Delta x, y, z) - P(x, y, z)}{\Delta x} \right] \Delta x \Delta y \Delta z \xrightarrow{\Delta x \to 0} \frac{\partial P}{\partial x}\mathrm{d}v.$$

同理, y 方向流出量为 $\dfrac{\partial Q}{\partial y}\mathrm{d}v$. z 方向流出量为 $\dfrac{\partial R}{\partial z}\mathrm{d}v$. 故整体流出量为 $\left(\dfrac{\partial P}{\partial x} + \right.$ $\dfrac{\partial Q}{\partial y} + \dfrac{\partial R}{\partial z}\Big)\mathrm{d}v,$ 于是单位体积的流出量 (散度的微分形式) 为 $\dfrac{\partial P}{\partial x} + \dfrac{\partial Q}{\partial y} + \dfrac{\partial R}{\partial z}.$

利用高斯公式可证明散度的积分形式与微分形式的等价.

环流量与旋度　一片叶子掉进旋转的水流漩涡中, 会受力随着漩涡转动. 通俗地讲, 环流量刻画了漩涡的强弱. 如图 4.6.3 中所示流速为

$$\boldsymbol{A}(M) = P(x, y, z)\,\boldsymbol{i} + Q(x, y, z)\,\boldsymbol{j} + R(x, y, z)\,\boldsymbol{k}$$

可微 (P, Q, R 均具有一阶连续偏导数) 的不可压缩液体, 环流量表示该液体在单位时间内沿有向封闭曲线 Γ 的总量, 可以反映流体沿 Γ 流动时旋转的强弱程度. 设 $\boldsymbol{\tau} = \{\cos\alpha, \cos\beta, \cos\gamma\}$ 是 Γ 在点 (x, y, z) 处的单位切向量, 则环流量为

$$\oint_{\Gamma} (\boldsymbol{A} \cdot \boldsymbol{\tau})\,\mathrm{d}s = \oint_{\Gamma} \{P, Q, R\} \cdot \{\cos\alpha, \cos\beta, \cos\gamma\}\,\mathrm{d}s$$

$$= \oint_{\Gamma} (P\cos\alpha + Q\cos\beta + R\cos\gamma)\,\mathrm{d}s$$

$$= \oint_{\Gamma} \{P, Q, R\} \cdot \{\mathrm{d}x, \mathrm{d}y, \mathrm{d}z\} = \oint_{\Gamma} P\mathrm{d}x + Q\mathrm{d}y + R\mathrm{d}z = \oint_{\Gamma} \boldsymbol{A} \cdot \mathrm{d}\boldsymbol{s}$$

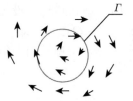 

图 4.6.3

环流量描述的是有向闭合曲线所围区间的环流状态 (旋转的强度), 是一个宏观特征量.

旋度, 字面意思 "旋转的程度、度量", 表明它和事物的旋转、弯曲、卷缩有关. 旋度表示向量场对其中某一点附近的微元造成的旋转程度, 是微观特征量. 类似于散度和通量, 旋度可理解为场中某点附近环流量对面积的变化率, 通过环流量的概念可以得出旋度的积分形式: 在向量场 $\boldsymbol{A}$ 中, 取含有 M 点的面积元 ΔS, 那么 $\boldsymbol{A}$ 在 ΔS 的边界 $\varGamma$ 上的环流量为 $\oint_{\varGamma} \boldsymbol{A} \cdot \mathrm{d}\boldsymbol{s} = \oint_{\varGamma} P\mathrm{d}x + Q\mathrm{d}y + R\mathrm{d}z$, 于是旋度为 $\mathrm{rot}\boldsymbol{A} = \lim\limits_{\Delta S \to 0} \dfrac{1}{\Delta S} \oint_{\varGamma} \boldsymbol{A} \cdot \mathrm{d}\boldsymbol{s}$.

下面从刚体的旋转出发理解二维情形下旋度的微分形式, 如图 4.6.4.

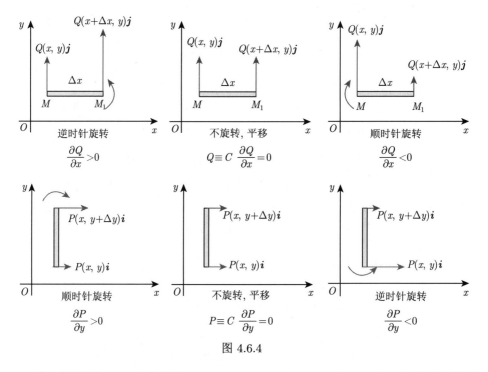

图 4.6.4

以二维平面 xOy 上向量场 $\boldsymbol{A}(x,y) = P(x,y)\boldsymbol{i} + Q(x,y)\boldsymbol{j}$ (P,Q 具有一阶连续偏导数) 为例, $P(x,y), Q(x,y)$ 分别是沿 x 和 y 方向的分量, 设 xOy 平面中点 $M(x,y)$, 不考虑 x 方向的分量, 若 $Q(x+\Delta x, y) = Q(x,y)$, 即从点 (x,y) 到 $(x+\Delta x, y)$ 段受到的沿 y 方向的分量相等, 显然不会产生旋转的作用力, 只会产生沿平行于 y 方向的平移运动, 此时

$$\lim\limits_{\Delta x} \frac{Q(x+\Delta x, y) - Q(x,y)}{\Delta x} = \frac{\partial Q}{\partial x} = 0,$$

即 y 方向上, 若 $\dfrac{\partial Q}{\partial x} = 0$, 不会产生旋转效果. 反之, 若 $Q(x + \Delta x, y) \neq Q(x, y)$, 即 $\dfrac{\partial Q}{\partial x} \neq 0$, 在 y 方向上将产生旋转效果.

对于 $\boldsymbol{A}(x, y) = P(x, y)\boldsymbol{i} + Q(x, y)\boldsymbol{j}$, 考虑 $\boldsymbol{i}$ 和 $\boldsymbol{j}$ 两个方向的分析, 把两个分量放在一起, 可以用 $\left[\dfrac{\partial Q}{\partial x} - \dfrac{\partial P}{\partial y}\right]\Big|_{(x,y)}$ 来测量流体在靠近点 (x, y) 附近的向量场 $\boldsymbol{A}$ 上的旋转强度 (旋度的大小), 若为正数, 刚体绕 (x, y) 逆时针旋转, 负数则顺时针旋转, 旋度的方向与其符合右手法则, 即点 (x, y) 处的旋度矢量为 $\left(\dfrac{\partial Q}{\partial x} - \dfrac{\partial P}{\partial y}\right)\boldsymbol{k}$. 同理, 可以推广到 yOz 和 zOx 平面的情形, 从而有

$$\mathrm{rot}\boldsymbol{A} = \left(\frac{\partial R}{\partial y} - \frac{\partial Q}{\partial z}\right)\boldsymbol{i} + \left(\frac{\partial P}{\partial z} - \frac{\partial R}{\partial x}\right)\boldsymbol{j} + \left(\frac{\partial Q}{\partial x} - \frac{\partial P}{\partial y}\right)\boldsymbol{k}.$$

利用斯托克斯公式可证明旋度的积分形式与微分形式的等价.

2. 格林公式及其应用

1) 格林公式

条件 1 分段光滑的曲线 L 围成平面有界闭区域 D (说明 L 要闭合), 即 $\partial D = L$(L 为 D 的边界, 符号 ∂ 表示区域边界).

条件 2 $P(x, y), Q(x, y)$ 在 D 内具有一阶连续偏导数, 即 $P, Q \in C^{(1)}(D)$. 在同时满足两个条件的基础上有结论

$$\oint_L P\mathrm{d}x + Q\mathrm{d}y = \pm \iint_D \left(\frac{\partial Q}{\partial x} - \frac{\partial P}{\partial y}\right)\mathrm{d}x\mathrm{d}y,$$

其中, L 为 D 的正向边界, 取 "+" 号. 负向边界时, 取 "−" 号.

利用向量形式, 公式可简化为

$$\oint_{\partial D} \boldsymbol{A} \cdot \mathrm{d}\boldsymbol{s} = \pm \iint_D \begin{vmatrix} \dfrac{\partial}{\partial x} & \dfrac{\partial}{\partial y} \\ P & Q \end{vmatrix} \mathrm{d}x\mathrm{d}y.$$

具体地,
$$\oint_L P\mathrm{d}x + Q\mathrm{d}y = \oint_{\partial D} \{P, Q\} \cdot \{\mathrm{d}x, \mathrm{d}y\}$$
$$= \oint_{\partial D} \boldsymbol{A} \cdot \mathrm{d}\boldsymbol{s} = \oint_{\partial D} (\boldsymbol{A} \cdot \boldsymbol{\tau})\,\mathrm{d}s$$
$$= \oint_{\partial D} (P\cos\alpha + Q\cos\beta)\,\mathrm{d}s$$

$$= \pm \iint_D \left(\frac{\partial Q}{\partial x} - \frac{\partial P}{\partial y} \right) \mathrm{d}x\mathrm{d}y$$

$$= \pm \iint_D \begin{vmatrix} \frac{\partial}{\partial x} & \frac{\partial}{\partial y} \\ P & Q \end{vmatrix} \mathrm{d}x\mathrm{d}y.$$

其中, $A = P(x,y)\boldsymbol{i} + Q(x,y)\boldsymbol{j}$, $\boldsymbol{\tau} = \{\cos\alpha, \cos\beta\}$ 是 L 的单位切向量.

格林公式建立了平面有界闭区域上积分 (二重积分) 与其边界曲线上积分 (曲线积分) 之间的联系, 当条件满足时, 通过格林公式可以实现两种积分之间的转化, 为求解积分提供了一种途径. 除 "代入法" 外, 格林公式给出了求解二维情况下第二型平面曲线积分 $\int_L P\mathrm{d}x + Q\mathrm{d}y$ 的又一种计算方法, 即 "公式法".

【例 1】计算 $\oint_L \mathrm{e}^{y^2}\mathrm{d}x + x\mathrm{d}y$, 其中 L 是椭圆 $4x^2 + y^2 = 8x$, 沿逆时针方向.

解 积分符合格林公式的两个条件, 且 $P = \mathrm{e}^{y^2}$, $Q = x$, 则

$$\oint_L \mathrm{e}^{y^2}\mathrm{d}x + x\mathrm{d}y = \iint_D \left(\frac{\partial Q}{\partial x} - \frac{\partial P}{\partial y} \right) \mathrm{d}x\mathrm{d}y = \iint_D \left(1 - 2y\mathrm{e}^{y^2} \right) \mathrm{d}x\mathrm{d}y.$$

其中, D 为 L 所围有界闭区域, 关于 x 轴对称, 且由于 $2y\mathrm{e}^{y^2}$ 为关于 y 的奇函数, 故由对称性知, $\iint_D 2y\mathrm{e}^{y^2}\mathrm{d}x\mathrm{d}y = 0$. 因此,

$$\oint_L \mathrm{e}^{y^2}\mathrm{d}x + x\mathrm{d}y = \iint_D \mathrm{d}x\mathrm{d}y = 2\pi \, (D \text{ 的面积})$$

格林公式的两个条件需要同时满足, 当不满足其一时, 不能直接套用格林公式, 需要构造格林公式适用的条件. **当不满足格林公式的条件 1 时**, 若曲线 L 不封闭, 则无法围成区域 D. 此时补充一条[1]简单曲线 L_1, 使 $L + L_1 = \partial D$, 即通过 "加边" 的办法使之成为闭合曲线. 这种方法通常称为 "加边法".

【例 2】计算 $\int_L (xy + \mathrm{e}^x)\mathrm{d}x + [x^2 - \ln(1+y)]\mathrm{d}y$, 其中 L 为有向曲线 $y = \sin x, x : \pi \to 0$.

此题若采用 "代入法" 直接计算第二型曲线积分, 过程繁琐复杂.

注意到, 若记 $P = xy + \mathrm{e}^x$, $Q = x^2 - \ln(1+y)$, 则 $\frac{\partial P}{\partial y} = x$, $\frac{\partial Q}{\partial x} = 2x$, $\frac{\partial Q}{\partial x} - \frac{\partial P}{\partial y} = 2x - x = x$, 若能通过格林公式转化为二重积分, $\iint_D x\mathrm{d}\sigma$ 中被积函数

---

1 或补充若干条, 为了便于计算, 通常选取平行于坐标轴的直线段进行补充.

的形式简洁, 因此考虑采用格林公式. 由于 L 不是封闭曲线, 需要添加一条边 L_1, 使 $L + L_1$ 变成封闭曲线. 把 $L + L_1$ 作为整体积分流形, 应用格林公式后, 再减掉添加边 L_1 的第二型曲线积分, 类似于 "能量守恒".

解　如图 4.6.5 补边, 将有向线段 L_1: $y = 0, x : 0 \to \pi$ 与 L 拼接, 则 $L + L_1$ 构成分段光滑封闭曲线, 且取正向, 其所围成区域记为 D, 则

$$\oint_{L+L_1} (xy + \mathrm{e}^x)\,\mathrm{d}x + \left[x^2 - \ln(1+y)\right]\mathrm{d}y$$

$$\xlongequal{\text{格林公式}} \iint_D x\,\mathrm{d}x\mathrm{d}y = \int_0^\pi x\,\mathrm{d}x \int_0^{\sin x} \mathrm{d}y = \int_0^\pi x\sin x\,\mathrm{d}x = \pi.$$

故原积分

$$\int_L (xy + \mathrm{e}^x)\,\mathrm{d}x + \left[x^2 - \ln(1+y)\right]\mathrm{d}y$$

$$= \oint_{L+L_1} (xy + \mathrm{e}^x)\,\mathrm{d}x + \left[x^2 - \ln(1+y)\right]\mathrm{d}y$$

$$\quad - \oint_{L_1} (xy + \mathrm{e}^x)\,\mathrm{d}x + \left[x^2 - \ln(1+y)\right]\mathrm{d}y$$

$$= \pi - \underbrace{\oint_{L_1} (xy + \mathrm{e}^x)\,\mathrm{d}x + \left[x^2 - \ln(1+y)\right]\mathrm{d}y}_{\text{由于添加的有向曲线}L_1\text{简单, 这一部分利用"代入法" 直接计算, } y=0, \mathrm{d}y=0}$$

$$= \pi - \int_0^\pi \mathrm{e}^x\,\mathrm{d}x = \pi - (\mathrm{e}^\pi - 1).$$

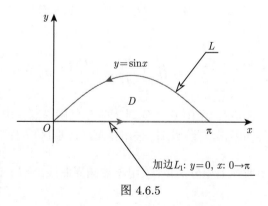

图 4.6.5

当格林公式的条件 2 不满足时, P, Q 不能保证在 D 内有连续的偏导数, 即在 D 中存在使 P, Q 的偏导数不连续的点 (奇点). 通常采用 "挖洞" 的方法, 用小闭

曲线将奇点包围起来, 从 D 中剔除, 则剩下的部分满足格林公式的适用条件. 不过这各区域的边界增加了新的闭曲线.

【例 3】计算 $\oint_L \dfrac{x\mathrm{d}y - y\mathrm{d}x}{x^2 + y^2}$, 其中 L 是任意一条不经过原点、无自交点的分段光滑闭曲线.

曲线有"自交点"的含义如图 4.6.6(a). 由于 L 的任意性, 其解析表达式不确定, 故无法使用"代入法"直接计算第二型曲线积分. 记 $P = \dfrac{-y}{x^2 + y^2}$, $Q = \dfrac{x}{x^2 + y^2}$. 显然 P, Q 在 $(0,0)$ 处无定义, 不连续. 由于

$$\frac{\partial Q}{\partial x} = \frac{\partial P}{\partial y} = \frac{y^2 - x^2}{(x^2 + y^2)^2},$$

希望采用格林公式.

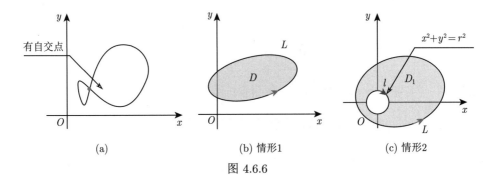

图 4.6.6

情形 1 如图 4.6.6(b), 当 $(0,0) \notin D$ 时 (即 L 不包围原点), 此时符合使用格林公式的条件, 即

$$\oint_L \frac{x\mathrm{d}y - y\mathrm{d}x}{x^2 + y^2} = \iint_D \left(\frac{\partial Q}{\partial x} - \frac{\partial P}{\partial y}\right)\mathrm{d}x\mathrm{d}y = 0.$$

情形 2 如图 4.6.6(c), 当 $(0,0) \in D$ 时 (即 L 包围原点), 由于一个点的存在, 使得格林公式使用条件不再满足. 此时, 采用挖洞法改造区域 D 后应用格林公式[1], 为了使在新添加的闭曲线上积分简单, 采用添加圆周曲线, 令 $l: \begin{cases} x = r\cos\theta, \\ y = r\sin\theta, \end{cases} \theta:$

---

[1] 通过添加一条线 l ("洞") 将原点绕开后使用格林公式, 而人为构造的这条包含原点的线上的积分采用"代入法"直接计算.

$2\pi \to 0$, $r > 0$ 且足够小, 则 $L+l$ 构成复连通区域 D_1 的正向边界曲线. 于是, 由格林公式

$$\oint_L \frac{x\mathrm{d}y - y\mathrm{d}x}{x^2 + y^2} = \oint_{L+l} \frac{x\mathrm{d}y - y\mathrm{d}x}{x^2 + y^2} - \oint_l \frac{x\mathrm{d}y - y\mathrm{d}x}{x^2 + y^2}$$

$$= \iint_{D_1} \left(\frac{\partial Q}{\partial x} - \frac{\partial P}{\partial y} \right) \mathrm{d}x\mathrm{d}y - \oint_l \frac{x\mathrm{d}y - y\mathrm{d}x}{x^2 + y^2}$$

$$= 0 - \int_{2\pi}^0 \frac{(r\cos\theta)\, r\cos\theta - (r\sin\theta)\,(-r\sin\theta)}{r^2} \mathrm{d}\theta = \int_0^{2\pi} \mathrm{d}\theta = 2\pi.$$

2) 全微分方程

如果 $\dfrac{\partial Q}{\partial x} = \dfrac{\partial P}{\partial y}$, 微分式 $P(x,y)\,\mathrm{d}x + Q(x,y)\,\mathrm{d}y$ 可写成 $P(x,y)\,\mathrm{d}x + Q(x,y)\,\mathrm{d}y = \mathrm{d}u(x,y)$, 则可微函数 u 称为微分式的原函数.

求 $P(x,y)\,\mathrm{d}x + Q(x,y)\,\mathrm{d}y$ 原函数 $u(x,y)$ 通常有三种方法:

① 特殊路径积分法　因为 $\dfrac{\partial Q}{\partial x} = \dfrac{\partial P}{\partial y}$, 曲线积分 $\displaystyle\int_L P\mathrm{d}x + Q\mathrm{d}y$ 与路径无关, 故可容易计算从 (x_0, y_0) 沿平行于坐标轴的折线段到 (x,y) 的积分,

$$u(x,y) = \int_{x_0}^x P(x, y_0)\,\mathrm{d}x + \int_{y_0}^y Q(x,y)\,\mathrm{d}y$$

或者

$$u(x,y) = \int_{x_0}^x P(x,y)\,\mathrm{d}x + \int_{y_0}^y Q(x_0, y)\,\mathrm{d}y.$$

② 不定积分法　由于 $\dfrac{\partial u}{\partial x} = P(x,y)$, 等式两端同时对变量 x 积分得到 $u(x, y) = \displaystyle\int P(x,y)\,\mathrm{d}x + C(y)$, 关于变量 y 求偏导数得到 $\dfrac{\partial u}{\partial y} = \dfrac{\partial}{\partial y} \displaystyle\int P(x,y)\,\mathrm{d}x + C'(y) = Q(x,y)$, 进一步计算可得到 $C(y)$.

③ 凑微分法　按照凑微分的方式将 $P(x,y)\,\mathrm{d}x + Q(x,y)\,\mathrm{d}y$ 凑成某个二元函数的全微分.

3) 积分与路径无关的等价命题

若 D 是单连通区域, $P, Q \in C^{(1)}(D)$, 则以下四个命题互相等价:

$$\int_{\widehat{AB}} P\mathrm{d}x + Q\mathrm{d}y \text{ 在 } D \text{ 内与路径无关, 只与起点 } A \text{ 和终点 } B \text{有关}$$

$\Leftrightarrow D$ 内任意无自交点的逐段光滑的闭合曲线 L, 有 $\displaystyle\oint_L P\mathrm{d}x + Q\mathrm{d}y = 0$

$\Leftrightarrow$ 对于任意 $(x,y) \in D$, 有 $\dfrac{\partial P}{\partial y} = \dfrac{\partial Q}{\partial x}$

$\Leftrightarrow$ 存在定义于 D 上的函数 $u(x,y)$, 使得 $\mathrm{d}u = P\mathrm{d}x + Q\mathrm{d}y$.

3. 斯托克斯公式

条件 1 Σ 是光滑或分片光滑定向曲面, 其正向边界 Γ 为光滑或分段光滑的闭曲线.

条件 2 函数 $P(x,y,z), Q(x,y,z), R(x,y,z)$ 在 Σ 上有一阶连续偏导数, 即 $P,Q,R \in C^{(1)}(\Sigma)$.

在同时满足上述两个条件的基础上, 有结论

$$
\oint_{\Gamma} P\mathrm{d}x + Q\mathrm{d}y + R\mathrm{d}z
$$
$$
= \iint_{\Sigma} \left(\frac{\partial R}{\partial y} - \frac{\partial Q}{\partial z}\right)\mathrm{d}y\mathrm{d}z + \left(\frac{\partial P}{\partial z} - \frac{\partial R}{\partial x}\right)\mathrm{d}z\mathrm{d}x + \left(\frac{\partial Q}{\partial x} - \frac{\partial P}{\partial y}\right)\mathrm{d}x\mathrm{d}y,
$$

其中, Γ 的方向与 Σ 的方向符合右手法则.

为了方便记忆, 公式可采用行列式形式,

$$
\oint_{\Gamma} P\mathrm{d}x + Q\mathrm{d}y + R\mathrm{d}z = \iint_{\Sigma} \begin{vmatrix} \mathrm{d}y\mathrm{d}z & \mathrm{d}z\mathrm{d}x & \mathrm{d}x\mathrm{d}y \\ \dfrac{\partial}{\partial x} & \dfrac{\partial}{\partial y} & \dfrac{\partial}{\partial z} \\ P & Q & R \end{vmatrix} = \iint_{\Sigma} \begin{vmatrix} \cos\alpha & \cos\beta & \cos\gamma \\ \dfrac{\partial}{\partial x} & \dfrac{\partial}{\partial y} & \dfrac{\partial}{\partial z} \\ P & Q & R \end{vmatrix} \mathrm{d}S.
$$

为了突出物理背景, 也可采用向量形式,

$$
\oint_{\Gamma} \boldsymbol{A} \cdot \mathrm{d}\boldsymbol{s} = \iint_{\Sigma} \underbrace{(\mathrm{rot}\boldsymbol{A} \cdot \boldsymbol{n})}_{\Sigma\text{的面密度: 旋度在}\boldsymbol{n}\text{上的投影}} \mathrm{d}S.
$$

具体地,

$$
\underbrace{\oint_{\Gamma} P\mathrm{d}x + Q\mathrm{d}y + R\mathrm{d}z}_{\text{环流量}}
$$

$$
= \oint_{\Gamma} \boldsymbol{A} \cdot \mathrm{d}\boldsymbol{s} = \oint_{\Gamma} (\boldsymbol{A} \cdot \boldsymbol{\tau})\mathrm{d}s
$$

$$
= \iint_{\Sigma} \left(\frac{\partial R}{\partial y} - \frac{\partial Q}{\partial z}\right)\mathrm{d}y\mathrm{d}z + \left(\frac{\partial P}{\partial z} - \frac{\partial R}{\partial x}\right)\mathrm{d}z\mathrm{d}x + \left(\frac{\partial Q}{\partial x} - \frac{\partial P}{\partial y}\right)\mathrm{d}x\mathrm{d}y
$$

$$= \iint_{\Sigma} \begin{vmatrix} \mathrm{d}y\mathrm{d}z & \mathrm{d}z\mathrm{d}x & \mathrm{d}x\mathrm{d}y \\ \dfrac{\partial}{\partial x} & \dfrac{\partial}{\partial y} & \dfrac{\partial}{\partial z} \\ P & Q & R \end{vmatrix} = \iint_{\Sigma} \begin{vmatrix} \cos\alpha & \cos\beta & \cos\gamma \\ \dfrac{\partial}{\partial x} & \dfrac{\partial}{\partial y} & \dfrac{\partial}{\partial z} \\ P & Q & R \end{vmatrix} \mathrm{d}S$$

$$= \iint_{\Sigma} \mathrm{rot}\boldsymbol{A} \cdot \mathrm{d}\boldsymbol{S} = \iint_{\Sigma} \underbrace{(\mathrm{rot}\boldsymbol{A} \cdot \boldsymbol{n})}_{\Sigma \text{的面密度：旋度在} \boldsymbol{n} \text{上的投影}} \mathrm{d}S = \iint_{\Sigma} [(\nabla \times \boldsymbol{A}) \cdot \boldsymbol{n}] \mathrm{d}S,$$

其中, $\boldsymbol{A} = P(x,y,z)\boldsymbol{i} + Q(x,y,z)\boldsymbol{j} + R(x,y,z)\boldsymbol{k}$, $\mathrm{d}\boldsymbol{s} = \{\mathrm{d}x, \mathrm{d}y, \mathrm{d}z\}$, $\boldsymbol{\tau}$ 为曲线 Γ 的单位切向量, $\boldsymbol{n}$ 为曲面 Σ 的单位法向量, $\mathrm{rot}\boldsymbol{A}$ 为向量场 $\boldsymbol{A}$ 的旋度.

斯托克斯公式是格林公式在三维空间情形下的推广, 建立了三维空间曲线上的线积分与其所围曲面上的面积分之间的联系. 从物理角度, 公式揭示了环流量 (宏观量) 与旋度 (微观量) 之间的联系.

【例 4】 计算 $\displaystyle\oint_{L^+} \dfrac{x\mathrm{d}y - y\mathrm{d}x}{x^2 + y^2}$.

(1) 空间曲线 L^+: 不过 z 轴, 且不绕 z 轴, 无自交点.

(2) 空间曲线 L^+: 绕 z 轴一周, 无自交点, 从 z 轴正方向看去是逆时针方向.

解 (1) 如图 4.6.7 所示.

$P = -\dfrac{y}{x^2 + y^2}$, $Q = \dfrac{x}{x^2 + y^2}$, $R = 0$, 令 $\boldsymbol{A} = \{P, Q, R\}$, 则

$$\mathrm{rot}\boldsymbol{A} = \begin{vmatrix} \boldsymbol{i} & \boldsymbol{j} & \boldsymbol{k} \\ \dfrac{\partial}{\partial x} & \dfrac{\partial}{\partial y} & \dfrac{\partial}{\partial z} \\ -\dfrac{y}{x^2+y^2} & \dfrac{x}{x^2+y^2} & 0 \end{vmatrix} = \boldsymbol{0},$$

故由斯托克斯公式, $\displaystyle\oint_{L^+} \dfrac{x\mathrm{d}y - y\mathrm{d}x}{x^2 + y^2} = \iint_{S^+} \mathrm{rot}\boldsymbol{A} \cdot \mathrm{d}\boldsymbol{S} = 0$.

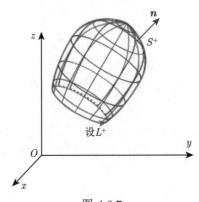

图 4.6.7

(2) 若 L 绕 z 轴一周, 作如图 4.6.8 所示的曲面 (柱面, 平行于 z 轴, 取外侧), 若以 L 为边界所做的曲面过 z 轴, 或与 z 轴相交, 则无法使用斯托克斯公式, 且 L 没有具体的表达式, 本题就无法计算. 因此以 L 为边界所做的曲面 S 是平行于 z 轴的柱面. 于是, 作辅助线 AB, 曲面 S 的正向边界 ∂S^+ 由 4 部分组成: $\partial S^+ : \overrightarrow{AB} + L_1^+ + \overrightarrow{BA} + L^-$. 其中 L_1 是柱面与 xOy 坐标面的交线, 记其所围成的平面区域为 D.

$$\int_{\partial S^+} \frac{x\mathrm{d}y - y\mathrm{d}x}{x^2 + y^2} = \iint_{S^+} \underbrace{\mathrm{rot}\boldsymbol{A}}_{=\boldsymbol{0}} \cdot \mathrm{d}\boldsymbol{S} = 0, \quad 即 \quad \int_{\overrightarrow{AB}} + \int_{L_1^+} + \int_{\overrightarrow{BA}} + \int_{L^-} = 0,$$

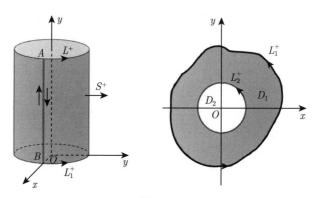

图 4.6.8

其中: $\displaystyle\int_{\overrightarrow{AB}} + \int_{\overrightarrow{BA}} = 0$, 故 $\displaystyle\int_{L_1^+} - \int_{L^+} = 0$. 在 L_1^+ 内部取 $L_2 : x^2 + y^2 = \varepsilon^2, \varepsilon > 0$ 且充分小, 使 $L_2 \in D$, 取逆时针方向, L_2 所围区域为 D_2. 由于

$$\frac{\partial Q}{\partial x} = \frac{\partial P}{\partial y} = \frac{y^2 - x^2}{\left(x^2 + y^2\right)^2},$$

记 $L_1^+ + L_2^-$ 围成有界闭区域为 D_1, 则

$$\int_{L_1^+ + L_2^-} \frac{x\mathrm{d}y - y\mathrm{d}x}{x^2 + y^2} = \iint_{D_1} \left(\frac{\partial Q}{\partial x} - \frac{\partial P}{\partial y}\right)\mathrm{d}x\mathrm{d}y = 0,$$

又

$$\int_{L_1^+ + L_2^-} \frac{x\mathrm{d}y - y\mathrm{d}x}{x^2 + y^2} = \int_{L_1^+} \frac{x\mathrm{d}y - y\mathrm{d}x}{x^2 + y^2} + \int_{L_2^-} \frac{x\mathrm{d}y - y\mathrm{d}x}{x^2 + y^2},$$

则 $\displaystyle\int_{L_1^+} = -\int_{L_2^-} = \int_{L_2^+}$, 说明在 L_1 正向上的第二型曲线积分在数值上等于在 L_2

正向上的第二型曲线积分. 故

$$\int_{L_1^+} \frac{x\mathrm{d}y - y\mathrm{d}x}{x^2 + y^2} = \int_{L_2^+} \frac{x\mathrm{d}y - y\mathrm{d}x}{x^2 + y^2} \xeq{\text{代入法}} \frac{1}{\varepsilon^2} \int_{L_2^+} x\mathrm{d}y - y\mathrm{d}x$$

$$\underset{L_2:x^2+y^2=\varepsilon^2,\ \text{此时可以应用格林公式}}{}$$

$$\xeq{\text{格林公式}} \frac{1}{\varepsilon^2} \iint_{D_2} (1 + 1)\,\mathrm{d}x\mathrm{d}y = \frac{2}{\varepsilon^2} \iint_{D_2} \mathrm{d}x\mathrm{d}y = 2\pi.$$

因此, $\displaystyle\int_{L^+} \frac{x\mathrm{d}y - y\mathrm{d}x}{x^2 + y^2} = \int_{L_1^+} \frac{x\mathrm{d}y - y\mathrm{d}x}{x^2 + y^2} = 2\pi$, 即 $\displaystyle\oint_{L^+} \frac{x\mathrm{d}y - y\mathrm{d}x}{x^2 + y^2} = 2\pi.$

4. 高斯公式

条件 1   空间闭区域 Ω 由分片光滑的闭曲面 Σ 所围成, 即 $\Sigma = \partial\Omega$.

条件 2   函数 $P(x,y,z), Q(x,y,z), R(x,y,z)$ 在 Ω 上具有一阶连续偏导数, 即 $P, Q, R \in C^{(1)}(\Omega)$.

当上述两个条件同时满足时, 有结论

$$\oiint_\Sigma P\mathrm{d}y\mathrm{d}z + Q\mathrm{d}z\mathrm{d}x + R\mathrm{d}x\mathrm{d}y = \pm \iiint_\Omega \left(\frac{\partial P}{\partial x} + \frac{\partial Q}{\partial y} + \frac{\partial R}{\partial z} \right) \mathrm{d}v,$$

其中, 当 Σ 取 Ω 外侧时, 等式右端取 "+" 号; 取内侧时, 等式右端取 "−" 号.

采用向量形式, 公式可简化表示为

$$\oiint_{\partial\Omega^+} \boldsymbol{A} \cdot \mathrm{d}\boldsymbol{S} = \oiint_{\partial\Omega^+} (\boldsymbol{A} \cdot \boldsymbol{n})\,\mathrm{d}S = \iiint_\Omega \underbrace{\operatorname{div}\boldsymbol{A}}_{\text{散度, 可视作通量密度}} \mathrm{d}v = \iiint_\Omega (\nabla \cdot \boldsymbol{A})\mathrm{d}v.$$

具体地,

$$\underbrace{\oiint_{\partial\Omega^+} P\mathrm{d}y\mathrm{d}x + Q\mathrm{d}z\mathrm{d}x + R\mathrm{d}x\mathrm{d}y}_{\text{通量}}$$

$$= \oiint_{\partial\Omega^+} \boldsymbol{A} \cdot \mathrm{d}\boldsymbol{S} = \oiint_{\partial\Omega^+} (\boldsymbol{A} \cdot \boldsymbol{n})\,\mathrm{d}S$$

$$= \oiint_{\partial\Omega^+} [P(x,y,z)\cos\alpha + Q(x,y,z)\cos\beta + R(x,y,z)\cos\gamma]\,\mathrm{d}S$$

$$= \iiint_\Omega \left(\frac{\partial P}{\partial x} + \frac{\partial Q}{\partial y} + \frac{\partial R}{\partial z} \right)\mathrm{d}v$$

$$= \iiint_\Omega \underbrace{\operatorname{div}\boldsymbol{A}}_{\text{散度, 可视作通量密度}} \mathrm{d}v = \iiint_\Omega (\nabla \cdot \boldsymbol{A})\mathrm{d}v,$$

其中, $\boldsymbol{A} = P(x, y, z)\boldsymbol{i} + Q(x, y, z)\boldsymbol{j} + R(x, y, z)\boldsymbol{k}$, $\mathrm{d}\boldsymbol{S} = \{\mathrm{d}y\mathrm{d}z, \mathrm{d}z\mathrm{d}x, \mathrm{d}x\mathrm{d}y\}$, $\boldsymbol{n}$ 为 $\varSigma$ 的单位法向量, $\mathrm{div}\boldsymbol{A}$ 为向量场 $\boldsymbol{A}$ 的散度.

类似于格林公式的应用, 高斯公式要求积分曲面 $\varSigma$ 是封闭的. 若不封闭, 即不满足条件 1, 可以补充一个面使之封闭, 从而满足高斯公式, 最后再从结果上减去增加的面积分. 这个方法通常称为 "补面法". 若 P, Q, R 在 $\varOmega$ 中有偏导数不存在的点, 或者使得偏导数 $\dfrac{\partial P}{\partial x}, \dfrac{\partial Q}{\partial y}, \dfrac{\partial R}{\partial z}$ 不连续的点 (即在 $\varOmega$ 中存在奇点), 亦不能直接使用高斯公式, 也可以人工添加一个包含奇点的新面 $\varSigma_1$, 使 $\varSigma + \varSigma_1$ 所围空间有界闭区域 $\varOmega_1$ 上符合高斯公式的条件, 然后再从结果上减去 $\varSigma_1$ 上的面积分.

高斯公式建立了封闭曲面上的面积分与其所围空间有界闭区域上的体积分之间的联系, 常用来将复杂繁琐的第二型曲面积分计算转化为三重积分来计算, 实现简化计算的目的. 因此, 利用高斯公式是计算第二型曲面积分的 "公式法".

格林公式、斯托克斯公式、高斯公式均可视为微积分基本公式在平面有界闭区域、空间曲面、空间有界闭区域上的推广.

【例 5】 计算 $\iint_\varSigma x\left(y^2 + z^2\right)\mathrm{d}y\mathrm{d}z + y\left(z^2 + x^2\right)\mathrm{d}z\mathrm{d}x$, 其中 $\varSigma$ 为圆柱面 $x^2 + y^2 = 1$ 及平面 $z = \pm 1$ 所围立体边界的内侧.

解　$P = x\left(y^2 + z^2\right), Q = y\left(z^2 + x^2\right), R = 0$. 记 $\varSigma$ 所围区域为 $\varOmega, P, Q, R$ 在 $\varOmega$ 内具有一阶连续偏导数. 由高斯公式,

$$
\begin{aligned}
I &= -\iiint_\varOmega \left(\frac{\partial P}{\partial x} + \frac{\partial Q}{\partial y} + \frac{\partial R}{\partial z}\right)\mathrm{d}x\mathrm{d}y\mathrm{d}z \\
&= -\iiint_\varOmega \left(y^2 + z^2 + z^2 + x^2\right)\mathrm{d}x\mathrm{d}y\mathrm{d}z \\
&= -\int_0^{2\pi}\mathrm{d}\theta\int_0^1 \rho\mathrm{d}\rho\int_{-1}^1 \left(\rho^2 + 2z^2\right)\mathrm{d}z \\
&= -2\pi\int_0^1 \rho\left.\left(\rho^2 z + \frac{2}{3}z^3\right)\right|_{-1}^1 \mathrm{d}\rho = -4\pi\int_0^1 \rho\left(\rho^2 + \frac{2}{3}\right)\mathrm{d}\rho \\
&= -4\pi\left.\left(\frac{1}{4}\rho^4 + \frac{1}{3}\rho^2\right)\right|_0^1 = -\frac{7}{3}\pi.
\end{aligned}
$$

【例 6】 计算 $I = \iint_\varSigma y^2 z\mathrm{d}x\mathrm{d}y + xz\mathrm{d}y\mathrm{d}z + yx^2\mathrm{d}z\mathrm{d}x$, 其中 $\varSigma$ 为旋转抛物面 $z = x^2 + y^2, 0 \leqslant z \leqslant 1$ 的下侧.

解　作辅助曲面 $\varSigma_1: z=1, (x,y)\in D_{xy}=\{(x,y)|x^2+y^2\leqslant 1\}$，取上侧. 则

$$I=\oiint_{\varSigma+\varSigma_1}-\iint_{\varSigma_1}.$$

根据高斯公式，

$$\oiint_{\varSigma+\varSigma_1} y^2z\mathrm{d}x\mathrm{d}y+xz\mathrm{d}y\mathrm{d}z+yx^2\mathrm{d}z\mathrm{d}x$$

$$=\iiint_\varOmega \left(z+x^2+y^2\right)\mathrm{d}v=\int_0^{2\pi}\mathrm{d}\theta\int_0^1\rho\mathrm{d}\rho\int_{\rho^2}^1\left(z+\rho^2\right)\mathrm{d}z$$

$$=2\pi\int_0^1\rho\left.\left(\frac{z^2}{2}+\rho^2z\right)\right|_{\rho^2}^1\mathrm{d}\rho=2\pi\int_0^1\left(\frac12\rho+\rho^3-\frac32\rho^5\right)\mathrm{d}\rho$$

$$=2\pi\left.\left(\frac14\rho^2+\frac14\rho^4-\frac14\rho^6\right)\right|_0^1=2\pi\cdot\frac14=\frac{\pi}{2}.$$

而

$$\iint_{\varSigma_1} y^2z\mathrm{d}x\mathrm{d}y+xz\mathrm{d}y\mathrm{d}z+yx^2\mathrm{d}z\mathrm{d}x$$

$$=\iint_{D_{xy}} y^2\mathrm{d}x\mathrm{d}y=\int_0^{2\pi}\mathrm{d}\theta\int_0^1(\rho\sin\theta)^2\cdot\rho\mathrm{d}\rho$$

$$=\int_0^{2\pi}\sin^2\theta\left.\left(\frac{\rho^4}{4}\right)\right|_0^1\mathrm{d}\theta=\frac14\cdot4\int_0^{\frac{\pi}{2}}\sin^2\theta\mathrm{d}\theta=\frac12\cdot\frac{\pi}{2}=\frac{\pi}{4}.$$

这样得到，$I=\dfrac{\pi}{2}-\dfrac{\pi}{4}=\dfrac{\pi}{4}.$

【例 7】 计算 $I=\iint_{\varSigma}[f(x,y,z)+x]\mathrm{d}y\mathrm{d}z+[2f(x,y,z)+y]\mathrm{d}z\mathrm{d}x+[f(x,y,z)+z]\mathrm{d}x\mathrm{d}y$，其中 $f(x,y,z)$ 为连续函数，$\varSigma$ 是平面 $x-y+z=1$ 在第四卦限部分的上侧.

解　$f(x,y,z)$ 为抽象函数 (以下简写为 f)，不能直接化为二重积分计算，考虑利用两类曲面积分的关系，$\varSigma$ 的法向量的方向余弦为

$$\cos\alpha=\frac{1}{\sqrt3},\quad\cos\beta=-\frac{1}{\sqrt3},\quad\cos\gamma=\frac{1}{\sqrt3}.$$

于是，

$$I=\iint_{\varSigma}[(f+x)\cos\alpha+(2f+y)\cos\beta+(f+z)\cos\gamma]\mathrm{d}S$$

$$= \iint_{\Sigma} f(\cos\alpha + 2\cos\beta + \cos\gamma)\mathrm{d}S + \iint_{\Sigma} x\cos\alpha + y\cos\beta + z\cos\gamma \mathrm{d}S$$

$$= \iint_{\Sigma} f\cdot 0\mathrm{d}S + \iint_{D_{xy}} \frac{1}{\sqrt{3}}(x-y+1-x+y)\sqrt{3}\mathrm{d}x\mathrm{d}y$$

$$= \iint_{D_{xy}} \mathrm{d}x\mathrm{d}y = \int_0^1 \mathrm{d}x \int_{x-1}^0 \mathrm{d}y = \frac{1}{2}.$$

【例 8】 设 Σ 是球面的 $x^2+y^2+z^2=a^2$ 外侧, 则积分 $\oiint_{\Sigma} y\mathrm{d}x\mathrm{d}y = $ _____.

解 方法一 记 $P=0, Q=0, R=y$, 则

$$\frac{\partial P}{\partial x} + \frac{\partial Q}{\partial y} + \frac{\partial R}{\partial z} = 0.$$

利用高斯公式,

$$\oiint_{\Sigma} y\mathrm{d}x\mathrm{d}y = \iiint_{x^2+y^2+z^2\leqslant a^2} 0\mathrm{d}v = 0.$$

方法二 将球面分为上下两个半球面 Σ_1 和 Σ_2, $\Sigma = \Sigma_1 \cup \Sigma_2$, 且 Σ_1 与 Σ_2 关于 xOy 面对称, 且在 xOy 面上的投影分别记作 D_{xy} (图 4.6.9). 则

$$\oiint_{\Sigma} y\mathrm{d}x\mathrm{d}y = \iint_{\Sigma_1} y\mathrm{d}x\mathrm{d}y + \iint_{\Sigma_2} y\mathrm{d}x\mathrm{d}y = \iint_{D_{xy}} y\mathrm{d}x\mathrm{d}y - \iint_{D_{xy}} y\mathrm{d}x\mathrm{d}y = 0.$$

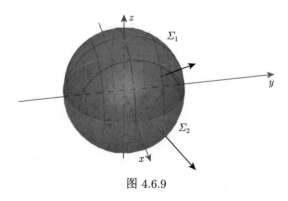

图 4.6.9

【例 9】 若将力场 $\boldsymbol{F} = yz\boldsymbol{i} + zx\boldsymbol{j} + xy\boldsymbol{k}$ 中的质点从原点沿直线移动到曲面 $\frac{x^2}{a^2} + \frac{y^2}{b^2} + \frac{z^2}{c^2} = 1$ 的第一卦限部分上的哪一点, 做功最大? 并求出最大功.

解 设 $P_0(x_0, y_0, z_0)$ 为第一卦限椭球面上的任意一点, 原点到 P_0 的直线段方程

$$L : \begin{cases} x = x_0 t, \\ y = y_0 t, \quad t : 0 \to 1. \\ z = z_0 t, \end{cases}$$

则力 $\boldsymbol{F} = yz\boldsymbol{i} + zx\boldsymbol{j} + xy\boldsymbol{k}$ 沿直线 L 所做的功为

$$W(x_0, y_0, z_0) = \int_L yz\mathrm{d}x + zx\mathrm{d}y + xy\mathrm{d}z = 3x_0 y_0 z_0 \int_0^1 t^2 \mathrm{d}t = x_0 y_0 z_0.$$

由 P_0 的任意性: $W = xyz(x > 0, y > 0, z > 0)$. 上述问题转化为: 求函数 $W = xyz$ 在条件 $\dfrac{x^2}{a^2} + \dfrac{y^2}{b^2} + \dfrac{z^2}{c^2} = 1$ 下的极值问题, 令

$$L(x, y, z, \lambda) = xyz + \lambda \left(\frac{x^2}{a^2} + \frac{y^2}{b^2} + \frac{z^2}{c^2} - 1 \right).$$

则

$$\begin{cases} L_x = yz + 2\lambda \cdot \dfrac{x}{a^2} = 0, \\[2mm] L_y = xz + 2\lambda \cdot \dfrac{y}{b^2} = 0, \\[2mm] L_z = xy + 2\lambda \cdot \dfrac{z}{c^2} = 0, \\[2mm] L_\lambda = \dfrac{x^2}{a^2} + \dfrac{y^2}{b^2} + \dfrac{z^2}{c^2} - 1 = 0. \end{cases}$$

解方程组得

$$x = \frac{a}{\sqrt{3}}, \quad y = \frac{b}{\sqrt{3}}, \quad z = \frac{c}{\sqrt{3}}.$$

由问题的实际意义知, 此点即为所求最大值点, 最大功为

$$W_{\max} = \frac{\sqrt{3}}{9} abc.$$

✔ **学习效果检测**

A. 掌握格林公式及其方法, 能灵活运用格林公式和积分与路径无关条件求解问题

1. $I = \oint_C \dfrac{-y}{x^2 + y^2}\mathrm{d}x + \dfrac{x}{x^2 + y^2}\mathrm{d}y$, 因为 $\dfrac{\partial P}{\partial y} = \dfrac{\partial Q}{\partial x} = \dfrac{y^2 - x^2}{\left(x^2 + y^2\right)^2}$, 所以 (   ).

(A) 对任意闭曲线 $C, I = 0$;　　　　(B) 在曲线 C 不围住原点时, $I = 0$;

(C) 因 $\dfrac{\partial P}{\partial y}$ 与 $\dfrac{\partial Q}{\partial x}$ 在原点不存在, 故对任意的闭曲线 $C, I \neq 0$;

(D) 在闭曲线 C 围住原点时 $I = 0$, 不围住原点时 $I \neq 0$.

2. 设 C 为任一条光滑取正向的闭曲线, 它不通过原点, 不围住原点, 则 $\oint_C \dfrac{x\mathrm{d}y - y\mathrm{d}x}{x^2 + 4y^2} = (\quad)$.

(A) 4π;　　　(B) 0;　　　(C) 2π;　　　(D) π.

3. 对于格林公式 $\oint_C P\mathrm{d}x + Q\mathrm{d}y = \iint_D \left(\dfrac{\partial Q}{\partial x} - \dfrac{\partial P}{\partial y}\right)\mathrm{d}x\mathrm{d}y$, 下述说法正确的是 (　).

(A) L 取逆时针方向, 函数 P,Q 在闭区域 D 上存在一阶偏导数且 $\dfrac{\partial Q}{\partial x} = \dfrac{\partial P}{\partial y}$;

(B) L 取顺时针方向, 函数 P,Q 在闭区域 D 上存在一阶偏导数且 $\dfrac{\partial Q}{\partial x} = \dfrac{\partial P}{\partial y}$;

(C) L 为 D 的正向边界, 函数 P,Q 在闭区域 D 上存在一阶连续偏导数;

(D) L 取顺时针方向, 函数 P,Q 在闭区域 D 上存在一阶连续偏导数.

4. 设 C 为椭圆 $\dfrac{x^2}{a^2} + \dfrac{y^2}{b^2} = 1$ 一周路径, 取逆时针方向, 则 $\oint_C (x+y)\mathrm{d}x - (x-y)\mathrm{d}y = $ _____.

5. 设 L 是圆周 $x^2+y^2 = a^2\,(a>0)$ 负向一周, 则曲线积分 $\oint_C (x^3 - x^2y)\mathrm{d}x + (xy^2 - y^3)\,\mathrm{d}y = (\quad)$.

(A) 0;　　　(B) $-\dfrac{\pi a^4}{2}$;　　　(C) $-\pi a^4$;　　　(D) πa^4.

6. 设 L 为圆 $x^2 + y^2 = a^2\,(a>0)$, 取逆时针方向, 求 $\oint_L (-x^2y)\mathrm{d}x + xy^2\mathrm{d}y$.

7. 计算曲线积分 $\oint_C xy\mathrm{d}x + y^5\mathrm{d}y$, 其中 C 为顶点为 $(0,0),(2,0),(2,1)$ 的三角形边界, 取逆时针方向.

8. 设曲线积分 $\int_L [f(x) - \mathrm{e}^x]\sin y\mathrm{d}x - f(x)\cos y\mathrm{d}y$ 与路径无关, 其中 $f(x)$ 具有一阶连续导数, 且 $f(0) = 0$, 求 $f(x)$ (此题待学完第 13 章 (常微分方程) 后再完成).

9. 利用曲线积分计算曲线 $x^{\frac{2}{3}} + y^{\frac{2}{3}} = a^{\frac{2}{3}}\,(a>0)$ 围成的面积.

10. 计算 $\int_L [\cos(x+y^2) + 2y]\mathrm{d}x + [2y\cos(x+y^2) + 3x]\mathrm{d}y$, 其中 L 为沿

着正弦曲线 $y = \sin x$ 由点 $O(0,0)$ 到点 $A(\pi,0)$ 的弧段.

B. 会求保守场的势函数 (二元函数的全微分求积)

11. 已知 $\dfrac{(x+ay)\,\mathrm{d}y - y\mathrm{d}x}{(x+y)^2}$ 为某函数的全微分, 则 $a = ($　　$)$ 正确.

(A) -1;　　　　(B) 0;　　　　(C) 2;　　　　(D) 1.

12. 证明 $\dfrac{x\mathrm{d}x + y\mathrm{d}y}{x^2 + y^2}$, 在整个 xOy 面内除去的 y 负半轴及原点的区域 G 内, 是某个二元函数的全微分, 并求出一个这样的二元函数.

C. 熟记并能应用斯托克斯公式求解简单问题

13. 利用斯托克斯公式, 计算曲线积分

$$\oint_\Gamma y\mathrm{d}x + z\mathrm{d}y + x\mathrm{d}z,$$

其中 Γ 为圆周 $\begin{cases} x^2+y^2+z^2 = a^2, \\ x+y+z = 0, \end{cases}$ 若从 z 轴正向看去, 圆周是取逆时针方向.

D. 利用旋度公式计算向量场的旋度及环流量

14. 设 $\boldsymbol{c}$ 为常矢量, $\boldsymbol{r}$ 为向径 (x,y,z), 求旋度 $\mathrm{rot}\,(\boldsymbol{c} \times \boldsymbol{r})$.

E. 熟记并灵活运用高斯公式

15. 取定闭曲面 Σ 的外侧, 如果 Σ 所围成的立体的体积是 V, 那么曲面积分等于 V 的是 (　　).

(A) $\oiint_\Sigma x\mathrm{d}y\mathrm{d}z + y\mathrm{d}z\mathrm{d}x + z\mathrm{d}x\mathrm{d}y$;

(B) $\oiint_\Sigma (x+y)\mathrm{d}y\mathrm{d}z + (y+z)\,\mathrm{d}z\mathrm{d}x + (z+x)\,\mathrm{d}x\mathrm{d}y$;

(C) $\oiint_\Sigma (x+y+z)\,(\mathrm{d}y\mathrm{d}z + \mathrm{d}z\mathrm{d}x + \mathrm{d}x\mathrm{d}y)$;

(D) $\oiint_\Sigma \dfrac{1}{3}\,(x+y+z)\,(\mathrm{d}y\mathrm{d}z + \mathrm{d}z\mathrm{d}x + \mathrm{d}x\mathrm{d}y)$.

16. 设 Σ 为球心位于原点, 半径为 R 的球面, 方向取外侧, 则曲面积分 $\oiint_\Sigma x\mathrm{d}y\mathrm{d}z + y\mathrm{d}z\mathrm{d}x + z\mathrm{d}x\mathrm{d}y = $ _____.

17. 设 Σ 是球面 $x^2+y^2+z^2 = a^2$ 的外侧, 则曲面积分 $\oiint_\Sigma \dfrac{x\mathrm{d}y\mathrm{d}z + y\mathrm{d}z\mathrm{d}x + z\mathrm{d}x\mathrm{d}y}{(x^2+y^2+z^2)^{3/2}}$ $= ($　　$)$.

(A) 0;　　　　(B) 1;　　　　(C) 2π;　　　　(D) 4π.

18. 计算 $\oiint_\Sigma z\mathrm{d}x\mathrm{d}y$, 其中 Σ 是球面 $x^2+y^2+z^2 = a^2$ 的外侧, a 是正数.

19. 计算 $\displaystyle\oiint_{\Sigma} \frac{x}{r^3}\mathrm{d}y\mathrm{d}z + \frac{y}{r^3}\mathrm{d}z\mathrm{d}x + \frac{z}{r^3}\mathrm{d}x\mathrm{d}y$, 其中 $r = \sqrt{x^2+y^2+z^2}$, Σ 为球面 $x^2 + y^2 + z^2 = a^2$ 的外侧, a 为正数.

20. 计算曲面积分

$$I = \iint_{\Sigma} 2x^3\mathrm{d}y\mathrm{d}z + 2y^3\mathrm{d}z\mathrm{d}x + 3\left(z^2 - 1\right)\mathrm{d}x\mathrm{d}y,$$

其中 Σ 是曲面 $z = 1 - x^2 - y^2, z \geqslant 0$ 的上侧.

21. 设在光滑曲面 Σ 所围成闭区域 Ω 上, $P(x,y,z), Q(x,y,z), R(x,y,z)$ 有二阶连续偏导数, 且 Σ 为 Ω 的外侧边界曲面. 试利用高斯公式求曲面积分

$$I = \oiint_{\Sigma}\left(\frac{\partial R}{\partial y} - \frac{\partial Q}{\partial z}\right)\mathrm{d}y\mathrm{d}z + \left(\frac{\partial P}{\partial z} - \frac{\partial R}{\partial x}\right)\mathrm{d}z\mathrm{d}x + \left(\frac{\partial Q}{\partial x} - \frac{\partial P}{\partial y}\right)\mathrm{d}x\mathrm{d}y.$$

F. 利用散度公式计算向量的散度及通量

22. 设 $u = x^2 + 3y + yz$, 则 $\operatorname{div}(\operatorname{grad}u) = $ (   ).

A. 0;   (B) 1;   (C) 2;   (D) 3.

23. 向量场 $\boldsymbol{u} = xy^2\boldsymbol{i} + y\mathrm{e}^z\boldsymbol{j} + x\ln\left(1+z^2\right)\boldsymbol{k}$ 在点 $P(1,1,0)$ 处的散度 $\operatorname{div}\boldsymbol{u} = $
_____.

24. 设 $A = \dfrac{x}{y^2 z}\boldsymbol{r}$, 其中 $\boldsymbol{r}$ 为点 $M(x,y,z)$ 的向径, 求 A 在点 $(4,-1,2)$ 处的散度.

25. 求向量 $\boldsymbol{A} = x\boldsymbol{i} + y\boldsymbol{j} + z\boldsymbol{k}$ 通过闭区域 $\Omega = \{(x,y,z)\,|\,0 \leqslant x \leqslant 1, 0 \leqslant y \leqslant 1, 0 \leqslant z \leqslant 1\}$ 的边界曲面流向外侧的通量.

26. 向量场 $\boldsymbol{u}(x,y,z) = xy^2\boldsymbol{i} + y\mathrm{e}^z\boldsymbol{j} + x\ln\left(1+z^2\right)\boldsymbol{k}$ 在点 $P(1,1,0)$ 处的散度 $\operatorname{div}\boldsymbol{u} = $ _____.

4.7 积分学应用 (专题)

➡ 学习目标导航

❑ **知识目标**

↳ 元素法 (微元法);
↳ 曲面的面积、质心、转动惯量、引力.

❑ **认知目标**

A. 会应用积分学知识求曲线的长度、曲面的面积和立体体积;

B. 会应用积分学知识求物体的质量、质心 (形心)、转动惯量;

C. 会应用积分学知识解决变力做功问题;

D. 会应用积分学知识求静压力、万有引力;

E. 会应用积分知识解决简单的场论问题: 求通量、散度、环流量、散度.

❏ **情感目标**

➜ 对流形上积分的概念达到深刻的认识, 通过微元法的应用, 认识到积分学方法的通用性、实用性价值. 通过对各种概念的思考, 领悟积分思想;

➜ 通过模型的建立, 体会数学学科中基于运算规则的逻辑运算魅力.

☞ **学习指导**

本节给出了积分学应用的专题性学习框架, 望举一反三.

应用积分学知识解决实际 (几何、物理) 问题的基本方法是微元法. 借助微元法化整为零, 找到规律, 建立问题求解的数学模型 (积分表达式), 再运用各型积分的计算公式求得结果, 这一过程充分蕴含着数学的应用性特征, 体现了数学建模的基本模式.

同样一个求平面图形的面积问题, 可以运用定积分知识求解, 也可以运用二重积分 (或曲面积分) 知识求解, 导致方法不同的原因在于 "分割" 对象的不同, 体现了不同思考问题的角度, 也从一个侧面揭示了不同类型积分之间的联系, 反映出同一对象的不同表现形式. 这一点在学习时用心体会, 灵活运用所学知识.

⇒ **重难点突破**

1. 再探微元法

可微函数 $y = f(x)$ 在点 x 处函数增量 Δy 的线性主部是微分 dy.

光滑曲线 $C : y = y(x)$(或 $C : x = x(t), y = y(t), t \in [\alpha, \beta]$) 的长度微元是弧微分 $ds = \sqrt{1 + y'^2(x)}dx$(或 $ds = \sqrt{(dx)^2 + (dy)^2} = \sqrt{x'^2(t) + y'^2(t)}dt$).

光滑曲面 $z = z(x, y)$ 的面积微元 $dS = \sqrt{1 + z_x^2 + z_y^2}dxdy, \cdots$.

在 x 处微分 dy 与 $y = f(x)$ 的增量 Δy 不完全相等 ($\Delta y \approx dy$), 弧微分也不完全等价于小段弧长 ($\Delta s \approx ds$)$\cdots$, 但随着极限思想和工具的运用, 通过微元 (微元与微分的概念内涵不同, 微元一般通过微分的形式进行呈现) 的连续累积得到精确值, 这种思想体现了微元法将变化状态下的事物 (如弯曲的曲线、密度变化的物体、弯曲的曲面等) 向不变的事物 (如所有微元的不变的、统一的表达式) 转变的过程, 体现了利用事物元素内在本质的统一性来解决事物整体呈现的非均匀性问题之方法论.

应用微元法计算流形的测度 (一维是长度, 二维是面积, 三维是体积)、物体的质量、受力、做功等问题, 无论是几何量、还是物理量, 它们均具有可加性, 由于所取得微元最终必须参加累积, 所以必须具有区域的可加性, 这种微观层面中微元的可加性在宏观层面体现出来就是积分区域的可加性. 此外, 在累积过程中, 要保持有序性: 微元是通过何种方式何种次序对积分区域分割而成的, 微元最终就要按照相同的方式连续地累积起来, 并通过分割的无限操作使 "误差" 趋近于零, 而最终的累积要通过累积次序 "不遗漏、不重复" 地实现原宏观物理量的 "复现".

2. 灵活运用积分学知识求流形的测度

1) 求曲线的长度

【例 1】求曲线 $L: \begin{cases} x = a\cos^3 t, \\ y = a\sin^3 t \end{cases}$ $(0 \leqslant t \leqslant 2\pi)$ 的弧长.

解　将曲线进行分割, 每一小弧段 (微元) 的长度为 $\Delta s \approx \mathrm{d}s$ (弧微分), 整个曲线弧的长度为弧长微元 (弧微分) 的连续累积: $s = \int_L \mathrm{d}s$. 于是

$$s = \int_L \mathrm{d}s = \int_0^{2\pi} \sqrt{[x'(t)]^2 + [y'(t)]^2}\mathrm{d}t = 12a \int_0^{\frac{\pi}{2}} \sin t\cos t\mathrm{d}t = 6a.$$

【例 2】求曲线 $y(x) = \int_0^x \sqrt{\sin t}\mathrm{d}t$ 的全长.

解　因为 $\sin t \geqslant 0$, 故 $y(x) = \int_0^x \sqrt{\sin t}\mathrm{d}t$ 的定义域为 $0 \leqslant x \leqslant \pi$. 这样,

$$s = \int_0^\pi \sqrt{1 + [y'(x)]^2}\mathrm{d}x = \int_0^\pi \sqrt{1 + \sin x}\mathrm{d}x = \int_0^\pi \left|\sin\frac{x}{2} + \cos\frac{x}{2}\right|\mathrm{d}x = 4.$$

2) 求曲面的面积

【例 3】如图 4.7.1 所示, 求曲线 $y = y_1(x)$ 及 $y = y_2(x)$ 所围区域的面积 S.

方法一　利用定积分的知识, 所围区域的面积 $S = \int_a^b [y_2(x) - y_1(x)]\mathrm{d}x$.

方法二　利用重积分的知识, 所围区域 D 的面积:

$$S = \iint_D \mathrm{d}\sigma = \int_a^b \mathrm{d}x \int_{y_1(x)}^{y_2(x)} \mathrm{d}y = \int_a^b [y_2(x) - y_1(x)]\mathrm{d}x.$$

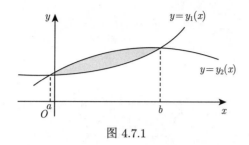

图 4.7.1

【例 4】如图 4.7.2 所示, 求曲面 $\Sigma: z = z(x, y), (x, y) \in D_{xy}$ 的面积 S.

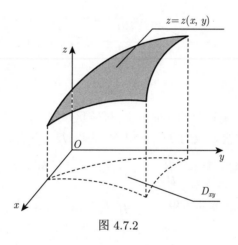

图 4.7.2

方法一　利用重积分求面积公式

$$S = \iint_{D_{xy}} \sqrt{1 + z_x^2 + z_y^2} \mathrm{d}x\mathrm{d}y.$$

方法二　利用曲面积分, 设面积微元为 $\mathrm{d}S$, 则

$$S = \iint_{\Sigma} \mathrm{d}S,$$

利用曲面积分的计算公式, $\displaystyle\iint_{\Sigma} \mathrm{d}S = \iint_{D_{xy}} \sqrt{1 + z_x^2 + z_y^2}\mathrm{d}x\mathrm{d}y$.

3) 求空间立体的体积

【例 5】如图 4.7.3 所示, 求曲面 $\Sigma_1: z_1 = z_1(x, y)$ 及曲面 $\Sigma_2: z_2 = z_2(x, y)$ 所围空间区域的体积.

方法一　利用三重积分的定义, 曲面 $\Sigma_1: z_1 = z_1(x, y)$ 及曲面 $\Sigma_2: z_2 = z_2(x, y)$ 所围的空间闭区域记为 Ω, 其体积记为 V, 则

$$V = \iiint_{\Omega} \mathrm{d}v.$$

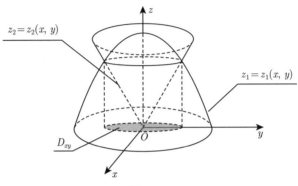

图 4.7.3

方法二 利用二重积分的几何意义, 即将区域 Ω 视为两个曲顶柱体之差 (设 Ω 在坐标面 xOy 的投影域为 D_{xy}). 记 V_1 为以 D_{xy} 为底, 以 $\Sigma_1 : z_1 = z_1(x, y)$ 曲顶的曲顶柱体的体积 $V_1 = \iint_{D_{xy}} z_1(x, y) \, \mathrm{d}\sigma$; V_2 为以 D_{xy} 为底, 以 $\Sigma_2 : z_2 = z_2(x, y)$ 曲顶的曲顶柱体的体积 $V_2 = \iint_{D_{xy}} z_2(x, y) \, \mathrm{d}\sigma$. 则

$$V = V_1 - V_2 = \iint_{D_{xy}} [z_1(x, y) - z_2(x, y)] \, \mathrm{d}\sigma.$$

【例 6】 如图 4.7.4 所示, 求曲线 $y = f(x)$ 及直线 $x = a, x = b, y = 0$ 所围区域绕 x 轴旋转一周而成的旋转体的体积.

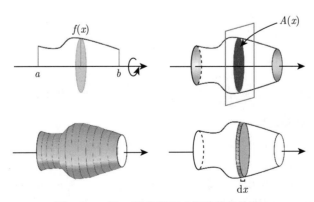

图 4.7.4 绕 x 轴旋转而成旋转体的体积

解　利用定积分知识, 曲线 $y = f(x)$ 绕 x 轴旋转生成旋转体, 设截面面积为 $A(x)$, 显然截面均为圆域, 则 $A(x) = \pi f^2(x)$, 则体积微元 $\mathrm{d}V = A(x)\,\mathrm{d}x$, 于是旋转体的体积:

$$V = \int_a^b \mathrm{d}V = \int_a^b A(x)\,\mathrm{d}x = \int_a^b \pi f^2(x)\,\mathrm{d}x.$$

【例 7】 如图 4.7.5 所示, 求曲线 $y = f(x)$ 及直线 $x = a, x = b, y = 0$ 所围区域绕 y 轴旋转而成的旋转体的体积.

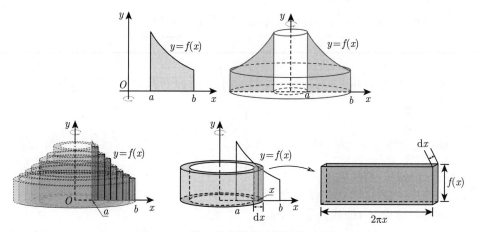

图 4.7.5　绕 y 轴旋转而成旋转体的体积

解　利用定积分知识, 对曲线 $y = f(x)$ 及直线 $x = a, x = b, y = 0$ 所围区域进行分割, 每一个小面片绕 y 轴旋转生成圆筒 (中空的圆柱), 故体积微元为

$$\mathrm{d}V = \overbrace{(2\pi x)}^{周长}\,\overbrace{f(x)}^{高}\,\underbrace{\mathrm{d}x}_{厚度},$$
$$\underbrace{}_{A(x):截面面积}$$

于是, 旋转体的体积

$$V = \int_a^b \mathrm{d}V = \int_a^b A(x)\,\mathrm{d}x = \int_a^b 2\pi x f(x)\,\mathrm{d}x.$$

3. 灵活运用积分学知识求物理量

1) 求物体的质量

按照物体的形状和密度建立质量微元, 按照微元和流形维数建立积分模型.

(1) 某物体占有一维流形区域 $[a,b]$(线段, 此时物体通常被称为细棒). 已知物体的线密度 $\rho(x) \in C[a,b]$(表示 $\rho(x)$ 是区间 $[a,b]$ 上的连续函数), 则

长度微元　$\mathrm{d}x$,

质量微元　$\mathrm{d}m = \rho(x)\mathrm{d}x$,

质量　$m = \displaystyle\int_a^b \mathrm{d}m = \int_a^b \rho(x)\mathrm{d}x$.

(2) 某物体占有一维流形区域 $L: y = f(x), a \leqslant x \leqslant b$ (平面曲线), 已知物体线密度 $\rho(x,y) \in C(L)$, 则

曲线长度微元 (即弧微分)　$\mathrm{d}s$,

质量微元　$\mathrm{d}m = \rho(x,y)\mathrm{d}s = \rho(x, f(x))\underbrace{\sqrt{1 + f'^2(x)}\mathrm{d}x}_{\mathrm{d}s\text{"压平", 转化为}[a,b]\text{上的微元}}$,

质量　$m = \displaystyle\int_L \mathrm{d}m = \int_L \rho(x,y)\mathrm{d}s = \int_a^b \rho(x, f(x))\sqrt{1 + f'^2(x)}\mathrm{d}x$.

(3) 某物体占有一维流形区域 $L: \begin{cases} x = x(t), \\ y = y(t), \\ z = z(t), \end{cases} t \in [\alpha, \beta]$(空间曲线), 已知物体的线密度 $\rho(x,y,z) \in C(L)$, 则

曲线长度微元 (即弧微分)　$\mathrm{d}s$,

质量微元　$\mathrm{d}m = \rho(x,y,z)\mathrm{d}s$,

质量 $m = \displaystyle\int_L \mathrm{d}m = \int_L \rho(x,y,z)\mathrm{d}s$

$= \displaystyle\int_\alpha^\beta \rho(x(t), y(t), z(t))\sqrt{x'^2(t) + y'^2(t) + z'^2(t)}\mathrm{d}t$.

(4) 某物体占有二维流形区域 D (平面有界闭区域), 已知面密度 $\rho(x,y) \in C(D)$, 则

面积微元　$\mathrm{d}\sigma = \mathrm{d}x\mathrm{d}y$,

质量微元　$\mathrm{d}m = \rho(x,y)\mathrm{d}\sigma$,

质量　$m = \displaystyle\iint_D \mathrm{d}m = \iint_D \rho(x,y)\mathrm{d}x\mathrm{d}y$.

(5) 某物体占有二维流形区域 $\Sigma: z = z(x,y)$ (空间光滑平面, 其在 xOy 面的投影域为 D_{xy}, 即 $(x,y) \in D_{xy}$), 已知面密度 $\rho(x,y,z) \in C(\Sigma)$, 则

面积微元　$\mathrm{d}S$,

质量微元 $\mathrm{d}m = \rho(x, y, z)\,\mathrm{d}S = \rho(x, y, z(x, y))\underbrace{\sqrt{1 + z_x^2 + z_y^2}\,\mathrm{d}x\mathrm{d}y}_{\mathrm{d}S\text{"压平",转换为}D_{xy}\text{内的面积微元}}$,

质量 $m = \iint_{\Sigma}\mathrm{d}m = \iint_{\Sigma}\rho(x, y, z)\,\mathrm{d}S = \iint_{D_{xy}}\rho(x, y, z(x, y))\sqrt{1 + z_x^2 + z_y^2}$ $\mathrm{d}x\mathrm{d}y$.

(6) 某物体占有三维流形区域 Ω (空间有界闭区域), 已知体密度 $\rho(x, y, z) \in C(\Omega)$, 则

体积微元 $\mathrm{d}v = \mathrm{d}x\mathrm{d}y\mathrm{d}z$,

质量微元 $\mathrm{d}m = \rho(x, y, z)\,\mathrm{d}v$,

质量 $m = \iiint_{\Omega}\mathrm{d}m = \iiint_{\Omega}\rho(x, y, z)\,\mathrm{d}x\mathrm{d}y\mathrm{d}z$.

2) 求物体的质心

质心是一个假想点, 被认为物质的质量集中于此.

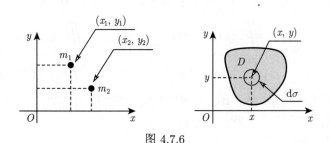

图 4.7.6

质心对于微元具有可加性.

如图 4.7.6, 考虑两个点质量分别为 m_1, m_2, 坐标分别为 (x_1, y_1) 和 (x_2, y_2), 有质心公式

$$\bar{x} = \frac{M_y}{M} = \frac{m_1 x_1 + m_2 x_2}{m_1 + m_2}, \quad \bar{y} = \frac{M_x}{M} = \frac{m_1 y_1 + m_2 y_2}{m_1 + m_2},$$

其中 M_y, M_x 分别称为对 y 轴和 x 轴的静矩.

考虑质点系, xOy 平面上 n 质点的坐标为 $(x_1, y_1), \cdots, (x_n, y_n)$, 质量分别为 $m_1, m_2, \cdots, m_n$, 则该质点系的质心

$$\bar{x} = \frac{M_y}{M} = \frac{\displaystyle\sum_{i=1}^{n} m_i x_i}{\displaystyle\sum_{i=1}^{n} m_i}, \quad \bar{y} = \frac{M_x}{M} = \frac{\displaystyle\sum_{i=1}^{n} m_i y_i}{\displaystyle\sum_{i=1}^{n} m_i}.$$

下面由离散推广至连续情形:

(1) 某物体占有二维流形 $D(xOy$ 平面上的有界闭区域), 已知面密度为 $\rho(x,y)$ $\in C(D)$, 则

静矩微元 $\mathrm{d}M_y = \rho(x,y)\,\mathrm{d}\sigma \cdot x = x\rho(x,y)\,\mathrm{d}\sigma, \mathrm{d}M_x = y\rho(x,y)\,\mathrm{d}\sigma,$

静矩 $M_y = \iint_D x\rho(x,y)\,\mathrm{d}\sigma, M_x = \iint_D y\rho(x,y)\,\mathrm{d}\sigma,$

质心 $\bar{x} = \dfrac{M_y}{M} = \dfrac{\iint_D x\rho(x,y)\,\mathrm{d}\sigma}{\iint_D \rho(x,y)\,\mathrm{d}\sigma}, \bar{y} = \dfrac{M_x}{M} = \dfrac{\iint_D y\rho(x,y)\,\mathrm{d}\sigma}{\iint_D \rho(x,y)\,\mathrm{d}\sigma}.$

(2) 某物体占有三维流形 Ω (空间有界闭区域), 已知体密度为 $\rho(x,y,z) \in C(\Omega)$, 则

静矩微元 $\mathrm{d}M_y = \mathrm{d}m \cdot x = x\rho(x,y,z)\,\mathrm{d}v, \mathrm{d}M_y = y\rho(x,y,z)\,\mathrm{d}v,$

静矩 $M_y = \iiint_\Omega \mathrm{d}M_y = \iiint_\Omega x\rho(x,y,z)\,\mathrm{d}v, M_x = \iiint_\Omega y\rho(x,y,z)\,\mathrm{d}v,$

质心 $\bar{x} = \dfrac{M_y}{M} = \dfrac{\iiint_\Omega x\rho(x,y,z)\,\mathrm{d}v}{\iiint_\Omega \rho(x,y,z)\,\mathrm{d}v}, \bar{y} = \dfrac{M_x}{M} = \dfrac{\iiint_\Omega y\rho(x,y,z)\,\mathrm{d}v}{\iiint_\Omega \rho(x,y,z)\,\mathrm{d}v}.$

其他情形不再列举. 特别地, 若密度均匀, 即密度为常数, 质心仅与物体的形状和位置关系有关, 质心就是它的形心.

3) 求物体的转动惯量

转动惯量 (moment of inertia) 是刚体绕轴转动时的惯性的度量, 常用字母 I 或 J 表示. 对于一个质点, 转动惯量 $I = mr^2$, 其中 m 是其质量, r 是质点与转轴的垂直距离. 如图 4.7.7.

(1) 质点的转动惯量 xOy 面上一个质点 (x,y) 质量为 m, 该质点关于 x, y 轴的转动惯量分别为 $I_x = my^2, I_y = mx^2$.

(2) 质点系的转动惯量 xOy 面上 n 个质点, 坐标为 (x_i,y_i), 质量为 $m_i, i = 1, 2, \cdots, n$, 该质点系关于 x, y 轴的转动惯量分别为 $I_x = \sum_{i=1}^{n} m_i y_i^2, I_y = \sum_{i=1}^{n} m_i x_i^2.$

(3) 面物体的转动惯量 xOy 面上物体所占区域 D, 面密度为 $\rho(x,y) \in C(D)$ 的平面薄片, 则对于 x, y 轴及原点的转动惯量微元为

$$\mathrm{d}I_x = \mathrm{d}m \cdot y^2 = \rho(x,y)\,\mathrm{d}\sigma \cdot y^2 = y^2\rho(x,y)\,\mathrm{d}\sigma,$$

$$\mathrm{d}I_y = \mathrm{d}m \cdot x^2 = \rho(x,y)\,\mathrm{d}\sigma \cdot x^2 = x^2\rho(x,y)\,\mathrm{d}\sigma,$$

$$\mathrm{d}I_O = \mathrm{d}m \cdot (x^2 + y^2) = \rho(x,y)\,\mathrm{d}\sigma \cdot (x^2 + y^2) = (x^2 + y^2)\rho(x,y)\,\mathrm{d}\sigma,$$

转动惯量分别为

$$I_x = \iint_D y^2 \rho(x, y)\, \mathrm{d}\sigma, I_y = \iint_D x^2 \rho(x, y)\, \mathrm{d}\sigma, I_O = \iint_D \left(x^2 + y^2\right) \rho(x, y)\, \mathrm{d}\sigma.$$

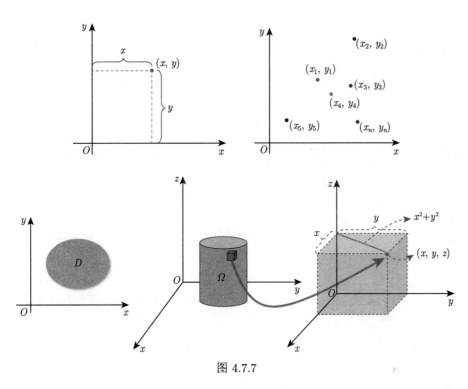

图 4.7.7

(4) 空间立体的转动惯量　某物体占有空间有界闭区域 Ω, 体密度 $\rho(x, y, z) \in C(\Omega)$, 则对于 x, y, z 轴及原点的转动惯量微元为

$$\mathrm{d}I_x = \left(y^2 + z^2\right) \rho(x, y, z)\, \mathrm{d}v,$$

$$\mathrm{d}I_y = \left(x^2 + z^2\right) \rho(x, y, z)\, \mathrm{d}v,$$

$$\mathrm{d}I_z = \left(x^2 + y^2\right) \rho(x, y, z)\, \mathrm{d}v,$$

$$\mathrm{d}I_O = \left(x^2 + y^2 + z^2\right) \rho(x, y, z)\, \mathrm{d}v,$$

转动惯量分别为

$$I_x = \iiint_\Omega \left(y^2 + z^2\right) \rho(x, y, z)\, \mathrm{d}v,$$

$$I_y = \iiint_\Omega \left(x^2 + z^2\right) \rho(x, y, z)\, \mathrm{d}v,$$

$$I_z = \iiint_\Omega \left(x^2 + y^2\right) \rho\left(x, y, z\right) \mathrm{d}v,$$

$$I_O = \iiint_\Omega \left(x^2 + y^2 + z^2\right) \rho\left(x, y, z\right) \mathrm{d}v.$$

4) 求变力做功

(1) 变力沿直线做功　某物体在变力 $F\left(x\right)$ 作用下从 $x = a$ 沿直线移动到 $x = b$, 这段距离内做功的功微元 $\mathrm{d}W = F\left(x\right)\mathrm{d}x$, 功 $W = \int_a^b \mathrm{d}W = \int_a^b F\left(x\right)\mathrm{d}x$.

(2) 变力沿曲线做功　某物体在力 $\boldsymbol{F} = P\left(x, y, z\right)\boldsymbol{i} + Q\left(x, y, z\right)\boldsymbol{j} + R\left(x, y, z\right)\boldsymbol{k}$ 作用下沿空间曲线 $L:\begin{cases} x = x\left(t\right), \\ y = y\left(t\right), \\ z = z\left(t\right), \end{cases} t: a \to b$ 从起点 $A\left(t = a\right)$ 移动至终点 $B\left(t = b\right)$, 则功微元

$$\mathrm{d}W = \left(\boldsymbol{F} \cdot \boldsymbol{\tau}\right)\mathrm{d}s = \left[P\cos\alpha + Q\cos\beta + R\cos\gamma\right]\mathrm{d}s = P\mathrm{d}x + Q\mathrm{d}y + R\mathrm{d}z,$$

做功为

$$W = \int_L \mathrm{d}W = \int_L \left[P\cos\alpha + Q\cos\beta + R\cos\gamma\right]\mathrm{d}s = \int_L P\mathrm{d}x + Q\mathrm{d}y + R\mathrm{d}z$$

$$= \int_a^b \big[P\left(x\left(t\right), y\left(t\right), z\left(t\right)\right)x'\left(t\right) + Q\left(x\left(t\right), y\left(t\right), z\left(t\right)\right)y'\left(t\right)$$

$$+ R\left(x\left(t\right), y\left(t\right), z\left(t\right)\right)z'\left(t\right)\big]\mathrm{d}t,$$

其中 $\boldsymbol{\tau} = \{\cos\alpha, \cos\beta, \cos\gamma\}$ 为曲线 L 在 $\left(x, y, z\right)$ 的单位切向量.

【例 1】 把一个带电荷量 $+q$ 的点电荷放在 r 轴上坐标原点处, 它产生一个电场. 这个电场对周围的电荷有作用力. 由物理学知道, 如果有一个单位正电荷放在这个电场中距离原点 O 为 r 的地方, 那么电场对它的作用力的大小为 $F = k\dfrac{q}{r^2}$ (k 是常数).

问题 1　当电场中的单位正电荷从 $r = a$ 处沿 r 轴移动到 $r = b(a < b)$ 处时, 电场力 F 对它做的功为多少?

问题 2　若单位正电荷从 $r = a$ 处移动到无穷远处时, 电场力所做的功为多少?

解 功元素 $\mathrm{d}W = F\mathrm{d}r = k\dfrac{q}{r^2}\mathrm{d}r$, 故问题 1 中做功

$$W = \int_a^b \frac{kq}{r^2}\mathrm{d}r = kq\left[-\frac{1}{r}\right]_a^b = kq\left(\frac{1}{a} - \frac{1}{b}\right).$$

问题 2 中做功 $W = \displaystyle\int_a^{+\infty} \frac{kq}{r^2}\mathrm{d}r = kq\left[-\frac{1}{r}\right]_a^{+\infty} = \frac{kq}{a}$.

【例 2】 有一水池为正圆锥 (半顶角为 α), 内蓄满密度为 ρ (常量) 的液体. 欲将液体全部抽出水池, 需要做多少功.

分析: 将液体抽出, 即克服重力做功, 由于随深度不同, 每单位深度的液体的体积、质量不同, 重力亦不同, 因此考虑利用积分学知识 (变力做功问题) 解决.

解 如图 4.7.8, 取液体中厚度为 $\mathrm{d}x$ 的液体小 "片", 体积微元 $\mathrm{d}V = \pi(x\tan\alpha)^2\mathrm{d}x$, 质量微元 $\mathrm{d}m = \rho\mathrm{d}V = \rho\pi(\tan\alpha)^2\mathrm{d}x$, 则功微元

$$\mathrm{d}W = \underbrace{g\mathrm{d}m}_{\mathrm{d}F}\cdot\overbrace{(h - x)}^{位移} = \pi\rho g x^2(h - x)\tan^2\alpha\mathrm{d}x, \quad x \in [0, h],$$

故将液体全部抽出水池做功为

$$\begin{aligned}
W &= \int_0^h \mathrm{d}W = \int_0^h \pi\rho g x^2(h - x)\tan^2\alpha\mathrm{d}x \\
&= \pi\rho g\tan^2\alpha\int_0^h \left[hx^2 - x^3\right]\mathrm{d}x = \pi\rho g\tan^2\alpha\left[\frac{hx^3}{3} - \frac{x^4}{4}\right]_0^h \\
&= \pi\rho g\tan^2\alpha\frac{h^4}{12}.
\end{aligned}$$

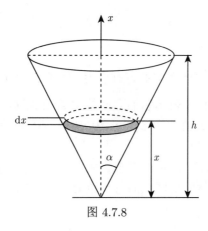

图 4.7.8

5) 求静压力

【**例 3**】一个半径为 R 的圆形溢水洞, 求液体 (密度为 ρ) 半满时, 对闸门的压力.

解   当平面垂直放在液体中时, 由于深度不同, 各处所受到的压强不同, 压力也就不同, 因此可以针对任意一小薄层求出其压力, 作为压力元素, 最后再积分得到最终整个平面的压力.

如图 4.7.9, 侧压力微元为

$$\mathrm{d}P = \underbrace{g\rho x}_{\text{压强}\rho gh} \cdot \overbrace{\underbrace{2\sqrt{R^2 - x^2}\,\mathrm{d}x}_{\text{面积微元}}}^{\text{高}}_{\text{底}}, \quad x \in [0, R],$$

侧压力为

$$P = \int_0^R \mathrm{d}P = 2\int_0^R \rho gx\sqrt{R^2 - x^2}\mathrm{d}x = -\frac{2\rho gR^3}{3}.$$

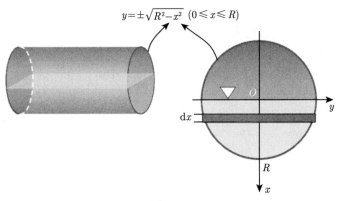

图 4.7.9

6) 求万有引力

两个可看作质点的物体之间的万有引力, 公式 $\boldsymbol{F} = G\dfrac{m_1 m_2}{r^3}\boldsymbol{r}$, 其中 m_1, m_2 为两个物体的质量 (kg), r 表示它们之间的距离 (m), G 为万有引力常数 (卡文迪许使用扭秤装置测出其值约为 $6.67 \times 10^{-11} \ \mathrm{N \cdot m^2/kg^2}$). 方向指向沿两质点的连线.

若考虑物体的形状时, 即不能完全将两个物体均视为质点时, 例如考察物体对质点的引力, 由于物体所处区域的每一点处与质点的距离不是恒定值, 因此需要利用积分学知识解决.

【**例 4**】设有一半径为 R, 中心角为 φ 的圆弧形细棒, 其线密度为常数 ρ. 在圆心位置有一质量为 m 的质点 M, 试求细棒对质点 M 的引力.

解　根据已知条件建立坐标系, 如图 4.7.10.

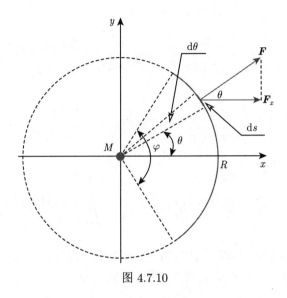

图 4.7.10

圆弧形细棒微元是弧微分 $\mathrm{d}s = R\mathrm{d}\theta$, 实际上曲线弧参数方程 $\begin{cases} x = R\cos\theta, \\ y = R\sin\theta, \end{cases}$

$\theta \in \left[-\dfrac{\varphi}{2}, \dfrac{\varphi}{2}\right]$, $\mathrm{d}s = \sqrt{x'^2(\theta) + y'^2(\theta)}\mathrm{d}\theta = \sqrt{(-R\sin\theta)^2 + (R\cos\theta)^2}\mathrm{d}\theta = R\mathrm{d}\theta$.

微元之间的转换带来积分类型、积分区域的转换, 故质量微元 $\mathrm{d}m = \rho\mathrm{d}s = \rho R\mathrm{d}\theta$.

根据对称性, 所求铅直方向引力分量为零, 水平方向的引力微元大小为

$$\mathrm{d}F_x = \frac{Gm\,\mathrm{d}m}{R^2}\cos\theta = \frac{Gm\rho\,\mathrm{d}s}{R^2}\cos\theta$$

$$= \frac{Gm\rho R\mathrm{d}\theta}{R^2}\cos\theta = \frac{Gm\rho}{R}\cos\theta\mathrm{d}\theta.$$

引力

$$F_x = \int_{-\frac{\varphi}{2}}^{\frac{\varphi}{2}} \frac{Gm\rho}{R}\cos\theta\mathrm{d}\theta$$

$$= \frac{Gm\rho}{R}\left[\sin\theta\right]\bigg|_{-\frac{\varphi}{2}}^{\frac{\varphi}{2}} = \frac{2Gm\rho\sin\dfrac{\varphi}{2}}{R}.$$

故所求引力的大小为 $\dfrac{2Gm\rho\sin\frac{\varphi}{2}}{R}$，方向为 x 正向.

【例 5】物体占有平面有界闭区域 D，已知面密度 $\rho(x,y)\in C(D)$，则该物体对位于原点的质量为 m 的质点 M 的引力微元

$$\mathrm{d}F_x=G\frac{m\mathrm{d}m}{\left(\sqrt{x^2+y^2}\right)^2}\cdot\frac{x}{\sqrt{x^2+y^2}}=\frac{Gm\rho(x,y)x}{(x^2+y^2)^{3/2}}\mathrm{d}\sigma,$$

$$\mathrm{d}F_y=G\frac{m\mathrm{d}m}{\left(\sqrt{x^2+y^2}\right)^2}\cdot\frac{y}{\sqrt{x^2+y^2}}=\frac{Gm\rho(x,y)y}{(x^2+y^2)^{3/2}}\mathrm{d}\sigma,$$

引力大小为

$$F_x=\iint_D\frac{Gm\rho(x,y)x}{(x^2+y^2)^{3/2}}\mathrm{d}\sigma,\quad F_y=\iint_D\frac{Gm\rho(x,y)y}{(x^2+y^2)^{3/2}}\mathrm{d}\sigma.$$

【例 6】物体占有空间有界闭区域 Ω，已知体密度 $\rho(x,y,z)\in C(D)$，则该物体对位于原点的质量为 m 的质点 M 的引力微元为

$$\mathrm{d}F_x=G\frac{m\mathrm{d}m}{\left(\sqrt{x^2+y^2+z^2}\right)^2}\cdot\frac{x}{\sqrt{x^2+y^2+z^2}}=\frac{Gm\rho(x,y,z)x}{(x^2+y^2+z^2)^{3/2}}\mathrm{d}v,$$

$$\mathrm{d}F_y=G\frac{m\mathrm{d}m}{\left(\sqrt{x^2+y^2+z^2}\right)^2}\cdot\frac{y}{\sqrt{x^2+y^2+z^2}}=\frac{Gm\rho(x,y,z)y}{(x^2+y^2+z^2)^{3/2}}\mathrm{d}v,$$

$$\mathrm{d}F_z=G\frac{m\mathrm{d}m}{\left(\sqrt{x^2+y^2+z^2}\right)^2}\cdot\frac{z}{\sqrt{x^2+y^2+z^2}}=\frac{Gm\rho(x,y,z)z}{(x^2+y^2+z^2)^{3/2}}\mathrm{d}v.$$

引力大小为

$$F_x=\iiint_\Omega\mathrm{d}F_x=\iiint_\Omega\frac{Gm\rho(x,y,z)x}{(x^2+y^2+z^2)^{3/2}}\mathrm{d}v,$$

$$F_y=\iiint_\Omega\mathrm{d}F_y=\iiint_\Omega\frac{Gm\rho(x,y,z)y}{(x^2+y^2+z^2)^{3/2}}\mathrm{d}v,$$

$$F_z=\iiint_\Omega\mathrm{d}F_z=\iiint_\Omega\frac{Gm\rho(x,y,z)z}{(x^2+y^2+z^2)^{3/2}}\mathrm{d}v.$$

✔ 学习效果检测

A. 会应用积分学知识求曲线的长度、曲面的面积和立体体积

1. 计算下列积分:

(1) $\displaystyle\int_a^b \mathrm{d}x = $ _____.

(2) $D : x^2 + y^2 \leqslant 1$, $\displaystyle\iint_D \mathrm{d}\sigma = $ _____.

(3) $\Omega : x^2 + y^2 + z^2 \leqslant 1$, $\displaystyle\iiint_\Omega \mathrm{d}v = $ _____.

2. 曲线 $y = \mathrm{e}^{-x}\sin x (0 \leqslant x \leqslant 3\pi)$ 与 x 轴所围成的面积可表示为 (　　).

(A) $-\displaystyle\int_0^{3\pi} \mathrm{e}^{-x}\sin x\mathrm{d}x$;

(B) $\displaystyle\int_0^\pi \mathrm{e}^{-x}\sin x\mathrm{d}x - \int_\pi^{2\pi} \mathrm{e}^{-x}\sin x\mathrm{d}x + \int_{2\pi}^{3\pi} \mathrm{e}^{-x}\sin x\mathrm{d}x$;

(C) $\displaystyle\int_0^{3\pi} \mathrm{e}^{-x}\sin x\mathrm{d}x$;

(D) $\displaystyle\int_0^{2\pi} \mathrm{e}^{-x}\sin x\mathrm{d}x - \int_{2\pi}^{3\pi} \mathrm{e}^{-x}\sin x\mathrm{d}x$.

3. 由曲线 $y_1 = x\mathrm{e}^x$ 与直线 $y_2 = \mathrm{e}^x$ 所围成平面图形的面积 S.

4. 设平面区域 D 由曲线 $y = \mathrm{e}^x, y = \mathrm{e}^{-x}, x = 1$ 所围成, 计算 D 的面积.

5. 求抛物线 $y = -x^2 + 4x - 3$ 及其在点 $(0, -3)$ 和 $(3, 0)$ 处的切线所围成的图形的面积.

6. 求在 $\left[0, \dfrac{\pi}{4}\right]$ 内由曲线 $y = \cos x, y = 2\sin x, y = \sin x$ 所围成图形的面积.

7. 设由两曲线 $y = x^2, y = ax^3\,(0 < a < 1)$ 所围成图形面积为 $\dfrac{2}{3}$, 求 a 的值.

8. 求位于曲线 $y = \mathrm{e}^x$ 下方, 该曲线过原点的切线的左方以及 x 轴上方之间的图形的面积.

9. 求由 $x = a\cos^3 t, y = a\sin^3 t$ 所围成图形的面积.

10. 求曲线 $\rho = 3\cos\theta$ 及 $\rho = 1 + \cos\theta$ 所围成图形的公共部分的面积.

11. 由曲线 $y = 1 - (x-1)^2$ 及 $y = 0$ 围成图形绕 y 轴旋转而成立体的体积为 V (　　).

(A) $V = \displaystyle\int_0^1 \pi\left(1 + \sqrt{1-y}\right)^2 \mathrm{d}y$;

(B) $V = \displaystyle\int_0^1 \pi\left[\left(1 + \sqrt{1-y}\right) - \left(1 - \sqrt{1-y}\right)\right]^2 \mathrm{d}y$;

(C) $V = \int_0^1 \pi \left(1 - \sqrt{1+y}\right)^2 \mathrm{d}y$;

(D) $V = \int_0^1 \pi \left[\left(1 + \sqrt{1-y}\right)^2 - \left(1 - \sqrt{1-y}\right)^2\right] \mathrm{d}y$.

12. 由 $y = x^3, x = 2, y = 0$ 所围成的图形, 分别绕 x 轴及 y 轴旋转, 计算所得两个旋转体的体积.

13. 计算由 x 轴, 曲线 $y = \sqrt{x-1}$ 及其经过原点的切线围成的平面图形绕 x 轴旋转所生成立体体积.

14. 求下列已知曲线所围成的图形, 按指定的轴旋转所产生的旋转体的体积:

(1) $x^2 + (y-5)^2 = 16$ 绕 x 轴;

(2) 摆线 $x = a(t - \sin t), y = a(1 - \cos t)$ 的一拱, $y = 0$, 绕直线 $y = 2a$.

15. 计算底面是半径为 R 的圆, 而垂直于底面上一条固定直径的所有截面都是等边三角形的立体体积.

16. 曲线 $\rho = a\mathrm{e}^{b\theta}\ (a > 0, b > 0)$ 从 $\theta = 0$ 到 $\theta = \alpha\ (\alpha > 0)$ 的一段弧长是（　　）.

(A) $s = \int_0^\alpha a\mathrm{e}^{b\theta} \cdot \sqrt{1 + b^2}\mathrm{d}\theta$; 　　　　(B) $s = \int_0^\alpha \sqrt{1 + (ab\mathrm{e}^{b\theta})^2}\mathrm{d}\theta$;

(C) $s = \int_0^\alpha \sqrt{1 + (a\mathrm{e}^{b\theta})^2}\mathrm{d}\theta$; 　　　　(D) $s = \int_0^\alpha ab\mathrm{e}^{b\theta}\sqrt{1 + (ab\mathrm{e}^{b\theta})^2}\mathrm{d}\theta$.

17. 计算星形线 $x = a\cos^3 t, y = a\sin^3 t$ 的全长.

18. 求心形线 $\rho = a(1 + \cos\theta)$ 的全长.

19. 计算曲线 $y = \ln x$ 上相应于 $\sqrt{3} \leqslant x \leqslant \sqrt{8}$ 的一段弧的长度.

B. 会应用积分学知识求物体的质量、质心 (形心)、转动惯量

20. 设曲面 Σ 为抛物面 $x = \dfrac{1}{2}(y^2 + z^2)$ 介于 $0 \leqslant x \leqslant 1$ 之间的部分, 若面密度为 $\mu = \sqrt{1 + 2x}$, 求 Σ 的质量.

21. 求位于两圆 $r = a\cos\theta, r = b\cos\theta\ (0 < a < b)$ 之间的均匀薄片重心.

22. 设一均匀的直角三角形薄板, 两直角边分别为 a, b, 求该三角形对其中任一直角边的转动惯量.

C. 会应用积分学知识解决变力做功问题

23. 直径为 20cm、高 80cm 的圆柱体内充满压强为 $10\mathrm{N/cm}^2$ 的蒸汽. 设温度保持不变, 要使蒸汽体积缩小一半, 问需要做多少功?

24. 设一锥形贮水池, 深 15m, 口径 20m, 盛满水, 今以泵将水吸尽, 问要做多少功?

25. 由抛物线 $y = x^2$ 绕 y 轴旋转一周构成一旋转抛物面容器, 高为 H(m),

现于其中盛水, 水高为 $\dfrac{H}{2}$(m), 问要将水全部抽出外力需做多少功 (其中水的密度为 ρ).

26. 设 $\boldsymbol{f}(x,y,z)=\{xy,yz,zx\}$, 试求 $\boldsymbol{f}$ 使物体沿曲线 $L:x=t,y=t^2,z=t^3$ 从原点移动到 $A(1,1,1)$ 点所做的功.

D. 会应用积分学知识求静压力、万有引力

27. 半圆形闸门半径为 R 米, 将其垂直放入水中, 且直径与水面齐. 设水密度 $\rho=1$. 若坐标原点取在圆心, x 轴正向朝下, 则闸门所受压力为 (　　).

(A) $\displaystyle\int_0^R \left(R^2-x^2\right)\mathrm{d}x$;　　　　　　(B) $\displaystyle\int_0^R 2\left(R^2-x^2\right)\mathrm{d}x$;

(C) $\displaystyle\int_0^R 2x\left(R^2-x^2\right)\mathrm{d}x$;　　　　(D) $\displaystyle\int_0^R (R-x)\sqrt{R^2-x^2}\mathrm{d}x$.

28. 如图 4.7.11, 有一等腰梯形闸门, 它的两条底边各长 10m 和 6m, 高为 20m. 较长的底边与水面相齐. 计算闸门的一侧所受的水压力.

29. 有一矩形水闸门, 它的宽 20m, 高 16m, 水面与闸门顶齐, 计算闸门一侧所受的水压力.

30. 设有一长度为 l, 线密度为 μ 的均匀细直棒, 在与棒的一端垂直距离为 a 处有一质量为 m 的质点 M, 试求这细棒对质点 M 的引力.

知识点归纳、总结与巩固

1. 本章知识脉络

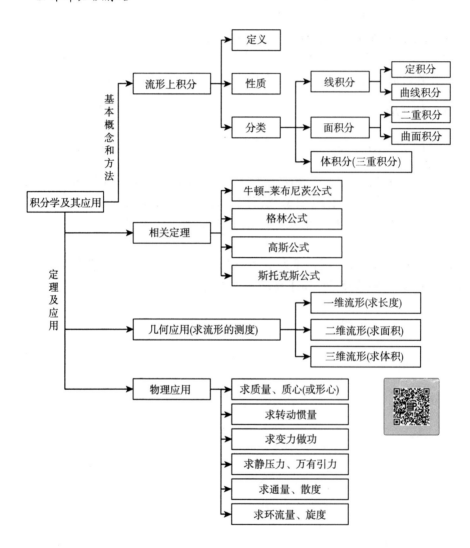

2. 不定积分

1) 原函数与不定积分的概念

如果 $F'(x) = f(x)$，则称 $F(x)$ 为 $f(x)$ 的原函数. 不定积分 $\displaystyle\int f(x)\mathrm{d}x$ 代表的是 $f(x)$ 的所有原函数.

2) 不定积分基本公式表

$$\int k\mathrm{d}x = kx + C\,(k \in \mathbb{R});$$

$$\int x^{\mu}\mathrm{d}x = \frac{1}{\mu+1}x^{\mu+1} + C\,(\mu \neq -1); \qquad \int \frac{1}{x}\mathrm{d}x = \ln|x| + C;$$

$$\int \mathrm{e}^{x}\mathrm{d}x = \mathrm{e}^{x} + C; \qquad\qquad\qquad \int a^{x}\mathrm{d}x = \frac{a^{x}}{\ln a} + C\,(a > 0, a \neq 1);$$

$$\int \cos x\mathrm{d}x = \sin x + C; \qquad\qquad\quad \int \sin x\mathrm{d}x = -\cos x + C;$$

$$\int \frac{1}{\cos^{2} x}\mathrm{d}x = \int \sec^{2} x\mathrm{d}x = \tan x + C;$$

$$\int \frac{1}{\sin^{2} x}\mathrm{d}x = \int \csc^{2} x\mathrm{d}x = -\cot x + C;$$

$$\int \frac{1}{1+x^{2}}\mathrm{d}x = \arctan x + C; \qquad\quad \int \frac{1}{\sqrt{1-x^{2}}}\mathrm{d}x = \arcsin x + C;$$

$$\int \sec x \tan x\mathrm{d}x = \sec x + C; \qquad\quad \int \csc x \cot x\mathrm{d}x = -\csc x + C;$$

$$\int \tan x\mathrm{d}x = -\ln|\cos x| + C; \qquad\quad \int \cot x\mathrm{d}x = \ln|\sin x| + C;$$

$$\int \sec x\mathrm{d}x = \ln|\sec x + \tan x| + C; \qquad \int \csc x\mathrm{d}x = \ln|\csc x - \cot x| + C;$$

$$\int \frac{1}{a^{2}+x^{2}}\mathrm{d}x = \frac{1}{a}\arctan\frac{x}{a} + C; \qquad \int \frac{1}{x^{2}-a^{2}}\mathrm{d}x = \frac{1}{2a}\ln\left|\frac{x-a}{x+a}\right| + C;$$

$$\int \frac{1}{\sqrt{a^{2}-x^{2}}}\mathrm{d}x = \arcsin\frac{x}{a} + C;$$

$$\int \frac{\mathrm{d}x}{\sqrt{x^{2}+a^{2}}} = \ln\left(x + \sqrt{x^{2}+a^{2}}\right) + C;$$

$$\int \frac{\mathrm{d}x}{\sqrt{x^{2}-a^{2}}} = \ln\left|x + \sqrt{x^{2}-a^{2}}\right| + C.$$

3. 定积分

1) 各型积分的计算，终将转化为定积分的计算

对于第一型曲线积分，

$$\int_{C} f(x,y)\,\mathrm{d}s \xrightarrow{\text{代入法}} \text{定积分计算}.$$

对于第二型曲线积分,

$$
\begin{cases}
\displaystyle\int_C P\mathrm{d}x + Q\mathrm{d}y \begin{cases} \xrightarrow{\text{代入法}} \text{定积分计算.} \\ \xrightarrow{\text{格林公式}} \text{二重积分} \xrightarrow{\text{化累次积分}} \text{定积分计算} \\ \qquad\qquad\qquad\qquad (C\text{是二维平面上的曲线}). \end{cases} \\[3em]
\displaystyle\int_C P\mathrm{d}x + Q\mathrm{d}y \\
+\, R\mathrm{d}z \begin{cases} \xrightarrow{\text{代入法}} \text{定积分计算.} \\ \xrightarrow{\text{斯托克斯公式}} \text{曲面积分计算} \to \text{二重积分计算} \to \text{定积分计算.} \end{cases}
\end{cases}
$$

对于第一型曲面积分,

$$
\iint_\Sigma f(x,y,z)\,\mathrm{d}S \xrightarrow{\text{代入法}} \text{二重积分计算} \to \text{定积分计算.}
$$

对于第二型曲面积分,

$$
\iint_\Sigma P\mathrm{d}y\mathrm{d}z + Q\mathrm{d}z\mathrm{d}x + R\mathrm{d}x\mathrm{d}y \begin{cases} \xrightarrow{\text{代入法}} \text{二重积分计算} \to \text{定积分计算.} \\ \xrightarrow{\text{高斯公式}} \text{三重积分计算} \to \text{定积分计算.} \end{cases}
$$

2) 积分变限函数求导

公式 $\quad \dfrac{\mathrm{d}}{\mathrm{d}x}\left(\displaystyle\int_{\psi(x)}^{\varphi(x)} f(t)\,\mathrm{d}t\right) = f[\varphi(x)]\varphi'(x) - f[\psi(x)]\psi'(x).$

该公式是利用导数定义、积分中值定理推导出的结果, 做题时可以按照公式特点, 直接使用.

【例 1】计算 $\displaystyle\lim_{x\to 0^+} \dfrac{\displaystyle\int_0^{x^2} t^{\frac{3}{2}}\mathrm{d}t}{\displaystyle\int_0^x t(t-\sin t)\,\mathrm{d}t} = \underline{\qquad}.$

解 该极限为 0/0 型. 根据洛必达法则, $\left(\displaystyle\int_0^{x^2} t^{\frac{3}{2}}\mathrm{d}t\right)' = (x^2)^{\frac{3}{2}}\cdot(x^2)' = x^3\cdot 2x,$

$\left(\displaystyle\int_0^x t(t-\sin t)\,\mathrm{d}t\right)' = x(x-\sin x)\cdot(x)' = x(x-\sin x),$

故

$$原极限 = \lim_{x \to 0^+} \frac{x^3 \cdot 2x}{x\,(x - \sin x)} = \lim_{x \to 0^+} \frac{2x^3}{\frac{1}{6}x^3} = 12.$$

3) 定积分的计算方法

根据牛顿–莱布尼茨公式 $\displaystyle\int_a^b f(x)\,\mathrm{d}x = \left[\int f(x)\,\mathrm{d}x\right]_a^b$, 说明计算定积分需要不定积分的计算基础. 归纳来说, 计算方法主要是换元法 (凑微分法、三角代换、倒代换、根式代换、万能代换等) 和分部积分法.

4. 曲线积分

(1) 第一型曲线积分 (对弧长的曲线积分)

计算方法　利用 "代入法" 转化为定积分来计算.

【例 2】 计算 $\displaystyle\int_C f(x, y)\mathrm{d}s$, 其中 $C: y = y(x)$, $a \leqslant x \leqslant b$ (图 4.1).

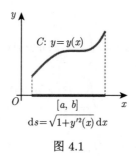

$$\mathrm{d}s = \sqrt{1 + y'^2(x)}\,\mathrm{d}x$$

图 4.1

解　由已知 $C: \begin{cases} x = x, \\ y = y(x), \end{cases}$　$a \leqslant x \leqslant b$, 弧微分 $\mathrm{d}s = \sqrt{1 + y'^2(x)}\mathrm{d}x$, 则有

$$\int_C f(x, y)\mathrm{d}s = \int_a^b f(x, y(x))\sqrt{1 + y'^2(x)}\mathrm{d}x.$$

【例 3】 计算 $\displaystyle\int_C f(x, y)\mathrm{d}s$, 其中 $C: x = x(t), y = y(t), \alpha \leqslant t \leqslant \beta$.

解　如示意图

$$\int_C f(x, y)\mathrm{d}s = \int_\alpha^\beta f[x(t), y(t)]\sqrt{x'^2(t) + y'^2(t)}\mathrm{d}t.$$

$$\boxed{\alpha<\beta}$$

$$C:\begin{cases}x=x(t)\\y=y(t),\end{cases}t\in[\alpha,\beta]$$

$$\int_C f(x,y)\mathrm{d}s\xrightarrow{\boxed{\mathrm{d}s=\sqrt{x'^2(t)+y'^2(t)}\mathrm{d}t}}\int_\alpha^\beta f[x(t)+y(t)]\sqrt{x'^2(t)+y'^2(t)}\mathrm{d}t.$$

换元(转化)

2) 第二型曲线积分 (对坐标的曲线积分)

计算方法　(1) 代入法", 转化为定积分来计算; (2) "公式法", 利用格林公式, 斯托克斯公式, 需注意使用条件.

【例 4】 计算 $\displaystyle\int_C P(x,y)\,\mathrm{d}x+Q(x,y)\,\mathrm{d}y$, 其中 $C:\ y=y(x),\ x:a\to b$.

解　由已知变量 x 从 a 变化到 b, 对应着曲线 C 的起点和终点, 由

$$C:\begin{cases}x=x,\\y=y(x),\end{cases}\quad x:a\to b\ \text{知},\ \mathrm{d}x=\mathrm{d}x,\ \mathrm{d}y=y'(x)\,\mathrm{d}x,\ \text{则}$$

$$\int_C P(x,y)\,\mathrm{d}x+Q(x,y)\,\mathrm{d}y=\int_a^b P(x,y(x))\,\mathrm{d}x+Q(x,y(x))\,y'(x)\,\mathrm{d}x$$

$$=\int_a^b\left[P(x,y(x))+Q(x,y(x))\,y'(x)\right]\mathrm{d}x.$$

【例 5】 计算 $\displaystyle\oint_C P(x,y)\,\mathrm{d}x+Q(x,y)\,\mathrm{d}y$, 其中 C 是封闭、光滑曲线, 是平面区域 D 的正向边界, 函数 P,Q 在 D 内具有一阶连续的偏导数, 则有格林公式

$$\oint_C P(x,y)\,\mathrm{d}x+Q(x,y)\,\mathrm{d}y=\iint_D\left(\frac{\partial Q}{\partial x}-\frac{\partial P}{\partial y}\right)\mathrm{d}x\mathrm{d}y.$$

5. 曲面积分

1) 第一型曲面积分 (对面积的曲线积分)

计算方法　利用 "代入法" 转化为二重积分进行计算.

【例 6】 计算 $\displaystyle\iint_\Sigma f(x,y,z)\,\mathrm{d}S$, 其中 $\Sigma:\ z=z(x,y)$ (图 4.2).

解　由已知条件, 面微元 $\mathrm{d}S=\sqrt{1+\left(\dfrac{\partial z}{\partial x}\right)^2+\left(\dfrac{\partial z}{\partial y}\right)^2}\,\mathrm{d}x\mathrm{d}y$, 则

$$I = \iint_D f(x,y,\ \boxed{z(x,y)})\ \underbrace{\boxed{\sqrt{1+z_x^2+z_y^2}}\ \mathrm{d}x\mathrm{d}y}_{\mathrm{d}S}.$$

$\Sigma: z = z(x,y),\ (x,y) \in D$

该公式表明:

> 要计算第一型曲面积分 $\iint_\Sigma f(x,y,z)\mathrm{d}S$, 只需把被积函数中的变量 z 换成曲面 Σ 上点的坐标表达式, $\mathrm{d}S$ 换成曲面 Σ 的面积微元表达式, 然后在 Σ 于 xOy 面上投影区域 D 上积分即可.

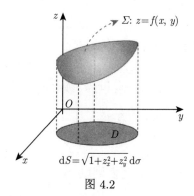

图 4.2

2) 第二型曲面积分 (对坐标的曲线积分)

计算方法 (1) 利用 "代入法" 转化为二重积分进行计算; (2) 利用高斯公式 "公式法" 将曲面积分转化为体积分 (三重积分) 来计算, 需注意使用条件.

【例 7】 计算 $I = \iint_\Sigma P(x,y,z)\,\mathrm{d}y\mathrm{d}z + Q(x,y,z)\,\mathrm{d}z\mathrm{d}x + R(x,y,z)\,\mathrm{d}x\mathrm{d}y$, 其中 $\Sigma: F(x,y,z) = 0$, 取某侧.

解 $I = \iint_\Sigma P(x,y,z)\,\mathrm{d}y\mathrm{d}z + \iint_\Sigma Q(x,y,z)\,\mathrm{d}z\mathrm{d}x + \iint_\Sigma R(x,y,z)\,\mathrm{d}x\mathrm{d}y$, 即可以分为三部分来分别计算. 其中

$$\iint_\Sigma P(x,y,z)\,\mathrm{d}y\mathrm{d}z = \pm \iint_{D_{yz}} P(x(y,z),y,z)\,\mathrm{d}y\mathrm{d}z.$$

若曲面 Σ 方向为前侧, 则 "+" 号, 若后侧, 则 "−" 号, D_{yz} 为 Σ 在 yOz 坐标面上的投影区域, $x(y,z)$ 为曲面 $F(x,y,z) = 0$ 得到的显函数 $x = x(y,z)$.

同理

$$\iint_\Sigma Q(x,y,z)\,\mathrm{d}z\mathrm{d}x = \pm \iint_{D_{zx}} Q(x,y(z,x),z)\,\mathrm{d}z\mathrm{d}x,$$

曲面 Σ 方向为右侧, 则 "+" 号, 若左侧, 则 "−" 号, D_{zx} 为 Σ 在 zOx 坐标面上

的投影区域, $y(z,x)$ 为曲面 $F(x,y,z)=0$ 得到的显函数 $y=y(z,x)$.

$$\iint_{\Sigma} R(x,y,z)\,\mathrm{d}x\mathrm{d}y = \pm\iint_{D_{xy}} R(x,y,z(x,y))\,\mathrm{d}x\mathrm{d}y,$$

曲面 Σ 方向为上侧, 则 "+" 号, 若下侧, 则 "−" 号, D_{xy} 为 Σ 在 xOy 坐标面上的投影区域, $z(x,y)$ 为曲面 $F(x,y,z)=0$ 得到的显函数 $z=z(x,y)$.

【例 8】计算 $\oiint_{\Sigma} P(x,y,z)\,\mathrm{d}y\mathrm{d}z + Q(x,y,z)\,\mathrm{d}z\mathrm{d}x + R(x,y,z)\,\mathrm{d}x\mathrm{d}y$, 其中曲面 Σ 为封闭、光滑的曲面, Σ 围成的空间立体区域为 Ω, 且函数 P,Q,R 在 Ω 内具有一阶连续偏导数. 则有高斯公式:

$$\oiint_{\Sigma} P(x,y,z)\,\mathrm{d}y\mathrm{d}z + Q(x,y,z)\,\mathrm{d}z\mathrm{d}x + R(x,y,z)\,\mathrm{d}x\mathrm{d}y$$

$$= \pm\iiint_{\Omega}\left(\frac{\partial P}{\partial x} + \frac{\partial Q}{\partial y} + \frac{\partial R}{\partial z}\right)\mathrm{d}x\mathrm{d}y\mathrm{d}z,$$

曲面 Σ 取向为外侧, 则取 "+" 号, 内侧则取 "−" 号.

6. 二重积分、三重积分

计算方法 根据积分区域特点, 将二 / 三重积分转化为累次定积分来计算.

【例 9】计算 $\iint_{D} f(x,y)\mathrm{d}x\mathrm{d}y$, 其中 $D: (x-1)^2 + y^2 \leqslant 1, y \geqslant 0$.

方法一 将积分区域 D 视为 X 型 (图 4.3(a)),

$$\iint_{D} f(x,y)\mathrm{d}x\mathrm{d}y = \int_0^2\left[\int_0^{\sqrt{1-(x-1)^2}} f(x,y)\mathrm{d}y\right]\mathrm{d}x$$

$$= \int_0^2 \mathrm{d}x\int_0^{\sqrt{1-(x-1)^2}} f(x,y)\mathrm{d}y.$$

方法二 将积分区域 D 视为 Y 型 (图 4.3(b)),

$$\iint_{D} f(x,y)\mathrm{d}x\mathrm{d}y = \int_0^1\left[\int_{1-\sqrt{1-y^2}}^{1+\sqrt{1-y^2}} f(x,y)\mathrm{d}x\right]\mathrm{d}y$$

$$= \int_0^1 \mathrm{d}y\int_{1-\sqrt{1-y^2}}^{1+\sqrt{1-y^2}} f(x,y)\mathrm{d}x.$$

方法三　利用极坐标 (图 4.3(c)),

$$\iint_D f(x,y)\mathrm{d}x\mathrm{d}y = \int_0^{\frac{\pi}{2}} \mathrm{d}\theta \int_0^{2\cos\theta} f\left(r\cos\theta, r\sin\theta\right) r\mathrm{d}r.$$

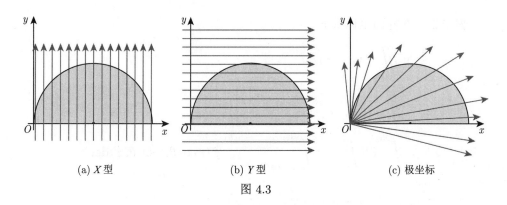

(a) X 型　　　　　　　(b) Y 型　　　　　　　(c) 极坐标

图 4.3

【**例 10**】计算 $\iiint_{\Omega} f\left(x,y,z\right)\mathrm{d}x\mathrm{d}y\mathrm{d}z$, 其中 Ω 是由曲面 $\Sigma_1:\ z = z_1\left(x,y\right)$ 和 $\Sigma_2:\ z = z_2\left(x,y\right)$ 围成的区域 (图 4.4). 设两曲面在 xOy 坐标面的投影为 $D:x^2+y^2 \leqslant R^2$.

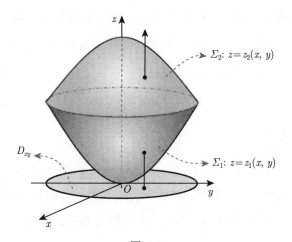

图 4.4

解　**方法一**　在直角坐标系下,

$$\iiint_{\Omega} f\left(x,y,z\right)\mathrm{d}v$$

$$= \iint_{D_{xy}} \left[\int_{z_1(x,y)}^{z_2(x,y)} f(x,y,z)\,\mathrm{d}z \right] \mathrm{d}\sigma$$

$$= \int_{-R}^{R} \mathrm{d}x \int_{-\sqrt{R^2-x^2}}^{\sqrt{R^2-x^2}} \mathrm{d}y \int_{z_1(x,y)}^{z_2(x,y)} f(x,y,z)\,\mathrm{d}z.$$

方法二 在柱面坐标系下,

$$\iiint_{\Omega} f(x,y,z)\,\mathrm{d}v$$

$$= \iint_{D_{xy}} \left[\int_{z_1(x,y)}^{z_2(x,y)} f(x,y,z)\,\mathrm{d}z \right] \mathrm{d}\sigma$$

$$= \int_{0}^{2\pi} \mathrm{d}\theta \int_{0}^{R} r\,\mathrm{d}r \int_{z_1(r\cos\theta, r\sin\theta)}^{z_2(r\cos\theta, r\sin\theta)} f(r\cos\theta, r\sin\theta, z)\,\mathrm{d}z.$$

7. 关于各型积分计算原理的深化、探索与总结

请在充分理解前文所述和各型积分计算公式的基础上, 尝试理解下文叙述.

暂不考虑格林公式、斯托克斯公式和高斯公式, 进一步将各型积分的直接计算原理归结为: 消隐 → 压平 → 遍历 → 求积.

消隐 将隐函数显化. 当采用 "代入法" 计算曲线积分、曲面积分时, 通常需要将曲线、曲面的方程以显函数的形式 "代入". 例如计算 $\int_L f(x,y)\mathrm{d}s$, 若以隐函数 $f(x,y)=0$ 的形式给出, 需要显化为 $y=y(x)$, $x \in [a,b]$ 或 $x=x(y)$, $y \in [c,d]$ 或 $x=x(t), y=y(t), t \in [\alpha,\beta]$, 以 $y=y(x)$ 为例, $\int_L f(x,y)\mathrm{d}s = \int_a^b f(x,y(x)) \sqrt{1+y'^2(x)}\mathrm{d}x.$

压平 通过微元形式的转换 (类似 "换元""投影"), 改变微元的形式, 从而转换积分类型和积分区域. 定积分、二重积分、三重积分的积分区域可以通俗地理解为 "直" 和 "平". 曲线积分 $\int_L f(x,y)\mathrm{d}s$ 的微元 $\mathrm{d}s$ (弧微分) 代表小弧段的微分 (切线微元), 向坐标轴投影 $\mathrm{d}s = \sqrt{1+y'^2(x)}\mathrm{d}x$, 微元由 $\mathrm{d}s \to \mathrm{d}x$, 而这种转换的 "比例关系": $\mathrm{d}s = \varphi(x)\mathrm{d}x, \varphi(x) = \sqrt{1+y'^2(x)}$, 几何上观察, 相当于将 $\mathrm{d}s$ 向 x 轴 "压平" 了, 在 L 上累积的微元 $f(x,y)\mathrm{d}s$ 从而按照比例关系转换为在 x 轴区间范围内累积的微元 $f(x,y(x)) \sqrt{1+y'^2(x)}\mathrm{d}x.$

表 4.1　各类积分操作流程表

积分类型	消隐	压平	遍历	求积
对弧长的曲线 积分 (I 型)	√ 曲线的参数方程	$\sqrt{}$ $\mathrm{d}s = \sqrt{1 + f'^2(x)}\mathrm{d}x$ $\mathrm{d}s = \sqrt{x'^2(t) + y'^2(t)}\mathrm{d}t$ $\mathrm{d}s = \sqrt{\rho^2(\theta) + \rho'^2(\theta)}\mathrm{d}\theta$	√	√
对坐标的曲线 积分 (II 型)	√ 曲线的参数方程	$\sqrt{}$ $\begin{cases} \mathrm{d}x = x'(t)\,\mathrm{d}t, \\ \mathrm{d}y = y'(t)\,\mathrm{d}t, \\ \mathrm{d}z = z'(t)\,\mathrm{d}t \end{cases}$ $\mathrm{d}x = \cos\alpha\mathrm{d}s, \mathrm{d}y = \cos\beta\mathrm{d}s, \mathrm{d}z = \cos\gamma\mathrm{d}s$ $\boldsymbol{\tau}^0 = \{\cos\alpha, \cos\beta, \cos\gamma\}$	√	√
定积分 (平)			√	√
对曲面的曲面 积分 (I 型)	$\sqrt{}$ $F(x,y,z) = 0$ $\Rightarrow z = z(x,y), (x,y) \in D_{xy}$	$\sqrt{}$ $\mathrm{d}S = \sqrt{1 + z_x^2 + z_y^2}\mathrm{d}x\mathrm{d}y$	√	√
对坐标的曲面 积分 (II 型)	$\sqrt{}$ $F(x,y,z) = 0$ $\Rightarrow z = z(x,y), (x,y) \in D_{xy}$	$\sqrt{}$ $\mathrm{d}y\mathrm{d}z = \cos\alpha\mathrm{d}S,$ $\mathrm{d}z\mathrm{d}x = \cos\beta\mathrm{d}S,$ $\mathrm{d}x\mathrm{d}y = \cos\gamma\mathrm{d}S$ $\boldsymbol{n}^0 = \{\cos\alpha, \cos\beta, \cos\gamma\}$	√	√
二重积分 (平)			√	√
三重积分 (平)			√	√

遍历　微元的转换、压平, 带来累积区域的变化. 根据微元形式, 按照分割方

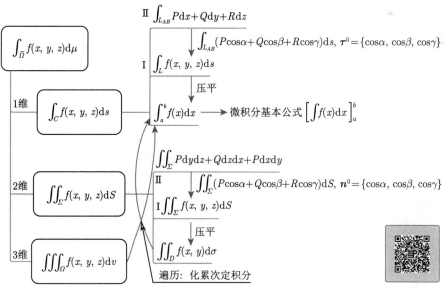

图 4.5　流形上积分的计算关系结构图

式使其在原分割区域上连续累积 (不遗漏、不重复) 起来. 例如, 看微元表达式中积分变量的符号, $\mathrm{d}x$ 积分从区间上累积, $\mathrm{d}S$ 积分从曲面 $\varSigma$ 上累积, $\mathrm{d}\sigma$ 积分从平面有界闭区域 D 上累积, $\cdots$.

　　求积　线积分、面积分、体积分最终转化为定积分的计算, 定积分借助微积分基本公式和不定积分的计算规则计算.

表 4.2　流形上积分和流形边界上积分的关系 (微积分基本定理及三大公式)

流形维数	公式名称	形式
1	牛顿–莱布尼茨公式 (微积分基本公式)	$\int_a^b f(x)\,\mathrm{d}x = F(b) - F(a)$
2 (平面)	格林公式	$\oint_{\partial D^+} P\mathrm{d}x + Q\mathrm{d}y = \iint_D \left(\dfrac{\partial Q}{\partial x} - \dfrac{\partial P}{\partial y}\right)\mathrm{d}\sigma$
2 (曲面)	斯托克斯公式	$\oint_{\partial\varSigma} \boldsymbol{F}\cdot\boldsymbol{\tau}\mathrm{d}s = \iint_\varSigma \mathrm{rot}\boldsymbol{F}\cdot\boldsymbol{n}\mathrm{d}S$
3	高斯公式 (奥高公式)	$\oiint_{\varSigma=\partial\Omega} (\boldsymbol{F}\cdot\boldsymbol{n})\,\mathrm{d}S = \iiint_\Omega \mathrm{div}\boldsymbol{F}\mathrm{d}v$

备注: F 为 f 的原函数; ∂D^+ 表示 D 的正向边界曲线; $\partial\Omega$ 表示 Ω 的边界闭曲面, 取外侧

各型积分之间的联系

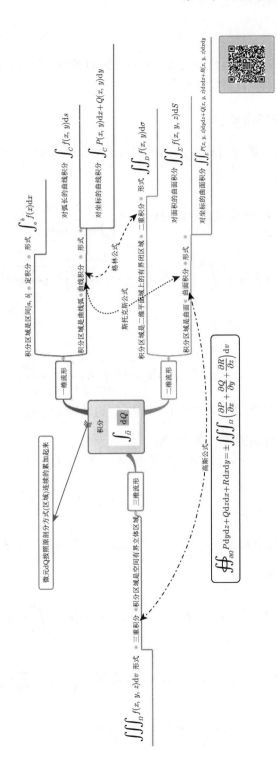

8. 巩固提高

此处按知识点选取典型习题，并直接附有答案，旨在通过复现和阅读更多题型印证前述知识点，夯实基础.

❑ **第一类曲线积分**

【例 11】计算 $\int_C (x^2 + y^2)\,\mathrm{d}s$, 其中 C 是 $x^2 + y^2 = r^2$ 从点 $(r,0)$ 到 $(0,r)$ 的一段弧.

解 曲线 C 写成参数方程的形式：$\begin{cases} x = r\cos\theta, \\ y = r\sin\theta, \end{cases} \quad 0 \leqslant \theta \leqslant \dfrac{\pi}{2}$, 因此

$$\int_C (x^2 + y^2)\,\mathrm{d}s = \int_0^{\frac{\pi}{2}} \left[(r\cos\theta)^2 + (r\sin\theta)^2 \right] \sqrt{(r\cos\theta)'^2 + (r\sin\theta)'^2}\,\mathrm{d}\theta$$

$$= \int_0^{\frac{\pi}{2}} r^2 \cdot r\,\mathrm{d}\theta = \frac{\pi}{2} r^3.$$

熟练后, 可直接代入 $\int_C (x^2 + y^2)\,\mathrm{d}s = r^2 \int_C \mathrm{d}s = r^2 \cdot \dfrac{2\pi r}{4} = \dfrac{\pi r^3}{2}$.

【例 12】计算 $\int_C \mathrm{e}^{\sqrt{x^2+y^2}}\mathrm{d}s$, 其中 C 为圆周 $x^2 + y^2 = a^2$, 直线 $y = x$ 及 x 轴在第一象限内所围成的扇形的整个边界.

解 边界曲线 C 可以分为三部分: $C = C_1 + C_2 + C_2$, 其中 $C_1: y = 0$, $0 \leqslant x \leqslant a$; $C_2: \begin{cases} x = a\cos\theta, \\ y = a\sin\theta, \end{cases} \quad 0 \leqslant \theta \leqslant \dfrac{\pi}{4}$, $C_3: y = x$, $0 \leqslant x \leqslant \dfrac{\sqrt{2}a}{2}$, 根据积分的性质 (积分区域上可加性), $\int_C \mathrm{e}^{\sqrt{x^2+y^2}}\mathrm{d}s = \left(\int_{C_1} + \int_{C_2} + \int_{C_3} \right) \mathrm{e}^{\sqrt{x^2+y^2}}\mathrm{d}s$, 下面分别计算再相加,

$$\int_{C_1} \mathrm{e}^{\sqrt{x^2+y^2}}\mathrm{d}s = \int_0^a \mathrm{e}^{\sqrt{x^2+0^2}} \sqrt{1+0^2}\,\mathrm{d}x = \int_0^a \mathrm{e}^x\,\mathrm{d}x = \mathrm{e}^a - 1.$$

$$\int_{C_2} \mathrm{e}^{\sqrt{x^2+y^2}}\mathrm{d}s = \int_0^{\frac{\pi}{4}} \mathrm{e}^{\sqrt{(a\cos\theta)^2+(a\sin\theta)^2}} \sqrt{(a\cos\theta)'^2 + (a\sin\theta)'^2}\,\mathrm{d}\theta$$

$$= \int_0^{\frac{\pi}{4}} \mathrm{e}^a \cdot a\,\mathrm{d}\theta = \frac{\pi a}{4}\mathrm{e}^a.$$

$$\int_{C_3} \mathrm{e}^{\sqrt{x^2+y^2}} \mathrm{d}s = \int_0^{\frac{\sqrt{2}}{2}a} \mathrm{e}^{\sqrt{x^2+x^2}} \sqrt{1+1^2} \mathrm{d}x = \sqrt{2} \int_0^{\frac{\sqrt{2}}{2}a} \mathrm{e}^{\sqrt{2}x} \mathrm{d}x = \mathrm{e}^a - 1.$$

所以原积分 $= 2\left(\mathrm{e}^a - 1\right) + \dfrac{\pi a}{4}\mathrm{e}^a.$

【例 13】设 l 为椭圆 $\dfrac{x^2}{4} + \dfrac{y^2}{3} = 1$, 其周长为 a, 求 $\oint_l \left(2xy + 3x^2 + 4y^2\right) \mathrm{d}s.$

解　当 $(x,y) \in l$ 时, $3x^2 + 4y^2 = 12,$

$$\oint_l \left(2xy + 3x^2 + 4y^2\right) \mathrm{d}s = \oint_l \left(2xy + 12\right) \mathrm{d}s = 2\oint_l xy\mathrm{d}s + 12\oint_l \mathrm{d}s.$$

由 l 的对称性及被积函数关于 x, y 是奇函数, 得 $\oint_l xy\mathrm{d}s = 0, \oint_l \mathrm{d}s = a.$ 故

$$\oint_l \left(2xy + 3x^2 + 4y^2\right) \mathrm{d}s = 12a.$$

❑ **第二类曲线积分** (前两个是 "代入法", 后两个是 "公式法")

【例 14】计算 $\displaystyle\int_L y\mathrm{d}x + z\mathrm{d}y + x\mathrm{d}z$, 其中 L 为曲线 $x = a\cos t, y = a\sin t, z = bt$ 上从 $t = 0$ 到 $t = 2\pi$ 的一段有向弧.

解　题目中直接给出了曲线的参数方程, 故 $\mathrm{d}x = -a\sin t\mathrm{d}t, \mathrm{d}y = a\cos t\mathrm{d}t,$ $\mathrm{d}z = b\mathrm{d}t.$ 这样

$$\begin{aligned}
\int_L y\mathrm{d}x + z\mathrm{d}y + x\mathrm{d}z &= \int_0^{2\pi} \left[a\sin t \cdot (-a\sin t) + bt \cdot a\cos t + a\cos t \cdot b\right] \mathrm{d}t \\
&= \int_0^{2\pi} \left[-a^2 \sin^2 t + abt\cos t + ab\cos t\right] \mathrm{d}t \\
&= -a^2 \int_0^{2\pi} \sin^2 t\mathrm{d}t + ab \int_0^{2\pi} t\cos t\mathrm{d}t + ab \int_0^{2\pi} \cos t\mathrm{d}t \\
&= -a^2 \cdot 4 \int_0^{\frac{\pi}{2}} \sin^2 \mathrm{d}t + ab \int_0^{2\pi} t\mathrm{d}(\sin t) + 0 \\
&= -\pi a^2 + 0 + 0 = -\pi a^2.
\end{aligned}$$

【例 15】计算 $\displaystyle\int_L (2a - y)\mathrm{d}x - (a - y)\mathrm{d}y$, 其中 L 为摆线 $x = a(t - \sin t), y = a(1 - \cos t)$ 上对应于从 $t = 0$ 到 $t = 2\pi$ 的一段弧.

解 $L: x = a(t - \sin t),\ y = a(1 - \cos t),\ t: 0 \to 2\pi.$

$$\text{原式} = \int_0^{2\pi} [(2a - a + a\cos t) \cdot a(1 - \cos t) - (a - a + a\cos t) \cdot a\sin t]\mathrm{d}t$$

$$= a^2 \int_0^{2\pi} \left(1 - \cos^2 t - \cos t \sin t\right)\mathrm{d}t$$

$$= 2\pi a^2 - a^2 \cdot 4 \int_0^{\frac{\pi}{2}} \cos^2 t \mathrm{d}t - a^2 \int_0^{2\pi} \cos t \sin t \mathrm{d}t$$

$$= 2\pi a^2 - \pi a^2 - 0 = \pi a^2.$$

【例 16】 设 L 是椭圆 $4x^2 + y^2 = 8x$ 沿逆时针方向, 则曲线积分 $\oint_L \mathrm{e}^{y^2}\mathrm{d}x + x\mathrm{d}y = \underline{\qquad\qquad}.$

解 符合格林公式的两个条件, $P = \mathrm{e}^{y^2}$, $Q = x$, 则

$$\oint_L \mathrm{e}^{y^2}\mathrm{d}x + x\mathrm{d}y = \iint_D \left(\frac{\partial Q}{\partial x} - \frac{\partial P}{\partial y}\right)\mathrm{d}x\mathrm{d}y = \iint_D \left(1 - 2y\mathrm{e}^{y^2}\right)\mathrm{d}x\mathrm{d}y,$$

其中 D 为 L 所围有界闭区域, x 轴对称, 而 $2y\mathrm{e}^{y^2}$ 为 y 的奇函数, 故由对称性知: $\iint_D 2y\mathrm{e}^{y^2}\mathrm{d}x\mathrm{d}y = 0$, 故 $\oint_L \mathrm{e}^{y^2}\mathrm{d}x + x\mathrm{d}y = \iint_D \mathrm{d}x\mathrm{d}y = 2\pi\,(D\text{的面积}).$

【例 17】 计算 $I = \int_l \left(y^3 + x\right)\mathrm{d}x - \left(x^3 + y\right)\mathrm{d}y$, 其中 l 沿上半圆周曲线 $x^2 + y^2 = x\,(y \geqslant 0)$ 从 $A(0,0)$ 到点 $B(1,0)$.

解 这是用格林公式处理的典型题目. 记 l' 为 x 轴上从 B 到 A 段, 则 $l + l'$ 为封闭曲线, 所围区域为 D,

$$P = y^3 + x, \quad Q = -\left(x^3 + y\right), \quad \frac{\partial Q}{\partial x} = -3x^2, \frac{\partial P}{\partial y} = 3y^2,$$

由格林公式 (注意边界曲线是 $l + l'$),

$$I = \int_l \left(y^3 + x\right)\mathrm{d}x - \left(x^3 + y\right)\mathrm{d}y = \left(\oint_{l+l'} - \int_{l'}\right)\left(y^3 + x\right)\mathrm{d}x - \left(x^3 + y\right)\mathrm{d}y$$

$$= 3\iint_D \left(x^2 + y^2\right)\mathrm{d}x\mathrm{d}y - \int_1^0 x\mathrm{d}x = \frac{3\pi}{64} + \frac{1}{2}.$$

❑ 曲线积分综合练习

1. $L: x^2 + y^2 = 1$, $\oint_L \mathrm{d}s = $ _____.

答案　2π

2. 设 L 为圆周 $x = a\cos t, y = a\sin t, 0 \leqslant t \leqslant 2\pi$, 则 $\oint_L (x^2 + y^2)\,\mathrm{d}s = $ _____.

答案　$2\pi a^3$

3. 设 Γ 表示曲线弧 $x = \dfrac{\sqrt{3}}{2}\cos t$, $y = \dfrac{\sqrt{3}}{2}\sin t$, $z = \dfrac{t}{2}$, $0 \leqslant t \leqslant 2\pi$, 则 $\displaystyle\int_\Gamma (x^2 + y^2 + z^2)\,\mathrm{d}s = $ _____.

答案　$\dfrac{3}{2}\pi + \dfrac{2}{3}\pi^3$

4. 设 L 为曲线 $y = -|x|$ 上从 $x = -1$ 到 $x = 1$ 的一段, 则 $\displaystyle\int_L y\mathrm{d}s = $ _____.

答案　$-\sqrt{2}$

5. 设 L 是直线 $y = x$ 上由点 $A(0,0)$ 到点 $B(1,1)$ 的线段, 则第一型曲线积分 $\displaystyle\int_L \sqrt{y}\mathrm{d}s = $ _____.

答案　$\dfrac{2\sqrt{2}}{3}$

6. 已知 L 为圆周 $x^2 + y^2 = R^2$, $\displaystyle\int_L (x^2 + y^2 + 2x)\,\mathrm{d}s = $ _____.

答案　$2\pi R^3$

7. 设 L 为圆周 $x^2 + y^2 = 4$, 计算对弧长的曲线积分 $\oint_L \sqrt{x^2 + y^2}\mathrm{d}s = $ _____.

答案　8π

8. 设曲线 $L: x^2 + y^2 = 1$, 则 $\displaystyle\int_L \dfrac{\sin(x^2 + y^2)}{x^2 + y^2}\mathrm{d}s = $ _____.

答案　$2\pi\sin 1$

9. 设 L 为上半圆周 $y = \sqrt{1 - x^2}$, 则 $\displaystyle\int_L (x + y)^2\,\mathrm{e}^{x^2 + y^2}\mathrm{d}s = $ _____.

答案　$\pi\mathrm{e}$

10. 设曲线 L 为下半圆 $y = -\sqrt{1 - x^2}$, 则 $\displaystyle\int_L (x^2 + y^2)\,\mathrm{d}s = $ _____.

答案　$\displaystyle\int_L 1\mathrm{d}s = \pi$

11. 设平面曲线 L 为 $x^2 + y^2 = 16$, 则 $\oint_L y^2 \mathrm{d}s = $ _____.

答案 64π

12. 设 $L: x^2 + y^2 = a^2$, 则 $\oint_L (x + x^2)\,\mathrm{d}s = $ _____.

答案 πa^3

解 由对称性得 $\oint_L x\mathrm{d}s = 0$, 由轮换对称性知 $\oint_L x^2\mathrm{d}s = \oint_L y^2\mathrm{d}s$, 于是

$$原积分 = \oint_L x^2\mathrm{d}s = \frac{1}{2}\oint_L (x^2 + y^2)\,\mathrm{d}s = \frac{1}{2}a^2\oint_L \mathrm{d}s = \pi a^3.$$

13. L 为椭圆 $\frac{x^2}{4} + \frac{y^2}{3} = 1$, 其周长为 a, 则 $\oint_L (2xy + 3x^2 + 4y^2)\,\mathrm{d}s = $ _____.

答案 $12a$

14. 设 C 为球面 $x^2 + y^2 + z^2 = a^2$ 与平面 $x + y + z = 0$ 的交线, 则 $\int_C x^2\mathrm{d}s = $ _____.

答案 $\frac{2}{3}\pi a^3$

15. $\oint_\Gamma z^2\mathrm{d}s = $ _____, 其中 $\Gamma: \begin{cases} x^2 + y^2 + z^2 = a^2, \\ x + y + z = 0. \end{cases}$

答案 $\frac{2\pi a^3}{3}$

解 根据轮换对称性, $\oint_\Gamma x^2\mathrm{d}s = \oint_\Gamma y^2\mathrm{d}s = \oint_\Gamma z^2\mathrm{d}s$, 因此 $\oint_\Gamma z^2\mathrm{d}s = \frac{1}{3}\oint_\Gamma (x^2 + y^2 + z^2)\mathrm{d}s = \frac{1}{3}\oint_\Gamma a^2\mathrm{d}s = \frac{a^2}{3}\cdot 2\pi a = \frac{2\pi a^3}{3}$.

16. 计算曲线积分 $\int_\Gamma (x^2 + y^2 + z^2)\,\mathrm{d}s$ 其中 Γ 为螺旋线 $x = a\cos t, y = a\sin t, z = kt$ 上相应于 t 从 0 到达 2π 的一段弧.

解 在曲线 Γ 上有 $x^2 + y^2 + z^2 = (a\cos t)^2 + (a\sin t)^2 + (kt)^2 = a^2 + k^2t^2$, 并且 $\mathrm{d}s = \sqrt{(-a\sin t)^2 + (a\cos t)^2 + k^2}\mathrm{d}t = \sqrt{a^2 + k^2}\mathrm{d}t$, 于是

$$\int_\Gamma (x^2 + y^2 + z^2)\,\mathrm{d}s = \int_0^{2\pi} (a^2 + k^2t^2)\sqrt{a^2 + k^2}\mathrm{d}t$$
$$= \frac{2}{3}\pi\sqrt{a^2 + k^2}(3a^2 + 4\pi^2k^2).$$

17. 已知曲线积分 $\int_L [\mathrm{e}^x\cos y + yf(x)]\,\mathrm{d}x + (x^3 - \mathrm{e}^x\sin y)\,\mathrm{d}y$ 与路径无关, 则 $f(x) = $ _____.

答案　$3x^2$

18. 设曲线积分 $\int_L xy^2\mathrm{d}x + y\varphi(x)\,\mathrm{d}y$ 与路径无关, 其中 $\varphi(x)$ 具有连续的导数, 且 $\varphi(0) = 0$, 则 $\int_{(0,0)}^{(1,1)} xy^2\mathrm{d}x + y\varphi(x)\,\mathrm{d}y = $ _____.

答案　$1/2$

19. 已知 L 为圆周 $x^2 + y^2 = a^2$ 的逆时针方向, $\oint_L \dfrac{xy^2\mathrm{d}y - x^2y\mathrm{d}x}{x^2 + y^2} = $ _____.

答案　$\pi a^2/2$

20. 设 L 为 $x^2 + (y-1)^2 = 4$, 取正向, 则 $\oint_L \dfrac{x\mathrm{d}y - y\mathrm{d}x}{x^2 + (y-1)^2} = $ _____.

答案　2π

21. 设 L 为封闭折线 $|x| + |y| = 1$ 正向一周, 则 $\oint_L x^2y^2\mathrm{d}x - \cos(x+y)\,\mathrm{d}y = $ _____.

答案　0

22. 如果设 L 为取正向的圆周 $x^2 + y^2 = 9$, 那么曲线积分 $\oint_L (2xy - 2y)\,\mathrm{d}x + (x^2 - 4x)\,\mathrm{d}y$ 的值是 _____.

答案　-18π

23. 设 L 是正向椭圆 $4x^2 + y^2 = 8x$, 则 $\oint_L x\mathrm{d}y + \mathrm{e}^{y^2}\mathrm{d}x = $ _____.

答案　2π

解　L 的方程 $(x-1)^2 + \dfrac{y^2}{4} = 1$, 由格林公式

$$\oint_L x\mathrm{d}y + \mathrm{e}^{y^2}\mathrm{d}x = \iint_D \left(\frac{\partial x}{\partial x} - \frac{\partial \left(\mathrm{e}^{y^2}\right)}{\partial y}\right)\mathrm{d}x\mathrm{d}y = \iint_D \left(1 - 2y\mathrm{e}^{y^2}\right)\mathrm{d}x\mathrm{d}y$$

$$= \iint_D \mathrm{d}x\mathrm{d}y - 2\underbrace{\iint_D y\mathrm{e}^{y^2}\mathrm{d}x\mathrm{d}y}_{\text{对称性}} = 2\pi - 0 = 2\pi.$$

24. 设 L 为 $y = \int_0^x \tan t\,\mathrm{d}t$ 从 $x = 0$ 到 $x = \dfrac{\pi}{4}$ 一段弧, 将 $\int_L P(x,y)\,\mathrm{d}x + $

$Q(x,y)\mathrm{d}y$ 化为第一型曲线积分为 _____.

答案 $\displaystyle\int_L (P\cos x + Q\sin x)\,\mathrm{d}s$

25. 计算 $\displaystyle\oint_L (x+y)\,\mathrm{d}s$, 其中 L 是以 $O(0,0)$, $A(1,0)$, $B(0,1)$ 为顶点的三角形的周界.

解 $\displaystyle\oint_L (x+y)\,\mathrm{d}s = \int_{\overline{OA}} (x+y)\,\mathrm{d}s + \int_{\overline{OB}} (x+y)\,\mathrm{d}s + \int_{\overline{AB}} (x+y)\,\mathrm{d}s$

$\displaystyle = \int_0^1 x\,\mathrm{d}x + \int_0^1 y\cdot\mathrm{d}y + \int_0^1 \sqrt{2}\,\mathrm{d}x = 1 + \sqrt{2}.$

26. 计算曲线积分 $\displaystyle\int_L 2xy\,\mathrm{d}x + x^2\,\mathrm{d}y$ 其中 L 为

(1) 抛物线 $y = x^2$ 上从 $O(0,0)$ 到 $B(1,1)$ 的一段弧.

(2) 抛物线 $x = y^2$ 上从 $O(0,0)$ 到 $B(1,1)$ 的一段弧.

(3) 有向折线 OAB. O,A,B 依次是点 $(0,0),(1,0),(1,1)$.

解 $\dfrac{\partial P}{\partial y} = \dfrac{\partial Q}{\partial x} = 2x$ 在整个 xOy 平面内都成立 $\Leftrightarrow$ 在整个 xOy 平面内, $\displaystyle\int_L 2xy\,\mathrm{d}x + x^2\,\mathrm{d}y$ 与路径无关. 故 $\displaystyle\int_L 2xy\,\mathrm{d}x + x^2\,\mathrm{d}y = \int_{OA} 2xy\,\mathrm{d}x + x^2\,\mathrm{d}y + $

$\displaystyle\int_{AB} 2xy\,\mathrm{d}x + x^2\,\mathrm{d}y = \int_0^1 1^2\,\mathrm{d}y = 1.$ 即问题 (1)(2)(3) 的结果均为 1.

27. 计算曲线积分 $\displaystyle\int_L \left(1 + xe^{2y}\right)\mathrm{d}x + \left(x^2 e^{2y} - 1\right)\mathrm{d}y$, 其中 L 为 $(x-2)^2 + y^2 = 4$ 在第一象限沿逆时针方向的半圆弧.

解 $P(x,y) = 1 + xe^{2y}$, $Q(x,y) = x^2 e^{2y} - 1$, 由 $\dfrac{\partial Q}{\partial x} = 2xe^{2y} = \dfrac{\partial P}{\partial y}$ 可知, 该曲线积分与路径无关. 因此, 可取直线 $y = 0$, $x : 4 \to 0$ 这一段直线段, 得

$$\int_L \left(1 + xe^{2y}\right)\mathrm{d}x + \left(x^2 e^{2y} - 1\right)\cdot\mathrm{d}y = \int_4^0 (1+x)\,\mathrm{d}x = -12.$$

28. 计算 $\displaystyle\int_L (e^x\sin y - 2y)\,\mathrm{d}x + (e^x\cos y - 2)\mathrm{d}y$, 其中 L 为上半圆周 $(x-a)^2 + y^2 = a^2$, $y \geqslant 0$, 沿逆时针方向.

解 $P = e^x\sin y - 2y$, $Q = e^x\cos y - 2$, $\dfrac{\partial Q}{\partial x} - \dfrac{\partial P}{\partial y} = e^x\cos y - e^x\cos y + 2 = 2.$ 令 L_1 为 x 轴上由原点到 $(2a,0)$ 点的有向直线段, D 为 L 和 L_1 所围成的区域,

则由格林公式

$$\oint_{L+L_1} (\mathrm{e}^x \sin y - 2y)\,\mathrm{d}x + (\mathrm{e}^x \cos y - 2)\,\mathrm{d}y = \iint_D \left(\frac{\partial Q}{\partial x} - \frac{\partial P}{\partial y}\right)\mathrm{d}x\mathrm{d}y$$

$$= 2\iint_D \mathrm{d}x\mathrm{d}y = \pi a^2,$$

$$\int_L (\mathrm{e}^x \sin y - 2y)\,\mathrm{d}x + (\mathrm{e}^x \cos y - 2)\,\mathrm{d}y$$

$$= \pi a^2 - \int_{L_1} (\mathrm{e}^x \sin y - 2y)\,\mathrm{d}x + (\mathrm{e}^x \cos y - 2)\,\mathrm{d}y = \pi a^2 - \int_0^{2a} 0\mathrm{d}x = \pi a^2.$$

29. 计算曲线积分 $\oint_L \dfrac{y\mathrm{d}x - x\mathrm{d}y}{2\left(x^2 + y^2\right)}$, 其中 L 为圆周 $(x-1)^2 + y^2 = 2$, L 的方向为逆时针方向.

解 利用格林公式 ("挖洞法") 求解问题. 记

$$P = \frac{y}{2\left(x^2 + y^2\right)}, \quad Q = \frac{-x}{2\left(x^2 + y^2\right)}.$$

当 $x^2 + y^2 \ne 0$ 时, $\dfrac{\partial Q}{\partial x} = \dfrac{\partial P}{\partial y} = \dfrac{x^2 - y^2}{2\left(x^2 + y^2\right)^2}$, $\dfrac{\partial Q}{\partial x} - \dfrac{\partial P}{\partial y} = 0$. 在 L 内作逆时针方向半径为 r 的小圆周 l : $\begin{cases} x = r\cos\theta, \\ y = r\sin\theta, \end{cases}$ $0 \leqslant \theta \leqslant 2\pi$, 在以 L 和 l 为边界的闭区域 D_r 上利用格林公式得

$$\oint_{L+l^-} P\mathrm{d}x + Q\mathrm{d}y = \iint_{D_r} \left(\frac{\partial Q}{\partial x} - \frac{\partial P}{\partial y}\right)\mathrm{d}x\mathrm{d}y = 0,$$

即

$$\oint_L P\mathrm{d}x + Q\mathrm{d}y = -\oint_{l^-} P\mathrm{d}x + Q\mathrm{d}y = \oint_l P\mathrm{d}x + Q\mathrm{d}y$$

因此,

$$\oint_L \frac{y\mathrm{d}x - x\mathrm{d}y}{2\left(x^2 + y^2\right)} = \oint_l \frac{y\mathrm{d}x - x\mathrm{d}y}{2\left(x^2 + y^2\right)} = \int_0^{2\pi} \frac{-r^2 \sin^2\theta - r^2 \cos^2\theta}{2r^2}\mathrm{d}\theta$$

$$= -\frac{1}{2}\int_0^{2\pi} \mathrm{d}\theta = -\pi.$$

❑ **第一型曲面积分**

【例 18】计算 $\iint_\Sigma \dfrac{1}{z}\mathrm{d}S$, 其中 Σ 是球面 $x^2 + y^2 + z^2 = a^2$ 被平面 $z = h, 0 <$ $h < a$ 截出的上部.

解 Σ 的方程为 $z = \sqrt{a^2 - x^2 - y^2}$, Σ 在 xOy 面上的投影区域为 D_{xy} 为圆形闭区域 $\left\{(x, y) \mid x^2 + y^2 \leqslant a^2 - h^2\right\}$, 又

$$\mathrm{d}S = \sqrt{1 + z_x^2 + z_y^2}\,\mathrm{d}x\mathrm{d}y = \frac{a}{\sqrt{a^2 - x^2 - y^2}}\mathrm{d}x\mathrm{d}y,$$

于是, 有

$$\iint_\Sigma \frac{1}{z}\mathrm{d}S = \iint_{D_{xy}} \frac{a}{a^2 - x^2 - y^2}\mathrm{d}\sigma.$$

利用极坐标, 得

$$\iint_{D_{xy}} \frac{a}{a^2 - x^2 - y^2}\mathrm{d}\sigma = a \int_0^{2\pi}\mathrm{d}\varphi \int_0^{\sqrt{a^2 - h^2}} \frac{r\mathrm{d}r}{a^2 - r^2}$$

$$= 2\pi a \left[-\frac{1}{2}\ln\left(a^2 - r^2\right)\right]_0^{\sqrt{a^2 - h^2}} = 2\pi a \ln \frac{a}{h}.$$

即

$$\iint_\Sigma \frac{1}{z}\mathrm{d}S = 2\pi a \ln \frac{a}{h}.$$

【例 19】计算 $\oiint_\Sigma (2x + 2y + z)\,\mathrm{d}S$ 其中 Σ 是平面 $2x + 2y + z = 2$ 被三个坐标平面所截下的在第一卦限的平面块.

解 Σ 在 xOy 面上的投影域为 $D : x + y \leqslant 1, x \geqslant 0, y \geqslant 0$. Σ 的方程为 $z = 2 - 2x - 2y$; 面积元素 $\mathrm{d}S = 3\mathrm{d}x\mathrm{d}y$, 因此

$$\oiint_\Sigma (2x + 2y + z)\,\mathrm{d}S = \iint_D 2 \cdot 3\mathrm{d}x\mathrm{d}y = \iint_D 6\mathrm{d}x\mathrm{d}y = 6 \cdot \frac{1}{2} \cdot 1 \cdot 1 = 3.$$

【例 20】计算曲面积分 $I = \iint_\Sigma (x^2 + y^2 + z^2)\mathrm{d}S$, 其中 Σ 是由 $z = \sqrt{4 - x^2 - y^2}$ 与 $z = \sqrt{x^2 + y^2}$ 所围成立体的表面.

解 令 $\Sigma = \Sigma_1 + \Sigma_2, \Sigma_1 : z = \sqrt{4 - x^2 - y^2}, \Sigma_2 : z = \sqrt{x^2 + y^2}$, 于是

$$I = \iint_{\Sigma_1} \left(x^2 + y^2 + z^2\right)\mathrm{d}S + \iint_{\Sigma_2} \left(x^2 + y^2 + z^2\right)\mathrm{d}S$$

第 4 章 积分学及其应用 **345**

$$= \iint_{D_{xy}} 4 \cdot \frac{2}{\sqrt{4 - x^2 - y^2}} dxdy + \iint_{D_{xy}} 2\left(x^2 + y^2\right) \cdot \sqrt{2}dxdy$$

$$= 8 \int_0^{2\pi} d\theta \int_0^{\sqrt{2}} \frac{1}{\sqrt{1 - r^2}} rdr + 2\sqrt{2} \int_0^{2\pi} d\theta \int_0^{\sqrt{2}} r^2 rdr = 4\pi \left(4 - 3\sqrt{2}\right).$$

❏ **第二型曲面积分 (例 21 是 "代入法", 例 22 是 "公式法")**

【例 21】 设 Σ 为球面 $x^2 + y^2 + z^2 = R^2$ 的下半球面, 取下侧, 则 $\iint_{\Sigma} zdxdy = $
( ).

(A) $-\int_0^{2\pi} d\theta \int_0^R \sqrt{R^2 - r^2}dr$;　　　(B) $\int_0^{2\pi} d\theta \int_0^R \sqrt{R^2 - r^2}rdr$;

(C) $-\int_0^{2\pi} d\theta \int_0^R \sqrt{R^2 - r^2}rdr$;　　(D) $\int_0^{2\pi} d\theta \int_0^R \sqrt{R^2 - r^2}dr$.

答案 B

【例 22】 计算曲面积分 $I = \iint_{\Sigma} 2x^3 dydz + 2y^3 dzdx + 3\left(z^2 - 1\right)dxdy$, 其中 Σ 是曲面 $z = 1 - x^2 - y^2\ (z \geqslant 0)$ 的上侧.

解 $\Sigma_1 : x^2 + y^2 = 1, z = 0$, 取下侧, 则 $\Sigma + \Sigma_1$ 构成封闭曲面, 包围空间闭区域 Ω, 故

$$I = \iint_{\Sigma + \Sigma_1} 2x^3 dydz + 2y^3 dzdx + 3\left(z^2 - 1\right)dxdy$$

$$- \iint_{\Sigma_1} 2x^3 dydz + 2y^3 dzdx + 3\left(z^2 - 1\right)dxdy$$

$$= \iiint_{\Omega} 6\left(x^2 + y^2 + z\right)dxdydz - \left(-\iint_{x^2 + y^2 \leqslant 1} (-3)dxdy\right)$$

$$= 2\pi - 3\pi = -\pi.$$

❏ **曲线积分综合练习**

1. 设 Σ 是柱面 $x^2 + y^2 = 1$ 在 $0 \leqslant z \leqslant 2$ 之间的部分, 则 $\iint_{\Sigma} y^2 dS = $
_____.

答案 2π

2. 设曲面 Σ 是柱面 $x^2 + y^2 = 4$ 在 $0 \leqslant z \leqslant 1$ 之间的部分, 则 $\iint_{\Sigma} x^2 dS = $
_____.

答案 8π

3. 设 Σ 是柱面 $x^2+y^2=a^2, a>0$ 在 $0\leqslant z\leqslant h$ 之间的部分, 则 $\displaystyle\iint_{\Sigma} x^2\mathrm{d}S=$ _____.

答案 πha^3

4. 设曲面 Σ 为圆锥面 $z=2-\sqrt{x^2+y^2}$ 在 xOy 面上方的部分, 则第一型曲面积分 $\displaystyle\iint_{\Sigma}\left(x^2+y^2\right)\mathrm{d}S=$ _____.

答案 $8\sqrt{2}\pi$

5. 设 Σ 是上半椭球面 $\dfrac{x^2}{9}+\dfrac{y^2}{4}+z^2=1\ (z\geqslant 0)$. 已知 Σ 的面积为 A, 则 $\displaystyle\iint_{\Sigma}(4x^2+9y^2+36z^2+xyz)\mathrm{d}S=$ _____.

答案 $36A$

6. 曲面 $\Sigma: |x|+|y|+|z|=1$, 则 $\displaystyle\oiint_{\Sigma}(x+|y|)\mathrm{d}S=$ _____.

答案 $\dfrac{4\sqrt{3}}{3}$

7. 设积分曲面 Σ 为 $x^2+y^2+z^2=a^2$, 则 $\displaystyle\iint_{\Sigma} z^2\mathrm{d}S=$ _____.

解 由轮换对称性 $\displaystyle\iint_{\Sigma} z^2\mathrm{d}S=\iint_{\Sigma} x^2\mathrm{d}S=\iint_{\Sigma} y^2\mathrm{d}S$, 故

$$\iint_{\Sigma} z^2\mathrm{d}S=\frac{1}{3}\iint_{\Sigma}\left(x^2+y^2+z^2\right)\mathrm{d}S=\frac{a^2}{3}\iint_{\Sigma}\mathrm{d}S=\frac{a^2}{3}\cdot 4\pi a^2=\frac{4\pi a^4}{3}.$$

8. 设 $\Sigma=\{(x,y,z)\mid x+y+z=1, x\geqslant 0, y\geqslant 0, z\geqslant 0\}$, 则 $\displaystyle\iint_{\Sigma} y^2\mathrm{d}S=$ _____.

解
$$\iint_{\Sigma} y^2\mathrm{d}S=\iint_{D_{xy}} y^2\sqrt{1+\left(\frac{\partial z}{\partial x}\right)^2+\left(\frac{\partial z}{\partial y}\right)^2}\,\mathrm{d}x\mathrm{d}y$$
$$=\sqrt{3}\iint_{D_{xy}} y^2\mathrm{d}x\mathrm{d}y=\sqrt{3}\int_0^1\mathrm{d}x\int_0^{1-x} y^2\mathrm{d}y=\frac{\sqrt{3}}{12}.$$

9. 设 Σ 为平面 $x+\dfrac{y}{2}+\dfrac{z}{3}=1$ 在第一卦限内的部分, 则 $\displaystyle\iint_{\Sigma}[6(x-1)+3y+2z]\mathrm{d}S=$ _____.

答案 0

10. 求曲面积分 $\displaystyle\iint_{\Sigma}(x+y+z)\mathrm{d}S$, 其中 Σ 为球面 $x^2+y^2+z^2=a^2$ 上 $z\geqslant h(0<h<a)$ 的部分.

解　$\Sigma : z = \sqrt{a^2 - x^2 - y^2}, D_{xy} : x^2 + y^2 \leqslant a^2 - h^2,$

$$\mathrm{d}S = \sqrt{1 + z_x^2 + z_y^2}\,\mathrm{d}x\mathrm{d}y = \frac{a}{\sqrt{a^2 - x^2 - y^2}}\,\mathrm{d}x\mathrm{d}y.$$

$$\iint_{\Sigma} (x + y + z)\mathrm{d}S = \iint_{D_{xy}} \left(x + y + \sqrt{a^2 - x^2 - y^2} \right) \frac{a}{\sqrt{a^2 - x^2 - y^2}}\,\mathrm{d}x\mathrm{d}y$$

$$= \iint_{D_{xy}} a\,\mathrm{d}x\mathrm{d}y = a\,|D_{xy}| = \pi a \left(a^2 - h^2 \right) \text{(根据区域的对称性及函数的奇偶性)}.$$

11. 计算曲面积分 $I = \iint_{\Sigma} z\mathrm{d}S$, 其中 Σ 为锥面 $z = \sqrt{x^2 + y^2}$ 在柱体 $x^2 + y^2 \leqslant 2x$ 内的部分.

解　因为 Σ 在 xOy 面上的投影区域为 D: $x^2 + y^2 \leqslant 2x$, 且

$$\mathrm{d}S = \sqrt{1 + \left(\frac{\partial z}{\partial x} \right)^2 + \left(\frac{\partial z}{\partial y} \right)^2}\,\mathrm{d}\sigma = \sqrt{2}\,\mathrm{d}x\mathrm{d}y.$$

所以,

$$I = \iint_{\Sigma} z\mathrm{d}S = \iint_{D} \sqrt{x^2 + y^2} \cdot \sqrt{2}\,\mathrm{d}x\mathrm{d}y = \sqrt{2} \int_{-\frac{\pi}{2}}^{\frac{\pi}{2}} \mathrm{d}\theta \int_{0}^{2\cos\theta} r^2 \mathrm{d}r = \frac{32}{9}\sqrt{2}.$$

12. 计算 $\iint_{\Sigma} \frac{\mathrm{d}S}{x^2 + y^2 + z^2}$, 其中 Σ 是界于平面 $z = 0$ 及 $z = H$ 之间的圆柱面 $x^2 + y^2 = R^2$.

解　令 $\Sigma = \Sigma_1 + \Sigma_2$, 其中

$$\Sigma_1: \ x = \sqrt{R^2 - y^2}, D_{yz}: -R \leqslant y \leqslant R, 0 \leqslant z \leqslant H, \ \mathrm{d}S = \frac{R}{\sqrt{R^2 - y^2}}\,\mathrm{d}y\mathrm{d}z;$$

$$\Sigma_2: \ x = -\sqrt{R^2 - y^2}, D_{yz}: -R \leqslant y \leqslant R, \ 0 \leqslant z \leqslant H, \ \mathrm{d}S = \frac{R}{\sqrt{R^2 - y^2}}\,\mathrm{d}y\mathrm{d}z.$$

于是,

$$\iint_{\Sigma} \frac{\mathrm{d}S}{x^2 + y^2 + z^2} = \iint_{\Sigma_1} \frac{\mathrm{d}S}{x^2 + y^2 + z^2} + \iint_{\Sigma_2} \frac{\mathrm{d}S}{x^2 + y^2 + z^2}$$

$$= 2 \iint_{D_{xz}} \frac{1}{R^2 + z^2} \cdot \frac{R}{\sqrt{R^2 - y^2}}\,\mathrm{d}y\mathrm{d}z$$

$$= 2R \int_{-R}^{R} \frac{1}{\sqrt{R^2 - y^2}} \mathrm{d}y \int_{0}^{H} \frac{1}{R^2 + z^2} \mathrm{d}z = 2\pi \arctan \frac{H}{R}.$$

13. 计算曲面积分 $\iint_{\Sigma} (xy + yz + zx) \mathrm{d}S$, 其中曲面 Σ 是 $z = \sqrt{x^2 + y^2}$ 被柱面 $x^2 + y^2 = 2x$ 所截得的部分.

解 Σ 在 xOy 面投影域 $D_{xy}: x^2 + y^2 = 2x$, 由于曲面关于 zOx 平面对称, 因此,

$$\int_{\Sigma} (xy + yz + zx) \mathrm{d}S = \iint_{\Sigma} xz \mathrm{d}S = \iint_{D_{xy}} x\sqrt{2(x^2 + y^2)} \mathrm{d}x\mathrm{d}y$$

$$= 2\sqrt{2} \int_{0}^{\frac{\pi}{2}} \mathrm{d}\theta \int_{0}^{2\cos\theta} r^3 \cos\theta \mathrm{d}r$$

$$= 8\sqrt{2} \int_{0}^{\frac{\pi}{2}} \cos^5 \theta \mathrm{d}\theta = 8 \cdot \frac{4}{5} \cdot \frac{2}{3} \sqrt{2} = \frac{64}{15}\sqrt{2}.$$

14. 设曲面 Σ 为柱面 $x^2 + y^2 = R^2$ 上介于 $z = h$ 和 $z = H, h \neq H$ 之间的部分, 取外侧, 则 $\iint_{\Sigma} R(x, y, z) \mathrm{d}x\mathrm{d}y = \underline{\qquad}$.

答案 0

解 因 Σ 的法向量垂直于 z 轴, 即 $\cos\gamma = 0$, 所以 Σ 的面积元素在 xOy 面上的投影 $\mathrm{d}x\mathrm{d}y = 0$, 从而积分为零.

15. 设 Σ 是锥面 $z = \sqrt{x^2 + y^2}, 0 \leqslant z \leqslant 1$ 的下侧, 则 $\iint_{\Sigma} x\mathrm{d}y\mathrm{d}z + 2y\mathrm{d}z\mathrm{d}x + 3(z-1)\mathrm{d}x \cdot \mathrm{d}y = \underline{\qquad}$.

答案 2π

16. 设 Σ 为球面 $x^2 + y^2 + z^2 = a^2$, 法向量向外, 则 $\oiint_{\Sigma} x^3 \mathrm{d}y\mathrm{d}z = \underline{\qquad}$.

答案 $\frac{4}{5}\pi a^5$

17. 设 Σ 是平面 $3x + 2y + 2\sqrt{3}z = 6$ 在第一卦限部分的下侧, 则 $I = \iint_{\Sigma} P\mathrm{d}y\mathrm{d}z + Q\mathrm{d}z\mathrm{d}x + R\mathrm{d}x\mathrm{d}y$ 化为对面积的曲面积分为 $I = \underline{\qquad}$.

答案 $-\frac{1}{5} \iint_{\Sigma} \left(3P + 2Q + 2\sqrt{3}R\right) \mathrm{d}S.$

18. 向量场 $\boldsymbol{A} = (x^2 - 2y)\boldsymbol{i} + (y^2 - 2z)\boldsymbol{j} + (z^2 - 2x)\boldsymbol{k}$, 则 $\mathrm{rot}\boldsymbol{A} = \underline{\qquad}$.

答案 $(2, 2, 2)$

19. 设 $u = x^2 + 2y + yz$, 则 $\mathrm{div}(\mathrm{grad}u) = \underline{\qquad}$.

答案 2

20. 计算 $\iint_{\Sigma} \dfrac{axdydz+(z+a)^2\,dxdy}{\sqrt{x^2+y^2+z^2}}$，其中 Σ 为下半球面 $z=-\sqrt{a^2-x^2-y^2}$ 的上侧, $a>0$.

解　将 Σ 投影到 yOz 平面, 投影区域 $D_{yz}: y^2+z^2\leqslant a^2, z\leqslant 0$, 则

$$I_1 = \frac{1}{a}\iint_{\Sigma} axdydz = 2\iint_{D_{yz}}\left(-\sqrt{a^2-y^2-z^2}\right)dydz$$

$$= -2\int_0^{2\pi}d\theta\int_0^a\sqrt{a^2-r^2}rdr = -\frac{2}{3}\pi a^3.$$

又将 Σ 投影到 xOy 平面, 投影区域 $D_{xy}: x^2+y^2\leqslant a^2$, 则

$$I_2 = \frac{1}{a}\iint_{\Sigma}(z+a)^2\,dxdy = \frac{1}{a}\iint_{D_{xy}}\left[a-\sqrt{a^2-x^2-y^2}\right]^2dxdy$$

$$= \frac{1}{a}\int_0^{2\pi}d\theta\int_0^a\left(a^2+a^2-r^2-2a\sqrt{a^2-r^2}\right)rdr = \frac{1}{6}\pi a^3.$$

因此

$$I = I_1 + I_2 = -\frac{1}{2}\pi a^3.$$

21. 利用高斯公式计算第二型曲面积分

$$I = \oiint_{\Sigma} xz^2dydz + \left(x^2y-z^3\right)dzdx + \left(2xy+y^2z\right)dxdy,$$

其中 Σ 是球面 $x^2+y^2+z^2=1$ 的内侧表面.

解　要求解的积分式中, 被积函数相对复杂, 直接利用代入法计算相对繁琐, 适合采用高斯公式来求解. 由题意, 符合使用高斯公式的两个条件, 但注意曲面取的是内侧, 因此,

$$I = -\iiint_{\Omega}\left(\frac{\partial P}{\partial x}+\frac{\partial Q}{\partial y}+\frac{\partial R}{\partial z}\right)dv = -\iiint_{\Omega}\left(x^2+y^2+z^2\right)dv$$

$$\xupdownarrow{\text{利用球面坐标}} -\int_0^{2\pi}d\theta\int_0^{\pi}d\varphi\int_0^1 r^4\sin\varphi dr$$

$$= -\frac{4}{5}\pi.$$

22. 计算 $I = \iint\limits_{\Sigma} xz\mathrm{d}y\mathrm{d}z + 2zy\mathrm{d}z\mathrm{d}x + 3xy\mathrm{d}x\mathrm{d}y$, 其中 Σ 为曲面 $z = 1 - x^2 - \dfrac{y^2}{4}, 0 \leqslant z \leqslant 1$ 的上侧.

解 取 Σ_1 为 xOy 平面上被椭圆 $x^2 + \dfrac{y^2}{4} = 1$ 所围部分的下侧, 记 Ω 为由 Σ 和 Σ_1 围成的空间闭区域. 根据高斯公式,

$$I_1 = \oiint\limits_{\Sigma + \Sigma_1} xz\mathrm{d}y\mathrm{d}z + 2zy\mathrm{d}z\mathrm{d}x + 3xy\mathrm{d}x\mathrm{d}y = \iiint\limits_{\Omega} (z + 2z + 0)\,\mathrm{d}x\mathrm{d}y\mathrm{d}z$$

$$= \int_0^1 3z\mathrm{d}z \iint\limits_{x^2 + \frac{y^2}{4} \leqslant 1-z} \mathrm{d}x\mathrm{d}y = \int_0^1 6\pi z\,(1-z)\,\mathrm{d}z = \pi.$$

而

$$I_2 = \iint\limits_{\Sigma_1} xz\mathrm{d}y\mathrm{d}z + 2zy\mathrm{d}z\mathrm{d}x + 3xy\mathrm{d}x\mathrm{d}y = -3\iint\limits_{x^2 + \frac{y^2}{4} \leqslant 1} xy\mathrm{d}x\mathrm{d}y = 0,$$

故

$$I = I_1 - I_2 = \pi.$$

23. 求 $\iint\limits_{\Sigma} x\mathrm{d}y\mathrm{d}z + y\mathrm{d}z\mathrm{d}x + z\mathrm{d}x\mathrm{d}y$, 其中 Σ 为半球面 $z = \sqrt{R^2 - x^2 - y^2}$ 的上侧.

解 设 Σ_1 为 xOy 面上圆域 $x^2 + y^2 \leqslant R^2$, 方向取下侧, Ω 为由 Σ 与 Σ_1 所围成的空间区域. 由高斯公式得

$$\oiint\limits_{\Sigma + \Sigma_1} x\mathrm{d}y\mathrm{d}z + y\mathrm{d}z\mathrm{d}x + z\mathrm{d}x\mathrm{d}y = \iiint\limits_{\Omega} \left(\frac{\partial P}{\partial x} + \frac{\partial Q}{\partial y} + \frac{\partial R}{\partial z} \right) \mathrm{d}v$$

$$= \iiint\limits_{\Omega} 3\mathrm{d}v = 3 \cdot \frac{2}{3}\pi R^3 = 2\pi R^3,$$

而

$$\iint\limits_{\Sigma_1} x\mathrm{d}y\mathrm{d}z + y\mathrm{d}z\mathrm{d}x + z\mathrm{d}x\mathrm{d}y = \iint\limits_{\Sigma_1} z\mathrm{d}x\mathrm{d}y = \iint\limits_{D_{xy}} 0\mathrm{d}x\mathrm{d}y = 0,$$

所以

$$\iint\limits_{\Sigma} x\mathrm{d}y\mathrm{d}z + y\mathrm{d}z\mathrm{d}x + z\mathrm{d}x\mathrm{d}y = 2\pi R^3 - 0 = 2\pi R^3.$$

24. 计算 $\iint\limits_{\Sigma} x^2\mathrm{d}y\mathrm{d}z + y^2\mathrm{d}z\mathrm{d}x + z^2\mathrm{d}x\mathrm{d}y$, 其中 Σ 为下半球面 $z = -\sqrt{R^2 - x^2 - y^2}$ 的下侧, R 为正数.

解　补平面块 Σ_1：$\begin{cases} x^2+y^2 \leqslant R^2, \\ z=0, \end{cases}$　上侧，则 $\iint_{\Sigma_1} x^2 \mathrm{d}y\mathrm{d}z + y^2\mathrm{d}z\mathrm{d}x + z^2\mathrm{d}x\mathrm{d}y = 0(z=0, \mathrm{d}z=0)$. Σ 和 Σ_1 围成立体 Ω. 由高斯公式

$$\oiint_{\Sigma+\Sigma_1} x^2\mathrm{d}y\mathrm{d}z + y^2\mathrm{d}z\mathrm{d}x + z^2\mathrm{d}x\mathrm{d}y = \iiint_{\Omega}\left(\frac{\partial P}{\partial x}+\frac{\partial Q}{\partial y}+\frac{\partial R}{\partial z}\right)\mathrm{d}v$$

$$= 2\iiint_{\Omega}(x+y+z)\,\mathrm{d}v = 2\iiint_{\Omega} z\mathrm{d}v \quad (对称性)$$

$$= 2\int_0^{2\pi}\mathrm{d}\theta\int_0^R r\mathrm{d}r\int_{-\sqrt{R^2-r^2}}^0 z\mathrm{d}z = -2\pi\int_0^R\left(R^2-r^2\right)r\mathrm{d}r = -\frac{\pi R^4}{2},$$

所以

$$\iint_{\Sigma} = \oiint_{\Sigma+\Sigma_1} - \iint_{\Sigma_1} = -\frac{\pi R^4}{2}.$$

25. 计算 $\iint_{\Sigma} z^2\mathrm{d}x\mathrm{d}y$，其中 Σ 为曲面 $x^2+y^2+z^2=a^2$ 的外侧.

解　方法一（代入法）　将 Σ 分为 Σ_1：$z=\sqrt{a^2-x^2-y^2}$ 和 Σ_2：$z=-\sqrt{a^2-x^2-y^2}$，则

$$\iint_{\Sigma} = \iint_{\Sigma_1} + \iint_{\Sigma_2} = \iint_{x^2+y^2\leqslant a^2}\left(a^2-x^2-y^2\right)\mathrm{d}x\mathrm{d}y$$

$$-\iint_{x^2+y^2\leqslant a^2}\left(a^2-x^2-y^2\right)\mathrm{d}x\mathrm{d}y = 0.$$

方法二（公式法）　利用高斯公式，$\oiint_{\Sigma} z^2\mathrm{d}x\mathrm{d}y = \iiint_{x^2+y^2+z^2\leqslant a^2}(0+0+2z)\,\mathrm{d}x\cdot\mathrm{d}y\mathrm{d}z = 0$（对称性）.

26. 计算 $I = \iint_{\Sigma}\left(x^2z-y\right)\mathrm{d}z\mathrm{d}x + (z+1)\mathrm{d}x\mathrm{d}y$，其中 Σ 为圆柱面 $x^2+y^2=4$ 被平面 $x+z=2$ 和 $z=0$ 所截部分的外侧.

解　这是用高斯公式处理的典型的题目. 记 Σ_1 为平面 $x+z=2$ 落在圆柱 $x^2+y^2=4$ 内的部分, 取上侧. 记 Σ_2 为平面 $z=0$ 落在圆柱 $x^2+y^2=4$ 内的部分, 取下侧. 三个曲面围成封闭区域 Ω. 由高斯公式,

$$I = \iint_{\Sigma+\Sigma_1+\Sigma_2}\left(x^2z-y\right)\mathrm{d}z\mathrm{d}x + (z+1)\mathrm{d}x\mathrm{d}y$$

$$-\iint_{\Sigma_1+\Sigma_2}\left(x^2z-y\right)\mathrm{d}z\mathrm{d}x + (z+1)\mathrm{d}x\mathrm{d}y$$

$$= \iiint_{\Omega} \left[\frac{\partial \left(x^2 z - y \right)}{\partial y} + \frac{\partial \left(z + 1 \right)}{\partial z} \right] \mathrm{d}v - \iint_{\Sigma_1 + \Sigma_2} \left(x^2 z - y \right) \mathrm{d}z\mathrm{d}x + (z+1)\,\mathrm{d}x\mathrm{d}y$$

$$= 0 - \iint_{\Sigma_1} \left(x^2 z - y \right) \mathrm{d}z\mathrm{d}x + (z+1)\,\mathrm{d}x\mathrm{d}y - \iint_{\Sigma_2} \left(x^2 z - y \right) \mathrm{d}z\mathrm{d}x + (z+1)\,\mathrm{d}x\mathrm{d}y.$$

注意到 Σ_1 和 Σ_2 在 xOz 平面的投影皆为直线段, 故

$$I = - \iint_{\Sigma_1} (z+1)\,\mathrm{d}x\mathrm{d}y - \iint_{\Sigma_2} (z+1)\,\mathrm{d}x\mathrm{d}y$$

$$= - \iint_{x^2+y^2 \leqslant 4} (2-x)\,\mathrm{d}x\mathrm{d}y = -8\pi.$$

❑ **二重积分**

【例 23】计算 $\int_0^1 \mathrm{d}y \int_y^1 \sin x^2 \mathrm{d}x$.

解 $\sin x^2$ 的原函数不能用初等函数表示, 考虑交换一下积分次序, 即先对变量 y 积分.

$$原式 \xrightarrow{\text{交换积分次序}} \int_0^1 \mathrm{d}x \int_0^x \sin x^2 \mathrm{d}y = \int_0^1 \sin x^2 \mathrm{d}x \int_0^x \mathrm{d}y$$

$$= \int_0^1 x \sin x^2 \mathrm{d}x = \frac{1}{2} \int_0^1 \sin x^2 \mathrm{d}x^2$$

$$= \frac{1}{2} \left[-\cos x^2 \right]_0^1 = \frac{1}{2} \left(1 - \cos 1 \right).$$

【例 24】计算 $\iint_D \frac{y}{\sqrt{x^2+y^2}}\mathrm{d}x\mathrm{d}y$, 其中 D 是圆域 $x^2+y^2 \leqslant ay$, 常数 $a>0$.

解 题中积分区域是圆域 $x^2+y^2 \leqslant ay$, 极坐标方程为 $r = a\sin\theta$, 且被积函数中包含 "x^2+y^2" 结构, 考虑使用极坐标

$$\iint_D \frac{y}{\sqrt{x^2+y^2}}\mathrm{d}x\mathrm{d}y = \int_0^\pi \mathrm{d}\theta \int_0^{a\sin\theta} \frac{r\sin\theta}{r} r\mathrm{d}r = \int_0^\pi \sin\theta\mathrm{d}\theta \int_0^{a\sin\theta} r\mathrm{d}r$$

$$= \frac{a^2}{2} \int_0^\pi \sin^3\theta\mathrm{d}\theta = \frac{a^2}{2} \cdot 2 \int_0^{\frac{\pi}{2}} \sin^3\theta\mathrm{d}\theta = a^2 \left(\frac{2}{3} \cdot 1 \right) = \frac{2a^2}{3}.$$

❑ **三重积分**

【例 25】计算 $I = \iiint_\Omega xy^2z^3\mathrm{d}x\mathrm{d}y\mathrm{d}z$, 其中 Ω 是由曲面 $z = xy$ 与平面 $y = x, x = 1$ 和 $z = 0$ 围成的区域 (图 4.6).

解 $I = \int_0^1 \mathrm{d}x \int_0^x \mathrm{d}y \int_0^{xy} xy^2 z^3 \mathrm{d}z$

$$= \int_0^1 x\mathrm{d}x \int_0^x y^2 \left[\frac{z^4}{4}\right]_0^{xy} \mathrm{d}y = \int_0^1 x\mathrm{d}x \int_0^x y^2 \frac{x^4 y^4}{4} \mathrm{d}y$$

$$= \frac{1}{4}\int_0^1 x^5 \left[\frac{y^7}{7}\right]_0^x \mathrm{d}x = \frac{1}{28}\int_0^1 x^{12}\mathrm{d}x = \frac{1}{28}\cdot\frac{1}{13} = \frac{1}{364}.$$

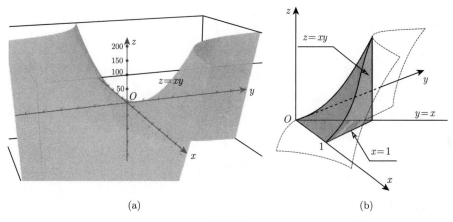

(a)　　　　　　　　　　　　(b)

图 4.6

【例 26】 计算 $\iiint_\Omega z\mathrm{d}v$, 其中 Ω 是由锥面 $z = \dfrac{h}{R}\sqrt{x^2+y^2}$ 与平面 $z = h(R > 0, h > 0)$ 所围成的闭区域.

解 当 $0 \leqslant z \leqslant h$ 时, 过 $(0,0,z)$ 作平行于 xOy 面的平面, 截得立体 Ω 的截面为圆 D_z: $x^2 + y^2 = \left(\dfrac{R}{h}z\right)^2$, D_z 的半径为 $\dfrac{R}{h}z$, 面积为 $\dfrac{\pi R^2}{h^2}z^2$, 于是

$$\iiint_\Omega z\mathrm{d}x\mathrm{d}y\mathrm{d}z = \int_0^h z\mathrm{d}z \underbrace{\iint_{D_z} \mathrm{d}x\mathrm{d}y}_{\text{截面}D_z\text{的面积}} = \frac{\pi R^2}{h^2}\int_0^h z^3\mathrm{d}z = \frac{\pi R^2 h^2}{4}.$$

【例 27】 计算积分 $\iiint_\Omega (x^2+y^2)\mathrm{d}x\mathrm{d}y\mathrm{d}z$, 其中 Ω 是由 $2z = x^2+y^2, z = 2$ 所围成的区域.

解 Ω 在 xOy 面的投影区域为 $D_{xy} = \{(x,y)\,|\,x^2+y^2 \leqslant 4\}$, 利用柱面坐标变换, Ω 可表示为 $\dfrac{r^2}{2} \leqslant z \leqslant 2, 0 \leqslant r \leqslant 2, 0 \leqslant \theta \leqslant 2\pi$. 于是,

$$I = \int_0^{2\pi} d\theta \int_0^2 r^3 dr \int_{\frac{r^2}{2}}^2 dz = \int_0^{2\pi} d\theta \int_0^2 r^3 \left(2 - \frac{r^2}{2}\right) dr = \frac{16}{3}\pi.$$

❑ **重积分综合练习**

1. 交换积分顺序 $\displaystyle\int_0^1 dy \int_{-y}^{\sqrt{2y-y^2}} f(x,y)dx =$ _____.

答案 $\displaystyle\int_{-1}^0 dx \int_{-x}^1 f(x,y)dy + \int_0^1 dx \int_{1-\sqrt{1-x^2}}^1 f(x,y)dy$

2. 交换 $\displaystyle\int_{-1}^1 dx \int_0^{\sqrt{1-x^2}} f(x,y)dy$ 的积分次序：_____.

答案 $\displaystyle\int_0^1 dy \int_{-\sqrt{1-y^2}}^{\sqrt{1-y^2}} f(x,y)dx$

3. 交换 $\displaystyle\int_1^e dx \int_0^{\ln x} f(x,y)dy$ 的积分次序：_____.

答案 $\displaystyle\int_0^1 dy \int_{e^y}^e f(x,y)dx$

4. 若 $f(x,y)$ 在关于 y 轴对称的有界闭区域 D 上连续, 且 $f(-x,y) = -f(x,y)$, 则 $\displaystyle\iint_D f(x,y)dxdy =$ _____.

答案 0

5. $\displaystyle\iiint_\Omega \left(x^2 + y^2\right) dv =$ _____, 其中 Ω 为曲线 $\begin{cases} y^2 = 2z, \\ x = 0 \end{cases}$ 绕 z 轴旋转一周而成的曲面与平面 $z = 2, z = 8$ 所围立体区域.

答案 336π

6. 计算二重积分 $I = \displaystyle\iint_{x^2+y^2 \leqslant 4} e^{x^2+y^2} dxdy$ 的值.

解 作极坐标变换: $x = r\cos\theta, y = r\sin\theta$, 则有

$$I = \iint_{x^2+y^2 \leqslant 4} e^{x^2+y^2} dxdy = \int_0^{2\pi} d\theta \int_0^2 e^{r^2} r dr = 2\pi \cdot \frac{1}{2} e^{r^2} \mid_0^2 = \pi \left(e^4 - 1\right).$$

7. 设 D 是由曲线 $y = x^2$ 与直线 $y = x$ 所围成的区域, 求 $\displaystyle\iint_D \frac{\sin x}{x} dxdy.$

解　由于 D 可以表示成 X 型区域 D：$\begin{cases} 0 \leqslant x \leqslant 1, \\ x^2 \leqslant y \leqslant x, \end{cases}$　所以，

$$\iint_D \frac{\sin x}{x} \mathrm{d}x\mathrm{d}y = \int_0^1 \mathrm{d}x \int_{x^2}^x \frac{\sin x}{x} \mathrm{d}y = \int_0^1 \frac{\sin x}{x} \left(x - x^2\right) \mathrm{d}x$$

$$= \int_0^1 \sin x \left(1 - x\right) \mathrm{d}x = 1 - \sin 1.$$

8. 计算二重积分 $\displaystyle\iint_D \frac{x+y}{x^2+y^2} \mathrm{d}x\mathrm{d}y$，其中 $D = \left\{(x,y) \,\middle|\, x^2 + y^2 \leqslant 1, x + y \geqslant 1\right\}$.

解　作极坐标变换 $x = r\cos\theta$, $y = r\sin\theta$, 则积分区域 D：$0 \leqslant \theta \leqslant \dfrac{\pi}{2}$,

$\dfrac{1}{\sin\theta + \cos\theta} \leqslant r \leqslant 1$, 因此,

$$\iint_D \frac{x+y}{x^2+y^2} \mathrm{d}x\mathrm{d}y = \int_0^{\frac{\pi}{2}} \mathrm{d}\theta \int_{\frac{1}{\sin\theta+\cos\theta}}^1 \frac{r\cos\theta + r\sin\theta}{r^2} r\mathrm{d}r$$

$$= \int_0^{\frac{\pi}{2}} \mathrm{d}\theta \int_{\frac{1}{\sin\theta+\cos\theta}}^1 (\cos\theta + \sin\theta) \,\mathrm{d}r = 2 - \frac{\pi}{2}.$$

9. 计算 $\displaystyle\iiint_V \left(x^2 + y^2\right) \mathrm{d}x\mathrm{d}y\mathrm{d}z$，其中 V 是以曲面 $2\left(x^2 + y^2\right) = z, z = 4$ 为界面的区域.

解　$\displaystyle\iiint_V \left(x^2 + y^2\right) \mathrm{d}x\mathrm{d}y\mathrm{d}z = \int_0^{2\pi} \mathrm{d}\theta \int_0^{\sqrt{2}} r\mathrm{d}r \int_{2r^2}^4 r^2 \mathrm{d}z = \dfrac{8\pi}{3}.$

10. 计算积分 $\displaystyle\iiint_\Omega \left(x^2 + y^2\right)\mathrm{d}x\mathrm{d}y\mathrm{d}z$，其中 Ω 是由 $2z = x^2 + y^2, z = 2$ 所围成的区域.

解　Ω 在 xOy 面的投影区域为 $D_{xy} = \left\{(x,y) \,\middle|\, x^2 + y^2 \leqslant 4\right\}$, 利用柱面坐标变换, Ω 可表示为

$$\frac{\rho^2}{2} \leqslant z \leqslant 2, \quad 0 \leqslant \rho \leqslant 2, \quad 0 \leqslant \theta \leqslant 2\pi,$$

$$I = \int_0^{2\pi} \mathrm{d}\theta \int_0^2 \rho^3 \mathrm{d}\rho \int_{\frac{\rho^2}{2}}^2 \mathrm{d}z = \int_0^{2\pi} \mathrm{d}\theta \int_0^2 \rho^3 \left(2 - \frac{\rho^2}{2}\right) \mathrm{d}\rho = \frac{16}{3}\pi.$$

11. 求底圆半径相等的两个直交圆柱面 $x^2 + y^2 = R^2$ 及 $x^2 + z^2 = R^2$ 所围立体 (牟合方盖) 的表面积、体积.

分析 该两圆柱面直交时所围立体处在八个卦限内. 其表面为 8×2 个面积相等的曲面, 我们只经计算其中一个曲面面积即可. 要注意计算曲面面积时, 要找其在坐标面内的投影区域. 要注意向哪个坐标面作投影要依据曲面方程而定.

解 (1) 计算表面积. 我们只需计算阴影部分的面积 S_1 再乘以 16 即可. 该曲面的方程为 $z = \sqrt{R^2 - x^2}$, 它在 xOy 面上的投影为 $D = \{(x,y) \mid x^2 + y^2 \leqslant R^2, x \geqslant 0, y \geqslant 0\}$, $\dfrac{\partial z}{\partial x} = -\dfrac{x}{\sqrt{R^2 - x^2}}, \dfrac{\partial z}{\partial y} = 0$, 于是

$$
\begin{aligned}
S_1 &= \iint_{\Sigma_1} \mathrm{d}S = \iint_D \sqrt{1 + \left(\frac{\partial z}{\partial x}\right)^2 + \left(\frac{\partial z}{\partial y}\right)^2} \, \mathrm{d}x\mathrm{d}y \\
&= \iint_D \sqrt{1 + \left(-\frac{x}{\sqrt{R^2 - x^2}}\right)^2} \, \mathrm{d}x\mathrm{d}y \\
&= \iint_D \frac{R}{\sqrt{R^2 - x^2}} \mathrm{d}x\mathrm{d}y \\
&= \int_0^R \mathrm{d}x \int_0^{\sqrt{R^2 - x^2}} \frac{R}{\sqrt{R^2 - x^2}} \mathrm{d}y = R^2,
\end{aligned}
$$

故表面积 $S = 16S_1 = 16R^2$.

(2) 计算体积. 如图 4.7, 第一卦限中的部分是整个牟合方盖体积的 $1/8$. 因此, 可首先计算出第一卦限中部分的体积 V_1. 利用二重积分的几何意义, $\iint_D f(x,y) \cdot \mathrm{d}x\mathrm{d}y$ 表示以区域 D 为底, 以 $f(x,y)$ 为高的曲顶柱体的体积. 因此,

$$
\begin{aligned}
V_1 &= \iint_{D_{xy}} \sqrt{R^2 - x^2} \mathrm{d}x\mathrm{d}y = \int_0^R \mathrm{d}x \int_0^{\sqrt{R^2 - x^2}} \sqrt{R^2 - x^2} \mathrm{d}y \\
&= \int_0^R \sqrt{R^2 - x^2} \left[\sqrt{R^2 - x^2} - 0\right] \mathrm{d}x \\
&= \int_0^R \left(R^2 - x^2\right) \mathrm{d}x = \left[R^2 x - \frac{x^3}{3}\right]_0^R = \frac{2}{3} R^3,
\end{aligned}
$$

故体积 $V = 8V_1 = \dfrac{16}{3} R^3$.

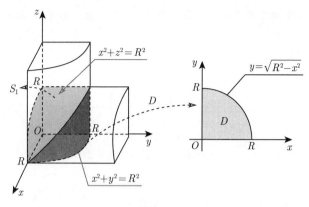

图 4.7

12. 计算二重积分 $\displaystyle\iint_D \sin\sqrt{x^2+y^2}\mathrm{d}x\mathrm{d}y$, 其中 $D = \left\{ (x,y)\,|\pi^2 \leqslant x^2 + y^2 \leqslant 4\pi^2\right\}$.

解　$D : 0 \leqslant \theta \leqslant 2\pi, \pi \leqslant r \leqslant 2\pi$,

$$\iint_D \sin\sqrt{x^2+y^2}\mathrm{d}x\mathrm{d}y = \int_0^{2\pi}\mathrm{d}\theta\int_\pi^{2\pi}\sin r \cdot r\mathrm{d}r = -6\pi^2.$$

13. 计算二重积分 $\displaystyle\iint_D \sqrt{\dfrac{1-x^2-y^2}{1+x^2+y^2}}\mathrm{d}\sigma$, 其中 D 是由圆周 $x^2+y^2 = 1$ 及坐标轴所围成的在第一象限内的闭区域.

解　$D : 0 \leqslant \theta \leqslant \dfrac{\pi}{2}, 0 \leqslant r \leqslant 1$,

$$\iint_D \sqrt{\frac{1-x^2-y^2}{1+x^2+y^2}}\mathrm{d}x\mathrm{d}y = \int_0^{\frac{\pi}{2}}\mathrm{d}\theta\int_0^1 \sqrt{\frac{1-r^2}{1+r^2}}r\mathrm{d}r = \frac{\pi}{8}\left(\pi - 2\right).$$

14. 计算 $I = \displaystyle\iiint_\Omega \dfrac{\mathrm{d}v}{x^2+y^2+z^2}$, Ω 由 $z = 1 + \sqrt{1-x^2-y^2}$ 与 $z = 1$ 所围成.

解　利用球面坐标,

$$I = \int_0^{2\pi}\mathrm{d}\theta\int_0^{\frac{\pi}{4}}\mathrm{d}\varphi\int_{\frac{1}{\cos\varphi}}^{2\cos\varphi}\frac{r^2\sin\varphi}{r^2}\mathrm{d}r = (1-\ln 2)\,\pi.$$

15. 计算三重积分 $\displaystyle\iiint_\Omega \dfrac{1}{(1+x+y+z)^3}\mathrm{d}x\mathrm{d}y\mathrm{d}z$, 其中 Ω 是由 $x = 0, y = 0, z = 0$ 及 $x+y+z = 1$ 所围成的闭区域.

解 $\Omega : 0 \leqslant x \leqslant 1, 0 \leqslant y \leqslant 1-x, 0 \leqslant z \leqslant 1-x-y$,

$$\iiint_{\Omega} \frac{1}{(1+x+y+z)^3} \mathrm{d}x\mathrm{d}y\mathrm{d}z = \int_0^1 \mathrm{d}x \int_0^{1-x} \mathrm{d}y \int_0^{1-x-y} \frac{1}{(1+x+y+z)^3} \mathrm{d}z$$
$$= \frac{1}{2} \left(\ln 2 - \frac{5}{8} \right).$$

16. 计算 $\iint_D \sqrt{R^2-x^2-y^2} \mathrm{d}\sigma$, 其中 D 是由圆周 $x^2+y^2=Rx$ 所围成的区域.

解 $D : -\dfrac{\pi}{2} \leqslant \theta \leqslant \dfrac{\pi}{2}, 0 \leqslant r \leqslant R\cos\theta$,

$$\iint_D \sqrt{R^2-x^2-y^2} \mathrm{d}\sigma = \int_{-\frac{\pi}{2}}^{\frac{\pi}{2}} \mathrm{d}\theta \int_0^{R\cos\theta} \sqrt{R^2-r^2}\, r\mathrm{d}r = \frac{1}{3}R^3 \left(\pi - \frac{4}{3} \right).$$

17. 求由 $z=x^2+y^2, x+y=1$ 和三个坐标面围成的立体的体积.

解 立体在 xOy 面上的投影区域 $D : 0 \leqslant x \leqslant 1, 0 \leqslant y \leqslant 1-x$. 所围成的立体可视为以 $z=x^2+y^2$ 为曲顶, 以 D 为底的曲顶柱体, 利用二重积分的几何意义, 体积

$$V = \iint_D \left(x^2+y^2 \right) \mathrm{d}\sigma = \int_0^1 \mathrm{d}x \int_0^{1-x} \left(x^2+y^2 \right) \mathrm{d}y = \frac{1}{6}.$$

综 合 演 练

不定积分 | 章测试 1

分数：＿＿＿＿＿＿＿

一、填空题 (3 分 ×5 = 15 分)

1. $\displaystyle\int \left(2x + x^2 + 2^x + \log_2 x\right)\mathrm{d}x = $ ＿＿＿＿＿＿＿＿＿＿＿＿＿.

2. 若 $F'(x) = f(x)$, 则 $\displaystyle\int f(2x)\mathrm{d}x = $ ＿＿＿＿＿＿＿＿＿＿＿＿＿.

3. $\displaystyle\int \frac{x^2}{1 + x^2}\mathrm{d}x = $ ＿＿＿＿＿＿＿＿＿＿＿＿＿.

4. $\displaystyle\int x \sin x\mathrm{d}x = $ ＿＿＿＿＿＿＿＿＿＿＿＿＿.

5. $\displaystyle\int \mathrm{d}\left[F(x)\right] = $ ＿＿＿＿＿＿＿＿＿＿＿＿＿.

二、选择题 (3 分 ×5 = 15 分)

6. 若 $\displaystyle\int f(x)\mathrm{d}x = F(x) + C$, 则 $\displaystyle\int f\left(ax^2 + b\right)x\mathrm{d}x = ($ 　　$)$.

(A) $F\left(ax^2 + b\right) + C$;　　　　　　(B) $2aF\left(ax^2 + b\right) + C$;

(C) $\dfrac{1}{a}F\left(ax^2 + b\right) + C$;　　　　(D) $\dfrac{1}{2a}F\left(ax^2 + b\right) + C$.

7. 若 $f(x)$ 的一个原函数是 $\arctan x$, 则 $\displaystyle\int xf\left(1 - x^2\right)\mathrm{d}x = ($ 　　$)$.

(A) $\arctan\left(1 - x^2\right) + C$;　　　　(B) $x \arctan\left(1 - x^2\right) + C$;

(C) $\dfrac{-1}{2}\arctan\left(1 - x^2\right) + C$;　　(D) $\dfrac{-1}{2}x \arctan\left(1 - x^2\right) + C$.

8. 下列命题中错误的是 (　　).

(A) 若 $f(x)$ 在区间 I 上的某个原函数为常数, 则在 I 上 $f(x) \equiv 0$;

(B) 若 $f(x)$ 在 I 上不连续, 则 $f(x)$ 在 I 上必无原函数;

(C) 若 $f(x)$ 的某个原函数为零, 则 $f(x)$ 的所有原函数均为常数;

(D) 若 $F(x)$ 是 $f(x)$ 在 I 上原函数, 则 $F(x)$ 在 I 上连续.

9. 已知 $f'(x) = g'(x)$, 则有 (　　).

(A) $f(x) = g(x)$;　　　　　　(B) $\left(\displaystyle\int f(x)\,\mathrm{d}x\right)' = \left(\displaystyle\int g(x)\mathrm{d}x\right)'$;

(C) $\mathrm{d}\displaystyle\int f(x)\mathrm{d}x = \mathrm{d}\displaystyle\int g(x)\mathrm{d}x$;　　(D) $f(x) = g(x) + C$.

10. $f(x)$ 的导函数是 $\cos x$, 则 $f(x)$ 有一个原函数为 (   ).

(A) $1 + \sin x$;   (B) $1 - \sin x$;   (C) $1 + \cos x$;   (D) $1 - \cos x$.

三、计算题 (10 分 $\times 7 = 70$ 分)

11. 计算不定积分 $\displaystyle\int (x^2 - 1) \sin 2x \, \mathrm{d}x$.

12. 计算不定积分 $\displaystyle\int \frac{\mathrm{d}x}{1 + \sqrt[3]{x+1}}$.

13. 计算不定积分 $\displaystyle\int \left(x + 1 - \frac{1}{x} \right) \mathrm{e}^{x + \frac{1}{x}} \, \mathrm{d}x$.

14. 计算不定积分 $\displaystyle\int \frac{\mathrm{d}x}{(2x^2 + 1)\sqrt{x^2 + 1}}$.

15. 计算不定积分 $\displaystyle\int \frac{\sin x}{\cos^2 x} \, \mathrm{d}x$.

16. 计算不定积分 $\displaystyle\int \mathrm{e}^{-2x} \sin \frac{x}{2} \, \mathrm{d}x$.

17. 已知 $f(x) = \dfrac{\sin x}{x}$, 求 $\displaystyle\int x f''(x) \, \mathrm{d}x$.

不定积分 | 章测试 2

分数: _____

一、填空题 (3 分 ×5 = 15 分)

1. 若 $f(x)$ 的某个原函数为常数, 则 $f(x)=$ _____.

2. 若 $F'(x)=f(x)$, $G'(x)=f(x)(f(x)$ 连续), 则 $F(x)$ 与 $G(x)$ 之间有关系式 _____.

3. $\mathrm{d}\displaystyle\int f(x)\mathrm{d}x=$ _____.

4. $\displaystyle\int \frac{3x+2}{\sqrt{1-x^2}}\mathrm{d}x=$ _____.

5. 设 $\dfrac{\sin x}{x}$ 是 $f(x)$ 的一个原函数, 则 $\displaystyle\int xf'(x)\mathrm{d}x=$ _____.

二、选择题 (3 分 ×5 = 15 分)

6. $f(x)$ 在 $(-\infty,+\infty)$ 有连续导数, 则以下运算 ( ) 正确.

(A) $\displaystyle\int f'(x)\mathrm{d}x=f(x)$;

(B) $\displaystyle\int \mathrm{d}f(x)=f(x)+C$;

(C) $\left(\displaystyle\int f(x)\mathrm{d}x\right)'=f(x)+C$;

(D) $\mathrm{d}\displaystyle\int f(x)\mathrm{d}x=f(x)$.

7. 设 $I=\displaystyle\int \frac{1}{\mathrm{e}^x+\mathrm{e}^{-x}}\mathrm{d}x$, 则 I 为 ( ).

(A) $\mathrm{e}^x-\mathrm{e}^{-x}+C$;

(B) $\arctan \mathrm{e}^x+C$;

(C) $\arctan \mathrm{e}^{-x}+C$;

(D) $\mathrm{e}^x+\mathrm{e}^{-x}+C$.

8. $f(x)$ 的导函数是 $\sin x$, 则 $f(x)$ 有一个原函数为 ( ).

(A) $1+\sin x$;   (B) $1-\sin x$;   (C) $1+\cos x$;   (D) $1-\cos x$.

9. 已知 $F'(x)=f(x)$, 则 $\displaystyle\int f(t-a)\,\mathrm{d}t=$ ( ).

(A) $F(x)+C$;   (B) $F(t)+C$;   (C) $F(x-a)+C$; (D) $F(t-a)+C$.

10. 若 $\displaystyle\int \frac{f(x)}{1+x^2}\mathrm{d}x=\ln(1+x^2)+C$, 则 $f(x)$ 为 ( ).

(A) x^2;   (B) $2x$;   (C) x;   (D) $\dfrac{x}{2}$.

三、计算题 (10 分 ×7 = 70 分)

11. 计算不定积分 $\displaystyle\int \frac{1}{x\sqrt{1+2\ln x}}\mathrm{d}x$.

12. 计算不定积分 $\displaystyle\int \tan^3 x\sec^4 x\mathrm{d}x$.

13. 计算不定积分 $\displaystyle\int \ln\left(x^2+1\right)\mathrm{d}x$.

14. 计算不定积分 $\displaystyle\int \frac{\sqrt{x}}{1+\sqrt[4]{x^3}}\mathrm{d}x$.

15. 计算不定积分 $\displaystyle\int x^2\arctan x\mathrm{d}x$.

16. 计算不定积分 $\displaystyle\int \frac{x\mathrm{e}^x}{\sqrt{\mathrm{e}^x-1}}\mathrm{d}x$.

17. 计算不定积分 $\displaystyle\int \frac{1-x}{\sqrt{9-4x^2}}\mathrm{d}x$.

定积分 | 章测试 1

分数：_____

一、填空题 (3 分 ×5 = 15 分)

1. $\dfrac{\mathrm{d}}{\mathrm{d}x}\left(\displaystyle\int f(x)\,\mathrm{d}x - \int_0^x f(t)\mathrm{d}t\right)=$ _____.

2. 设函数 $f(x)=\sqrt{1-x^2}+\displaystyle\int_0^1 xf(x)\mathrm{d}x$，则 $\displaystyle\int_0^1 xf(x)\mathrm{d}x=$ _____.

3. 设函数 $F(x)=\displaystyle\int_1^x \dfrac{3u+1}{u^2-u+1}\mathrm{d}u$，则 $F(x)$ 单调增区间为 _____，单调减区间为 _____.

4. 已知反常积分 $\displaystyle\int_0^{+\infty} xe^{ax^2}\mathrm{d}x$ 收敛，且值为 1，则 $a=$ _____.

5. 用极坐标计算曲线 $r=4\cos\theta$ 所围成图形面积的定积分表达式是 _____.

二、选择题 (3 分 ×5 = 15 分)

6. 把 $x\to 0^+$ 时的无穷小量 $\alpha=\displaystyle\int_0^x \cos t^2\mathrm{d}t,\ \beta=\int_0^{x^2}\tan\sqrt{t}\,\mathrm{d}t,\ \gamma=\int_0^{\sqrt{x}}\sin t^3\mathrm{d}t$ 排列起来，使排在后面的是前一个的高阶无穷小，则正确的排列次序是 (   ).

(A) α,β,γ;　　　(B) α,γ,β;　　　(C) β,α,γ;　　　(D) β,γ,α.

7. 若 $M=\displaystyle\int_{-\frac{\pi}{2}}^{\frac{\pi}{2}}\dfrac{\sin x}{1+x^2}\cos^4 x\mathrm{d}x,\ N=\int_{-\frac{\pi}{2}}^{\frac{\pi}{2}}(\sin^3 x+\cos^4 x)\mathrm{d}x,\ P=\int_{-\frac{\pi}{2}}^{\frac{\pi}{2}}(x^2\cdot\sin^3 x-\cos^4 x)\mathrm{d}x$，则有 (   ).

(A) $N<P<M$;　(B) $M<P<N$;　(C) $N<M<P$;　(D) $P<M<N$.

8. 考虑一元函数 $f(x)$ 的下列 4 条性质：

① $f(x)$ 在 $[a,b]$ 上连续.　　　　　② $f(x)$ 在 $[a,b]$ 上可积.

③ $f(x)$ 在 $[a,b]$ 上可导.　　　　　④ $f(x)$ 在 $[a,b]$ 上存在原函数.

以 $P\Rightarrow Q$ 表示由性质 P 可推出 Q，则有 (   ).

(A) ①⇒②⇒③;　　　　　　　　　(B) ③⇒①⇒④;

(C) ①⇒②⇒④;　　　　　　　　　(D) ④⇒①⇒②.

9. 下列反常积分中收敛的是 (   ).

(A) $\displaystyle\int_{-\infty}^{+\infty}\sin x\mathrm{d}x$;　　　　　　　(B) $\displaystyle\int_e^{+\infty}\dfrac{1}{x\sqrt{\ln x+2}}\mathrm{d}x$;

(C) $\displaystyle\int_1^{+\infty}\dfrac{1}{x^2+2}\mathrm{d}x$;　　　　　　(D) $\displaystyle\int_0^1 \dfrac{1}{x-1}\mathrm{d}x$.

10. 曲线 $f(x) = x(x-1)(2-x)$ 与轴 x 围成图形的面积可表示为 (   ).

(A) $-\int_0^2 f(x)\,dx$;

(B) $\int_0^1 f(x)\,dx - \int_1^2 f(x)\,dx$;

(C) $-\int_0^1 f(x)\,dx + \int_1^2 f(x)\,dx$;

(D) $\int_0^2 f(x)\,dx$.

三、计算题 (7 分 $\times 6 = 42$ 分)

11. $\displaystyle\int_0^1 e^x \frac{(1-x)^2}{(1+x^2)^2}\,dx$.

12. $\displaystyle\int_0^{100\pi} |\sin x|\,dx$.

13. $\displaystyle\int_1^{+\infty} \frac{x+1}{x(1+x^2)}\,dx$.

14. $\displaystyle\int_1^2 \left[\frac{1}{x\ln^2 x} - \frac{1}{(x-1)^2} \right]\,dx$.

15. $\displaystyle\int_{\frac{1}{2}}^1 \frac{x+2}{x^2 \cdot \sqrt{1-x^2}}\,dx$.

16. $\displaystyle\int_{-a}^a \sqrt{a^2-x^2} \ln\left(x+\sqrt{a^2+x^2}\right)\,dx$.

四、综合题 (7 分 $\times 4 = 28$ 分)

17. 求曲线 $\begin{cases} x - e^x \sin t + 1 = 0, \\ y = \displaystyle\int_0^t (3u^2+2)\,du \end{cases}$ 上 $t=0$ 对应的点处的切线方程.

18. 已知 $\displaystyle\lim_{x\to 0} \frac{1}{bx - \sin x} \int_0^x \frac{t^2}{\sqrt{a+t}}\,dt = 1$, 求 a, b.

19. 设抛物线 $y = ax^2 + bx + 2\ln c$ 过原点, 当 $0 \leqslant x \leqslant 1$ 时, $y \geqslant 0$, 又已知该抛物线与 x 轴及直线 $x=1$ 所围图形的面积为 $\dfrac{1}{3}$. 试确定 a, b, c, 使此图形绕 x 轴旋转一周而成的旋转体的体积最小.

20. 证明方程 $\displaystyle\int_0^x \sqrt{1+t^4}\,dt + \int_{\cos x}^0 e^{-t^2}\,dt = 0$ 在 $(-\infty, +\infty)$ 内有且仅有一个实根.

定积分 | 章测试 2

分数：＿＿＿＿＿＿＿＿＿＿

一、填空题 (3 分 ×5 = 15 分)

1. 若 $\lim\limits_{x\to 0} \dfrac{\cos x + b}{e^x - a} \displaystyle\int_0^x \dfrac{\sin t}{t}\mathrm{d}t = 5$, 则 $a =$ ＿＿＿＿＿＿＿＿, $b =$ ＿＿＿＿＿＿＿＿.

2. 函数 $f(x) = \displaystyle\int_1^x \left(2 - \dfrac{1}{\sqrt{x}}\right)\mathrm{d}x, x > 0$ 单调减少的区间为 ＿＿＿＿＿＿＿＿.

3. 位于曲线 $y = x\mathrm{e}^{-x}, 0 \leqslant x \leqslant +\infty$ 下方, x 轴上方的无界图形面积为 ＿＿＿＿＿＿＿＿.

4. 设 $f\left(x + \dfrac{1}{x}\right) = \dfrac{x + x^3}{1 + x^4}$, 则 $\displaystyle\int_2^{2\sqrt{2}} f(t)\,\mathrm{d}t=$ ＿＿＿＿＿＿＿＿.

5. $\displaystyle\int_{-2}^{2} (|x| + x)\,\mathrm{e}^{-|x|}\mathrm{d}x =$ ＿＿＿＿＿＿＿＿.

二、选择题 (3 分 ×5 = 15 分)

6. 设函数 $f(x), g(x)$ 连续, 当 $x \to 0$ 时, $f(x)$ 与 $f(x)$ 是同阶无穷小, 设 $F(x) = \displaystyle\int_0^x f(x - t)\,\mathrm{d}t, G(x) = \displaystyle\int_0^1 xg(xt)\,\mathrm{d}t$, 则当 $x \to 0$ 时, $F(x)$ 是 $G(x)$ 的 (　　).

(A) 高阶无穷小;　　　　　　　(B) 低阶无穷小;

(C) 同阶但非等价无穷小;　　　　(D) 等价无穷小.

7. 关于 $\displaystyle\int_{-\infty}^{+\infty} \sin 2x \cdot \mathrm{e}^{|x|}\mathrm{d}x$, 下面结论正确的是 (　　).

(A) 取值为零;　　(B) 取正值;　　　　(C) 发散;　　　　(D) 取负值.

8. $\lim\limits_{n\to\infty} \ln \sqrt[n]{\left(1 + \dfrac{1}{n}\right)^2 \left(1 + \dfrac{2}{n}\right)^2 \cdots \left(1 + \dfrac{n}{n}\right)^2} = ($　　$)$.

(A) $\displaystyle\int_0^1 \ln^2 x\mathrm{d}x$;　　　　　　　(B) $2\displaystyle\int_0^1 \ln(1 + x)\,\mathrm{d}x$;

(C) $2\displaystyle\int_1^2 \ln(1 + x)\,\mathrm{d}x$;　　　　(D) $\displaystyle\int_1^2 \ln^2(1 + x)\,\mathrm{d}x$.

9. 曲线的极坐标方程 $\rho = \mathrm{e}^{a\theta}\ (a > 0)$, 则曲线上相应于 θ 从 0 到 2π 的一段弧与极轴所围成的图形面积为 (　　).

(A) $\dfrac{1}{4a}(\mathrm{e}^\pi - 1)$;　　(B) $\dfrac{1}{4a}(\mathrm{e}^{4a\pi} - 1)$;　　(C) $\dfrac{1}{2a}(\mathrm{e}^{2a\pi} - 1)$;　　(D) $\dfrac{1}{a(\mathrm{e}^{2a\pi} - 1)}$.

10. 设 $f(x) = \begin{cases} x^2, & x \geqslant 0, \\ \cos x, & x < 0, \end{cases}$ $g(x) = \begin{cases} x \sin \dfrac{1}{x}, & x \neq 0, \\ 0, & x = 0, \end{cases}$ 则在区间

$(-1,1)$ 上 (　　).

(A) $f(x)$ 与 $g(x)$ 都存在原函数;

(B) $f(x)$ 与 $g(x)$ 都不存在原函数;

(C) $f(x)$ 存在原函数, $g(x)$ 不存在原函数;

(D) $f(x)$ 不存在原函数, $g(x)$ 存在原函数.

三、计算题 (7 分 $\times 6 = 42$ 分)

11. $\displaystyle\int_0^1 x \arcsin 2\sqrt{x(1-x)}\,\mathrm{d}x.$

12. $\displaystyle\int_1^3 \frac{x}{\sqrt{|x^2-4|}}\,\mathrm{d}x.$

13. $\displaystyle\int_1^{+\infty} \frac{\sqrt{x}}{(1+x)^2}\,\mathrm{d}x.$

14. $\displaystyle\int_1^{+\infty} \frac{1}{e^{1+x} + e^{3-x}}\,\mathrm{d}x.$

15. $\displaystyle\int_{-4\pi}^{4\pi} (x+1)|\sin x|\,\mathrm{d}x.$

16. $\displaystyle\int_{\frac{\pi}{4}}^{\frac{\pi}{3}} \frac{x}{\sin^2 x}\,\mathrm{d}x.$

四、综合题 (7 分 $\times 3 = 21$ 分)

17. 设函数 $f(x)$ 可导, 且 $f(0) \neq 0$, 求极限 $\displaystyle\lim_{x \to 0} \frac{\displaystyle\int_0^x (x-t)f(t)\,\mathrm{d}t}{x\displaystyle\int_0^x f(x-t)\,\mathrm{d}t}.$

18. 设 $y = y(x)$ 由方程 $\displaystyle\int_{\frac{\pi}{2}}^y t e^{\sin t}\,\mathrm{d}t + y\cos x = 0$ 所确定, 且满足 $y\left(\dfrac{\pi}{2}\right) = \dfrac{\pi}{2}$,

求曲线 $y = y(x)$ 在 $\left(\dfrac{\pi}{2}, \dfrac{\pi}{2}\right)$ 处的切线方程.

19. 求曲线 $y = \sqrt{x}$ 的一条切线, 使此曲线与切线及直线 $x = 0, x = 2$ 围成平面图形的面积最小.

五、证明题 (7 分)

20. 设函数在 $[0,3]$ 上可导, 且满足 $f(2) + f(3) = 2\displaystyle\int_0^1 f(x)\,\mathrm{d}x.$ 证明: 至少存在一点 $\xi \in (0,3)$, 使得 $f'(\xi) = 0$.

线积分、面积分 | 章测试

分数：＿＿＿＿＿＿＿

一、二重积分 (1—4 每题 3 分, 5 和 6 每题 8 分, 共 28 分)

1. 交换积分顺序：$\int_0^1 \mathrm{d}y \int_{-y}^{\sqrt{2y-y^2}} f(x,y)\mathrm{d}x = $ ＿＿＿＿＿＿＿＿＿＿＿.

2. 若 $\iint_D f(x,y)\mathrm{d}x\mathrm{d}y = \int_{-\frac{\pi}{2}}^{\frac{\pi}{2}} \mathrm{d}\theta \int_0^{a\cos\theta} f(r\cos\theta, r\sin\theta)\, r\mathrm{d}r$, 则积分区域 D 为 (　　).

(A) $x^2 + y^2 \leqslant a^2$;　　　　　　　　(B) $x^2 + y^2 \leqslant a^2\, (x \geqslant 0)$;

(C) $x^2 + y^2 \leqslant ax\, (a > 0)$;　　　　　(D) $x^2 + y^2 \leqslant ax\, (a < 0)$.

3. 使 $\iint_{x^2+y^2\leqslant 1} f(x,y)\mathrm{d}x\mathrm{d}y = 4\int_0^1 \mathrm{d}x \int_0^{\sqrt{1-x^2}} f(x,y)\mathrm{d}y$ 成立的情况为 (　　).

(A) $f(-x,y) = -f(x,y)$;　　　　　　(B) $f(-x,y) = f(x,y)$;

(C) $f(-x,-y) = f(x,y)$;

(D) $f(-x,y) = f(x,y)$ 且 $f(x,-y) = f(x,y)$.

4. 设 D 是 xOy 平面上以 $(-1,1),(1,1),(1,-1)$ 为顶点的三角形区域, D_1 是 D 的第二象限的部分, 则 $\iint_D (xy + \cos x \sin y)\,\mathrm{d}x\mathrm{d}y = $ (　　).

(A) 0;　　　　　　　　　　　(B) $2\iint_{D_1} \cos x \sin y \mathrm{d}x\mathrm{d}y$;

(C) $4\iint_{D_1} (xy + \cos x \sin y)\,\mathrm{d}x\mathrm{d}y$;　　(D) $2\iint_{D_1} xy\mathrm{d}x\mathrm{d}y$.

5. 计算二重积分 $I = \iint_{x^2+y^2\leqslant 4} \mathrm{e}^{x^2+y^2}\mathrm{d}x\mathrm{d}y$ 的值.

6. 计算 $\int_{1/4}^{1/2} \mathrm{d}x \int_{1/2}^{\sqrt{x}} \mathrm{e}^{\frac{x}{y}}\mathrm{d}y + \int_{1/2}^1 \mathrm{d}x \int_x^{\sqrt{x}} \mathrm{e}^{\frac{x}{y}}\mathrm{d}y$.

二、曲线积分 (7—10 每题 3 分, 11 和 12 每题 8 分, 共 28 分)

7. L 为圆周 $x^2+y^2=4$, 计算对弧长的曲线积分 $\oint_L \sqrt{x^2+y^2}\mathrm{d}s = $ ＿＿＿＿＿＿.

8. 设 L 为圆周 $x = a\cos t, y = a\sin t, 0 \leqslant t \leqslant 2\pi$, 则 $\oint_L (x^2+y^2)\,\mathrm{d}s = $ ＿＿＿＿＿＿.

9. 设 L 是圆周 $x^2 + y^2 = a^2$, 则 $\oint_L (x^2+y^2)^n \mathrm{d}s = $ (　　).

(A) $2\pi a^n$;　　　　(B) $2\pi a^{n+1}$;　　　　(C) $2\pi a^{2n}$;　　　　(D) $2\pi a^{2n+1}$.

10. 设 L 为从点 $A\left(1,\dfrac{1}{2}\right)$ 沿曲线 $2y=x^2$ 到点 $B(2,2)$ 的弧段, 则曲线积分 $\displaystyle\int_L \frac{2x}{y}\mathrm{d}x - \frac{x^2}{y^2}\mathrm{d}y = (\quad)$.

(A) -3;　　　　(B) $\dfrac{3}{2}$;　　　　(C) 3;　　　　(D) 0.

11. 设 l 为椭圆 $\dfrac{x^2}{4}+\dfrac{y^2}{3}=1$, 其周长为 a, 求 $\displaystyle\oint_l \left(2xy+3x^2+4y^2\right)\mathrm{d}s$.

12. 在过点 $O(0,0)$ 和 $A(\pi,0)$ 的曲线族 $y=a\sin x, a>0$ 中, 求一条曲线 L, 使沿该曲线从 O 到 A 的积分

$$\int_L \left(1+y^3\right)\mathrm{d}x + (2x+y)\mathrm{d}y$$

的值最小.

三、曲面积分 (13—16 每题 3 分, 17 和 18 每题 8 分, 共 28 分)

13. 设 Σ 为 $x^2+y^2+z^2=a^2\,(z\geqslant 0)$, Σ_1 是 Σ 在第一卦限中的部分, 则有 (　　).

(A) $\displaystyle\iint_\Sigma x\mathrm{d}S = 4\iint_{\Sigma_1} x\mathrm{d}S$;　　　　(B) $\displaystyle\iint_\Sigma y\mathrm{d}S = 4\iint_{\Sigma_1} x\mathrm{d}S$;

(C) $\displaystyle\iint_\Sigma z\mathrm{d}S = 4\iint_{\Sigma_1} x\mathrm{d}S$;　　　　(D) $\displaystyle\iint_\Sigma xyz\mathrm{d}S = 4\iint_{\Sigma_1} xyz\mathrm{d}S$.

14. 设 Σ 为 $x^2+y^2+z^2=a^2$ 在 $z\geqslant h, 0<h<a$ 部分, 则 $\displaystyle\iint_\Sigma z\mathrm{d}S = (\quad)$.

(A) $\displaystyle\int_0^{2\pi} \mathrm{d}\theta \int_0^{a^2-h^2} \sqrt{a^2-r^2}\,r\mathrm{d}r$;　　　　(B) $\displaystyle\int_0^{2\pi} \mathrm{d}\theta \int_0^{\sqrt{a^2-h^2}} ar\mathrm{d}r$;

(C) $\displaystyle\int_0^{2\pi} \mathrm{d}\theta \int_{-\sqrt{a^2-h^2}}^{\sqrt{a^2-h^2}} ar\mathrm{d}r$;　　　　(D) $\displaystyle\int_0^{2\pi} \mathrm{d}\theta \int_0^{\sqrt{a^2-h^2}} \sqrt{a^2-r^2}\,r\mathrm{d}r$.

15. 设 Σ 为球面 $x^2+y^2+z^2=R^2$ 的下半球面下侧, 则 $\displaystyle\iint_\Sigma z\mathrm{d}x\mathrm{d}y = (\quad)$.

(A) $-\displaystyle\int_0^{2\pi} \mathrm{d}\theta \int_0^R \sqrt{R^2-r^2}\,\mathrm{d}r$;　　　　(B) $\displaystyle\int_0^{2\pi} \mathrm{d}\theta \int_0^R \sqrt{R^2-r^2}\,r\mathrm{d}r$;

(C) $-\displaystyle\int_0^{2\pi} \mathrm{d}\theta \int_0^R \sqrt{R^2-r^2}\,r\mathrm{d}r$;　　　　(D) $\displaystyle\int_0^{2\pi} \mathrm{d}\theta \int_0^R \sqrt{R^2-r^2}\,\mathrm{d}r$.

16. 设曲面 Σ 为柱面 $x^2 + y^2 = R^2$ 上介于 $z = h$ 和 $z = H, h \neq H$ 之间的部分, 取外侧, 则 $\iint\limits_{\Sigma} R(x, y, z)\, \mathrm{d}x\mathrm{d}y = \underline{\qquad\qquad}$.

17. 计算 $\oiint\limits_{\Sigma} (2x + 2y + z)\, \mathrm{d}S$, 其中 Σ 是平面 $2x + 2y + z = 2$ 被三个坐标平面所截下的在第一卦限的部分.

18. 把对坐标的曲面积分

$$\iint\limits_{\Sigma} P(x, y, z)\, \mathrm{d}y\mathrm{d}z + Q(x, y, z)\, \mathrm{d}z\mathrm{d}x + R(x, y, z)\, \mathrm{d}x\mathrm{d}y$$

化成对面积的曲面积分, 其中 Σ 是平面 $3x + 2y + 2\sqrt{3}z = 6$ 在第一卦限部分的上侧.

四、综合题 (8 分 $\times 2 = 16$ 分)

19. 求两个半径相等的直交圆柱面 $(x^2 + y^2 = R^2, x^2 + z^2 = R^2)$ 所围成的立体的体积和表面积 (R 为半径).

20. 计算对坐标的曲面积分

$$\iint\limits_{\Sigma} [f(x, y, z) + x]\, \mathrm{d}y\mathrm{d}z + [2f(x, y, z) + y]\, \mathrm{d}z\mathrm{d}x + [f(x, y, z) + z]\, \mathrm{d}x\mathrm{d}y,$$

其中 $f(x, y, z)$ 为连续函数, Σ 是平面 $x - y + z = 1$ 在第四卦限部分的上侧.

体积分 | 章测试

分数：_____

一、选择题 (5 分 ×3 = 15 分)

1. 设 Ω 是圆柱面 $x^2 + y^2 = 2x$ 及平面 $z = 0, z = 1$ 所围成的区域, 则 $\iiint_\Omega f(x,y,z)\,\mathrm{d}x\mathrm{d}y\mathrm{d}z = ($ $)$.

(A) $\displaystyle\int_0^{\pi/2} \mathrm{d}\theta \int_0^{2\cos\theta} \mathrm{d}r \int_0^1 f(r\cos\theta, r\sin\theta, z)\,\mathrm{d}z$;

(B) $\displaystyle\int_0^{\pi/2} \mathrm{d}\theta \int_0^{2\cos\theta} r\mathrm{d}r \int_0^1 f(r\cos\theta, r\sin\theta, z)\,\mathrm{d}z$;

(C) $\displaystyle\int_{-\pi/2}^{\pi/2} \mathrm{d}\theta \int_0^{2\cos\theta} r\mathrm{d}r \int_0^1 f(r\cos\theta, r\sin\theta, z)\,\mathrm{d}z$;

(D) $\displaystyle\int_0^{\pi} \mathrm{d}\theta \int_0^{2\cos\theta} r\mathrm{d}r \int_0^1 f(r\cos\theta, r\sin\theta, z)\,\mathrm{d}z$.

2. 设有空间区域 Ω_1 $x^2 + y^2 + z^2 \leqslant R^2, z \geqslant 0$ 及 Ω_2 $x^2 + y^2 + z^2 \leqslant R^2, x \geqslant 0, y \geqslant 0, z \geqslant 0$, 则 (   ).

(A) $\displaystyle\iiint_{\Omega_1} x\mathrm{d}v = 4\iiint_{\Omega_2} x\mathrm{d}v$; 　　(B) $\displaystyle\iiint_{\Omega_1} y\mathrm{d}v = 4\iiint_{\Omega_2} y\mathrm{d}v$;

(C) $\displaystyle\iiint_{\Omega_1} z\mathrm{d}v = 4\iiint_{\Omega_2} z\mathrm{d}v$; 　　(D) $\displaystyle\iiint_{\Omega_1} xyz\mathrm{d}v = 4\iiint_{\Omega_2} xyz\mathrm{d}v$.

3. 设 Ω 是球体 $x^2 + y^2 + z^2 \leqslant R^2$, Ω_1 是球体 Ω 位于第一卦限内的部分, 则积分 $\displaystyle\iiint_\Omega (x + y^2 + z^3)\mathrm{d}v$ 等于 (   ).

(A) $8\displaystyle\iiint_{\Omega_1} (x + y^2 + z^3)\mathrm{d}v$; 　　(B) $8\displaystyle\iiint_{\Omega_1} y^2\mathrm{d}v$;

(C) $8\displaystyle\iiint_{\Omega_1} (x + y^2)\mathrm{d}v$; 　　(D) $24\displaystyle\iiint_{\Omega_1} y^2\mathrm{d}v$.

二、填空题 (5 分 ×3 = 15 分)

4. 若 Ω 由上半球面 $x^2 + y^2 + z^2 = 1$ 和 xOy 平面所围成的区域, 则 $\displaystyle\iiint_\Omega z^2\mathrm{d}v = $ _____.

5. 设 Ω 是球体 $x^2 + y^2 + z^2 \leqslant 1$, 则 $\displaystyle\iiint_\Omega \frac{z\ln(x^2 + y^2 + z^2 + 1)}{(x^2 + y^2 + z^2 + 1)^6}\mathrm{d}v = $ _____.

6. 若 Ω 由椭球面 $\dfrac{x^2}{a^2}+\dfrac{y^2}{b^2}+\dfrac{z^2}{c^2}=1$ 所围成的空间闭区域, 则 $\iiint\limits_{\Omega}z^2\mathrm{d}x\mathrm{d}y\mathrm{d}z=$

_____.

三、计算题 (7 分 $\times 10 = 70$ 分)

7. 计算 $\iiint\limits_{\Omega}xy^2z^3\mathrm{d}v$, 其中 Ω 是由曲面 $z=xy$ 与平面 $y=x,x=1$ 和 $z=0$ 所围成的闭区域.

8. 计算 $\iiint\limits_{\Omega}\dfrac{\mathrm{d}v}{(1+x+y+z)^3}$, 其中 Ω 是由三个坐标平面和平面 $x+y+z=1$ 所围成的闭区域.

9. 计算 $\iiint\limits_{\Omega}z\mathrm{d}v$, 其中 Ω 是由锥面 $z=\dfrac{h}{R}\sqrt{x^2+y^2}$ 与平面 $z=h(R>0,h>0)$ 所围成的闭区域.

10. 计算 $\iiint\limits_{\Omega}x^2\mathrm{d}v$, 其中 Ω 为椭球体 $\dfrac{x^2}{3^2}+\dfrac{y^2}{4^2}+\dfrac{z^2}{5^2}\leqslant 1$ 所围成的区域.

11. 计算积分 $\iiint\limits_{\Omega}\left(x^2+y^2\right)\mathrm{d}x\mathrm{d}y\mathrm{d}z$, 其中 Ω 是由 $2z=x^2+y^2,z=2$ 所围成的区域.

12. 计算三重积分 $I=\iiint\limits_{\Omega}(x+y+z)\mathrm{d}x\mathrm{d}y\mathrm{d}z$, 其中 Ω 是由锥面 $z=\sqrt{x^2+y^2}$ 及平面 $z=1$ 所围成的闭区域.

13. 计算 $\iiint\limits_{\Omega}\left(x^2+y^2+z^2\right)\mathrm{d}v,\Omega:x^2+y^2+z^2\leqslant 2z$.

14. 计算 $\iiint\limits_{\Omega}z\mathrm{d}v$, 其中 Ω 由锥面 $z=\sqrt{x^2+y^2}$ 和抛物面 $z=x^2+y^2$ 所围成.

15. 利用三重积分计算由曲面 $z=6-x^2-y^2$ 及 $z=\sqrt{x^2+y^2}$ 所围成的立体的体积.

16. 举例叙述柱面坐标系下三重积分化累次积分的方法.

积分间关系及场论初步 | 章测试

分数：_____

一、格林公式及其应用 (1—6 每题 3 分, 7—11 每题 5 分, 共 43 分)

1. $I = \oint_C \dfrac{-y}{x^2+y^2}\mathrm{d}x + \dfrac{x}{x^2+y^2}\mathrm{d}y$, 因为 $\dfrac{\partial P}{\partial y} = \dfrac{\partial Q}{\partial x} = \dfrac{y^2-x^2}{(x^2+y^2)^2}$, 所以 (　　).

(A) 对任意闭曲线 C, $I = 0$; 　　　　(B) 在曲线 C 不围住原点时, $I = 0$;

(C) 因 $\dfrac{\partial P}{\partial y}$ 与 $\dfrac{\partial Q}{\partial x}$ 在原点不存在, 故对任意的闭曲线 C, $I \neq 0$;

(D) 在闭曲线 C 围住原点时 $I = 0$, 不围住原点时 $I \neq 0$.

2. 对于格林公式 $\oint_L P\mathrm{d}x + Q\mathrm{d}y = \iint_D \left(\dfrac{\partial Q}{\partial x} - \dfrac{\partial P}{\partial y}\right)\mathrm{d}x\mathrm{d}y$, 下述说法正确的是 (　　).

(A) L 取逆时针方向, 函数 P, Q 在闭区域 D 上存在一阶偏导数且 $\dfrac{\partial Q}{\partial x} = \dfrac{\partial P}{\partial y}$;

(B) L 取顺时针方向, 函数 P, Q 在闭区域 D 上存在一阶偏导数且 $\dfrac{\partial Q}{\partial x} = \dfrac{\partial P}{\partial y}$;

(C) L 为 D 的正向边界, 函数 P, Q 在闭区域 D 上存在一阶连续偏导数;

(D) L 取顺时针方向, 函数 P, Q 在闭区域 D 上存在一阶连续偏导数.

3. 设 C 为任一条光滑简单闭曲线, 它不通过原点, 也不围住原点, 且指定一个方向为正方向, 则 $\oint_C \dfrac{x\mathrm{d}y - y\mathrm{d}x}{x^2+4y^2} = ($　　$)$.

(A) 4π; 　　(B) 0; 　　(C) 2π; 　　(D) π.

4. 设 L 是椭圆 $4x^2 + y^2 = 8x$ 沿逆时针方向, 则曲线积分 $\oint_L e^{y^2}\mathrm{d}x + x\mathrm{d}y = ($　　$)$.

(A) 2π; 　　(B) π; 　　(C) 1; 　　(D) 0.

5. 设 L 是圆周 $x^2 + y^2 = a^2, a > 0$ 负向一周, 则曲线积分 $\oint_L (x^3 - x^2 y)\mathrm{d}x + (xy^2 - y^3)\mathrm{d}y = ($　　$)$.

(A) 0; 　　(B) $-\dfrac{\pi a^4}{2}$; 　　(C) $-\pi a^4$; 　　(D) πa^4.

6. 设 C 为依逆时针方向沿椭圆 $\dfrac{x^2}{a^2} + \dfrac{y^2}{b^2} = 1$ 一周路径, 则 $\oint_C (x+y)\mathrm{d}x - (x-y)\mathrm{d}y = $_____.

7. 计算曲线积分 $\oint_C xy\mathrm{d}x + y^5\mathrm{d}y$, 其中 C 为顶点为 $(0,0), (2,0)$ 和 $(2,1)$ 的三角形边界.

8. 计算 $\int_L \left(x^2 - y\right)\mathrm{d}x - \left(x + \sin^2 y\right)\mathrm{d}y$, 其中 L 是圆周 $y = \sqrt{2x - x^2}$ 上从 $A(2,0)$ 到 $O(0,0)$ 的一段弧.

9. 证明 $\dfrac{x\mathrm{d}x + y\mathrm{d}y}{x^2 + y^2}$, 在整个 xOy 面内除去的 y 负半轴及原点的区域 G 内, 是某个二元函数的全微分, 并求出一个这样的二元函数.

10. 计算 $I = \int_l \left(y^3 + x\right)\mathrm{d}x - \left(x^3 + y\right)\mathrm{d}y$, 其中 l 沿上半圆周曲线 $x^2 + y^2 = x, y \geqslant 0$ 从 $A(0,0)$ 到点 $B(1,0)$.

11. 设 $f(x)$ 在 $(-\infty, +\infty)$ 内具有一阶连续导数, L 是半平面 $(y > 0)$ 内的有向分段光滑曲线, 其起点为 (a,b), 终点为 (c,d). 已知曲线积分

$$I = \int_L \frac{1}{y}\left[1 + y^2 f(xy)\right]\mathrm{d}x + \frac{x}{y^2}\left[y^2 f(xy) - 1\right]\mathrm{d}y$$

(1) 证明: 曲线积分 I 与路径 L 无关;

(2) 当 $ab = cd$ 时, 求 I 的值.

二、斯托克斯公式、环流量与旋度 (7 分 $\times 2 = 14$ 分)

12. 设 $\boldsymbol{c}$ 为常矢量, $\boldsymbol{r}$ 为向径 (x,y,z), 求旋度 $\mathrm{rot}\,(\boldsymbol{c} \times \boldsymbol{r})$.

13. 利用斯托克斯公式, 计算曲线积分 $\oint_\Gamma y\mathrm{d}x + z\mathrm{d}y + x\mathrm{d}z$, 其中 Γ 为圆周

$$\begin{cases} x^2 + y^2 + z^2 = a^2, \\ x + y + z = 0, \end{cases}$$
若从 z 轴正向看去, 圆周是取逆时针方向.

三、高斯公式、通量与散度 (14—19 每题 3 分, 20—24 每题 5 分, 共 43 分)

14. 设 $u = x^2 + 3y + yz$, 则 $\mathrm{div}\,(\mathrm{grad}\,u) = (\quad)$.

(A) 0;   (B) 1;   (C) 2;   (D) 3.

15. 设 Σ 是球面 $x^2 + y^2 + z^2 = a^2$ 的外侧, 则曲面积分 $\oiint_\Sigma \dfrac{x\mathrm{d}y\mathrm{d}z + y\mathrm{d}z\mathrm{d}x + z\mathrm{d}x\mathrm{d}y}{\left(x^2 + y^2 + z^2\right)^{3/2}} = (\quad)$.

(A) 0;   (B) 1;   (C) 2π;   (D) 4π.

16. 取定闭曲面 Σ 的外侧, 如果 Σ 所围成的立体的体积是 V, 那么曲面积分等于 V 的是 $(\quad)$.

(A) $\oiint_\Sigma x\mathrm{d}y\mathrm{d}z + y\mathrm{d}z\mathrm{d}x + z\mathrm{d}x\mathrm{d}y$;

(B) $\oiint_{\Sigma} (x+y)\,\mathrm{d}y\mathrm{d}z + (y+z)\,\mathrm{d}z\mathrm{d}x + (z+x)\,\mathrm{d}x\mathrm{d}y$;

(C) $\oiint_{\Sigma} (x+y+z)\,(\mathrm{d}y\mathrm{d}z + \mathrm{d}z\mathrm{d}x + \mathrm{d}x\mathrm{d}y)$;

(D) $\oiint_{\Sigma} \dfrac{1}{3}(x+y+z)\,(\mathrm{d}y\mathrm{d}z + \mathrm{d}z\mathrm{d}x + \mathrm{d}x\mathrm{d}y)$.

17. 向量场 $\boldsymbol{u}(x,y,z) = xy^2\boldsymbol{i} + ye^z\boldsymbol{j} + x\ln(1+z^2)\boldsymbol{k}$ 在点 $P(1,1,0)$ 处的散度 $\mathrm{div}\boldsymbol{u} = $ _____.

18. 设 Σ 为某球心位于原点, 半径为 R 的球面的外侧, 则曲面积分 $\oiint_{\Sigma} x\mathrm{d}y\cdot\mathrm{d}z + y\mathrm{d}z\mathrm{d}x + z\mathrm{d}x\mathrm{d}y = $ _____.

19. 设 Σ 是锥面 $z = \sqrt{x^2+y^2}, 0 \leqslant z \leqslant 1$ 的下侧, 则 $\iint_{\Sigma} x\mathrm{d}y\mathrm{d}z + 2y\mathrm{d}z\mathrm{d}x + 3(z-1)\mathrm{d}x\mathrm{d}y = $ _____.

20. 设 $A = \dfrac{x}{y^2z}\boldsymbol{r}$, 其中 $\boldsymbol{r}$ 为点 $M(x,y,z)$ 的矢径, 求 A 在点 $(4,-1,2)$ 处的散度.

21. 求向量 $\boldsymbol{A} = x\boldsymbol{i} + y\boldsymbol{j} + z\boldsymbol{k}$ 通过闭区域 $\Omega = \{(x,y,z) | 0 \leqslant x \leqslant 1, 0 \leqslant y \leqslant 1, 0 \leqslant z \leqslant 1\}$ 的边界曲面流向外侧的通量.

22. 计算 $\oiint_{\Sigma} z\mathrm{d}x\mathrm{d}y$, 其中 Σ 是球面 $x^2+y^2+z^2 = a^2$ 的外侧, a 是正数.

23. 计算 $\oiint_{\Sigma} \dfrac{x}{r^3}\mathrm{d}y\mathrm{d}z + \dfrac{y}{r^3}\mathrm{d}z\mathrm{d}x + \dfrac{z}{r^3}\mathrm{d}x\mathrm{d}y$, 其中 $r = \sqrt{x^2+y^2+z^2}$, Σ 为球面 $x^2+y^2+z^2 = a^2$ 的外侧, a 为正数.

24. 计算曲面积分 $I = \iint_{\Sigma} 2x^3\mathrm{d}y\mathrm{d}z + 2y^3\mathrm{d}z\mathrm{d}x + 3(z^2-1)\mathrm{d}x\mathrm{d}y$, 其中 Σ 是曲面 $z = 1 - x^2 - y^2, z \geqslant 0$ 的上侧.

积分学及其应用 | 章测试 1

分数：＿＿＿＿＿＿＿

一、定积分 (4 分 ×5 = 20 分)

1. $\displaystyle\int_{-R}^{R}\left(\sqrt{R^2-x^2}+\frac{x}{1+x^2}\right)\mathrm{d}x=$ ＿＿＿＿＿＿.

2. $\displaystyle\lim_{x\to 0^+}\frac{\displaystyle\int_0^{x^2}t^{\frac{3}{2}}\mathrm{d}t}{\displaystyle\int_0^{x}t\,(t-\sin t)\,\mathrm{d}t}=$ ＿＿＿＿＿＿.

3. 用极坐标计算曲线 $r=4\cos\theta$ 所围成图形面积的定积分表达式是 (　　).

(A) $\displaystyle\int_{-\pi/2}^{\pi/2}\frac{1}{2}\left(4\cos\theta\right)^2\mathrm{d}\theta$;　　　　　　(B) $\displaystyle\int_{0}^{\pi}\left(4\cos\theta\right)^2\mathrm{d}\theta$;

(C) $\displaystyle\int_{-\pi/2}^{\pi/2}\left(4\cos\theta\right)^2\mathrm{d}\theta$;　　　　　　(D) $\displaystyle\int_{0}^{\pi}\frac{1}{2}\left(4\cos\theta\right)^2\mathrm{d}\theta$.

4. $\displaystyle\int_{1}^{+\infty}\frac{1}{x\ln x}\mathrm{d}x=$ (　　).

(A) 0;　　　　　(B) 1;　　　　　(C) -1;　　　　　(D) 发散.

5. 求 $y=x-4, y^2=2x$ 所围成的图形的面积.

二、线积分 (5 分 ×4 = 20 分)

6. 设 L 是圆周 $x^2+y^2=a^2$, 则 $\displaystyle\oint_{L}\left(x^2+y^2\right)^n\mathrm{d}s=$ (　　).

(A) $2\pi a^n$;　　　(B) $2\pi a^{n+1}$;　　　(C) $2\pi a^{2n}$;　　　(D) $2\pi a^{2n+1}$.

7. 设 L 为从点 $A\left(1,\dfrac{1}{2}\right)$ 沿曲线 $2y=x^2$ 到点 $B\,(2,2)$ 的弧段, 则曲线积分 $\displaystyle\int_{L}\frac{2x}{y}\mathrm{d}x-\frac{x^2}{y^2}\mathrm{d}y=$ (　　).

(A) -3;　　　　　(B) $\dfrac{3}{2}$;　　　　　(C) 3;　　　　　(D) 0.

8. 设 l 为椭圆 $\dfrac{x^2}{4}+\dfrac{y^2}{3}=1$, 其周长为 a, 求 $\displaystyle\oint_{l}\left(2xy+3x^2+4y^2\right)\mathrm{d}s$.

9. 计算 $\displaystyle\int_{L}x^3\mathrm{d}x+3zy^2\mathrm{d}y-x^2y\mathrm{d}z$, 其中 L 是从 $A\,(3,2,1)$ 到 $B\,(0,0,0)$ 的直线段.

三、面积分 (4 分 ×5 = 20 分)

10. 设 D 是 xOy 平面上以 $(-1,1),(1,1),(1,-1)$ 为顶点的三角形区域, D_1 是 D 的第二象限的部分, 则 $\iint_D (xy + \cos x \sin y)\,\mathrm{d}x\mathrm{d}y = ($ $).$

(A) 0;

(B) $2\iint_{D_1} \cos x \sin y\,\mathrm{d}x\mathrm{d}y$;

(C) $4\iint_{D_1} (xy + \cos x \sin y)\,\mathrm{d}x\mathrm{d}y$;

(D) $2\iint_{D_1} xy\,\mathrm{d}x\mathrm{d}y$.

11. 设 Σ 为球面 $x^2 + y^2 + z^2 = R^2$ 的下半球面下侧, 则 $\iint_\Sigma z\,\mathrm{d}x\mathrm{d}y = ($ $).$

(A) $-\int_0^{2\pi} \mathrm{d}\theta \int_0^R \sqrt{R^2 - r^2}\,\mathrm{d}r$;

(B) $\int_0^{2\pi} \mathrm{d}\theta \int_0^R \sqrt{R^2 - r^2}\,r\mathrm{d}r$;

(C) $-\int_0^{2\pi} \mathrm{d}\theta \int_0^R \sqrt{R^2 - r^2}\,r\mathrm{d}r$;

(D) $\int_0^{2\pi} \mathrm{d}\theta \int_0^R \sqrt{R^2 - r^2}\,\mathrm{d}r$.

12. 设积分曲面 Σ 为 $x^2 + y^2 + z^2 = a^2$, 则 $\iint_\Sigma z^2\,\mathrm{d}S = $ _____.

13. 设 Σ 是上半椭球面 $\dfrac{x^2}{9} + \dfrac{y^2}{4} + z^2 = 1, z \geqslant 0$, 已知 Σ 的面积为 A, 则 $\iint_\Sigma (4x^2 + 9y^2 + 36z^2 + xyz)\,\mathrm{d}S = $ _____.

14. 设 $\Sigma = \{(x,y,z) \mid x + y + z = 1, x \geqslant 0, y \geqslant 0, z \geqslant 0\}$, 求 $\iint_\Sigma y^2\,\mathrm{d}S$.

四、体积分 (15 题 4 分, 16 和 17 每题 5 分, 共 14 分)

15. 设 Ω 是圆柱面 $x^2 + y^2 = 2x$ 及平面 $z = 0, z = 1$ 所围成的区域, 则 $\iiint_\Omega f(x,y,z)\,\mathrm{d}x\mathrm{d}y\mathrm{d}z = ($ $).$

(A) $\int_0^{\pi/2} \mathrm{d}\theta \int_0^{2\cos\theta} \mathrm{d}r \int_0^1 f(r\cos\theta, r\sin\theta, z)\,\mathrm{d}z$;

(B) $\int_0^{\pi/2} \mathrm{d}\theta \int_0^{2\cos\theta} r\mathrm{d}r \int_0^1 f(r\cos\theta, r\sin\theta, z)\,\mathrm{d}z$;

(C) $\int_{-\pi/2}^{\pi/2} \mathrm{d}\theta \int_0^{2\cos\theta} r\mathrm{d}r \int_0^1 f(r\cos\theta, r\sin\theta, z)\,\mathrm{d}z$;

(D) $\int_0^{\pi} \mathrm{d}\theta \int_0^{2\cos\theta} r\mathrm{d}r \int_0^1 f(r\cos\theta, r\sin\theta, z)\,\mathrm{d}z$.

16. 设 Ω 是球体 $x^2 + y^2 + z^2 \leqslant 1$, 则 $\iiint_\Omega \dfrac{z\ln(x^2 + y^2 + z^2 + 1)}{(x^2 + y^2 + z^2 + 1)^6}\,\mathrm{d}v = $ _____.

17. 计算积分 $\iiint_{\Omega}(x^2+y^2)\mathrm{d}x\mathrm{d}y\mathrm{d}z$, 其中 Ω 是由 $2z=x^2+y^2, z=2$ 所围成的区域.

五、积分间关系及场论初步 (18—21 每题 4 分, 22 和 23 每题 5 分, 共 26 分)

18. 设 C 为一条正向光滑简单闭曲线, 既不通过原点也不围住原点, 则
$$\oint_C \frac{x\mathrm{d}y-y\mathrm{d}x}{x^2+4y^2}=(\qquad).$$
(A) 4π;   (B) 0;   (C) 2π;   (D) π.

19. 设 $u=x^2+3y+yz$, 则 $\operatorname{div}(\operatorname{grad}u)=(\qquad)$.
(A) 0;   (B) 1;   (C) 2;   (D) 3.

20. 设 Σ 是球面 $x^2+y^2+z^2=16a^2$ 的外侧, 则曲面积分
$$\oiint_{\Sigma} \cdot\frac{x\mathrm{d}y\mathrm{d}z+y\mathrm{d}z\mathrm{d}x+z\mathrm{d}x\mathrm{d}y}{\left(x^2+y^2+z^2\right)^{3/2}}=(\qquad).$$
(A) 0;   (B) 1;   (C) 2π;   (D) 4π.

21. 设 C 为依逆时针方向沿椭圆 $\dfrac{x^2}{a^2}+\dfrac{y^2}{b^2}=1$ 一周路径, 则 $\oint_C (x+y)\,\mathrm{d}x-(x-y)\,\mathrm{d}y=$ _____.

22. 计算 $I=\displaystyle\int_L \left(3x^2y+4xy^4\right)\mathrm{d}x+\left(x^3+8x^2y^3+12\mathrm{e}^y\right)\mathrm{d}y$, 其中 L 为沿着半圆 $(x-1)^2+y^2=1, y\geqslant 0$, 从 $O(0,0)$ 到 $B(1,1)$ 的一段弧.

23. 计算曲面积分
$$I=\iint_{\Sigma} 2x^3\mathrm{d}y\mathrm{d}z+2y^3\mathrm{d}z\mathrm{d}x+3\left(z^2-1\right)\mathrm{d}x\mathrm{d}y,$$
其中 Σ 是曲面 $z=1-x^2-y^2\,(z\geqslant 0)$ 的上侧.

积分学及其应用 | 章测试 2

分数: _____

一、选择题 (3 分 ×5=15 分)

1. 设 Σ 是柱面 $x^2+y^2=1$ 在 $0\leqslant z\leqslant 3$ 的部分, 它的面密度 $\mu(x,y,z)=y^2$, 则 Σ 的质量是 (   ).

(A) 2π;　　　　(B) 3π;　　　　(C) 4π;　　　　(D) 5π.

2. 设 L 为 $x^2+y^2=R^2,(R>0)$, 则 $\oint_L \sqrt{x^2+y^2}\mathrm{d}s=$ (   ).

(A) $\int_0^{2\pi} r^2\mathrm{d}r$;　(B) $2\pi R^2$;　　　(C) $\int_0^{2\pi}\mathrm{d}\theta\int_0^R r^2\mathrm{d}r$;　(D) πR^3.

3. 设积分曲面 $\Sigma: x^2+y^2+z^2=R^2$(外侧), 则 $\iint_\Sigma x^2\mathrm{d}y\mathrm{d}z+y^2\mathrm{d}z\mathrm{d}x+z^2\mathrm{d}x\mathrm{d}y=$ (   ).

(A) $2\pi R^2$;　　　　(B) πR^2;　　　　(C) $\pi R^2/4$;　　　(D) 0.

4. 设 $u=x^2+3y+yz$, 则 $\mathrm{div}\,(\mathrm{grad}\,u)=$ (   ).

(A) 0;　　　　(B) 1;　　　　(C) 2;　　　　(D) 3.

5. 设 C 为闭区域 D 的正向边界闭曲线, 则 $\oint_C \left(\mathrm{e}^{x^2}-y\right)\mathrm{d}x+\left(x+\sin y^2\right)\mathrm{d}y$ 可通过 D 的面积 A 表示为 (   ).

(A) A;　　　　(B) $2A$;　　　　(C) $3A$;　　　　(D) $4A$.

二、填空题 (3 分 ×5=15 分)

6. 已知 L 为圆周 $x^2+y^2=R^2$, 则 $\int_L \left(x^2+y^2+2x\right)\mathrm{d}s=$ _____.

7. 已知曲线积分 $\int_L [\mathrm{e}^x\cos y+yf(x)]\mathrm{d}x+\left(x^3-\mathrm{e}^x\sin y\right)\mathrm{d}y$ 与路径无关, 则 $f(x)=$ _____.

8. 已知 L 为圆周 $x^2+y^2=a^2$ 的逆时针方向, 则 $\oint_L \dfrac{xy^2\mathrm{d}y-x^2y\mathrm{d}x}{x^2+y^2}=$ _____.

9. 设曲线积分 $\int_L xy^2\mathrm{d}x+y\varphi(x)\mathrm{d}y$ 与路径无关, 其中 $\varphi(x)$ 具有连续的导数, 且 $\varphi(0)=0$, 则 $\int_{(0,0)}^{(1,1)} xy^2\mathrm{d}x+y\varphi(x)\mathrm{d}y=$ _____.

10. 设 Σ 是锥面 $z=\sqrt{x^2+y^2},0\leqslant z\leqslant 1$ 的下侧, 则 $\iint_\Sigma x\mathrm{d}y\mathrm{d}z+2y\mathrm{d}z\mathrm{d}x+3(z-1)\mathrm{d}x\mathrm{d}y=$ _____.

三、计算题 (10 分 ×7 = 70 分)

11. 计算曲线积分 $\int_{\Gamma} \left(x^2 + y^2 + z^2 \right) \mathrm{d}s$, 其中 Γ 为螺旋线 $x = a\cos t, y = a\sin t, z = kt$ 上相应于 t 从 0 到达 2π 的一段弧.

12. 计算曲线积分 $\int_{L} 2xy\mathrm{d}x + x^2\mathrm{d}y$, 其中 L 为抛物线 $y = x^2$ 上从 $O(0,0)$ 到 $B(1,1)$ 的一段弧.

13. 设半径为 R 的球面 Σ, 其球心在定球面 $x^2 + y^2 + z^2 = a^2 (a > 0)$ 上. 问当 R 为何值时, 球面 Σ 含在定球面内部的那部分的面积最大.

14. 求半径为 R, 高为 h 的均匀圆锥体关于其对称轴的转动惯量.

15. 计算曲面积分 $\iint_{\Sigma} \dfrac{\mathrm{d}S}{z}$, 其中 Σ 是球面 $x^2 + y^2 + z^2 = a^2$ 被平面 $z = h \, (0 < h < a)$ 截出的顶部.

16. 计算 $\iint_{\Sigma} z^2 \mathrm{d}x\mathrm{d}y$, 其中 Σ 为曲面 $x^2 + y^2 + z^2 = a^2$ 的外侧.

17. 计算 $I = \iint_{\Sigma} \left(x^2 z - y \right) \mathrm{d}z\mathrm{d}x + (z+1)\mathrm{d}x\mathrm{d}y$, 其中 Σ 为圆柱面 $x^2 + y^2 = 4$ 被平面 $x + z = 2$ 和 $z = 0$ 所截部分的外侧.

习 题 解 答

4.1 积分的基本概念

1. (1) 1, 不是； (2) 1, 是； (3) 2, 是； (4) 3, 是； (5) μ, l, A, V； (6) 小于.

2. 自主完成, 略.

3. **解** (1) 质量微元 $\mathrm{d}m = \rho(x)\,\mathrm{d}x$, 质量 $m = \int_a^b \mathrm{d}m = \int_a^b \rho(x)\,\mathrm{d}x$.

(2) 面积微元 $\mathrm{d}\sigma$, 质量微元 $\mathrm{d}m = \rho(x,y)\,\mathrm{d}\sigma$, 质量 $m = \iint_D \mathrm{d}m$
$= \iint_D \rho(x,y)\,\mathrm{d}\sigma$.

(3) 面积微元 $\mathrm{d}S$, 质量微元 $\mathrm{d}m = \rho(x,y,z)\,\mathrm{d}S$, 质量 $m = \iint_\Sigma \mathrm{d}m = \iint_\Sigma \rho(x,$
$y,z)\mathrm{d}S$.

(4) 体积微元 $\mathrm{d}v$, 质量微元 $\mathrm{d}m = \rho(x,y,z)\,\mathrm{d}v$, 质量 $m = \iiint_\Omega \mathrm{d}m =$
$\iiint_\Omega \rho(x,y,z)\,\mathrm{d}v$.

4. **解** 质点在力 $\boldsymbol{f}(x)$ 作用下做直线运动, 故

$$\text{功微元 } \mathrm{d}W = \boldsymbol{f}(x)\,\mathrm{d}x, \quad \text{功 } W = \int_a^b \mathrm{d}W = \int_a^b \boldsymbol{f}(x)\,\mathrm{d}x.$$

5. **解 方法一** 利用定义

步骤 1, 分割. $L \xrightarrow{\text{分割为}} \Delta s_1, \Delta s_2, \cdots, \Delta s_i, \cdots, \Delta s_n$, 其中第 i 个弧段 $\overset{\frown}{MN}$ 对应的有向线段 $\overrightarrow{MN}$ 长度为 Δs_i, 它对应的单位方向向量为 $\{\cos\tau_x, \cos\tau_y, \cos\tau_z\}$, 故

$$\overrightarrow{MN} = \{\cos\tau_x, \cos\tau_y, \cos\tau_z\}\Delta s_i;$$

步骤 2, 近似. 变力 $\boldsymbol{F}(x,y,z)$ 沿有向小弧段 $\overset{\frown}{MN}$ 所做的功近似为

$$\boldsymbol{F}(x,y,z)\cdot\overrightarrow{MN} = [P(x,y,z)\cos\tau_x + Q(x,y,z)\cos\tau_y + R(x,y,z)\cos\tau_z]\Delta s_i;$$

步骤 3, 求和. 变力在整段弧 L 上做的功近似为

$$\sum_{i=1}^n [P(\xi_i,\eta_i,\zeta_i)\cos\tau_x + Q(\xi_i,\eta_i,\zeta_i)\cos\tau_y + R(\xi_i,\eta_i,\zeta_i)\cos\tau_z]\Delta s_i$$

$$= \sum_{i=1}^n [P(\xi_i,\eta_i,\zeta_i)\Delta x_i + Q(\xi_i,\eta_i,\zeta_i)\Delta y_i + R(\xi_i,\eta_i,\zeta_i)\Delta z_i];$$

步骤 4, 求极限. 变力在 L 上所做的功的精确值

$$W = \lim_{\lambda \to 0} \sum_{i=1}^{n} [P\left(\xi_i, \eta_i, \zeta_i\right) \Delta x_i + Q\left(\xi_i, \eta_i, \zeta_i\right) \Delta y_i + R\left(\xi_i, \eta_i, \zeta_i\right) \Delta z_i],$$

即 $W = \displaystyle\int_L P\left(x, y, z\right) \mathrm{d}x + Q\left(x, y, z\right) \mathrm{d}y + R\left(x, y, z\right) \mathrm{d}z.$

方法二　利用微元法.

设 L 在 (x, y, z) 处单位切向量为 $\{\cos\alpha, \cos\beta, \cos\gamma\}$, 变力 $\boldsymbol{F}$ 沿有向曲线 L 所做功微元

$$\mathrm{d}W = [P\left(x, y, z\right) \cos\alpha + Q\left(x, y, z\right) \cos\beta + R\left(x, y, z\right) \cos\gamma]\,\mathrm{d}s.$$

所做的功为

$$W = \int_L P\left(x, y, z\right)\mathrm{d}x + Q\left(x, y, z\right)\mathrm{d}y + R\left(x, y, z\right)\mathrm{d}z.$$

4.2　不定积分

1. C.

2. 0.

3. $F\left(x\right) - G\left(x\right) = C.$

4. $f\left(x\right)\mathrm{d}x.$

5. $a\displaystyle\int f\left(x\right)\mathrm{d}x + b\int g\left(x\right)\mathrm{d}x.$

6. $2x.$

7. (1) $\dfrac{1}{3}x^3 + x^2 - x + C$; (2) $2\arcsin x + \arctan x + C$;

(3) $\ln|x| + \mathrm{e}^x + C$;

(4) $\dfrac{3^x}{\ln 3} + 2\sqrt{x} + C.$

8. **解**　按照不定积分的定义, $y' = \displaystyle\int 6x\mathrm{d}x = 3x^2 + c_1$, 由题意知道, 斜率 $y'|_{x=0} = \dfrac{2}{3} = c_1$, $y' = 3x^2 + \dfrac{2}{3}$, $y = x^3 + \dfrac{2}{3}x + c.$ 曲线通过点 $(0, -2)$, $c = -2$, 所以, $y = x^3 + \dfrac{2}{3}x - 2.$

9. (1) $\dfrac{1}{a}$; (2) $\dfrac{1}{2}$, x^2; (3) $\sqrt{x}$; (4) $\ln|x|$; (5) e^x; (6) $\dfrac{1}{x}$; (7) $\sin x$; (8) $\tan x$; (9) $\sqrt{1-x^2}.$

10. D.

11. D.

12. B.

13. $\dfrac{1}{2}F(2x)+C.$

14. $-3\sqrt{1-x^2}+2\arcsin x+C.$

15. $\dfrac{1}{\cos x}+C.$

16. (1) $\sqrt{1+2\ln x}+C$;   (2) $\dfrac{1}{4}\tan^4 x+\dfrac{1}{6}\tan^6 x+C$;   (3) $\tan x-\dfrac{1}{\cos x}+C.$

17. (1) $\arccos\dfrac{1}{x}+C$;   (2) $\ln|x|+\mathrm{e}^x+C$;

(3) $2\left(\sqrt{1-x}+\ln\left|\sqrt{1-x}-1\right|\right)+C$;   (4) $-\dfrac{\sqrt{1+x^2}}{x}+C.$

18. 根据自己的理解完成, 略.

19. $\displaystyle\int uv'\mathrm{d}x=uv-\int u'v\mathrm{d}x.$

20. $\sin x-x\cos x+C.$

21. $\cos x-2\dfrac{\sin x}{x}+C.$

22. $x\ln(x^2+1)-2x+2\arctan x+C.$

23. $\dfrac{x^3}{3}\arctan x-\dfrac{1}{6}x^2+\dfrac{1}{6}\ln(1+x^2)+C.$

24. $2\sqrt{\mathrm{e}^x-1}\ln(\mathrm{e}^x-1+1)-4\sqrt{\mathrm{e}^x-1}+4\arctan\sqrt{\mathrm{e}^x-1}+C.$

25. $-\dfrac{1}{2}(x^2-1)\cos 2x+\dfrac{1}{2}x\sin 2x+\dfrac{1}{4}\cos 2x+C.$

26. $\dfrac{x\cos x-2\sin x}{x}+C.$

27. 根据自己的理解完成, 略.

28. $\ln|x-3|-\ln|x-2|+C.$

29. $4\ln|x-3|-3\ln|x-2|+C.$

30. $\dfrac{1}{2}\ln(x^2-2x+5)+\arctan\dfrac{x-1}{2}+C.$

31. $-\dfrac{1}{2}\ln\dfrac{x^2+1}{x^2+x+1}+\dfrac{\sqrt{3}}{3}\arctan\dfrac{2x+1}{\sqrt{3}}+C.$

32. $\dfrac{3}{2}\sqrt[3]{(1+x)^2}-3\sqrt[3]{x+1}+3\ln\left|1+\sqrt[3]{1+x}\right|+C.$

33. $x-4\sqrt{x+1}+4\ln(1+\sqrt{x+1})+C.$

4.3 线积分

1. A.

2.B.

3. (1) 1;　　(2) $-\dfrac{1}{2}\pi a^2$;　　(3) $\dfrac{\pi}{2}$;　　(4) $\dfrac{\pi}{4}$;　　(5) 0.

4. **解**　(1) $\lim\limits_{n\to\infty}\left(\dfrac{1}{n+1}+\dfrac{1}{n+2}+\cdots+\dfrac{1}{n+n}\right)=\displaystyle\int_0^1\dfrac{1}{x+1}\mathrm{d}x=\ln(x+$

$1)\,|_0^1=\ln 2$;

$$(2)\quad \lim_{n\to\infty}\frac{1^p+2^p+\cdots+n^p}{n^{p+1}}$$

$$=\lim_{n\to\infty}\frac{1}{n}\left[\left(\frac{1}{n}\right)^p+\left(\frac{2}{n}\right)^p+\cdots+\left(\frac{n}{n}\right)^p\right]$$

$$=\int_0^1 x^p\mathrm{d}x=\left[\frac{1}{1+p}x^{p+1}\right]\bigg|_0^1=\frac{1}{1+p}\,(p>0);$$

$$(3)\quad \lim_{n\to\infty}\frac{1}{n}\left[\sin\frac{\pi}{n}+\sin\frac{2\pi}{n}+\cdots+\sin\frac{(n-1)\pi}{n}\right]$$

$$=\frac{1}{\pi}\lim_{n\to\infty}\frac{\pi}{n}\left(\sin\frac{0\cdot\pi}{n}+\sin\frac{\pi}{n}+\cdots+\sin\frac{n-1}{n}\pi\right)$$

$$=\frac{1}{\pi}\int_0^\pi \sin x\mathrm{d}x=\frac{1}{\pi}\left[-\cos x\right]\,|_0^\pi=\frac{2}{\pi};$$

(4) C.

5. $I_1\geqslant I_2$.

6. (1) $I_1>I_2$; (2) $I_1\geqslant I_2$.

7. B.

8. $2\mathrm{e}^{-\frac{1}{4}}<\displaystyle\int_0^2 \mathrm{e}^{x^2-x}\mathrm{d}x<2\mathrm{e}^2$.

9. **证**　令 $f(x)=\mathrm{e}^{x^2}$, 则 $f'(x)=2x\mathrm{e}^{x^2}\geqslant 0$, 故 $f(x)=\mathrm{e}^{x^2}$ 在 $[0,1]$ 内单调
递增, $f(x)=\mathrm{e}^{x^2}$ 在区间内取得最大值 $f(1)=\mathrm{e}$, 最小值 $f(0)=1$, 由定积分的估
值不等式, 有 $1\leqslant\displaystyle\int_0^1 \mathrm{e}^{x^2}\mathrm{d}x\leqslant \mathrm{e}$.

10. **证**　首先由积分中值定理, 有 $\displaystyle\int_{\frac{2}{3}} f(x)\mathrm{d}x=\dfrac{1}{3}f(\xi),\xi\in\left(\dfrac{2}{3},1\right)$, 于是得
$f(\xi)=f(0)$. 又由题设得 $f(x)$ 在 $[0,\xi]$ 上连续, 在 $(0,\xi)$ 内可导, 根据罗尔定理,
有 $c\in(0,\xi)\subset(0,1)$, 使有 $f'(c)=0$.

11. **证**　$f(x)$ 在 $[3,4]$ 上连续, 在 $(3,4)$ 内至少存在一点 ξ_1, 使

$$\int_3^4 (x-1)^2 f(x)\,\mathrm{d}x=(\xi_1-1)^2 f(\xi_1).$$

设 $F(x) = (x-1)^2 f(x)$, 则 $F(x)$ 的 $[2, \xi_1]$ 上连续, 在 $(2, \xi_1)$ 内可导, $F(2) = f(2) = F(\xi_1)$, 由罗尔定理, 在 $(2, \xi_1)$ 内至少存在一点 ξ, 使 $F'(\xi) = 0$, 即在 $(2, 4)$ 内至少存在一点 ξ, 使

$$(1-\xi)^2 f'(\xi) = 2(1-\xi) f(\xi),$$

$$(1-\xi) f'(\xi) = 2f(\xi).$$

12. $\sin 1$.

13. $2\dfrac{\sin t^2}{t} - \dfrac{\sin t}{t}$.

14. $xf(x^2)$.

15. $xf(-x^2)$.

16. **解** $x'(t) = \sin t, y'(t) = \cos t, \dfrac{\mathrm{d}y}{\mathrm{d}x} = \dfrac{y'(t)}{x'(t)} = \cot t$.

17. **解** 方程两对 x 求导得 $\mathrm{e}^y y' + \cos x = 0$, 于是, $\dfrac{\mathrm{d}y}{\mathrm{d}x} = -\dfrac{\cos x}{\mathrm{e}^y}$.

18. **证** 根据积分中值定理, 存在 $\xi \in [a, x]$, 使 $\displaystyle\int_a^x f(t)\,\mathrm{d}t = f(\xi)(x-a)$. 于是有

$$F'(x) = -\frac{1}{(x-a)^2} \int_a^x f(t)\,\mathrm{d}t + \frac{1}{x-a} f(x)$$

$$= \frac{1}{(x-a)} f(x) - \frac{1}{(x-a)^2} f(\xi)(x-a)$$

$$= \frac{1}{(x-a)} [f(x) - f(\xi)].$$

由 $f'(x) \leqslant 0$ 可知 $f(x)$ 在 $[a, b]$ 上是单调减少的, 而 $a \leqslant \xi \leqslant x$, 所以 $f(x) - f(\xi) \leqslant 0$. 又在 (a, b) 内, $x - a > 0$, 所以在 (a, b) 内

$$F'(x) = \frac{1}{(x-a)} [f(x) - f(\xi)] \leqslant 0.$$

19. **解** (1) $\displaystyle\lim_{x \to 0} \frac{\displaystyle\int_0^{5x^2} \frac{\sin t}{t}\,\mathrm{d}t}{1 - \cos x} = \lim_{x \to 0} \frac{\dfrac{\sin 5x^2}{5x^2} \cdot 10x}{\sin x} = 10;$

(2) $\displaystyle\lim_{x\to 0^+}\frac{\displaystyle\int_0^{x^2}t^{\frac{3}{2}}\mathrm{d}t}{\displaystyle\int_0^x t\,(t-\sin t)\,\mathrm{d}t}=\lim_{x\to 0^+}\frac{x^3\cdot 2x}{x\,(x-\sin x)}=\lim_{x\to 0^+}\frac{x^3\cdot 2x}{x\,(x-\sin x)}$

$$=\lim_{x\to 0^+}\frac{6x^2}{1-\cos x}=12;$$

(3) $\displaystyle\lim_{x\to +\infty}\frac{\displaystyle\int_0^x (\arctan t)^2\,\mathrm{d}t}{\sqrt{x^2+1}}=\lim_{x\to +\infty}\frac{(\arctan x)^2}{\dfrac{x}{\sqrt{x^2+1}}}$

$$=\lim_{x\to +\infty}\frac{\sqrt{1+x^2}}{x}(\arctan x)^2=\frac{\pi^2}{4};$$

(4) $\displaystyle\lim_{x\to 0}\frac{\left(\displaystyle\int_0^x \mathrm{e}^{t^2}\mathrm{d}t\right)^2}{\displaystyle\int_0^x t\mathrm{e}^{2t^2}\mathrm{d}t}=\lim_{x\to 0}\frac{2\displaystyle\int_0^x \mathrm{e}^{t^2}\mathrm{d}t\cdot\left(\displaystyle\int_0^x \mathrm{e}^{t^2}\mathrm{d}t\right)'}{x\mathrm{e}^{2x^2}}$

$$=\lim_{x\to 0}\frac{2\displaystyle\int_0^x \mathrm{e}^{t^2}\mathrm{d}t\cdot \mathrm{e}^{x^2}}{x\mathrm{e}^{2x^2}}=\lim_{x\to 0}\frac{2\displaystyle\int_0^x \mathrm{e}^{t^2}\mathrm{d}t}{x\mathrm{e}^{x^2}}$$

$$=\lim_{x\to 0}\frac{2\mathrm{e}^{x^2}}{\mathrm{e}^{x^2}+2x^2\mathrm{e}^{x^2}}=\lim_{x\to 0}\frac{2}{1+2x^2}=2.$$

20. **解**　$\displaystyle\lim_{x\to 0}\frac{\displaystyle\int_0^x (x-t)\,f(t)\,\mathrm{d}t}{x\displaystyle\int_0^x f(x-t)\,\mathrm{d}t}=\frac{1}{2}.$

21. **解**　**方法一**　利用积分中值定理，$\displaystyle\lim_{x\to a}\frac{x}{x-a}\int_a^x f(t)\,\mathrm{d}t=\lim_{\xi\to a}xf(\xi)=af(a).$

方法二　利用洛必达法则，

$$\lim_{x\to a}\frac{x}{x-a}\int_a^x f(t)\,\mathrm{d}t=\lim_{x\to a}\frac{x\displaystyle\int_a^x f(t)\,\mathrm{d}t}{x-a}=\lim_{x\to a}\frac{\displaystyle\int_a^x f(t)\,\mathrm{d}t+xf(x)}{1}=af(a).$$

22. **解**　$\displaystyle\lim_{x\to 0}\frac{\displaystyle\int_0^x tf\left(x^2-t^2\right)\mathrm{d}t}{x^4}=\frac{1}{2}.$

23. **解** $\dfrac{\partial u}{\partial x} = yz\mathrm{e}^{(xyz)^2}$, $\dfrac{\partial u}{\partial y} = xz\mathrm{e}^{(xyz)^2} - z\mathrm{e}^{(xyz)^2}$, $\dfrac{\partial u}{\partial z} = xy\mathrm{e}^{(xyz)^2} - y\mathrm{e}^{(xyz)^2}$.

24. C.

25. 5.

26. $\dfrac{1}{4}\left(\dfrac{1}{\mathrm{e}} - 1\right)$.

27. **解**   (1) $\displaystyle\int_1^4 \dfrac{1}{\sqrt{x}\,(1+x)}\mathrm{d}x = 2\arctan 2 - \dfrac{\pi}{2}$ (根式代换);

(2) $\displaystyle\int_0^{\ln 2} \sqrt{\mathrm{e}^x - 1}\mathrm{d}x = 2 - \dfrac{\pi}{2}$ (根式代换);

(3) $\displaystyle\int_0^a \dfrac{1}{x + \sqrt{a^2 - x^2}}\mathrm{d}x = \dfrac{\pi}{4}$ (三角代换 $x = a\sin t$);

(4) $\displaystyle\int_1^{\sqrt{3}} \dfrac{\mathrm{d}x}{x^2\sqrt{1 + x^2}} = \sqrt{2} - \dfrac{2\sqrt{3}}{3}$ (三角代换 $x = \tan t$);

(5) $\displaystyle\int_0^1 \dfrac{\arctan x}{1 + x^2}\mathrm{d}x = \dfrac{\pi^2}{32}$ (凑微分);

(6) $\displaystyle\int_1^{\mathrm{e}} \dfrac{(\ln x + 1)^2}{x}\mathrm{d}x = \dfrac{7}{3}$ (凑微分);

(7) $\displaystyle\int_0^{\frac{1}{\sqrt{3}}} \dfrac{1}{(2x^2 + 1)\sqrt{x^2 + 1}}\mathrm{d}x = \arctan\dfrac{1}{2}$ (三角代换);

(8) $\displaystyle\int_0^1 x^2\sqrt{1 - x^2}\mathrm{d}x = \dfrac{\pi}{16}$ (三角代换);

(9) $\displaystyle\int_{\frac{3}{2}}^4 \dfrac{x + 1}{\sqrt{2x + 1}}\mathrm{d}x = \dfrac{11}{3}$ (根式代换);

(10) $\displaystyle\int_{\frac{1}{2}}^1 \mathrm{e}^{-\sqrt{2x-1}}\mathrm{d}x = -\dfrac{2}{\mathrm{e}} + 1$ (根式代换);

(11) $\displaystyle\int_{-\frac{\pi}{2}}^{\frac{\pi}{2}} \cos x\cos 2x\mathrm{d}x = \int_{-\frac{\pi}{2}}^{\frac{\pi}{2}} (1 - 2\sin^2 x)\,\mathrm{d}\sin x$

$$= \left.\left(\sin x - \dfrac{2}{3}\sin^3 x\right)\right|_{-\frac{\pi}{2}}^{\frac{\pi}{2}} = \dfrac{2}{3};$$

(12) $\displaystyle\int_{-\frac{\pi}{2}}^{\frac{\pi}{2}} \sqrt{\cos x - \cos^3 x}\mathrm{d}x = \int_{-\frac{\pi}{2}}^{\frac{\pi}{2}} \sqrt{\cos x}\sqrt{1 - \cos^2 x}\mathrm{d}x$

$$= \int_{-\frac{\pi}{2}}^{0} \sqrt{\cos x}\,(-\sin x)\,\mathrm{d}x + \int_{0}^{\frac{\pi}{2}} \sqrt{\cos x}\,\sin x\mathrm{d}x$$

$$= \frac{2}{3}\cos^{\frac{3}{2}} x\,\bigg|_{-\frac{\pi}{2}}^{0} - \frac{2}{3}\cos^{\frac{3}{2}} x\,\bigg|_{0}^{\frac{\pi}{2}} = \frac{4}{3};$$

(13) $\displaystyle\int_{0}^{\pi} \sqrt{1 + \cos 2x}\mathrm{d}x = \sqrt{2}\int_{0}^{\pi} \sin x\mathrm{d}x = -\sqrt{2}\cos x\,\bigg|_{0}^{\pi} = 2\sqrt{2};$

(14) $\displaystyle\int_{-2}^{0} \frac{\mathrm{d}x}{x^2 + 2x + 2} = \int_{-2}^{0} \frac{1}{1 + (x+1)^2}\mathrm{d}x = \arctan(x+1)\,\bigg|_{-2}^{0} = \arctan 1 -$

$\arctan(-1) = \dfrac{\pi}{2}.$

28. **解**　(1) $\displaystyle\int_{1}^{\mathrm{e}} x\ln x\mathrm{d}x = \int_{1}^{\mathrm{e}} \ln x\cdot\frac{1}{2}\mathrm{d}x^2 = \frac{1}{2}\left[x^2\ln x|_{1}^{\mathrm{e}} - \int_{1}^{\mathrm{e}} x^2\cdot\frac{1}{x}\mathrm{d}x\right] =$

$\dfrac{1}{4}\left(\mathrm{e}^2 + 1\right);$

(2) $\displaystyle\int_{0}^{3} \arcsin\sqrt{\frac{x}{x+1}}\mathrm{d}x = \frac{4}{3}\pi - \sqrt{3}.$

29. **解**　$\displaystyle\int_{0}^{1} xf''(2x)\,\mathrm{d}x = \frac{1}{2}\int_{0}^{1} x\mathrm{d}f'(2x) = \frac{1}{2}xf'(2x)\,\bigg|_{0}^{1} - \frac{1}{2}\int_{0}^{1} f'(2x)\,\mathrm{d}x$

$$= \frac{5}{2} - \frac{1}{4}f(2x)\,\bigg|_{0}^{1} = \frac{5}{2} - \frac{1}{4}\left[f(2) - f(0)\right] = \frac{9}{4}.$$

30. **解**　$\displaystyle\int_{0}^{2} f(x)\,\mathrm{d}x = \int_{0}^{1} (x+1)\,\mathrm{d}x + \frac{1}{2}\int_{1}^{2} x^2\mathrm{d}x$

$$= \left(\frac{1}{2}x^2 + x\right)\bigg|_{0}^{1} + \left(\frac{1}{6}x^3\right)\bigg|_{1}^{2} = \frac{8}{3}.$$

31. **解**　$\displaystyle\int_{-2}^{3} \min\{1, x^2\}\mathrm{d}x = \int_{-2}^{-1} \mathrm{d}x + \int_{-1}^{1} x^2\mathrm{d}x + \int_{1}^{3} \mathrm{d}x = \frac{11}{3}.$

32. **解**　$\displaystyle\int_{0}^{3} \sqrt{x^2 - 4x + 4}\mathrm{d}x = \int_{0}^{3} \sqrt{(x-2)^2}\mathrm{d}x = \int_{0}^{3} |x-2|\mathrm{d}x$

$$= \int_{0}^{2} (2-x)\,\mathrm{d}x + \int_{2}^{3} (x-2)\,\mathrm{d}x = \left[2x - \frac{1}{2}x^2\right]_{0}^{2} + \left[\frac{1}{2}x^2 - 2x\right]_{2}^{3}$$

$$= 2 + \frac{1}{2} = \frac{5}{2}.$$

33. **解** $\displaystyle\int_0^{2\pi}|\sin x|\mathrm{d}x = \int_0^\pi \sin x\mathrm{d}x - \int_\pi^{2\pi}\sin x\mathrm{d}x$

$$= -\cos x|_0^\pi + \cos x|_\pi^{2\pi} = -\cos\pi + \cos 0 + \cos 2\pi - \cos\pi = 4.$$

34. D.

35. **解** $\displaystyle\int_{-2}^2 \frac{1+\sin x}{1+x^2}\mathrm{d}x = 2\int_0^2 \frac{1}{1+x^2}\mathrm{d}x + 0 = 2\arctan x\,|_0^2 = 2\arctan 2.$

36. B.

37. 16.

38. 8.

39. $\dfrac{\pi a^2}{2}\ln|a|.$

40. $\ln 3.$

41. C.

42. $-\dfrac{1}{2}.$

43. **解** (1) $\displaystyle\int_1^{+\infty}\frac{\arctan x}{x^2}\mathrm{d}x = \frac{\pi}{4}+\frac{1}{2}\ln 2;$

(2) $\displaystyle\int_1^{+\infty}\frac{x+1}{x\left(x^2+1\right)}\mathrm{d}x = \int_1^{+\infty}\left(\frac{1}{x}-\frac{x-1}{x^2+1}\right)\mathrm{d}x = \left[\ln\frac{x}{\sqrt{x^2+1}}+\arctan x\right]_1^{+\infty}$

$= \dfrac{\pi}{4}.$

44. **解** (1) $\displaystyle\int_0^{+\infty}xe^{-x}\mathrm{d}x = -\int_0^{+\infty}x\mathrm{d}e^{-x} = -xe^{-x}|_0^{+\infty}+\int_0^{+\infty}e^{-x}\mathrm{d}x =$

$-e^{-x}|_0^{+\infty}=1,$ 原反常积分收敛;

(2) $\displaystyle\int_e^{+\infty}\frac{\ln x}{x}\mathrm{d}x = \int_e^{+\infty}\ln x\mathrm{d}\left(\ln x\right) = \frac{1}{2}\left(\ln x\right)^2|_e^{+\infty} = +\infty,$ 原反常积分

发散.

45. C.

46. A.

47. **解** (1) $\displaystyle\int_1^e\frac{\mathrm{d}x}{x\sqrt{1-(\ln x)^2}} = \pi/2;$

(2) $\displaystyle\int_1^5\frac{1}{\sqrt{(x-1)(5-x)}}\mathrm{d}x = \int_1^5\frac{1}{\sqrt{4-(x-3)^2}}\mathrm{d}x = \arcsin\frac{x-3}{2}\bigg|_1^5 = \pi;$

(3) 令 $x=\sin t,$

$$\int_{-1}^1\frac{1}{(1+x^2)\sqrt{1-x^2}}\mathrm{d}x = \int_{-\frac{\pi}{2}}^{\frac{\pi}{2}}\frac{\cos t}{(1+\sin^2 t)\cos t}\mathrm{d}t$$

$$= 2 \int_0^{\frac{\pi}{2}} \frac{\mathrm{d}\tan t}{1 + 2\tan^2 t}$$

$$= \sqrt{2} \arctan\left(\sqrt{2}\tan t\right)\bigg|_0^{\frac{\pi}{2} - 0} = \frac{\sqrt{2}}{2}\pi, \text{ 收敛};$$

(4) $\displaystyle\int_{-1}^1 \frac{1}{\sqrt{x^3}}\mathrm{d}x = \int_{-1}^0 \frac{1}{\sqrt{x^3}}\mathrm{d}x + \int_0^1 \frac{1}{\sqrt{x^3}}\mathrm{d}x$, 由于 $\displaystyle\int_0^1 \frac{1}{\sqrt{x^3}}\mathrm{d}x$ 反散, 故原积分发散;

(5) $\displaystyle\int_{-\infty}^0 \frac{1}{x-1}\mathrm{d}x = \left[\ln|x-1|\right]_{-\infty}^0 = -\infty$ 发散.

48. 2π.

49. B.

50. B.

51. D. **分析** 将 L 化为参数方程不方便, 注意到被积函数 $f(x,y,z) = x^2$ 在 L 上取值, 而为球面 $x^2 + y^2 + z^2 = 1$ 上的曲线, 将 x, y, z 轮换后曲线 L 不变, 可运用积分值与积分变量的名称无关这一性质.

$$\int_L x^2 \mathrm{d}s = \int_L y^2 \mathrm{d}s = \int_L z^2 \mathrm{d}s,$$

$$\int_L x^2 \mathrm{d}s = \frac{1}{3} \int_L \left(x^2 + y^2 + z^2\right)\mathrm{d}s = \frac{1}{3} \int_L \mathrm{d}s = \frac{2\pi}{3}.$$

52. $2\pi a^{2n+1}$.

53. D.

54. $-\pi$.

55. **解** $C = C_1 + C_2 + C_3$, 其中 $C_1: x = x, \ y = 0, 0 \leqslant x \leqslant a$; $C_2: x = a\cos t, \ y = a\sin t, \ 0 \leqslant t \leqslant \dfrac{\pi}{2}$; $C_3: x = x, \ y = x, 0 \leqslant x \leqslant \dfrac{\sqrt{2}}{2}a$; 因而,

$$\oint_C e^{\sqrt{x^2+y^2}}\mathrm{d}s = \int_{C_1} e^{\sqrt{x^2+y^2}}\mathrm{d}s + \int_{C_2} e^{\sqrt{x^2+y^2}}\mathrm{d}s + \int_{C_3} e^{\sqrt{x^2+y^2}}\mathrm{d}s$$

$$= \int_0^a e^x \sqrt{1^2 + 0^2}\,\mathrm{d}x + \int_0^{\frac{\pi}{4}} e^a \sqrt{\left(-a\sin t\right)^2 + \left(a\cos t\right)^2}\,\mathrm{d}t$$

$$+ \int_0^{\frac{\sqrt{2}}{2}a} e^{\sqrt{2}x}\sqrt{1^2 + 1^2}\,\mathrm{d}x$$

$$= e^a\left(2 + \frac{\pi a}{4}\right) - 2.$$

56. **解** 用参数方程的弧长公式

$$s = 4\int_0^{\frac{\pi}{2}} \sqrt{x^2(t) + y^2(t)}\mathrm{d}t$$

$$= 4\int_0^{\frac{\pi}{2}} \sqrt{\left[3a\cos^2 t \cdot (-\sin t)\right]^2 + \left[3a\sin^2 t \cdot \cos t\right]^2}\mathrm{d}t$$

$$= 12\int_0^{\frac{\pi}{2}} \sin t \cos t \mathrm{d}t = 6a.$$

57. **解** 曲线关于 y 轴对称, 被积函数是关于 x 的奇函数, 因此, 积分结果等于 0.

58. **解** 当 $(x,y) \in l$ 时, $3x^2 + 4y^2 = 12$,

$$\oint_l \left(2xy + 3x^2 + 4y^2\right)\mathrm{d}s = \oint_l (2xy + 12)\mathrm{d}s = 2\oint_l xy\mathrm{d}s + 12\oint_l \mathrm{d}s,$$

由 l 的对称性及被积函数关于 x,y 是奇函数, 得 $\oint_l xy\mathrm{d}s = 0, \oint_l \mathrm{d}s = a.$ 故 $\oint_l \left(2xy + 3x^2 + 4y^2\right)\mathrm{d}s = 12a.$

59. **解** (1) $L : x = a\cos\theta, y = a\sin\theta, -\dfrac{\pi}{2} \leqslant \theta \leqslant \dfrac{\pi}{2}$,

$$\int_L \sqrt{x^2 + y^2}\mathrm{d}s = \int_{-\pi/2}^{\pi/2} \sqrt{a^2\cos^2\theta + a^2\sin^2\theta}\sqrt{(-a\sin\theta)^2 + (a\cos\theta)^2}\mathrm{d}\theta$$

$$= a^2\int_{-\pi/2}^{\pi/2}\mathrm{d}\theta = \pi a^2;$$

(2) $L : r = a\cos\theta, (-\pi/2 \leqslant \theta \leqslant \pi/2), x = r\cos\theta = a\cos^2\theta, y = r\sin\theta = a\sin\theta\cos\theta$,

$$x^2 + y^2 = a^2\cos^4\theta + a^2\sin^2\theta\cos^2\theta = a^2\cos^2\theta,$$

$$\mathrm{d}s = \sqrt{r^2(\theta) + r'^2(\theta)}\mathrm{d}\theta = \sqrt{(a\cos\theta)^2 + (-a\sin\theta)^2}\mathrm{d}\theta = a\mathrm{d}\theta,\ \text{所以},$$

$$\oint_L \sqrt{x^2 + y^2}\mathrm{d}s = \int_{-\pi/2}^{\pi/2} a\cos\theta \cdot a\mathrm{d}\theta = 2a^2.$$

60. $\displaystyle\int_{x_1}^{x_2} f(x)\mathrm{d}x.$

61. 0.

62. D.

63. **解**　L 的参数方程为 $x = a\cos t, y = a\sin t, t : 0 \to 2\pi.$

$$I = \frac{1}{a^2}\int_0^{2\pi}[(a\cos t + a\sin t)(-a\sin t) - (a\cos t - a\sin t)a\cos t]\,\mathrm{d}t$$

$$= \frac{1}{a^2}\int_0^{2\pi}\left(-a^2\right)\mathrm{d}t = -2\pi.$$

64. **解**　$\oint_L\left(x^2 - y^2\right)\mathrm{d}x = \int_0^2\left(x^2 - x^4\right)\mathrm{d}x = -\frac{56}{15}.$

65. **解**　取圆周的参数方程为

曲线 $L_1: x = 2 + 2\cos t, y = 2\sin t, t$ 从 0 到 π. 直线段 $L_2: x = x, y = 0, t$ 从 0 到 4.

$$\int_L xy\mathrm{d}x = \int_{L_1}xy\mathrm{d}x + \int_{L_2}xy\mathrm{d}x = \int_{L_1}xy\mathrm{d}x + 0$$

$$= 4\int_0^\pi(1 + \cos t)\cdot\sin t\cdot(-2\sin t)\,\mathrm{d}t$$

$$= -8\left(\int_0^\pi\sin^2 t\mathrm{d}t + \int_0^\pi\cos t\sin^2 t\mathrm{d}t\right)$$

$$= -4\int_0^\pi(1 - \cos 2t)\,\mathrm{d}t - 8\int_0^\pi\sin^2 t\mathrm{d}\sin t = -4\pi.$$

66. **解**　$I(a) = \int_0^\pi\left[1 + a^3\sin^3 x + (2x + a\sin x)a\cos x\right]\mathrm{d}x$

$$= \pi + 2a^3\int_0^{\pi/2}\sin^3 x\mathrm{d}x + \int_0^\pi x\mathrm{d}\sin x + 0$$

$$= \pi + \frac{4}{3}a^3 + 2a[x\sin x + \cos x]_0^\pi = \frac{4}{3}a^3 - 4a + \pi \quad (a > 0),$$

$I'(a) = 4\left(a^2 - 1\right)$, 令 $I'(a) = 0$ 得 $a = 1, a = -1$(舍去), 且 $a = 1$ 是 $I(a)$ 在 $(0, +\infty)$ 内唯一驻点, 由于 $I''(a) = 8a > 0$, 故在 $a = 1$ 处取得 $I(a)$ 的最小值, 故所求曲线为 $y = \sin x \ (0 \leqslant x \leqslant \pi).$

67. **解**　已知场力为 $\boldsymbol{F} = (|\boldsymbol{F}|, 0)$, 曲线 L 的参数方程为 $L: x = R\cos t, y = R\sin t, \theta$ 从 0 变到 $\frac{\pi}{2}$, 于是场力所做的功为

$$W = \int_L\boldsymbol{F}\cdot\mathrm{d}\boldsymbol{s} = \int_L|\boldsymbol{F}|\mathrm{d}x = \int_0^{\frac{\pi}{2}}|\boldsymbol{F}|(-R\sin\theta)\,\mathrm{d}\theta = -|\boldsymbol{F}|R.$$

4.4 面积分

1. $\dfrac{2\pi}{3}$.

2. 小于 0.

3. C.

4. $[0, 2]$.

5. C.

6. **解** 图略.

(1) $\displaystyle\iint_D \left(x^2 + y^2\right)\mathrm{d}x\mathrm{d}y = \int_0^1 \mathrm{d}x \int_0^1 \left(x^2 + y^2\right)\mathrm{d}y = \dfrac{2}{3}$;

(2) $\displaystyle\iint_D (3x + 2y)\mathrm{d}x\mathrm{d}y = \int_0^2 \mathrm{d}x \int_0^{2-x} (3x + 2y)\mathrm{d}y = \dfrac{20}{3}$.

7. B.

8. $\displaystyle\int_{-1}^0 \mathrm{d}x \int_{-x}^1 f(x, y)\mathrm{d}y + \int_0^1 \mathrm{d}x \int_{1-\sqrt{1-x^2}}^1 f(x, y)\mathrm{d}y$.

9. C.

10. **解** $\displaystyle\iint_D \sin\sqrt{x^2 + y^2}\mathrm{d}x\mathrm{d}y = \int_0^{2\pi} \mathrm{d}\theta \int_\pi^{2\pi} \rho\sin\rho\,\mathrm{d}\rho = -6\pi^2$.

11. C.

12. **解** $\displaystyle\iint_D \ln\left(1 + x^2 + y^2\right)\mathrm{d}x\mathrm{d}y = \int_0^{\frac{\pi}{2}} \mathrm{d}\theta \int_0^2 \ln\left(1 + r^2\right) r\mathrm{d}r = \dfrac{\pi}{4}\int_1^5 \ln u\,\mathrm{d}u =$
$\dfrac{\pi}{4}\left(5\ln 5 - 4\right)$.

13. **解** $\displaystyle\iint_D \sqrt{\dfrac{1 - x^2 - y^2}{1 + x^2 + y^2}}\mathrm{d}x\mathrm{d}y = \int_0^{\frac{\pi}{2}} \mathrm{d}\theta \int_0^1 \rho\sqrt{\dfrac{1 - \rho^2}{1 + \rho^2}}\mathrm{d}\rho$

$\displaystyle = \int_0^{\frac{\pi}{2}} \mathrm{d}\theta \int_0^1 \rho\sqrt{\dfrac{1 - \rho^2}{1 + \rho^2}}\mathrm{d}\rho = \dfrac{\pi}{8}\left(\pi - 2\right)$.

14. **解** 设曲面 Σ 是光滑的, 函数 $f(x, y, z)$ 在 Σ 上有界. 把 Σ 任意分成 n 小块: $\Delta S_1, \Delta S_2, \cdots, \Delta S_n$ (ΔS_i 也代表曲面的面积), 在 ΔS_i 上任取一点 (ξ_i, η_i, ζ_i), 如果当各小块曲面的直径的最大值 $\lambda \to 0$ 时, 极限

$$\lim_{\lambda \to 0} \sum_{i=1}^n f(\xi_i, \eta_i, \zeta_i)\Delta S_i$$

总存在, 则称此极限为函数 $f(x, y, z)$ 在曲面 Σ 上对面积的曲面积分或第一类曲面积分, 记作

$$\iint_{\Sigma} f(x, y, z)\,\mathrm{d}S, \quad 即 \quad \iint_{\Sigma} f(x, y, z)\,\mathrm{d}S = \lim_{\lambda \to 0} \sum_{i=1}^{n} f(\xi_i, \eta_i, \zeta_i)\,\Delta S_i,$$

其中 $f(x, y, z)$ 叫做被积函数, Σ 叫做积分曲面.

15. **解** 对面积的曲面积分是三元函数在某一个有界曲面上的积分, 重积分是二元函数在坐标平面上某个有界闭区域上积分. 通过下面的公式, 曲面积分可以转化为二重积分.

$$\iint_{\Sigma} f(x, y, z)\,\mathrm{d}S = \iint_{D_{xy}} f[x, y, z(x, y)]\sqrt{1 + z_x^2(x, y) + z_y^2(x, y)}\,\mathrm{d}x\mathrm{d}y.$$

16. **解** $\dfrac{\partial z}{\partial x} = -3, \dfrac{\partial z}{\partial y} = -\dfrac{3}{2}$,

面积微元 $\mathrm{d}S = \sqrt{1 + \left(\dfrac{\partial z}{\partial x}\right)^2 + \left(\dfrac{\partial z}{\partial y}\right)^2}\,\mathrm{d}x\mathrm{d}y = \sqrt{1 + (-3)^2 + \left(-\dfrac{3}{2}\right)^2}\,\mathrm{d}x\mathrm{d}y = \dfrac{7}{2}\mathrm{d}x\mathrm{d}y$.

Σ 在 xOy 面的投影域为 $D: \begin{cases} 0 \leqslant y \leqslant 4, \\ 0 \leqslant x \leqslant \dfrac{4-y}{2}, \end{cases}$ 故 Σ 的面积

$$S = \iint_{\Sigma} \mathrm{d}S = \iint_{D} \sqrt{1 + \left(\frac{\partial z}{\partial x}\right)^2 + \left(\frac{\partial z}{\partial y}\right)^2}\,\mathrm{d}x\mathrm{d}y$$

$$= \frac{7}{2}\iint_{D} \mathrm{d}x\mathrm{d}y = \frac{7}{2}\int_0^4 \mathrm{d}y \int_0^{\frac{4-y}{2}} \mathrm{d}x = 14.$$

17. **解** Σ 在 xOy 面上的投影域为 $D: x + y \leqslant 1, x \geqslant 0, y \geqslant 0$.
Σ 的方程为 $z = 2 - 2x - 2y$, 面积元素: $\mathrm{d}S = 3\mathrm{d}x\mathrm{d}y$,

$$\oiint_{\Sigma} (2x + 2y + z)\,\mathrm{d}S = \iint_{\Sigma} 6\mathrm{d}x\mathrm{d}y = 6 \cdot \frac{1}{2} \cdot 1 \cdot 1 = 3.$$

18. D.

19. B.

20. $36A$.

21. $\pi a^3 h$.

22. 0.

23. **解**
$$\iint_{\Sigma} y^2 \mathrm{d}S = \iint_{D_{xy}} y^2 \sqrt{1 + \left(\frac{\partial z}{\partial x}\right)^2 + \left(\frac{\partial z}{\partial y}\right)^2} \, \mathrm{d}x\mathrm{d}y$$
$$= \sqrt{3} \iint_{D_{xy}} y^2 \mathrm{d}x\mathrm{d}y = \sqrt{3} \int_0^1 \mathrm{d}x \int_0^{1-x} y^2 \mathrm{d}y = \frac{\sqrt{3}}{12}.$$

24. $\dfrac{\sqrt{3}}{12}$.

25. **解** **方法一** 平面的截距式方程为 $x + y + \dfrac{z}{2} = 1$, 在三个坐标轴上的截距分别是 $1, 1, 2$. 可以计算出所截得三角形三条边长分别为 $\sqrt{2}, \sqrt{5}, \sqrt{5}$, 面积为 $A = \dfrac{3}{2}$, 故 $\oiint_{\Sigma} (2x + 2y + z) \, \mathrm{d}S = \oiint_{\Sigma} 2\mathrm{d}S = 2A = 3$.

方法二 $z = 2 - 2x - 2y$, $\mathrm{d}S = 3\mathrm{d}x\mathrm{d}y$, 故原积分 $= 6 \iint_D \mathrm{d}x\mathrm{d}y = 3$.

26. **解** 用 yOz 平面将 Σ 分成前后两部分 Σ_1, Σ_2, 它们在 yOz 平面上的投影区域 $D_{yz} : -2 \leqslant y \leqslant 2, 0 \leqslant z \leqslant 4$, 则

$$\iint_{\Sigma} \frac{\mathrm{d}S}{x^2 + y^2 + z^2}$$
$$= \iint_{\Sigma_1} \frac{\mathrm{d}S}{x^2 + y^2 + z^2} + \iint_{\Sigma_2} \frac{\mathrm{d}S}{x^2 + y^2 + z^2}$$
$$= \iint_{D_{yz}} \frac{1}{4 + z^2} \cdot \frac{2}{\sqrt{4 - y^2}} \mathrm{d}y\mathrm{d}z + \iint_{D_{yz}} \frac{1}{4 + z^2} \cdot \frac{2}{\sqrt{4 - y^2}} \mathrm{d}y\mathrm{d}z$$
$$= 4 \int_{-2}^2 \frac{1}{\sqrt{4 - y^2}} \mathrm{d}y \cdot \int_0^4 \frac{1}{4 + z^2} \mathrm{d}z = 4 \arcsin \frac{y}{2} \Big|_{-2}^2 \cdot \frac{1}{2} \arctan \frac{z}{2} \Big|_0^4 = 2\pi \arctan 2.$$

27. **解** $\Sigma : z = 0, (x, y) \in D_{xy}, \Sigma$ 在 xOy 面上投影有正负号, 所以
$$\iint_{\Sigma} R(x, y, z) \, \mathrm{d}x\mathrm{d}y = \pm \iint_{D_{xy}} R(x, y, 0) \, \mathrm{d}x\mathrm{d}y,$$
Σ 取上侧时为正号, 取下侧时为负号.

28. **解** 0. 因 Σ 的法向量垂直于 z 轴, 即 $\cos\gamma = 0$, 所以 Σ 的面积元素在 xOy 面上的投影 $\mathrm{d}x\mathrm{d}y = 0$, 从而积分为零.

29. **解** 设区域 Ω 的边界曲面为 Σ, 取外侧, $\iint_{\Sigma} z\mathrm{d}x\mathrm{d}y = \int_0^1 \mathrm{d}x \int_0^1 \mathrm{d}y = 1$, 易知 $\iint_{\Sigma} x\mathrm{d}y\mathrm{d}z = \iint_{\Sigma} y\mathrm{d}z\mathrm{d}x = \iint_{\Sigma} z\mathrm{d}x\mathrm{d}y = 1$. 则通量 $\Phi = \iint_{\Sigma} x\mathrm{d}y\mathrm{d}z + y\mathrm{d}z\mathrm{d}x + z\mathrm{d}x\mathrm{d}y = 3$.

30. C.

31. B.

32. $-\dfrac{1}{5}\displaystyle\iint_{\Sigma}\left(3P+2Q+2\sqrt{3}R\right)\mathrm{d}S.$

33. **解**　$\Sigma:\ z=-\sqrt{R^2-x^2-y^2}$ 在 xOy 面上的投影域为 $D_{xy}:x^2+y^2\leqslant R^2\ (z=0)$, 所以

$$
\begin{aligned}
I &= -\iint_{D_{xy}}\left(x^2+y^2\right)\left(-\sqrt{R^2-x^2-y^2}\right)\mathrm{d}x\mathrm{d}y\\
&= \int_0^{2\pi}\mathrm{d}\theta\int_0^R r^2\sqrt{R^2-r^2}\,r\mathrm{d}r\\
&= 2\pi\int_0^R r^3\sqrt{R^2-r^2}\,\mathrm{d}r \xlongequal{r=R\sin t} 2\pi\int_0^{\pi/2}R^3\sin^3 t\cdot R^2\cos^2 t\,\mathrm{d}t\\
&= 2\pi\left(\int_0^{\pi/2}R^5\sin^3 t\,\mathrm{d}t-\int_0^{\pi/2}R^5\sin^5 t\,\mathrm{d}t\right)\\
&= 2\pi\cdot\frac{2}{15}R^5=\frac{4\pi}{15}R^5.
\end{aligned}
$$

上式在计算二重积分时亦可采用如下方法:

$$
\begin{aligned}
&\iint_{\Sigma}\left(x^2+y^2\right)z\mathrm{d}x\mathrm{d}y\\
&= -\iint_{D_{xy}}\left(x^2+y^2\right)\left(-\sqrt{R^2-x^2-y^2}\right)\mathrm{d}x\mathrm{d}y\\
&= \int_0^{2\pi}\mathrm{d}\theta\cdot\int_0^R\rho^2\sqrt{R^2-\rho^2}\,\rho\mathrm{d}\rho\\
&= 2\pi\cdot\frac{1}{2}\int_0^R\left(R^2-\rho^2-R^2\right)\sqrt{R^2-\rho^2}\,\mathrm{d}\left(R^2-\rho^2\right)\\
&= \pi\left[\frac{2}{5}\left(R^2-\rho^2\right)^{\frac{5}{2}}-\frac{2}{3}R^2\left(R^2-\rho^2\right)^{\frac{3}{2}}\right]\Bigg|_0^R=\frac{4\pi}{15}R^5.
\end{aligned}
$$

34. **解**　Σ 的表达式中 x,y,z 具有轮换对称性, 被积表达式中, x,y,z 也具有轮换对称性, 又 Σ 在 xOy 面上投影区域为 $D:0\leqslant x\leqslant 1,0\leqslant y\leqslant 1-x$, 所以,

$$
I=3\iint_{\Sigma}xy\mathrm{d}x\mathrm{d}y=3\int_0^1\mathrm{d}x\int_0^{1-x}xy\mathrm{d}y=\frac{3}{2}\int_0^1 x\left(1-x\right)^2\mathrm{d}x=\frac{1}{8}.
$$

35. **解**   平面 $x-y+z=1$ 上侧的法线向量 $\boldsymbol{n}=(1,-1,1)$, 方向余弦 $\cos\alpha=1/\sqrt{3},\cos\beta=-1/\sqrt{3},\cos\gamma=1/\sqrt{3}$. 利用两类曲面积分间的关系, 得

$$
\begin{aligned}
I &= \iint_{\Sigma}(f+x)\cos\alpha\mathrm{d}S+(2f+y)\cos\beta\mathrm{d}S+(f+z)\,\mathrm{d}x\mathrm{d}y \\
&= \iint_{\Sigma}(f+x)\frac{\cos\alpha}{\cos\gamma}\mathrm{d}x\mathrm{d}y+(2f+y)\frac{\cos\beta}{\cos\gamma}\mathrm{d}x\mathrm{d}y+(f+z)\,\mathrm{d}x\mathrm{d}y \\
&= \iint_{\Sigma}[(f+x)-(2f+y)+(f+z)]\,\mathrm{d}x\mathrm{d}y \\
&= \iint_{\Sigma}(x+z-y)\,\mathrm{d}x\mathrm{d}y=\iint_{\Sigma}\mathrm{d}x\mathrm{d}y=\iint_{D_{xy}}\mathrm{d}x\mathrm{d}y=\frac{1}{2}.
\end{aligned}
$$

36. **解**   平面 Σ 的法向量 $\boldsymbol{n}=\left(3,2,2\sqrt{3}\right)$, 所以 $\cos\alpha=\dfrac{3}{\sqrt{9+4+12}}=$ $\dfrac{3}{5}$, $\cos\beta=\dfrac{2}{5}$, $\cos\gamma=\dfrac{2\sqrt{3}}{5}$, 原式 $=\iint_{\Sigma}\left(\dfrac{3}{5}P+\dfrac{2}{5}Q+\dfrac{2\sqrt{3}}{5}R\right)\mathrm{d}S$.

4.5 体积分 (三重积分)

1. B.

2. **解** Ω 在 xOy 面上的投影区域 $D=\left\{(x,y)\left|0\leqslant y\leqslant\dfrac{1}{2}-\dfrac{1}{2}x,0\leqslant x\leqslant1\right.\right\}$, 下曲面、上曲面分别为 $z_1=0,z_2=1-x-2y$,

$$
\begin{aligned}
\iiint_{\Omega}x\mathrm{d}x\mathrm{d}y\mathrm{d}z &= \int_0^1 x\mathrm{d}x\int_0^{\frac{1}{2}-\frac{1}{2}x}\mathrm{d}y\int_0^{1-x-2y}\mathrm{d}z \\
&= \int_0^1 x\mathrm{d}x\int_0^{\frac{1}{2}-\frac{1}{2}x}(1-x-2y)\mathrm{d}y=\int_0^1 x\left(y-xy-y^2\right)\Big|_0^{\frac{1}{2}-\frac{1}{2}x}\mathrm{d}x \\
&= \int_0^1\left(\frac{x}{4}-\frac{x^2}{2}+\frac{x^3}{4}\right)\mathrm{d}x=\frac{1}{48}.
\end{aligned}
$$

3. **解** Ω 在 xOy 面上的投影区域 $D=\{(x,y)\,|0\leqslant y\leqslant x,0\leqslant x\leqslant1\}$, 下曲面、上曲面分别为 $z_1=0,z_2=xy$,

$$
\begin{aligned}
\iiint_{\Omega}xy^2z^3\mathrm{d}x\mathrm{d}y\mathrm{d}z &= \int_0^1 x\mathrm{d}x\int_0^x y^2\mathrm{d}y\int_0^{xy}z^3\mathrm{d}z=\frac{1}{4}\int_0^1 x\mathrm{d}x\int_0^x x^4y^6\mathrm{d}y \\
&= \frac{1}{28}\int_0^1 x^{12}\mathrm{d}x=\frac{1}{364}.
\end{aligned}
$$

4. A.

5. C.

6. B.

7. 24.

8. $\int_0^{2\pi} \mathrm{d}\theta \int_0^1 r \mathrm{d}r \int_0^{r^2} f(r\cos\theta, r\sin\theta, z)\,\mathrm{d}z.$

9. C.

10. **解**　在柱面坐标下积分区域 Ω 可表示为 $0 \leqslant \theta \leqslant 2\pi, 0 \leqslant \rho \leqslant 2, \dfrac{\rho^2}{2} \leqslant z \leqslant 2$, 于是,

$$
\begin{aligned}
\iiint_{\Omega} \left(x^2 + y^2\right)\,\mathrm{d}v &= \int_0^{2\pi}\mathrm{d}\theta \int_0^2 \rho^2 \cdot \rho\mathrm{d}\rho \int_{\frac{1}{2}\rho^2}^2 \mathrm{d}z \\
&= \int_0^{2\pi}\mathrm{d}\theta \int_0^2 \left(2\rho^3 - \frac{1}{2}\rho^5\right)\mathrm{d}\rho = \frac{16\pi}{3}.
\end{aligned}
$$

11. **解**　利用柱面坐标, Ω 可表示为 $\rho \leqslant z \leqslant h, 0 \leqslant \rho \leqslant h, 0 \leqslant \theta \leqslant 2\pi$,

方法一　$\displaystyle\iiint_{\Omega} z\mathrm{d}x\mathrm{d}y\mathrm{d}z = \int_0^{2\pi}\mathrm{d}\theta \int_0^h \rho\mathrm{d}\rho \int_\rho^h z\mathrm{d}z = 2\pi \int_0^h \rho \cdot \left.\frac{z^2}{2}\right|_\rho^h \mathrm{d}\rho$

$$
= \pi \left[\frac{1}{2}\rho^2 h^2 - \frac{1}{4}\rho^4\right]_0^h = \frac{1}{4}\pi h^4.
$$

方法二　$\displaystyle\iiint_{\Omega} z\mathrm{d}x\mathrm{d}y\mathrm{d}z = \int_0^h z\mathrm{d}z \iint_{D_z} \mathrm{d}x\mathrm{d}y = \int_0^h z\pi z^2 \mathrm{d}z = \pi \int_0^h z^3 \mathrm{d}z = \dfrac{1}{4}\pi h^4.$

12. **解**　$\Omega_1 : \begin{cases} D_z : x^2 + y^2 \leqslant 1 - z^2, \\ 0 \leqslant z \leqslant 1, \end{cases}$

$$
\begin{aligned}
\iiint_{\Omega} \mathrm{e}^{|z|}\mathrm{d}x\mathrm{d}y\mathrm{d}z &= 2\iiint_{\Omega_1} \mathrm{e}^z \mathrm{d}x\mathrm{d}y\mathrm{d}z = 2\int_0^1 \mathrm{d}z \iint_{D_z} \mathrm{e}^z \mathrm{d}x\mathrm{d}y \\
&= 2\int_0^1 \mathrm{e}^z \cdot \pi \left(1 - z^2\right)\mathrm{d}z,
\end{aligned}
$$

而

$$
\int_0^1 \mathrm{e}^z \mathrm{d}z = \mathrm{e} - 1,
$$

$$\int_0^1 z^2 \mathrm{e}^z \mathrm{d}z = \int_0^1 z^2 \mathrm{d}\mathrm{e}^z = \left[z^2 \cdot \mathrm{e}^z\right]_0^1 - \int_0^1 \mathrm{e}^z \cdot 2z\mathrm{d}z$$

$$= \mathrm{e} - 2\int_0^1 z\mathrm{d}\mathrm{e}^z = \mathrm{e} - 2z\mathrm{e}^z\mid_0^1 + 2\int_0^1 \mathrm{e}^z\mathrm{d}z = -\mathrm{e} + 2\mathrm{e} - 2$$

$$= \mathrm{e} - 2.$$

故原积分 $= 2\pi\left[(\mathrm{e}-1)-(\mathrm{e}-2)\right] = 2\pi.$

13. 解 设 $\Omega_1 : x^2 + y^2 + z^2 \leqslant R^2$，则

$$I = \iiint_{\Omega}\left(3x^2 + 5y^2 + 7z^2\right)\mathrm{d}x\mathrm{d}y\mathrm{d}z = \frac{1}{2}\iiint_{\Omega_1}\left(3x^2 + 5y^2 + 7z^2\right)\mathrm{d}x\mathrm{d}y\mathrm{d}z.$$

而

$$\iiint_{\Omega_1} x^2\mathrm{d}x\mathrm{d}y\mathrm{d}z = \iiint_{\Omega_1} y^2\mathrm{d}x\mathrm{d}y\mathrm{d}z = \iiint_{\Omega_1} z^2\mathrm{d}x\mathrm{d}y\mathrm{d}z$$

$$= \frac{1}{3}\iiint_{\Omega_1}\left(x^2 + y^2 + z^2\right)\mathrm{d}x\mathrm{d}y\mathrm{d}z$$

$$= \frac{1}{3}\int_0^{2\pi}\mathrm{d}\theta\int_0^{\pi}\sin\varphi\mathrm{d}\varphi\int_0^R \rho^4\mathrm{d}\rho = \frac{4}{15}\pi R^5.$$

$$I = \iiint_{\Omega}\left(3x^2 + 5y^2 + 7z^2\right)\mathrm{d}x\mathrm{d}y\mathrm{d}z$$

$$= \frac{1}{2}\iiint_{\Omega_1}\left(3x^2 + 5y^2 + 7z^2\right)\mathrm{d}x\mathrm{d}y\mathrm{d}z$$

$$= \frac{1}{2}\left(3\iiint_{\Omega_1} x^2\mathrm{d}x\mathrm{d}y\mathrm{d}z + 5\iiint_{\Omega_1} y^2\mathrm{d}x\mathrm{d}y\mathrm{d}z + 7\iiint_{\Omega_1} z^2\mathrm{d}x\mathrm{d}y\mathrm{d}z\right)$$

$$= \frac{1}{2}\cdot 15\iiint_{\Omega_1} x^2\mathrm{d}x\mathrm{d}y\mathrm{d}z = 2\pi R^5.$$

14. 解 利用球面坐标，Ω 可表示为 $0 \leqslant r \leqslant R, 0 \leqslant \varphi \leqslant \pi, 0 \leqslant \theta \leqslant 2\pi$，由题意，密度函数为 $\mu(x,y,z) = k\sqrt{x^2 + y^2 + z^2}\ (k>0)$，

$$m = \iiint_{\Omega} k\sqrt{x^2 + y^2 + z^2}\mathrm{d}x\mathrm{d}y\mathrm{d}z$$

$$= \int_0^{2\pi}\mathrm{d}\theta\int_0^{\pi}\sin\varphi\mathrm{d}\varphi\int_0^R k\sqrt{r^2\sin^2\varphi\cos^2\theta + r^2\sin^2\varphi\sin^2\theta + r^2\cos^2\varphi}\,r^2\mathrm{d}r$$

$$= \int_0^{2\pi}\mathrm{d}\theta\int_0^{\pi}\sin\varphi\mathrm{d}\varphi\int_0^R kr^3\mathrm{d}r = k\pi R^4.$$

4.6　积分间关系与场论初步

1. B.

2. D.

3. C.

4. $-2\pi ab$.

5. B.

6. 解　原式 $= \iint_D \left(y^2 + x^2\right)\mathrm{d}x\mathrm{d}y = \int_0^{2\pi} \mathrm{d}\theta \int_0^a \rho^2 \cdot \rho\mathrm{d}\rho = \dfrac{\pi a^4}{2}$.

7. 解　$P = xy, Q = y^5, \dfrac{\partial Q}{\partial x} - \dfrac{\partial P}{\partial y} = 0 - x = -x,$

$$\oint_C xy\mathrm{d}x + y^5\mathrm{d}y = \iint_D (-x)\,\mathrm{d}x\mathrm{d}y = -\int_0^2 [xy]\Big|_0^{\frac{x}{2}}\mathrm{d}x = -\int_0^2 \dfrac{x^2}{2}\mathrm{d}x$$

$$= -\left[\dfrac{x^3}{6}\right]\Big|_0^2 = -\dfrac{4}{3}.$$

8. 解　由曲线积分与路径无关的充要条件可以得到 $f'(x) + f(x) = \mathrm{e}^x$, 由一阶线性非齐次微分方程的通解公式知, $f(x) = \mathrm{e}^{-\int \mathrm{d}x}\left(\int \mathrm{e}^x \mathrm{e}^{\int \mathrm{d}x}\mathrm{d}x + C\right) = \dfrac{1}{2}\mathrm{e}^x + C\mathrm{e}^{-x}$, 由 $f(0) = 0$ 知 $C = -\dfrac{1}{2}$, 所以 $f(x) = \dfrac{\mathrm{e}^x - \mathrm{e}^{-x}}{2}$.

9. 解　曲线的参数方程为 $x = a\cos^3 t, y = a\sin^3 t, t : 0 \to 2\pi$.

$$A = \dfrac{1}{2}\oint_L x\mathrm{d}y - y\mathrm{d}x = \dfrac{3a^2}{2}\int_0^{2\pi} \sin^2 t \cos^2 t\mathrm{d}t = \dfrac{3a^2}{8}\int_0^{2\pi} \sin^2(2t)\mathrm{d}t$$

$$= \dfrac{3a^2}{8}\int_0^{2\pi} \dfrac{1 - \cos 4t}{2}\mathrm{d}t = \dfrac{3\pi a^2}{8}.$$

10. 解　补线段 $\overline{AO}$, 记闭合曲线 $L + \overline{AO}$ 围成的区域为 D, 则

$$原式 = \oint_{L+\overline{AO}} + \int_{\overline{OA}} \left[\cos(x + y^2) + 2y\right]\mathrm{d}x + \left[2y\cos(x + y^2) + 3x\right]\mathrm{d}y$$

$$= -\iint_D \mathrm{d}x\mathrm{d}y + \int_0^\pi \cos x\mathrm{d}x = -\int_0^\pi \mathrm{d}x \int_0^{\sin x} \mathrm{d}y = -2.$$

11. B.

12. 证　$P(x,y) = \dfrac{x}{x^2 + y^2}, Q(x,y) = \dfrac{y}{x^2 + y^2}, \dfrac{\partial P}{\partial y} = \dfrac{\partial Q}{\partial x} = \dfrac{-2xy}{(x^2 + y^2)^2}$, 所

以 $\dfrac{x\mathrm{d}x+y\mathrm{d}y}{x^2+y^2}$ 是某二元函数 (设为 $u(x,y)$) 的全微分, 故

$$u(x,y)=\int_{(1,0)}^{(x,y)}\frac{x\mathrm{d}x+y\mathrm{d}y}{x^2+y^2}=\int_1^x\frac{1}{x}\mathrm{d}x+\int_0^y\frac{y}{x^2+y^2}\mathrm{d}y=\frac{1}{2}\ln\left(x^2+y^2\right).$$

13. 解 设 Σ 为平面 $x+y+z=0$ 上 Γ 所围成的部分, 则 Σ 上侧单位法向量为

$$n=(\cos\alpha,\cos\beta,\cos\gamma)=\left(\frac{1}{\sqrt{3}},\frac{1}{\sqrt{3}},\frac{1}{\sqrt{3}}\right).$$

$$\oint_\Gamma y\mathrm{d}x+z\mathrm{d}y+x\mathrm{d}z=\iint_\Sigma\begin{vmatrix}\cos\alpha&\cos\beta&\cos\gamma\\\frac{\partial}{\partial x}&\frac{\partial}{\partial y}&\frac{\partial}{\partial z}\\y&z&x\end{vmatrix}\mathrm{d}S$$

$$=\iint_\Sigma(-\cos\alpha-\cos\beta-\cos\gamma)\mathrm{d}S=-\sqrt{3}\iint_\Sigma\mathrm{d}S$$

$$=-\sqrt{3}\pi a^2.$$

14. 解 设 $\boldsymbol{c}=(c_1,c_2,c_3)$, 则

$$\boldsymbol{c}\times\boldsymbol{r}=\begin{vmatrix}\boldsymbol{i}&\boldsymbol{j}&\boldsymbol{k}\\c_1&c_2&c_3\\x&y&z\end{vmatrix}=(c_2z-c_3y,c_3x-c_1z,c_1y-c_2x).$$

$$\mathrm{rot}\,(\boldsymbol{c}\times\boldsymbol{r})=\begin{vmatrix}\boldsymbol{i}&\boldsymbol{j}&\boldsymbol{k}\\\frac{\partial}{\partial x}&\frac{\partial}{\partial y}&\frac{\partial}{\partial z}\\c_2z-c_3y&c_3x-c_1z&c_1y-c_2x\end{vmatrix}=2(c_1,c_2,c_3)=2\boldsymbol{c}.$$

15. D

16. $4\pi R^3$.

17. D.

18. 解 Σ 围成球体 Ω. 由高斯公式,

$$\oiint_\Sigma z\mathrm{d}x\mathrm{d}y=\iiint_\Omega 1\mathrm{d}v=\iiint_\Omega\mathrm{d}v=\frac{4}{3}\pi a^3.$$

19. 解 Σ 围成球体 Ω, 由高斯公式, 注意到在 Σ 上 $r=a$,

$$\oiint_{\Sigma} \frac{x}{r^3}\mathrm{d}y\mathrm{d}z + \frac{y}{r^3}\mathrm{d}z\mathrm{d}x + \frac{z}{r^3}\mathrm{d}x\mathrm{d}y = \frac{1}{a^3}\oiint_{\Sigma} x\mathrm{d}y\mathrm{d}z + y\mathrm{d}z\mathrm{d}x + z\mathrm{d}x\mathrm{d}y$$

$$= \frac{3}{a^3}\iiint_{\Omega}\mathrm{d}v = \frac{3}{a^3}\cdot\frac{4}{3}\pi a^3 = 4\pi.$$

20. 解　取 $\Sigma_1: x^2 + y^2 = 1\,(z = 0)$ 的下侧, 则 $\Sigma + \Sigma_1$ 构成封闭曲面, 包围空间闭区域 Ω, 故

$$I = \iint_{\Sigma+\Sigma_1} 2x^3\mathrm{d}y\mathrm{d}z + 2y^3\mathrm{d}z\mathrm{d}x + 3\left(z^2 - 1\right)\mathrm{d}x\mathrm{d}y$$

$$- \iint_{\Sigma_1} 2x^3\mathrm{d}y\mathrm{d}z + 2y^3\mathrm{d}z\mathrm{d}x + 3\left(z^2 - 1\right)\mathrm{d}x\mathrm{d}y$$

$$= \iiint_{\Omega} 6\left(x^2 + y^2 + z\right)\mathrm{d}x\mathrm{d}y\mathrm{d}z - \left(-\iint_{x^2+y^2\leqslant 1}(-3)\mathrm{d}x\mathrm{d}y\right)$$

$$= 2\pi - 3\pi = -\pi.$$

21. 解

$$I = \oiint_{\Sigma}\left(\frac{\partial R}{\partial y} - \frac{\partial Q}{\partial z}\right)\mathrm{d}y\,\mathrm{d}z + \left(\frac{\partial P}{\partial z} - \frac{\partial R}{\partial x}\right)\mathrm{d}z\,\mathrm{d}x + \left(\frac{\partial Q}{\partial x} - \frac{\partial P}{\partial y}\right)\mathrm{d}x\,\mathrm{d}y$$

$$\xlongequal{\text{高斯公式}} \iiint_{\Omega}\left[\frac{\partial}{\partial x}\left(\frac{\partial R}{\partial y} - \frac{\partial Q}{\partial z}\right) + \frac{\partial}{\partial y}\left(\frac{\partial P}{\partial z} - \frac{\partial R}{\partial x}\right) + \frac{\partial}{\partial z}\left(\frac{\partial Q}{\partial x} - \frac{\partial P}{\partial y}\right)\right]\mathrm{d}v$$

$$= \iiint_{\Omega}\left[\left(\frac{\partial^2 R}{\partial x\partial y} - \frac{\partial^2 Q}{\partial z\partial x}\right) + \left(\frac{\partial^2 P}{\partial y\partial z} - \frac{\partial^2 R}{\partial y\partial x}\right) + \left(\frac{\partial^2 Q}{\partial z\partial x} - \frac{\partial^2 P}{\partial z\partial y}\right)\right]\mathrm{d}v,$$

因 $P(x,y,z), Q(x,y,z), R(x,y,z)$ 有二阶连续偏导数, 故

$$\frac{\partial^2 R}{\partial x\partial y} = \frac{\partial^2 R}{\partial y\partial x}, \quad \frac{\partial^2 P}{\partial y\partial z} = \frac{\partial^2 P}{\partial z\partial y}, \quad \frac{\partial^2 Q}{\partial z\partial x} = \frac{\partial^2 Q}{\partial x\partial z}.$$

则原式 $= \iiint_{\Omega} 0\mathrm{d}v = 0.$

22. D.

23. 解　$P = xy^2, Q = y\mathrm{e}^z, R = x\ln\left(1 + z^2\right),$

$$\mathrm{div}\boldsymbol{u}|_P = \left(\frac{\partial P}{\partial x} + \frac{\partial Q}{\partial y} + \frac{\partial R}{\partial z}\right)_P = \left.\left(y^2 + \mathrm{e}^z + \frac{2xz}{1+z^2}\right)\right|_{(1,1,0)} = 2.$$

24. 解　$\boldsymbol{A} = \dfrac{x^2}{y^2 z}\boldsymbol{i} + \dfrac{x}{yz}\boldsymbol{j} + \dfrac{x}{y^2}\boldsymbol{k}, \mathrm{div}\boldsymbol{A} = \dfrac{x}{y^2 z}, \mathrm{div}\boldsymbol{A}\,(4, -1, 2) = 2.$

25. **解** 设区域 Ω 的边界曲面为 Σ, 取外侧, 则通量

$$\Phi = \iint_{\Sigma} x\mathrm{d}y\mathrm{d}z + y\mathrm{d}z\mathrm{d}x + z\mathrm{d}x\mathrm{d}y \xrightarrow{\text{高斯公式}} \iiint_{\Omega} 3\mathrm{d}v = 3\iiint_{\Omega} \mathrm{d}v = 3.$$

26. $y^2 + \mathrm{e}^z + \dfrac{2xz}{1+z^2}.$

4.7 积分学应用 (专题)

1. (1) $b - a$; (2) π; (3) $\dfrac{4\pi}{3}$.

2. B.

3. $\dfrac{1}{2}\mathrm{e} - 1.$

4. **解** 区域 D 的面积 $S = \iint_{D} \mathrm{d}\sigma = \int_0^1 \mathrm{d}x \int_{\mathrm{e}^{-x}}^{\mathrm{e}^x} \mathrm{d}y = \int_0^1 (\mathrm{e}^x - \mathrm{e}^{-x})\mathrm{d}x = 2.$

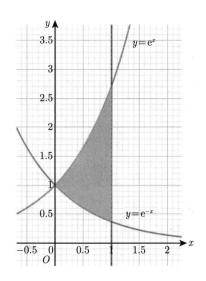

5. **解** $y' = -2x + 4$. 过点 $(0, -3)$ 处的切线的斜率为 4, 切线方程为 $y = 4x - 3$. 过点 $(3, 0)$ 处的切线的斜率为 -2, 切线方程为 $y = -2x + 6$, 两切线的交点为 $\left(\dfrac{3}{2}, 3\right)$, 所求的面积为

$$A = \int_0^{\frac{3}{2}} \left[4x - 3 - (-x^2 + 4x - 3)\right]\mathrm{d}x + \int_{\frac{3}{2}}^3 \left[-2x + 6 - (-x^2 + 4x - 3)\right]\mathrm{d}x = \dfrac{9}{4}.$$

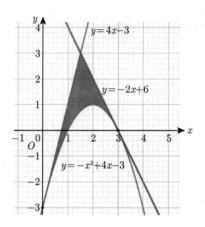

6. **解** $S = \int_0^{\arctan \frac{1}{2}} (2\sin x - \sin x)\mathrm{d}x + \int_{\arctan \frac{1}{2}}^{\frac{\pi}{4}} (\cos x - \sin x)\mathrm{d}x = 1 + \sqrt{2} - \sqrt{5}.$

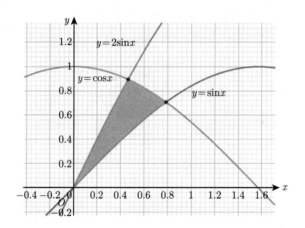

7. $a = \dfrac{1}{2}.$

8. **解** 设直线 $y = kx$ 与曲线 $y = \mathrm{e}^x$ 相切于 $A(x_0, y_0)$ 点, 则由

$$\begin{cases} y_0 = kx_0, \\ y_0 = \mathrm{e}^{x_0}, \\ y'(x_0) = \mathrm{e}^{x_0} = k \end{cases}$$

求得 $x_0 = 1, y_0 = \mathrm{e}, k = \mathrm{e}$. 所求面积为

$$\int_0^{\mathrm{e}} \left(\frac{1}{\mathrm{e}} y - \ln y \right) \mathrm{d}y = \frac{1}{2\mathrm{e}} y^2 \Big|_0^{\mathrm{e}} - y \ln y |_0^{\mathrm{e}} + \int_0^{\mathrm{e}} y \cdot \frac{1}{y} \mathrm{d}y = \frac{\mathrm{e}}{2}.$$

9. **解**   所求的面积为

$$A = 4 \int_0^a y \mathrm{d}x = 4 \int_{\frac{\pi}{2}}^0 (a \sin^3 t) \mathrm{d}(a \cos^3 t) = 4a^2 \int_0^{\frac{\pi}{2}} 3 \cos^2 t \sin^4 t \mathrm{d}t$$

$$= 12a^2 \left[\int_0^{\frac{\pi}{2}} \sin^4 t \mathrm{d}t - \int_0^{\frac{\pi}{2}} \sin^6 t \mathrm{d}t \right] = \frac{3}{8} \pi a^2.$$

10. **解**   曲线 $\rho = 3\cos\theta$ 与 $\rho = 1 + \cos\theta$ 交点的极坐标为 $A\left(\frac{3}{2}, \frac{\pi}{3}\right), B\left(\frac{3}{2}, -\frac{\pi}{3}\right)$. 由对称性, 所求的面积为

$$A = 2 \left[\frac{1}{2} \int_0^{\frac{\pi}{3}} (1 + \cos\theta)^2 \mathrm{d}\theta + \frac{1}{2} \int_{\frac{\pi}{3}}^{\frac{\pi}{2}} (3\cos\theta)^2 \mathrm{d}\theta \right] = \frac{5}{4} \pi.$$

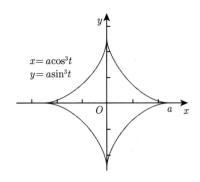

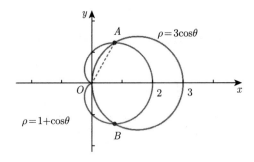

11. D.

12. **解**　绕 x 轴旋转所得旋转体的体积为

$$V_x = \int_0^2 \pi y^2 \mathrm{d}x = \int_0^2 \pi x^6 \mathrm{d}x = \frac{1}{7}\pi x^7 \Big|_0^2 = \frac{128}{7}\pi.$$

绕 y 轴旋转所得旋转体的体积为

$$V_y = 2^2 \cdot \pi \cdot 8 - \int_0^8 \pi x^2 \mathrm{d}y = 32\pi - \pi \int_0^8 y^{\frac{2}{3}} \mathrm{d}y = 32\pi - \frac{3}{5}\pi \sqrt[3]{y^5}\Big|_0^8 = \frac{64}{5}\pi.$$

13. **解**　设切点为 (x_0, y_0)，则过切点的切线方程为

$$Y - y_0 = \frac{1}{2\sqrt{x_0 - 1}}(X - x_0),$$

令 $X = 0, Y = 0$，得 $x_0 = 2, y_0 = 1$.

$$V_x = \frac{1}{3}\pi \times 1^2 \times 2 - \pi \int_1^2 (x - 1)\mathrm{d}x = \frac{2}{3}\pi - \pi \left(\frac{x^2}{2} - x\right)\Big|_1^2 = \frac{\pi}{6}.$$

14. **解**　(1)

$$V = \pi \int_{-4}^4 \left(5 + \sqrt{16 - x^2}\right)^2 \mathrm{d}x - \pi \int_{-4}^4 \left(5 - \sqrt{16 - x^2}\right)^2 \mathrm{d}x$$

$$= 40 \int_0^4 \sqrt{16 - x^2}\,\mathrm{d}x = 160\pi^2.$$

(2) $V = \pi \int_0^{2a\pi} (2a)^2 \mathrm{d}x - \pi \int_0^{2a\pi} (2a - y)^2 \mathrm{d}x$

$$= 8a^3\pi^2 - \pi \int_0^{2\pi} [2a - a(1 - \cos t)]^2 \mathrm{d}a(t - \sin t)$$

$$= 8a^3\pi^2 - a^3\pi \int_0^{2\pi} (1 + \cos t)\sin^2 t\,\mathrm{d}t = 7a^3\pi^2.$$

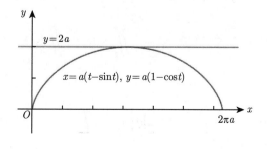

15. **解** 设过点 x 且垂直于 x 轴的截面面积为 $A(x)$, 由已知条件知, 它是边长为 $\sqrt{R^2 - x^2}$ 的等边三角形的面积, 其值为 $A(x) = \sqrt{3}(R^2 - x^2)$. 所以,

$$V = \int_{-R}^{R} \sqrt{3}(R^2 - x^2)\, dx = \frac{4\sqrt{3}}{3}R^3.$$

16. A.

17. **解** 用参数方程的弧长公式,

$$
\begin{aligned}
s &= 4\int_0^{\frac{\pi}{2}} \sqrt{x'^2(t) + y'^2(t)}\, dt \\
&= 4\int_0^{\frac{\pi}{2}} \sqrt{\left[3a\cos^2 t \cdot (-\sin t)\right]^2 + \left[3a\sin^2 t \cdot \cos t\right]^2}\, dt \\
&= 12\int_0^{\frac{\pi}{2}} \sin t \cos t\, dt = 6a.
\end{aligned}
$$

18. **解** 用极坐标的弧长公式,

$$
\begin{aligned}
s &= 2\int_0^{\pi} \sqrt{\rho^2(\theta) + \rho'^2(\theta)}\, d\theta = 2\int_0^{\pi} \sqrt{a^2(1+\cos\theta)^2 + (-a\sin\theta)^2}\, d\theta \\
&= 4a\int_0^{\pi} \cos\frac{\theta}{2}\, d\theta = 8a.
\end{aligned}
$$

19. **解** $s = \int_{\sqrt{3}}^{\sqrt{8}} \sqrt{1 + y'^2(x)}\, dx = \int_{\sqrt{3}}^{\sqrt{8}} \sqrt{1 + \left(\frac{1}{x}\right)^2}\, dx = \int_{\sqrt{3}}^{\sqrt{8}} \frac{\sqrt{1+x^2}}{x}\, dx,$

令 $\sqrt{1+x^2} = t$, 即 $x = \sqrt{t^2 - 1}$, 则

$$
\begin{aligned}
s &= \int_2^3 \frac{t}{\sqrt{t^2-1}} \cdot \frac{t}{\sqrt{t^2-1}}\, dt = \int_2^3 \frac{t^2}{t^2-1}\, dt \\
&= \int_2^3 dt + \int_2^3 \frac{1}{t^2-1}\, dt = 1 + \frac{1}{2}\ln\frac{3}{2}.
\end{aligned}
$$

20. **解** 抛物线 Σ 的质量 $M = \iint_{\Sigma} \mu\, dS = \iint_{\Sigma} \sqrt{1 + 2x}\, dS$, 其中 $dS = \sqrt{1 + y^2 + z^2}\, dydz$.

$$M = \iint_{D_{yz}} (1 + y^2 + z^2)\, dydz = 2\pi\int_0^{\sqrt{2}} (\rho + \rho^3)\, d\rho = 4\pi.$$

21. **解**　薄片关于 x 轴对称, 则重心的坐标为

$$\bar{y}=0, \quad \bar{x}=\frac{\iint_D x\rho\mathrm{d}\sigma}{\iint_D \rho\mathrm{d}\sigma}=\frac{2\rho\int_0^{\frac{\pi}{2}}\mathrm{d}\theta\int_{a\cos\theta}^{b\cos\theta}r\cos\theta\cdot r\mathrm{d}r}{\rho\cdot\sigma}=\frac{b^2+ba+a^2}{2(b+a)},$$

即所求均匀薄片的重心为 $\left(\dfrac{b^2+ba+a^2}{2(b+a)},0\right)$.

22. **解**　设三角形的两直角边分别在 x 轴和 y 轴上, 对 y 的转动惯量为

$$I_y=\rho\iint_D x^2\mathrm{d}x\mathrm{d}y=\rho\int_0^b\mathrm{d}y\int_0^{a\left(1-\frac{y}{b}\right)}x^2\mathrm{d}x=\frac{1}{12}a^3b\rho,$$

同理, 对 x 轴的转动惯量为

$$I_x=\rho\iint_D y^2\mathrm{d}x\mathrm{d}y=\frac{1}{12}ab^3\rho.$$

23. **解**　由玻意耳–马里奥特定律知

$$PV=k=10\cdot\left(\pi10^2\cdot80\right)=80000\pi.$$

设蒸汽在圆柱体内变化时底面积不变, 高度减小 x(cm) 时压强为 $P(x)$(N/cm^2), 则

$$P(x)\cdot\left[\left(\pi10^2\right)(80-x)\right]=80000\pi, \quad P(x)=\frac{800}{80-x}.$$

功元素为 $\mathrm{d}W=\left(\pi\cdot10^2\right)P(x)\mathrm{d}x$, 所求功为

$$W=\int_0^{40}\left(\pi\cdot10^2\right)\cdot\frac{800}{80-x}\mathrm{d}x=80000\pi\int_0^{40}\frac{1}{80-x}\mathrm{d}x=80000\pi\ln2\,(\mathrm{J}).$$

24. **解**　在水深 x 处, 水平截面半径为 $r=10-\dfrac{2}{3}x$, 功元素为 $\mathrm{d}W=x\cdot\pi r^2\mathrm{d}x=\pi x\left(10-\dfrac{2}{3}x\right)^2\mathrm{d}x$, 所求功为 $W=\int_0^{15}\pi x\left(10-\dfrac{2}{3}x\right)^2\mathrm{d}x=\pi\int_0^{15}\left(100x-\dfrac{40}{3}x^2+\dfrac{4}{9}x^3\right)\mathrm{d}x=1875\pi\,(\mathrm{t\cdot m})=57785.7\,(\mathrm{kJ}).$

25. $W=\dfrac{\rho g\pi H^3}{12}$.

26. **解** 当 $t = 0$ 时, 对应于曲线上的点为原点, 当 $t = 1$ 时, 对于曲线上的点为 A,

$$W = \int_L \boldsymbol{f}(x, y, z) \cdot \mathrm{d}\boldsymbol{s} = \int_L xy\mathrm{d}x + yz\mathrm{d}y + zx\mathrm{d}z = \int_0^1 (t^3 + 2t^6 + 3t^6)\mathrm{d}t = \frac{27}{28}.$$

27. C.

28. **解** 建立坐标系如图. 直线 AB 的方程为 $y = 5 - \dfrac{1}{10}x$,

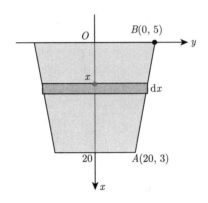

压力元素为 $\mathrm{d}P = 1 \cdot x \cdot 2y(x)\mathrm{d}x = x \cdot \left(10 - \dfrac{1}{5}x\right)\mathrm{d}x$,

所求压力为 $P = \displaystyle\int_0^{20} x \cdot \left(10 - \frac{1}{5}x\right)\mathrm{d}x = 1467 \ (\mathrm{t}) = 14388(\mathrm{kN}).$

29. **解** 设水深 x (m) 处压强为 $p(x)$, 则 $p(x) = 1000gx$, 取积分变量 x 的变化范围 $[0, 16]$, 则该区间上的任一小区间 $[x, x + \mathrm{d}x]$ 压力微元为

$$\mathrm{d}F = p(x)\,\mathrm{d}S = 20p(x)\,\mathrm{d}x = 20000gx\mathrm{d}x,$$

所受压力大小为 $F = \displaystyle\int_0^{16} 20000gx\mathrm{d}x = 25088(\mathrm{N}).$

30. **分析** 根据题目表示出引力微元, 将其沿坐标轴方向分解后, 再针对两个分力元素分别积分, 即可得出各方向上的引力, 最终所求的引力就是各个方向分力的合力. 由于力是向量, 所以计算引力时, 不能对引力微元简单地积分, 而需要沿指定方向分解后在各方向上分别进行积分.

解 建立坐标系如图. 在细直棒上取一小段 $\mathrm{d}y$, 引力微元为 $\mathrm{d}\boldsymbol{F} = G \cdot \dfrac{m\mu\mathrm{d}y}{a^2 + y^2} = \dfrac{Gm\mu}{a^2 + y^2}\mathrm{d}y$, $\mathrm{d}\boldsymbol{F}$ 在 x 轴方向和 y 轴上的力微元分别为 $\mathrm{d}F_x = -\dfrac{a}{r}\mathrm{d}\boldsymbol{F}$, $\mathrm{d}F_y = \dfrac{y}{r}\mathrm{d}\boldsymbol{F}$,

则分力分别为

$$F_x = \int_0^l \left(-\frac{a}{r} \cdot \frac{Gm\mu}{a^2+y^2} \right) \mathrm{d}y$$

$$= -aGm\mu \int_0^l \frac{1}{(a^2+y^2)\sqrt{a^2+y^2}} \mathrm{d}y = -\frac{Gm\mu l}{a\sqrt{a^2+l^2}},$$

$$F_y = \int_0^l \frac{y}{r} \cdot \frac{Gm\mu}{a^2+y^2} \mathrm{d}y = Gm\mu \int_0^l \frac{1}{(a^2+y^2)\sqrt{a^2+y^2}} \mathrm{d}y$$

$$= Gm\mu \left(\frac{1}{a} - \frac{1}{\sqrt{a^2+l^2}} \right).$$

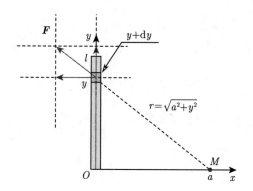

不定积分 | 章测试 1

一、填空题

1. $x^2 + \dfrac{x^3}{3} + \dfrac{2^x}{\ln 2} + \dfrac{x\ln x - x}{\ln 2} + C.$

2. $\dfrac{1}{2}F(2x) + C.$

3. $x - \arctan x + C.$

4. $\sin x - x\cos x + C.$

5. $F(x) + C.$

二、选择题

6. D.

7. C.

8. B.

9. D.

10. D.

三、计算题

11. **解** $\displaystyle\int \left(x^2 - 1\right) \sin 2x \mathrm{d}x$

$$= -\frac{1}{2} \int \left(x^2 - 1\right) \mathrm{d}\cos 2x = -\frac{1}{2} \left(x^2 - 1\right) \cos 2x + \frac{1}{2} \int \cos 2x \cdot 2x \mathrm{d}x$$

$$= -\frac{1}{2} \left(x^2 - 1\right) \cos 2x + \frac{1}{2} \int x \mathrm{d}\sin 2x$$

$$= -\frac{1}{2} \left(x^2 - 1\right) \cos 2x + \frac{1}{2} x \sin 2x - \frac{1}{2} \int \sin 2x \mathrm{d}x$$

$$= -\frac{1}{2} \left(x^2 - 1\right) \cos 2x + \frac{1}{2} x \sin 2x + \frac{1}{4} \cos 2x + C.$$

12. **解** 令 $\sqrt[3]{x+1} = t$, 则 $x = t^3 - 1$, $\mathrm{d}x = 3t^2 \mathrm{d}t$.

$$\text{原式} = \int \frac{\mathrm{d}x}{1 + \sqrt[3]{x+1}} = \int \frac{3t^2 \mathrm{d}t}{1+t} = 3 \int \left(t - 1 + \frac{1}{1+t}\right) \mathrm{d}t$$

$$= \frac{3}{2} t^2 - 3t + 3 \ln |t+1| + C$$

$$= \frac{3}{2} \sqrt[3]{(x+1)^2} - 3\sqrt[3]{x+1} + 3 \ln |\sqrt[3]{x+1} + 1| + C.$$

13. **解** $\displaystyle\int \left(x + 1 - \frac{1}{x}\right) \mathrm{e}^{x + \frac{1}{x}} \mathrm{d}x = \int \mathrm{e}^{x + \frac{1}{x}} \mathrm{d}x + \int x \left(1 - \frac{1}{x^2}\right) \mathrm{e}^{x + \frac{1}{x}} \mathrm{d}x$

$$= \int \mathrm{e}^{x + \frac{1}{x}} \mathrm{d}x + \int x \mathrm{e}^{x + \frac{1}{x}} \mathrm{d}\left(x + \frac{1}{x}\right)$$

$$= \int \mathrm{e}^{x + \frac{1}{x}} \mathrm{d}x + \int x \mathrm{d}\mathrm{e}^{x + \frac{1}{x}} = \int \mathrm{e}^{x + \frac{1}{x}} \mathrm{d}x + x \mathrm{e}^{x + \frac{1}{x}} - \int \mathrm{e}^{x + \frac{1}{x}} \mathrm{d}x$$

$$= x \mathrm{e}^{x + \frac{1}{x}} + C.$$

14. $\arctan \left(\dfrac{x}{\sqrt{1+x^2}}\right) + C.$

15. **解** **方法一** $\displaystyle\int \frac{\sin x}{\cos^2 x} \mathrm{d}x = -\int \frac{\mathrm{d}(\cos x)}{\cos^2 x} = \frac{1}{\cos x} + C;$

方法二 $\text{原式} = \displaystyle\int \sec x \tan x \mathrm{d}x = \sec x + C.$

16. **解** $\displaystyle\int \mathrm{e}^{-2x} \sin \frac{x}{2} \mathrm{d}x = -\int \frac{1}{2} \sin \frac{x}{2} \mathrm{d}\mathrm{e}^{-2x}$

$$= -\frac{1}{2} \sin \frac{x}{2} \mathrm{e}^{-2x} + \frac{1}{2} \int \mathrm{e}^{-2x} \mathrm{d}\sin \frac{x}{2}$$

$$= -\frac{1}{2}\sin\frac{x}{2}e^{-2x} - \frac{1}{8}\int\cos\frac{x}{2}\mathrm{d}e^{-2x}$$

$$= -\frac{1}{2}\sin\frac{x}{2}e^{-2x} - \frac{1}{8}\cos\frac{x}{2}e^{-2x} + \frac{1}{8}\int e^{-2x}\mathrm{d}\cos\frac{x}{2}$$

$$= -\frac{1}{2}\sin\frac{x}{2}e^{-2x} - \frac{1}{8}\cos\frac{x}{2}e^{-2x} - \frac{1}{16}\int e^{-2x}\sin\frac{x}{2}\mathrm{d}x.$$

故 $\left(1 + \dfrac{1}{16}\right)\displaystyle\int e^{-2x}\sin\frac{x}{2}\mathrm{d}x = -\frac{1}{2}\sin\frac{x}{2}e^{-2x} - \frac{1}{8}\cos\frac{x}{2}e^{-2x}$, 即

$$\text{原积分} = -\frac{8}{17}\left(\sin\frac{x}{2}e^{-2x} + \frac{1}{4}\cos\frac{x}{2}e^{-2x}\right) + C.$$

17. **解**　$f'(x) = \dfrac{x\cos x - \sin x}{x^2}$, 由分部积分法得

$$\int xf''(x)\mathrm{d}x = xf'(x) - \int f'(x)\mathrm{d}x = xf'(x) - f(x) + C$$

$$= \frac{x\cos x - \sin x}{x} - \frac{\sin x}{x} + C = \frac{x\cos x - 2\sin x}{x} + C.$$

不定积分 | 章测试 2

一、填空题

1. 0.

2. $F(x) - G(x) = C(C$ 为常数$)$.

3. $f(x)\,\mathrm{d}x$.

4. $-3\sqrt{1 - x^2} + 2\arcsin x + C$.

5. $\cos x - 2\dfrac{\sin x}{x} + C$.

二、选择题

6. B.

7. B.

8. B.

9. D.

10. B.

三、计算题

11. **解**　$\displaystyle\int\frac{1}{x\sqrt{1 + 2\ln x}}\mathrm{d}x = \int(1 + 2\ln x)^{-\frac{1}{2}}\mathrm{d}(\ln x)$

$$= \frac{1}{2}\int(1 + 2\ln x)^{-\frac{1}{2}}\mathrm{d}(1 + 2\ln x) = \sqrt{1 + 2\ln x} + C.$$

12. **解**   原式 $= \displaystyle\int \tan^3 x \cdot \sec^2 x \cdot \sec^2 x \mathrm{d}x = \int \tan^3 x \cdot \left(1 + \tan^2 x\right) \mathrm{d}\tan x$

$$= \int \left(\tan^3 x + \tan^5 x\right) \mathrm{d}\tan x = \frac{1}{4} \tan^4 x + \frac{.1}{6} \tan^6 x + C.$$

13. **解**   原式 $= x \ln \left(x^2 + 1\right) - \displaystyle\int \frac{2x^2}{x^2 + 1} \mathrm{d}x$

$$= x \ln \left(x^2 + 1\right) - 2x + 2 \arctan x + C.$$

14. **解**   设 $\sqrt[4]{x} = t, x = t^4,$

$$原式 = \int \frac{t^2}{1 + t^3} 4t^3 \mathrm{d}t = 4 \int \frac{t^5}{t^3 + 1} \mathrm{d}t = \frac{4}{3} t^3 - \frac{4}{3} \int \frac{3t^2}{t^3 + 1} \mathrm{d}t$$

$$= \frac{4}{3} t^3 - \frac{4}{3} \ln \left(t^2 + 1\right) + C = \frac{4}{3} \sqrt[4]{x^3} - \frac{4}{3} \ln \left(\sqrt{x} + 1\right) + C.$$

15. **解**   原式 $= \displaystyle\int \arctan x \, \mathrm{d}\left(\frac{x^3}{3}\right) = \frac{x^3}{3} \arctan x - \int \frac{\frac{1}{3} x^3}{1 + x^2} \mathrm{d}x$

$$= \frac{x^3}{3} \arctan x - \frac{1}{3} \int \left(x - \frac{x}{1 + x^2}\right) \mathrm{d}x$$

$$= \frac{x^3}{3} \arctan x - \frac{1}{6} x^2 + \frac{1}{6} \ln \left(1 + x^2\right) + C.$$

16. **解**   令 $\sqrt{\mathrm{e}^x - 1} = t,$ 则 $x = \ln \left(t^2 + 1\right), \mathrm{d}x = \dfrac{2t}{t^2 + 1} \mathrm{d}t.$

$$原式 = 2 \int \ln \left(t^2 + 1\right) \mathrm{d}t = 2t \ln \left(t^2 + 1\right) - 2 \int t \frac{2t \mathrm{d}t}{t^2 + 1}$$

$$= 2x \sqrt{\mathrm{e}^x - 1} - 4\sqrt{\mathrm{e}^x - 1} + 4 \arctan \sqrt{\mathrm{e}^x - 1} + C.$$

17. **解** $\displaystyle\int \frac{1 - x}{\sqrt{9 - 4x^2}} \mathrm{d}x = \int \frac{1}{\sqrt{9 - 4x^2}} \mathrm{d}x - \int \frac{x}{\sqrt{9 - 4x^2}} \mathrm{d}x$

$$= \frac{1}{2} \int \frac{1}{\sqrt{1 - \left(\frac{2}{3} x\right)^2}} \mathrm{d}\left(\frac{2}{3} x\right) + \frac{1}{8} \int \frac{1}{\sqrt{9 - 4x^2}} \mathrm{d}\left(9 - 4x^2\right)$$

$$= \frac{1}{2} \arcsin \frac{2x}{3} + \frac{1}{4} \sqrt{9 - 4x^2} + C.$$

定积分 | 章测试 1

一、填空题

1. 0.

2. $\dfrac{2}{3}$.

3. $\left[-\dfrac{1}{3},+\infty\right),\left(-\infty,-\dfrac{1}{3}\right)$.

4. $-\dfrac{1}{2}$.

5. $\displaystyle\int_{-\frac{\pi}{2}}^{\frac{\pi}{2}}\dfrac{1}{2}\left(4\cos\theta\right)^2\mathrm{d}\theta$.

二、选择题

6. B.

7. D.

8. B.

9. C.

10. C.

三、计算题

11. **解**　原式 $\displaystyle=\int_0^1\dfrac{\mathrm{e}^x}{1+x^2}\mathrm{d}x-\int_0^1\dfrac{2x\mathrm{e}^x}{\left(1+x^2\right)^2}\mathrm{d}x$

$\displaystyle=\int_0^1\dfrac{\mathrm{e}^x}{1+x^2}\mathrm{d}x+\int_0^1\mathrm{e}^x\mathrm{d}\left(\dfrac{1}{1+x^2}\right)$

$\displaystyle=\int_0^1\dfrac{\mathrm{e}^x}{1+x^2}\mathrm{d}x+\left.\dfrac{\mathrm{e}^x}{1+x^2}\right|_0^1-\int_0^1\dfrac{\mathrm{e}^x}{1+x^2}\mathrm{d}x=\dfrac{\mathrm{e}}{2}-1.$

12. **解**　$\displaystyle\int_0^{100\pi}|\sin x|\mathrm{d}x=200.$

13. **解**　$\displaystyle\int_1^{+\infty}\dfrac{x+1}{x\left(x^2+1\right)}\mathrm{d}x=\int_1^{+\infty}\left[\dfrac{1}{x}-\dfrac{x-1}{x^2+1}\right]\mathrm{d}x$

$\displaystyle=\left[\ln\dfrac{x}{\sqrt{x^2+1}}+\arctan x\right]_1^{+\infty}=\dfrac{\pi}{4}+\dfrac{1}{2}\ln 2.$

14. **解**　$\displaystyle\int_1^2\left[\dfrac{1}{x\ln^2 x}-\dfrac{1}{(x-1)^2}\right]\mathrm{d}x=\dfrac{3}{2}-\dfrac{1}{\ln 2}.$

15. **解**　$\displaystyle\int_{\frac{1}{2}}^1\dfrac{(x+2)}{x^2\cdot\sqrt{1-x^2}}\mathrm{d}x=-\ln\left(2-\sqrt{3}\right)+2\sqrt{3}(x=\sin t).$

16. **解** $\displaystyle\int_{-a}^{a}\sqrt{a^2-x^2}\ln\left(x+\sqrt{a^2+x^2}\right)\mathrm{d}x=\dfrac{\pi a^4}{4}$.

四、综合题

17. **解** $t=0$ 时, $x=-1,y=0$, 方程 ① 两端对 t 求导, $x'(t)-\mathrm{e}^x x'(t)\sin t-\mathrm{e}^x\cos t=0$. 所以, $x'(0)=\dfrac{1}{\mathrm{e}}$; 由方程 ②, $y'(t)=3t^2+2$, 所以 $y'(0)=2$, 所以, $\dfrac{\mathrm{d}y}{\mathrm{d}x}\Big|_{t=0}=2\mathrm{e}$; 切线方程 $y=2\mathrm{e}(x+1)$.

18. **解** 由极限存在, 根据洛必达法则, 得 $\displaystyle\lim_{x\to0}\dfrac{\dfrac{x^2}{\sqrt{a+x}}}{b-\cos x}=1$, 又因为 $\displaystyle\lim_{x\to0}\dfrac{x^2}{\sqrt{a+x}}=0$, 所以 $\displaystyle\lim_{x\to0}b-\cos x=0$, 则 $b=1$. $\displaystyle\lim_{x\to0}\dfrac{\dfrac{x^2}{\sqrt{a+x}}}{1-\cos x}=\lim_{x\to0}\dfrac{\dfrac{x^2}{\sqrt{a+x}}}{\dfrac{1}{2}x^2}=\lim_{x\to0}\dfrac{2}{\sqrt{a+x}}=1$, 则 $a=4$. 综上, $a=4,b=1$.

19. **解** $a=-\dfrac{5}{4},b=\dfrac{3}{2},c=1$.

20. **证** 设 $F(x)=\displaystyle\int_0^x\sqrt{1+t^4}\mathrm{d}t+\int_{\cos x}^0\mathrm{e}^{-t^2}\mathrm{d}t$, 在 $\left[0,\dfrac{\pi}{2}\right]$ 应用零点定理证明有根. 由单调性, 只有一个根.

定积分 | 章测试 2

一、填空题

1. 1, 4.

2. $\left(0,\dfrac{1}{4}\right]$.

3. 1.

4. $\dfrac{1}{2}\ln 3$.

5. $2-\dfrac{6}{\mathrm{e}^2}$.

二、选择题

6. D.

7. C.

8. B.

9. B.

10. D.

三、计算题

11. **解**　原式 $= \dfrac{x^2}{2}\arcsin 2\sqrt{x(1-x)}\,\big|_0^1 - \dfrac{1}{2}\displaystyle\int_0^1 \dfrac{x^2}{\sqrt{(1-2x)^2}}\dfrac{1-2x}{\sqrt{x(1-x)}}\mathrm{d}x$

$$= -\dfrac{1}{2}\int_0^1 \dfrac{x^2}{\sqrt{x(1-x)}}\cdot\dfrac{1-2x}{|1-2x|}\mathrm{d}x.$$

设 $t = 1-x$,

$$\int_{\frac{1}{2}}^1 \dfrac{x^2}{\sqrt{x(1-x)}}\mathrm{d}x = \int_0^{\frac{1}{2}} \dfrac{(1-t)^2}{\sqrt{t(1-t)}}\mathrm{d}t = \int_0^{\frac{1}{2}} \dfrac{(1-x)^2}{\sqrt{x(1-x)}}\mathrm{d}x,$$

所以, 原式 $= \dfrac{1}{2}\displaystyle\int_0^{\frac{1}{2}} \dfrac{1-2x}{\sqrt{x(1-x)}}\mathrm{d}x = \sqrt{x(1-x)}\,\big|_0^{\frac{1}{2}} = \dfrac{1}{2}$.

12. **解**　原式 $= \displaystyle\int_1^2 \dfrac{x}{\sqrt{4-x^2}}\mathrm{d}x + \int_2^3 \dfrac{x}{\sqrt{x^2-4}}\mathrm{d}x = \sqrt{3} + \sqrt{5}$.

13. **解**　令 $\sqrt{x} = \tan t$, 原式 $= \displaystyle\int_{\frac{\pi}{4}}^{\frac{\pi}{2}} 2\sin^2 t\,\mathrm{d}t = \dfrac{\pi}{4} + \dfrac{1}{2}$.

14. **解**　$\displaystyle\int_1^{+\infty} \dfrac{1}{\mathrm{e}^{x+1} + \mathrm{e}^{3-x}}\mathrm{d}x = \dfrac{1}{\mathrm{e}^2}\int_1^{+\infty} \dfrac{1}{\mathrm{e}^{x-1} + \mathrm{e}^{1-x}}\mathrm{d}x$, 令 $x-1 = u$, 原式

$= \dfrac{1}{\mathrm{e}^2}\displaystyle\int_0^{+\infty} \dfrac{1}{\mathrm{e}^u + \mathrm{e}^{-u}}\mathrm{d}u = \dfrac{\pi}{4\mathrm{e}^2}$.

15. **解**　$\displaystyle\int_{-4\pi}^{4\pi} (x+1)|\sin x|\mathrm{d}x = 16$.

16. **解**　$\displaystyle\int_{\frac{\pi}{4}}^{\frac{\pi}{3}} \dfrac{x}{\sin^2 x}\mathrm{d}x = \dfrac{9-4\sqrt{3}}{36}\pi + \dfrac{1}{2}\ln\dfrac{3}{2}$.

四、综合题

17. $\dfrac{1}{2}$.

18. **解**　两端求导得 $y\mathrm{e}^{\sin y}y' + y'\cos x - y\sin x = 0$, 从而 $y' = \dfrac{y\sin x}{y\mathrm{e}^{\sin y} + \cos x}$,

因为 $y\left(\dfrac{\pi}{2}\right) = \dfrac{\pi}{2}$, 所以 $y'\left(\dfrac{\pi}{2}\right) = \dfrac{1}{\mathrm{e}}$. 于是, 所求切线方程为 $y - \dfrac{\pi}{2} = \dfrac{1}{\mathrm{e}}\left(x - \dfrac{\pi}{2}\right)$,

即 $y = \dfrac{x}{\mathrm{e}} + \dfrac{\pi}{2}\left(1 - \dfrac{1}{\mathrm{e}}\right)$.

19. **解**　设切点为 (x_0, y_0), $S = \displaystyle\int_0^2 \left(\dfrac{1}{2\sqrt{x_0}}x + \dfrac{\sqrt{x_0}}{2} - \sqrt{x}\right)\mathrm{d}x = \dfrac{1}{\sqrt{x_0}}x +$

$\sqrt{x_0} - \dfrac{4}{3}\sqrt{2}$, 切线方程为 $y = \dfrac{1}{2}x + \dfrac{1}{2}$.

五、证明题

20. **证** 由已知条件知, 函数 $f(x)$ 在区间 $[2,3]$ 上连续, 从而取得最大值 M 和最小值 m, 即 $m \leqslant f(x) \leqslant M$, $x \in [2,3]$, 于是 $m \leqslant \dfrac{f(2)+f(3)}{2} \leqslant M$, 由介值定理知, 存在 $b \in [2,3]$, 使得 $f(b) = \dfrac{f(2)+f(3)}{2}$.

由积分中值定理知, 存在 $a \in [0,1]$, 使得 $\displaystyle\int_0^1 f(x)\,\mathrm{d}x = f(a)$.

依题意, 有 $f(a) = f(b)$, 对函数 $f(x)$ 在区间 $[a,b]$ 上应用罗尔定理, 至少存在一点 $\xi \in (a,b) \subset (0,3)$, 使得 $f'(\xi) = 0$.

线积分、面积分 | 章测试

一、二重积分

1. $\displaystyle\int_{-1}^0 \mathrm{d}x \int_{-x}^1 f(x,y)\mathrm{d}y + \int_0^1 \mathrm{d}x \int_{1-\sqrt{1-x^2}}^1 f(x,y)\mathrm{d}y$.

2. C.

3. D.

4. B.

5. **解** 作极坐标变换 $x = r\cos\theta, y = r\sin\theta$, 则有

$$I = \iint\limits_{x^2+y^2 \leqslant 4} \mathrm{e}^{x^2+y^2}\mathrm{d}x\mathrm{d}y = \int_0^{2\pi}\mathrm{d}\theta\int_0^2 \mathrm{e}^{r^2}r\mathrm{d}r = 2\pi \cdot \frac{1}{2}\mathrm{e}^{r^2}\Big|_0^2 = \pi\left(\mathrm{e}^4-1\right).$$

6. **解** $I = \displaystyle\int_{\frac{1}{2}}^1 \mathrm{d}y \int_{y^2}^y \mathrm{e}^{\frac{x}{y}}\mathrm{d}x = \int_{\frac{1}{2}}^1 y\left(\mathrm{e}-\mathrm{e}^y\right)\mathrm{d}y = \dfrac{3\mathrm{e}}{8} - \dfrac{1}{2}\mathrm{e}^{\frac{1}{2}}$.

二、曲线积分

7. 8π.

8. $2\pi a^3$.

9. D.

10. D.

11. **解** 当 $(x,y) \in l$ 时, $3x^2 + 4y^2 = 12$,

$$\oint_l (2xy + 3x^2 + 4y^2)\,\mathrm{d}s = \oint_l (2xy + 12)\,\mathrm{d}s = 2\oint_l xy\mathrm{d}s + 12\oint_l \mathrm{d}s.$$

由 l 的对称性及被积函数关于 x,y 是奇函数, 得 $\oint_l xy\mathrm{d}s = 0, \oint_l \mathrm{d}s = a.$ 故

$$\oint_l \left(2xy + 3x^2 + 4y^2\right) \mathrm{d}s = 12a.$$

12. **解**　$I(a) = \displaystyle\int_0^\pi \left[1 + a^3 \sin^3 x + (2x + a \sin x) a \cos x\right] \mathrm{d}x$

$$= \pi + 2a^3 \int_0^{\pi/2} \sin^3 x \mathrm{d}x + \int_0^\pi x \mathrm{d}\sin x + 0$$

$$= \pi + \frac{4}{3}a^3 + 2a \left[x \sin x + \cos x\right]_0^\pi = \frac{4}{3}a^3 - 4a + \pi \quad (a > 0).$$

$I'(a) = 4\left(a^2 - 1\right) = 0,$ 令 $I'(a) = 0,$ 得 $a = 1, a = -1$ (舍去), 且 $a = 1$ 是 $I(a)$ 在 $(0, +\infty)$ 内唯一驻点, 由于 $I''(a) = 8a > 0,$ 所以在 $a = 1$ 处取得 $I(a)$ 的最小值, 所求曲线为

$$y = \sin x \quad (0 \leqslant x \leqslant \pi).$$

三、曲面积分

13. C.

14. B.

15. B.

16. 0.

17. **解**　Σ 在 xOy 面上的投影域为 $D: x + y \leqslant 1, x \geqslant 0, y \geqslant 0.$ Σ 的方程为 $z = 2 - 2x - 2y,$ 面积微元 $\mathrm{d}S = 3\mathrm{d}x\mathrm{d}y,$

$$\oiint_\Sigma (2x + 2y + z)\mathrm{d}S = \iint_\Sigma 6\mathrm{d}x\mathrm{d}y = 6 \iint_\Sigma \mathrm{d}x\mathrm{d}y = 6 \cdot \frac{1}{2} \cdot 1 \cdot 1 = 3.$$

18. **解**　平面 Σ 的法向量 $\boldsymbol{n} = \left(3, 2, 2\sqrt{3}\right),$ 所以

$$\cos \alpha = \frac{3}{\sqrt{9 + 4 + 12}} = \frac{3}{5}, \quad \cos \beta = \frac{2}{5}, \quad \cos \gamma = \frac{2\sqrt{3}}{5},$$

$$原式 = \iint_\Sigma \left(\frac{3}{5}P + \frac{2}{5}Q + \frac{2\sqrt{3}}{5}R\right) \mathrm{d}S.$$

四、综合题

19. 体积 $\dfrac{16}{3}R^3$; 表面积 $16R^2.$

20. 解 平面 $x - y + z = 1$ 上侧的法线向量 $\boldsymbol{n} = (1, -1, 1)$, 方向余弦 $\cos\alpha = 1/\sqrt{3}, \cos\beta = -1/\sqrt{3}, \cos\gamma = 1/\sqrt{3}$. 利用两类曲面积分间的关系, 得

$$
\begin{aligned}
I &= \iint_{\Sigma} (f + x)\cos\alpha \mathrm{d}S + (2f + y)\cos\beta \mathrm{d}S + (f + z)\,\mathrm{d}x\mathrm{d}y \\
&= \iint_{\Sigma} (f + x)\frac{\cos\alpha}{\cos\gamma}\mathrm{d}x\mathrm{d}y + (2f + y)\frac{\cos\beta}{\cos\gamma}\mathrm{d}x\mathrm{d}y + (f + z)\,\mathrm{d}x\mathrm{d}y \\
&= \iint_{\Sigma} [(f + x) - (2f + y) + (f + z)]\,\mathrm{d}x\mathrm{d}y \\
&= \iint_{\Sigma} (x + z - y)\,\mathrm{d}x\mathrm{d}y = \iint_{\Sigma} \mathrm{d}x\mathrm{d}y = \iint_{D_{xy}} \mathrm{d}x\mathrm{d}y = \frac{1}{2}.
\end{aligned}
$$

体积分 | 章测试

一、选择题

1. C.

2. C.

3. B

二、填空题

4. $\dfrac{2\pi}{15}$.

5. 0.

6. $\dfrac{4\pi abc^3}{15}$.

三、计算题

7. 解
$$
\begin{aligned}
\iiint_{\Omega} xy^2 z^3 \mathrm{d}x\mathrm{d}y\mathrm{d}z &= \int_0^1 x\mathrm{d}x \int_0^x y^2\mathrm{d}y \int_0^{xy} z^3\mathrm{d}z \\
&= \frac{1}{4}\int_0^1 x\mathrm{d}x \int_0^x x^4 y^6 \mathrm{d}y = \frac{1}{28}\int_0^1 x^{12}\mathrm{d}x = \frac{1}{364}.
\end{aligned}
$$

8. 解 $\Omega: 0 \leqslant x \leqslant 1, 0 \leqslant y \leqslant 1 - x, 0 \leqslant z \leqslant 1 - x - y,$

$$
\begin{aligned}
\iiint_{\Omega} \frac{1}{(1 + x + y + z)^3}\mathrm{d}x\mathrm{d}y\mathrm{d}z &= \int_0^1 \mathrm{d}x \int_0^{1-x} \mathrm{d}y \int_0^{1-x-y} \frac{1}{(1 + x + y + z)^3}\mathrm{d}z \\
&= \frac{1}{2}\left(\ln 2 - \frac{5}{8}\right).
\end{aligned}
$$

9. 解 当 $0 \leqslant z \leqslant h$ 时, 过 $(0, 0, z)$ 作平行于 xOy 面的平面, 截得立体 Ω 的

截面为圆 $D_z : x^2 + y^2 = \left(\dfrac{R}{h}z\right)^2$, 故 D_z 的半径为 $\dfrac{R}{h}z$, 面积为 $\dfrac{\pi R^2}{h^2}z^2$, 于是

$$\iiint_\Omega z\mathrm{d}x\mathrm{d}y\mathrm{d}z = \int_0^h z\mathrm{d}z \iint_{D_z} \mathrm{d}x\mathrm{d}y = \frac{\pi R^2}{h^2}\int_0^h z^3\mathrm{d}z = \frac{\pi R^2 h^2}{4}.$$

10. **解**　由于椭球面被垂直于 yOz 平面的截面 D_x 均为椭圆, $\Omega : (x,y,z) \in$ $D_x, -3 \leqslant x \leqslant 3$, $D_x : \dfrac{y^2}{4^2} + \dfrac{z^2}{5^2} \leqslant 1 - \dfrac{x^2}{3^2}$. 故对于椭圆 $\dfrac{y^2}{4^2} + \dfrac{z^2}{5^2} = 1 - \dfrac{x^2}{3^2}$, 标准化

$$\frac{y^2}{4^2 \cdot \left(1 - \dfrac{x^2}{3^2}\right)} + \frac{z^2}{5^2 \cdot \left(1 - \dfrac{x^2}{3^2}\right)} = 1,$$ 其表面积为 $\pi \cdot 4\sqrt{1 - \dfrac{x^2}{3^2}} \cdot 5\sqrt{1 - \dfrac{x^2}{3^2}}$. 因此,

$$\iiint_\Omega x^2 \mathrm{d}v = \int_{-3}^3 \mathrm{d}x \iint_{D_x} x^2 \mathrm{d}y\mathrm{d}z = 20\pi \int_{-3}^3 x^2 \left(1 - \frac{x^2}{3^2}\right)\mathrm{d}x = 144\pi.$$

11. **解**　利用柱面坐标, Ω 可表示为 $\dfrac{\rho^2}{2} \leqslant z \leqslant 2, 0 \leqslant \rho \leqslant 2, 0 \leqslant \theta \leqslant 2\pi$,

$$\iiint_\Omega \left(x^2 + y^2\right)\mathrm{d}x\mathrm{d}y\mathrm{d}z = \iiint_\Omega \rho^2 \rho\mathrm{d}\rho\mathrm{d}\theta\mathrm{d}z$$

$$= \int_0^{2\pi} \mathrm{d}\theta \int_0^2 \rho^3 \mathrm{d}\rho \int_{\frac{\rho^2}{2}}^2 \mathrm{d}z = \int_0^{2\pi} \mathrm{d}\theta \int_0^2 \rho^3 \left(2 - \frac{\rho^2}{2}\right)\mathrm{d}\rho$$

$$= 2\pi \left[\frac{\rho^4}{2} - \frac{\rho^6}{12}\right]_0^2 = \frac{16}{3}\pi.$$

12. **解**　由对称性,

$$\iiint_\Omega x\mathrm{d}v = \iiint_\Omega y\mathrm{d}v = 0,$$

$$\iiint_\Omega z\mathrm{d}v = \int_0^{2\pi} \mathrm{d}\theta \int_0^1 r\mathrm{d}r \int_r^1 z\mathrm{d}z = \frac{\pi}{4}.$$

13. **解**　把球坐标变换公式代入区域 Ω 的边界曲面方程 $x^2 + y^2 + z^2 = 2z$ 得到边界曲面的球面坐标方程 $r^2 = 2r\cos\varphi$, 即 $r = 2\cos\varphi$. 因此,

$$\iiint_\Omega \left(x^2 + y^2 + z^2\right)\mathrm{d}v = \int_0^{2\pi} \mathrm{d}\theta \int_0^{\frac{\pi}{2}} \mathrm{d}\varphi \int_0^{2\cos\varphi} r^2 \cdot r\sin\varphi \cdot r\mathrm{d}r$$

$$= \int_0^{2\pi} \mathrm{d}\theta \int_0^{\frac{\pi}{2}} \frac{32}{5}\cos^5\varphi\sin\varphi\mathrm{d}\varphi$$

$$= \int_0^{2\pi} \frac{32}{30} \mathrm{d}\theta = \frac{32\pi}{15}.$$

14. **解**
$$\iiint_\Omega z\mathrm{d}v = \int_0^{2\pi} \mathrm{d}\theta \int_0^1 r\mathrm{d}r \int_{r^2}^r z\mathrm{d}z = \int_0^{2\pi} \mathrm{d}\theta \int_0^1 \frac{1}{2}\left(r^2 - r^4\right) r\mathrm{d}r = \frac{\pi}{12}.$$

15. **解** 联立 $z = 6 - x^2 - y^2, z = \sqrt{x^2 + y^2}$, 解得 $z = 2$.

利用柱面坐标, Ω 可表示为 $\rho \leqslant z \leqslant 6 - \rho^2, 0 \leqslant \rho \leqslant 2, 0 \leqslant \theta \leqslant 2\pi$,

$$V = \iiint_\Omega \mathrm{d}x\mathrm{d}y\mathrm{d}z = \int_0^{2\pi} \mathrm{d}\theta \int_0^2 \rho\mathrm{d}\rho \int_\rho^{6-\rho^2} \mathrm{d}z = 2\pi \int_0^2 \rho\left(6 - \rho^2 - \rho\right)\mathrm{d}\rho$$

$$= 2\pi \int_0^2 \left(6\rho - \rho^3 - \rho^2\right)\mathrm{d}\rho = \frac{32\pi}{3}.$$

16. 参见教材, 理解后用自己的语言叙述出来.

积分间关系及场论初步 | 章测试

一、格林公式及其应用

1. B.

2. C.

3. B.

4. A.

5. B.

6. $-2\pi ab$.

7. **解** $P = xy, Q = y^5, \dfrac{\partial Q}{\partial x} - \dfrac{\partial P}{\partial y} = 0 - x = -x$,

$$\oint_C xy\mathrm{d}x + y^5\mathrm{d}y = \iint_D (-x)\mathrm{d}x\mathrm{d}y = -\int_0^2 [xy]\big|_0^{\pi/2} \mathrm{d}x$$

$$= -\int_0^2 \frac{x^2}{2}\mathrm{d}x = -\left[\frac{x^3}{6}\right]_0^2 = -\frac{8}{6} = -\frac{4}{3}.$$

8. **解** $P = x^2 - y, Q = -\left(x + \sin^2 y\right)$ 在 xOy 平面内具有一阶连续偏导数, $\dfrac{\partial Q}{\partial P} = -1 = \dfrac{\partial P}{\partial y}$, 故曲线积分与路径无关. 取有向线段 $l: y = 0, x: 2 \to 0$. 则

$$\int_L \left(x^2 - y\right)\mathrm{d}x - \left(x + \sin^2 y\right)\mathrm{d}y = \int_l \left(x^2 - y\right)\mathrm{d}x - \left(x + \sin^2 y\right)\mathrm{d}y$$

$$= \int_2^0 x^2\mathrm{d}x = \left[\frac{x^3}{3}\right]_2^0 = -\frac{8}{3}.$$

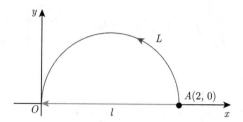

9. **证** $P(x,y) = \dfrac{x}{x^2+y^2}, Q(x,y) = \dfrac{y}{x^2+y^2}, \dfrac{\partial P}{\partial y} = \dfrac{\partial Q}{\partial x} = \dfrac{-2xy}{(x^2+y^2)^2}$, 所以, 微分是某二元函数 (设为 $u(x,y)$) 的全微分, 故

$$u(x,y) = \int_{(1,0)}^{(x,y)} \frac{x\mathrm{d}x + y\mathrm{d}y}{x^2+y^2} = \int_1^x \frac{1}{x}\mathrm{d}x + \int_0^y \frac{y}{x^2+y^2}\mathrm{d}y = \frac{1}{2}\ln\left(x^2+y^2\right).$$

10. **解** 这是用格林公式处理的典型题目. 记 l' 为 x 轴上从 B 到 A 段, 则 $l + l'$ 为封闭曲线, 所围区域为 D, 由格林公式,

$$I = \int_l \left(y^3+x\right)\mathrm{d}x - \left(x^3+y\right)\mathrm{d}y = \int_{l+l'} - \int_{l'}$$

$$= 3\iint_D \left(x^2+y^2\right)\mathrm{d}x\mathrm{d}y - \int_1^0 x\mathrm{d}x = \frac{3\pi}{64} + \frac{1}{2}.$$

11. **解** (1) 记 $P = \dfrac{1}{y}\left[1+y^2 f(xy)\right], Q = \dfrac{x}{y^2}\left[y^2 f(xy) - 1\right]$,

$$\frac{\partial P}{\partial y} = f(xy) - \frac{1}{y^2} + xyf'(xy), \qquad \frac{\partial Q}{\partial x} = f(xy) - \frac{1}{y^2} + xyf'(xy),$$

由 $\dfrac{\partial Q}{\partial x} = \dfrac{\partial P}{\partial y}$ 且在半平面 $(y>0)$ 内处处成立, 所以, 在半平面 $(y>0)$ 内曲线积分与路径无关.

(2) 由 I 与路径无关, 从 (a,b) 到 (c,d) 的积分, 选取 $l_1 + l_2$ 的积分路径, 其中 $l_1 : y = b, x : a \to c, l_2 : x = c, y : b \to d$, 故

$$I = \int_{l_1+l_2} \frac{1}{y}\left[1+y^2 f(xy)\right]\mathrm{d}x + \frac{x}{y^2}\left[y^2 f(xy) - 1\right]\mathrm{d}y$$

$$= \int_a^c \frac{1}{b}\left[1+b^2 f(bx)\right]\mathrm{d}x + \int_b^d \frac{c}{y^2}\left[y^2 f(cy) - 1\right]\mathrm{d}y$$

$$= \frac{c-a}{b} + \frac{c}{d} - \frac{c}{b} + \int_a^c bf(bx)\mathrm{d}x + \int_b^d cf(cy)\mathrm{d}y$$

$$= \frac{c}{d} - \frac{a}{b} + \int_{ab}^{bc} f(t)\,\mathrm{d}t + \int_{bc}^{cd} f(t)\,\mathrm{d}t = \frac{c}{d} - \frac{a}{b} + \int_{ab}^{cd} f(t)\,\mathrm{d}t.$$

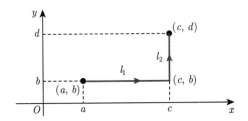

当 $ab = cd$ 时, $I = \dfrac{c}{d} - \dfrac{a}{b}$.

二、斯托克斯公式、环流量与旋度

12. 解　设 $\boldsymbol{c} = (c_1, c_2, c_3)$, 则

$$\boldsymbol{c} \times \boldsymbol{r} = \begin{vmatrix} \boldsymbol{i} & \boldsymbol{j} & \boldsymbol{k} \\ c_1 & c_2 & c_3 \\ x & y & z \end{vmatrix} = (c_2 z - c_3 y, c_3 x - c_1 z, c_1 y - c_2 x).$$

$$\mathrm{rot}\,(\boldsymbol{c} \times \boldsymbol{r}) = \begin{vmatrix} \boldsymbol{i} & \boldsymbol{j} & \boldsymbol{k} \\ \dfrac{\partial}{\partial x} & \dfrac{\partial}{\partial y} & \dfrac{\partial}{\partial z} \\ c_2 z - c_3 y & c_3 x - c_1 z & c_1 y - c_2 x \end{vmatrix} = 2(c_1, c_2, c_3) = 2\boldsymbol{c}.$$

　　13. 解　设 Σ 为平面 $x + y + z = 0$ 上 Γ 所围成的部分, 则 Σ 上侧单位法向量为

$$\boldsymbol{n} = (\cos\alpha, \cos\beta, \cos\gamma) = \left(\frac{1}{\sqrt{3}}, \frac{1}{\sqrt{3}}, \frac{1}{\sqrt{3}}\right).$$

$$\oint_{\Gamma} y\,\mathrm{d}x + z\,\mathrm{d}y + x\,\mathrm{d}z = \iint_{\Sigma} \begin{vmatrix} \cos\alpha & \cos\beta & \cos\gamma \\ \dfrac{\partial}{\partial x} & \dfrac{\partial}{\partial y} & \dfrac{\partial}{\partial z} \\ y & z & x \end{vmatrix} \mathrm{d}S$$

$$= \iint_{\Sigma} (-\cos\alpha - \cos\beta - \cos\gamma)\,\mathrm{d}S$$

$$= -\sqrt{3} \iint_{\Sigma} \mathrm{d}S = -\sqrt{3}\pi a^2.$$

三、高斯公式、通量与散度

14. C.

15. D.

16. D.

17. 2.

18. $4\pi R^3$.

19. 2π.

20. **解**　$\boldsymbol{A} = \dfrac{x^2}{y^2 z}\boldsymbol{i} + \dfrac{x}{yz}\boldsymbol{j} + \dfrac{x}{y^2}\boldsymbol{k}, \operatorname{div}\boldsymbol{A} = \dfrac{x}{y^2 z}, \operatorname{div}\boldsymbol{A}\,(4, -1, 2) = 2$.

21. **解**　设区域 Ω 的边界曲面为 Σ, 取外侧, 则通量

$$\varPhi = \iint_{\Sigma} x\mathrm{d}y\mathrm{d}z + y\mathrm{d}z\mathrm{d}x + z\mathrm{d}x\mathrm{d}y \xrightarrow{\text{Guass}} \iiint_{\Omega} 3\mathrm{d}v = 3\iiint_{\Omega}\mathrm{d}v = 3.$$

22. **解**　Σ 围成球体 Ω, 由高斯公式,

$$\oiint_{\Sigma} z\mathrm{d}x\mathrm{d}y = \iiint_{\Omega} 1\mathrm{d}v = \iiint_{\Omega}\mathrm{d}v = \frac{4}{3}\pi a^3.$$

23. **解**　Σ 围成球体 Ω, 由高斯公式, 注意到在 Σ 上 $r = a$,

$$\oiint_{\Sigma} \frac{x}{r^3}\mathrm{d}y\mathrm{d}z + \frac{y}{r^3}\mathrm{d}z\mathrm{d}x + \frac{z}{r^3}\mathrm{d}x\mathrm{d}y = \frac{1}{a^3}\oiint_{\Sigma} x\mathrm{d}y\mathrm{d}z + y\mathrm{d}z\mathrm{d}x + z\mathrm{d}x\mathrm{d}y$$

$$= \frac{3}{a^3}\iiint_{\Omega}\mathrm{d}v = \frac{3}{a^3}\cdot\frac{4}{3}\pi a^3 = 4\pi.$$

24. **解**　取 $\varSigma_1 : x^2 + y^2 = 1, (z = 0)$ 的下侧, 则 $\varSigma + \varSigma_1$ 构成封闭曲面, 包围空间闭区域 Ω, 故

$$I = \iint_{\varSigma + \varSigma_1} 2x^3\mathrm{d}y\mathrm{d}z + 2y^3\mathrm{d}z\mathrm{d}x + 3\left(z^2 - 1\right)\mathrm{d}x\mathrm{d}y$$

$$- \iint_{\varSigma_1} 2x^3\mathrm{d}y\mathrm{d}z + 2y^3\mathrm{d}z\mathrm{d}x + 3\left(z^2 - 1\right)\mathrm{d}x\mathrm{d}y$$

$$= \iiint_{\Omega} 6\left(x^2 + y^2 + z\right)\mathrm{d}x\mathrm{d}y\mathrm{d}z - \left(-\iint_{x^2 + y^2 \leqslant 1}(-3)\mathrm{d}x\mathrm{d}y\right) = 2\pi - 3\pi = -\pi.$$

积分学及其应用 | 章测试 1

一、定积分

1. $\dfrac{\pi R^2}{2}$.

2. 12.

3. A.

4. D.

5. **解** 由 $\begin{cases} y = x - 4, \\ y^2 = 2x \end{cases}$ 得到交点 $(2, -2)$ 和 $(8, 4)$, $A = \int_{-2}^{4} \left(y + 4 - \frac{1}{2}y^2 \right) \cdot$

$\mathrm{d}y = \frac{1}{2}y^2 + 4y - \frac{1}{6}y^3 \Big|_{-2}^{4} = 18.$

二、线积分

6. D.

7. D.

8. **解** 当 $(x, y) \in l$ 时, $3x^2 + 4y^2 = 12$,

$$\oint_l (2xy + 3x^2 + 4y^2)\,\mathrm{d}s = \oint_l (2xy + 12)\,\mathrm{d}s = 2\oint_l xy\mathrm{d}s + 12\oint_l \mathrm{d}s,$$

由 l 的对称性及被积函数关于 x, y 是奇函数, 得 $\oint_l xy\mathrm{d}s = 0, \oint_l \mathrm{d}s = a.$ 故

$$\oint_l (2xy + 3x^2 + 4y^2)\,\mathrm{d}s = 12a.$$

9. **解** 直线 AB 的点向式方程为 $\frac{x}{3} = \frac{y}{2} = \frac{\pi}{1}$, 化为参数方程 $x = 3t, y = 2t, z = t, t : 1 \to 0$, 所以

$$\int_L x^3\mathrm{d}x + 3zy^2\mathrm{d}y - x^2y\mathrm{d}z = \int_1^0 \left[(3t)^3 \cdot 3 + 3t(2t)^2 \cdot 2 - (3t)^2 \cdot 2t \right] \mathrm{d}t$$

$$= 87 \int_1^0 t^3\mathrm{d}t = -\frac{87}{4}.$$

三、面积分

10. B.

11. B.

12. 由轮换对称性, $\iint_\Sigma z^2\mathrm{d}S = \iint_\Sigma x^2\mathrm{d}S = \iint_\Sigma y^2\mathrm{d}S$, 故

$$\iint_\Sigma z^2\mathrm{d}S = \frac{1}{3}\iint_\Sigma (x^2 + y^2 + z^2)\,\mathrm{d}S = \frac{a^2}{3}\iint_\Sigma \mathrm{d}S = \frac{a^2}{3} \cdot 4\pi a^2 = \frac{4\pi a^4}{3}.$$

13. $36A$.

14. **解**　$\displaystyle\iint_{\varSigma} y^2 \mathrm{d}S = \iint_{D_{xy}} y^2 \sqrt{1 + \left(\frac{\partial z}{\partial x}\right)^2 + \left(\frac{\partial z}{\partial y}\right)^2}\, \mathrm{d}x\mathrm{d}y = \sqrt{3} \iint_{D_{xy}} y^2 \mathrm{d}x \cdot$

$\mathrm{d}y = \sqrt{3} \displaystyle\int_0^1 \mathrm{d}x \int_0^{1-x} y^2 \mathrm{d}y = \frac{\sqrt{3}}{12}.$

四、体积分

15. C.

16. 0.

17. **解**　$\varOmega$ 在 xOy 面的投影区域为 $D_{xy} = \left\{(x,y)\,|\, x^2 + y^2 \leqslant 4\right\}$, 利用柱面坐标变换, $\varOmega$ 可表示为 $\dfrac{r^2}{2} \leqslant z \leqslant 2, 0 \leqslant r \leqslant 2, 0 \leqslant \theta \leqslant 2\pi$,

$$I = \int_0^{2\pi} \mathrm{d}\theta \int_0^2 r^3 \mathrm{d}r \int_{\frac{r^2}{2}}^2 \mathrm{d}z = \int_0^{2\pi} \mathrm{d}\theta \int_0^2 r^3 \left(2 - \frac{r^2}{2}\right) \mathrm{d}r = \frac{16}{3}\pi.$$

五、积分间关系及场论初步

18. B.

19. C.

20. D.

21. $-2\pi ab$.

22. **解**　$P = 3x^2 y + 4xy^4$, $Q = x^3 + 8x^2 y^3 + 12\mathrm{e}^y$, $\dfrac{\partial P}{\partial y} = 3x^2 + 16xy^3$,

$\dfrac{\partial Q}{\partial x} = 3x^2 + 16xy^3 = \dfrac{\partial P}{\partial y}$, 显然线积分在 xOy 平面上与路径无关, 故沿 L 从 $O(0,0)$ 到 $B(1,1)$ 积分与路径 $l_1 + l_2$ 上积分相同, 其中 $l_1 : y = 0, x : 0 \to 1$, $l_2 : x = 1, y : 0 \to 1$, 即

$$\begin{aligned}
I &= \int_L \left(3x^2 y + 4xy^4\right) \mathrm{d}x + \left(x^3 + 8x^2 y^3 + 12\mathrm{e}^y\right) \mathrm{d}y \\
&= \int_{l_1 + l_2} \left(3x^2 y + 4xy^4\right) \mathrm{d}x + \left(x^3 + 8x^2 y^3 + 12\mathrm{e}^y\right) \mathrm{d}y \\
&= 0 + \int_0^1 \left(1 + 8y^3 + 12\mathrm{e}^y\right) \mathrm{d}y = \left[y + 2y^4 + 12\mathrm{e}^y\right]_0^1 = 12\mathrm{e} - 9.
\end{aligned}$$

23. **解**　取 $\varSigma_1 : x^2 + y^2 = 1\ (z = 0)$ 的下侧, 则 $\varSigma + \varSigma_1$ 构成封闭曲面, 包围空间闭区域 $\varOmega$, 故

$$I = \iint_{\varSigma + \varSigma_1} 2x^3 \mathrm{d}y\mathrm{d}z + 2y^3 \mathrm{d}z\mathrm{d}x + 3\left(z^2 - 1\right) \mathrm{d}x\mathrm{d}y$$

$$- \iint_{\Sigma_1} 2x^3 \mathrm{d}y\mathrm{d}z + 2y^3 \mathrm{d}z\mathrm{d}x + 3\left(z^2 - 1\right)\mathrm{d}x\mathrm{d}y$$

$$= \iiint_{\Omega} 6\left(x^2 + y^2 + z\right)\mathrm{d}x\mathrm{d}y\mathrm{d}z - \left(- \iint_{x^2+y^2\leqslant 1}(-3)\,\mathrm{d}x\mathrm{d}y\right) = 2\pi - 3\pi = -\pi.$$

积分学及其应用 | 章测试 2

一、选择题

1. B.

2. B.

3. D.

4. C.

5. B.

二、填空题

6. $2\pi R^3$.

7. $3x^2$.

8. $\pi a^2/2$.

9. $1/2$.

10. 2π.

三、计算题

11. **解**   在曲线 $\varGamma$ 上有 $x^2+y^2+z^2 = (a\cos t)^2+(a\sin t)^2+(kt)^2 = a^2+k^2t^2$,
并且

$$\mathrm{d}s = \sqrt{(-a\sin t)^2+(a\cos t)^2+k^2}\mathrm{d}t = \sqrt{a^2+k^2}\mathrm{d}t,$$

于是,

$$\int_{\varGamma}\left(x^2+y^2+z^2\right)\mathrm{d}s = \int_0^{2\pi}\left(a^2+k^2t^2\right)\sqrt{a^2+k^2}\mathrm{d}t = \frac{2}{3}\pi\sqrt{a^2+k^2}\left(3a^2+4\pi^2k^2\right).$$

12. **解**

$$\frac{\partial P}{\partial y} = \frac{\partial Q}{\partial x} = 2x \text{ 在整个 } xOy \text{ 面内都成立}$$

$$\Longleftrightarrow \text{ 在整个 } xOy \text{ 面内}, \int_L 2xy\mathrm{d}x + x^2\mathrm{d}y \text{ 与路径无关}.$$

$$\int_L 2xy\mathrm{d}x + x^2\mathrm{d}y = \int_{OA} 2xy\mathrm{d}x + x^2\mathrm{d}y + \int_{AB} 2xy\mathrm{d}x + x^2\mathrm{d}y = \int_0^1 1^2\mathrm{d}y = 1.$$

13. **解**　根据几何上的对称性, 为计算方便, 不妨选取球面 Σ 的球心在 z 轴上, 则 Σ 的方程为 $x^2 + y^2 + (z - a)^2 = R^2$, 则两球面的交线在 xOy 坐标面上的投影曲线方程为 $x^2 + y^2 = R^2 - \dfrac{R^4}{4a^2}$, 令 $R^2 - \dfrac{R^4}{4a^2} = b^2$ $(b > 0)$, 设曲线在 xOy 坐标面上所围有界其区域为 D, 则 $D : x^2 + y^2 \leqslant b^2$. 从而球面 Σ 在定球面内部的面积为

$$
\begin{aligned}
S(R) &= \iint_D \sqrt{1 + z_x^2 + z_y^2}\,\mathrm{d}x\mathrm{d}y = \iint_D \frac{R}{\sqrt{R^2 - x^2 - y^2}}\,\mathrm{d}x\mathrm{d}y \\
&= \int_0^{2\pi} \mathrm{d}\theta \int_0^b \frac{R}{\sqrt{R^2 - r^2}} r\,\mathrm{d}r = 2\pi R^2 - \frac{\pi}{a}R^3.
\end{aligned}
$$

则 $S'(R) = 4\pi R - 3\dfrac{\pi}{a}R^2$, $S''(R) = 4\pi - 6\dfrac{\pi}{a}R$, 令 $S'(R) = 0$ 得驻点 $R = \dfrac{4}{3}a$, 且 $S''\left(\dfrac{4}{3}a\right) = -4\pi < 0$, 故 $R = \dfrac{4}{3}a$ 是极大值点, 又因为极值点唯一, 故当 $R = \dfrac{4}{3}a$ 时, 球面 Σ 含在定球面内部的那部分面积最大.

14. **解**　将圆锥体 Ω 的对称轴选为 z 轴, 顶点选为原点, 则圆锥体 Ω 的边界曲面圆锥面方程为 $z = \dfrac{h}{R}\sqrt{x^2 + y^2}$, 其在柱面坐标系下的表达式为 $z = \dfrac{h}{R}r$, 在 xOy 平面上的投影域 $D : x^2 + y^2 \leqslant R^2$. 设圆锥体的体密度为 μ, 则转动惯量微元 $\mathrm{d}I_z = \mathrm{d}m \cdot \left(\sqrt{x^2 + y^2}\right)^2 = (x^2 + y^2)\mu\mathrm{d}v$, 则转动惯量

$$
\begin{aligned}
I_z &= \iiint_\Omega \mathrm{d}I_z = \iiint_\Omega (x^2 + y^2)\mu\mathrm{d}v = \mu \int_0^{2\pi} \mathrm{d}\theta \int_0^R r\mathrm{d}r \int_{\frac{h}{R}r}^h r^2\mathrm{d}z \\
&= 2\pi\mu \int_0^R r^3 \left(h - \frac{h}{R}r\right)\mathrm{d}r = 2\pi\mu h \left[\frac{r^4}{4} - \frac{r^5}{5R}\right]_0^R = \frac{\pi\mu h R^4}{10}.
\end{aligned}
$$

15. **解**　Σ 的方程为 $z = \sqrt{a^2 - x^2 - y^2}$, 在 xOy 面上的投影区域为 $D_{xy} : x^2 + y^2 \leqslant a^2 - h^2$. 则

$$
\begin{aligned}
\iint_\Sigma \frac{\mathrm{d}S}{z} &= \iint_{D_{xy}} \frac{\sqrt{1 + \left(\dfrac{\partial z}{\partial x}\right)^2 + \left(\dfrac{\partial z}{\partial y}\right)^2}\,\mathrm{d}x\mathrm{d}y}{\sqrt{a^2 - x^2 - y^2}} = \iint_{D_{xy}} \frac{\dfrac{a}{\sqrt{a^2 - x^2 - y^2}}\,\mathrm{d}x\mathrm{d}y}{\sqrt{a^2 - x^2 - y^2}} \\
&= \iint_{D_{xy}} \frac{a\mathrm{d}x\mathrm{d}y}{a^2 - x^2 - y^2} = a \int_0^{2\pi} \mathrm{d}\theta \int_0^{\sqrt{a^2 - h^2}} \frac{\rho\mathrm{d}\rho}{a^2 - \rho^2} \\
&= 2\pi a \left[-\frac{1}{2}\ln(a^2 - \rho^2)\right]_0^{\sqrt{a^2 - h^2}} = 2\pi a \ln\frac{a}{h}.
\end{aligned}
$$

16. 解　方法一　将 Σ 分为 $\Sigma_1: z=\sqrt{a^2-x^2-y^2}$ 和 $\Sigma_2: z=-\sqrt{a^2-x^2-y^2}$,
则

$$
\begin{aligned}
\iint_{\Sigma} &= \iint_{\Sigma_1} + \iint_{\Sigma_2} \\
&= \iint_{x^2+y^2\leqslant a^2}\left(a^2-x^2-y^2\right)\mathrm{d}x\mathrm{d}y - \iint_{x^2+y^2\leqslant a^2}\left(a^2-x^2-y^2\right)\mathrm{d}x\mathrm{d}y = 0.
\end{aligned}
$$

方法二　利用高斯公式, 则

$$
\oiint_{\Sigma} z^2\mathrm{d}x\mathrm{d}y = \iiint_{x^2+y^2+z^2\leqslant a^2}\left(0+0+2z\right)\mathrm{d}x\mathrm{d}y\mathrm{d}z = 0\,(\text{对称性}).
$$

17. 解　记 Σ_1 为平面 $x+z=2$ 落在圆柱 $x^2+y^2=4$ 内的部分, 取上侧; 记 Σ_2 为平面 $z=0$ 落在圆柱 $x^2+y^2=4$ 内的部分, 取下侧; 三个曲面围成封闭区域 Ω, 由高斯公式,

$$
\begin{aligned}
I =& \iint_{\Sigma+\Sigma_1+\Sigma_2}\left(x^2z-y\right)\mathrm{d}z\mathrm{d}x + (z+1)\,\mathrm{d}x\mathrm{d}y \\
&- \iint_{\Sigma_1+\Sigma_2}\left(x^2z-y\right)\mathrm{d}z\mathrm{d}x + (z+1)\,\mathrm{d}x\mathrm{d}y \\
=& \iiint_{\Omega}\left[\frac{\partial\left(x^2z-y\right)}{\partial y}+\frac{\partial(z+1)}{\partial z}\right]\mathrm{d}v - \iint_{\Sigma_1+\Sigma_2}\left(x^2z-y\right)\mathrm{d}z\mathrm{d}x + (z+1)\,\mathrm{d}x\mathrm{d}y \\
=& \,0 - \iint_{\Sigma_1}\left(x^2z-y\right)\mathrm{d}z\mathrm{d}x + (z+1)\,\mathrm{d}x\mathrm{d}y - \iint_{\Sigma_2}\left(x^2z-y\right)\mathrm{d}z\mathrm{d}x + (z+1)\,\mathrm{d}x\mathrm{d}y.
\end{aligned}
$$

注意到 Σ_1 和 Σ_2 在 zOx 平面的投影皆为直线段, 故

$$
\begin{aligned}
I =& -\iint_{\Sigma_1}(z+1)\,\mathrm{d}x\mathrm{d}y - \iint_{\Sigma_2}(z+1)\,\mathrm{d}x\mathrm{d}y \\
=& -\iint_{x^2+y^2\leqslant 4}(2-x)\,\mathrm{d}x\mathrm{d}y = -8\pi.
\end{aligned}
$$

第**5**章
微分方程

学习数学要多做习题, 边做边思索. 先知其然, 然后知其所以然. ——苏步青

5.1 微分方程的基本概念 可分离变量的微分方程

➡ 学习目标导航

❏ **知识目标**

➤ 微分方程的定义及形式;

➤ 微分方程的阶;

➤ 微分方程的解、通解、特解;

➤ 初值条件、初值问题、微分方程的积分曲线;

➤ 可分离变量的微分方程.

❏ **认知目标**

A. 能够认识到微分方程和一般方程的区别, 识别出微分方程, 复述微分方程 的相关概念;

B. 能够辨别可分离变量的微分方程并求解;

C. 通过对实际问题的分析推断, 能够简化、抽象出现实问题求解的微分方 程模型.

❏ **情感目标**

➤ 通过微分方程类数学模型的学习训练, 在复杂问题的处理中具有良好的 坚韧力、灵活的思维与广阔的数学建模方法视野.

☞ 学习指导

微分方程的学习策略可以借鉴初等数学的代数方程部分, 重在**观察、分析、研究方程的特征和性质, 对方程表达式进行恒等变形, 进而寻求出方程的 (通解) 解**. 本章涉及的几种微分方程类型有: 可分离变量 (型) 的微分方程、齐次方程、一阶线性微分方程、二阶常系数 (非) 齐次微分方程, 每种类型方程的求解方法 (算法) 相对固定, 因此建议: **熟记每种类型的求解方法, 再通过一定程度的训练达成较高的掌握水平.**

另外, 可以通过参加数学建模活动, 进一步达成学习本章的更高层次目标: 针对工程、医疗、经济、军事等领域的实际问题, 检索信息、分析和研究实际问题中的内在机理及变量之间的逻辑关系, 不断提升建立微分方程求解模型的能力.

⮞ 重难点突破

可分离变量的微分方程求解方法分为两步: 分离变量 → 积分求解

第一步　分离变量, 即对方程进行恒等变形, 能够将之化为

$$\underbrace{g\left(y\right)}_{y\text{的表达式}} \cdot \mathrm{d}y = \underbrace{f\left(x\right)}_{x\text{的表达式}} \cdot \mathrm{d}x$$

（y变量，x变量）

的形式, y 变量相关的表达式、微分与 x 变量相关的表达式、微分被 "分离" 至等号的两端;

第二步　积分求解, 即对分离后的方程等号两端积分

$$\int g\left(y\right)\mathrm{d}y = \int f\left(x\right)\mathrm{d}x$$

求出等式两边的积分式, 其原函数满足 $G\left(y\right) = F\left(x\right) + C, C$ 为任意常数, 从而求出方程的解.

✔ 学习效果检测

A. 能够认识到微分方程和一般方程的区别, 识别出微分方程, 复述微分方程的相关概念

1. 根据你的理解, 填写下面表格.

	常微分方程	代数方程
定义		
阶		
解		
形式		
举例		

2. 微分方程 $x\left(y'''\right)^2 + 2y' + 3y^4 = 0$ 的阶数为 _____.

3. 给定微分方程 $y' = 2x$.

(1) 求出它的通解;

(2) 求出通过点 $(1, 4)$ 的特解, 并画出其图形;

(3) 求出与直线 $y = 2x + 3$ 相切的解, 并画出其图形.

B. 能够辨别可分离变量的微分方程并求解

4. 求微分方程 $\left(e^{x+y} - e^x\right) dx + \left(e^{x+y} + e^y\right) dy = 0$ 的通解.

5. 求微分方程 $\cos y dx + \left(1 + e^{-x}\right) \sin y dy = 0$ 满足初始条件 $y\big|_{x=0} = \dfrac{\pi}{4}$ 的特解.

C. 通过对实际问题的分析推断, 能够简化、抽象出现实问题求解的微分方程模型

6. 写出由下列条件确定的曲线所满足的微分方程:

(1) 曲线在点 (x, y) 处的切线的斜率等于该点横坐标的平方;

(2) 曲线上点 $P(x, y)$ 处的法线与 x 轴的交点为 Q, 且线段 PQ 被 y 轴平分.

D. 建模求解 (列出求解问题的微分方程, 并求解)

7. 有一盛满了水的圆锥形漏斗, 高为 10cm, 顶角为 $60°$, 漏斗下面有面为 0.5cm^2 的孔, 求水面高度变化的规律及流完所需的时间.

8. 一曲线通过点 $(2, 3)$, 它的任一切线在 x, y 坐标轴间的线段均被切点所平分, 求这曲线方程.

5.2 一阶线性微分方程

➡ **学习目标导航**

❏ **知识目标**

✦ 齐次微分方程;

✦ 一阶线性微分方程.

❏ **认知目标**

A. 能利用变量代换的方法求解齐次方程;

B. 能利用常数变易法求解一阶线性微分方程.

❏ **情感目标**

➜ 通过微分方程类数学模型的学习训练, 磨炼在复杂问题的处理中应具备的良好坚韧力、灵活思维与广阔数学建模方法视野.

☞ 学习指导

在学习齐次方程、一阶线性微分方程时, 建议**多分析、研究和体会两类方程的特点, 然后自己多推导几次方程的求解算法.** 高等数学中, 微分方程的求解方法通常是固定的、标准的、模式化的, 具体方程的求解主要是套用求解的步骤 (程序), 熟练并灵活运用这些步骤方法的前提就是通过自我推导、集中训练来夯实基础.

⇛ 重难点突破

利用常数变易法求解一阶线性微分方程

$$y' + P(x)\,y = Q(x).\tag{1}$$

解　思路: 先讨论齐次线性方程

$$\frac{\mathrm{d}y}{\mathrm{d}x} + P(x)\,y = 0\tag{2}$$

的求解方法, 然后再讨论非齐次线性方程的求解方法.

步骤 1, 对于 $\dfrac{\mathrm{d}y}{\mathrm{d}x} + P(x)\,y = 0$ 是可分离变量方程, 即

$$\frac{\mathrm{d}y}{y} = -P(x)\,\mathrm{d}x.$$

两边积分, 得

$$\ln|y| = -\int P(x)\,\mathrm{d}x + \ln C,$$

得 (2) 式的通解为

$$y = C\mathrm{e}^{-\int P(x)\mathrm{d}x}.$$

步骤 2, (2) 式是 (1) 式在 $Q(x) \equiv 0$ 时的特殊情形, 所以 (2) 式的解也是 (1) 式通解的特殊情形. 于是当自由项 $Q(x)$ 为非零函数时, 可以设想 (2) 式的通解

$y = C\mathrm{e}^{-\int P(x)\mathrm{d}x}$ 中的 C 也应为 x 的函数, 即 (1) 式应有**形如** $y = C(x)\,\mathrm{e}^{-\int P(x)\mathrm{d}x}$ **的通解**.

代入 (1) 式, 得

$$C'(x)\,\mathrm{e}^{-\int P(x)\mathrm{d}x} - P(x)\,C(x)\,\mathrm{e}^{-\int P(x)\mathrm{d}x} + P(x)\,C(x)\,\mathrm{e}^{-\int P(x)\mathrm{d}x} = Q(x),$$

即 $C'(x) = Q(x)\,\mathrm{e}^{\int P(x)\mathrm{d}x}$. 因此,

$$C(x) = \int Q(x)\,\mathrm{e}^{\int P(x)\mathrm{d}x}\mathrm{d}x + C_1.$$

故得到 (1) 的通解为 $y = \left(\int Q(x)\,\mathrm{e}^{\int P(x)\mathrm{d}x}\mathrm{d}x + C_1\right)\mathrm{e}^{-\int P(x)\mathrm{d}x}$.

进一步地拆解:

$$y = \underbrace{C_1\mathrm{e}^{-\int P(x)\mathrm{d}x}}_{\text{齐次方程(2)的通解}} + \underbrace{\mathrm{e}^{-\int P(x)\mathrm{d}x} \cdot \int Q(x)\,\mathrm{e}^{\int P(x)\mathrm{d}x}\mathrm{d}x}_{\text{非齐次方程(1)的一个特解}}.$$

这说明, 一阶非齐次线性方程的通解等于对应的齐次方程的通解与非齐次方程的一个特解之和.

✔ 学习效果检测

A. 能利用变量代换的方法求解齐次方程

1. 求齐次方程 $\left(1 + 2\mathrm{e}^{\frac{x}{y}}\right)\mathrm{d}x + 2\mathrm{e}^{\frac{x}{y}}\left(1 - \dfrac{x}{y}\right)\mathrm{d}y = 0$ 的通解.

2. 求齐次方程 $y' = \dfrac{x}{y} + \dfrac{y}{x}$ 满足初始条件 $y|_{x=1} = 2$ 的特解.

3. 求方程 $(x^2 + 2xy - y^2)\,\mathrm{d}x + (y^2 + 2xy - x^2)\,\mathrm{d}y = 0$ 满足初始条件 $y|_{x=1} = 1$ 的特解.

4. 设有连结点 $O(0,0)$ 和 $A(1,1)$ 的一段向上凸的曲线弧 $\widehat{OA}$, 对于 $\widehat{OA}$ 上任一点 $P(x,y)$, 曲线弧 $\widehat{OP}$ 与直线段 $\overline{OP}$ 所围图形的面积为 x^2, 求曲线弧 $\widehat{OA}$ 的方程.

B. 能利用常数变易法求解一阶线性微分方程

5. 求微分方程 $\dfrac{\mathrm{d}y}{\mathrm{d}x} + y\cot x = 5\mathrm{e}^{\cos x}$ 满足初始条件 $y|_{x=\frac{\pi}{2}} = -4$ 的特解.

C. 复习巩固

6. 用适当的变量代换将方程 $y' = y^2 + 2(\sin x - 1)y + \sin^2 x - 2\sin x - \cos x + 1$ 化为可分离变量的方程, 然后求出通解.

5.3 可降阶的高阶微分方程

➡ 学习目标导航

❑ 知识目标

➤ 可降阶的高阶微分方程：$y^{(n)} = f(x)$，$y'' = f(x, y')$，$y'' = f(y, y')$.

❑ 认知目标

A. 识别出并求解出三种类型的高阶微分方程.

❑ 情感目标

➤ 通过微分方程类数学模型的学习训练，培养解决复杂问题应具备的坚韧力、灵活思维与宽广数学建模方法视野.

➡ 学习指导

本次课需要下功夫厘清 $y'' = f(x, y')$ 型和 $y'' = f(y, y')$ 型两种微分方程在通过变量代换实现降阶目的时不同的处理技巧，**用心体会两种技巧背后的逻辑，不要单纯地死记方法**.

➡ 重难点突破

通过变量代换实现对 $y'' = f(x, y')$ 型和 $y'' = f(y, y')$ 型的降阶处理，即将二阶微分方程降为一阶微分方程，两者变量代换的思路相同，但处理方式不同.

对于 $y'' = f(x, y')$ 型方程，设 $y' = p$，于是 $y'' = \dfrac{\mathrm{d}p}{\mathrm{d}x} = p'$，代入方程得 $p' = f(x, p)$，实现降阶目的.

对于 $y'' = f(y, y')$ 型方程，设 $y' = p$，则 $y'' = \dfrac{\mathrm{d}p}{\mathrm{d}x} = \dfrac{\mathrm{d}p}{\mathrm{d}y} \cdot \dfrac{\mathrm{d}y}{\mathrm{d}x} = p\dfrac{\mathrm{d}p}{\mathrm{d}y}$. 代入方程得 $p\dfrac{\mathrm{d}p}{\mathrm{d}y} = f(y, p)$，实现降阶目的.

对于两种类型的方程，初始操作都是设 $y' = p$，但后续操作略有差别，这是由于两种方程中等号右端表达式显含的变量不同导致的. 具体而言，

➤ 在 $y'' = f(x, y')$ 中, 等号右端显含 x 变量和 y'(即 p) 变量, 因此, 等号左端 $y'' = \dfrac{\mathrm{d}p}{\mathrm{d}x}$, 即写成变量 p 与变量 x 的微商形式, 为后面分离变量求通解建立基础.

➤ 在 $y'' = f(y, y')$ 中, 等号右端显含 y 变量和 y'(即 p) 变量, 因此, 等号左端 $y'' = \dfrac{\mathrm{d}p}{\mathrm{d}x} = \dfrac{\mathrm{d}p}{\mathrm{d}y} \cdot \dfrac{\mathrm{d}y}{\mathrm{d}x} = p\dfrac{\mathrm{d}p}{\mathrm{d}y}$, 即通过恒等变形将 y'' 转化为变量 p 与变量 y 的微商形式.

✔ **学习效果检测**

A. 识别出并求解出三种类型的高阶微分方程

1. 求下列各微分方程的通解:

(1) $y''' = x\mathrm{e}^x$;　　　　　　　　　　(2) $xy'' + y' = 0$;

(3) $y'' = (y')^3 + y'$.

2. 求方程 $y'' = \mathrm{e}^{2y}$ 满足初始条件 $y|_{x=0} = y'|_{x=0} = 0$ 的特解.

B. 综合应用

3. 试求 $y'' = x$ 的经过点 $M(0, 1)$ 且在此点与直线 $y = \dfrac{1}{2}x + 1$ 相切的积分曲线.

4. 设有一质量为 m 的物体, 在空中由静止开始下落, 如果空气阻力为 $R = c^2 v^2$ (其中 c 为常数, v 为物体运动的速度), 试求物体下落的距离 s 与时间 t 的函数关系.

5.4　二阶常系数齐次线性微分方程

➡ **学习目标导航**

❑ **知识目标**

✦ 二阶线性微分方程解的结构, 高阶线性微分方程解的结构;

✦ 二阶常系数齐次线性微分方程, 简单的高阶常系数齐次线性微分方程.

❑ **认知目标**

A. 在理解线性无关的概念基础上, 会判定两个变量是否线性无关;

B. 能复述、解释二阶线性微分方程解的结构, 能利用二阶线性微分方程解的结构表达方程的通解形式;

C. 能利用二阶常系数齐次线性微分方程的解法求解方程, 会求解一些简单的高阶常系数齐次线性微分方程.

❑ 情感目标

➤ 通过微分方程类数学模型的学习训练, 培养解决复杂问题时应具备的坚
韧力、灵活思维与宽广的数学建模方法视野.

☞ 学习指导

本次课的内容重在理解的基础上记忆, **务必**: 反复通读、精读教材后, 梳理出
线性无关 (线性相关) 、解的结构、解的叠加原理、二阶常系数齐次方程通解等
知识点之间的联系, 再结合相关训练习题达到知识的融会贯通. 其中的关键在于
自主读书和梳理总结, 不能不预习, 不能单纯依靠课上看书或听讲, 课后不能不总
结, 因为本次课中细小的知识点相对散乱, 不经过二次加工, 很容易遗忘.

另外, 在精读的过程中, 二阶常系数齐次线性方程求通解形式的过程, 需要边
阅读边推导一番, 这样能够帮助加深对 "借助特征方程求二阶常系数齐次方程通
解" 这一方法的理解.

⮕ 重难点突破

问题   为何能够借助二阶常系数齐次线性微分方程 $y'' + py' + qy = 0$ 的特征
方程 $r^2 + pr + q = 0$ 来求其通解?

可将方程 $y'' + py' + qy = 0$ 看作一个信号处理系统, 其中 "=" 左端的部分
$y'' + py' + qy$ 可视为系统的内部运行机制 (逻辑) , 而右端 "=" 是输出 (即 0) , 该
系统实现的功能是: 输入某一信号 (函数) y, 系统对该信号进行处理 (将信号函数
的二阶导数、一阶导数的常数倍、信号函数本身的常数倍求和) , 使得处理的结果
正好为 0. 如图 5.4.1 所示.

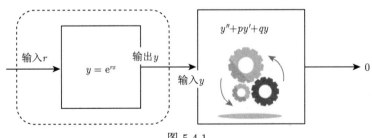

图 5.4.1

求解方程 $y'' + py' + qy = 0$, 就相当于为该信号处理系统找到适合的输入信号,
寻找输入信号应当满足的限定条件 (函数 y 的表达式) . 通过推导的方式, 直接根
据信号处理系统来找出满足条件的输入条件, 显然比较困难, 因此采用的是 "先猜

测, 后验证” 的思路求解问题, 即先合理地猜测可能的输入信号 (方程的解) 的形式, 然后输入到系统 (代入到方程) 中进行尝试, 使之输出为 0. 这又像做化学实验一样, 给定了实验装置、流程和实验结果, 让你推测实验所用的化学物质的成分和剂量. 通常会通过分析从备选的几种化学物质中选出最可能产生实验结果的一种, 然后通过调整该物质使用的剂量使之逼近实验结果. 求解方程 $y'' + py' + qy = 0$ 的思路也一样.

先猜测 学过的几种常见的初等函数有常值函数、幂函数、指数函数、对数函数、三角函数和反三角函数. 在这些类型的函数中, 哪一种最可能是方程解的样式 (或输入信号的形式, 或最可能的 “化学物质”)? 显然, 是指数函数! 这是因为, 对于指数函数 $y = e^{rx}$ 而言, 当 r 为常数时, $y = e^{rx}$ 和它的各阶导数都只差一个常数因子, 这个特点使得 $y = e^{rx}$ 的一阶、二阶导数与其本身只差了常数 r 倍, 通过调整常数因子 r 的值, 似乎能够达到使方程的左端部分等于 0 的目的.

后验证 将 $y = e^{rx}$ 代入到方程 $y'' + py' + qy = 0$ 中, $y' = re^{rx}$, $y'' = r^2 e^{rx}$, 于是

$$r^2 e^{rx} + pre^{rx} + qe^{rx} = 0,$$

其中 $e^{rx} \neq 0$, 因此化简上式得到特征方程 $r^2 + pr + q = 0$, 如果能够解出特征方程中的 r(常数因子), 就说明选取适当的 r, 能够使 $y = e^{rx}$ 成为 $y'' + py' + qy = 0$ 的解. 也就是说, 只要 r 满足代数方程 $r^2 + pr + q = 0$, $y = e^{rx}$ 就是微分方程 $y'' + py' + qy = 0$ 的解.

找到了 $y'' + py' + qy = 0$ 一个解 $y = e^{rx}$ 后, 可以进一步利用 “先猜测、后验证” 的思路再次找一个与 $y = e^{rx}$ 形式相似的解, 然后利用方程解的结构写出方程的通解. 这就是利用特征方程找二阶常系数齐次微分方程解的基本思路, 通过求解特征方程直至写出微分方程的通解过程, 请进一步仔细研读教材, 梳理总结算法与下面描述核实 (图 5.4.2).

求二阶常系数齐次线性方程 $y'' + py' + qy = 0$ 的通解算法:

(1) 写出特征方程 $r^2 + pr + q = 0$;

(2) 求出特征方程的两个根 r_1, r_2;

(3) 根据两个特征根 r_1, r_2 的不同情形, 写出微分方程的通解.

特征方程 $r^2 + pr + q = 0$ 的两个根 r_1, r_2	微分方程 $y'' + py' + qy = 0$ 的通解
两个不相等的实数根 r_1, r_2	$y = C_1 e^{r_1 x} + C_2 e^{r_2 x}$
两个相等的实数根 $r_1 = r_2 = r$	$y = (C_1 + C_2 x) e^{rx}$
两个共轭复根 $r_{1,2} = \alpha \pm \beta i$	$y = e^{\alpha x}(C_1 \cos \beta x + C_2 \sin \beta x)$

图 5.4.2

✔ 学习效果检测

A. 在理解线性无关的概念基础上，会判定两个变量是否线性无关

1. 下列函数组在其定义区间内哪些是线性无关的？

(1) x, x^2;   (2) $\sin 2x, \cos x \sin x$.

2. 下列函数组在其定义域内线性无关的有（   ）.

(A) e^x, e^{2+x};   (B) $x, 2x$;

(C) $1 - \cos^2 x, \sin^2 x$;   (D) e^{-x}, e^x.

B. 能复述、解释二阶线性微分方程解的结构，能利用解的结构表达方程的通解形式

3. 验证 $y_1 = e^{x^2}$ 及 $y_2 = xe^{x^2}$ 都是方程 $y'' - 4xy' + (4x^2 - 2) y = 0$ 的解，并写出该方程的通解.

4. 已知 $y_1 = x, y_2 = e^x, y_3 = e^{2x}$ 均为二阶非齐次线性方程 $y'' + p(x) y' + q(x) y = f(x)$ 的解，试求方程满足初始条件 $y(0) = 1, y'(0) = 3$ 的特解.

C. 能利用二阶常系数齐次线性微分方程的解法求解方程，会求解一些简单的高阶常系数齐次线性微分方程

5. 求下列微分方程的通解：

(1) $y'' + y' - 2y = 0$;   (2) $4\dfrac{d^2 y}{dt^2} - 20\dfrac{dy}{dt} + 25y = 0$;

(3) $y^{(4)} - 2y''' + y'' = 0$.

6. 求下列微分方程满足所给初始条件的特解：

(1) $y'' - 3y' - 4y = 0, y|_{x=0} = 0, y'|_{x=0} = -5$;

(2) $y'' - 4y' + 13y = 0, y|_{x=0} = 0, y'|_{x=0} = 3$.

7. 设圆柱形浮筒，直径为 0.5m，铅直放在水中，当稍向下压后突然放开，浮筒在水中上下振动的周期为 2s，求浮筒的质量.

5.5 二阶常系数非齐次线性微分方程

➡ 学习目标导航

❏ 知识目标

✦ 二阶常系数非齐次线性微分方程.

❏ 认知目标

A. 会求解自由项形如 $P_m(x)\mathrm{e}^{\lambda x}$ 的二阶常系数非齐次线性微分方程;

B. 会求解自由项形如 $\mathrm{e}^{\alpha x}[P_l(x)\cos\beta x + P_n(x)\sin\beta x]$ 的二阶常系数非齐次线性微分方程.

❏ 情感目标

✦ 通过微分方程类数学模型的学习训练, 培养解决复杂问题时应具备的坚韧力、灵活思维与宽广的数学建模方法视野.

☞ 学习指导

本次课内容的学习与精熟, 建议从三方面入手:

(1) 必须**精读教材, 动手推导, 弄懂**利用待定系数法求二阶常系数非齐次线性方程 $y'' + py' + qy = f(x)$ 的特解 y^* 的**论证过程**, 每一步表达式之间的逻辑关系是什么样的, 后式是如何由前式得出的, 为何做出这样的假设, 最后怎样利用一个统一的结论性的表达式来表示特解的形式等问题, 务必通过看书自主学习看懂, 从而体会其中的数学思想、锻炼数学思维, 最后**及时总结, 将知识固化**, 为我所用.

(2) 构造二阶常系数非齐次线性方程的通解, 要利用解的结构, 即利用前一节所学的二阶常系数齐次线性方程的通解和非齐次的特解 y^* 组合写出, 因此, **学习本次课内容前, 请对前一节内容进行复习巩固.**

(3) 自由项 $P_m(x)\mathrm{e}^{\lambda x}$ 和 $\mathrm{e}^{\alpha x}[P_l(x)\cos\beta x + P_n(x)\sin\beta x]$ 的形式虽有不同, 但后者可以通过欧拉公式转化为前者的类似形式, **因此弄清两者的转化关系, 将事半功倍.**

⮕ 重难点突破

求二阶常系数非齐次线性微分方程的通解 y 步骤总结如下:

(1) 求齐次通解 $Y(x)$.

形式 $\quad y'' + py' + qy = 0$.

解法 ① 写出特征方程 $r^2 + pr + q = 0$, 求出特征根 r_1, r_2;

② 分析 r_1, r_2, 然后按三种情况得出通解:

r_1 与 r_2 的情况	通解
r_1, r_2 为相异实根	$Y(x) = C_1 \mathrm{e}^{r_1 x} + C_2 \mathrm{e}^{r_2 x}$
$r_1 = r_2$	$Y(x) = (C_1 + x C_2) \mathrm{e}^{r_1 x}$
$r_{1,2} = \alpha \pm \mathrm{i}\beta$	$Y(x) = \mathrm{e}^{\alpha x}(C_1 \cos\beta x + C_2 \sin\beta x)$

(2) 求非齐次特解 y^*.

自由项 $f(x)$ 形式	假设特解 y^* 为	k 的取值
$f(x) = P_m(x)\mathrm{e}^{\lambda x}$	$y^* = x^k Q_m(x)\mathrm{e}^{\lambda x}$	$k = \begin{cases} 0, & \lambda\text{不是特征方程的根}, \\ 1, & \lambda\text{是单根}, \\ 2, & \lambda\text{是重根} \end{cases}$
$f(x) = \mathrm{e}^{\lambda x}[P_l(x)\cos \omega x + P_n(x)\sin \omega x]$	$y^* = x^k \mathrm{e}^{\lambda x}[R_m^{(1)}(x)\cos \omega x + R_m^{(2)}(x)\cdot \sin \omega x]$, $R_m^{(1)}(x), R_m^{(2)}(x)$ 是两个 m 次多项式, 其中 $m = \max\{l, n\}$	$k = \begin{cases} 0, & \lambda \pm \mathrm{i}\omega\text{不是特征根}, \\ 1, & \lambda \pm \mathrm{i}\omega\text{是特征根} \end{cases}$

根据自由项的形式确定常数 k 的取值, 假设特解表达式, 代入二阶常系数非齐次线性方程中求出特解表达式中的未知多项式 ($Q_m(x)$ 或 $R_m^{(1)}(x), R_m^{(2)}(x)$).

(3) 根据解的叠加原理, 写出非齐次方程的通解:

$$y = \underbrace{Y(x)}_{\text{对应齐次方程的通解}} + \overbrace{y^*}^{\text{非齐次特解}}.$$

✔ 学习效果检测

A. 会求解自由项形如 $P_m(x)\,\mathrm{e}^{\lambda x}$ 的二阶常系数非齐次线性微分方程

1. 求微分方程 $y'' + 5y' + 4y = 3 - 2x$ 的通解.

2. 求微分方程 $y'' - y = 4x\mathrm{e}^x$ 满足初始条件 $y|_{x=0} = 0,\ y'|_{x=0} = 1$ 的特解.

B. 会求解自由项形如 $\mathrm{e}^{\alpha x}\left[P_l(x)\cos\beta x + P_n(x)\sin\beta x\right]$ 的二阶常系数非齐次线性微分方程

3. 求微分方程 $y'' + y = \mathrm{e}^x + \cos x$ 的通解.

C. 综合训练 (建模求解)

4. 大炮以仰角 α、初速度 V_0 发射炮弹, 若不计空气阻力, 求弹道曲线.

5. 一链条悬挂在一钉子上, 起动时一端离开钉子 8m, 另一端离开钉子 12m, 分别在以下两种情况下求链条滑下来所需的时间:

(1) 若不计钉子对链条所产生的摩擦力;

(2) 若摩擦力为 1m 长的链条的重量.

6. 设函数 $\varphi(x)$ 连续, 且满足 $\varphi(x) = \mathrm{e}^x + \displaystyle\int_0^x t\varphi(t)\,\mathrm{d}t - x\int_0^x \varphi(t)\,\mathrm{d}t$, 求 $\varphi(x)$.

D. 自主能力拓展

7. 丰富和完善下面的思维导图 (示例: 可分离变量、二阶常系数齐次方程).

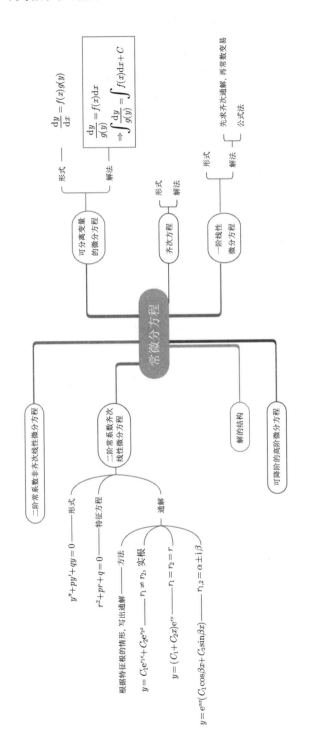

知识点归纳与总结

1. 微分方程的基本概念

微分方程　表示未知函数、未知函数的导数与自变量之间的关系的等式.

微分方程的阶　所出现的未知函数的最高阶导数的阶.

微分方程的解　满足微分方程的函数 (把函数代入微分方程能使该方程成为恒等式) 叫做该微分方程的解.

通解　如果微分方程的解中含有任意常数, 且任意常数的个数与微分方程的阶数相同.

初始条件　若微分方程为 $y^{(n)} = f\left(x, y, y', \cdots, y^{(n-1)}\right)$, 则定解条件 $y\left(x_0\right) = y_0, y'\left(x_0\right) = y_1, \cdots, y^{(n)}\left(x_0\right) = y_n$ 称为初始条件, 其中 $x_0, y_0, y_1, \cdots, y_n$ 为常数.

特解　确定了通解中的任意常数以后, 得到的微分方程的特解, 即不含任意常数的解.

初值问题　求微分方程满足初始条件的解的问题称为初值问题.

积分曲线　微分方程的解的图形是一条曲线, 叫做微分方程的积分曲线.

二阶线性微分方程的解的结构

【**定理 1**】　设 $y_1(x), y_2(x)$ 为方程 $y'' + p(x)y' + q(x)y = 0$ 的两个线性无关解, 即 $\dfrac{y_1(x)}{y_2(x)} \neq$ 常数, C_1, C_2 为两个任意常数, 则方程 $y'' + p(x)y' + q(x)y = 0$ 的通解为

$$y = C_1 y_1(x) + C_2 y_2(x).$$

【**定理 2**】　设 $y^*(x)$ 是二阶非齐次线性方程 $y'' + P(x)y' + Q(x)y = f(x)$ 的一个特解, $Y(x)$ 是对应的齐次方程的通解, 那么

$$y = Y(x) + y^*(x)$$

是二阶非齐次线性微分方程的通解.

二阶非齐次线性微分方程的解的叠加原理

【**定理 3**】　设 $y_1(x)$ 与 $y_2(x)$ 分别是方程

$$y'' + P(x)y' + Q(x)y = f_1(x) \text{ 与 } y'' + P(x)y' + Q(x)y = f_2(x)$$

的解, 那么 $y = y_1(x) + y_2(x)$ 就是

$$y'' + P(x)y' + Q(x)y = f_1(x) + f_2(x)$$

的解.

2. 可分离变量的微分方程

如果一个一阶微分方程能写成 $g(y)\,\mathrm{d}y = f(x)\mathrm{d}x$ (或写成 $\dfrac{\mathrm{d}y}{\mathrm{d}x} = f(x)g(y)$) 的形式, 那么原方程就称为可分离变量的微分方程.

解法

第一步 分离变量, 将方程写成 $g(y)\,\mathrm{d}y = f(x)\mathrm{d}x$ 的形式;

第二步 两端积分, $\displaystyle\int g(y)\,\mathrm{d}y = \int f(x)\mathrm{d}x$, 设积分后得 $G(y) = F(x) + C$;

第三步 求出由 $G(y) = F(x) + C$ 所确定的隐函数 $y = \varPhi(x)$ 或 $x = \varPsi(y)$. 这里 $G(y) = F(x) + C$ 和 $y = \varPhi(x)$ 或 $x = \varPsi(y)$ 都是方程的通解, $G(y) = F(x) + C$ 称为隐式 (通) 解.

注 当方程中出现 $f(xy)$, $f(x \pm y)$, $f(x^2 \pm y^2)$ 等形式的项时, 通常作相应的变量替换 $u = xy$, $u = x \pm y$, $u = x^2 \pm y^2$ 等.

3. 一阶线性方程

形如 $\dfrac{\mathrm{d}y}{\mathrm{d}x} + P(x)y = Q(x)$ 叫做一阶线性微分方程. 如果 $Q(x) \equiv 0$, 则方程称为齐次线性方程, 否则方程称为非齐次线性方程.

解法 先求出对应齐次线性方程 $\dfrac{\mathrm{d}y}{\mathrm{d}x} + P(x)y = 0$ 的通解.

分离变量后得 $\dfrac{\mathrm{d}y}{y} = -P(x)\mathrm{d}x$, 两边积分, 得 $\ln|y| = -\displaystyle\int P(x)\mathrm{d}x + C_1$, 或 $y = C\mathrm{e}^{-\int P(x)\mathrm{d}x}$ $(C = \pm\mathrm{e}^{C_1})$ (积分中不再加任意常数) .

再将齐次线性方程通解中的常数换成 x 的未知函数 $C(x)$, 把 $y = C(x) \cdot \mathrm{e}^{-\int P(x)\mathrm{d}x}$ 设想成非齐次线性方程的通解, 代入非齐次线性方程求得

$$C'(x)\mathrm{e}^{-\int P(x)\mathrm{d}x} - C(x)\mathrm{e}^{-\int P(x)\mathrm{d}x}P(x) + P(x)C(x)\mathrm{e}^{-\int P(x)\mathrm{d}x} = Q(x).$$

化简得 $C'(x) = Q(x)\mathrm{e}^{\int P(x)\mathrm{d}x}$, $C(x) = \displaystyle\int Q(x)\mathrm{e}^{\int P(x)\mathrm{d}x}\mathrm{d}x + C$. 于是, 非齐次线性方程的通解为

$$y = \mathrm{e}^{-\int P(x)\mathrm{d}x}\left[\int Q(x)\mathrm{e}^{\int P(x)\mathrm{d}x}\mathrm{d}x + C\right],$$

或 $y = C\mathrm{e}^{-\int P(x)\mathrm{d}x} + \mathrm{e}^{-\int P(x)\mathrm{d}x}\displaystyle\int Q(x)\mathrm{e}^{\int P(x)\mathrm{d}x}\mathrm{d}x.$

非齐次线性方程的通解等于对应的齐次线性方程通解与非齐次线性方程的一个特解之和.

4. 齐次方程

如果一阶微分方程 $\dfrac{\mathrm{d}y}{\mathrm{d}x} = f(x, y)$ 中的函数 $f(x, y)$ 可写成 $\dfrac{y}{x}$ 的函数, 即 $f(x, y) = \varphi\left(\dfrac{y}{x}\right)$, 称为齐次方程.

解法　在齐次方程 $\dfrac{\mathrm{d}y}{\mathrm{d}x} = \varphi\left(\dfrac{y}{x}\right)$ 中, 令 $u = \dfrac{y}{x}$, 即 $y = ux$, 有 $u + x\dfrac{\mathrm{d}u}{\mathrm{d}x} = \varphi(u)$.

分离变量, $\dfrac{\mathrm{d}u}{\varphi(u) - u} = \dfrac{\mathrm{d}x}{x}$, 两端积分, $\displaystyle\int \dfrac{\mathrm{d}u}{\varphi(u) - u} = \int \dfrac{\mathrm{d}x}{x}$.

求出积分后, 再用 $\dfrac{y}{x}$ 代替 u, 便得所给齐次方程的通解.

5. 可降阶的高阶微分方程

(1) $y^{(n)} = f(x)$ 型的微分方程.

解法　积分 n 次

$$y^{(n-1)} = \int f(x)\mathrm{d}x + C_1, \quad y^{(n-2)} = \int \left[\int f(x)\mathrm{d}x + C_1\right]\mathrm{d}x + C_2, \quad \cdots.$$

(2) $y'' = f(x, y')$ 型的微分方程.

解法　设 $y' = p$, 则方程化为 $p' = f(x, p)$. 设 $p' = f(x, p)$ 的通解为 $p = \varphi(x, C_1)$, 则 $\dfrac{\mathrm{d}y}{\mathrm{d}x} = \varphi(x, C_1)$. 原方程的通解为

$$y = \int \varphi(x, C_1)\,\mathrm{d}x + C_2.$$

(3) $y'' = f(y, y')$ 型的微分方程.

解法　设 $y' = p$, 有 $y'' = \dfrac{\mathrm{d}p}{\mathrm{d}x} = \dfrac{\mathrm{d}p}{\mathrm{d}y} \cdot \dfrac{\mathrm{d}y}{\mathrm{d}x} = p\dfrac{\mathrm{d}p}{\mathrm{d}y}$.

原方程化为 $p\dfrac{\mathrm{d}p}{\mathrm{d}y} = f(y, p)$. 设方程 $p\dfrac{\mathrm{d}p}{\mathrm{d}y} = f(y, p)$ 的通解为 $y' = p = \varphi(y, C_1)$, 则原方程的通解为

$$\int \dfrac{\mathrm{d}y}{\varphi(y, C_1)} = x + C_2.$$

6. 二阶常系数齐次线性微分方程

方程 $y'' + py' + qy = 0$ 称为二阶常系数齐次线性微分方程, 其中 p, q 均为常数.

解法

第一步　写出微分方程的特征方程 $r^2 + pr + q = 0$;

第二步　求出特征方程的两个根 r_1, r_2;

第三步　根据特征方程的两个根的不同情况, 写出微分方程的通解:

r_1, r_2 为两个不等的实根 $r_{1,2} = \dfrac{-p \pm \sqrt{p^2 - 4q}}{2}$, 方程的通解为

$$y = C_1 \mathrm{e}^{r_1 x} + C_2 \mathrm{e}^{r_2 x};$$

r_1, r_2 为两个相等的实根 $r_1 = r_2 = -\dfrac{p}{2} = r$, 方程的通解为 $y = (C_1 + C_2 x)\mathrm{e}^r x$;

r_1, r_2 为一对共轭复根 $r_{1,2} = \alpha \pm \mathrm{i}\beta$ $\left(\alpha = -\dfrac{p}{2}, \ \beta = \dfrac{\sqrt{4q - p^2}}{2} \right)$, 方程的通解为

$$y = \mathrm{e}^{\alpha x} \left(C_1 \cos \beta x + C_2 \sin \beta x \right).$$

7. 二阶常系数非齐次线性微分方程

方程 $y'' + py' + qy = f(x)$ 称为二阶常系数非齐次线性微分方程, 其中 p, q 是常数.

二阶常系数非齐次线性微分方程的通解是对应的齐次方程的通解 $y = Y(x)$ 与非齐次方程本身的一个特解 $y = y^*(x)$ 之和 $y = Y(x) + y^*(x)$.

当 $f(x)$ 为两种特殊形式时, 方程的特解的求法:

如果 $f(x) = P_m(x)\mathrm{e}^{\lambda x}$, 则二阶常系数非齐次线性微分方程 $y'' + py' + qy = f(x)$ 有形如 $y^* = x^k Q_m(x)\mathrm{e}^{\lambda x}$ 的特解, 其中 $Q_m(x)$ 是与 $P_m(x)$ 同次的多项式, 而 k 按 λ 不是特征方程的根、是特征方程的单根或是特征方程的重根依次取为 0, 1 或 2.

如果 $f(x) = \mathrm{e}^{\lambda x} [P_l(x) \cos \omega x + P_n(x) \sin \omega x]$, 则二阶常系数非齐次线性微分方程 $y'' + py' + qy = f(x)$ 的特解可设为

$$y^* = x^k \mathrm{e}^{\lambda x} \left[R_m^{(1)}(x) \cos \omega x + R_m^{(2)}(x) \sin \omega x \right],$$

其中 $R_m^{(1)}(x)$, $R_m^{(2)}(x)$ 是 m 次多项式, $m = \max\{l, n\}$, 而 k 按 $\lambda + \mathrm{i}\omega$(或 $\lambda - \mathrm{i}\omega$) 不是特征方程的根或是特征方程的单根依次取 0 或 1.

综 合 演 练

微分方程 | 章测试 1

分数：_____

一、填空题 (3 分 × 5 = 15 分)

1. 常微分方程 $xy' = y \ln y$ 的通解是 _____.

2. 常微分方程 $(x^3 + y^3)\,\mathrm{d}x - 3xy^2\,\mathrm{d}y = 0$ 的通解是 _____.

3. 若 y_1, y_2, y_3 是二阶非齐次线性微分方程 $y'' + p(x)y' + q(x)y = f(x)$ 的线性无关的解, 则用 y_1, y_2, y_3 表达此方程的通解为 _____ (不唯一).

4. 微分方程 $y'' - y' = 1$ 的通解 $y = $ _____.

5. $y'' - 5y' + 6y = \mathrm{e}^x \sin x + 6$ 的一个特解形式为 _____.

二、选择题 (3 分 × 5 = 15 分)

6. 下列各组函数可以构成微分方程 $y'' + 2y' + y = 0$ 的基本解组的是 (　　).

(A) $\sin x, x\sin x$;　　　　　　　　(B) $\mathrm{e}^x, x\mathrm{e}^x$;

(C) $\mathrm{e}^{-x}, x\mathrm{e}^{-x}$;　　　　　　　　(D) $\mathrm{e}^x, \mathrm{e}^{-x}$.

7. 若 y_1, y_2 是方程 $y' + p(x)y = q(x)$ $(q(x) \neq 0)$ 的两个解, 要使 $\alpha y_1 + \beta y_2$ 也是该方程的解, α, β 应满足关系式 (　　).

(A) $\alpha + \beta = 1$;　　　　　　　　(B) $\alpha + \beta = 0$;

(C) $\alpha\beta = 1$;　　　　　　　　　(D) $\alpha\beta = 0$.

8. 设线性无关的函数 $y_1(x), y_2(x), y_3(x)$ 均是方程 $y'' + p(x)y' + q(x)y = f(x)$ 的解, C_1, C_2 是任意常数, 则该方程的通解是 (　　).

(A) $C_1 y_1 + C_2 y_2 + y_3$;　　　　　(B) $C_1 y_1 + C_2 y_2 - (C_1 + C_2) y_3$;

(C) $C_1 y_1 + C_2 y_2 - (1 - C_1 - C_2) y_3$;　(D) $C_1 y_1 + C_2 y_2 + (1 - C_1 - C_2) y_3$.

9. 若 2 是微分方程 $y'' + py' + qy = \mathrm{e}^{2x}$ 的特征方程的一个单根, 则该微分方程必有一个特解 $y^* = $ (　　).

(A) $A\mathrm{e}^{2x}$;　　　　　　　　　(B) $Ax\mathrm{e}^{2x}$;

(C) $(Ax + B)\,\mathrm{e}^{2x}$;　　　　　　(D) $x\mathrm{e}^{2x}$.

10. 以 $y_1 = 2\cos x, y_2 = \sin x$ 为特解的二阶常系数齐次线性微分方程是 (　　).

(A) $y'' - y = 0$;　　　　　　　　(B) $y'' + y = 0$;

(C) $y'' - y' = 0$;　　　　　　　(D) $y'' + y' = 0$.

三、计算题 (10 分 × 5 = 50 分, 要求写出计算过程)

11. 求解微分方程 $xy' = y(\ln y - \ln x)$.

12. 求解微分方程 $(y^2 - 6x)y' + 2y = 0$.

13. 求解微分方程 $y'' + y'^2 = 1, y|_{x=0} = 0, y'|_{x=0} = 1$.

14. 求微分方程 $y'' - ay = 0$ 的通解, 其中 a 为常数.

15. 求微分方程 $y'' + 4y = 2x^2$ 在原点处与直线 $y = x$ 相切的特解.

四、综合题 (10 分 × 2 = 20 分)

16. 设可导函数 $\varphi(x)$ 满足 $\varphi(x)\cos x + 2\int_0^x \varphi(t)\sin t \, dt = x + 1$. 求 $\varphi(x)$.

17. 设降落伞从跳伞塔下落后, 所受空气阻力与下落速度成正比, 并设降落伞离开跳伞塔时 $(t = 0)$ 速度为零. 求降落伞下落速度与时间的函数关系.

微分方程｜章测试 2

分数：＿＿＿＿＿＿＿＿＿

一、填空题 (3 分 × 5 = 15 分)

1. 设 $r_1 = 2$ 为微分方程 $y'' + py' + qy = 0$(其中 p, q 均为常数) 的特征方程的重根, 则该方程的通解为 ＿＿＿＿＿＿＿＿＿.

2. 若某个二阶常系数线性齐次微分方程的通解为 $y = C_1 \mathrm{e}^x + C_2 \mathrm{e}^{-x}$, 其中 C_1, C_2 为独立的任意常数, 则该方程为 ＿＿＿＿＿＿＿＿＿.

3. 微分方程 $xy' + 2y = x \ln x$ 满足 $y(1) = -\dfrac{1}{9}$ 的解为 ＿＿＿＿＿＿＿＿＿.

4. 微分方程 $xy' - \left(1 - x^2\right) y = 0$ 的通解为 $y =$＿＿＿＿＿＿＿＿＿.

5. 微分方程 $y'' - 4y = \mathrm{e}^{2x}$ 的通解为 $y =$＿＿＿＿＿＿＿＿＿.

二、选择题 (3 分 × 5 = 15 分)

6. 函数 $y = c_1 \mathrm{e}^x + c_2 \mathrm{e}^{-2x} + x\mathrm{e}^x$ 满足的一个微分方程是 (　　).

(A) $y'' - y' - 2y = 3x\mathrm{e}^x$;　　　　　(B) $y'' - y' - 2y = 3\mathrm{e}^x$;

(C) $y'' + y' - 2y = 3x\mathrm{e}^x$;　　　　　(D) $y'' + y' - 2y = 3\mathrm{e}^x$.

7. 微分方程 $y'' - 5y' + 6y = x\mathrm{e}^{3x}$ 的特解形式为 (其中 A, B 为常数)(　　).

(A) $A\mathrm{e}^{3x}$;　　　　　(B) $Ax\mathrm{e}^{3x}$;

(C) $(Ax + B)\,\mathrm{e}^{3x}$;　　　　　(D) $x\,(Ax + B)\,\mathrm{e}^{3x}$.

8. 微分方程 $y'' + y = x\cos 2x$ 的一个特解应具有形式 (　　).

(A) $(Ax + B)\cos 2x + (Cx + D)\sin 2x$;　(B) $\left(Ax^2 + Bx\right)\cos 2x$;

(C) $A\cos 2x + B\sin 2x$;　　(D) $(Ax + B)\cos 2x$.

9. 微分方程 $y''' + 3y'' + 3y' + y = x\mathrm{e}^{-x}$ 的一个特解应具有形式 (　　).

(A) $Ax\mathrm{e}^{-x}$;　　　　　(B) $Ax^3\mathrm{e}^{-x}$;

(C) $x^3\,(Ax + B)\,\mathrm{e}^{-x}$;　　　　　(D) $\left(Ax^3 + Bx^2 + Cx\right)\mathrm{e}^{-x}$.

10. 微分方程 $y''' + y' = \sin x$ 的一个特解应具有形式 (　　).

(A) $A\sin x$;　　　　　(B) $A\cos x$;

(C) $A\sin x + B\cos x$;　　　　　(D) $x\,(A\sin x + B\cos x)$.

三、计算题 (10 分 × 7 = 70 分, 要求写出计算过程)

11. 论述函数 $y = Cx\mathrm{e}^x$ 是不是微分方程 $y'' - 2y' + y = 0$ 的通解?

12. 求微分方程 $y'' - 2y' + y = 0$ 的一条积分曲线, 使其过点 $(0, 2)$ 且在该点有水平切线.

13. 求微分方程 $y'' + 2y' - 3y = 0$ 的一条积分曲线, 使其在原点处与直线 $y = 4x$ 相切.

14. 求微分方程 $y'' - 3y' + 2y = x\mathrm{e}^x$ 的通解.

15. 求微分方程 $y'' + 4y' + 4y = \mathrm{e}^{-2x}$ 的通解.

16. 求微分方程 $y'' - 3y' + 2y = 2x\mathrm{e}^x$ 满足初值条件 $y(0) = 0$, $y'(0) = 0$ 的特解.

17. 求一不恒为零的连续函数 $f(x)$, 使之满足 $f^2(x) = \int_0^x f(t) \dfrac{\sin t}{2 + \cos t} \mathrm{d}t$.

习 题 解 答

5.1　微分方程的基本概念　可分离变量的微分方程

1.

	常微分方程	代数方程
定义	含有未知函数的导数 (或微分) 的方程	含有未知量的等式
阶	未知函数导数的最高阶数	次: 未知量的最高次数
解	函数	数值
形式	$F\left(x,y,y',\cdots,y^{(n)}\right)=0$	$F(x)=0$
举例	$y'=3x^2,\ \mathrm{d}y=\mathrm{e}^x\,\mathrm{d}x$ 等	$x+3=0$ 等

2. 3.

3. **解**　(1) 两边同时积分可得方程的通解为 $y=x^2+c$;

(2) 把 $(1,4)$ 代入通解可得, $4=1+c$, 则 $c=3$;

(3) 由题意可得, 方程 $y=x^2+c$ 和 $y=2x+3$ 有一个交点, 即 $x^2+c-2x-3=0$ 有两个相等的实根. 即 $4-4(c-3)=0$, 得到 $c=4$.

4. **解**　方程变形为

$$\mathrm{e}^y(\mathrm{e}^x+1)\mathrm{d}y=\mathrm{e}^x(1-\mathrm{e}^y)\mathrm{d}x,$$

分离变量得

$$\frac{\mathrm{e}^y}{1-\mathrm{e}^y}\mathrm{d}y=\frac{\mathrm{e}^x}{1+\mathrm{e}^x}\mathrm{d}x,$$

两边积分得

$$\int\frac{\mathrm{e}^y}{1-\mathrm{e}^y}\mathrm{d}y=\int\frac{\mathrm{e}^x}{1+\mathrm{e}^x}\mathrm{d}x,$$

即

$$-\ln|1-\mathrm{e}^y|=\ln(\mathrm{e}^x+1)-\ln C,$$

故通解为

$$(\mathrm{e}^x+1)(\mathrm{e}^y-1)=C.$$

5. **解**　分离变量得

$$-\frac{\sin y}{\cos y}\mathrm{d}y=\frac{\mathrm{e}^x}{1+\mathrm{e}^x}\mathrm{d}x,$$

两边积分得

$$-\int\frac{\sin y}{\cos y}\mathrm{d}y=\int\frac{\mathrm{e}^x}{1+\mathrm{e}^x}\mathrm{d}x,$$

即

$$\ln|\cos y| = \ln(\mathrm{e}^x + 1) + \ln|C|,$$

或

$$\cos y = C(\mathrm{e}^x + 1).$$

由 $y|_{x=0} = \dfrac{\pi}{4}$ 得

$$\cos\frac{\pi}{4} = C(\mathrm{e}^0 + 1), \quad C = \frac{\sqrt{2}}{4},$$

所以特解为

$$\cos y = \frac{\sqrt{2}}{4}(\mathrm{e}^x + 1).$$

6. **解** (1) 设曲线为 $y = y(x)$, 则曲线上点 (x, y) 处的切线斜率为 y', 由条件 $y' = x^2$, 这便是所求微分方程.

(2) 设曲线为 $y = y(x)$, 则曲线上点 $P(x, y)$ 处的法线斜率为 $-\dfrac{1}{y'}$, 由条件 PQ 中点的横坐标为 0, 所以 Q 点的坐标为 $(-x, 0)$, 从而有

$$\frac{y - 0}{x + x} = -\frac{1}{y'},$$

即 $yy' + 2x = 0$.

7. **解** 设 t 时该已流出的水的体积为 V, 高度为 x, 则由水力学有

$$\frac{\mathrm{d}V}{\mathrm{d}t} = 0.62 \times 0.5 \times \sqrt{(2 \times 980)x},$$

即 $\mathrm{d}V = 0.62 \times 0.5 \times \sqrt{(2 \times 980)x}\,\mathrm{d}t$.

又因为 $r = x\tan 30° = \dfrac{x}{\sqrt{3}}$, 故

$$\mathrm{d}V = -\pi r^2 \mathrm{d}x = -\frac{\pi}{3}x^2 \mathrm{d}x,$$

从而

$$0.62 \times 0.5 \times \sqrt{(2 \times 980)x}\,\mathrm{d}t = -\frac{\pi}{3}x^2 \mathrm{d}x,$$

即

$$\mathrm{d}t = \frac{\pi}{3 \times 0.62 \times 0.5\sqrt{2 \times 980}}x^{\frac{3}{2}}\mathrm{d}x,$$

因此,

$$t = \frac{-2\pi}{3 \times 0.62 \times 0.5\sqrt{2 \times 980}} x^{\frac{5}{2}} + C.$$

又因为当 $t=0$ 时, $x=10$, 所以,

$$C = \frac{\pi}{3 \times 5 \times 0.62 \times 0.5\sqrt{2 \times 980}} 10^{\frac{5}{2}},$$

故水从小孔流出的规律为

$$t = \frac{2\pi}{3 \times 5 \times 0.62 \times 0.5\sqrt{2 \times 980}} (10^{\frac{5}{2}} - x^{\frac{5}{2}}) = -0.0305 x^{\frac{5}{2}} + 9.645.$$

令 $x=0$, 得水流完所需时间约为 10s.

8. **解**　设切点为 $P(x, y)$, 则切线在 x 轴, y 轴的截距分别为 $2x$, $2y$, 切线斜率为

$$\frac{2y - 0}{0 - 2x} = -\frac{y}{x},$$

故曲线满足微分方程

$$\frac{\mathrm{d}y}{\mathrm{d}x} = -\frac{y}{x},$$

即 $\frac{1}{y}\mathrm{d}y = -\frac{1}{x}\mathrm{d}x$, 从而

$$\ln|y| + \ln|x| = \ln|C|, \quad xy = C.$$

因为曲线经过点 $(2, 3)$, 所以 $C = 2 \times 3 = 6$, 曲线方程为 $xy = 6$.

5.2　一阶线性微分方程

1. **解**　原方程变为

$$\frac{\mathrm{d}x}{\mathrm{d}y} = \frac{2\left(\dfrac{x}{y} - 1\right)\mathrm{e}^{\frac{x}{y}}}{1 + 2\mathrm{e}^{\frac{x}{y}}}.$$

令 $u = \dfrac{x}{y}$, 则原方程化为

$$u + y\frac{\mathrm{d}u}{\mathrm{d}y} = \frac{2(u-1)\mathrm{e}^u}{1 + 2\mathrm{e}^u},$$

即 $y\dfrac{\mathrm{d}u}{\mathrm{d}y} = -\dfrac{u + 2\mathrm{e}^u}{1 + 2\mathrm{e}^u}$, 分离变量得

$$\frac{1 + 2\mathrm{e}^u}{u + 2\mathrm{e}^u}\mathrm{d}u = -\frac{1}{y}\mathrm{d}y,$$

两边积分得

$$\ln|u + 2e^u| = -\ln|y| + \ln|C|,$$

即 $y(u+2e^u) = C$, 将 $u = \dfrac{x}{y}$ 代入上式得原方程的通解

$$y\left(\frac{x}{y} + 2e^{\frac{x}{y}}\right) = C,$$

即 $x + 2ye^{\frac{x}{y}} = C$.

2. **解** 令 $u = \dfrac{y}{x}$, 则原方程化为

$$u + x\frac{du}{dx} = \frac{1}{u} + u,$$

即 $udu = \dfrac{1}{x}dx$, 两边积分得 $\dfrac{1}{2}u^2 = \ln|x| + C$, 将 $u = \dfrac{y}{x}$ 代入上式得原方程的通解

$$y^2 = 2x^2(\ln|x| + C).$$

由 $y|_{x=1}=2$ 得 $C=2$, 故所求特解为

$$y^2 = 2x^2(\ln|x| + 2).$$

3. **解** 这是齐次方程. 令 $u = \dfrac{y}{x}$, 即 $y = xu$, 则原方程化为

$$(x^2 + 2x^2u - x^2u^2)dx + (x^2u^2 + 2x^2u - x^2)(udx + xdu) = 0,$$

即

$$\frac{u^2 + 2u - 1}{u^3 + u^2 + u + 1}du = -\frac{1}{x}dx,$$

或

$$\left(\frac{1}{u+1} - \frac{2u}{u^2+1}\right)du = \frac{1}{x}dx,$$

两边积分得

$$\ln|u+1| - \ln(u^2+1) = \ln|x| + \ln|C|,$$

即 $u+1 = Cx(u^2+1)$, 将 $u = \dfrac{y}{x}$ 代入上式得原方程的通解

$$x + y = C(x^2 + y^2).$$

由 $y|_{x=1} = 1$ 得 $C = 1$, 故所求特解为

$$x + y = (x^2 + y^2).$$

4. **解** 设曲线弧 $\overset{\frown}{OA}$ 的方程为 $y = y(x)$. 由题意得

$$\int_0^x y(x)\mathrm{d}x - \frac{1}{2}xy(x) = x^2,$$

两边求导得

$$y(x) - \frac{1}{2}y(x) - \frac{1}{2}xy'(x) = 2x,$$

即 $y' = \dfrac{y}{x} - 4$. 令 $u = \dfrac{y}{x}$, 则有

$$u + x\frac{\mathrm{d}u}{\mathrm{d}x} = u - 4,$$

即 $\mathrm{d}u = -\dfrac{4}{x}\mathrm{d}x$, 两边积分得 $u = -4\ln x + C$. 将 $u = \dfrac{y}{x}$ 代入上式得方程的通解

$$y = -4x\ln x + Cx.$$

由于 $A(1, 1)$ 在曲线上, 即 $y(1){=}1$, 因而 $C{=}1$, 则所求方程为

$$y = -4x\ln x + x.$$

5. **解** $y = \mathrm{e}^{-\int \cot x \mathrm{d}x}\left(\int 5\mathrm{e}^{\cos x} \cdot \mathrm{e}^{\int \cot x \mathrm{d}x}\mathrm{d}x + C\right)$

$$= \frac{1}{\sin x}\left(\int 5\mathrm{e}^{\cos x} \cdot \sin x\mathrm{d}x + C\right) = \frac{1}{\sin x}(-5\mathrm{e}^{\cos x} + C).$$

由 $y|_{x=\frac{\pi}{2}} = -4$, 得 $C{=}1$, 故所求特解为

$$y = \frac{1}{\sin x}(-5\mathrm{e}^{\cos x} + 1).$$

6. **解** 原方程变形为 $y'{=}(y{+}\sin x{-}1)^2{-}\cos x$. 令 $u = y{+}\sin x{-}1$, 则原方程化为

$$\frac{\mathrm{d}u}{\mathrm{d}x} - \cos x = u^2 - \cos x,$$

即 $\dfrac{1}{u^2}\mathrm{d}u = \mathrm{d}x$. 两边积分得 $-\dfrac{1}{u} = x + C.$

将 $u = y + \sin x - 1$ 代入上式得原方程的通解

$$-\frac{1}{y + \sin x - 1} = x + C,$$

即 $y = 1 - \sin x - \dfrac{1}{x + C}$.

5.3 可降阶的高阶微分方程

1. **解** (1) $y'' = \int x\mathrm{e}^x \mathrm{d}x = x\mathrm{e}^x - \mathrm{e}^x + 2C_1,$

$$y' = \int (x\mathrm{e}^x - \mathrm{e}^x + 2C_1)\mathrm{d}x = x\mathrm{e}^x - 2\mathrm{e}^x + 2C_1 x + C_2,$$

$$y = \int (x\mathrm{e}^x - 2\mathrm{e}^x + 2C_1 x + C_2)\mathrm{d}x$$

$$= x\mathrm{e}^x - 3\mathrm{e}^x + C_1 x^2 + C_2 x + C_3,$$

原方程的通解为

$$y = x\mathrm{e}^x - 3\mathrm{e}^x + C_1 x^2 + C_2 x + C_3.$$

(2) 令 $p = y'$, 则原方程化为 $xp' + p = 0$, 即

$$p' + \frac{1}{x}p = 0,$$

由一阶线性齐次方程的通解公式得

$$p = C_1 \mathrm{e}^{-\int \frac{1}{x}\mathrm{d}x} = C_1 \mathrm{e}^{-\ln|x|} = \frac{C_1}{x},$$

即 $y' = \dfrac{C_1}{x}$, 于是

$$y = \int \frac{C_1}{x}\mathrm{d}x = C_1 \ln|x| + C_2,$$

原方程的通解为 $y = C_1 \ln x + C_2$.

(3) 令 $p = y'$, 则 $y'' = p\dfrac{\mathrm{d}p}{\mathrm{d}y}$, 原方程化为

$$p\frac{\mathrm{d}p}{\mathrm{d}y} = p^3 + p,$$

即 $p\left[\dfrac{\mathrm{d}p}{\mathrm{d}y} - (1 + p^2)\right] = 0$. 由 $p = 0$ 得 $y = C$, 这是原方程的一个解. 由 $\dfrac{\mathrm{d}p}{\mathrm{d}y} - (1 + p^2) = 0$ 得

$$\arctan p = y - C_1,$$

即 $y' = p = \tan(y - C_1)$, 从而

$$x + \tilde{C}_2 = \int \frac{1}{\tan(y - C_1)} \mathrm{d}y = \ln|\sin(y - C_1)|,$$

故原方程的通解为

$$\sin(y - C_1) = C_2 \mathrm{e}^x.$$

2. **解**   令 $p = y'$, 则 $y'' = p\dfrac{\mathrm{d}p}{\mathrm{d}y}$, 原方程化为

$$p\frac{\mathrm{d}p}{\mathrm{d}y} = \mathrm{e}^{2y},$$

即 $p\mathrm{d}p = \mathrm{e}^{2y}\mathrm{d}y$, 积分得

$$p^2 = \mathrm{e}^{2y} + C_1,$$

即 $y' = \pm\sqrt{\mathrm{e}^{2y} + C_1}$. 由 $y|_{x=0} = y'|_{x=0} = 0$ 得 $C_1 = -1$, 故 $y' = \pm\sqrt{\mathrm{e}^{2y} - 1}$, 从而

$$\frac{1}{\sqrt{\mathrm{e}^{2y} - 1}}\mathrm{d}y = \pm\mathrm{d}x,$$

积分得

$$-\arcsin\mathrm{e}^{-y} = \pm x + C_2.$$

由 $y|_{x=0} = 0$ 得 $C_2 = -\dfrac{\pi}{2}$, 故

$$\mathrm{e}^{-y} = \sin\left(\mp x - \frac{\pi}{2}\right) = \cos x,$$

从而所求特解为 $y = -\ln\cos x$.

3. **解** $y' = \dfrac{1}{2}x^2 + C_1$,

$$y = \frac{1}{6}x^3 + C_1 x + C_2.$$

由题意得 $y|_{x=0} = 1$, $y'|_{x=0} = \dfrac{1}{2}$. 由 $y'|_{x=0} = \dfrac{1}{2}$ 得 $C_1 = \dfrac{1}{2}$, 再由 $y|_{x=0} = 1$ 得 $C_2 = 1$, 因此所求曲线为

$$y = \frac{1}{6}x^3 + \frac{1}{2}x + 1.$$

4. **解** 以 $t=0$ 对应的物体位置为原点, 垂直向下的直线为 s 正轴, 建立坐标系. 由题设得

$$\begin{cases} m\dfrac{\mathrm{d}v}{\mathrm{d}t} = mg - c^2v^2, \\ s|_{t=0} = v|_{t=0} = 0. \end{cases}$$

将方程分离变量得

$$\frac{m\mathrm{d}v}{mg - c^2v^2} = \mathrm{d}t,$$

两边积分得

$$\ln\left|\frac{cv + \sqrt{mg}}{cv - \sqrt{mg}}\right| = kt + C_1 \quad (\text{其中}k = \frac{2c\sqrt{g}}{\sqrt{m}}),$$

由 $v|_{t=0}=0$ 得 $C_1=0$, $\ln\left|\dfrac{cv + \sqrt{mg}}{cv - \sqrt{mg}}\right| = kt$, 即 $\dfrac{cv + \sqrt{mg}}{cv - \sqrt{mg}} = \mathrm{e}^{kt}$. 因为 $mg > c^2v^2$, 故

$$cv + \sqrt{mg} = (\sqrt{mg} - cv)\mathrm{e}^{kt},$$

即 $cv(1 + \mathrm{e}^{kt}) = \sqrt{mg}(1 - \mathrm{e}^{kt})$, 或 $\dfrac{\mathrm{d}s}{\mathrm{d}t} = -\dfrac{\sqrt{mg}}{c} \cdot \dfrac{1 - \mathrm{e}^{kt}}{1 + \mathrm{e}^{kt}}$, 分离变量并积分得

$$s = -\frac{\sqrt{mg}}{ck}\ln\frac{1 + \mathrm{e}^{-kt}}{1 + \mathrm{e}^{kt}} + C_2.$$

由 $s|_{t=0}=0$ 得 $C_2=0$, 故所求函数关系为

$$s = -\frac{\sqrt{mg}}{ck}\ln\frac{1 + \mathrm{e}^{-kt}}{1 + \mathrm{e}^{kt}},$$

即

$$s = \frac{m}{c^2}\mathrm{lnch}\left(c\sqrt{\frac{g}{m}}t\right).$$

5.4 二阶常系数齐次线性微分方程

1. **解** (1) 线性无关; 因为 $\dfrac{x^2}{x} = x$ 不恒为常数, 所以 x, x^2 是线性无关的.

(2) 线性相关; 因为 $\dfrac{\sin 2x}{\cos x \sin x} = 2$, 所以 $\sin 2x, \cos x \cdot \sin x$ 是线性相关的.

2. D.

3. **解** 因为 $y_1'' - 4xy_1' + (4x^2-2)y_1 = 2\mathrm{e}^{x^2} + 4x^2\mathrm{e}^{x^2} - 4x \cdot 2x\mathrm{e}^{x^2} + (4x^2-2) \cdot \mathrm{e}^{x^2} = 0$,
$y_2'' - 4xy_2' + (4x^2-2)y_2 = 6x\mathrm{e}^{x^2} + 4x^3\mathrm{e}^{x^2} - 4x \cdot (\mathrm{e}^{x^2} + 2x^2\mathrm{e}^{x^2}) + (4x^2-2) \cdot x\mathrm{e}^{x^2} = 0,$

并且 $\dfrac{y_2}{y_1} = x$ 不恒为常数, 所以 $y_1 = \mathrm{e}^{x^2}$ 与 $y_2 = x\mathrm{e}^{x^2}$ 是方程的线性无关解, 从而方程的通解为

$$y = C_1\mathrm{e}^{x^2} + C_2 x\mathrm{e}^{x^2}.$$

4. **解**　由线性方程解的理论, 非齐次微分方程 $y'' + p(x)y' + q(x)y = f(x)$ 任两解之差是对应齐次方程 $y'' + p(x)y' + q(x)y = 0$ 的解. 由此得到两个齐次方程的解为 $\mathrm{e}^x - x,\ \mathrm{e}^{2x} - x$, 且两者线性无关. 于是, 齐次方程的通解

$$Y = C_1\left(\mathrm{e}^x - x\right) + C_2\left(\mathrm{e}^{2x} - x\right),$$

非齐次方程的通解是

$$y = C_1\left(\mathrm{e}^x - x\right) + C_2\left(\mathrm{e}^{2x} - x\right) + x,$$

代入初值条件 $y(0) = 1, y'(0) = 3$, 得 $C_1 = -1, C_2 = 2$, 所以特解为

$$y = 2\mathrm{e}^{2x} - \mathrm{e}^x.$$

5. **解**　(1) 微分方程的特征方程为

$$r^2 + r - 2 = 0,$$

即 $(r+2)(r-1)=0$, 其根为 $r_1=1, r_2 = -2$, 故微分方程的通解为

$$y = C_1\mathrm{e}^x + C_2\mathrm{e}^{-2x}.$$

(2) 微分方程的特征方程为

$$4r^2 - 20r + 25 = 0,$$

即 $(2r-5)^2=0$, 其根为 $r_1 = r_2 = \dfrac{5}{2}$, 故微分方程的通解为

$$y = C_1\mathrm{e}^{\frac{5}{2}t} + C_2 t\mathrm{e}^{\frac{5}{2}t},$$

即

$$y = (C_1 + C_2 t)\mathrm{e}^{\frac{5}{2}t}.$$

(3) 微分方程的特征方程为

$$r^4 - 2r^3 + r^2 = 0,$$

即 $r^2(r-1)^2 = 0$, 其根为 $r_1 = r_2 = 0, r_3 = r_4 = 1$, 故微分方程的通解为

$$y = C_1 + C_2 x + C_3 e^x + C_4 x e^x.$$

6. **解** (1) 微分方程的特征方程为

$$r^2 - 3r - 4 = 0,$$

即 $(r-4)(r+1)=0$, 其根为 $r_1 = -1, r_2 = 4$, 故微分方程的通解为

$$y = C_1 e^{-x} + C_2 e^{4x}.$$

由 $y|_{x=0}=0, y'|_{x=0} = -5$, 得

$$\begin{cases} C_1 + C_2 = 0, \\ -C_1 + 4C_2 = -5, \end{cases}$$

解之得 $C_1=1, C_2 = -1$. 因此所求特解为

$$y = e^{-x} - e^{4x}.$$

(2) 微分方程的特征方程为

$$r^2 - 4r + 13 = 0,$$

其根为 $r_{1,2} = 2 \pm 3i$, 故微分方程的通解为

$$y = e^{2x}(C_1 \cos 3x + C_2 \sin 3x).$$

由 $y|_{x=0} = 0$, 得 $C_1 = 0, y = C_2 e^{2x} \sin 3x$. 由 $y'|_{x=0} = 3$, 得 $C_2 = 1$. 因此所求特解为

$$y = e^{2x} \sin 3x.$$

7. **解** 设 ρ 为水的密度, S 为浮筒的横截面积, D 为浮筒的直径, 且设压下的位移为 x, 则 $f = -\rho g S \cdot x$. 又 $f = ma = m\dfrac{d^2x}{dt^2}$, 因而 $-\rho g S \cdot x = m\dfrac{d^2x}{dt^2}$, 即

$$m\frac{d^2x}{dt^2} + \rho g S x = 0.$$

微分方程的特征方程为 $mr^2+\rho g S=0$, 其根为 $r_{1,2} = \pm\sqrt{\dfrac{\rho g S}{m}}i$, 故微分方程的通解为

$$x = C_1 \cos\sqrt{\frac{\rho g S}{m}}t + C_2 \sin\sqrt{\frac{\rho g S}{m}}t, \quad 即 \quad x = A\sin\left(\sqrt{\frac{\rho g S}{m}}t + \varphi\right).$$

由此得浮筒的振动的频率为 $\omega = \sqrt{\dfrac{\rho g S}{m}}$. 因为周期为 $T=2$, 故 $\dfrac{2\pi}{\omega} = 2\pi\sqrt{\dfrac{m}{\rho g S}} = 2$, $m = \dfrac{\rho g S}{\pi^2}$.

由 $\rho = 1000\text{kg/m}^3$, $g=9.8\text{m/s}^2$, $D=0.5\text{m}$, 得

$$m = \frac{\rho g S}{\pi^2} = \frac{1000 \times 9.8 \times 0.5^2}{4\pi} = 195(\text{km}).$$

5.5 二阶常系数非齐次线性微分方程

1. 解 微分方程的特征方程为 $r^2+5r+4=0$, 其根为 $r_1 = -1$, $r_2 = -4$, 故对应的齐次方程的通解为 $Y = C_1\mathrm{e}^{-x} + C_2\mathrm{e}^{-4x}$.

因为 $f(x) = 3 - 2x = (3 - 2x)\mathrm{e}^{0x}$, $\lambda = 0$ 不是特征方程的根, 故原方程的特解设为 $y^*=Ax+B$, 代入原方程得 $4Ax + (5A + 4B) = -2x + 3$, 比较系数得 $A = -\dfrac{1}{2}$, $B = \dfrac{11}{8}$, 从而

$$y* = -\frac{1}{2}x + \frac{11}{8}.$$

因此, 原方程的通解为

$$y = C_1\mathrm{e}^{-x} + C_2\mathrm{e}^{-4x} - \frac{1}{2}x + \frac{11}{8}.$$

2. 解 微分方程的特征方程为 $r^2-1=0$, 其根为 $r_1 = -1$, $r_2=1$, 故对应的齐次方程的通解为 $Y = C_1\mathrm{e}^{-x} + C_2\mathrm{e}^{x}$.

因为 $f(x)=4x\mathrm{e}^x$, $\lambda=1$ 是特征方程的单根, 故原方程的特解设为 $y^*=x\mathrm{e}^x(Ax+B)$, 代入原方程得

$(4Ax+2A+2B)\mathrm{e}^x = 4x\mathrm{e}^x$, 比较系数得 $A=1$, $B = -1$, 从而 $y^*= x\mathrm{e}^x(x-1)$. 因此, 原方程的通解为

$$y=C_1\mathrm{e}^{-x} + C_2\mathrm{e}^{x}+x\mathrm{e}^x(x-1). \ \text{由 } y|_{x=0}=0, \ y'|_{x=0}=1 \ \text{得} \begin{cases} C_1 + C_2 = 0, \\ C_2 - C_1 - 1 = 1, \end{cases}$$

解之得 $C_1 = -1$, $C_2 = 1$. 因此满足初始条件的特解为

$$y = \mathrm{e}^x - \mathrm{e}^{-x} + x\mathrm{e}^x(x - 1).$$

3. 解 微分方程的特征方程为 $r^2+1=0$, 其根为 $r = \pm\mathrm{i}$, 故对应的齐次方程的通解为

$$Y = C_1 \cos x + C_2 \sin x.$$

因为 $f(x) = f_1(x) + f_2(x)$, 其中 $f_1(x) = \mathrm{e}^x$, $f_2(x) = \cos x$, 而方程 $y'' + y = \mathrm{e}^x$ 具有 $A\mathrm{e}^x$ 形式的特解.

方程 $y'' + y = \cos x$ 具有 $x(B\cos x + C\sin x)$ 形式的特解, 故原方程的特解设为

$$y^* = A\mathrm{e}^x + x(B\cos x + C\sin x),$$

代入原方程得

$$2A\mathrm{e}^x + 2C\cos x - 2B\sin x = \mathrm{e}^x + \cos x,$$

比较系数得 $A = \dfrac{1}{2}$, $B = 0$, $C = \dfrac{1}{2}$, 从而

$$y^* = \frac{1}{2}\mathrm{e}^x + \frac{x}{2}\sin x.$$

因此, 原方程的通解为

$$y = C_1\cos x + C_2\sin x + \frac{1}{2}\mathrm{e}^x + \frac{x}{2}\sin x.$$

4. **解**　取炮口为原点, 炮弹前进的水平方向为 x 轴, 铅直向上为 y 轴, 弹道运动的微分方程为

$$\begin{cases} \dfrac{\mathrm{d}^2 y}{\mathrm{d}t^2} = -g, \\ \dfrac{\mathrm{d}^2 x}{\mathrm{d}t^2} = 0, \end{cases}$$

且满足初始条件 $\begin{cases} y|_{t=0} = 0, \ y'|_{t=0} = v_0\sin\alpha, \\ x|_{t=0} = 0, \ x'|_{t=0} = v_0\cos\alpha. \end{cases}$　易得满足方程和初始条件的解 (弹道曲线) 为

$$\begin{cases} x = v_0\cos\alpha \cdot t, \\ y = v_0\sin\alpha \cdot t - \dfrac{1}{2}gt^2. \end{cases}$$

5. **解**　(1) 设在时刻 t 时, 链条上较长的一段垂下 $x(\mathrm{m})$, 且设链条的密度为 ρ, 则向下拉链条下滑的作用力

$$F = x\rho g - (20 - x)\rho g = 2\rho g(x - 10).$$

由牛顿第二定律, 有 $20\rho x'' = 2\rho g(x - 10)$, 即 $x'' - \dfrac{g}{10}x = -g$.

微分方程的特征方程为 $r^2 - \dfrac{g}{10} = 0$, 其根为 $r_1 = -\sqrt{\dfrac{g}{10}}$, $r_2 = \sqrt{\dfrac{g}{10}}$, 故对应的齐次方程的通解为

$$x = C_1 \mathrm{e}^{-\sqrt{\frac{g}{10}}t} + C_2 \mathrm{e}^{\sqrt{\frac{g}{10}}t}.$$

由观察法易知 $x^* = 10$ 为非齐次方程的一个特解, 故通解为

$$x = C_1 \mathrm{e}^{-\sqrt{\frac{g}{10}}t} + C_2 \mathrm{e}^{\sqrt{\frac{g}{10}}t} + 10.$$

由 $x(0) = 12$ 及 $x'(0) = 0$ 得 $C_1 = C_2 = 1$. 因此特解为

$$x = \mathrm{e}^{-\sqrt{\frac{g}{10}}t} + \mathrm{e}^{\sqrt{\frac{g}{10}}t} + 10.$$

当 $x = 20$, 即链条完全滑下来时有 $\mathrm{e}^{-\sqrt{\frac{g}{10}}t} + \mathrm{e}^{\sqrt{\frac{g}{10}}t} = 10$, 解之得所需时间

$$t = \sqrt{\dfrac{10}{g}}\ln(5 + 2\sqrt{6})\mathrm{s}.$$

(2) 此时向下拉链条的作用力变为 $F = x\rho g - (20 - x)\rho g - 1\rho g = 2\rho gx - 21\rho g$. 由牛顿第二定律, 有 $20\rho x'' = 2\rho gx - 21\rho g$, 即 $x'' - \dfrac{g}{10}x = -1.05g$.

微分方程的通解为

$$x = C_1 \mathrm{e}^{-\sqrt{\frac{g}{10}}t} + C_2 \mathrm{e}^{\sqrt{\frac{g}{10}}t} + 10.5.$$

由 $x(0)=12$ 及 $x'(0) = 0$ 得 $C_1 = C_2 = \dfrac{3}{4}$. 因此特解为

$$x = \dfrac{3}{4}\left(\mathrm{e}^{-\sqrt{\frac{g}{10}}t} + \mathrm{e}^{\sqrt{\frac{g}{10}}t} \right) + 10.5.$$

当 $x = 20$, 即链条完全滑下来时有 $\dfrac{3}{4}\left(\mathrm{e}^{-\sqrt{\frac{g}{10}}t} + \mathrm{e}^{\sqrt{\frac{g}{10}}t} \right) = 9.5$, 解之得所需时间

$$t = \sqrt{\dfrac{10}{g}}\ln\left(\dfrac{19}{3} + \dfrac{4\sqrt{22}}{3} \right)(\mathrm{s}).$$

6. **解**　等式两边对 x 求导得

$$\varphi'(x) = \mathrm{e}^x - \int_0^x \varphi(t)\mathrm{d}t,$$

再求导得微分方程

$$\varphi''(x) = e^x - \varphi(x), \ 即 \ \varphi''(x) + \varphi(x) = e^x.$$

微分方程的特征方程为

$$r^2 + 1 = 0,$$

其根为 $r_{1,2} = \pm i$, 故对应的齐次方程的通解为

$$\Phi = C_1 \cos x + C_2 \sin x.$$

易知 $\varphi^* = \dfrac{1}{2} e^x$ 是非齐次方程的一个特解, 故非齐次方程的通解为

$$\varphi = C_1 \cos x + C_2 \sin x + \frac{1}{2} e^x.$$

由所给等式知, $\varphi(0) = 1$, $\varphi'(0) = 1$, 由此得 $C_1 = C_2 = \dfrac{1}{2}$. 因此

$$\varphi = \frac{1}{2}(\cos x + \sin x + e^x).$$

微分方程 | 章测试 1

一、填空题

1. $y = e^{cx}$.

2. $x^3 - 2y^3 = Cx$.

3. $y = C_1(y_1 - y_2) + C_2(y_1 - y_3) + y_3$.

4. $y = C_1 + C_2 e^x - x$.

5. $y = e^x(A \sin x + B \cos x) + C$.

二、选择题

6. C.

7. A.

8. D.

9. B.

10. B.

三、计算题

11. **解** 变形

$$\frac{\mathrm{d}y}{\mathrm{d}x} = \frac{y}{x} \ln \frac{y}{x},$$

令 $u = \dfrac{y}{x}$ 则 $\dfrac{\mathrm{d}y}{\mathrm{d}x} = u + x \cdot \dfrac{\mathrm{d}u}{\mathrm{d}x}$, 代入上式得

$$u + x \cdot \frac{\mathrm{d}u}{\mathrm{d}x} = u\ln u,$$

分离变量得

$$\frac{\mathrm{d}u}{u(\ln u - 1)} = \frac{\mathrm{d}x}{x},$$

积分得

$$\ln|\ln u - 1| = \ln|x| + \ln C, \quad u = \mathrm{e}^{Cx+1},$$

原微分方程通解为

$$y = x\mathrm{e}^{Cx+1}.$$

12. **解** 把 x 看作 y 的函数. 方程化为

$$\frac{\mathrm{d}x}{\mathrm{d}y} - \frac{3}{y}x = -\frac{y}{2}.$$

为一阶线性非齐次微分方程. 通解为

$$\begin{aligned}
x &= \mathrm{e}^{\int \frac{3}{y}\mathrm{d}y}\left[C + \int -\frac{y}{2}\mathrm{e}^{\int -\frac{3}{y}\mathrm{d}y}\mathrm{d}y \right] \\
&= \mathrm{e}^{3\ln y}\left[C + \int -\frac{y}{2} \cdot \mathrm{e}^{-3 \cdot \ln y}\mathrm{d}y \right] \\
&= y^3\left[C + \int -\frac{y}{2} \cdot \frac{1}{y^3}\mathrm{d}y \right] \\
&= y^3\left[C + \frac{1}{2y} \right] = Cy^3 + \frac{y^2}{2}.
\end{aligned}$$

13. **解** 令 $p = y'$, 则 $y'' = p\dfrac{\mathrm{d}p}{\mathrm{d}y}$, 原方程化为 $p\dfrac{\mathrm{d}p}{\mathrm{d}y} + p^2 = 1$, 即 $\dfrac{\mathrm{d}p^2}{\mathrm{d}y} + 2p^2 = 2$, 于是

$$p^2 = \mathrm{e}^{-\int 2\mathrm{d}y}\left(\int 2 \cdot \mathrm{e}^{\int 2\mathrm{d}y}\mathrm{d}y + C_1 \right) = C_1\mathrm{e}^{-2y} + 1,$$

即

$$y' = \pm\sqrt{C_1\mathrm{e}^{-2y} + 1}.$$

由 $y|_{x=0} = 0$, $y'|_{x=0} = 0$ 得 $C_1 = -1$, $y' = \pm\sqrt{1 - \mathrm{e}^{-2y}}$.

故

$$\frac{1}{\sqrt{1-\mathrm{e}^{-2y}}}\mathrm{d}y = \pm\mathrm{d}x,$$

两边积分得

$$\ln(\mathrm{e}^y + \sqrt{\mathrm{e}^{2y}-1}) = \pm x + C_2.$$

由 $y|_{x=0}=0$ 得 $C_2=0$, $\ln(\mathrm{e}^y + \sqrt{\mathrm{e}^{2y}-1}) = \pm x$, 从而得原方程的特解 $y = \mathrm{lnch}\, x$.

14. **解** 分三种情况, $a = 0$ 的时候 $y'' = 0$, 则方程的通解为 $y = C_1 x + C_2$.

当 $a > 0$, 可以得到特征方程为 $r^2 - a = 0$, 特征根为 $r = \pm\sqrt{a}$, 方程的通解为

$$y = C_1 \mathrm{e}^{\sqrt{a}x} + C_2 \mathrm{e}^{-\sqrt{a}x}.$$

当 $a < 0$, 可以得到特征方程为 $r^2 - a = 0$, 特征根为 $r = \pm\sqrt{|a|}\mathrm{i}$, 方程的通解为

$$y = C_1 \cos(\sqrt{|a|}x) + C_2 \sin(\sqrt{|a|}x).$$

15. **解**   根据题意可得, 相当于求解如下初值问题 $\begin{cases} y'' + 4y = 2x^2, \\ y(0) = 0, \\ y'(0) = 1. \end{cases}$ 由 $y'' + 4y = 2x^2$ 可得二阶常系数线性齐次方程的特征方程为 $r^2 + 4 = 0$, 特征根为 $r = \pm 2\mathrm{i}$, 因此二阶常系数线性齐次方程的通解为

$$Y = C_1 \cos(2x) + C_2 \sin(2x).$$

可设方程的特解的形式为 $y^* = ax^2 + bx + c$, 代入可以求得 $2a + 4(ax^2 + bx + c) = 2x^2$.

可得 $\begin{cases} 4a = 2, \\ 4b = 0, \\ 2a + 4c = 0, \end{cases}$ 即 $\begin{cases} a = \dfrac{1}{2}, \\ b = 0, \\ c = -\dfrac{1}{4}. \end{cases}$

因此 $y^* = \dfrac{1}{2}x^2 - \dfrac{1}{4}$, 原方程的通解为 $y = C_1 \cos(2x) + C_2 \sin(2x) + \dfrac{1}{2}x^2 - \dfrac{1}{4}$,

代入初始条件可得 $\begin{cases} C_1 = \dfrac{1}{4}, \\ C_2 = \dfrac{1}{2}, \end{cases}$ 所以方程的特解为

$$y = \frac{1}{4}\cos(2x) + \frac{1}{2}\sin(2x) + \frac{1}{2}x^2 - \frac{1}{4}.$$

四、综合题

16. **解**　在等式两边对 x 求导得

$$\varphi'(x)\cos x - \varphi(x)\sin x + 2\varphi(x)\sin x = 1,$$

即

$$\varphi'(x) + \tan x\varphi(x) = \sec x.$$

这是一个一阶线性方程, 其通解为

$$\varphi(x) = e^{-\int \tan x\, dx}\left(\int \sec x\, e^{\int \tan x\, dx}\, dx + C\right)$$

$$= \cos x(\tan x + C) = \sin x + C\cos x.$$

在已知等式中, 令 $x = 0$ 得 $\varphi(0) = 1$, 代入通解, 得 $C = 1$. 故

$$\varphi(x) = \sin x + \cos x.$$

17. **解**　设降落伞下落速度为 $v(t)$, 降落伞在空中下落时, 同时受重力 P 与阻力 R 的作用, 重力的大小为 mg, 方向与速度的方向一致; 阻力的大小为 kv, k 为比例系数, 方向与速度的方向相反. 因此降落伞所受外力为

$$F = mg - kv.$$

根据牛顿第二定律 $m = \dfrac{dv}{dt} = mg - kv$, 初始条件 $v|_{t=0} = 0$, 分离变量后积分得

$$\int \frac{dv}{mg - kv} = \int \frac{dt}{m},$$

于是 $-\dfrac{1}{k}\ln(mg - kv) = \dfrac{t}{m} + C_1$, 即得到方程通解

$$mg - kv = e^{-\frac{k}{m}t - kC_1} \quad \text{或} \quad v = \frac{mg}{k} + Ce^{-\frac{k}{m}t}, \quad C = -\frac{e^{kC_1}}{k}.$$

代入初值条件, 得到特解为 $v = \dfrac{mg}{k}\left(1 - e^{-\frac{k}{m}t}\right)$.

由此可以看出, 随着时间 t 的增大, 速度 v 逐渐接近于常数 $\dfrac{mg}{k}$, 说明跳伞开始阶段是加速运动, 以后逐渐接近于匀速运动.

微分方程 | 章测试 2

一、填空题

1. $(C_1 + C_2 x)\,\mathrm{e}^{2x}$, C_1, C_2 均为常数.

2. $y'' - y = 0$.

3.

解　原方程等价为 $y' + \dfrac{2}{x}y = \ln x$, 于是通解为

$$y = \mathrm{e}^{-\int \frac{2}{x}\mathrm{d}x}\left[\int \ln x \mathrm{e}^{\int \frac{2}{x}\mathrm{d}x}\mathrm{d}x + C\right] = \frac{1}{x^2}\left[\int x^2 \ln x \,\mathrm{d}x + C\right] = \frac{1}{3}x\ln x - \frac{1}{9}x + C\frac{1}{x^2},$$

由 $y(1) = -\dfrac{1}{9}$ 得 $C = 0$, 故所求解为

$$y = \frac{1}{3}x\ln x - \frac{1}{9}x.$$

4. **解**　这是一个变量可分离的方程, 应用分离变量法, 得 $\dfrac{\mathrm{d}y}{y} = \dfrac{1-x^2}{x}\mathrm{d}x$, 解得

$$y = Cx\mathrm{e}^{-\frac{1}{2}x^2}.$$

5. **解**　特征方程为 $r^2 - 4 = 0$, 所以 $r = \pm 2$, 齐次方程的通解为

$$Y = c_1 \mathrm{e}^{-2x} + c_2 \mathrm{e}^{2x},$$

又由 $\lambda = 2$ 为特征方程的单根, 所以, 非齐次的特解形式为 $y^* = Ax\mathrm{e}^{2x}$, 代入原方程得 $A = \dfrac{1}{4}$, 故通解为

$$y = c_1 \mathrm{e}^{-2x} + c_2 \mathrm{e}^{2x} + \frac{1}{4}x\mathrm{e}^{2x}.$$

二、选择题

6. D.

7. D.

8. A.

9. C.

10. D.

三、计算题

11. **解**　$y = Cx\mathrm{e}^x, y' = C(x+1)\mathrm{e}^x, y'' = C(x+2)\mathrm{e}^x$. 代入原方程左式

$= Ce^x\left[(x+2)-2(x+1)+x\right]=0$, 故 $y=Cxe^x$ 是所给微分方程的解, 但因只含有一个任意常数 C, 故它不是所给微分方程的通解.

12. **解** 方程的通解为 $y=(C_1+C_2x)e^x$, 由已知 $y|_{x=0}=2, y'|_{x=0}=0$, 代入上式得 $C_1=2, C_2=-2$, 故所求积分曲线的方程为 $y=(2-2x)e^x$.

13. **解** 方程的通解为 $y=C_1e^x+C_2e^{-3x}$, 由已知 $y(0)=0, y'(0)=4$, 代入上式得 $C_1=1, C_2=-1$, 故所求积分曲线的方程为 $y=e^x-e^{-3x}$.

14. **解** 设 $r^2-3r+2=0$, 其根为 $r_1=1, r_2=2$. 于是对应齐次方程的通解为 $Y=c_1e^x+c_2e^{2x}$. 由于 $\lambda=1$ 是特征方程的单根, 特解形式为 $y^*=x(ax+b)e^x$, 代入原方程对比系数得

$$2a-(2ax+b)=x.$$

由此知 $-2a=1, 2a-b=0$, 得 $a=-\dfrac{1}{2}, b=-1$, 特解为

$$y^*=-\left(\frac{x^2}{2}+x\right)e^x.$$

故所求通解为 $y=c_1e^x+c_2e^{2x}-\left(\dfrac{x^2}{2}+x\right)e^x$.

15. **解** 设 $r^2+4r+4=0$, 其根为 $r_1=-2$(重根). 于是对应齐次方程的通解为 $Y=(c_1+c_2x)e^{-2x}$, 原方程的特解 $y^*=ax^2e^{-2x}$, 代入原方程得 $a=\dfrac{1}{2}$. 因此, 原方程的通解为

$$y=Y+y^*=(c_1+c_2x)e^{-2x}+\frac{x^2}{2}e^{-2x}.$$

16. **解** 设 $r^2-3r+2=0$, 其根为 $r_1=1, r_2=2$. 于是对应齐次方程的通解为 $Y=c_1e^x+c_2e^{2x}$. 设非齐次方程的特解为 $y^*=(ax^2+bx)e^x$, 将其代入原方程, 解得 $a=-1, b=-2$, 则原微分方程的通解为 $y=c_1e^x+c_2e^{2x}-(x^2+2x)e^x$, 再代入初值条件 $y(0)=0, y'(0)=0$, 得 $c_1=-1, c_2=2$, 所以特解为

$$y=2e^{2x}-(x^2+x+2)e^x.$$

17. **解** 因为可导函数是连续函数, 所以设 $f(x)$ 可导, 满足给定方程, 且 $f(0)=0$. 将给定方程的两边对 x 求导, 得 $f(x)$ 满足微分方程为

$$2f(x)f'(x)=f(x)\frac{\sin x}{2+\cos x}.$$

当 $f(x) \neq 0$ 时, 有 $f'(x) = \dfrac{1}{2} \cdot \dfrac{\sin x}{2 + \cos x}$, 初始条件为 $f(0) = 0$. 直接积分, 得

$$f(x) = \frac{1}{2} \int_0^x \frac{\sin x}{2 + \cos x} \mathrm{d}x = \frac{1}{2} \ln \frac{3}{2 + \cos x}.$$

故所求的函数为

$$f(x) = \frac{1}{2} \ln \frac{3}{2 + \cos x}.$$

第6章

无穷级数

读书是易事, 思索是难事, 但两者缺一, 便全无用处.——富兰克林

6.1　数项级数的概念和简单性质

➡ **学习目标导航**

❏ **知识目标**

✦ 无穷级数, 收敛、发散;

✦ 收敛级数的和, 几何级数.

❏ **认知目标**

A. 说出无穷级数收敛、发散的概念;

B. 会计算收敛级数的和;

C. 会利用收敛级数的基本性质和必要条件判定级数的敛散性;

D. 会利用几何级数的结论判定级数的敛散性.

❏ **情感目标**

✦ 深刻认识无穷思想, 体会其意境. 激发学习积极性, 优化思维品质.

☞ **学习指导**

关于无穷级数, 我们主要学习研究两个互逆过程:

(1) 有次序的无穷个数 (或函数) 之和的情况, 如常数项级数的敛散性、函数项级数的和函数. 对于常数项级数, 当其收敛时存在唯一和, 发散的常数项级数没有和.

(2) 利用较为简单的函数 (多项式函数、三角函数) 的线性组合来逼近较为复杂的函数, 如函数的幂级数展开、函数的傅里叶级数展开. 由此可看出, 无穷级数是研究函数的一个重要工具.

结合无穷级数的内容特点, 提出如下学习建议:

(1) 宏观上, 把握所学内容的研究指向, 搭建本章内容的逻辑框架. 用心体会并理清常数项级数的和与相应的函数项级数 (重点是幂级数和傅里叶级数) 的和函数之间的关系.

(2) 微观上, 将所学的基本概念 (如一般项、部分和、收敛与发散、余项等)、基本性质、敛散性判别法等基本知识点梳理清楚后, 有序地放置于自己的整个知识体系中, 为宏观层面的知识脉络添加血肉, 理顺所有知识点之间的逻辑关系.

(3) 体会并训练 "从具体到抽象, 从特殊到一般再到特殊" 的认识方法, 通过观察级数的有限项, 感受变化趋势, 总结变化规律, 体会在探索问题中从静态到动态、从有限到无限的思维模式、辩证观点.

(4) 思考无穷级数与无穷积分的相关关系, 探索 "离散和" 与 "连续和" 在概念、几何意义、性质等方面的相似性. 离散和 $\sum\limits_{n=1}^{\infty} u_n = \lim\limits_{n\to\infty} \sum\limits_{k=1}^{n} u_k$; 连续和

$$\int_a^{+\infty} f(x)\,\mathrm{d}x = \lim_{b\to+\infty} \int_a^b f(x)\,\mathrm{d}x.$$

⟼ 重难点突破

1. 无穷级数研究的两个互逆过程

【例 1】我们知道, 无限小数 $a = 0.a_1a_2a_3\cdots$ 实际上可以表示成无穷和

$$a = \frac{a_1}{10} + \frac{a_2}{100} + \frac{a_3}{1000} + \cdots,$$

例如, $a = 0.1234\cdots$, 即

$$a = \frac{1}{10} + \frac{2}{100} + \frac{3}{1000} + \frac{4}{10000} + \cdots.$$

反过来, 若研究 $\dfrac{a_1}{10} + \dfrac{a_2}{100} + \dfrac{a_3}{1000} + \cdots$ 无穷项之和 a 是否存在, 若存在, a 是多少, 这一过程为

$$\frac{a_1}{10} + \frac{a_2}{100} + \frac{a_3}{1000} + \cdots = a,$$

即研究级数 $\sum\limits_{n=1}^{\infty} u_n$ 的敛散性问题.

【例 2】 (泰勒展开) 若函数 $f(x)$ 有连续的任意阶导数, 则由泰勒公式, 可用多项式函数表示 $f(x)$,

$$f(x) = f(x_0) + \frac{f'(x_0)}{1!}(x - x_0) + \cdots + \frac{f^{(n)}(x_0)}{n!}(x - x_0)^n + \cdots,$$

等式右端写成无穷项之和的形式 $\sum_{n=0}^{\infty} \frac{f^{(n)}(x_0)}{n!}(x - x_0)^n$.

从例 1、例 2 可以看出, 无穷级数本质上研究的是有序数列的无穷项相加问题, 常需要借助极限理论, 例如首先研究有限项 (如, 前 n 项和 $S_n = \sum_{k=1}^{n} u_k$), 然后研究极限 $\lim_{n \to \infty} S_n$ 的存在性.

2. 常见的无穷级数

需要牢记等比级数 (几何级数)、调和级数敛散性的相关结论.

1) 等比级数

对于等比级数 $\sum_{n=0}^{\infty} aq^n = a + aq + aq^2 + \cdots$, 其中 $a \neq 0$, q 为公比, 有如下结论:

- 当 $|q| < 1$ 时, 该级数收敛, 和为 $\dfrac{a}{1-q}$;

- 当 $|q| \geqslant 1$ 时, 该级数发散.

例如, 级数 $\sum_{n=1}^{\infty} \dfrac{1}{2^n}$ 是等比级数, 其中首项 $a = \dfrac{1}{2}$, 公比 $q = \dfrac{1}{2} < 1$, 利用上述结论得出, 该级数收敛, 和为 $\dfrac{1/2}{1 - 1/2} = 1$. 再例如,

$$0.3333\cdots = \frac{3}{10} + \frac{3}{10^2} + \frac{3}{10^3} + \cdots + \frac{3}{10^n} + \cdots = \sum_{n=1}^{\infty} \frac{3}{10^n} = \frac{\dfrac{3}{10}}{1 - \dfrac{1}{10}} = \frac{1}{3}.$$

另外, 设 $|x| < 1$, 若取定 x 后, 将 x 视为公比, 则有 $1 + x + x^2 + x^3 + \cdots = \sum_{n=0}^{\infty} x^n$ 收敛于 $\dfrac{1}{1-x}$, 即

$$\frac{1}{1-x} = 1 + x + x^2 + x^3 + \cdots = \sum_{n=0}^{\infty} x^n, \quad -1 < x < 1.$$

2) 调和级数

调和级数 $\sum\limits_{n=1}^{\infty} \dfrac{1}{n} = 1 + \dfrac{1}{2} + \dfrac{1}{3} + \cdots + \dfrac{1}{n} + \cdots$ 是发散的. 随着项数增大, 相

加的每一项越来越小, 且 $\dfrac{1}{n} \xrightarrow{n\to\infty} 0$, 我们直觉上可能会错误地认为该级数收敛, 但实际上随着相加的项数不断增多, 该级数可以超过任意给定的大数. 这种 "反直觉" 正是数学的迷人魅力之一. 下面给出几种调和级数发散性的证明方法.

证　方法一　反证法.

假设级数 $\sum\limits_{n=1}^{\infty} \dfrac{1}{n}$ 收敛, 设部分和为 S_n, 且当 $n \to \infty$, $S_n \to S$, $S_{2n} \to S$, 于是

$$\lim_{n\to\infty} (S_{2n} - S_n) = S - S = 0,$$

但是,

$$S_{2n} - S_n = \frac{1}{n+1} + \frac{1}{n+2} + \cdots + \frac{1}{n+n}$$
$$> \frac{1}{2n} + \frac{1}{2n} + \cdots + \frac{1}{2n} = \frac{n}{2n} = \frac{1}{2},$$

即 $S_{2n} - S_n > \dfrac{1}{2}$ 与 $S_{2n} - S_n \xrightarrow{n\to\infty} 0$ 矛盾, 故假设不成立, 级数 $\sum\limits_{n=1}^{\infty} \dfrac{1}{n}$ 发散.

方法二　研究 $\sum\limits_{n=1}^{\infty} \dfrac{1}{n}$ 部分和,

$$S_1 = 1,$$

$$S_2 = 1 + \frac{1}{2},$$

$$S_{2^2} = S_4 = 1 + \frac{1}{2} + \frac{1}{3} + \frac{1}{4},$$

$$S_{2^3} = S_8 = 1 + \frac{1}{2} + \boxed{\frac{1}{3} + \frac{1}{4}} + \boxed{\frac{1}{5} + \frac{1}{6} + \frac{1}{7} + \frac{1}{8}}$$

$$> 1 + \frac{1}{2} + \left(\frac{1}{4} + \frac{1}{4}\right) + \left(\frac{1}{8} + \frac{1}{8} + \frac{1}{8} + \frac{1}{8}\right) = 1 + \frac{1}{2} + \frac{1}{2} + \frac{1}{2},$$

采用类似的操作, 有

$$S > 1 + \left(\frac{1}{2} + \frac{1}{2} + \frac{1}{2} + \frac{1}{2} + \frac{1}{2} + \cdots\right) = 1 + \sum_{n=1}^{\infty} \frac{1}{2},$$

因 $\sum\limits_{n=1}^{\infty}\dfrac{1}{2}$ 发散, 故 $\sum\limits_{n=1}^{\infty}\dfrac{1}{n}$ 发散.

方法三 采用几何方法.

如图 6.1.1, 根据图形的面积大小关系,

$$S_n = \sum_{n=1}^{n}\frac{1}{n} = 1 + \frac{1}{2} + \frac{1}{3} + \cdots + \frac{1}{n}$$

$$> \int_1^{n+1}\frac{1}{x}\mathrm{d}x = \ln x \mid_1^{n+1} = \ln(n+1),$$

显然, 当 $n \to \infty$ 时, $S_n \to \infty$, 故级数 $\sum\limits_{n=1}^{\infty}\dfrac{1}{n}$ 发散.

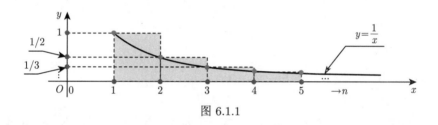

图 6.1.1

✔ 学习效果检测

A. 说出无穷级数收敛、发散的概念

1. 已知级数 $\sum\limits_{n=1}^{\infty} u_n$ 的前 n 项部分和 $S_n = \dfrac{3n}{n+1}$, $n = 1, 2, \cdots$, 则此级数的通项 $u_n = $ _____.

2. 如果级数 $\sum\limits_{n=1}^{\infty} u_n$ 的部分和序列 S_n 有极限, 则级数 _____, 否则 _____.

B. 会计算收敛级数的和

3. $\sum\limits_{n=1}^{\infty}\left(\sqrt{n+1} - \sqrt{n}\right)$.

4. $S_n = \sum\limits_{k=1}^{n}\dfrac{1}{k(k+1)} = \dfrac{1}{1 \times 2} + \dfrac{1}{2 \times 3} + \cdots + \dfrac{1}{n \times (n+1)}$, 则 $\lim\limits_{n \to \infty} S_n = $ _____.

5. 设级数 $\sum\limits_{n=1}^{\infty} a_n$ 收敛, 其和为 S, 则级数 $\sum\limits_{n=1}^{\infty}(a_n + a_{n+1} - a_{n+2})$ 收敛

于 ( ).

(A) $S + a_1$; (B) $S + a_2$; (C) $S + a_1 - a_2$; (D) $S + a_2 - a_1$.

C. 会利用收敛级数的基本性质和必要条件判断级数的敛散性

6. 级数 $\sum\limits_{n=1}^{\infty} u_{2n}$ 与 $\sum\limits_{n=1}^{\infty} u_{2n-1}$ 均收敛是 $\sum\limits_{n=1}^{\infty} u_n$ 收敛的 ( ).

(A) 必要但非充分条件;   (B) 充分但非必要条件;

(C) 充分必要条件;   (D) 既非充分又非必要条件.

7. 下列命题中正确的是 ( ).

(A) 若 $\lim\limits_{n\to\infty} u_n = 0$, 则 $\sum\limits_{n=1}^{\infty} u_n$ 收敛;

(B) 若 $\lim\limits_{n\to\infty} (u_{n+1} - u_n) = 0$, 则 $\sum\limits_{n=1}^{\infty} u_n$ 收敛;

(C) 若 $\sum\limits_{n=1}^{\infty} u_n$ 收敛, 则 $\lim\limits_{n\to\infty} u_n = 0$;

(D) 若 $\sum\limits_{n=1}^{\infty} u_n$ 发散, 则 $\lim\limits_{n\to\infty} u_n \neq 0$.

8. 设级数 $\sum\limits_{n=1}^{\infty} u_n$ 为正项级数, 其部分和为 S_n, $\sum\limits_{n=1}^{n} v_n = \dfrac{1}{S_n}$, $\sum\limits_{n=1}^{\infty} v_n$ 收敛, 则 $\sum\limits_{n=1}^{\infty} u_n =$ ( ).

(A) $+\infty$; (B) 0; (C) $\dfrac{1}{u_1}$; (D) 1.

D. 会利用几何级数的结论判断级数的敛散性.

9. 若级数 $\sum\limits_{n=1}^{\infty} \dfrac{a}{q^n}$ 收敛 (a 为常数), 则 q 满足 ( ).

(A) $q = 1$; (B) $|q| < 1$; (C) $q = -1$; (D) $|q| > 1$.

10. 记 $S_n = \sum\limits_{k=0}^{n-1} aq^k = a + aq + aq^2 + \cdots + aq^{n-1}$, 则 S_n_____, 讨论 $\lim\limits_{n\to\infty} S_n$ 是否存在?

11. 判断级数 $\sum\limits_{n=1}^{\infty} \left(\dfrac{3}{2}\right)^n$ 的敛散性.

12. 判断级数 $\sum\limits_{n=1}^{\infty} \left(\dfrac{1}{2}\right)^n + \left(\dfrac{1}{3}\right)^n$ 的敛散性.

6.2 常数项级数

➥ 学习目标导航

❑ 知识目标

✦ 正项级数的定义, 正项级数收敛的充要条件, 正项级数的比较审敛法、比值审敛法 (达朗贝尔 D′Alembert 审敛法)、根值审敛法 (柯西审敛法);

✦ 交错级数及莱布尼茨判别法, 绝对收敛与条件收敛的概念.

❑ 认知目标

A. 说出正项级数的比较审敛法;

B. 会用正项级数的比值审敛法判定级数的敛散性;

C. 会用根值审敛法判定一些简单的级数的敛散性;

D. 会用莱布尼茨判别法判定级数的敛散性;

E. 会判定级数的绝对收敛和条件收敛;

F. 能说出条件收敛和绝对收敛的关系和性质.

❑ 情感目标

✦ 进一步体会无穷思想, 激发学习积极性, 优化思维品质;

✦ 通过对零碎知识点的理解、加工、归纳、应用等学习活动, 增进学习信心.

☞ 学习指导

本节内容的学习目标, 从方法上看, 重点是要建立常数项级数审敛的判断流程 (或逻辑); 从认知能力要求上看, 是能够基于常数项级数的特点灵活地选择合适的判别方法 (采用一定的技巧) 对其敛散性进行判断; 从思维培养上看, 主要是以常数项级数审敛法为对象, 培养从识别级数类型、研究级数特点、优选审敛法、应用审敛法判别级数敛散性的模式化 (程序化) 思维.

本节内容可以分为两个模块: 正项级数的审敛法、交错级数的审敛法.

(1) 对于正项级数, 常用的审敛法有: 比较审敛法 (及其推论、极限形式)、比值审敛法和根值审敛法. 我们需要注意和总结不同审敛法的适用条件, 从而能够针对级数一般项的不同特点, 迅速选择适当的审敛法进行判断.

其中, 比较审敛法是最为基础的审敛法, 需要熟记几个重要的 "基准" 级数 (即用来比较的 "尺度" 级数), 通过对目标级数的一般项进行 "放缩", 使之与 "尺度" 级数进行比较, 达到判别目标级数敛散性的目的. 常见的 "尺度" 级数主要有: 几何级数、调和级数和 p-级数.

当正项级数的一般项具有特定形式时, 例如一般项中包含 $n^n, n!, a^n$ 等结构, 考虑采用比值审敛法、根值审敛法进行判别, 运算相对简单. 需要牢记比值审敛法、根值审敛法的结论. 当 $\rho = 1$ 时, 比值审敛法和根值审敛法失效, 需要选取另外的方法 (如比较审敛法等).

(2) 对于交错级数, 主要采用莱布尼茨判别法.

首先, 需要明确交错级数的定义, 它与正项级数有何不同. 总结交错级数的特点, 这是准确识别交错级数的前提.

其次, 应用莱布尼茨判别法判定交错级数 $\sum\limits_{n=1}^{\infty} (-1)^{n-1} u_n, u_n > 0$ 是否收敛, 主要基于两个判定条件: ① u_n 单调递减; ② $\lim\limits_{n \to 0} u_n = 0$, 若① 和② 同时成立, 则级数收敛, 若条件① ② 不能同时成立, 并不能由此推出原级数发散. 学习时, 需要牢记两个判定条件及其判定结果.

再次, 需要理清绝对收敛和条件收敛的含义与相关定理. 例如, 基于定理 "绝对收敛级数一定是收敛级数", 对于任意项级数 (无论是正项级数, 还是交错级数, 还是一般项符号不规律的数项级数), 对一般项取绝对值将原级数转换成正项级数, 利用正项级数敛散性的判别法进行判定, 若新得到的正项级数收敛, 则原任意项级数收敛.

最后, 只有综合所有常数项级数审敛法及相关定理, 总结形成常数项级数审敛的一般判别逻辑, 才能建立清晰的解题思路, 并结合习题训练不断完善和固化此思路, 必定能明显提升学习效果.

⫸ **重难点突破**

---

1. 正项级数审敛

(1) 对于比较简单的形式, 一般考虑比较审敛法. 比较审敛法的基本思想是针对所研究的级数通项的特点, 寻找一个敛散性已知的级数 (如几何级数、调和级数、p-级数等) 作为 "尺度" 级数进行比较. 具体操作上, 通常是对级数通项进行放大 (或缩小), 使其与已知敛散性的级数进行比较.

例如判断级数 $\sum\limits_{n=1}^{\infty} \dfrac{1}{(n+1)(n+4)}$ 的敛散性, 其通项为 $\dfrac{1}{(n+1)(n+4)}$, 自然有

$$\frac{1}{(n+1)(n+4)} = \frac{1}{n^2 + 5n + 4} \leqslant \frac{1}{n^2},$$

而级数 $\displaystyle\sum_{n=1}^{\infty} \frac{1}{n^2}$ 收敛 (p-级数, $p=2$), 故级数 $\displaystyle\sum_{n=1}^{\infty} \frac{1}{(n+1)(n+4)}$ 亦收敛. 这里将

通项 $\dfrac{1}{(n+1)(n+4)}$ 进行适当放大, 从而使欲研究的级数与 p-级数进行比较, 确定敛散性.

也可以运用比较审敛法的极限形式对上述过程进行叙述. 由于

$$\lim_{n \to \infty} \frac{\dfrac{1}{(n+1)(n+4)}}{\dfrac{1}{n^2}} = 1 > 0,$$

所以, 级数 $\displaystyle\sum_{n=1}^{\infty} \frac{1}{(n+1)(n+4)}$ 与级数 $\displaystyle\sum_{n=1}^{\infty} \frac{1}{n^2}$ 敛散性相同, 由于 $\displaystyle\sum_{n=1}^{\infty} \frac{1}{n^2}$ 收敛, 故

$\displaystyle\sum_{n=1}^{\infty} \frac{1}{(n+1)(n+4)}$ 收敛.

(2) 对于略微复杂的形式, 尝试比值审敛法. 尤其是一般项 u_n 中含有 $n^n, n!, a^n$ 等结构.

例如级数 $\displaystyle\sum_{n=1}^{\infty} \frac{3^n}{n2^n}$, 通过计算 $\displaystyle\lim_{n \to \infty} \frac{\dfrac{3^{n+1}}{(n+1)2^{n+1}}}{\dfrac{3^n}{n2^n}} = \frac{3}{2} > 1$, 所以级数发散. 对

于级数 $\displaystyle\sum_{n=1}^{\infty} \frac{n^2}{3^n}$, 由于 $\displaystyle\lim_{n \to \infty} \frac{\dfrac{(n+1)^2}{3^{n+1}}}{\dfrac{n^2}{3^n}} = \frac{1}{3} < 1$, 所以级数收敛.

(3) 对于一般项 u_n 带有 n 次方, 或含有 $n^n, n!, a^n$ 等, 可考虑采用根值审敛法.

例如级数 $\displaystyle\sum_{n=1}^{\infty} \left(\frac{n}{2n+1}\right)^n$, 由于 $\displaystyle\lim_{n \to \infty} \sqrt[n]{\left(\frac{n}{2n+1}\right)^n} = \frac{1}{2} < 1$, 所以级数收敛.

对于级数 $\displaystyle\sum_{n=1}^{\infty} \left(\frac{3n}{2n+1}\right)^n$, 由于 $\displaystyle\lim_{n \to \infty} \sqrt[n]{\left(\frac{3n}{2n+1}\right)^n} = \frac{3}{2} > 1$, 故级数发散.

比值判别法和根值判别法, 两者虽然形式上有所不同, 但是结论是一致的. 实际上, 当 $\displaystyle\lim_{n \to \infty} \frac{u_{n+1}}{u_n}$ 存在时, 可以证明 $\displaystyle\lim_{n \to \infty} \sqrt[n]{u_n}$ 也存在, 并且它们的极限相等.

在判定级数 $\displaystyle\sum_{n=1}^{\infty} u_n$ 敛散性时, 能用比值的, 原则上也可以用根值, 反之则不然.

无论是根值判别法还是比值判别法, 在 $\rho = 1$ 时, 都是不适用的. 例如, p-级

数,

$$\lim_{n\to\infty}\frac{u_{n+1}}{u_n}=\lim_{n\to\infty}\frac{\dfrac{1}{(n+1)^p}}{\dfrac{1}{n^p}}=1, \quad \lim_{n\to\infty}\sqrt[n]{u_n}=\lim_{n\to\infty}\frac{1}{\sqrt[n]{n^p}}=1.$$

但当 $p>1$ 时, p-级数收敛, 当 $p\leqslant 1$ 时, p-级数发散. 这也是 p-级数常作为比较 "尺度" 的原因.

【例】(1) 讨论 p-积分 $\displaystyle\int_1^{+\infty}\frac{1}{x^p}\mathrm{d}x$ 的敛散性; (2) 证明 p-级数 $\displaystyle\sum_{n=1}^{\infty}\frac{1}{n^p}$ 收敛的条件为 $p>1$.

(1) **解** 对于无穷积分 $\displaystyle\int_1^{+\infty}\frac{1}{x^p}\mathrm{d}x$, 当 $p\neq 1$ 时,

$$\int_1^{+\infty}\frac{1}{x^p}\mathrm{d}x=\lim_{b\to+\infty}\int_1^b\frac{1}{x^p}\mathrm{d}x=\lim_{b\to+\infty}\frac{1}{1-p}\left(b^{1-p}-1\right)$$

$$=\frac{1}{1-p}\lim_{b\to+\infty}\left(b^{1-p}-1\right)$$

$$=\begin{cases}\dfrac{1}{p-1}, & p>1,\\[2mm] +\infty, & p<1.\end{cases}$$

当 $p=1$ 时, $\displaystyle\int_1^{+\infty}\frac{1}{x^p}\mathrm{d}x=\lim_{b\to+\infty}\int_1^b\frac{1}{x}\mathrm{d}x=\lim_{b\to+\infty}\ln b=+\infty.$

综上, 当 $p>1$ 时, 无穷积分 $\displaystyle\int_1^{+\infty}\frac{1}{x^p}\mathrm{d}x$ 收敛至 $\dfrac{1}{p-1}$; 当 $p\leqslant 1$ 时, 无穷积分 $\displaystyle\int_1^{+\infty}\frac{1}{x^p}\mathrm{d}x$ 发散.

(2) **证明** 对于级数 $\displaystyle\sum_{n=1}^{\infty}\frac{1}{n^p}$, 若 $p\leqslant 1$, 对于 $\forall n\in\mathbb{Z}^+$, $n^p\leqslant n$, 则 $\dfrac{1}{n^p}\geqslant\dfrac{1}{n}$, 而调和级数 $\displaystyle\sum_{n=1}^{\infty}\frac{1}{n}$ 发散, 根据比较审敛法知, $\displaystyle\sum_{n=1}^{\infty}\frac{1}{n^p}$ 发散; 若 $p>1$, 因为当 $n-1\leqslant x\leqslant n$ 时, 有 $\dfrac{1}{n^p}\leqslant\dfrac{1}{x^p}$, 所以

$$\frac{1}{n^p}=\int_{n-1}^n\frac{1}{n^p}\mathrm{d}x\leqslant\int_{n-1}^n\frac{1}{x^p}\mathrm{d}x, \quad n=2,3,\cdots,$$

则级数 $\displaystyle\sum_{n=1}^{\infty}\frac{1}{n^p}$ 的部分和

$$
\begin{aligned}
S_n &= 1 + \frac{1}{2^p} + \frac{1}{3^p} + \cdots + \frac{1}{n^p} = 1 + \sum_{k=2}^{n}\frac{1}{k^p} \\
&\leqslant 1 + \int_1^2 \frac{1}{x^p}\mathrm{d}x + \int_2^3 \frac{1}{x^p}\mathrm{d}x + \cdots + \int_{n-1}^{n}\frac{1}{x^p}\mathrm{d}x \\
&= 1 + \int_1^n \frac{1}{x^p}\mathrm{d}x = 1 + \frac{1}{p-1}\left(1 - \frac{1}{n^{p-1}}\right) \\
&< 1 + \frac{1}{p-1}.
\end{aligned}
$$

故当 $p \leqslant 1$ 时, 级数 $\displaystyle\sum_{n=1}^{\infty}\frac{1}{n^p}$ 发散; 当 $p > 1$ 时, 级数 $\displaystyle\sum_{n=1}^{\infty}\frac{1}{n^p}$ 收敛.

2. 交错级数审敛

(1) 先取绝对值, 转化为考察正项级数, 看是否绝对收敛. 例如, 级数 $\displaystyle\sum_{n=1}^{\infty}\frac{\sin n\alpha}{n^2}$,

由于一般项 $\left|\dfrac{\sin n\alpha}{n^2}\right| \leqslant \dfrac{1}{n^2}$, 而 $\displaystyle\sum_{n=1}^{\infty}\frac{1}{n^2}$ 是收敛的正项级数, 所以原级数绝对收敛.

(2) 再如交错级数 $\displaystyle\sum_{n=1}^{\infty}\frac{(-1)^{n-1}}{\sqrt{n}}$, 对一般项取绝对值, 得到的正项级数 $\displaystyle\sum_{n=1}^{\infty}\frac{1}{\sqrt{n}}$

发散, 但是由莱布尼茨判别法知原来的交错级数 $\displaystyle\sum_{n=1}^{\infty}\frac{(-1)^{n-1}}{\sqrt{n}}$ 收敛, 所以级数

$\displaystyle\sum_{n=1}^{\infty}\frac{(-1)^{n-1}}{\sqrt{n}}$ 是条件收敛的.

3. 判别任意项级数敛散性的流程

判别任意项级数 $\displaystyle\sum_{n=1}^{\infty}u_n$ 收敛性的一般程序如下:

(1) 若 $\displaystyle\lim_{n\to\infty}u_n \neq 0$, 则级数发散; 若 $\displaystyle\lim_{n\to\infty}u_n = 0$, 则需要进一步判别;

(2) 判别 $\displaystyle\sum_{n=1}^{\infty}|u_n|$ 是否收敛, 若收敛, 则 $\displaystyle\sum_{n=1}^{\infty}u_n$ 为绝对收敛; 若 $\displaystyle\sum_{n=1}^{\infty}|u_n|$ 发散,
再看它是否条件收敛;

(3) 若为交错级数, 可用莱布尼茨判别法;

(4) 直接用收敛定义判别.

基于上述过程, 可建立判别任意项级数敛散性的流程图.

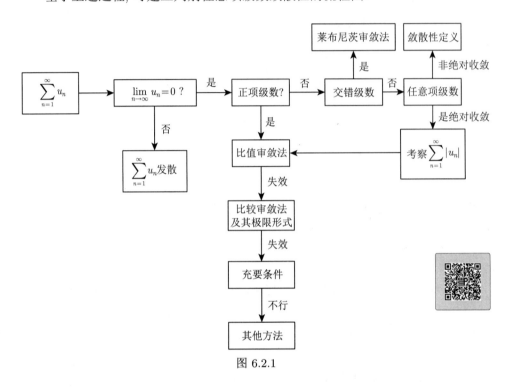

图 6.2.1

✔ 学习效果检测

A. 说出正项级数的比较审敛法

1. 若 $\lim\limits_{n\to\infty} \dfrac{b_n}{a_n} = 1$, 则正项级数 $\sum\limits_{n=1}^{\infty} a_n$ 收敛是级数 $\sum\limits_{n=1}^{\infty} b_n$ 收敛的 ( )(注: $\sum\limits_{n=1}^{\infty} b_n$ 不一定是正项级数).

(A) 必要但非充分条件; (B) 充分但非必要条件;

(C) 充分必要条件; (D) 既非充分又非必要条件.

2. 设 $\lim\limits_{n\to\infty} a_n = a$, $a \neq 0$, $a_n \neq 0$, 则级数 $\sum\limits_{n=1}^{\infty} \left(\dfrac{x}{a_n}\right)^n$ ( ).

(A) 当 $|x| > 1$ 时发散; (B) 当 $|a| < 1$ 时发散;

(C) 当 $|x| < |a|$ 时绝对收敛; (D) 当 $|x| < |a|$ 时条件收敛.

3. 设 $0 \leqslant a_n < \dfrac{1}{n}$, $n = 1, 2, 3, \cdots$, 则下列级数中收敛的是 ( ).

(A) $\displaystyle\sum_{n=1}^{\infty} a_n$;　　(B) $\displaystyle\sum_{n=1}^{\infty}(a_{n+1} + a_n)$;　　(C) $\displaystyle\sum_{n=1}^{\infty}\sqrt{a_n}$;　　(D) $\displaystyle\sum_{n=1}^{\infty} a_n^2$.

4. $1 + \dfrac{1+2}{1+2^2} + \dfrac{1+3}{1+3^2} + \cdots + \dfrac{1+n}{1+n^2} + \cdots$ 是否收敛?

5. 判断 $\sin\dfrac{\pi}{2} + \sin\dfrac{\pi}{2^2} + \sin\dfrac{\pi}{2^3} + \cdots + \sin\dfrac{\pi}{2^n} + \cdots$ 的敛散性.

B. 会用正项级数的比值审敛法判断级数的敛散性

6. 判断级数 $\displaystyle\sum_{n=1}^{\infty} \dfrac{2^n \cdot n!}{n^n}$ 敛散性.

7. 判断级数 $\displaystyle\sum_{n=1}^{\infty} n \tan\dfrac{\pi}{2^{n+1}}$ 敛散性.

C. 会用根值审敛法判定一些简单的级数的敛散性

8. 判断级数 $\displaystyle\sum_{n=2}^{\infty} \dfrac{1}{(\ln n)^n}$ 的敛散性.

9. 判断级数 $\displaystyle\sum_{n=1}^{\infty} \dfrac{3 + (n+1)^n}{2^n}$ 的敛散性.

D. 会用莱布尼茨判别法判断级数的敛散性. 会判断级数的绝对收敛和条件收敛

10. 判断级数 $\displaystyle\sum_{n=1}^{\infty} \dfrac{\cos^2 n}{n(n+1)}$ 的敛散性.

11. 下列级数中, 绝对收敛的是 ( ).

(A) $\displaystyle\sum_{n=1}^{\infty}(-1)^n \dfrac{n}{3n-1}$;　　　　　　(B) $\displaystyle\sum_{n=1}^{\infty}(-1)^{n-1}\dfrac{1}{\ln(n+1)}$;

(C) $\displaystyle\sum_{n=1}^{\infty}(-1)^{n-1}\dfrac{n}{\sqrt{n^2+1}}$;　　　　　(D) $\displaystyle\sum_{n=1}^{\infty}(-1)^{n-1}\dfrac{1}{n^2}$.

E. 能说出条件收敛和绝对收敛的关系和性质

12. 若级数 $\displaystyle\sum_{n=1}^{\infty} u_n$ 绝对收敛, 则级数 $\displaystyle\sum_{n=1}^{\infty} u_n$ 必定 _____; 若级数 $\displaystyle\sum_{n=1}^{\infty} u_n$ 条件收敛, 则级数 $\displaystyle\sum_{n=1}^{\infty} |u_n|$ 必定 _____.

13. 级数 $\sum\limits_{n=1}^{\infty} u_n$ 绝对收敛是 $\sum\limits_{n=1}^{\infty} u_n^2$ 收敛的 (　　).

(A) 充分必要条件;　　　　　　　(B) 必要但非充分条件;

(C) 充分但非必要条件;　　　　　　(D) 既非充分又非必要条件.

14. 下列结论正确的是 (　　).

(A) 级数 $\sum\limits_{n=1}^{\infty} u_n$ 收敛, 必条件收敛;

(B) 级数 $\sum\limits_{n=1}^{\infty} u_n$ 收敛, 必绝对收敛;

(C) 若 $\sum\limits_{n=1}^{\infty} |u_n|$ 发散, 则 $\sum\limits_{n=1}^{\infty} u_n$ 条件收敛;

(D) 若 $\sum\limits_{n=1}^{\infty} |u_{n+1}|$ 收敛, 则 $\sum\limits_{n=1}^{\infty} u_n$ 收敛.

15. 使级数 $\sum\limits_{n=1}^{\infty} (-1)^n u_n$ 收敛的条件是 (　　).

(A) $\sum\limits_{n=1}^{\infty} |u_{2n}|$ 收敛;　　　　　(B) $\sum\limits_{n=1}^{\infty} u_n$ 收敛;

(C) $\{u_n\}$ 单调且趋近于零;　　　　(D) $\sum\limits_{n=1}^{\infty} u_n^2$ 收敛.

16. 若 $\sum\limits_{n=1}^{\infty} u_n$ 收敛, 则下列级数中必收敛的是 (　　).

(A) $\sum\limits_{n=1}^{\infty} (-1)^n u_n$;　　　　　(B) $\sum\limits_{n=1}^{\infty} u_n^{1+\alpha}, \alpha > 0$;

(C) $\sum\limits_{n=1}^{\infty} u_{2n-1}$;　　　　　　(D) $\sum\limits_{n=1}^{\infty} \dfrac{u_n}{n^2}$.

17. 设级数 $\sum\limits_{n=1}^{\infty} a_n$ 收敛, 又 $|a_n| \geqslant |b_n|$, 则级数 $\sum\limits_{n=1}^{\infty} b_n$(　　).

(A) 条件收敛;　　　　　　　　(B) 绝对收敛;

(C) 发散;　　　　　　　　　　(D) 可能收敛, 也可能发散.

F. 自主能力提升题

18. 构造一个级数, 结合收敛性的判定方法, 判定其收敛性.

6.3 幂　级　数

➡ 学习目标导航

❏ **知识目标**

- ✦ 函数项级数, 幂级数 (power series);
- ✦ 收敛点, 发散点, 收敛半径, 收敛区间, 收敛域, 和函数;
- ✦ 泰勒级数, 幂级数展开式.

❏ **认知目标**

A. 能够说出幂级数在其收敛区间内的基本性质;

B. 能够求简单幂级数的收敛半径、收敛区间、和函数;

C. 能写出常见的五类函数 $e^x, \sin x, \cos x, \ln(1+x), (1+x)^\alpha$ 的麦克劳林展开式;

D. 能利用五类函数的展开式将一些简单函数间接展开为幂级数;

E. 能说出函数展开为泰勒级数的充分必要条件.

❏ **情感目标**

- ✦ 形成变量、常量类比分析方法, 具有 "变" 与 "不变" 的辩证法处理问题的意识、手段;
- ✦ 感悟幂函数多项式逼近函数的思想方法, 逐步形成良好的坚韧力、灵活的思维与宽广的数学方法视野.

☞ **学习指导**

结合本节内容的重难点给出如下学习建议:

(1) **幂级数的收敛性**　针对幂级数的特点, 围绕阿贝尔定理, 深度思考幂级数的收敛性, 依托数轴建立对幂级数收敛性的基本认知, 固化求解幂级数收敛半径与收敛区间的算法.

(2) **求幂级数的和函数**　首先, 明确前提, 即和函数是在幂级数的收敛区间上进行讨论的; 其次, 体会并掌握思想, 即求幂级数的和函数, 主要是依据幂级数的运算、和函数的性质, 通过对幂级数通项的恒等变形、逐项求导或逐项积分, 搭建

"桥梁", 使之与常见的、已知和函数的幂级数建立联系, "按图索骥", 从而间接求出和函数. 例如, 求幂级数 $\sum\limits_{n=1}^{\infty} nx^{n-1}$ 的和函数, 在其收敛域 $|x| < 1$ 内, 通过

$$\boxed{\sum_{n=1}^{\infty} nx^{n-1} = \sum_{n=1}^{\infty}(x^n)' = \left(\sum_{n=1}^{\infty} x^n\right)' = \left(\frac{x}{1-x}\right)' = \frac{1}{(1-x)^2},}$$

建立了幂级数 $\sum\limits_{n=1}^{\infty} nx^{n-1}$ 与 $\sum\limits_{n=1}^{\infty} x^n$ 之间的联系及其和函数之间的联系, 而后者 $\sum\limits_{n=1}^{\infty} x^n$ 是我们熟知的, 这样通过 $\sum\limits_{n=1}^{\infty} x^n$ 的和函数 $\frac{x}{1-x}$ 求出 $\sum\limits_{n=1}^{\infty} nx^{n-1}$ 的和函数. 该部分习题运算的技巧性强、灵活性高, 是学习的难点, 需要结合习题不断体会求解方法和思想, 做到熟能生巧.

(3) **函数展成幂级数**　建议在牢记常见函数的麦克劳林展开式的基础上, 重点体会和训练间接展开法.

⟹ 重难点突破

1. 幂级数的收敛性

阿贝尔定理　若幂级数 $\sum\limits_{n=0}^{\infty} a_n x^n, x \in \mathbb{R}$ 在点 $x = x_0 \neq 0$ 收敛, 则对满足不等式 $|x| < |x_0|$ 的一切 x, 幂级数都绝对收敛. 反之, 若当 $x = x_0 \neq 0$ 时该幂级数发散, 则对满足不等式 $|x| > |x_0|$ 的一切 x, 该幂级数发散.

由阿贝尔定理, 幂级数 $\sum\limits_{n=0}^{\infty} a_n x^n$ 的收敛性有如下特点:

(1) 收敛点的集合 (收敛域) 非空. 显然, $x = 0$ 时, 它总是收敛的, 即幂级数的收敛域一定包含 $x = 0$.

(2) 假定 $\sum\limits_{n=0}^{\infty} a_n x^n$ 在 $x = x_0 \neq 0$ 收敛, 即 $\sum\limits_{n=0}^{\infty} a_n x_0^n$ 收敛, 当 $|x| < |x_0|$ 时, $|a_n x^n| < |a_n x_0^n|$, $\sum\limits_{n=0}^{\infty} |a_n x^n| < \sum\limits_{n=0}^{\infty} |a_n x_0^n|$, 由比较审敛法, $\sum\limits_{n=0}^{\infty} a_n x^n$ 在 $x \in (-|x_0|, |x_0|)$ 绝对收敛. 显然 $-|x_0|, |x_0|$ 关于 $x = 0$ 对称, 如图 6.3.1 所示.

此时, 我们可形象地将点 $x = 0$ 视为收敛域的中心, 中心两侧对称的 R 半径

内的点处, 幂级数 $\sum\limits_{n=0}^{\infty} a_n x^n$ 均绝对收敛. 同理, 对于幂级数 $\sum\limits_{n=0}^{\infty} a_n (x-c)^n$ 收敛域的中心为 $x = c$, 其中 c 为常数.

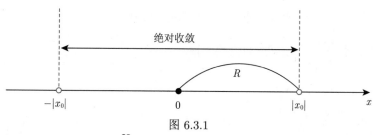

图 6.3.1

(3) 如果 $x = x_0 \neq 0$ 时 $\sum\limits_{n=0}^{\infty} a_n x_0^n$ 发散, 由比较审敛法, x 在 $(-|x_0|, |x_0|)$ 以外都有 $\sum\limits_{n=0}^{\infty} a_n x^n$ 发散.

因此, 幂级数的收敛性必为下列三种情形之一:

(1) 仅在点 $x = 0$ 处收敛, 除此之外处处发散;

(2) $\forall x \in (-\infty, +\infty)$, 处处绝对收敛;

(3) 存在正数 R(即收敛半径), 当 $|x| < R$ 时, 幂级数绝对收敛; 当 $|x| > R$ 时, 幂级数发散; 当 $x = \pm R$ 时, 可能收敛, 也可能发散.

【例 1】 设级数 $\sum\limits_{n=0}^{\infty} a_n (x+3)^n$ 在 $x = -1$ 处是收敛的, 则此级数在 $x = -4$ 处 _____.

解　可借助数轴来确定 $x = -4$ 处的敛散性. 易知当 $x + 3 = 0$ 时, 原级数必收敛. 在 $x = -1$ 处收敛, 由阿贝尔定理, 知收敛半径 $R \geqslant 2$, 又 $|-3 - (-4)| = 1 < 2$, 故在 $x = -4$ 处绝对收敛, 如图 6.3.2 所示.

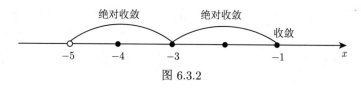

图 6.3.2

2. 求幂级数的收敛半径

对幂级数 $\sum\limits_{n=0}^{\infty} a_n x^n$, 如果极限 $\lim\limits_{n \to \infty} \left| \dfrac{a_{n+1}}{a_n} \right| = \rho$, 则幂级数 $\sum\limits_{n=0}^{\infty} a_n x^n$ 的收敛半径 R 确定如下:

- 当 $\rho \neq 0$ 时, $R = \dfrac{1}{\rho}$;
- 当 $\rho = 0$ 时, $R = +\infty$;
- 当 $\rho = +\infty$ 时, $R = 0$.

对于缺失项数的幂级数, 通过一个例题进行说明.

【例 2】 求 $\displaystyle\sum_{n=0}^{\infty} \dfrac{(2n)!}{(n!)^2} x^{3n}$ 的收敛半径.

解 $\displaystyle\lim_{n\to\infty}\left|\dfrac{\dfrac{[2(n+1)]!}{[(n+1)!]^2}x^{3(n+1)}}{\dfrac{(2n)!}{(n!)^2}x^{3n}}\right| = 4|x|^3$, 当 $4|x|^3 < 1$, 即 $|x| < \sqrt[3]{\dfrac{1}{4}}$ 时, 级数

收敛, 收敛半径为 $\sqrt[3]{\dfrac{1}{4}}$.

求出 R 后, 利用常数项级数敛散性的判别方法判断 $x = \pm R$ 时级数的敛散性, 即可得出幂级数的收敛区间.

【例 3】 求幂级数 $\displaystyle\sum_{n=1}^{\infty} \dfrac{x^{2n-1}}{2^n}$ 的收敛区间.

解 幂级数 $\displaystyle\sum_{n=1}^{\infty} \dfrac{x^{2n-1}}{2^n} = \dfrac{x}{2} + \dfrac{x^3}{2^2} + \dfrac{x^5}{2^3} + \cdots$, 缺少偶次幂的项,

$$\lim_{n\to\infty}\left|\dfrac{u_{n+1}(x)}{u_n(x)}\right| = \lim_{n\to\infty}\left|\dfrac{x^{2n+1}/2^{n+1}}{x^{2n-1}/2^n}\right| = \dfrac{1}{2}|x|^2,$$

当 $\dfrac{x^2}{2} < 1$, 即 $|x| < \sqrt{2}$ 时, 级数收敛; 当 $\dfrac{x^2}{2} > 1$ 时, 即 $|x| > \sqrt{2}$ 时, 级数发散; 当 $x = \sqrt{2}$ 时, 级数为 $\displaystyle\sum_{n=1}^{\infty}\dfrac{1}{\sqrt{2}}$, 级数发散; 当 $x = -\sqrt{2}$ 时, 级数为 $\displaystyle\sum_{n=1}^{\infty}\dfrac{-1}{\sqrt{2}}$, 级数发散. 因此幂级数 $\displaystyle\sum_{n=1}^{\infty}\dfrac{x^{2n-1}}{2^n}$ 的收敛区间为 $\left(-\sqrt{2},\sqrt{2}\right)$.

3. 幂级数的和函数

【例 4】 求下列两个幂级数的和函数:

(1) $\displaystyle\sum_{n=1}^{\infty} n^2 x^{n-1}$;   (2) $\displaystyle\sum_{n=1}^{\infty} \dfrac{x^n}{n+1}$.

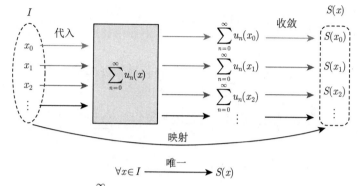

$$\forall x \in I \xrightarrow{\text{唯一}} S(x)$$

图 6.3.3　函数项级数 $\sum\limits_{n=0}^{\infty} u_n(x)$ 收敛域内的点与其对应的级数和之间构成映射

关系, 称该映射为函数项级数 $\sum\limits_{n=0}^{\infty} u_n(x)$ 的和函数, 显然和函数的定义域为函数

项级数的收敛域

解　这两个例题非常典型, 基本解题思路是: 在给定的幂级数的收敛域内, 对其进行恒等变形、变量替换、逐项求导或逐项积分等操作, 建立起所求和函数与常见幂级数的和函数之间的 "桥梁", 借助常见函数及其幂级数, 沿着 "桥梁" 求出原给定幂级数的和函数.

(1) 先求幂级数的收敛域.

$$\lim_{n\to\infty}\left|\frac{a_{n+1}}{a_n}\right| = \lim_{n\to\infty}\frac{(n+1)^2}{n^2} = 1,$$

故收敛半径为 $R=1$, 显然在 $x=\pm 1$ 处, 幂级数 $\sum\limits_{n=1}^{\infty} n^2 x^{n-1}$ 均发散. 因此, 收敛域为 $(-1,1)$.

再求和函数. 在 $-1 < x < 1$ 内, 设幂级数 $\sum\limits_{n=1}^{\infty} n^2 x^{n-1}$ 的和函数为 $S(x)$, 则

$$S(x) = \sum_{n=1}^{\infty} n^2 x^{n-1} = \sum_{n=1}^{\infty}[n(n+1)-n]x^{n-1} = \sum_{n=1}^{\infty}\left[(n+1)nx^{n-1}-nx^{n-1}\right]$$

$$= \sum_{n=1}^{\infty}\left(x^{n+1}\right)'' - \sum_{n=1}^{\infty}\left(x^n\right)'$$

$$= \left(\sum_{n=1}^{\infty} x^{n+1}\right)'' - \left(\sum_{n=1}^{\infty} x^n\right)'$$

$$= \left(\frac{x^2}{1-x}\right)'' - \left(\frac{x}{1-x}\right)' = \frac{2}{(1-x)^3} - \frac{1}{(1-x)^2} = \frac{1+x}{(1-x)^3}.$$

在上式中, 通过对原级数 $\sum\limits_{n=1}^{\infty} n^2 x^{n-1}$ 的通项 $n^2 x^{n-1}$ 进行恒等变形, 使其化

为 x^{n+1}, x^n 两项导数之差的形式 (这是因为幂级数 $\sum\limits_{n=1}^{\infty} x^{n+1}$, $\sum\limits_{n=1}^{\infty} x^n$ 的和函数易

求), 利用逐项求导建立起和函数 $S(x)$ 与 $\sum\limits_{n=1}^{\infty} x^{n+1}$, $\sum\limits_{n=1}^{\infty} x^n$ 的和函数 $\dfrac{x^2}{1-x}$, $\dfrac{x}{1-x}$

之间的联系: $S(x) = \left(\dfrac{x^2}{1-x}\right)'' - \left(\dfrac{x}{1-x}\right)'$, 从而得出 $S(x)$.

(2) 先求幂级数的收敛域.

$$\lim_{n \to \infty} \left|\frac{a_{n+1}}{a_n}\right| = \lim_{n \to \infty} \frac{n+1}{n+2} = 1,$$

故收敛半径 $R = 1$. 在端点 $x = -1$, 幂级数 $\sum\limits_{n=1}^{\infty} \dfrac{x^n}{n+1}$ 即为 $\sum\limits_{n=0}^{\infty} \dfrac{(-1)^n}{n+1}$, 是交错级

数, 由莱布尼茨判别法, 级数收敛; 在端点 $x = 1$, 幂级数 $\sum\limits_{n=0}^{\infty} \dfrac{1}{n+1}$ 是发散的. 因

此, 收敛域为 $[-1, 1)$.

再求和函数. 当 $x \in [-1, 1)$, 设幂级数 $\sum\limits_{n=1}^{\infty} \dfrac{x^n}{n+1}$ 的和函数为 $S(x)$, 即 $S(x) =$

$\sum\limits_{n=0}^{\infty} \dfrac{x^n}{n+1}$ (为了化为常用的、熟悉的幂级数, 想办法将 $\dfrac{1}{n+1}$ 去掉). 于是

$$xS(x) = \sum_{n=0}^{\infty} \frac{x^{n+1}}{n+1},$$

我们知道 $\dfrac{1}{1-x} = 1 + x + x^2 + \cdots + x^n + \cdots$, 故逐项求导, 得到

$$[xS(x)]' = \sum_{n=0}^{\infty} \left(\frac{x^{n+1}}{n+1}\right)' = \sum_{n=0}^{\infty} x^n = \frac{1}{1-x}.$$

对上式从 0 到 x 积分,

$$xS(x) = \int_0^x \frac{1}{1-t}\mathrm{d}t = -\ln(1-x), \quad -1 \leqslant x < 1.$$

于是, 当 $x \neq 0$ 时, 有 $S(x) = -\dfrac{1}{x}\ln(1-x)$, 而 $S(0) = a_0 = 1$, 故

$$S(x) = \begin{cases} -\dfrac{1}{x}\ln(1-x), & x \in [-1,0) \cup (0,1), \\ 1, & x = 0. \end{cases}$$

4. 函数的幂级数展开

需要牢记的基本函数的幂级数展开式有

(1) $\dfrac{1}{1-x} = 1 + x + x^2 + \cdots + x^n + \cdots = \displaystyle\sum_{n=0}^{\infty} x^n, \quad -1 < x < 1;$

(2) $\sin x = x - \dfrac{1}{3!}x^3 + \dfrac{1}{5!}x^5 + \cdots + \dfrac{(-1)^n}{(2n+1)!}x^{2n+1} + \cdots = \displaystyle\sum_{n=0}^{\infty} \dfrac{(-1)^n}{(2n+1)!}x^{2n+1},$
$-\infty < x < +\infty;$

(3) $\mathrm{e}^x = 1 + x + \dfrac{1}{2!}x^2 + \cdots + \dfrac{1}{n!}x^n + \cdots = \displaystyle\sum_{n=0}^{\infty} \dfrac{x^n}{n!}, \quad -\infty < x < +\infty;$

(4) $(1+x)^\alpha = 1 + \alpha x + \dfrac{\alpha(\alpha-1)}{2!}x^2 + \cdots + \dfrac{\alpha(\alpha-1)\cdots(\alpha-n+1)}{n}x^n + \cdots,$
$-1 < x < 1.$

由上述四个基本公式, 可以衍生出更多常见函数的展开式, 例如由 (1) 得

$$\frac{1}{1+x} = \frac{1}{1-(-x)} = 1 - x + x^2 - x^3 + \cdots + (-1)^n x^n + \cdots$$

$$= \sum_{n=0}^{\infty} (-1)^n x^n, \quad -1 < x < 1.$$

由 $[\ln(1+x)]' = \dfrac{1}{1+x}$, 对 $\dfrac{1}{1+x} = \displaystyle\sum_{n=0}^{\infty} (-1)^n x^n$ 两边从 0 到 x 积分, 可得

$$\ln(1+x) = x - \frac{x^2}{2} + \frac{x^3}{3} - \frac{x^4}{4} + \cdots + \frac{(-1)^n x^{n+1}}{n+1} + \cdots$$

$$= \sum_{n=0}^{\infty} \frac{(-1)^n x^{n+1}}{n+1} = \sum_{n=1}^{\infty} \frac{(-1)^{n-1} x^n}{n}, \quad -1 < x \leqslant 1.$$

由 $\dfrac{1}{1+x} = \displaystyle\sum_{n=0}^{\infty} (-1)^n x^n$, 将其中的 x 换成 x^2, 可得

$$\frac{1}{1+x^2} = 1 - x^2 + x^4 - x^6 + \cdots + (-1)^n (x^2)^n + \cdots$$

$$= \sum_{n=0}^{\infty} (-1)^n x^{2n}, \quad -1 < x^2 < 1 \Rightarrow -1 < x < 1.$$

由 $(\arctan x)' = \dfrac{1}{1+x^2}$, 对 $\dfrac{1}{1+x^2} = \sum_{n=0}^{\infty} (-1)^n x^{2n}$ 两边从 0 到 x 积分, 可得

$$\arctan x = x - \frac{x^3}{3} + \frac{x^5}{5} - \frac{x^7}{7} + \cdots + (-1)^n \frac{x^{2n+1}}{2n+1} + \cdots$$

$$= \sum_{n=0}^{\infty} \frac{(-1)^n}{2n+1} x^{2n+1}, \quad -1 \leqslant x \leqslant 1.$$

由 $(\sin x)' = \cos x$, 对 $\sin x = x - \dfrac{1}{3!}x^3 + \dfrac{1}{5!}x^5 + \cdots + \dfrac{(-1)^n}{(2n+1)!}x^{2n+1} + \cdots$ 两边求导得

$$\cos x = 1 - \frac{x^2}{2!} + \frac{x^4}{4!} - \frac{x^6}{6!} + \cdots + (-1)^n \frac{x^{2n}}{(2n)!} + \cdots$$

$$= \sum_{n=0}^{\infty} \frac{(-1)^n}{(2n)!} x^{2n}, \quad -\infty < x < +\infty.$$

在计算中, 主要以上述基本函数的幂级数展开公式为基准间接展开.

【例 5】将函数 $\sqrt{x^3}$ 展开成关于 $x-1$ 的泰勒级数.

解 由公式

$$(1+x)^m = 1 + mx + \frac{m(m-1)}{2!}x^2 + \cdots + \frac{m(m-1)\cdots(m-n+1)}{n!}x^n + \cdots,$$
$$-1 < x < 1,$$

所以 $\sqrt{x^3} = [1+(x-1)]^{\frac{3}{2}}$ 可以展开成

$$\sqrt{x^3} = [1+(x-1)]^{\frac{3}{2}}$$

$$= 1 + \frac{3}{2}(x-1) + \frac{\frac{3}{2}\left(\frac{3}{2}-1\right)}{2!}(x-1)^2 + \cdots + \frac{\frac{3}{2}\left(\frac{3}{2}-1\right)\cdots\left(\frac{3}{2}-n+1\right)}{n!}$$

$$\cdot (x-1)^n + \cdots, \quad -1 < x-1 < 1,$$

即

$$\sqrt{x^3} = 1 + \frac{3}{2}(x-1) + \frac{3\cdot1}{2^2\cdot2!}(x-1)^2 + \cdots + \frac{3\cdot1\cdot(-1)\cdot(-3)\cdots(5-2n)}{2^n\cdot n!}$$

$$\cdot (x-1)^n + \cdots, \quad 0 < x < 2.$$

【例 6】将函数 $f(x) = \dfrac{1}{x}$ 展开成 $x-3$ 的幂级数.

解 先化简成等比级数的形式, 然后借用等比级数的结论进行展开.

$$\frac{1}{x} = \frac{1}{3+x-3} = \frac{1}{3}\frac{1}{1+\dfrac{x-3}{3}} = \frac{1}{3}\sum_{n=0}^{n}(-1)^n\left(\frac{x-3}{3}\right)^n, \quad -1 < \frac{x-3}{3} < 1,$$

即

$$\frac{1}{x} = \frac{1}{3}\sum_{n=0}^{n}(-1)^n\left(\frac{x-3}{3}\right)^n, \quad 0 < x < 6.$$

✔ **学习效果检测**

A. 能够说出幂级数在其收敛区间内的基本性质

1. 辨析收敛半径和收敛域的关系.

B. 能写出常见的五类函数的幂级数展开式及其收敛域

2. $e^x = $ _____.

3. $\sin x = $ _____.

4. $\cos x = $ _____.

5. $\ln(1+x) = $ _____.

6. $(1+x)^\alpha = $ _____.

C. 能够求简单幂级数的收敛半径、收敛区间、和函数

7. 求下列幂级数的收敛域:

(1) $1 - x + \dfrac{x^2}{2^2} + \cdots + (-1)^n\dfrac{x^n}{n^2} + \cdots$;

(2) $x + \dfrac{2^2}{5}x^2 + \cdots + \dfrac{2^n}{n^2+1}x^n + \cdots$;

(3) $\sum_{n=1}^{\infty}(-1)^n\dfrac{x^{2n+1}}{2n+1}$;

(4) $\sum_{n=1}^{\infty}\dfrac{(x-5)^n}{\sqrt{n}}$.

8. 幂级数 $\sum_{n=1}^{\infty}\dfrac{x^{4n+1}}{4n+1}$ 的和函数是 _____.

9. 幂级数 $\displaystyle\sum_{n=1}^{\infty} (n+2)x^{n+3}$ 的和函数是 _____.

D. 能利用五类函数的展开式将一些简单函数间接展开为幂级数

10. 将下列函数展开成 x 的幂级数, 并求展开式成立的区间.

(1) $\sin^2 x$; 　　(2) $(1+x)\ln(1+x)$.

11. 将函数 $f(x) = \dfrac{1}{x^2 + 3x + 2}$ 展开成 $x+4$ 的幂级数.

12. 将函数 $f(x) = \cos x$ 展开成 $x + \dfrac{\pi}{3}$ 的幂级数.

13. 将函数 $f(x) = \arctan x$ 展开成 x 的幂级数.

E. 能说出函数展开为泰勒级数的充分必要条件

14. 在点 $x = 0$ 的邻域内具有任意阶导数的函数都可以展开成 x 的幂级数吗?

6.4　傅里叶级数

➡ **学习目标导航**

❏ **知识目标**

✦ 三角函数系, 正交性 (orthogonality), 三角级数;

✦ 傅里叶级数, 狄利克雷收敛定理, 傅里叶系数;

✦ 正弦级数、余弦级数; 奇延拓、偶延拓.

❏ **认知目标**

A. 能说出傅里叶级数的概念、狄利克雷收敛定理;

B. 能将定义在 $(-\pi, \pi)$ 的函数展开为傅里叶级数, 能将定义在 $(0, \pi)$ 的函数展开为正弦级数与余弦级数.

❏ **情感目标**

✦ 傅里叶级数理论在工程技术中具有重要的价值. 谐波和次谐波是信号表示的基本单位, 信号的数学表征就是傅里叶级数. 通过本节学习, 培养洞察复杂问题, 将复杂问题分解为简单问题的能力, 从解决问题中养成源于自然的思维习惯, 拓宽数学视野.

☞ 学习指导

傅里叶级数是将周期函数展成三角级数的理论, 在信号处理上有很好的应用. 从工程应用的角度, 可以将傅里叶级数展开简单理解为一种信号分解技术, 它将目标信号分解成不同频率的子信号, 从而降低信号处理的难度. 也就是说一个复杂的信号完全可以由一组简单的信号线性表示. 用数学的语言来描述, 即一个周期函数可以由一些三角函数来线性表示,

$$\frac{a_0}{2} + \sum_{n=1}^{\infty} (a_n \cos nx + b_n \sin nx),$$

这里, 需要确定的是系数 a_n, b_n.

如何学好本节内容, 下面给出几点建议:

(1) 结合教材对三角函数系的介绍, 思考清楚为什么能够利用三角级数表示周期函数, 基于傅里叶级数表示周期函数的内在逻辑是什么;

(2) 结合傅里叶系数的推导过程, 牢记傅里叶系数的计算公式;

(3) 理清由函数 $f(x)$ 导出的傅里叶级数

$$f(x) \sim \frac{a_0}{2} + \sum_{n=1}^{\infty} (a_n \cos nx + b_n \sin nx)$$

与傅里叶级数恰好收敛到 $f(x)$ 函数本身 (狄利克雷收敛定理) 之间的关系;

(4) 总结出周期函数展开成傅里叶级数的步骤. 在具体函数的傅里叶级数展开中, 当函数为奇函数时, 傅里叶级数只有正弦函数项; 当函数为偶函数时, 傅里叶级数只有余弦函数项;

(5) 在理解的基础上, 对定义在 $(0, \pi)$ 的非周期函数进行奇、偶延拓的基本思想和操作方法进行归纳.

其中 (4)、(5) 可以通过研究典型习题, 构建自我知识体系.

⇛ 重难点突破

1. 傅里叶级数与泰勒级数

傅里叶级数与泰勒级数均为函数项级数, 两者存在以下不同.

(1) 结构不同. 傅里叶级数的各项均为正弦函数或余弦函数, 它们都是周期函数, 因此傅里叶级数能呈现出函数的周期性, 而泰勒级数则不能.

(2) 条件不同. 一个函数的傅里叶级数展开条件要比泰勒级数展开条件低得多. 它不仅不需要函数具有任意阶导数, 就连函数的连续性也不要求, 只需满足狄利克雷收敛定理条件即可.

把 $f(x)$ 展开成泰勒级数

$$f(x) = \sum_{n=0}^{\infty} \frac{f^{(n)}(x_0)}{n!}(x - x_0)^n,$$

要求满足两个条件, ① $f(x)$ 在点 x_0 的某邻域内具有任意阶导数; ② 泰勒公式中余项极限为零. 两个条件对许多实际问题来说比较苛刻, 且展开式仅在 x_0 附近与函数近似程度较好.

(3) 计算复杂性. 傅里叶级数的系数计算比较复杂, 收敛域比较复杂, 逐项求和逐项积分一般不成立, 而泰勒级数的收敛域是区间, 系数计算也简单, 泰勒级数在收敛区间内可逐项求导和逐项积分.

2. 将一个周期为 $(-\pi, \pi)$ 的周期函数 $f(x)$ 展开成傅里叶级数

下面给出简略步骤, 建议读者随认知提升进一步补充、完善:

(1) 画出 $f(x)$ 图形 (可判断出函数的奇偶性, 可减少求系数的工作量);

(2) 验证函数是否满足狄利克雷条件, 讨论展开后的级数在间断点、端点的和;

(3) 计算傅里叶系数

$$a_0 = \frac{1}{\pi}\int_{-\pi}^{\pi} f(x)\,\mathrm{d}x,$$

$$a_n = \frac{1}{\pi}\int_{-\pi}^{\pi} f(x)\cos nx\mathrm{d}x \quad (n = 1, 2, \cdots),$$

$$b_n = \frac{1}{\pi}\int_{-\pi}^{\pi} f(x)\sin nx\mathrm{d}x \quad (n = 1, 2, \cdots);$$

(4) 写出傅里叶级数

$$\frac{a_0}{2} + \sum_{n=1}^{\infty}(a_n\cos nx + b_n\sin nx),$$

确定收敛区间, 注明它在何处收敛于 $f(x)$.

✔ 学习效果检测

A. 能说出傅里叶级数的概念、狄利克雷收敛定理

1. 写出傅里叶系数的表达式.

2. 设 $f(x) = \begin{cases} x, & 0 \leqslant x < \dfrac{\pi}{2}, \\ 2x, & \dfrac{\pi}{2} \leqslant x < \pi, \end{cases}$ 又设 $S(x)$ 是 $f(x)$ 的以 2π 为周期的正

弦级数展开式的和函数, 则 $S\left(\dfrac{3\pi}{2}\right) =$ _____ , $S\left(\dfrac{3\pi}{4}\right) =$ _____ .

3. 设 $f(x) = \begin{cases} 0, & -\pi \leqslant x < 0, \\ 1, & 0 \leqslant x < \pi, \end{cases}$ 若 $S(x)$ 是以 $f(x)$ 的以 2π 为周期的傅

里叶级数展开式的和函数, 则 $S(5) =$ _____ , $S(0) =$ _____ .

B. 能将定义在 $(-\pi, \pi)$ 的函数展开为傅里叶级数; 能将定义在 $(0, \pi)$ 的函数展开为正弦级数与余弦级数.

4. 试将函数 $f(x) = \begin{cases} \mathrm{e}^x, & -\pi \leqslant x < 0, \\ 1, & 0 \leqslant x \leqslant \pi \end{cases}$ 展开成正弦级数.

5. 将函数 $f(x) = \cos\dfrac{x}{2}, -\pi \leqslant x \leqslant \pi$, 展开成傅里叶级数.

知识点归纳、总结与巩固

1. 无穷级数的基本概念

对于一个已知数列 $\{u_n\}$，称

$$u_1 + u_2 + u_3 + \cdots + u_n + \cdots$$

为 (常数项) 无穷级数，简记为 $\displaystyle\sum_{n=1}^{\infty} u_n$，其中第 n 项 u_n 叫做一般项，前 n 项之和

$$s_n = \sum_{k=1}^{n} u_k = u_1 + u_2 + u_3 + \cdots + u_n$$

称为该级数的部分和. 当 n 依次取 $1,2,3,\cdots$ 时，得到的无穷数列 $s_1, s_2, s_3, \cdots$ 称为部分和数列，记作 $\{s_n\}$. 若 $\displaystyle\lim_{n\to\infty} s_n = s$，即部分和数列有极限，则称该级数收敛，否则称该级数是发散的，其中极限值 S 称为该级数的和，记作

$$s = \sum_{n=1}^{\infty} u_n.$$

当级数收敛时，级数和与部分和之差

$$r_n = s - s_n = u_{n+1} + u_{n+2} + \cdots$$

叫做级数的余项，且有 $\displaystyle\lim_{n\to\infty} r_n = 0$.

2. 等比级数、调和级数、p-级数的敛散性

1) 等比级数 (几何级数)

对于等比级数

$$\sum_{k=0}^{\infty} aq^k = a + aq + aq^2 + \cdots + aq^k + \cdots, \quad a \neq 0,$$

当公比 $|q| < 1$ 时，收敛；当 $|q| \geqslant 1$ 时，发散.

2) 调和级数

调和级数 $\displaystyle\sum_{n=1}^{\infty} \frac{1}{n}$ 发散.

3) p-**级数**

对于 p-级数

$$\sum_{n=1}^{\infty} \frac{1}{n^p} = 1 + \frac{1}{2^p} + \frac{1}{3^p} + \cdots + \frac{1}{n^p} + \cdots,$$

当 $p > 1$ 时，收敛；当 $p \leqslant 1$ 时，发散.

3. **正项级数常用的审敛法**

1) **比较审敛法 (极限形式)**

设 $\displaystyle\sum_{n=1}^{\infty} u_n$ 和 $\displaystyle\sum_{n=1}^{\infty} v_n$ 都是正项级数，

(1) 如果 $\displaystyle\lim_{n \to \infty} \frac{u_n}{v_n} = k \, (0 < k < +\infty)$，则级数 $\displaystyle\sum_{n=1}^{\infty} u_n$ 和 $\displaystyle\sum_{n=1}^{\infty} v_n$ 同时收敛或同时发散；

(2) 如果 $\displaystyle\lim_{n \to \infty} \frac{u_n}{v_n} = 0$，且级数 $\displaystyle\sum_{n=1}^{\infty} v_n$ 收敛，则级数 $\displaystyle\sum_{n=1}^{\infty} u_n$ 收敛；

(3) 如果 $\displaystyle\lim_{n \to \infty} \frac{u_n}{v_n} = +\infty$ 且级数 $\displaystyle\sum_{n=1}^{\infty} v_n$ 发散，则级数 $\displaystyle\sum_{n=1}^{\infty} u_n$ 发散.

2) **比值审敛法 (达朗贝尔判别法)**

设 $\displaystyle\sum_{n=1}^{\infty} u_n$ 为正项级数，如果 $\displaystyle\lim_{n \to \infty} \frac{u_{n+1}}{u_n} = \rho$，则当 $\rho < 1$ 时级数收敛；当 $\rho > 1$(或 $\displaystyle\lim_{n \to \infty} \frac{u_{n+1}}{u_n} = \infty$) 时级数发散；当 $\rho = 1$ 时无法判断.

3) **根值审敛法 (柯西判别法)**

设 $\displaystyle\sum_{n=1}^{\infty} u_n$ 为正项级数，如果 $\displaystyle\lim_{n \to \infty} \sqrt[n]{u_n} = \rho$，则当 $\rho < 1$ 时级数收敛；当 $\rho > 1$(或 $\displaystyle\lim_{n \to \infty} \sqrt[n]{u_n} = \infty$) 时级数发散；当 $\rho = 1$ 时级数可能收敛也可能发散.

4. **交错级数及莱布尼茨判别法**

1) **交错级数**

各项是正负交错的级数，如

$$u_1 - u_2 + u_3 - u_4 + \cdots + (-1)^{n-1} u_n + \cdots$$

称为交错级数. 交错级数的敛散性判定，可采用莱布尼茨判别法.

2) **莱布尼茨判别法**

若交错级数 $\sum\limits_{n=1}^{\infty}(-1)^{n-1}u_n$ 满足条件:

(1) $u_n \geqslant u_{n+1}, \quad n=1,2,3,\cdots$;

(2) $\lim\limits_{n\to\infty} u_n = 0$,

则级数收敛,且其和 $s \leqslant u_1$,其余项的绝对值 $|r_n| \leqslant u_{n+1}$.

5. 绝对收敛、条件收敛

若级数 $\sum\limits_{n=1}^{\infty}|u_n|$ 收敛,则称级数 $\sum\limits_{n=1}^{\infty}u_n$ 绝对收敛;若级数 $\sum\limits_{n=1}^{\infty}u_n$ 收敛,而级数 $\sum\limits_{n=1}^{\infty}|u_n|$ 发散,则称级数 $\sum\limits_{n=1}^{\infty}u_n$ 条件收敛.

如果级数 $\sum\limits_{n=1}^{\infty}u_n$ 绝对收敛,则级数 $\sum\limits_{n=1}^{\infty}u_n$ 必定收敛.

6. 幂级数

收敛半径   如果 $\lim\limits_{n\to\infty}\left|\dfrac{a_{n+1}}{a_n}\right| = \rho$,则幂级数 $\sum\limits_{n=0}^{\infty}a_n x^n$ 的收敛半径 R 为:当 $\rho \neq 0$ 时 $R = 1/\rho$,当 $\rho = 0$ 时 $R = +\infty$,当 $\rho = +\infty$ 时 $R = 0$.

幂级数 $\sum\limits_{n=0}^{\infty}a_n x^n$ 的和函数的性质:

(1) 和函数 $s(x)$ 在其收敛域 I 上连续.

(2) 和函数 $s(x)$ 在其收敛域 I 上可积,并且有逐项积分公式

$$\int_0^x s(x)\mathrm{d}x = \int_0^x \left(\sum_{n=0}^{\infty}a_n x^n\right)\mathrm{d}x$$
$$= \sum_{n=0}^{\infty}\int_0^x a_n x^n \mathrm{d}x = \sum_{n=0}^{\infty}\frac{a_n}{n+1}x^{n+1},$$

逐项积分后所得到的幂级数和原级数有相同的收敛半径.

(3) 和函数 $s(x)$ 在其收敛区间 $(-R,R)$ 内可导,并且有逐项求导公式

$$s'(x) = \left(\sum_{n=0}^{\infty}a_n x^n\right)' = \sum_{n=0}^{\infty}(a_n x^n)' = \sum_{n=0}^{\infty}na_n x^{n-1},$$

逐项求导后所得到的幂级数和原级数有相同的收敛半径.

7. 傅里叶级数

1) **定义**

三角级数 $\dfrac{a_0}{2} + \displaystyle\sum_{n=1}^{\infty}(a_n\cos nx + b_n\sin nx)$ 称为函数 $f(x)$ 的傅里叶级数, 其中 $a_0, a_1, b_1, \cdots$ 是傅里叶系数, 即

$$a_0 = \frac{1}{\pi}\int_{-\pi}^{\pi} f(x)\mathrm{d}x,$$

$$a_n = \frac{1}{\pi}\int_{-\pi}^{\pi} f(x)\cos nx\mathrm{d}x, \quad n = 1, 2, \cdots,$$

$$b_n = \frac{1}{\pi}\int_{-\pi}^{\pi} f(x)\sin nx\mathrm{d}x, \quad n = 1, 2, \cdots.$$

2) **傅里叶级数收敛定理** (狄利克雷充分条件)

设 $f(x)$ 是周期为 2π 的周期函数, 如果它满足: 在一个周期内连续或只有有限个第一类间断点, 在一个周期内至多只有有限个极值点, 则 $f(x)$ 的傅里叶级数收敛, 并且

(1) 当 x 是 $f(x)$ 的连续点时, 级数收敛于 $f(x)$;

(2) 当 x 是 $f(x)$ 的间断点时, 级数收敛于 $\dfrac{1}{2}[f(x-0) + f(x+0)]$.

8. 巩固提高

此处按知识点选取典型习题, 并直接附有答案, 旨在通过复现和阅读更多题型印证前述知识点, 夯实基础.

1. 对级数 $\displaystyle\sum_{n=1}^{\infty} u_n, \lim_{n\to\infty} u_n = 0$ 是它收敛的 _____ 条件.

答案 必要

2. 部分和数列 $\{S_n\}$ 有界是正项级数 $\displaystyle\sum_{n=1}^{\infty} u_n$ 收敛的 _____ 条件.

答案 充要

3. 若级数 $\displaystyle\sum_{n=1}^{\infty} u_n$ 绝对收敛, 则级数 $\displaystyle\sum_{n=1}^{\infty} u_n$ 必定 _____; 若级数 $\displaystyle\sum_{n=1}^{\infty} u_n$ 条件收敛, 则级数 $\displaystyle\sum_{n=1}^{\infty} u_n$ 必定 _____, 级数 $\displaystyle\sum_{n=1}^{\infty} |u_n|$ 必定 _____.

答案 收敛, 收敛, 发散

4. 利用莱布尼茨判别法判定交错级数 $\displaystyle\sum_{n=1}^{\infty}(-1)^{n-1}u_n$ 收敛的条件是

_____.

答案 $u_n \geqslant u_{n+1}, n=1,2,\cdots;\ \lim\limits_{n\to\infty}u_n=0$

5. 记 $S_n=\displaystyle\sum_{k=1}^{n}\dfrac{1}{k(k+1)}$，则 $\lim\limits_{n\to\infty}S_n=$ _____.

答案 1

6. 设级数 $\displaystyle\sum_{n=1}^{\infty}a_n$ 收敛，其和为 S，则级数 $\displaystyle\sum_{n=1}^{\infty}(a_n+a_{n+1}-a_{n+2})$ 收敛于

_____.

答案 $S+a_2$

7. 用定义判别级数 $\displaystyle\sum_{n=1}^{\infty}\dfrac{1}{4n^2+4n-3}$ 的敛散性，若收敛求其和.

解 级数的一般项

$$u_n=\frac{1}{4n^2+4n-3}=\frac{1}{4}\left(\frac{1}{2n-1}-\frac{1}{2n+3}\right),$$

级数部分和

$$S_n=\frac{1}{4}\left[\left(1-\frac{1}{5}\right)+\left(\frac{1}{3}-\frac{1}{7}\right)+\cdots+\left(\frac{1}{2n-1}-\frac{1}{2n+3}\right)\right]$$

$$=\frac{1}{4}\left(1+\frac{1}{3}-\frac{1}{2n+1}-\frac{1}{2n+3}\right),$$

所以 $\lim\limits_{n\to\infty}S_n=\dfrac{1}{3}$，即级数收敛，且和为 $\dfrac{1}{3}$.

8. 设 $a_1=2, a_{n+1}=\dfrac{1}{2}\left(a_n+\dfrac{1}{a_n}\right), n=1,2,3,\cdots$，证明

(1) 极限 $\lim\limits_{n\to\infty}a_n$ 存在;

(2) 级数 $\displaystyle\sum_{n=1}^{\infty}\left(\dfrac{a_n}{a_{n+1}}-1\right)$ 收敛.

证 (1) 根据极限存在准则，单调有界数列必收敛 (极限存在)，只要证明 $\{a_n\}$ 单调且有界即可，

$$a_{n+1}=\frac{1}{2}\left(a_n+\frac{1}{a_n}\right)\geqslant\sqrt{a_n\cdot\frac{1}{a_n}}=1\ (n=1,2,3,\cdots),\ \text{故有下界};$$

$$a_{n+1}-a_n=\frac{1}{2}\left(a_n+\frac{1}{a_n}\right)-a_n=\frac{1-a_n^2}{2a_n}\leqslant 0,\ \text{故}\ \{a_n\}\ \text{单调递减}.$$

由 $\{a_n\}$ 递减且存在下界, 从而 $\lim\limits_{n\to\infty} a_n$ 存在.

(2) 由 (1) 知, $0 \leqslant \dfrac{a_n}{a_{n+1}} - 1 = \dfrac{a_n - a_{n+1}}{a_{n+1}} \leqslant a_n - a_{n+1}$, 对于级数 $\sum\limits_{n=1}^{\infty}(a_n - a_{n+1})$, 部分和

$$S_n = \sum_{k=1}^{n}(a_k - a_{k+1})$$
$$= (a_1 - a_2) + (a_2 - a_3) + \cdots + (a_{n-1} - a_n) + (a_n - a_{n+1})$$
$$= a_1 - a_{n+1},$$

因 $\lim\limits_{n\to\infty} a_{n+1}$ 存在, 故 $\lim\limits_{n\to\infty} S_n$ 存在, 即 $\sum\limits_{n=1}^{\infty}(a_n - a_{n+1})$ 收敛.

由比较审敛法知, 级数 $\sum\limits_{n=1}^{\infty}\left(\dfrac{a_n}{a_{n+1}} - 1\right)$ 收敛.

❑ 常数项级数审敛

1. 判定下列级数的敛散性:

(1) $\sum\limits_{n=1}^{\infty} \dfrac{n^2}{\left(1 + \dfrac{1}{n}\right)^n}$;

解 由于 $\lim\limits_{n\to\infty}\left(1+\dfrac{1}{n}\right)^n = \mathrm{e}$, 故 $\lim\limits_{n\to\infty}\dfrac{n^2}{(1+\frac{1}{n})^n} = +\infty$, 所以级数 $\sum\limits_{n=1}^{\infty}\dfrac{n^2}{\left(1+\dfrac{1}{n}\right)^n}$ 发散.

(2) $\sum\limits_{n=1}^{\infty}\left[n^2 \ln\left(1 + \dfrac{1}{n^2}\right) + \sin^n \dfrac{\pi}{7}\right]$;

解 记 $u_n = n^2 \ln\left(1 + \dfrac{1}{n^2}\right) + \left(\sin\dfrac{\pi}{7}\right)^n$, 于是,

$$\lim_{n\to\infty} u_n = \lim_{n\to\infty} \ln\left(1 + \dfrac{1}{n^2}\right)^{n^2} + \lim_{n\to\infty}\left(\sin\dfrac{\pi}{7}\right)^n = 1,$$

故级数 $\sum\limits_{n=1}^{\infty}\left[n^2 \ln\left(1 + \dfrac{1}{n^2}\right) + \sin^n\dfrac{\pi}{7}\right]$ 发散.

(3) $\displaystyle\sum_{n=1}^{\infty}\frac{5+(-1)^n}{2^n}$;

解 $\displaystyle\sum_{n=1}^{\infty}\frac{5+(-1)^n}{2^n}=5\sum_{n=1}^{\infty}\left(\frac{1}{2}\right)^n+\sum_{n=1}^{\infty}\left(-\frac{1}{2}\right)^n$, 因为 $\displaystyle\sum_{n=1}^{\infty}\left(\frac{1}{2}\right)^n$, $\displaystyle\sum_{n=1}^{\infty}\left(-\frac{1}{2}\right)^n$

均收敛, 故级数 $\displaystyle\sum_{n=1}^{\infty}\frac{5+(-1)^n}{2^n}$ 收敛.

(4) $\displaystyle\sum_{n=1}^{\infty}\frac{1}{n^p}\sin\frac{\pi}{n}$;

解 设 $u_n=\dfrac{1}{n^p}\sin\dfrac{\pi}{n}$, 于是 $\displaystyle\lim_{n\to\infty}\frac{\dfrac{1}{n^p}\sin\dfrac{\pi}{n}}{\dfrac{\pi}{n^{p+1}}}=1$. (思考过程: $u_n=\dfrac{1}{n^p}\sin\dfrac{\pi}{n}\sim$

$\dfrac{1}{n^p}\cdot\dfrac{\pi}{n}\,(n\to\infty))$.

于是, 当 $p>0$ 时, $\displaystyle\sum_{n=1}^{\infty}\frac{\pi}{n^{p+1}}$ 收敛, 故 $\displaystyle\sum_{n=1}^{\infty}\frac{1}{n^p}\sin\frac{\pi}{n}$ 也收敛; 当 $p\leqslant 0$ 时,

$\displaystyle\sum_{n=1}^{\infty}\frac{\pi}{n^{p+1}}$ 发散, 故 $\displaystyle\sum_{n=1}^{\infty}\frac{1}{n^p}\sin\frac{\pi}{n}$ 也发散.

(5) $\displaystyle\sum_{n=1}^{\infty}\frac{1}{n\sqrt[n]{n}}$;

解 $\displaystyle\lim_{n\to\infty}\frac{\dfrac{1}{n\sqrt[n]{n}}}{\dfrac{1}{n}}=1$, 而调和级数 $\displaystyle\sum_{n=1}^{\infty}\frac{1}{n}$ 发散, 故级数 $\displaystyle\sum_{n=1}^{\infty}\frac{1}{n\sqrt[n]{n}}$ 发散.

注 $\displaystyle\lim_{n\to\infty}\sqrt[n]{n}=1$(因为 $\displaystyle\lim_{x\to+\infty}\sqrt[x]{x}=\lim_{x\to+\infty}\mathrm{e}^{\frac{1}{x}\ln x}=\mathrm{e}^0=1$).

(6) $\displaystyle\sum_{n=1}^{\infty}\frac{(n!)^2}{2n^2}$;

解 由比值审敛法, $\rho=\displaystyle\lim_{n\to\infty}\frac{\dfrac{[(n+1)!]^2}{2(n+1)^2}}{\dfrac{(n!)^2}{2n^2}}=\lim_{n\to\infty}\frac{(n+1)!(n+1)!}{2(n+1)^2}\cdot\frac{2n^2}{n!n!}=$

$+\infty>1$, 故级数 $\displaystyle\sum_{n=1}^{\infty}\frac{(n!)^2}{2n^2}$ 发散.

(7) $\displaystyle\sum_{n=1}^{\infty} \frac{1}{\ln^n (n+1)}$;

解　由根值审敛法, $u_n = \dfrac{1}{\ln^n (n+1)}$, 则 $\rho = \lim\limits_{n\to\infty} \sqrt[n]{u_n} = \lim\limits_{n\to\infty} \dfrac{1}{\ln(n+1)} =$

$0 < 1$, 故级数 $\displaystyle\sum_{n=1}^{\infty} \frac{1}{\ln^n(n+1)}$ 收敛.

(8) $\displaystyle\sum_{n=1}^{\infty} \frac{1}{n+a^n}, a > 0$;

解　当 $0 < a \leqslant 1$ 时, $\dfrac{1}{n+a^n} \geqslant \dfrac{1}{n+1}$. 由比较判别法, 级数 $\displaystyle\sum_{n=1}^{\infty} \frac{1}{n+a^n}$ 发

散; 当 $a > 1$ 时, $\dfrac{1}{n+a^n} \leqslant \dfrac{1}{a^n}$, 由比较判别法, 级数 $\displaystyle\sum_{n=1}^{\infty} \frac{1}{n+a^n}$ 收敛.

(9) $\displaystyle\sum_{n=1}^{\infty} \frac{n^2}{3^n + 2^n}$.

解
$$\lim_{n\to\infty} \frac{u_{n+1}}{u_n} = \lim_{n\to\infty} \frac{\dfrac{(n+1)^2}{3^{n+1} + 2^{n+1}}}{\dfrac{n^2}{3^n + 2^n}}$$
$$= \lim_{n\to\infty} \frac{3^n \left(1 + \left(\dfrac{2}{3}\right)^n\right) (n+1)^2}{3^{n+1} \left(1 + \left(\dfrac{2}{3}\right)^{n+1}\right) n^2} = \frac{1}{3} < 1,$$

由比值判别法, $\displaystyle\sum_{n=1}^{\infty} \frac{n^2}{3^n + 2^n}$ 收敛.

2. 讨论下列级数的绝对收敛性与条件收敛性:

(1) $\displaystyle\sum_{n=1}^{\infty} (-1)^n \frac{1}{n^p}$;

解　$\displaystyle\sum_{n=1}^{\infty} \left| (-1)^n \frac{1}{n^p} \right| = \sum_{n=1}^{\infty} \frac{1}{n^p}$, 当 $p > 1$ 时, 级数 $\displaystyle\sum_{n=1}^{\infty} (-1)^n \frac{1}{n^p}$ 绝对收敛; 当

$0 < p \leqslant 1$ 时, 级数 $\displaystyle\sum_{n=1}^{\infty} (-1)^n \frac{1}{n^p}$ 条件收敛.

(2) $\displaystyle\sum_{n=1}^{\infty} (-1)^n \frac{\sin \dfrac{\pi}{n+1}}{\pi^{n+1}}$;

解 $\left| (-1)^n \dfrac{\sin \dfrac{\pi}{n}}{\pi^n} \right| \leqslant \dfrac{1}{\pi^n}$, 对于等比级数 $\displaystyle\sum_{n=1}^{\infty} \dfrac{1}{\pi^n}$, 公比 $q = \dfrac{1}{\pi} < 1$, 故收敛. 由

比较审敛法知, 级数 $\displaystyle\sum_{n=1}^{\infty} \left| \dfrac{\sin \dfrac{\pi}{n+1}}{\pi^{n+1}} \right|$ 收敛, 故级数 $\displaystyle\sum_{n=1}^{\infty} (-1)^n \dfrac{\sin \dfrac{\pi}{n+1}}{\pi^{n+1}}$ 绝对收敛.

(3) $\displaystyle\sum_{n=1}^{\infty} (-1)^n \arctan \dfrac{1}{\sqrt{n}}$;

解 对于级数 $\displaystyle\sum_{n=1}^{\infty} \left| (-1)^n \arctan \dfrac{1}{\sqrt{n}} \right| = \displaystyle\sum_{n=1}^{\infty} \arctan \dfrac{1}{\sqrt{n}}$, 其中

$$\arctan \dfrac{1}{\sqrt{n}} \sim \dfrac{1}{\sqrt{n}} \quad (n \to \infty),$$

即 $\displaystyle\sum_{n=1}^{\infty} \arctan \dfrac{1}{\sqrt{n}}$ 与 $\displaystyle\sum_{n=1}^{\infty} \dfrac{1}{\sqrt{n}}$ 具有相同的敛散性. 而 $\displaystyle\sum_{n=1}^{\infty} \dfrac{1}{\sqrt{n}}$ 发散 (p 级数, $p = \dfrac{1}{2} < 1$), 故级数 $\displaystyle\sum_{n=1}^{\infty} \arctan \dfrac{1}{\sqrt{n}}$ 发散. 因此原级数不是绝对收敛.

又根据莱布尼茨判别法, 对于交错级数 $\displaystyle\sum_{n=1}^{\infty} (-1)^n \arctan \dfrac{1}{\sqrt{n}}$,

$$u_n = \arctan \dfrac{1}{\sqrt{n}} > \arctan \dfrac{1}{\sqrt{n+1}} = u_{n+1}, n = 1, 2, \cdots, \quad \text{且}$$

$$\lim_{n \to \infty} \arctan \dfrac{1}{\sqrt{n}} = 0,$$

故原级数收敛. 综上, 级数 $\displaystyle\sum_{n=1}^{\infty} (-1)^n \arctan \dfrac{1}{\sqrt{n}}$ 条件收敛.

(4) $\displaystyle\sum_{n=1}^{\infty} (-1)^n \ln \dfrac{n+1}{n}$;

解 记 $u_n = \ln \dfrac{n+1}{n}$, 则

$$u_n = \ln \dfrac{n+1}{n} = \ln \left(1 + \dfrac{1}{n} \right) > \ln \left(1 + \dfrac{1}{n+1} \right) = u_{n+1}, \quad n = 1, 2, \cdots,$$

且 $\lim\limits_{n\to\infty} u_n = \lim\limits_{n\to\infty} \ln\left(1+\dfrac{1}{n}\right) = 0$, 由莱布尼茨判别法知原交错级数收敛. 另 $\ln\left(1+\dfrac{1}{n}\right) \sim \dfrac{1}{n}\ (n\to\infty)$, 故级数

$$\sum_{n=1}^{\infty}\left|(-1)^n\ln\dfrac{n+1}{n}\right| = \sum_{n=1}^{\infty}\ln\dfrac{n+1}{n} = \sum_{n=1}^{\infty}\ln\left(1+\dfrac{1}{n}\right)$$

与 $\sum\limits_{n=1}^{\infty}\dfrac{1}{n}$ 具有相同的敛散性, 而调和级数 $\sum\limits_{n=1}^{\infty}\dfrac{1}{n}$ 发散, 故 $\sum\limits_{n=1}^{\infty}\ln\left(1+\dfrac{1}{n}\right)$ 亦发散.

综上, 级数 $\sum\limits_{n=1}^{\infty}(-1)^n\ln\dfrac{n+1}{n}$ 条件收敛.

(5) $\sum\limits_{n=1}^{\infty}(-1)^{n-1}\dfrac{2n+1}{n(n+1)}$.

解 记 $u_n = \dfrac{2n+1}{n(n+1)} > 0$, 由

$$\dfrac{u_{n+1}}{u_n} = \dfrac{2n^2+3n}{2n^2+5n+2} < 1,$$

即 $u_{n+1} < u_n$. 又 $\lim\limits_{n\to\infty} u_n = 0$, 知原级数收敛. 对于 $\sum\limits_{n=1}^{\infty}\left|(-1)^{n-1}\dfrac{2n+1}{n(n+1)}\right| = \sum\limits_{n=1}^{\infty}\dfrac{2n+1}{n(n+1)}$ 而言, 因为 $\dfrac{\dfrac{2n+1}{n(n+1)}}{\dfrac{1}{n}} \to 2\ (n\to\infty)$, 故 $\sum\limits_{n=1}^{\infty}|u_n|$ 发散. 于是级数 $\sum\limits_{n=1}^{\infty}(-1)^{n-1}\dfrac{2n+1}{n(n+1)}$ 条件收敛.

3. 设正项数列 $\{a_n\}$ 单调减少, 且 $\sum\limits_{n=1}^{\infty}(-1)^n a_n$ 发散, 试问级数 $\sum\limits_{n=1}^{\infty}\left(\dfrac{1}{a_n+1}\right)^n$ 是否收敛? 并说明理由.

解 因为 $a_n > 0$, 且 $\{a_n\}$ 单调减少, 所以 $\lim\limits_{n\to\infty} a_n = a$(单调有界准则), 且 $a > 0$. 否则若 $a = 0$, 根据莱布尼茨判别法, $\sum\limits_{n=1}^{\infty}(-1)^n a_n$ 收敛, 与已知条件中 $\sum\limits_{n=1}^{\infty}(-1)^n a_n$ 发散矛盾.

$\displaystyle\sum_{n=1}^{\infty}\left(\frac{1}{a_n+1}\right)^n$ 为正项级数, 由根值判别法,

$$\rho = \lim_{n\to\infty}\sqrt[n]{u_n} = \lim_{n\to\infty}\frac{1}{a_n+1} = \frac{1}{a+1} < 1.$$

所以 $\displaystyle\sum_{n=1}^{\infty}\left(\frac{1}{a_n+1}\right)^n$ 收敛.

❑ **幂级数的收敛性**

1. 若幂级数 $\displaystyle\sum_{n=0}^{\infty}a_n x^n$ 和 $\displaystyle\sum_{n=0}^{\infty}(n+1)a_n x^{n+1}$ 的收敛半径分别为 R_1, R_2, 则 R_1, R_2 具有关系 _____.

答案 $R_1 = R_2$

2. 设幂级数 $\displaystyle\sum_{n=0}^{\infty}a_n x^n$ 的收敛半径是 4, 则幂级数 $\displaystyle\sum_{n=0}^{\infty}a_n x^{2n+1}$ 的收敛半径是 _____.

答案   2

3. 如果幂级数 $\displaystyle\sum_{n=0}^{\infty}a_n(x-1)^n$ 在 $x=-1$ 处收敛, 在 $x=3$ 处发散, 则它的收敛域是 _____.

答案 $(-1,3)$

4. 设幂级数 $\displaystyle\sum_{n=1}^{\infty}a_n(x-1)^n$ 在 $x=-1$ 处收敛, 则它在点 $x=2$ 处 _____(选填：绝对收敛/条件收敛/发散/无法判定).

答案   绝对收敛

5. 已知级数 $\displaystyle\sum_{n=1}^{\infty}a_n(x-3)^n$ 在 $x=4$ 处发散, 则它在点 $x=0$ 处 _____ (选填：绝对收敛/条件收敛/发散/无法判定).

答案   发散

6. 设幂级数 $\displaystyle\sum_{n=1}^{\infty}a_n(x+1)^n$ 在点 $x=3$ 处条件收敛, 则该幂级数的收敛半径 $R = $ _____.

答案   4

7. 求级数 $1 + \dfrac{(x-1)^2}{1-3^2} + \dfrac{(x-1)^4}{2-3^4} + \cdots + \dfrac{(x-1)^{2n}}{n-3^{2n}} + \cdots$ 的收敛域.

解 由于 $\lim\limits_{n\to\infty}\left|\dfrac{\dfrac{(x-1)^{2n+2}}{n+1-3^{2n+2}}}{\dfrac{(x-1)^{2n}}{n-3}}\right|=\dfrac{(x-1)^2}{9}.$

可见, 当 $(x-1)^2<9$ 时, 即 $-2<x<4$ 时, 级数收敛;

当 $x=-2$ 时, 原级数为 $\sum\limits_{n=1}^{\infty}\dfrac{(-3)^{2n}}{n-3^{2n}}$ 发散;

当 $x=4$ 时, 原级数为 $\sum\limits_{n=1}^{\infty}\dfrac{3^{2n}}{n-3^{2n}}$ 发散. 故级数的收敛域为 $(-2,4)$.

8. 求下列幂级数的收敛域:

(1) $\sum\limits_{n=1}^{\infty}\dfrac{2n-1}{8^n}x^{3n}$;

解 $\lim\limits_{n\to\infty}\left|\dfrac{\dfrac{2(n+1)-1}{8^{n+1}}x^{3(n+1)}}{\dfrac{2n-1}{8^n}x^{3n}}\right|=\dfrac{|x|^3}{8}<1,$ 即 $|x|<2$, 故原级数在 $(-2,2)$

内收敛. 又 $|x|=2$ 时, 级数发散. 故收敛域为 $(-2,2)$.

(2) $\sum\limits_{n=1}^{\infty}\dfrac{(n!)^2}{(2n)!}x^n$;

解

$$\lim\limits_{n\to\infty}\left|\dfrac{a_{n+1}}{a_n}\right|=\lim\limits_{n\to\infty}\dfrac{[(n+1)!]^2(2n)!}{(2n+2)!(n!)^2}=\lim\limits_{n\to\infty}\dfrac{n+1}{2(2n+1)}=\dfrac{1}{4},$$

故 $R=4$, 又当 $x=\pm4$ 时, 原级数为 $\sum\limits_{n=1}^{\infty}\dfrac{(n!)^2}{(2n)!}(\pm4)^n$, 因为 $\left|\dfrac{u_{n+1}}{u_n}\right|=\dfrac{4(n+1)}{2(2n+1)}>$

1, 所以 $\lim\limits_{n\to\infty}u_n\neq0.$ 故原级数发散. 综上所述, 所求收敛域为 $(-4,4)$.

(3) $\sum\limits_{n=1}^{\infty}\dfrac{(x+1)^n}{(n+1)\ln^2(n+1)}.$

解 令 $a_n=\dfrac{1}{(n+1)\ln^2(n+1)}$, 则

$$\rho=\lim\limits_{n\to\infty}\left|\dfrac{a_{n+1}}{a_n}\right|=\lim\limits_{n\to\infty}\dfrac{\dfrac{1}{(n+2)\ln^2(n+2)}}{\dfrac{1}{(n+1)\ln^2(n+1)}}=1,$$

所以 $R = 1$. 故级数 $\sum\limits_{n=1}^{\infty} \dfrac{(x+1)^n}{(n+1)\ln^2(n+1)}$ 在 $(-2, 0)$ 内绝对收敛.

当 $x = -2$ 时, 原级数为 $\sum\limits_{n=1}^{\infty} (-1)^n \dfrac{1}{(n+1)\ln^2(n+1)}$, 由莱布尼茨判别法知

其收敛;

当 $x = 0$ 时, 原级数为 $\sum\limits_{n=1}^{\infty} \dfrac{1}{(n+1)\ln^2(n+1)}$, 令

$$f(x) = \frac{1}{(x+1)\ln^2(x+1)},$$

则

$$\int_1^{+\infty} \frac{\mathrm{d}x}{(x+1)\ln^2(x+1)} = \int_2^{+\infty} \frac{\mathrm{d}t}{t\ln^2 t} = -\left[\frac{1}{\ln t}\right]_2^{+\infty}$$

$$= -\left(\lim_{t \to +\infty} \frac{1}{\ln t} - \frac{1}{\ln 2}\right) = \frac{1}{\ln 2}.$$

故级数 $\sum\limits_{n=1}^{\infty} \dfrac{1}{(n+1)\ln^2(n+1)}$ 收敛. 因此原幂级数的收敛域为 $[-2, 0]$.

这里拓展一种正项级数审敛的方法——积分审敛法.

9. 证明: 级数 $\sum\limits_{n=2}^{\infty} \dfrac{1}{n(\ln n)^p}$ 当 $p > 1$ 时收敛, 当 $0 \leqslant p \leqslant 1$ 时发散, 并判断级

数 $\sum\limits_{n=2}^{\infty} (-1)^n \dfrac{1}{n\ln n}$ 及 $\sum\limits_{n=1}^{\infty} \dfrac{1}{\ln(n+1)} \sin\dfrac{1}{n}$ 的敛散性.

证 取 $f(x) = \dfrac{1}{x(\ln x)^p}$, 易知 $f(x)$ 单调递减, 且

$$\int_2^{+\infty} \frac{1}{x(\ln x)^p} \mathrm{d}x = \begin{cases} [\ln\ln x]_2^{+\infty}, & p = 1; \\[2mm] \dfrac{1}{1-p} \cdot \dfrac{1}{(\ln x)^{p-1}}\bigg|_2^{+\infty}, & p \neq 1. \end{cases}$$

该积分当 $p > 1$ 时收敛, 当 $0 \leqslant p \leqslant 1$ 时发散. 故级数当 $p > 1$ 时收敛, 当 $0 \leqslant p \leqslant 1$ 时发散.

(1) 对于级数 $\sum\limits_{n=2}^{\infty} (-1)^n \dfrac{1}{n\ln n}$, 由于

$$\frac{1}{n \ln n} > \frac{1}{(n+1) \ln (n+1)}, n = 1, 2, 3, \cdots, \quad \text{且} \lim_{n \to \infty} \frac{1}{n \ln n} = 0,$$

由莱布尼茨判别法知 $\sum_{n=2}^{\infty} (-1)^n \dfrac{1}{n \ln n}$ 收敛. 又 $\sum_{n=2}^{\infty} \dfrac{1}{n \ln n}$ 发散, 故级数 $\sum_{n=2}^{\infty} (-1)^n \cdot$ $\dfrac{1}{n \ln n}$ 条件收敛.

(2) 对于级数 $\sum_{n=1}^{\infty} \dfrac{1}{\ln (n+1)} \sin \dfrac{1}{n}$, 由于 $\lim_{n \to \infty} \dfrac{\dfrac{1}{\ln (n+1)} \sin \dfrac{1}{n}}{\dfrac{1}{n \ln n}} = 1$, 又级数

$\sum_{n=2}^{\infty} \dfrac{1}{n \ln n}$ 发散, 由比较审敛法的极限形式可知, 级数 $\sum_{n=1}^{\infty} \dfrac{1}{\ln (n+1)} \sin \dfrac{1}{n}$ 发散.

❑ **幂级数的和函数**

1. 幂级数 $\sum_{n=0}^{\infty} \dfrac{2 \cdot 3^n x^n}{n!}$ 的和函数是 _____.

解 因为 $\mathrm{e}^x = \sum_{n=0}^{\infty} \dfrac{x^n}{n!}$, 故 $\sum_{n=0}^{\infty} \dfrac{(3x)^n}{n!} = \mathrm{e}^{3x}$.

2. 求下列幂级数的和函数:

(1) $\sum_{n=0}^{\infty} \dfrac{(-1)^n x^{2n}}{n!}$;

分析 对幂级数 $\sum_{n=0}^{\infty} a_n (x - x_0)^n$ 求和, 关键在于分析它的系数 a_n. 若基点不

在原点, 可以通过令 $t = x - x_0$ 换元处理. 在 $\sum_{n=0}^{\infty} \dfrac{(-1)^n x^{2n}}{n!}$ 的系数中, 分母含有

$n!$, 所以本题的思路应该考虑应用含有 $n!$ 的基本展开式 $\mathrm{e}^x = \sum_{n=0}^{\infty} \dfrac{x^n}{n!}$.

解 因为 $\lim_{n \to \infty} \left| \dfrac{\dfrac{(-1)^{n+1} x^{2(n+1)}}{(n+1)!}}{\dfrac{(-1)^n x^{2n}}{n!}} \right| = \lim_{n \to \infty} \dfrac{1}{n+1} x^2 = 0$, 所以幂级数的收敛域

为 $(-\infty, +\infty)$. 记和函数为 $s(x)$, 则

$$s(x) = \sum_{n=0}^{\infty} \frac{(-1)^n x^{2n}}{n!} = \sum_{n=0}^{\infty} \frac{(-x^2)^n}{n!} = \mathrm{e}^{-x^2}, x \in (-\infty, +\infty).$$

(2) $\displaystyle\sum_{n=1}^{\infty} nx^n$;

解 $\displaystyle\sum_{n=1}^{\infty} nx^n = x\sum_{n=1}^{\infty} nx^{n-1}$, $\rho = \lim_{n\to\infty}\left|\dfrac{a_{n+1}}{a_n}\right| = \lim_{n\to\infty}\left|\dfrac{n+1}{n}\right| = 1$, 故 $R = 1$.

设 $s(x) = \displaystyle\sum_{n=1}^{\infty} nx^{n-1}$, $x \in (-1, 1)$, 则

$$\int_0^x s(x)\,\mathrm{d}x = \int_0^x \sum_{n=1}^{\infty} nx^{n-1}\mathrm{d}x = \sum_{n=1}^{\infty} x^n = \frac{x}{1-x},$$

因此,

$$s(x) = \left(\frac{x}{1-x}\right)' = \frac{1}{(1-x)^2}, \quad -1 < x < 1.$$

当 $x = \pm 1$ 时, 易知级数发散. 故

$$\sum_{n=1}^{\infty} nx^n = x \cdot s(x) = \frac{x}{(1-x)^2}, \quad x \in (-1, 1).$$

(3) $\displaystyle\sum_{n=0}^{\infty} \frac{(2n+1)x^{2n}}{2^n}$;

解 幂级数 $\displaystyle\sum_{n=0}^{\infty} \frac{(2n+1)x^{2n}}{2^n}$ 的收敛域为 $\left(-\sqrt{2}, \sqrt{2}\right)$, 记和函数

$$s(x) = \sum_{n=0}^{\infty} \frac{(2n+1)x^{2n}}{2^n}, \quad -\sqrt{2} < x < \sqrt{2},$$

$$\int_0^x s(x)\,\mathrm{d}x = \int_0^x \sum_{n=0}^{\infty} \frac{(2n+1)x^{2n}}{2^n}\mathrm{d}x = \sum_{n=0}^{\infty} \int_0^x \frac{(2n+1)x^{2n}}{2^n}\mathrm{d}x$$

$$= \sum_{n=0}^{\infty} \frac{x^{2n+1}}{2^n} = x\sum_{n=0}^{\infty} \left(\frac{x^2}{2}\right)^n = x \cdot \frac{1}{1-\dfrac{x^2}{2}} = \frac{2x}{2-x^2},$$

因此,

$$s(x) = \left(\frac{2x}{2-x^2}\right)' = \frac{2(2+x^2)}{(2-x^2)^2}, \quad x \in \left(-\sqrt{2}, \sqrt{2}\right).$$

(4) $\displaystyle\sum_{n=1}^{\infty} \frac{x^{n+1}}{n\,(n+1)}$;

解　因为 $\rho = \displaystyle\lim_{n\to\infty} \frac{n(n+1)}{(n+1)(n+2)} = 1$, 故收敛半径为 $R = 1$, 且当 $x = \pm 1$

时, 级数均收敛, 因此幂级数的收敛域为 $[-1,1]$. 设和函数 $s\,(x) = \displaystyle\sum_{n=1}^{\infty} \frac{x^{n+1}}{n\,(n+1)}$,

$-1 \leqslant x \leqslant 1$, 因此,

$$s'\,(x) = \left(\sum_{n=1}^{\infty} \frac{x^{n+1}}{n\,(n+1)}\right)' = \sum_{n=1}^{\infty} \frac{x^n}{n},$$

$$s''\,(x) = \left(\sum_{n=1}^{\infty} \frac{x^n}{n}\right)' = \sum_{n=1}^{\infty} x^{n-1} = \frac{1}{1-x},$$

故

$$s'\,(x) = \int_0^x \frac{1}{1-x}\mathrm{d}x = -\left[\ln\,(1-x)\right]_0^x = -\ln\,(1-x),$$

进而,

$$s\,(x) = -\int_0^x \ln\,(1-x)\,\mathrm{d}x = -\left[x\ln\,(1-x) - x - \ln\,(1-x)\right]$$

$$= x + (1-x)\ln\,(1-x), \quad x \in [-1,1].$$

(5) $\displaystyle\sum_{n=1}^{\infty} \frac{(x-2)^n}{n \cdot 2^n}$.

解　因为 $\displaystyle\lim_{n\to\infty} \frac{n \cdot 2^n}{(n+1) \cdot 2^{n+1}} = \frac{1}{2}$, 所以收敛半径 $R = 2$, 且 $-2 < x - 2 < 2$,

即 $0 < x < 4$. 当 $x = 0$ 时, 数项级数 $\displaystyle\sum_{n=1}^{\infty} \frac{(-1)^n}{n}$ 收敛; 当 $x = 4$ 时, 数项级数

$\displaystyle\sum_{n=1}^{\infty} \frac{1}{n}$ 发散. 故收敛域为 $[0,4)$.

设 $t = \dfrac{x-2}{2}$, $s\,(t) = \displaystyle\sum_{n=1}^{\infty} \frac{t^n}{n}$, 则

$$s'\,(t) = \left(\sum_{n=1}^{\infty} \frac{t^n}{n}\right)' = \sum_{n=1}^{\infty} t^{n-1} = \frac{1}{1-t},$$

从而 $s(t) = -\ln(1-t)$, 所以幂级数 $\displaystyle\sum_{n=1}^{\infty} \frac{(x-2)^n}{n \cdot 2^n}$ 的和函数为 $-\ln\left(1 - \dfrac{x-2}{2}\right)$ $= -\ln\left(2 - \dfrac{x}{2}\right)$.

3. 求级数 $\displaystyle\sum_{n=2}^{\infty} \frac{n-1}{2^n}$ 的和.

解　考察 $s(x) = \displaystyle\sum_{n=2}^{\infty} (n-1) x^{n-2}$,

$$\int_0^x s(x)\,\mathrm{d}x = \sum_{n=2}^{\infty} x^{n-1} = \frac{x}{1-x},$$

故

$$s(x) = \left(\frac{x}{1-x}\right)' = \frac{1}{(1-x)^2},$$

则

$$\sum_{n=2}^{\infty} \frac{n-1}{2^n} = \frac{1}{4} \cdot \sum_{n=2}^{\infty} \frac{n-1}{2^{n-2}} = \frac{1}{4} \cdot s\left(\frac{1}{2}\right) = 1.$$

4*. 设幂级数 $\displaystyle\sum_{n=0}^{\infty} \frac{x^{2n}}{(2n)!}$ 的和函数为 $s(x)$, 求 $s(x)$ 的表达式.

解　$s(x) = \displaystyle\sum_{n=0}^{\infty} \frac{x^{2n}}{(2n)!}$, $x \in (-\infty, +\infty)$,

$$s'(x) = \sum_{n=1}^{\infty} \frac{x^{2n-1}}{(2n-1)!} = \sum_{n=0}^{\infty} \frac{x^{2n+1}}{(2n+1)!},$$

于是有

$$s'(x) + s(x) = \sum_{n=0}^{\infty} \frac{x^n}{n!} = \mathrm{e}^x,$$

又由于

$$s(x) - s'(x) = \sum_{n=0}^{\infty} \frac{(-x)^n}{n!} = \mathrm{e}^{-x},$$

所以 $s(x) = \dfrac{\mathrm{e}^x + \mathrm{e}^{-x}}{2}$.

❑ 将函数展开成幂级数

1. 将函数 $f(x) = \dfrac{1}{x^2 + 3x + 2}$ 展开成关于 $x - 1$ 的幂级数.

解　$f(x) = \dfrac{1}{(x+1)(x+2)} = \dfrac{1}{x+1} - \dfrac{1}{x+2}$, 其中

$$\dfrac{1}{x+1} = \dfrac{1}{2 + (x-1)} = \dfrac{1}{2\left(1 + \dfrac{x-1}{2}\right)}$$

$$= \dfrac{1}{2}\sum_{n=0}^{\infty}(-1)^n\left(\dfrac{x-1}{2}\right)^n, \quad -1 < \dfrac{x-1}{2} < 1, -1 < x < 3.$$

$$\dfrac{1}{x+2} = \dfrac{1}{3 + (x-1)} = \dfrac{1}{3} \cdot \dfrac{1}{\left(1 + \dfrac{x-1}{3}\right)}$$

$$= \dfrac{1}{3}\sum_{n=0}^{\infty}(-1)^n\left(\dfrac{x-1}{3}\right)^n, \quad -2 < x < 4.$$

$$f(x) = \dfrac{1}{x+1} - \dfrac{1}{x+2}$$

$$= \sum_{n=0}^{\infty}(-1)^n\left(\dfrac{1}{2^{n+1}} - \dfrac{1}{3^{n+1}}\right)(x-1)^n, \quad -1 < x < 3.$$

2. 将函数 $f(x) = \dfrac{1}{x^2 - 5x + 6}$ 在 $x = 4$ 点展开成幂级数.

解　$f(x) = \dfrac{1}{(x-2)(x-3)} = \dfrac{1}{x-3} - \dfrac{1}{x-2}$.

$$\dfrac{1}{x-3} = \dfrac{1}{(x-4) + 1} = \sum_{n=0}^{\infty}[-(x-4)]^n, \quad |-(x-4)| < 1;$$

$$\dfrac{1}{x-2} = \dfrac{1}{(x-4) + 2} = \dfrac{1}{2} \cdot \dfrac{1}{1 + \left(\frac{x-4}{2}\right)}$$

$$= \dfrac{1}{2}\sum_{n=0}^{\infty}\left(-\dfrac{x-4}{2}\right)^n, \quad \left|-\dfrac{x-4}{2}\right| < 1.$$

故

$$f(x) = \dfrac{1}{x-3} - \dfrac{1}{x-2} = \sum_{n=0}^{\infty}[-(x-4)]^n - \dfrac{1}{2}\sum_{n=0}^{\infty}\left(-\dfrac{x-4}{2}\right)^n$$

$$= \sum_{n=0}^{\infty} (-1)^n \left[1 - \frac{1}{2^{n+1}} \right] (x-4)^n, \quad 3 < x < 5,$$

其中 $3 < x < 5$ 是 $|-(x-4)| < 1$ 和 $\left| -\dfrac{x-4}{2} \right| < 1$ 的交集.

3. 将函数 $f(x) = \displaystyle\int_0^x e^{t^2} dt$ 展开成 x 的幂级数 (要求写出该幂级数的一般项, 并指出其收敛域).

解　因为 $e^t = \displaystyle\sum_{n=0}^{\infty} \dfrac{t^n}{n!}, -\infty < t < +\infty$, 则 $e^{t^2} = \displaystyle\sum_{n=0}^{\infty} \dfrac{t^{2n}}{n!}$,

$$f(x) = \int_0^x e^{t^2} dt = \int_0^x \left(\sum_{n=0}^{\infty} \frac{t^{2n}}{n!} \right) dt = \sum_{n=0}^{\infty} \int_0^x \frac{t^{2n}}{n!} dt$$

$$= \sum_{n=0}^{\infty} \frac{x^{2n+1}}{(2n+1)\, n!}, \quad -\infty < x < +\infty.$$

❏ **将函数展开成傅里叶级数、狄利克雷收敛定理**

1. 狄利克雷收敛定理

函数展开的傅里叶级数在连续点处收敛到函数本身, 间断点 x 处收敛至该点左极限与右极限的算术平均值 $\dfrac{f(x-0) + f(x+0)}{2}$.

设 $f(x)$ 是周期为 2π 的周期函数, 它在 $(-\pi, \pi]$ 上定义为 $f(x) = \begin{cases} 2, & -\pi < x \leqslant 0, \\ x^3, & 0 < x \leqslant \pi, \end{cases}$ 则 $f(x)$ 的傅里叶级数在 $x = \pi$ 处收敛于 _____, 在 $x = -1$ 处收敛于 _____, $x = 100\pi$ 处收敛于 _____.

答案　$\dfrac{2 + \pi^3}{2}, 2, 1$

2. 将函数展开成傅里叶级数 (解答过程略, 见教材例题)

(1) 将函数 $f(x) = \begin{cases} -x, & -\pi \leqslant x < 0, \\ x, & 0 \leqslant x \leqslant \pi \end{cases}$ 展开成傅里叶级数.

(2) 将函数 $f(x) = x + 1, 0 \leqslant x \leqslant \pi$ 分别展开成正弦级数和余弦级数.

综 合 演 练

无穷级数 | 章测试 1

一、选择题 （3 分 × 5 = 15 分）

1. 若级数 $\sum\limits_{n=1}^{\infty} u_n$ 与 $\sum\limits_{n=1}^{\infty} v_n$ 分别收敛于 S_1, S_2, 则下述结论中不成立的是 （   ）.

(A) $\sum\limits_{n=1}^{\infty} (u_n \pm v_n) = S_1 \pm S_2$; (B) $\sum\limits_{n=1}^{\infty} ku_n = kS_1$;

(C) $\sum\limits_{n=1}^{\infty} kv_n = kS_2$; (D) $\sum\limits_{n=1}^{\infty} \dfrac{u_n}{v_n} = \dfrac{S_1}{S_2}$.

2. 下列结论正确的是 （   ）.

(A) 级数 $\sum\limits_{n=1}^{\infty} u_n$ 收敛, 必条件收敛;

(B) 级数 $\sum\limits_{n=1}^{\infty} u_n$ 收敛, 必绝对收敛;

(C) 若 $\sum\limits_{n=1}^{\infty} |u_n|$ 发散, 则 $\sum\limits_{n=1}^{\infty} u_n$ 条件收敛;

(D) 若 $\sum\limits_{n=1}^{\infty} |u_{n+1}|$ 收敛, 则 $\sum\limits_{n=1}^{\infty} u_n$ 收敛.

3. 设级数 $\sum\limits_{n=0}^{\infty} a_n (x-1)^n$ 的收敛半径是 1, 则级数在 $x = 3$ 点 （   ）.

(A) 发散; (B) 条件收敛;

(C) 绝对收敛; (D) 不能确定敛散性.

4. 如果 $\lim\limits_{n\to\infty} \left| \dfrac{a_{n+1}}{a_n} \right| = \dfrac{1}{8}$, 则幂级数 $\sum\limits_{n=0}^{\infty} a_n x^{3n}$ （   ）.

(A) 当 $|x| < 2$ 时, 收敛; (B) 当 $|x| < 8$ 时, 收敛;

(C) 当 $|x| > \dfrac{1}{8}$ 时, 发散; (D) 当 $|x| > \dfrac{1}{2}$ 时, 发散.

5. 设级数 $\sum\limits_{n=1}^{\infty} u_n$ 收敛, 则下列级数收敛的是 （   ）.

(A) $\sum\limits_{n=1}^{\infty} u_n + \dfrac{1}{n}$; (B) $\sum\limits_{n=1}^{\infty} u_{n+200}$;

(C) $\displaystyle\sum_{n=1}^{\infty} u_{2n+1}$;　　　　　　　　　　　(D) $\displaystyle\sum_{n=1}^{\infty} u_{2n}$.

二、填空题 (3 分 $\times$ 5 = 15 分)

6. 若 $\displaystyle\sum_{n=1}^{\infty} u_n$ 为正项级数, 其收敛的充分必要条件为 _____.

7. 设幂级数 $\displaystyle\sum_{n=0}^{\infty} a_n x^n$ 的收敛半径是 4, 则幂级数 $\displaystyle\sum_{n=0}^{\infty} a_n x^{2n+1}$ 的收敛半径是 _____.

8. 如果幂级数 $\displaystyle\sum_{n=0}^{\infty} a_n (x-1)^n$ 在 $x=-1$ 处收敛, 在 $x=3$ 处发散, 则它的收敛域是 _____.

9. 函数 $y = \ln(2+x)$ 的麦克劳林展开式为 _____.

10. 设 $f(x)$ 是周期为 2π 的周期函数, 它在 $(-\pi, \pi]$ 上定义为 $f(x) = \begin{cases} 2, & -\pi < x \leqslant 0, \\ x^3, & 0 < x \leqslant \pi, \end{cases}$ 则 $f(x)$ 的傅里叶级数在 $x = \pi$ 处收敛于 _____.

三、解答题 (11—17 每题 8 分; 18, 19 每题 7 分, 总 70 分)

11. 用定义判别级数 $\displaystyle\sum_{n=1}^{\infty} \frac{1}{4n^2 + 4n - 3}$ 的敛散性, 若收敛求其和.

12. 判别级数 $\displaystyle\sum_{n=1}^{\infty} \frac{n^2}{3^n + 2^n}$ 的敛散性.

13. 判别级数 $\displaystyle\sum_{n=1}^{\infty} \left[n^2 \ln\left(1 + \frac{1}{n^2}\right) + \sin^n \frac{\pi}{7} \right]$ 的敛散性.

14. 判别级数 $\displaystyle\sum_{n=1}^{\infty} (-1)^n \ln\frac{n+1}{n}$ 的敛散性.

15. 判别级数 $\displaystyle\sum_{n=1}^{\infty} (-1)^{n-1} \frac{2n+1}{n(n+1)}$ 的敛散性, 对收敛情况说明是绝对收敛还是条件收敛.

16. 试求幂级数 $\displaystyle\sum_{n=1}^{\infty} \frac{2n-1}{8^n} x^{3n}$ 的收敛域.

17. 设幂级数 $\displaystyle\sum_{n=1}^{\infty} \frac{(x-2)^n}{n \cdot 2^n}$, 求 (1) 收敛半径; (2) 收敛域; (3) 和函数.

18. 将函数 $f(x) = \dfrac{1}{x^2 + 4x + 3}$ 在 $x = 1$ 点展成幂级数.

19. 将函数 $f(x) = e^{2x}, -\pi \leqslant x < \pi$ 展开成傅里叶级数.

无穷级数 | 章测试 2

分数: _____

一、选择题 (3 分 × 5 = 15 分)

1. 级数 $\sum\limits_{n=1}^{\infty} u_{2n}$ 与 $\sum\limits_{n=1}^{\infty} u_{2n-1}$ 均收敛是 $\sum\limits_{n=1}^{\infty} u_n$ 收敛的 (　　).

(A) 必要但非充分条件;　　　　　　(B) 充分但非必要条件;

(C) 充分必要条件;　　　　　　　　(D) 既非充分又非必要条件.

2. 设常数 $k > 0$, 则级数 $\sum\limits_{n=1}^{\infty} (-1)^n \dfrac{k+n}{n^2}$(　　).

(A) 发散;　　　(B) 条件收敛;　　　(C) 绝对收敛;　　　(D) 敛散性与 k 之值有关.

3. 下列级数中, 哪一个发散 (　　).

(A) $\sum\limits_{n=1}^{\infty} \dfrac{1}{n^2}$;　　　　　　　　(B) $\sum\limits_{n=1}^{\infty} n \sin \dfrac{1}{n}$;

(C) $\sum\limits_{n=1}^{\infty} \mathrm{e}^{-nx}, x > 0$;　　　　　(D) $\sum\limits_{n=1}^{\infty} \dfrac{1}{3^{\frac{n}{2}}}$.

4. 已知级数 $\sum\limits_{n=1}^{\infty} \dfrac{1}{n^2} = \dfrac{\pi^2}{6}$, 则级数 $\sum\limits_{n=1}^{\infty} \dfrac{1}{(2n-1)^2} =$(　　).

(A) $\dfrac{\pi^2}{4}$;　　　(B) $\dfrac{\pi^2}{8}$;　　　(C) $\dfrac{\pi^2}{12}$;　　　(D) $\dfrac{\pi^2}{16}$.

5. 幂级数 $\sum\limits_{n=1}^{\infty} (-1)^{n-1} \dfrac{x^n}{n+1}$ 的收敛域是 (　　).

(A) $(-1,1)$;　　　(B) $[-1, 1]$;　　　(C) $[-1,1)$;　　　(D) $(-1,1]$.

二、填空题 (3 分 × 5 = 15 分)

6. 对于不同的 $p > 0$ 值, 讨论级数 $\sum\limits_{n=1}^{\infty} \dfrac{(-1)^{n+1}}{(n+1)^{2p}}$ 的收敛性. 当 _____ 时, 级数条件收敛.

7. 设函数 $f(x) = x^2, 0 < x < 1$, 而 $s(x) = \sum\limits_{n=1}^{\infty} b_n \sin(nx), -\infty < x < +\infty$, 其中 $b_n = 2 \displaystyle\int_0^1 f(x) \sin(nx) \, \mathrm{d}x, n = 1, 2, 3, \cdots$, 则 $s\left(-\dfrac{1}{2}\right) =$ _____.

8. 幂级数 $\sum\limits_{n=0}^{\infty} (-1)^{n-1} \dfrac{1}{2n-1} (2x-3)^n$ 的收敛区间是 _____.

9. 如果幂级数 $\sum\limits_{n=0}^{\infty} a_n x^n$ 与 $\sum\limits_{n=0}^{\infty} b_n x^n$ 的收敛半径分别是 R_1, R_2, 则级数 $\sum\limits_{n=0}^{\infty} (a_n + b_n) x^n$ 的收敛半径是 _____.

10. 设 $f(x) = \begin{cases} 0, & 0 \leqslant x \leqslant \pi/2, \\ x, & \pi/2 \leqslant x \leqslant \pi, \end{cases}$ 已知 $S(x)$ 是 $f(x)$ 的以 2π 为周期的 余弦级数展开式的和函数, 则 $S(-3\pi)=$_____.

三、解答题 (11—17 每题 8 分; 18, 19 每题 7 分, 共 70 分)

11. 用定义判别级数 $\dfrac{1}{1 \cdot 3} + \dfrac{1}{3 \cdot 5} + \dfrac{1}{5 \cdot 7} + \cdots$ 的敛散性, 若收敛求其和.

12. 判别级数 $\sum\limits_{n=1}^{\infty} \dfrac{1}{n + a^n}$, $a > 0$ 的敛散性.

13. 判别级数 $\sum\limits_{n=1}^{\infty} n \left(e^{\frac{1}{n}} - 1 \right)$ 的敛散性.

14. 判别级数 $\sum\limits_{n=1}^{\infty} \dfrac{n^{n+1}}{(n+1)!}$ 的敛散性.

15. 判别级数 $\sum\limits_{n=1}^{\infty} \dfrac{\sin^3 n}{n^2}$ 的敛散性, 对收敛情况说明是绝对收敛还是条件收敛.

16. 求幂级数 $\sum\limits_{n=1}^{\infty} n (x-1)^n$ 的和函数.

17. 求级数 $\sum\limits_{n=1}^{\infty} \dfrac{n}{2^n} x^{2n}$ 的收敛区间.

18. 将函数 $f(x) = \dfrac{1}{x^2 - 5x + 6}$ 在 $x = 4$ 点展成幂级数.

19. 将函数 $f(x) = \dfrac{\pi - x}{2}, 0 \leqslant x \leqslant \pi$ 展开成正弦级数.

习 题 解 答

6.1 数项级数的概念和简单性质

1. $\dfrac{3}{n\,(n+1)}$.

2. 收敛, 发散.

3. **解** $\displaystyle\sum_{n=1}^{\infty}\left(\sqrt{n+1}-\sqrt{n}\right)=\sqrt{2}-1+\sqrt{3}-\sqrt{2}+\cdots+\sqrt{n+1}-\sqrt{n}=$
$\sqrt{n+1}-1\;\to\infty$, 级数发散.

4. **解** $\displaystyle\lim_{n\to\infty}S_n=\lim_{n\to\infty}1-\frac{1}{2}+\frac{1}{2}-\frac{1}{3}+\cdots+\frac{1}{n}-\frac{1}{n+1}=\lim_{n\to\infty}1-\frac{1}{n+1}=1.$

5. B.

6. B.

7. C.

8. A.

9. D.

10. **解** $S_n=\dfrac{a\left(1-q^n\right)}{1-q},\displaystyle\lim_{n\to\infty}S_n=\lim_{n\to\infty}\frac{a\left(1-q^n\right)}{1-q},$

当 $|q|<1,\;\displaystyle\lim_{n\to\infty}S_n=\lim_{n\to\infty}\frac{a\left(1-q^n\right)}{1-q}=\frac{a}{1-q}$, 极限存在. 当 $|q|\geqslant 1$ 时, 极
限不存在.

11. **解** 等比级数 $|q|>1$, 发散.

12. **解** 等比级数, $|q|<1$, 收敛.

6.2 常数项级数

1. D.

2. C.

3. D.

4. **解** 因为 $u_n=\dfrac{1+n}{1+n^2}>\dfrac{1+n}{n+n^2}=\dfrac{1}{n}$, 而级数 $\displaystyle\sum_{n=1}^{\infty}\frac{1}{n}$ 发散, 故所给级数
发散.

5. **解** 因为 $\displaystyle\lim_{n\to\infty}\frac{\sin\dfrac{\pi}{2^n}}{\dfrac{1}{2^n}}=\pi\lim_{n\to\infty}\frac{\sin\dfrac{\pi}{2^n}}{\dfrac{\pi}{2^n}}=\pi$, 而级数 $\displaystyle\sum_{n=1}^{\infty}\frac{1}{2^n}$ 收敛, 故所给
级数收敛.

6. **解** 因为 $\displaystyle\lim_{n\to\infty}\frac{u_{n+1}}{u_n}=\lim_{n\to\infty}\frac{2^{n+1}\cdot(n+1)!}{(n+1)^{n+1}}\cdot\frac{n^n}{2^n\cdot n!}=2\lim_{n\to\infty}\left(\frac{n}{n+1}\right)^n=$

$\dfrac{2}{e} < 1$, 所以级数收敛.

7. **解** 因为 $\lim\limits_{n\to\infty} \dfrac{u_{n+1}}{u_n} = \lim\limits_{n\to\infty} \dfrac{(n+1)\tan\dfrac{\pi}{2^{n+2}}}{n\tan\dfrac{\pi}{2^{n+1}}} = \lim\limits_{n\to\infty} \dfrac{n+1}{n}\cdot\dfrac{\dfrac{\pi}{2^{n+2}}}{\dfrac{\pi}{2^{n+1}}} = \dfrac{1}{2} <$

1, 所以级数收敛.

8. **解** $\lim\limits_{n\to\infty}\sqrt[n]{u_n} = \lim\limits_{n\to\infty}\dfrac{1}{\ln n} = 0 < 1$, 所以级数收敛.

9. **解** $u_n = \dfrac{3}{2^n} + \dfrac{(n+1)^n}{2^n}, \lim\limits_{n\to\infty}\sqrt[n]{\dfrac{(n+1)^n}{2^n}} = \lim\limits_{n\to\infty}\dfrac{n+1}{2} = \infty$, 所以级数发散.

10. **解** $\left|\dfrac{\cos^2 n}{n(n+1)}\right| \leqslant \dfrac{1}{n(n+1)}$, 级数 $\sum\limits_{n=1}^{\infty}\dfrac{1}{n(n+1)}$ 收敛, 所以级数绝对收敛.

11. D.

12. 收敛, 发散.

13. C.

14. D.

15. C.

16. D.

17. D.

18. 略.

6.3 幂级数

1. **解** 已知收敛半径为 R, 则收敛域可能是 $[-R,R], (-R,R), (-R,R]$, $[-R,R)$.

2. $e^x = 1 + x + \dfrac{1}{2!}x^2 + \cdots + \dfrac{1}{n!}x^n + \cdots = \sum\limits_{n=0}^{\infty}\dfrac{x^n}{n!}, -\infty < x < +\infty$.

3. $\sin x = x - \dfrac{1}{3!}x^3 + \dfrac{1}{5!}x^5 + \cdots + \dfrac{(-1)^n}{(2n+1)!}x^{2n+1} + \cdots = \sum\limits_{n=0}^{\infty}\dfrac{(-1)^n}{(2n+1)!}x^{2n+1}$, $-\infty < x < +\infty$.

4. $\cos x = 1 - \dfrac{x^2}{2!} + \dfrac{x^4}{4!} - \dfrac{x^6}{6!} + \cdots + (-1)^n\dfrac{x^{2n}}{(2n)!} + \cdots = \sum\limits_{n=0}^{\infty}\dfrac{(-1)^n}{(2n)!}x^{2n}, -\infty < x < +\infty$.

5. $\ln(1+x) = x - \dfrac{x^2}{2} + \dfrac{x^3}{3} - \dfrac{x^4}{4} + \cdots + \dfrac{(-1)^n x^{n+1}}{n+1} + \cdots$

$$= \sum_{n=0}^{\infty} \frac{(-1)^n x^{n+1}}{n+1} = \sum_{n=1}^{\infty} \frac{(-1)^{n-1} x^n}{n}, \quad -1 < x \leqslant 1.$$

6. $(1+x)^{\alpha} = 1 + \alpha x + \dfrac{\alpha(\alpha-1)}{2!}x^2 + \cdots + \dfrac{\alpha(\alpha-1)\cdots(\alpha-n+1)}{n}x^n + \cdots,$

$-1 < x < 1.$

7. **解** (1) $\lim\limits_{n \to \infty} \left| \dfrac{a_{n+1}}{a_n} \right| = \lim\limits_{n \to \infty} \dfrac{\dfrac{1}{(n+1)^2}}{\dfrac{1}{n^2}} = \lim\limits_{n \to \infty} \dfrac{n^2}{(n+1)^2} = 1$, 故收敛半径

为 $R = 1$. 因为当 $x = 1$ 时, 幂级数成为 $\sum\limits_{n=2}^{\infty} (-1)^n \dfrac{1}{n^2}$, 是收敛的; 当 $x = -1$ 时;

幂级数成为 $1 + \sum\limits_{n=1}^{\infty} \dfrac{1}{n^2}$ 也是收敛的, 所以收敛域为 $[-1,1]$.

(2) $\lim\limits_{n \to \infty} \left| \dfrac{a_{n+1}}{a_n} \right| = \lim\limits_{n \to \infty} \dfrac{2^{n+1}}{(n+1)^2+1} \cdot \dfrac{n^2+1}{2^n} = 2\lim\limits_{n \to \infty} \dfrac{n^2+1}{(n+1)^2+1} = 2,$

故收敛半径为 $R = \dfrac{1}{2}$. 因为当 $x = \dfrac{1}{2}$ 时, 幂级数成为 $\sum\limits_{n=1}^{\infty} \dfrac{1}{n^2+1}$, 是收敛的; 当

$x = -\dfrac{1}{2}$ 时, 幂级数成为 $\sum\limits_{n=1}^{\infty} (-1)^n \dfrac{1}{n^2+1}$, 也是收敛的, 所以收敛域为 $\left[-\dfrac{1}{2}, \dfrac{1}{2} \right]$.

(3) 这里级数的一般项为 $u_n = (-1)^n \dfrac{x^{2n+1}}{2n+1}$, 因为 $\lim\limits_{n \to \infty} \left| \dfrac{u_{n+1}}{u_n} \right| =$

$\lim\limits_{n \to \infty} \left| \dfrac{x^{2n+3}}{2n+3} \cdot \dfrac{2n+1}{x^{2n+1}} \right| = x^2$. 由比值审敛法, 当 $x^2 < 1$, 即 $|x| < 1$ 时, 幂级

数绝对收敛, 当 $x^2 > 1$, 即 $|x| > 1$ 时, 幂级数发散, 故收敛半径为 $R = 1$, 因为

当 $x = 1$ 时, 幂级数成为 $\sum\limits_{n=1}^{\infty} (-1)^n \dfrac{1}{2n+1}$, 是收敛的; 当 $x = -1$ 时, 幂级数成为

$\sum\limits_{n=1}^{\infty} (-1)^{n+1} \dfrac{1}{2n+1}$ 也是收敛的, 所以收敛域为 $[-1,1]$.

(4) $\lim\limits_{n \to \infty} \left| \dfrac{a_{n+1}}{a_n} \right| = \lim\limits_{n \to \infty} \dfrac{\sqrt{n}}{\sqrt{n+1}} = 1$, 故收敛半径为 $R = 1$, 即当 $-1 <$

$x - 5 < 1$ 时级数绝对收敛, 当 $|x - 5| > 1$ 时级数发散. 因为当 $x - 5 = -1$, 即

$x = 4$ 时, 幂级数成为 $\sum\limits_{n=1}^{\infty} \dfrac{(-1)^n}{\sqrt{n}}$ 是收敛的; 当 $x - 5 = 1$, 即 $x = 6$ 时, 幂级数成

为 $\sum\limits_{n=1}^{\infty} \dfrac{1}{\sqrt{n}}$ 是发散的, 所以收敛域为 $[4, 6)$.

8. **解**　设和函数为 $S(x)$, 即 $S(x) = \sum\limits_{n=1}^{\infty} \dfrac{x^{4n+1}}{4n+1}$, 则

$$S(x) = S(0) + \int_0^x S'(x)\,\mathrm{d}x = \int_0^x \left[\sum_{n=1}^{\infty} \dfrac{x^{4n+1}}{4n+1}\right]'\,\mathrm{d}x = \int_0^x \sum_{n=1}^{\infty} x^{4n}\,\mathrm{d}x$$

$$= \int_0^x \left(\dfrac{1}{1-x^4} - 1\right)\,\mathrm{d}x = \int_0^x \left(-1 + \dfrac{1}{2}\cdot\dfrac{1}{1+x^2} + \dfrac{1}{2}\cdot\dfrac{1}{1-x^2}\right)\,\mathrm{d}x$$

$$= \dfrac{1}{4}\ln\dfrac{1+x}{1-x} + \dfrac{1}{2}\arctan x - x, \quad -1 < x < 1.$$

9. **解**　设 $S(x) = \sum\limits_{n=1}^{\infty} (n+2)x^{n+1}$, 则

$$S(x) = \left[\int_0^x S(x)\mathrm{d}x\right]' = \left[\int_0^x \sum_{n=1}^{\infty} (n+2)x^{n+1}\mathrm{d}x\right]' = \left[\sum_{n=1}^{\infty} \int_0^x (n+2)x^{n+1}\mathrm{d}x\right]'$$

$$= \left[\sum_{n=1}^{\infty} x^{n+2}\right]' = \left[\dfrac{x^3}{1-x}\right]' = -2x - 1 + \dfrac{1}{(1-x)^2}, \quad -1 < x < 1.$$

故 $\sum\limits_{n=1}^{\infty} (n+2)x^{n+3} = x^2 \sum\limits_{n=1}^{\infty} (n+2)x^{n+1} = -2x^3 - x^2 + \dfrac{x^2}{(1-x)^2}, -1 < x < 1.$

10. **解**　(1)　因为 $\sin^2 x = \dfrac{1}{2} - \dfrac{1}{2}\cos 2x$, $\cos x = \sum\limits_{n=0}^{\infty} (-1)^n \dfrac{x^{2n}}{(2n)!}, x \in (-\infty, +\infty)$, 所以

$$\sin^2 x = \dfrac{1}{2} - \dfrac{1}{2}\sum_{n=0}^{\infty} (-1)^n \dfrac{(2x)^{2n}}{(2n)!} = \sum_{n=1}^{\infty} (-1)^n \dfrac{2^{2n-1}\cdot x^{2n}}{(2n)!}, \quad x \in (-\infty, +\infty).$$

(2)　因为 $\ln(1+x) = \sum\limits_{n=0}^{\infty} (-1)^n \dfrac{x^{n+1}}{n+1}, -1 < x \leqslant 1$, 所以

$$(1+x)\ln(1+x) = (1+x)\sum_{n=0}^{\infty} (-1)^n \dfrac{x^{n+1}}{n+1}$$

$$= \sum_{n=0}^{\infty} (-1)^n \frac{x^{n+1}}{n+1} + \sum_{n=0}^{\infty} (-1)^n \frac{x^{n+2}}{n+1}$$

$$= x + \sum_{n=1}^{\infty} (-1)^n \frac{x^{n+1}}{n+1} + \sum_{n=1}^{\infty} (-1)^{n+1} \frac{x^{n+1}}{n}$$

$$= x + \sum_{n=1}^{\infty} \left[\frac{(-1)^n}{n+1} + \frac{(-1)^{n+1}}{n} \right] x^{n+1}$$

$$= x + \sum_{n=1}^{\infty} \frac{(-1)^{n-1}}{n(n+1)} x^{n+1}, \quad -1 < x \leqslant 1.$$

11. **解** $f(x) = \dfrac{1}{x^2 + 3x + 2} = \dfrac{1}{x+1} - \dfrac{1}{x+2}$, 而

$$\frac{1}{x+1} = \frac{1}{-3+(x+4)} = -\frac{1}{3} \frac{1}{1-\frac{x+4}{3}} = -\frac{1}{3} \sum_{n=0}^{\infty} \left(\frac{x+4}{3} \right)^n \quad \left(\left| \frac{x+4}{3} \right| < 1 \right),$$

$$\frac{1}{x+2} = \frac{1}{-2+(x+4)} = -\frac{1}{2} \frac{1}{1-\frac{x+4}{2}} = -\frac{1}{2} \sum_{n=0}^{\infty} \left(\frac{x+4}{2} \right)^n \quad \left(\left| \frac{x+4}{2} \right| < 1 \right),$$

因此,

$$f(x) = \frac{1}{x^2+3x+2} = -\sum_{n=0}^{\infty} \frac{(x+4)^n}{3^{n+1}} + \sum_{n=0}^{\infty} \frac{(x+4)^n}{2^{n+1}}$$

$$= \sum_{n=0}^{\infty} \left(\frac{1}{2^{n+1}} - \frac{1}{3^{n+1}} \right) (x+4)^n, \quad -6 < x < -2.$$

12. **解**

$$\cos x = \cos \left[\left(x + \frac{\pi}{3} \right) - \frac{\pi}{3} \right]$$

$$= \cos \left(x + \frac{\pi}{3} \right) \cos \frac{\pi}{3} + \sin \left(x + \frac{\pi}{3} \right) \sin \frac{\pi}{3}$$

$$= \frac{1}{2} \cos \left(x + \frac{\pi}{3} \right) + \frac{\sqrt{3}}{2} \sin \left(x + \frac{\pi}{3} \right)$$

$$= \frac{1}{2} \sum_{n=0}^{\infty} \frac{(-1)^n}{(2n)!} \left(x + \frac{\pi}{3} \right)^{2n} + \frac{\sqrt{3}}{2} \sum_{n=0}^{\infty} \frac{(-1)^n}{(2n+1)!} \left(x + \frac{\pi}{3} \right)^{2n+1}$$

$$= \frac{1}{2} \sum_{n=0}^{\infty} (-1)^n \left[\frac{1}{(2n)!} \left(x + \frac{\pi}{3}\right)^{2n} + \frac{\sqrt{3}}{(2n+1)!} \left(x + \frac{\pi}{3}\right)^{2n+1} \right], \quad -\infty < x < +\infty.$$

13. **解**

$$\frac{1}{1+x^2} = \sum_{n=0}^{\infty} (-1)^n x^{2n}, \quad -1 < x < 1,$$

对上式从 0 到 x 积分可得到

$$\arctan x = \sum_{n=0}^{\infty} \frac{(-1)^n}{2n+1} x^{2n+1}, \quad -1 \leqslant x \leqslant 1.$$

14. **解** 函数在点 $x = 0$ 的邻域内具有任意阶导数的函数都可以展开成 x 的幂级数的充分必要条件就是在该邻域内 $f(x)$ 的泰勒公式中的余项 $R_n(x)$, 当 $n \to \infty$ 时的极限为 0.

6.4 傅里叶级数

1. $a_0 = \dfrac{1}{\pi} \displaystyle\int_{-\pi}^{\pi} f(x) \, \mathrm{d}x,$

$\quad a_n = \dfrac{1}{\pi} \displaystyle\int_{-\pi}^{\pi} f(x) \cos nx \mathrm{d}x, \, n = 1, 2, \cdots,$

$\quad b_n = \dfrac{1}{\pi} \displaystyle\int_{-\pi}^{\pi} f(x) \sin nx \mathrm{d}x, \, n = 1, 2, \cdots.$

2. $-\dfrac{3\pi}{4}, \dfrac{3\pi}{2}.$

3. $0, \dfrac{1}{2}.$

4. **解** 将 $f(x)$ 拓广为周期函数 $F(x)$, 则 $F(x)$ 在 $(-\pi, \pi)$ 中连续, 在 $x = \pm\pi$ 间断, 且

$$\frac{1}{2} \left[F(-\pi^-) + F(-\pi^+) \right] \neq f(-\pi),$$

$$\frac{1}{2} \left[F(\pi^-) + F(\pi^+) \right] \neq f(\pi).$$

故 $F(x)$ 的傅里叶级数在 $(-\pi, \pi)$ 中收敛于 $f(x)$, 而在 $x = \pm\pi$ 处 $F(x)$ 的傅里叶级数不收敛于 $f(x)$, 计算傅里叶系数如下:

$$a_0 = \frac{1}{\pi} \left[\int_{-\pi}^{0} \mathrm{e}^x \mathrm{d}x + \int_{0}^{\pi} \mathrm{d}x \right] = \frac{1 + \pi - \mathrm{e}^{-\pi}}{\pi},$$

$$a_n = \frac{1}{\pi} \left[\int_{-\pi}^{0} \mathrm{e}^x \cos nx \mathrm{d}x + \int_{0}^{\pi} \cos nx \mathrm{d}x \right] = \frac{1 - (-1)^n \mathrm{e}^{-\pi}}{\pi (1 + n^2)}, \quad n = 1, 2, \cdots,$$

$$b_n = \frac{1}{\pi} \left[\int_{-\pi}^{0} \mathrm{e}^x \sin nx \mathrm{d}x + \int_{0}^{\pi} \sin nx \mathrm{d}x \right]$$

$$= \frac{1}{\pi} \left\{ \frac{-n \left[1 - (-1)^n \mathrm{e}^{-\pi} \right]}{1 + n^2} + \frac{1 - (-1)^n}{n} \right\}, \quad n = 1, 2, \cdots,$$

所以,

$$f(x) = \frac{1 + \pi - \mathrm{e}^{-\pi}}{2\pi} + \frac{1}{\pi} \sum_{n=1}^{\infty} \left\{ \frac{1 - (-1)^n \mathrm{e}^{-\pi}}{1 + n^2} \cos nx \right.$$

$$\left. + \left[\frac{-n + (-1)^n n \mathrm{e}^{-\pi}}{1 + n^2} + \frac{1 - (-1)^n}{n} \right] \sin nx \right\}, \quad -\pi < x < \pi.$$

5. **解**   因为 $f(x) = \cos \dfrac{x}{2}$ 为偶函数, 故 $b_n = 0, n = 1, 2, \cdots,$ 而

$$a_n = \frac{1}{\pi} \int_{-\pi}^{\pi} \cos \frac{x}{2} \cos nx \mathrm{d}x = \frac{2}{\pi} \int_{0}^{\pi} \cos \frac{x}{2} \cos nx \mathrm{d}x$$

$$= \frac{1}{\pi} \int_{0}^{\pi} \left[\cos \left(\frac{1}{2} - n \right) x - \cos \left(\frac{1}{2} + n \right) x \right] \mathrm{d}x$$

$$= (-1)^{n+1} \frac{4}{\pi} \cdot \frac{1}{4n^2 - 1}, \quad n = 1, 2, \cdots.$$

由于 $f(x) = \cos \dfrac{x}{2}$ 在 $[-\pi, \pi]$ 上连续, 所以

$$\cos \frac{x}{2} = \frac{2}{\pi} + \frac{4}{\pi} \sum_{n=1}^{\infty} (-1)^{n+1} \frac{1}{4n^2 - 1} \cos nx, \quad -\pi < x < \pi.$$

无穷级数 | 章测试 1

一、选择题

1. D.

2. D.

3. A.

4. A.

5. B.

二、填空题

6. 部分和序列有界.

7. 2.

8. $[-1, 3)$.

9. $\ln 2 + \sum\limits_{n=1}^{\infty} \dfrac{(-1)^{n+1} x^n}{n \cdot 2^n}$.

10. $\dfrac{2 + \pi^3}{2}$.

三、解答题

11. **解** $u_n = \dfrac{1}{4n^2 + 4n - 3} = \dfrac{1}{4}\left(\dfrac{1}{2n-1} - \dfrac{1}{2n+3}\right)$.

$$s_n = \dfrac{1}{4}\left(1 - \dfrac{1}{5} + \dfrac{1}{3} - \dfrac{1}{7} + \dfrac{1}{5} - \dfrac{1}{9} + \cdots + \dfrac{1}{2n-1} - \dfrac{1}{2n+3}\right),$$

$$s_n = \dfrac{1}{4}\left(1 + \dfrac{1}{3} - \dfrac{1}{2n+1} - \dfrac{1}{2n+3}\right) \to \dfrac{1}{3}, \quad n \to \infty.$$

所以, 级数收敛, 级数的和为 $1/3$.

12. **解** $\lim\limits_{n\to\infty} \dfrac{u_{n+1}}{u_n} = \lim\limits_{n\to\infty} \dfrac{\dfrac{(n+1)^2}{3^{n+1} + 2^{n+1}}}{\dfrac{n^2}{3^n + 2^n}} = \lim\limits_{n\to\infty} \dfrac{3^n \left(1 + \left(\dfrac{2}{3}\right)^n\right)(n+1)^2}{3^{n+1}\left(1 + \left(\dfrac{2}{3}\right)^{n+1}\right) n^2} = \dfrac{1}{3}$.

由比值判别法, $\sum\limits_{n=1}^{\infty} u_n$ 收敛.

13. **解**   因为 $\lim\limits_{n\to\infty} n^2 \ln\left(1 + \dfrac{1}{n^2}\right) = 1$, 所以 $\lim\limits_{n\to\infty} n^2 \ln\left(1 + \dfrac{1}{n^2}\right) + \sin^n \dfrac{\pi}{7} \neq$

0, 因此由级数收敛的必要条件可知, 级数发散.

14. **解**   因为 $\lim\limits_{n\to\infty} \dfrac{\left|(-1)^n \ln \dfrac{n+1}{n}\right|}{\dfrac{1}{n}} = \lim\limits_{n\to\infty} n \ln \dfrac{n+1}{n} = \lim\limits_{n\to\infty} \ln\left(1 + \dfrac{1}{n}\right)^n =$

$\ln \mathrm{e} = 1$, 而级数 $\sum\limits_{n=1}^{\infty} \dfrac{1}{n}$ 发散, 故由比较审敛法知级数 $\sum\limits_{n=1}^{\infty} \left|(-1)^n \ln \dfrac{n+1}{n}\right|$ 发散,

即原级数不是绝对收敛的. 另一方面, 级数 $\sum\limits_{n=1}^{\infty} (-1)^n \ln \dfrac{n+1}{n}$ 是交错级数, 且满

足莱布尼茨定理的条件, 所以该级数收敛, 从而原级数条件收敛.

15. **解**   记 $u_n = \dfrac{2n+1}{n(n+1)} > 0$, 由 $\dfrac{u_{n+1}}{u_n} = \dfrac{2n^2 + 3n}{2n^2 + 5n + 2} < 1$, $u_{n+1} < u_n$,

$u_n \to 0 \, (n \to \infty)$ 知原级数收敛. 又因 $\dfrac{\dfrac{2n+1}{n(n+1)}}{\dfrac{1}{n}} \to 2 \, (n \to \infty)$ 得到级数非绝对

收敛, 于是原级数条件收敛.

16. **解** 设 $u_n(x) = \dfrac{2n-1}{8^n} x^{3n}$. 因为 $\displaystyle\lim_{n\to\infty} \left| \dfrac{u_{n+1}(x)}{u_n(x)} \right| = \dfrac{|x|^3}{8}$, 所以 $R = 2$, 且 $|x| = 2$ 时, 级数发散. 故收敛域是 $(-2,2)$.

17. **解** (1) 因为 $\displaystyle\lim_{n\to\infty} \dfrac{n2^n}{(n+1)2^{n+1}} = \dfrac{1}{2}$, 所以收敛半径 $R = 2$, 故收敛区间为 $(0,4)$.

(2) 当 $x = 0$ 时, 级数成为 $\displaystyle\sum_{n=1}^{\infty} \dfrac{(-1)^n}{n}$ 且收敛. 当 $x = 4$ 时, 级数成为 $\displaystyle\sum_{n=1}^{\infty} \dfrac{1}{n}$ 且发散. 所以, 收敛域为 $[0,4)$.

(3) 设 $t = \dfrac{x-2}{2}$, $s(t) = \displaystyle\sum_{n=1}^{\infty} \dfrac{t^n}{n}$, 则 $s'(t) = \displaystyle\sum_{n=1}^{\infty} t^{n-1} = \dfrac{1}{1-t}$, 从而 $s(t) = -\ln(1-t)$. 所以, 幂级数 $\displaystyle\sum_{n=1}^{\infty} \dfrac{(x-2)^n}{n2^n}$ 的和函数为 $-\ln\left(1 - \dfrac{x-2}{2}\right) = -\ln\left(2 - \dfrac{x}{2}\right)$.

18. **解** $f(x) = \dfrac{1}{x^2 + 4x + 3} = \dfrac{1}{2(1+x)} - \dfrac{1}{2(3+x)}$, 因此利用间接展开法,

$$
\begin{aligned}
f(x) &= \frac{1}{x^2 + 4x + 3} = \frac{1}{2(1+x)} - \frac{1}{2(3+x)} \\
&= \frac{1}{4} \sum_{n=0}^{\infty} \frac{(-1)^n}{2^n} (x-1)^n - \frac{1}{8} \sum_{n=0}^{\infty} \frac{(-1)^n}{4^n} (x-1)^n \\
&= \sum_{n=0}^{\infty} (-1)^n \left(\frac{1}{2^{n+2}} - \frac{1}{2^{2n+3}} \right) (x-1)^n, \quad -1 < x < 3.
\end{aligned}
$$

19. **解** 因为

$$
a_0 = \frac{1}{\pi} \int_{-\pi}^{\pi} f(x)\mathrm{d}x = \frac{1}{\pi} \int_{-\pi}^{\pi} \mathrm{e}^{2x}\mathrm{d}x = \frac{\mathrm{e}^{2\pi} - \mathrm{e}^{-2\pi}}{2\pi},
$$

$$
\begin{aligned}
a_n &= \frac{1}{\pi} \int_{-\pi}^{\pi} f(x) \cos n\pi x\,\mathrm{d}x \\
&= \frac{1}{\pi} \int_{-\pi}^{\pi} \mathrm{e}^{2x} \cos n\pi x\,\mathrm{d}x = \frac{2(-1)^n (\mathrm{e}^{2\pi} - \mathrm{e}^{-2\pi})}{(n^2 + 4)\pi}, \quad n = 1, 2, \cdots,
\end{aligned}
$$

$$b_n = \frac{1}{\pi} \int_{-\pi}^{\pi} f(x) \sin n\pi \mathrm{d}x$$

$$= \frac{1}{\pi} \int_{-\pi}^{\pi} \mathrm{e}^{2x} \sin n\pi \mathrm{d}x = -\frac{n(-1)^n \left(\mathrm{e}^{2\pi} - \mathrm{e}^{-2\pi}\right)}{(n^2 + 4)\,\pi}, \quad n = 1, 2, \cdots,$$

所以, $f(x)$ 的傅里叶级数展开式为

$$f(x) = \frac{\mathrm{e}^{2\pi} - \mathrm{e}^{-2\pi}}{\pi} \left[\frac{1}{4} + \sum_{n=1}^{\infty} \frac{(-1)^n}{n^2 + 4} (2\cos nx - n\sin nx),\right.$$

$$x \neq (2n+1)\pi, \quad n = 0, \pm 1, \pm 2, \cdots.$$

无穷级数 | 章测试 2

一、选择题

1. B.

2. B.

3. B.

4. B.

5. D.

二、填空题

6. $p \leqslant \dfrac{1}{2}$.

7. $-1/4$.

8. $(1, 2)$.

9. $\min\{R_1, R_2\}$.

10. $\dfrac{\pi}{2}$.

三、解答题

11. **解**   因为

$$s_n = \frac{1}{1 \cdot 3} + \frac{1}{3 \cdot 5} + \frac{1}{5 \cdot 7} + \cdots + \frac{1}{(2n-1)(2n+1)}$$

$$= \frac{1}{2}\left(\frac{1}{1} - \frac{1}{3}\right) + \frac{1}{2}\left(\frac{1}{3} - \frac{1}{5}\right) + \frac{1}{2}\left(\frac{1}{5} - \frac{1}{7}\right) + \cdots + \frac{1}{2}\left(\frac{1}{2n-1} - \frac{1}{2n+1}\right)$$

$$= \frac{1}{2}\left(\frac{1}{1} - \frac{1}{3} + \frac{1}{3} - \frac{1}{5} + \frac{1}{5} - \frac{1}{7} + \cdots + \frac{1}{2n-1} - \frac{1}{2n+1}\right)$$

$$= \frac{1}{2}\left(1 - \frac{1}{2n+1}\right) \to \frac{1}{2} \quad (n \to \infty),$$

所以, 级数收敛.

12. **解** 当 $a = 1$ 时, 级数为 $\sum\limits_{n=1}^{\infty} \dfrac{1}{1+n}$, 是调和级数, 所以原级数发散; 当

$0 < a < 1$ 时, $\lim\limits_{n\to\infty} \dfrac{\frac{1}{n+a^n}}{\frac{1}{n}} = 1$, 由于级数 $\sum\limits_{n=1}^{\infty} \dfrac{1}{n}$ 发散, 因此原级数发散; 当 $a > 1$

时, $\lim\limits_{n\to\infty} \dfrac{\frac{1}{n+a^n}}{\frac{1}{a^n}} = 1$. 因为 $\sum\limits_{n=1}^{\infty} \dfrac{1}{a^n}$ 收敛, 所以原级数收敛.

13. **解** 因为 $\lim\limits_{n\to\infty} \dfrac{\mathrm{e}^{\frac{1}{n}}-1}{\frac{1}{n}} = 1$, 根据级数收敛的必要条件可知级数是发散的.

14. **解** 级数的一般项为 $u_n = \dfrac{n^{n+1}}{(n+1)!}$. 因为

$$\lim_{n\to\infty} \frac{u_{n+1}}{u_n} = \lim_{n\to\infty} \frac{(n+1)^{n+2}}{(n+2)!} \cdot \frac{(n+1)!}{n^{n+1}} = \lim_{n\to\infty} \left(\frac{n+1}{n}\right)^{n+1} = \mathrm{e},$$

由比值审敛法, 可知级数发散.

15. **解** 因为通项 $\left|\dfrac{\sin^3 n}{n^2}\right| \leqslant \left|\dfrac{1}{n^2}\right|$, 而级数 $\sum\limits_{n=1}^{\infty} \dfrac{1}{n^2}$ 是收敛的, 所以原级数绝对收敛.

16. **解** $x - 1 = t$, 则 $S(t) = \sum\limits_{n=1}^{\infty} nt^{n-1}$, 则

$$S(t) = \left[\int_0^t S(t)\,\mathrm{d}t\right]' = \left[\int_0^t \sum_{n=1}^{\infty} nt^{n-1}\mathrm{d}t\right]' = \left[\sum_{n=1}^{\infty} \int_0^t nt^{n-1}\mathrm{d}t\right]'$$

$$= \left[\sum_{n=1}^{\infty} t^n\right]' = \left[\frac{1}{1-t} - 1\right]' = \frac{1}{(1-t)^2}, \quad -1 < t < 1.$$

则

$$tS(t) = \sum_{n=1}^{\infty} nt^n = \frac{t}{(1-t)^2}, \quad -1 < t < 1,$$

代入 $x - 1 = t$ 可得

$$\sum_{n=1}^{\infty} n(x-1)^n = \frac{x-1}{(2-x)^2}, \quad 0 < x < 2.$$

17. **解**　$\lim\limits_{n \to \infty} \left| \dfrac{a_{n+1}}{a_n} \right| = \lim\limits_{n \to \infty} \dfrac{n+1}{2^{n+1}} \cdot \dfrac{2^n}{n} = \dfrac{1}{2}$, 令 $|x^2| < 2$, 解得收敛区间为 $-\sqrt{2} < x < \sqrt{2}$.

18. **解**

$$
\begin{aligned}
f(x) &= \frac{1}{(x-2)(x-3)} = \frac{1}{x-3} - \frac{1}{x-2} \\
&= \frac{1}{(x-4)+1} - \frac{1}{(x-4)+2} = \frac{1}{1-[-(x-4)]} - \frac{1}{2} \cdot \frac{1}{1 - \left(-\dfrac{x-4}{2} \right)} \\
&= \sum_{n=0}^{\infty} [-(x-4)]^n - \frac{1}{2} \sum_{n=0}^{\infty} \left(-\frac{x-4}{2} \right)^n \\
&= \sum_{n=0}^{\infty} (-1)^n \left[1 - \frac{1}{2^{n+1}} \right] (x-4)^n \quad (3 < x < 5).
\end{aligned}
$$

这里收敛域取 $-(x-4) < 1$ 和 $\left| -\dfrac{x-4}{2} \right| < 1$ 的交集.

19. **解**　在 $[-\pi, \pi]$ 上作 $f(x)$ 的奇延拓,

$$
F(x) = \begin{cases}
f(x), & 0 < x \leqslant \pi, \\
0, & x = 0, \\
-f(-x), & -\pi < x < 0.
\end{cases}
$$

再周期延拓 $F(x)$ 到 $(-\infty, +\infty)$. 则当 $x \in (0, \pi]$ 时 $F(x) = f(x), F(0) = 0 \neq \dfrac{\pi}{2} = f(0)$. 因为 $a_n = 0, n = 0, 1, 2, \cdots,$ 而

$$
b_n = \frac{2}{\pi} \int_0^{\pi} \frac{x - \pi}{2} \sin nx \, \mathrm{d}x = \frac{1}{n}, \quad n = 1, 2, \cdots,
$$

故

$$
f(x) = \sum_{n=1}^{\infty} \frac{1}{n} \sin nx, \quad 0 < x \leqslant \pi,
$$

级数在 $x = 0$ 处收敛于 0.